ISBN 978-0-428-81940-8
PIBN 11312055

TAVOLA
DELLA PRIMA PARTE.

Nella Seconda Parte si contiene la Descrittione di Roma.

Tauola della Terza Parte.

Il fine della Tauola

PO-

Poſte da Roma à Napoli.

Roma Città, alla Tor-
re a meza via   p. 1.
a Marino p. 1. a Vele-
tri Città p. 1. a Ciſter-
na, e ſi paſſa il fiume
Aſtura p. 1. a Sermo-
netta p. 1. alle caſe
noue p. 1. alla Ba-
dia p. 1. a Fondi p. 1.
a Mola diettro la ma-
rina   p. 1
a Garigliano , oue ſi
paſſa per barca il fiu-
me Garigliano p. 1
alli Bagni   p. 1.
al Caſtel Caſtello p. 1.
Paſſarete il fiume Vol-
turno
a Patria   p. 1
a Pozzuolo   p. 1.
a Napoli Città famo-
ſiſſima, & Porto bel-
liſſimo   p. 1

poſte 16

Poſte d Napoli à Meſſina.

Napoli Città.
Si paſſa poco di là vn
fiumicello.
alla torre del Greco p. 1
a Barbazona   p. 1
Paſſare il fiume Sali.
à Salerno Città   p. 1
alla Tauerna pinta .
p. 1.
à Reuole   p. 1
alla Ducheſſa   p. 1

a Galeotta caſtello p. 1.
alla Sala   p. 1
Poco di la paſſerete il
fiume Molſe
a Rouere Negra p. 1
a Alpicia   p. 1
Paſſate il Lauo fiume .
a Caſtelluccia   p. 1
a Val S. Martino p. 1
à Caſtro Villa-   p. 1
a Eſaro   p. 1
alla Regina   p. 1
Paſſarete il fiume Bu-
fetto.
a Coſenza Città   p. 1
a Caproſedo   p. 1
a Martorano   p. 1
Paſſarete vna fiumara
a S. Biaſio p. 1. all'Ac-
qua della ſua   p. 1
a Montelin   p. 1
a S. Pietro Borgo p. 1
alla Roſa p. 1. a S. An-
na p. 1. Paſſerete il
Metauro fiume.
a Fonego p. 1. a Fuma-
ra de Moti   p. 1
Quì s'imbarca , & vi
ſono otto miglia di
trauerſo del Farro ,
& quattro miglia per
terra.   p. 2
a Meſſina Città , &
porto belliſſimo.

poſte 34

Poſte da Meſſina à Palermo.

a   3   D

Da detta Città di Meſſina à detta di Palermo non vi ſonole poſte da luogo à luogo, come di ſopra nominate. Ma conuien' in Meſſina pigliare delle Mulle, che ſe ne trouano per tal ſeruigio,& ſolite d' andarui per quelle Montagne ſicure,& preſto, il cui viaggio è di cent'ottanta miglia , però quátá diligéza poſſono fare,è l'andarui in due giorni,e mezo Il qual viaggio quando conuiene a'Corrieri, ò altri andarui per la poſta,ò ſia con diligenza, conuiene, che paghino dette Mulle per 20. poſte, e dico p. 20

Andãd à detto viaggio,vi conuiene paſſare diuerſi Monti , & particolarmente il Namari, Aerei, & Mondon.

Conuiene anco paſſare diuerſi fiumi de più principali,e queſti,Caſtri regali, Oliner, Traiano, Furiano,Salus,e Termi ni.

Poſte da Napoli a Lezze per Puglia,è Terra d'Otranto.

Da detta Città di Napoli Città.

A Marigliano   p. 2
A Cardenale   p. 1
Auellino Città   p. 1
Adente Cantem , p. 1
A Porcantio   p. 2
A Acquauiua   p. 1
A Aſcoli Città, Prin
   cipato   p. 2
Trauerſarete gli Ape
   nini Monti.
Alla Caſa del Côte p. 1
A Cirignola   p. 2
A Canoſſa finiſcono i
   Monti.   p. 1
A Adria   p. 2
A Ricco   p. 1
A Biſonto nella Ter
   ra di Barri   p. 2
A Caporto   p. 2
A Conuerſano   p. 1
A Monopoli Città al
   la ripa del mare A
   driatico)   p. 2
A Fagliano   p. 1
A Aſtone   p. 2
A S. Anna   p. 1
A Buſneglia   p. 1
A S. Pietro   p. 1
A Lézze Città di Pu
   glia.

Da qui à Otranto vi ſono miglia 24 li quali ſi repartono,& ſi pagano per poſte 3

poſte 33

Poſte da R. à Nap. per il camino di Valmone, & della Selua dell' Aglieri.

Ro

DI ITALIA.

Roma Città.

Alla Torre di mezza via p.1

A Marino p.1

Alla Caua dell'Aglieri. p.1

A Valmontone. p.1

A Castel Matteo p.1

A Fiorentino Castello p.2

A Torci p.1

A Crepano p.2

A Ponte Coruo, oue si passa il Gariglianò fiume p.1

Alle Frate Villa p.1

A Garigliano p.1

A Bagni p.2

A Castel Castello p.1 passerete il fiume Volturno.

A Patria Città p.2

A Pozzuolo. p.1

a Napoli Città bellissima, p.1

poste 21

Poste da Roma alla Santissima Casa di Loreto.

Roma città.

a. prima porta m.7. p.1

à Castel nouo Castello p.1

a Riguanò. p.1

Passarete il Teuere.

A Ciuità Castellana città. p.1

ssarete il Teuere.

Otricoli p.1

a Narni città p.1

Passarete ancora il Teuere.

à Terni città p.1

a Strettura p.1

a Spoleto città, p.1

Al passo di Spoleti p.2

à Varchiano p.1

Passarete il fiume Tieta.

al pian di Dignano. p.1

alla Mutia Castello p.1

à Valcimara p.1

a Tolentino città p.1

a Macerata città p.1

Passarette il fiume Patenza, & andarete a Recanati, di doue a Loreto vi sono p.1

poste 18

Poste da Loreto ad Ancona.

Loreto città.

Recanati città. p.1

Passarete vn fiume.

a Osmi città. p.1

a Ancona città, e porto di mare. p.1

poste 3

Poste da Roma à Firenze, per la via di Valdarno, & Orsieto.

Roma città.

All'Isola, cioè Storta p.1

a Baccano p.1

a Monterofo p.1

à 4 Si

Si efce dello Stato di Santa Chiefa , e fi entra nel di Caftro.

a Rōciglione Caftel-lo p. 1

Tornate nello Stato di S. Chiefa.

a Viterbo città p. 1
a Montefiafcone p. 1
alla Capràfica p. 1
alla Nona fotto a Or-uieto p. 1
a PonteCarnaiolo p. 1
á caftel della pieue p. 1
a Caftiglion de laco, p. 1
a Lorfaia p. 1
a Caftillō Artino p. 1
al Baftardo p. 1
al Ponte alle vane p. 1
a Fighino p. 1
a Treghi p. 1
a Firenze città bellif-fima p. 1

pofte 18

Pofte da Fiorenza à Lucca.

Firenze città
Paffarete il fiume Bi-fenzi
a Poggio Caiano p. 1
Paffarete l'Ombrone.
a Piftoia città p. 1
Paffarete il fiume Pe-fcia
a Borgo Borgiano p. 1
a Lucca città p. 1

pofte 4

Pofte da Milano à Ve-netia , per la via di Bergamo , e Brefcia, cioè la ordinaria.

Milano Città
Paffarete il Lambro fiume
alla Caffina di pecchi. p. 1
Paffarete il Nauilio .
alla Canonica , oue fi paffa l'Ada fiume p. 1
Lontano di quì 2. mi-glia fi entra nel Ve-netiano
a Bergamo Città p. 1
Paffarete il Serio , & Oglio fiumi
a Palazzuolo p. 1
all'Ofpedaletto p. 1
Paffarete li Mel fiumi
a Brefcia p. 1
Paffarete il Nauilietto & Chies Fiumi
a Defenzano Riuiera del Lago di Garda p. 1
al Ponte di San Mar-co , oue fi paffa il Menzo Fiume p. 1
a Caftel nuouo p. 1
Quì fi paffa l'Adige fiume
A Scaldere p. 1
Paffarete l'Agno fiu-me.
a Montebello p. 1
a Vicenza Città, fi paf-fa il fiume Bacchi-glione p. 1
a Pa-

a Padoua Città p. 1
per detta Padoua paſſa
la Brenta fiume.
a Lizafuſina p. 2
Qui v'imbarcarete per
Venetia, e vi ſono
miglia 5. p. 1

poſte 18

Poſte da Milano à Vdine nel Friuli.
Milano Città,
alla Caſſina de'pecchi
p. 1
alla Canonica, oue
paſſarete l'Ada fiume p. 1
Et ſi eſce del Milaneſe, e ſi entra nel Venetiano.
a Bergamo Città p. 1
paſſarete il Serio, &
Oglio fiumi.
a Palazzuolo p. 1
all'Oſpedaletto p. 1
Paſſarete il Mel fiume.
a Breſcia Città p. 1
paſſarete il Nauiglietto, & Chies fiume.
a Deſenzano Riuiera
del Lago di Garda
p. 1
al ponte di S. Marco,
oue ſi paſſa il Menzo fiume p. 1
* a Caſtel Nouo p. 1
A Verona Città, oue
paſſarete l'Adige
fiume p. 1
A Scaldere p. 1
paſſarete l'Agno fiu-

me.
a Montebello p. 1
a Vicenza Città p. 1
a detta Città ſi paſſa
il Bacchiglione fiume.
paſſerete anco li fiumi
Teſena, & Brenta.
a Cittadella p. 1
a Caſtel Franco paſſate il Muſon fiume
p. 1
paſſarete la Piaue, &
il Mondegan fiumi.
a Vderzo p. 4
alla Motta, oue ſi paſſa
la Liuenza fiume
a S. Vito p. 2
a Cordroipo p. 1
Si paſſa il Torre fiume
a Vdine Città principale del Friuli p. 1

poſte 30

*Poſte da Milano à
Breſſa per il camino
delle Poſte.*
Da Milano a detta
Breſſa conuiene veder il ſudetto viaggio, che lo trouarà
fino a queſto ſegno
* & ſono poſte 6
Altro camino da Milano à Breſcia, per doue altre volte vi erano le poſte, & hor nò.
Milano Città
a Caſſina bianca p. 1
a Caſſano Caſtello,
oue ſi paſſa il fiume
Ada

Ada p. 1
paſſarete il Serio fiume.

a Martinégo,oue paſ-
ſa l'Oglio fiume p. 1
a Coccai p. 1
a Breſſa Città p. 1

poſte 5

*Poſte da Milano à Ve-
netia, per la via di
Cremona, e Manto-
ua.*

Milano Città
a Meregnano paſſare-
te il Lambro fiume
p. 1
paſſarete la Muzza fiu-
me
a Lodi Città p. 1
a Zorleſco p. 1
a Pizighitone, oue ſi
paſſa il fiume Adda
p. 1
* A Cremona Città,
p. 1
Alla plebe di S. Gia-
comó, p. 1
A Voltino vltima po-
ſta del Milaneſe p. 1
Entrate nel Mantoa-
no, e paſſate l'Oglio,
A Marcaria p. 1
a Caſtelluccio p. 1
* A Mantoua Città
p. 1
Qui ſi paſſa il Lago
ſopra i ponti
paſſate il Teyone fiu-
me.
A Caſtellaro p. 1

paſſarete il Tartaro
fiume.
A Sanguenetto Vero-
neſe p. 1
paſſerete il Daniello
fiume, & à Legna-
go il Caſteludes alla
Beuilacqua p. 1
A Montagnana paſſa-
rete il Lagno fiume
a Eſte p. 1
a Padoua città doppia,
alla quale ſi può an-
dare in barca p. 1
a Lizafuſina ſi può an-
dare giù per barca
p. 2
a Venetia città, per
acqua p. 1

poſte 10

*Poſte da Milano à
Ferrara.*

Pigliarete le ſoprano-
minate
Da Milano per fino à
Mantoua, che ſono
p. 10. ſegnate *
a Gouernolo, oue eſce
il Mens dal Lago di
Mantoua p. 1
a Hoſtia p. 1
a Maſſa di Santa
Chieſa p. 1
a pantalone,oue paſſa-
rete il pò p. 1
a Ferrara,oue paſſarete
anco il pò fiume pe-
rò vn ramo di eſſo

poſte 1
Po-

Pofte da Ferrara à Bologna.

Ferrara città
al poggio   p.1
à San Pietro in Cafa-
  le   p.1
à Fun   p.1
à Bologna città   p.1
_____
          pofte 4

Pofte da Rauenna à Ferrara.

Rauenna città
a Fufignano   p.1
alla cafa de'coppi   p.1
à Argento, oue fi paffa
   il pò   p.1
à S. Nicolò   p.1
à Ferrara città   p.1
_____
          pofte 5

Pofte da Milano à Ferrara per Parma.

Milano città
à Meregnano, oue fi
   paffa il Lãbro   p.1
à Lodi città   p.1
à Zolefco   p.1
Vfcirete del Milane-
   fe ; & entrarete nel
   piacentino
à Fombi   p.1
à piacenza città, oue
   fi paffa il pò fiume
   p.1
paffarete li fiumi Nu-
   ro , & Relio Arta
   pofte 2.
à Firenzuola paffarete
   vn fiumicello .
* a Borgo San Doni-

no   p.1
paffarete il Tarro, e
   poi la parma .
a parma città   p.1
a Sant'Ilario   p.1
paffarete il fiume Len-
   za., & vfcirete del
   parmefano , & en-
   trarete nel Modene-
   fe.
a Reggio città   p.1
paffarete il Caftrola ,
   & Secchia fiumi
a Marzaia   p.1
*a Modena città   p.1
a Bomporto fi paffa il
   fiume Secchia   p.1
al Vò   p.1
al Bonizo   p.1
al Finale, oue fi paffa il
   Caftrola fiume
al Bondinello   p.1
paffarete il Reno
   fiume, e poi paffarete
   il pò fiume .
a Ferrara città   p.1
_____
          pofte 20

Pofte da Milano à Bologna per il più breue camino

Da Milano per infino
   à Modena , come fi
   vede quà di fopra
   fin oue è fegnato *
   fono   p.14
poi paffarete la Pana-
   ra fiume ; & vfcirete
   del Modenefe , &
   entrarete nel Bolo-
   gnefe, & paffarete
          l'Amo-

l'Amora fiume

A Samogeia p. 1
paſſarete li fiumi Canto,& Reno
a Bologna città grandiſſima p. 1

poſte 16

Poſte da Bologna à Roma per la via di Firenze.

Bologna città
paſſerete su'l ponte, & anco poi à guazzo il fiume Sauona.
a Pianoro p. 1
Qui principia l'Apennino Monte
a Loiano p. 1
Qui vſcirete del Bologneſe,& entrarete nel Fiorentino.
alla Feligaia p. 1
a Fiorenzola guardate il fiume Sàterno p. 1
al Zouo p. 1
a S. Pietro a Sieuo, e prima paſſerete il fiume Sieue p. 1
all'Vccellatoie p. 1
a Firenze città, oue paſſate l'Arno fiume p. 1
a S. Caſſiano p. 1
alle Tauernelle p. 1
a Sagia p. 1
a Siena città p. 1
a Lucignano p. 1
a Tornieri p. 1
paſſerete l'Orcia fiume
alla Scala p. 1

paſſerete vn fiumicello,e poco di là ſalirete la Montagna.
a Radicofani caſtello e buona hoſteria p. 1
paſſerete vn fiumicello a piedi del monte.
a Pontecètino, oue paſſerete vn fiumicello faſtidioſo quando pione p. 1
Poco di là paſſerete la Paglia su'l ponte.
a Acqua pendente di Santa Chieſa, p. 2
a Bolſena città p. 1
a Montefiaſcone città p. 1
a Viterbo città p. 1
a Ronciglione dello Stato di Caſtro p. 2
a Monteroſſo di Santa Chieſa p. 1
a Baccana p. 2
alla Storta p. 1
a Roma città p. 1

poſte 16

Poſte da Foſſombrone à Perugia.
Foſſombron.
Qui ſi paſſa vn fiume.
a Quaiana p. 1
a Cantiana.
Si paſſano li Monti.
a Giubileo città p. 2
a Perugia città, e ſtudio p. 1

poſte 3

Po-

D'ITALIA.

POSTE

paſſarete il Tenere
a Otricoli p. 1
a Narni città p. 1
paſſarete il Teuere
a Terni città p. 1
a Strettura p. 1
a proti p. 1
a S. Horatio p. 1
a S. Maria delli Angeli
p. 1
a Perugia città , e Studio p. 1

poſte 12

a Imola città p. 1
paſſarete il Santerno ,
e poi il Senio fiumi
p. 1
In detta città paſſa
l Amone fiume
a Forlì p. 1
a Ceſena città p. 1
a Sauignano p. 1
*a Rimini città p. 1
alla cattolica p. 1
a Peſaro città p. 1

poſte 27

Poſte da Perugia à Firenze.

Perugia città
alla Torre p. 1
all'Orſaia p. 1
a caſtillon artino p. 1
al Baſtardo p. 1
al ponte alla Valle p. 1
a Fichini p. 1
a Treghi p. 1
a Firenze città , oue ſi paſſa l'Arno p. 1

poſte 8

Poſte da Milano à Peſaro.

Milano città
Da detta città di Milano per inſino a Bologna le hauete di sopra a carte 23. & ſono p. 17
paſſarete la Sauona, & Idice fiumi
poi a San Nicola p. 1
paſſarete il Salerno fiume

Poſte da Milano à Vrbino.

Da Milano a Rimini come ſi vede ſi ſopra ſono p. 27
poi andate a coriano p. 1
a Montefiore p. 1
alla Foglia hoſteria p. 1
a Vrbino città p. 1

poſte 31

Poſte da Lucca à Genoua.

Lucca città
paſſarete il Serchio fiume
a Mazaroſo, e con queſti caualli vſcite del Luchese, & entrate mello Stato di Firenze p. 1
a pietra Santa p. 1
a Maſſa del precipe p. 1
paſſerete il Verſiglia fiume

*a Sa-

#a Sarezana città della Sereniſſima Signoria di Genoua p. 1. paſſarete la Marca fiume a Lerci , oue vi potrete imbarcare per Genoua quando, che non ſeguitate, p. 1. a S. Simedio, p. 1. al Borghetto, p 4. a Macarana p. 1. a Bicco, p. 1. a Seſtri p. 1 E quì anco ſi può imbarcare per Genoua, che vi ſono cinque poſte. paſſate la Laguna, fiume. a chiauari p. 1. paſſarete il fiume Sturla: a Repalo, p. 1. a Recco, p. 1 a Bolignaſco, p. 1. paſſarete il fiume Beſagna: a Genoua città , e porto di Mare p. 1

poſte 15

Poſte da Venetia à Genoua per la via di Parma.
Venetia città.
a Lizafuſina per mare p. 1. a Padoua città a loppia , oue ſi paſſa la Brenta, p. 1. a Eſte, e potete andare giù per il fiume a ſeconda, p. 1. a Montagnana paſſate il Lagno fiume p. 1 alla Beuilacqua p. 1 paſſarete il Daniello fiume. a Sanguenetto Veroneſe, p. 1. paſſarete il Tanaro fiume, a caſtellaro, p. 1. paſſarete il

Teyone fiume a Mantoua, oue ſi paſſa il Lago di queſto nome p. 1. a Borgo forte p. 1 a Mora, oue ſi paſſa il pò p. 1. a Guaſtalla principato, p. 2. a Berſello p. 1 paſſarete la Lenza fiume, p. 1. a Parma città , oue paſſarete la parma fiume , p. 1. Hauete da paſſare il fiume. a Fornouo , p. 2. a Borgo di Val di Tarro. p. 2. paſſarete li Monti , poi la Marca , & il pogliaſco fiume. a Varaſe p. 1 a Seſtri , p. 1. paſſarete il Lauagna fiume a chiauari , p. 1. paſſarete il Sturla fiume: a Repalo p. 1. a Recco, p. 1. a Bolignaſco, p 1. paſſarete il Beſagna fiume: a Genoua città , e porto di mare p. 1

poſte 30

Poſte da Milano à Genoua.
Milano città: a Binaſco p. 1. a pauia città, e Studio, oue ſi paſſa ſopra il ponte il Ticino fiume p. 1. paſſarete il Granolone , e poi il pò fiume a pancarana , p. 1. a Voghera , oue paſſate la Stafora, p 1. paſſarete il curone fiume a Tortona città. p. 1. paſſa-

farete la Scriuia fiume alla Bettola p. 1. a Sera-ualle p. 1. a Ottagio,o-ue. prima fi paſſa. vn fiumicello p. 1. Mon-tarète il Zouo,& lo di-ſcenderete. a pòtedeci-mo p. 1. paſſarete il Sè-ria fiume.
a Genoua città   p. 1

poſte 11

Poſte da Genoua à Vene-tia per la via di Piacen-za, e Mantoua.
Genoua città: paſſarete il Seria fiume. a ponte decimo p. 1. Salirete,& defcenderete il Zouo . a Ottaggio p. 2. paſſarete vicino a Gauio vn fiu-micello. a Seraualle ca-ſtello del Stato di Mi-lano; p. 1. alla Bettola p. 1. paſſarete Scriuia: a Tortona città ; p. 1. paſſarete la Stafora . a Voghera, p. 1. paſſare-te il Coppa fiume. ¶ a Schiatezzo, p. 1. paſſa-rete la Verſa fiume. alla Stradella,   p. 1. à caſtel S. Giouanni p. 1 paſſarete il Tidone. a Rottofreno caſtello. p. 1. paſſarete la Treb-bia: a Piaceza città p. 1 paſſarete il fiume Nuro, Relio, Vezero,& Chier & po paſſarete il pò

a Cremona città del Sta-to di Milano p. 3. Da queſta città a Venetia, poſte 15

poſte 31

Poſte da Milano à Guaſtalla.
Milano città.
paſſarete il Lambro.
a Merignano p. 1. paſſa-rete la Muzza: a Lodi città, p. 1. Zorleſco p. 1 a pizighittone caſtello, oue paſsarete Ada p. 1 a Cremona città   p. 1. alla plebe di S. Giacomo p. 1. a Volti p. 1.* a Ca-ſal Maggiore   p. 1. a Berſello Modeneſe ; oue ſi paſsa il pò ; p. 1 a Guaſtalla Principato di queſto nome   p. 1

poſte 10

Poſte da Milano à Trèt cioè per il camino delle poſte.
Da Milano infino a cá-ſtel Nouo , l'hauete Carte 18.   p. 10. a Volgarna p. 1. a Peri p. 1. al Vò Prenc. del Trentino   p. 1 paſſerete l'Adige fiume a Rouerè   p. 1 a Trento città d Italia ; & Alemagna   p. 2

poſte 16

IL FINE.

DEL-

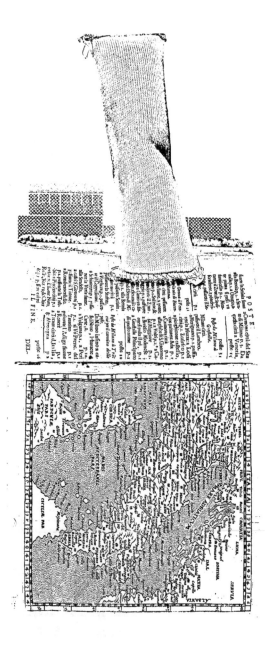

POSTE

Poste da Milano à
Goleta.

poste 31

Poste da Milano à ...

IL FINE.
DEL

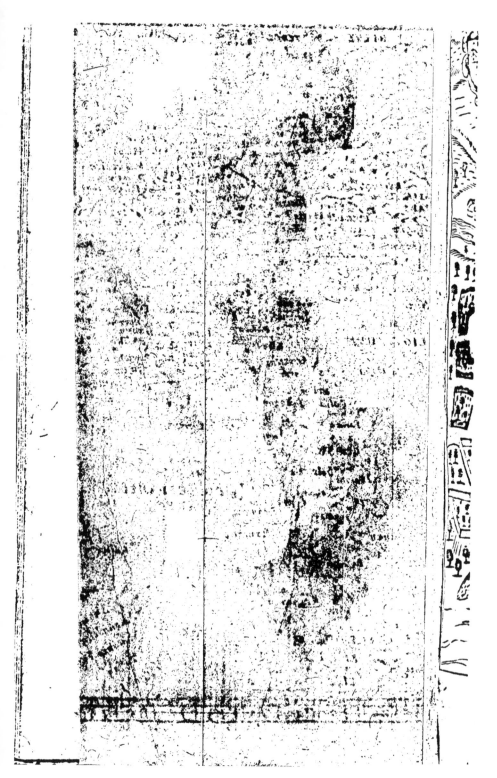

DELLA
DESCRITTIONE
De' Viaggi Principali
D'ITALIA.
PARTE PRIMA,

Nella quale si contengono i Viaggi da Trento à Venetia, da Venetia à Milano,
e da Milano à Roma.

Camino da Trento à Venetia.

Rento è Città della Marca Triuigiana, posta ne i confini di detta Prouincia, in vna valle. Hà le
muraglie attorno, le quali circō-
dano vn miglio, & è bagnata
dal Ladice verso Tramontana. Quiui si scorgono larghe, e belle strade tutte saliciate, & altresì case molto honoreuoli. Vi sono belle
Chiese, ma picciole. Euui vn sontuoso, e Regal Palagio, il quale è stato ristorato nuoua-
mēte da Bernardo Clesio Vescouo di Trento.
Verso Oriente v'entra vn fiumicello, sopra il
quale sono fabricati molti edificij per lauorare
la seta, e per macinare il grano. Dal detto
A   fiumi-

fiumicello fono condotti molti altri rufcelletti
per le ftrade,e nelle cafe de i Cittadini. Fuori
della porta di S. Lorenzo fopra il Ladice v'è
il magnifico Ponte, longo 146. paffi, (ma di
legno) il quale cogiunge amendue le riue .
Sono i circonftanti monti coperti continuamente di neue inaceffibili, precipitofi, e tanto
alti, che le cime loro paiono toccare il Cielo,
Frà quefti monti vi fono due ftrade, vna và
verfo Tramontana, l'altra verfo Verona. Hà
picciola Campagna, ma amena, e piantata di
viti , & alberi fruttiferi, per la quale paffa il
Ladice. Quiui fi vede il Caftello con la Rocca
di Péfen della nobiliffima famiglia de i Troppi. Parlano i Cittadini Todefco, & Italiano
beniffimo. Trento è ridutto de i Todefchi, e re-
fugio degl'Italiani, quando loro interuiene
qualche difgratia. Raccolgono poco frumento, ma buona quãtità di vini dilicati, cioè biã-
chi, e roffi. Vi è buon' aria l'Eftate, ma ne'
giorni del Sol in Leone la percuote fortemen-
te il Sole. D'Inuerno poi vi fà tanto il gran
freddo per rifpetto de i ghiacci, e delle neui,
che non vi fi può ftare. Non baftauo le ftufe,
perche i freddi fono così attroci, che nõ lafciano cadere in terra la pioggia, ma la conuertono in neue;quel, che fà più marauiglia,i pozzi
in quel tẽpo fono voti d'acqua. In vece di muli,afini, e caualli dà foma, fi feruono de i buoi,
e delle vacche, con le carrette tanto facili per
portare le robbe, che corrono sù per i monti ,
come fe foffero nel piano. E ben vero, che
le ftrade fono così ben acconcie per quei bal-
zi, che le beftie hanno poca fatica d'andar per
tutto .

Fù

Fù grandemente illuftrata, & arricchità queſta Città gli anni paſſati del Concilio Generale : imperoche vi conuennero primieramente cinque Cardinali Preſidenti , e due Legati del Concilio per la Santità di N.Sig. Papa Pio IV. Pontefice Maſſimo , parimente Cardinali, cioè il Loreno, & il Madruccio; tre Patriarchi, 3 2. Arciueſcoui , 230. Veſcoui. 7. Abbati, 7. Generali di Religione, 246. Teologi frà Secolari, e Regolari; l'Ambaſciatore di Ferdinando Imperatore , tanto in nome dell'Imperio, quanto de'Regni d'Ongaria , e di Boemia; quello del Rè di Francia , del Rè di Spagna, di Polonia, di Portogallo, di Venetia, de i Duchi di Bauiera, di Sauoia, di Fiorenza, e d'altri Principi Cattolici.

Il Concilio fi fece nella Chieſa di S.Mariá, oue fi vede vn belliſſimo Organo. Nella Chieſa di S.Pietro vi ſono le ceneri del B. Simeone fāciullo, martirizato da gl'iniqui Giudei. Nella Chieſa de i Frati Eremitáni v'è ſepolto il Cardinal Seripando, che fù Legato del Concilio, huomo illuſtre per ſantità, e per dottrina. I Canonici ſono tutte perſone illuſtri, & hanno auttorità d'eleggere il Veſcouo Signor della Città, e Prencipe dell'Imperio. Queſta dignità hanno hauuta ſucceſſiuamēte tre Cardinali della nobiliſſima famiglia de i Madrucci , de i quali viue al preſente Altiprando , huomo Religioſo, & Amatore de i Letterati.

BASSANO.

DA Trento ſi và a Baſſano, caminando
verſo Oriente per la Valle di Sugana,
detta Euganea da gli antichi, perche v'habitauano i popoli Euganei. Queſta pianuta è di
lunghezza diecidotto miglia, larga ſolamente
due; quinci ſi può andare à Venetia, ma è troppo lunga. Ritrouaſi fuor di Trento 5. miglia
la ricca, e popoloſa Terra di Perzene.

In capo della Valle appreſſo Primolano ſtanno i confini trà i Venetiani, e Tedeſchi. Sopra
gl'alti monti di Primolano v'è vna fortiſſima
Rocca de' Venetiani detta Scala, oue pochi
ſoldati poſsono ributtare i Tedeſchi, quando
voleſsero far violenza per andar auanti. Quindi à 12. miglia vers'Oriente frà l'alpe, è la città di Feltre; per la qual ſtrada alla deſtra riua
della Brenta 3. miglia diſcoſto da Scala, ſi ritroua Cauolo fortezza ineſpugnabile degli
Tedeſchi, imperoche è fodata ſopra vn grãdiſ-
ſimo ſaſso direttamẽte pẽdente ſopra la ſtrada,
cõ vna fontana d'acquauiua, oue da terra nõ ſi
può ſalire, ma biſogna, che gl'huomini, e l'altre robbe ſi faccin portar di ſopra cõ vna fune,
la qual s'auuolge intorno ad vna ruota. Quindi (per eſſer vna ſtretta ſtrada di ſotto frà'l mõ-
te, & il fiume) cõ poca fatica ſi può cõ i ſaſsi am-
mazzar ciaſcun, che paſsa. Poſcia 5. m. diſcoſto
ſi ritroua il fiume Ciſmone (ilquale sbocca nella Brenta) oue giornalmente da' Tedeſchi, e
Feltrini ſi carica grã quantità di legnami coſi
pervſo delle fabriche, come per abbruciare, per
condurli poi à Baſsano, à Padoua, & à Venetia.
Sette miglia lũgi da Baſsano alla deſtra riua
della Brenta, ſi titroua Valſtagna, cõtrada poſta

ſta ſotto le radici de'monti, oue ſi fanno le ſeghe da ſegare i legnami . Quindi diſcoſto tre miglia ſi ritroua Campeſe cõtrada,oue in vna Chieſa de'Frati di San Benedetto ſtà ſepolto quel,che ſcriſſe la Macharonea.

Baſſano giace à piè di quella ſtretta valle , & è bagnata vers'Occidente dalla Brenta , detta anticamente Brenta,ò Brenteſſa,la quale hà origine ſopra l'Alpe di Trento dieci miglia appreſſo Leuego,ſopra la quale fuor della porta di Baſſano è vn gran ponte di legno , che congiunge amendue le riue . Frà l'Alpe,e queſto Caſtello ritrouanſi alcuni colli, i quali abondantemente producono tutte le coſe, non ſolamente neceſſarie per il viuere, ma altresì per le dilicatezze: ſe ne traono particolarmente oliue, e vini dilicatiſſimi . La Brenta ſcorre per il Territorio di Vicenza , paſſa per la città di Padoua , & al fine ſbocca nella laguna . Vi ſi peſcano buoni peſci , come trutte , ſquali,anguille, lucci,tenche,lamprede, barbi, e gambari . Non è luogo alcuno,oue gli huomini ſiano più ingegnoſi nelle mercantie di queſti, particolarmente in teſſere i panni , nel lauorar di torno , e nell'intagliare legni di noce.Non è mai anno,che loro non acconcino 15000. libre di ſeta,e benche quella, che ſi fà nella China ſia la migliore,che ſi faccia in neſſun'altro paeſe del mondo ; nientedimeno s'è trouato, ch'è più ſottile, e più leggiera queſta di Baſſano.Quindi traſſero origine i Carrareſi, & Eccellino tiranno, & altresì Lazaro cognominato da Baſſano,huomo nò meno letterato,dotto,e pratico nella lingua Greca,che nella latina. Lungo tépo dimorò in Bologna,

con gran ſodisfattione de i Letterati ; poſcia
ſi riduſſe à Padoua,accio che illuminaſſe quelli, che voleuano impa rar le buone lettere . Al
preſente illuſtra grandemente queſta patria
Giacomo dal Ponte eccellentiſſimo Pittore,
inſieme con quattro ſuoi figliuoli , chiamati
volgarmente i Baſſani . Baſſano hà ſotto di
ſe dodici Ville,le quali inſieme con eſſo, ſanno
intorno à 12000, anime .

MAROSTICA.

L Vngi tre miglia da Baſſano vers' Occidente ritrouaſi Maroſtica, Caſtello edificato da'Signori della Scala appreſſo il
Monte, e fortificato con muraglie, e due rocche . Anticamente ſtaua queſto Caſtello nel
vicino Monte, che riguarda verſo Oriente,
oue ancora ſi veggono i veſtigij.Quiui è l'aria
perfettiſſima, & il paeſe ameniſſimo,il quale
produce abbondantemēte buoni frutti,e particolarmente Ceraſe tanto ſaporite, che perciò
in molti luoghi ſi chiamano Maroſticane. Vi
ſono molte fontane d'acque chiare , e quindi
diſcoſto due miglia euui vn lago detto Piola,
le cui acque calano,e creſcono à guiſa delle
Lagune di Venetia , con gran merauiglia di
chi le riguarda . Gli habitatori di queſto Caſtello ſono molto riſſoſi,però coſì ſcriue vn'elegante Poeta .

Reſtat & in ciuibus Martij diſcordia vetus,
Qua cum Sillanis ſauit in Vrbe viris.

Sono in queſto Caſtello molte Chieſe , trà
l'altre in quella di S.Baſtiano , oue dimorano
i Frati di S.Franceſco, euui il corpo del B.Lo-
ren-

renzuolo fanciullo, martirizato da gl'iniqui
Giudei, i quali anticamente quiui ftauano. Hà
illuftrato quefto Caftello Francefco de i Frefchi, il quale leffe pnblicamente le Legi Ciuili
in Padoua, e pariniente Angelo Matteaccio,
il quale hà compofto alcune opere di legge.
Hora dà gran nome à quefta fua Patria Profpero Alpino Eccellentiffimo Medico, Lettó-
re della materia de'Semplici nell'Academia
di Padoua, il quale ha fcritto (De Medicina
Ægyptiorum. De Plantis Ægypti. De opo-
balfamo, & de præfagienda vita, & morte æ-
grotantium) nuouamente mandati in luce,
fenza qualche altra nobile fatica, che hora fi
và maturando. Paffa per mezo à quefto Caftello il fiumicello Rozza, & vn miglio difcofto, il Sillano, forfe così detto, perche latinamente quefta voce fignifica vn riuo d'acqua
corrente. Bifogna credere, che quefto luogo
foffe molto frequentato da gli antichi Romani; percioche gli habitatori ancora ritengono
certe parole latine benche corrotte. Auanti la
Chiefa di San Floriano appaiono due marmi
antichi, in vno de'quali così è fcritto.

TI. Claudio Cæf.
M. Salon .·.·. es
Matina Chara coninx, quæ
Venit de Gallia per manfiones
L. Vt commemoraret memoriam
mariti fui.
Bene quiefcas dulciffime mi marite.

TREVISO.

L'Antichiffima Città di Treuifo è vers'O-
riente, lontano da Baffano 25. miglia .
Fù fondata quefta Città da Ofiride III.
Rè de'Greci,e figliuolo addottiuo di Dionifio
che gli lafciò l'Egitto, il quale regnò in Italia
10. anni. E perche dopò la fua morte apparue
à gli Egittij vn bue , quefti penfando , che
fuffe Ofiri, l'adorarono come Dio , e lo nominarono Api,che in lingua loro fignifica
bue . Per quefto in molti luoghi di Treuifo
appare dipinto il Bue con quefto motto. (Memor.) in memoria della loro antichità. Alcuni
altri dicono , che Treuifo foffe edificato da'
compagni d'Antenore; altri da'Troiani, che
fi partirono di Paflagonia : Ma fia come fi
vuole , è certo, che l'è antichiffima. Venne
alle mani molte volte con i Padouani , e con
gli Altinati per caufa de i confini. E fe bene
trà la cura delle forze de' nemici hauendo allargata intorno tutta la Campagna,nondime-
meno afficuratifi meglio,fecero drizzare alcune Torri , onde vedeuano gl'inimici , gli
teneuano lontani , e vi fi ricouerauano dentro. Perciò fù lungo tempo detta Città delle
Torre , facendo per arme tre Torri negre in
campo bianco. In quefta Città , perche era
la più nobile di tutte l'altre , ò perche venne
la prima fotto il Dominio loro, li Longobardi pofero il feggio del Marchefato,che Marca
vuol dire in lingua loro confine. Però tutta
quefta prouincia fi chiama Marca,oue anticamente fi ritrouano fei principali Città , delle
quali

TREVISO.

L'antichissima Città di Treviso verso Oriente, lontano da Bassano, verso la Fisonomia della Città da Oriente, R. di Genti, figliata da molti Nobili, Angliola l'Egeo, li quali reputa in Italia...

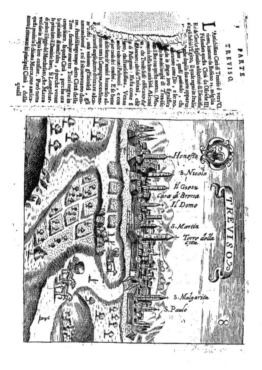

quali non ve ne fono in piede più, che quattro,
con molt'altre Città, e Caftelli groffi. Il fuo
Territorio è longo dall'Oriente all'Occidente
40. miglia, e largo dal Meriggio à Tramontana 30. fù foggetta à gli Vnni, pofcia à' Lor-
gobardi, à gli Ongari, à quei della Scala, à i
Carrarefi, finalmente l'anno di Chrifto 1388.
ne venne fotto il Dominio de' Venetiani, à i
quali dall'hora in quà hà mantenuta fempre
coftantiffima Fede. Si conuertì quefta Città
alla Fede di Chrifto per le predicationi di S. n
Profdocimo difcepolo di San Pietro.; laonde
pigliorono per arma la Croce bianca in campo roffo, lafciando quella delle Torri negre.
Intorno à Treuifo paffa il fiume Sile, fenza gli
altri rufcelli, che fono dentro di effa, e vers'
Oriente hà il groffo fiume della Piaue. Hà il
paefe molto abbondante, e vi fi generano
groffiffimi Vitelli, e gambari. Vi fono fontuofi palazzi, con molte nobiliffime famiglie.
Otto miglia lungi da quefta Città euui Al-
tino, fondato da Antenore, pofcia diftru-
to da Attila. Frà Treuifo, e Padoua, ritrouafi il ricco, e ciuil Caftello di Noale.
Sù i monti verfo Tramontana vedefi il nobiliffimo Caftello d'Afolo già Colonia, come
fi dice, de' Romani, oue con gran diletto
dimorò la Regina di Cipro, hauendo quattro
miglia difcofto da Afolo fabricato vna belliffima Rocca in vn'amena pianura, con Giardini,
Fontane, Pefchiere, & altre delitie. Lontano
dieci miglia vedefi Caftel Franco nobile Caftello, ilquale fù edificato da' Treuifani nell'
anno 1199. Pofcia vers'Oriente frà la Piaue,
e la Liuenza fi troua Conegliano, parte sù'l

A 5   colle,

colle, e parte nella pianura . Quiui ſi veggono
belle fabriche, vi è l'aria temperata con numeroſo popolo, talmente, che da i Tedeſchi vien
chiamata Cunicla, che vuol dire ſtanza da Rè
Queſto fù il primo luogo , che poſſedeſſero i
Venetiani in terra ferma. Quì intorno ſtà Co-
lalto, Narueſa, & il Caſtel di San Saluatore
della nobiliſſima famiglia de i Colalti. Più
oltra vi è Oderzo, fin doue al tempo de' Romani arriuaua il mare Adriatico , la onde gli
Oderzeſi haueuano vn'armata in mare . Appreſſo vi è la Motta patria di Girolamo Ale-
xandro fatto Cardinale dà Paolo III. per l'Eccellente ſua dottrina; imperoche era ornato di
lettere non ſolamente latine , ma anco greche,
& ebraiche: caminando da Treuiſo ſopra vna
larga, e ſpatioſa ſtrada , ſi giunge al Caſtello
di Meſtre dieci miglia diſcoſto da quella , e
doppo due miglia à Marghera, donde ſi paſſa
à Venetia cinque miglia lontana con le Gondole.

VENETIA.

Giunto ſopra le lagune à Venetia, vedrai
ſuperbi Palazzi, fatti di marmo, ornati
di colonne, di Statue , e di belliſſime
pitture, edificati da quei nobiliſſimi Senatori,
con ineſtimabile ſpeſa, & artificio, frà i quali
vedrai il Palaggio de' Grimani ornato di ſtatue , effigie, ſimolacri, coloſſi, & auelli ,
parte di marmo, & altri di metallo , molto ar-
tificioſamente ſcolpiti, & intagliati, quà portati di Grecia, & altreſì dalle rouine d'Acqui-
leia. Nel Portico di detto Palazzo ſono molti

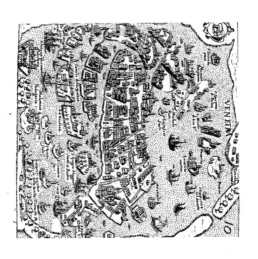

in marmo eum l
quali ne sona
intagliate in a
di Belmo, il c
veneratione a
afferifce l'Ih
tolino. Li qu
ri à Sentic il di

La
Br VI

Apollini
Belamo.Aug
In bon
C.Petri. C.I
Philinati. I
Pref. Aud.
Pref. Ex.
Cella
Fabr. Et.
Dioc
Donam. 1
L. D. D.

ti marmi con belliffime infcrittioni, frà le
quali ne notaremo qui fotto alcune, che fono
intagliate in alcuni Altari drizzati in honore
di Beleno,il quale era tenuto in grandiffima
veneratione appreffo gli Aquileienfi, come
afferifce l'Iftoria d'Erodiano,e di GiulioCapi-
tolino. Li quali titoli credo faranno molto cari à Studiofi dell'antichità.

In vn'Altare quadro
è fcritto.

Beleno.
Manfuetius.
Verus.
Laur. Lau.
Et Vibiana
Iantula
V. S.

In vn'altra.

Apollini
Beleno.Aug.
In honorem.
C.Petri. C.F.Pal.
Philitati. Eq.P.
Præf. Aed. Por.
Præf. Et. Patron.
Collegiorum.
Fabr. Et. Cent.
Diocles Lib.
Donum. Dedit.
L. D. D. D. D.

In vn' altra.

Belino. Aug.
Sacrum.
Voto fufcepto
Pro Aquillio
C. F. Pom. Vale nte
IIII. V. I. D. Defig.
Phaebus. Lib.
V. S. L. M.
In vn'altra.
Beleno
Aug. Sacr.
L. Cornelius
L. Fil. Vell.
Secundinus
Aquil.
Euoc. Aug. N.
Quod. In. Vrb.
Donum. Vou.
Aquil.
Perlatum,
Libens. pofuit
L. D. D. D.
In vn' altra.
Belen. Aug.
In. Memor.
Iulior.
Marcell. Et
Marcellæ. Et
In. Honorem
Iuliarum
Charites. Et
Marcellæ. Filiar.
Et. Licin. Macron.

Iu-

Iunior. Nepotis.
C.Iul.Agathopus
VI. Vir. Aquil.
L.D.D.D.
In vn'altra.
Belino
Sex
Grafernius
Fauſtus
VI. Vir.
V. S. L. M.
In vn'altra.
Fonti. B.
In vn'altra.
VI. Diuinæ
Sacrum
C. Verius. C. F.
Gauolus.

S'arriua poi al Regale , e ſuperbo palagio
del Doge di Venetia , il quale fù principiato
da Angelo Participatio l'anno 809. E benche
ſia ſtato cinque volte abbrucciato, ò in tutto ,
ò in parte, ſempre però è ſtato rifatto più bello. La ſua forma non è in tutto quadra, perche eccede alquanto in lunghezza. Hà verſo
Tramontana la Chieſa di San Marco , vers'
Oriente il canale , vers'il Meriggio la marina, e la piazza vers'Occidente. Dalla porta
principale di queſto palazzo, fin'al cantone
che ſtà appreſſo il Ponte della Paglia verſo
Mezodì, hà 36. archi , ciaſcuno de'quali
è largo dieci piedi , il quale ſpatio compre-
ſoui quello di 33. Colonne , fanno 300. piedi : queſte colonne non hanno le baſe , ma i
capitelli. Le due facciate dinanzi ſi veggono
in-

incroſtate di marmi bianchi , e roſſi nel mezzo vi ſono i poggioli con 37. colonne , e 72.
archi fatti di forma piramidata.La facciata di
dietro è fatta nuouamente di pietra Iſtriana,
e ſi congiunge verſo Tramõtana con la Chieſa di San Marco . Il tetto di queſto Palazzo
già era coperto di piombo , ma per l'incendio , che occorſe l'anno 1574. fù coperto con
laſtre di metallo . Ogni facciata hà vna porta, la principale,che è congionta alla Chieſa è
di marmo , di figura piramidata , e riſguar-
da verſo la piazza ; ſopra la quale vedeſi il
Leon alato , & il Doge Foſcaro ſcolpiti di
bianco marmo.Dentro poi à man deſtra ritrouaſi vna ſpatioſa corte, con due pozzi d'acqua
dolce, li quali hanno le bocche di metallo,or-
nate di pampini,e di bocche d'edera. A piè di
queſta corte v'è la porta,che riſponde nel mare. A man ſiniſtra poi ſi và sù la ſcala Foſcara
coperta, la quale aſceſa ſi può andare attorno
il palazzo per i corridori . Le due facciate di
dietro , che ſono vna verſo il mare , e l'altra
verſo la piazza, ſono ſimili à quelle di fuori ,
eccetto,che quelle non hanno nè archi,nè colõ-
ne da baſſo. La facciata verſo Oriente nel piano hà 36. archi, & altrettante colonne di pietra Iſtriana , ſopra delle quali v'è vna loggia
con 54. archi, e colonne 55. Nella ſommità è
tirato vn muro di pietra Iſtriana ornato di bel
liſſimi fregi. Dirimpetto alla porta principale
vi ſono parimête le ſcale principali del palazzo,verſo Settetrione,che vanno alle ſtanze del
Prencipe. A piè di queſte ſcale ſi veggono due
coloſſi,cioè vno di Marte,e l'altro di Nettuno.
Aû alto parimente all'incontro ſono due bel-
                                            liſſi-

lissime statue, vna di Adamo, e l'altra d'Eua .
La loggia da basso verso il canale hà due scale, per le quali s'ascende à quel sontuosissimo
corridore, doue stanno molti tribunali . Dirimpetto alle scale principali v'è vna memoria
d'Enrico III. Rè di Francia intagliata in marmo à lettere d'oro. Dal Meriggio vers'Oriente si saliscono quelle splendidissime scale, lequali alla sinistra vanno alle camere del Prècipe;e della destra al Collegio. Quiui douunque riuolgi gl'occhi non vedi altro,che oro, e
soffiti sontuosissimamente ornati.

Il Collegio è verso oriente sopra le camere
del Prècipe,il cui soffito,come dicono à Venetia,è parte indorato,e scolpito con grandissimo
artificio,parte dipinto,& historiato à marauiglia . In capo di questa Sala stà il soglio del
Doge,e l'imagine di Venetia, figurata per vna
Regina, la quale gli pone in testa la corona .
Quì il Prencipe con i Senatori tratta de'negotij di Stato, e dà audienza à gli Ambasciadori
tanto delle loro proprie Città,quàto de i Prencipi stranieri . Poscia s'entra in vn'altra gran
Sala,nella qual sono figurate le prouincie, che
possedono i Venetiani in terra ferma, oue altresì sono vndeci statue d'Imperadori bellissi-
me.Vscendo fuora di questi luoghi,& andãdo
verso il mare,si ritrouano i tremendi tribunali
del Conseglio di Dieci, oue similmente ogni
cosa risplende d'oro,e di sontuosità.

Più auanti vi è la spatiosa Sala del gran
Conseglio,oue si dispensano gli officij publici,
e si ballottano i Magistrati; il qual Conseglio
s'ordina in questa forma. Siede principalmēte
il Doge regalmēte vestito nel tribunale in luo-

go affai rileuato da terra. Da man deftra hà vicini 3. Cõfiglieri, accõpagnati da vn de'capi di Quarantia Criminale. All'incontro del Prenc. dall'altro capo della grandiffima Sala, fiede vn de'capi dell'Illuftriff. Confeglio di Dieci. Non molto indi lontano fi pofa vn degl'Auogadori di commune. Ne gli angoli degli fpatij della gran Sala ftanno gl'Auditori vecchi, e noui. Nel mezo fono i Cenfori. Il reftante de'nobili fi mette per ordine in altro luogo mẽ rileuato, cioè nel piano della gran Sala: Nel qual configlio non può effer ammeffo alcuno, che non fia nobile, e che non paffi 25. anni dell'età fua. Il gran Cancelliere poi (hauẽdo prima ricordato à tutti l'obligo di far elettione di perfone atte à quel Magiftrato) nomina il primo cõpetitore, all'hora alcuni ragazzetti vanno per la Sala con boffoli doppi, perche vno è bianco, e l'altro verde; il verde di fuori, il bianco di dentro, raccogliendo le ballotte, e quefte ballotte fono picciole fatte di tela, perche al fuono non fi oda in qual buffolo è gettata, & auanti, che fi getti, moftra il votante, che non hà fe non vna balla, & in tanto il nome di quel Gentil'huomo, che fi ballotta, per quelli, che non l'hanno forfe ben intefo, fpeffe volte ripetono; chi vol efcludere gitta la ballotta nel verde, chi includere nel bianco; che fono però fabricati in forma tale, che neffuno può vedere in quale di loro fia la ballotta gittata. I Procuratori di San Marco non entrano mai in quefto maggior Configlio (eccetto alla creatione del Doge) ma fe ne ftanno fotto la Loggietta con la Maeftranza dell' Arfenale, mentre effo Confeglio grande è ridotto, per fua guardia, diuidẽdofi trà loro i giorni,

ne'

ne'quali deuon hauer quefta cura. Ma di queft'
ordine noi ci rimettiamo à quelli, che ne trattano diffufamente, perche noi andiamo breuemente accennando le cofe principali.

E di larghezza quefta gran Sala 73. piedi,
& di longhezza 150. e fù cominciata l'anno
1309. Quì v'erano dipinte da i più eccellenti
Pittori di quella età le vittorie della Republica, i Prencipi, con molti huomini illuftri d'I-
talia, ma efsendo ftate affumate per l'incendio
occorfo l'anno 1577. v'è ftato pofcia dipinta
l'Iftoria d'Alefsandro III. Pont. Maffimo, e di
Federico Imperatore, cō la foggettionē di Co-
ftantipoli alla Republica Venetiana. I folari
fono marauigliofi. Vers'Oriēte ftà il foglio del
Prencipe, fopra il quale è vn Paradifo dipinto
dal Tintoretto (ilquale per auāti era ftato dipinto da Guarineto) & empie tutta quella facciata. Nella facciata, che è dirimpetto alla fudetta, dētro vn quadro di marmo, v'è vn' Imagine della B. Verg. che tiene nelle braccia il
fuo Figliuolino, circondata da 4. Angeli. Le
fineftre di quefta Sala altre rifpondono nella
Corte, altre nella marina. Apprefso quefta vi è
l'Armamento di Palazzo, il quale non s'apre
fe non a'Prencipi foreftieri, doue ftà vna moni-
tione d'arme per 1500. gētilhuomini, poco più
ò meno, & è diuifo in quattro fpatiofi Portici,
con le porte di Cipreffo, che rēdono vn foauif-
fimo odore. Dall'altra parte della Sala del grā
Confeglio verfo la Chiefa, vedefi la Sala dello
Scrutinio con molte diuerfe Pitture, frà cui v'è
vn Giuditio fatto per mano del Tintoreto.

Quindi fcendendo per le Scale Fofcare, s'entra nella Chiefa Ducale di S. Marco, laquale è
tut.

tutta fatta di bellissimi, e finissimi marmi con
gran magistero, e grandissima spesa. Vedesi
primieramente il patimento tutto composto
di minuti pezzi di porfido,di Serpentini,& altre pietre pretiose (come si disse) alla Mosai-
ca,con diuerse figure. Trà l'altre vi sono alcune figure effigiate per commissione di Giouachino Abbate di Santa Fiore (secondo che
è volgata fama) per le quali si dimostrano le
gran rouine, che doueuano sopragiungere à i
popoli d'Italia, con altri strani casi. Onde si
veggono due galli molto arditamente portare
vna Volpe, che (secondo alcuni) dinotauano,
che due Rè Galli portarebbono fuori della Signoria di Milano Lodouico Sforza. Et etiandio di alcuni Leoni belli, e grossi nell'acque
posti, e poscia alcuni altri in terra ferma molto magri. Si vedono nelle pareti di finissimi
marmi Incrostate,à man sinistra due tauole di
marmo biāco,alquāto di nero tramezate,nel-
la cōgiuntione di esse effigiato vn'huomo tāto
perfettamēte,che è cosa molto marauigliosa à
cōsiderarla.Delche Alberto Magno nella Me-
teora (come di cosa rara)fà memoria. Sono in
questo sontuoso Tempio(da annouerarlo frà i
primi d'Europa)36.Colonne di finissimo marmo,grosse per diametro due piedi. Et il coperto del Tempio diuiso in cinque cupule coperte
di piōbo. Dal piano di questo luogo fino alla
sōmita del Tempio sono le facciate di Mosaico lauorate à figure di campo d'oro, cō alcuni
capitelli à fogliami di marmo, sopra le quali
sono molte imagini di marmo, che paiono vi-
ue.Sono altresì sopra di questo luogo,in quella parte,che è sopra la porta maggiore,cōcio-
sia-

fiache quefta facciata hà cinque porte di metallo,quattro caualli antichi di metallo dorati,di giufta grādezza molto belli, quali fecero
gettare i Rom. per ponerli nell'arco trionfale
di Nerone, quando trionfò de'Parti,pofcia da
Coftantino furono trafportati in Couftantino-
poli,d'onde,che i Venetiani effendofi infigno-
riti di quella Città,li portorno à Venetia, po-
nendogli fopra il Tempio di S. Marco. Nel
portico di effa Chiefa vedefi vn marmo quadro roffo , nel quale Aleffandro III. pofe il
piede fopra il collo di Federico Imperatore ;
oue perciò fono ftate intagliate quelle lettere,
Super afpidem,& bafilifcum ambulabis.
Pofcia fi falifce alla fommità del choro per
alcuni fcaglioni di finiffime pietre, doue ftanno i cantori nelle fefte principali. Euui fopra
l'Altare maggiore la ricca,e bella Pala d'oro ,
e d'argento fabricata , ornata di molte pietre
pretiofe,e di perle d'infinito prezzo,cofa in vero da far marauigliare ciafcuno,che la vederà.
E coperto quefto Altare da vn volto in forma
di Croce difpofto , adornato di marmo , che
gl'antichi chiamauano Tiberiano, foftentato
da quattro Colonne pure di marmo ; nelle
quali fono fcolpite l'Iftorie del Teftamento
vecchio,e nuouo. Dietro à quefto Altare fcor-
gonfi quattro Colonne di finiffimo Alabaftro
lūghe due paffa,trafparenti come il vetro,qui-
ui pofte per ornamento del Sacrofanto Corpo
di Giesù Chrifto confegrato. In quefto Tempio fono conferuate con diuotione molte Reliquie , frà l'altre il Corpo dell'Euangelifta S.
Marco,con l'Euangelio fcritto di fua mano.
A man deftra del Tempio,nel mezzo di effo
fi ve-

fi vede vna larga,& alta porta di finiffimo Mo
faico lauorata,oue appare l'effigie di S. Dome
nico,e dall'altro di S.Fråcefco, che come fi di
ce, furono fatte per commiffione del fopranominato Giouachino di molti anni innanzi, che
detti Sãti huomini appariffero al mondo. Dentro à quefta porta fi conferua il ricchiffimo teforo, tanto nominato di S. Marco. Primieramente vi fono 12.corone pretiofe, con 12. petti
di fin'oro circòdati,& adornati di molte pietre
di grandiffimo valore.Quì fi veggono Rubini,
Smeraldi,Topazzi,Crifoliti,& altre fimili preciofe pietre, con Perle di fmifurata groffezza.
Pofcia fi veggono due corni di Alicorni di grã
lunghezza, co'l terzo più picciolo, con molti
groffi carbonchi,vafi d'oro,chiocciole d'agate,
e diafpre fatte di buona grandezza, vn groffif-
fimo Rubino quiui pofto da Domenico Grimani Cardin. digniffimo, vn'Orologietto di
Smeraldo, già prefentato all'Illuftriffima Signoria da Viuncaflano Rè di Perfia,con molte
altre preciofiffime cofe,e vafi,e Turiboli d'oro,
e d'argento, ch'ella è cofa da fare ftupire ogn'
vno, che prima la vederà. Vedefi etiandio la
Mitra, ò vogliamo dire la Beretta,con la quale è coronato il nuouo Doge;la quale è tutta
intorniata di finiffimo oro,e parimente trauer-
fata.Nel cui fregio vi fono pretiofiffime pietre,
e nella fommità vn Carbone d'ineftimabil pretio. Che dirò de i gran Candelieri, e Calici d'
oro, con altre cofe di gran valore?Sarei troppo
lungo in volerle defcriuer tutte.

Dirimpetto al Tempio, difcofto però da 8o.
piedi, euui il Cãpanile,largo per ciafcuna faccia 40. piedi, & alto 330. con l'Angelo pofto
nella

nella cima, riguardante sepre one viene il vento, che foffia, per efser mobile. E indorata tutta detta cima, e per tanto molto di lungo (battendogli il caldo fole) fi vede. Fù fpefo più nei fodamenti (come narra il Sabellico) che in tutto il refto. S'afcende fin' alla cima di dentro per alcuni fcalini fatti à lumaca; doue fi fcopre vna belliffima vifta. Vedefi primieramête laCittà compofta di molte Ifole, e congiunte infieme le riue loro con i ponti, & altresì diuifa in fei feftieri. Veggonfi le contrade, le piazze, le Chiefe, e Monafteri con altri fontuofi edificij. Etiandio Ifolette, che fono intorno alla Città, fino al numero di fefsáta con i loro Monafteri, Chiefe, Palagi, e belliffimi Giardini, frà le quali Ifolette vi fono alcuneColonie fabricate dagli Aquileiefi, Vicentini, Opitergini, Concordiefi, Altinati, e d'altri popoli, i quali fi ricouerauano quiui fuggêdo il furore d' Attila Rè degli Vnni. Si vede frà'l Mare, e l'antidette Lagune vn'Argine nominato Lito, quiui prodotto dalla grã maeftra natura in difêfione della Città, e dell'Ifolette pofte in quefte lagune, contra le furiofe ônde del Mare. Il qual'argine è di lôghezza 15. miglia, e curuo à fimiglianza d'vn' arco, & in 5. luoghi aperto. Onde per ciafcun luogo è vn picciolo porto, tanto per entrar le barchette, quanto per mantener pieni d' acqua i detti ftagni. Veggôfi i profôdi porti di Chioza, e di Malamoco, e le Fortezze fabricate alle bocche de'detti porti, per poter facilmente tenér lontana ogni grande Armata. Di più fi fcuoprono i Monti della Carnia, e dell'Iftria, alla deftra i Monti Apennini, con la Lombardia, & altresì i famofi colli Euganei; cô le bocche

che dell' Adice , e del Pò , e di dietro l' Alpi di
Baniera,e de'Griggioni coperte di neue .
. Vedrai al fine la famofa piazza di S. Marco,
oue dall'vn de'capi v' è la marauigliofa Chiefa di S.Marco , e dall'altro la Chiefa di S. Geminiano,di pietre fine lauorata. Attorno poi è
circödata di belliffimi , e fontuofi edificij fatti
di pietre di marmo,fotto i quali fono be'portici con botteghe di varij artefici . Vi fi vede in
quefta piazza infinito numero di perfone di
diuerfe parti del mondo con diuerfi habiti, per
trafficare,e mercantare .
   In capo della piazza fopra al canal della
Giudeca vi fono due altiffime , e groffiffime colonne trafportate daCoftätinopoli ;in vna delle quali ftà vn Leone alato,infegna di S. Marco,e nell'altra è pofta la ftatua di S. Teodoro,
trà le quali fi fà giuftitia degli huomini fcele-
rati.Furono portate di Grecia à Venetia al tépo di SebaftianoCiani Doge fopra alcuni vafcelli da carica, infieme con vn'altra di vgual
gandezza; laqual sforzando la forza, & ingegno de gli artefici ,deponendola in terra , cadè
nell'acqua,oue ancora fi vede nel fondo.Furo-
no drizzate tanto grofse colonne da vn'inge-
gnero Lombardo,detto Nicolò Berattiero,per
forza di groffe funi bagnate cö l'acqua, ritirä-
dofi a poco à poco;ilqual non volfe altra mercede delle fue fatiche, eccetto che fuffe lecito à
giocatori di dadi giocar quiui à fuo piacere
fëz'alcuna pena. Quefta piazza non è vna fola
ma fono 4.vnite infieme.Dirimpetto allaChie-
fa fi fcorgono 3.Stendardi fopra 3.altiffimi alberi , i quali fono ficcati dëtro alle bafe di metallo,lauorate con figure, le quali dinotano la
                              liber-

libertà, di quefta Città. Al lato deftro della
Chiefa fi vede la Torre dell'Horologio con i
Segni Celefti indorati , e l'entrate in effi del
Sole, e della Luna ogni mefe, fatto con grandiffimo artificio. Appreffo il Campanile fi vede
vn fontuofo Palagio fatto modernamente alla
Ionica, & alla Dorica , & arriua fin'alla Chiefa di San Geminiano; il quale, e per la preciofità de' marmi , ftatue , fineftre, corone , fregi ,
& altri ornamenti , e per la belliffima Architettura non cede à ciafcum Palaggio d'Italia .
Pofcia vi è la Zecca tutta di pietra viua fabricata , & altresì di ferramenti , fenza legname
di forte alcuna. A quefta vi è congionta la Libraria , la quale hebbe principio dal Petrarca , hauendo coftui lafciato i fuoi libri al Senato , pofcia fù aggrandita dalli Cardinali
Niceno, Aleandro, e Grimano . Finalmente
è quefta piazza tanto fuperba, e marauigliofa,
ch' io non sò fe in tutt' Europa fe ne trouarà
vn'altra fimile.

E neceffario parimente d'andar à Murano
in Gondola à vedere le fornaci di vetro. Queft'Ifola è difcofta da Venetia vn miglio , e fù
cominciata ad habitare da gli Altinati , & O-
pitergini per paura degli Vnni . Hora è molto bello, e fomigliante à Venetia tanto ne gli
edificij, come nella quantità delle Chiefe . Ma
molto più ameno, e dilettenole , conciofia cofa , che hanno quafi tutte l'habitationi belli ,
e vaghi giardini , ornati di diuerfe fpecie di
fruttiferi alberi . Frà l'altre vi è la Chiefa di
S. Pietro Martire de' Frati Predicatori , co'l
monafterio molto bene edificato ; oue è vna
Libraria piena di buoni Libri .

In

In quefta Terra tanto eccellentemente
fanno vafi di vetro, che la varietà, & etian
dio l'artificio di effi fuperano tutti gli altri vafi fatti di fimile materia di tutto il mondo. E
fempre gli artefici (oltre la preciofità della
materia) di continuo ritrouano nuoue inuentioni da fargli più vaghi, con lauori diuerfi
l'vn dall'altro. Non dirò altro della varietà de'colori, quali vi danno, che in verò ella è
cofa da veder marauigliofa. Contrafanno
eccellentemente vafi di Agata, di Calcido-
nio, di Smeraldo, di Giacinto, & altre Gioie. Certamente io credo, fe Plinio rifufcitaf-
fe, e vedeffe tanti artificiofi vafi(marauiglian-
dofi) gli lodarebbe molto più che non loda i
vafi di terra cotta de gli Aretini, ò dell' altre
nationi.

Dirimpetto la Piazza di S. Marco, difcofto
circa mezzo miglio, vedefi fopra vn' Ifola la
Chiefa di S. Giorgio Maggiore, fabricata di
marmi molto fuperbamente, oue fi veggono
marmi finiffimi, fopra'l pauimento, ftatue,
argentarie ricchiffime, con fontuofe fepolture
de'Prencipi. Quiui hanno vn belliffimo Monafterio i Frati di S. Benedetto : oue fi fcorgono longhi portichi, fpaciofe corti, refettorij,
e dormitorij ampli, & altresì Giardini ameni,
con vna Libraria.

Si ritrouano in Venetia 17. ricchiffimi Ho-
fpedali, con vn gran numero di facultofe
Chiefe, adornati di finiffimi marmi. Frà le
quali fono 67. Parocchie, 58. Conuenti di
Frati, 28. Monafterij di Monache, 15. Oratorij, 8. Scuole, ò fiano Confraternità principali. In tutte quefte Chiefe fono 60. corpi
San-

Santi, 143. Organi. Molte Statue fatte dalla Republica in memoria d'huomini illuftti , i quali hãno combattuto per effa valorofamẽte, ouero han fatto qualche opera fegnalata, cioè 165. di Marmo,e 33. di Bronzo. Frà le quali fi vede quella fuperba ftatua à Canallo, meffa à Oro, di Bartolomeo Coglione famofiffimo Capitàno Generale dell'efercito Venetiano, drizzatagli da quefta Republica auanti la Chiefa di S. Gio. e Paolo, in memoria della fua realtà , e valore. Di più fonoui 56. Tribunali, e 10. porte di brõzo. Il fõdaco de'Tedefchi circõda 512. piedi, & hà le facciate di fuora piene d'artificio fe pitture . Di dẽtro poi vi fono due loggie, che vanno attorno, vna fopra l'altra con 200. Camere habitabili. Veggõfi per quefta Città, oltra le fopranarrate, infinite altre ftatue, pitture, e sepolture belliffime. Vi fono d'ogni tempo copiofamente, frutti, herbe, pefce di 200. forti. In oltre vi fi trouano 450. ponti di pietra, 18000. Gondole, con infiniti canali, trà'quali il principale fi chiama il çanal grãde longo 1300. paffi e largo 40. fopra del quale v'hà quell'artificiofo ponte di Rio alto, che congiunge amendue le riue, & è de'più fuperbi edifici d'Europa; oue fi veggõ 24. botteghe coperte di piõbo 12. per bãda. Sopra di cui fi falifce per 3. ordini di fcale, quella di mezo cõtiene 66. fcalini, e ciafcuna da i lati 145. Si ritroua in Venetia vn'infinito numero di perfone . E perche non paia , che quefta città fia ftata edificata da'pefcatori; sẽta quello, che ne dice Caffiodoro Cõfigliero, e Segretario di Theodorico Rè de'Gotti: Vos (dice egli) qui numerofa nauigia in eius confinio poffidetis, & Venetiæ plenæ nobilibus . Il che effendo occorfo l'anno della noftra falute

49 ,.e dall'edificatione di eſſa 80. ò 90. creder biſogna,che in così breue tēpo i Venetiani non haurebbono potuto acquiſtare tāta riputatione, nè meno poſſedere tāti legni in mare,ſe nō foſ- fero ſtati ricchi,e nobili vn pezzo auanti.

Vedeſi etiandio in queſta Città l' Arſenale, poſto in vn canto di eſſa verſo li due Caſtelli, & il Patriarcato,cinto d'ogni intorno d'alte mura, e dal mare. Nel quale s'entra per vna ſola porta,& vn ſolo canale, che vi conduce i Nauili,& è di circuito attorno due miglia.Oue generalmente ſi fanno varie opre, e diuerſe machine s'appreſtano. Ma quattro materie principalmente qui ſi lauorano,Legname,Fer- ro, Metallo,e canape. Onde qui vedrai del le- gname,del quale (oltr'à quel, che ſotto le volte ſi vede)v'è vna grandiſſima quātità ſott'acqua, Galere ſottili,e groſſe,Bucentori,Fuſte, Brega- tini,Remi,Alberi, Antenne, Timoni. Vedrai del ferro,balle,chiodi, catene,anchore, piaſtre diuerſe. Fabricaſi del Metallo Artiglierie d' ogni ragione. Del Canape,corde, Vele, Sarti, alle quali opere attende vna moltitudine gran- diſſima d'artefici, e di manouali eccellenti,che ſendo quaſi nati in quel luogo,onde traggono anche il vitto,e la vita,altro non fanno, nè d'- altro ſi dilettano, che del meſtiere, che hanno per le mani.

Veggonſi volte ampliſſime,oue ſi fabricano, e ſi conſeruano all'aſciutto i Nauili, de' quali parte è di tutto punto finiti, parte ſi lauora, parte ſi riſtora. Veggonſi Saloni pieni d'arme da difeſa per la guerra maritima, come ſono celatcni, petti, corazze. Veggonſene di pieni d'arme da offeſa, ſchioppi, ronche,partigiane,

ſpie-

spiedi, spadoni, baleftre, archi . Veggonfene di
pieni d'artiglieria minuta, e groffa, mofchetti,
falconetti, cánoni, mezi cannoni, doppi, quarti,
facri, colubrine. Veggonfi alcuni pezzi d'artiglierie di tre, fino a fette bocche, che fi chiamano (s'io non m'inganno) organi ; machine fatte
più per vna certa, grandezza , e magnificenza, che per vfo , e feruitio di guerra. Il tutto
poi è con ordine , e politezza tale tenuto, e gouernato, che non pur diletta d'vn certo infatia-
bile fpettacolo, e piacere i riguardanti, ma gl'a-
nima ancora d'vn certo ardore fpiritofo, e martiale .

In fomma la Republica hà in quefto luogo
in pronto ogni munitione da guerra, così terreftre, come nauale; ogn'inftromento da offefa, o-
gn'ordine da difefa, ogni apprefto finalmente,
che per metter in ordine armata, per armar efer
citi fi poffa defiderare. E fe bene da quefto luogo, che fi può dire Officina di Marte, e Bottega
di guerra chiamare, fi cauano tutto'l dì, & arme, e monitioni per le fortezze di terra ferma,
e di mare, nondimeno, sì come il mare per la v-
fcita de'fiumi punto non cala, così queft' Arfenale per qualunque gran quantità d'arme, e di
monitioni, che fe ne caui, punto non ifcema .

Vedefi in oltra il Bocentoro in queft'Arfenale, con ornamento fuperbamente d'oro, e di
fcolture belliffime, il quale nó fi caua mai fuora, eccetto nelle fefte folenni, e particolarmente
nel dì dell'Afcenfione del Saluator Noftro ,
quando, ch'entrano, oue il Prencipe con gran
pompa, e comitiua de'principali Senatori, fe
ne và al Porto de'due Caftelli , vicino al mare
Adriatico, oue dopò alcune cerimonie, fpofa

il mare, e vi getta vn'Anello d'oro in vero fegno del dominio di effo mare.

Nell'Ifola della Zuecca,(ch'è difcofta da Venetia vn mezzo miglio)fcorgonfi molti giardini,e vaghi edificij,così per il culto diuino,come
per vfo de'Cittadini. Frà quali vedefi la Chiefa del Redentore difegnata dal Palladio, e per
la fua fontuofità è da annouerare trà le principali Chiefe di Venetia, la quale fù edificata di
ordine della Republica per vn comun voto,
che fecero l'anno della pefte, cioè nel 1576.
Laonde dalla banda di dentro fopra la porta
della Chiefa fi vede cofi fcritto.

CHRISTO REDEMPTORI CIVITATE GRAVI PESTILENTIA LIBERATA, SENATVS EX VOTO.

E fe ne vede la moneta d'argento battuta da
Luigi Mocenigo l'anno VII.

*Viaggio da Venetia à Milano per la Marca
Triuigiana, e Lombardia.*

PADOVA.

PEr andar à Padoua, fi và primieramente
5.miglia fopra le lagune da Venetia à Li-
zafufina,cofi detta da voce Tedefca corrotta.
Oue fù già ferrato artificiofamēte il dritto corfo della Brenta da i Sig. Venetiani, acciò fcorrendo per quefti ftagni,e falfe lagune,co'l tēpo
non atterraffero i luoghi vicini.Per tanto quiui fù fabricata vna machina, detta la ruota del
car-

il aere, e vi pioue vn publico forno in vero fo-
gnale della sua infermità...
Nel libro delli Decreti, è difficile da Ve-
neta si vedea a portar li tempi di molti giardini... e vi si dedica per il culto diuino, come...
porta vicinità per il Palazzo veloci in Chiesa... che con l'acqua del Palladio, e per...
Venta, la memoria dal principio e l'antica memoria dell'edificar si...
cole per la... comun voto...
altri tanto di sotto sopra la para...
vol colfatto.

VISTO REDEMPTORI
CE GRAVI PESTILENTIA
LIBERATA,
NATIVI EX VOTO.

Il comune di vergono battuta di
viaggio à Venetia l'altimo per la Marca
Tinisana, Lombardia.

PADOVA.

Per entrar i Padoua, è il più primieramente...
migliori sopra la gente de Venetia li LL...
Che figuetono nobilmente il diritto con...
fedeli liberti la Sig. Venetiani, acciò fosse...
male per quel Sig. e delle la gente, col si...
non attendio à i luoghi vicini. Per tanto qui...
al si deluera ma molino, detto la rocca del...

car-

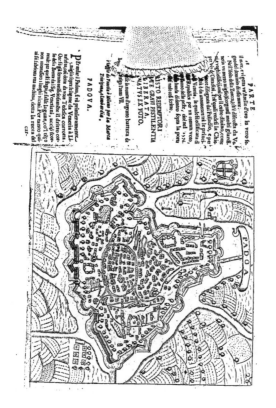

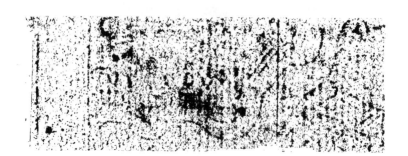

carro, sopra la quale con grand'artificio erano tradotte le barche ne i stagni, e parimente da i stagni nel letto del fiume, cō le robbe,e mercātie,ma hora è leuata, & in suo loco è sostentata l'acqua da 4. mano di porte,la prima à Strà, la seconda al Dolo,la terza alla Mira,l'vltima al Morāzā. Da Lizafusina à Padoua s'annouerano 20.miglia,doue si và per barca cōtra'l corso del fiume,ouero per terra,dimostrādosi ad ogni banda larga,e fertilissima cāpagna,belli,e sontuosi palagi,e grā numero di gēte,che và,e viene. Primieramēte s'arriua alla cōtrada d'Oriago,detto in Latino oralacus,perche sin qui arriuauano le lagune. Quindi al Dolo. Poi à Strà. Alla sinistra vedesi la grossa Villa delle Gābarare molto piena di gēte;Poi si giūge àPadoua.

L'antichissima città di Padoua è riposta nella Prouincia di Venetia hora detta Marca Triuigiana in mezzo d'vna spatiosa pianura, h inendo il Mare vers'Occidente,discost, 20.miglia, vers'il Meriggio, e Tramontana vna larga Campagna, e i Monti Euganei vers'Occidente: è di forma triangolare, e cinta di doppie mura,e di profonde fosse; L'hanno i Venetiani grandemente fortificata con grosse muraglie, e con baloardi, fatti secondo l'vso moderno della disciplina militare.Non occorrono addur testimonianze di scrittori antichi in voler prouare,che questa città sia antichissima, che fosse edificata da Antenore fratello di Priamo, Rè di Troia,e che sia stata denominata dal Pado, ò sia'l Pò, ouero da Patauio da Paflagonia,perciòch'è cosa nota à tutti.Si come è anco notissimo,che Padoua fù capo della Prouincia di Venetia, hora detta Marca Triuigiana, e che

B 3   fù

fù sempre amica, e congionta con i Romani
senza soggettione alcuna , essendo in estremo
amata, e stimata così per la parentela, cioè per
l'origine comune della famosa Troia , come
per li molti seruitij ricenti ; però non si legge
in alcun Auttore, che Padoua sia stata mai da'
Romani soggiogata, vinta, nè molestata , ma
bene,che stette sempre libera dal giogo Romano,e che aiutò la Repub. molte volte,come nel
tēpo, che fù presa Roma da'Galli Sireni, nelle
guerre contro i Gessuti,Vmbri , Boi , Insubri ,
Cartaginesi,Cimbri,& in altre occasioni,sì che
meritò d'ottener la cittadinanza di Roma,e d'
esser descritta nella Tribù Fabia sēza mādarui
noui habitatori,e Colonia; talche li Padouani,
come li altri cittadini di Roma poteuano hauer ogni voce attiua,e passiua con tutti li sōmi
gradi di quella grā patria.E però nell'historie
di Roma, e Padoua si vede, che molte cose Pa-
douane si trasferirono in Roma , e molti Romani per fuggir le discordie ciuili passarono à
Padoua . Non è dunque merauiglia , se ne'
scrittori, e marmi antichi si trouano memorie
di tanti Cittadini Padouani , che siano stati
Consoli Romani,come Q.Ettio Capitone, Sesto Papinio Alenio,L.Arontino Primo,L.Stel-
la Poeta, L.Arontio Aquila, Giulio Lupo, L.
Giulio Paulo il Iurisconsulto , L. Ascanio Pediano, Trasea Peto, C.Cecinna Peto, Pompilio
Peto, Pub. Quarto,& altri ancora, sì come vn'
altro Peto fù Console designato, e Peto Honorato fù Correttor d'Italia,così molti altri furono Edili, Pretori, Tribuni, Censori, Sacerdoti,e Pontefici.Fù tanto grande,e potente questa
città,che in essa si annouerauan 500. Caualieri,

ri , e scriue Strabone , che soleua mandar a la
guerra 110. mila Soldati , E si mante sne
sempre gloriosa , & inuitta , sinche li barbari
si fecero sentire in Italia , perche all'hora de-
clinando l'Imperio Romano, fù altresì Padoua dal potětissimo Attila, flagello di Dio rouinata , e gettata sin da'fondamenti per terra, la
quale , benche poi fosse stata ristorata da Narsete , nondimeno vn'altra volta fù rou nata
da'Longobardi. Poscia sotto Carlo Magno ,
e suoi successori , comincio ad ampliarsi, & à
prender vn poco di ristoro. Si gouerno questa
Città prima con i Consoli , e poi con Podestà , sin che venne sotto ad Ezzelino il Tiranno, il quale la trattò crudelissimamente. Con-
ciosiache sino al presente appresso la Chiesa di
Sant'Agostino si dimostra vna gran Torre ,
oue i Padouani erano imprigionati, tormentati
& vccisi. Et andò tant'iunanzi la crudeltà di
questo scelerato huomo , che vn giorno nella
Città di Verona , ne fece morir de'Padouani
1200. solamente per capriccio. Delle rouine
di tanti nobili Palazzi da esso distrutti appresso il Ponte Molino volse fabricare vna noua
rocca per sua habitatione, e sicurezza, ma non
la puote finire , si che se ne vede solo fatta la
quarta parte di grossissime mura di pietre viue , e quadrate con vn bel palazzo , & vna
superba Torre, che in vero è la più bella, che
sia in Padoua, & è posseduta dal Signor Conte Giacomo Zabarella. Molte cose notabili
in essa si ritrouano ; ma in particolare vi è
vna caua sotterranea , la quale passa di sotto
il fiume , e và sino alle piazze al palazzo del
Capitanio , & all'altra rocca sudetta. Do-

pò la sua morte tornò Padoua in libertà, e di-
uenne ancora molto potente, sì che hebbe sotto
il suo dominio Vicenza, Verona, Trento, Tre-
uiso, Feltre, Belluno, Conegliano, Ceneda, Seraualle, Chioza, e Bassano con li suoi territorij, tutto il Polesine, & la maggior parte del
Friuli, & altri lochi importanti; finalmente se
n'impadronirono i Carraresi, che tennero la
signoria di quella intorno à cent' anni. Poscia
nel 1406. n'hebbero il possesso i Venetiani,
hauendo fatto morire Francesco nouello con
suoi figlioli, & estinto il Principato dei Carraresi. Passa per questa Città la Brenta insieme
co'l Bacchiglione, laqual diuidendosi in molti
rami, li apporta marauigliosi commodi. In oltre vn ramo se ne conduce attorno le mura
dentro le fosse. Vi è grand'abbödanza delle cose necessarie per il viuere, laonde si dice vol-
garmëte Bologna grassa, ma Padoua la passa. Il
pane fatto in questa Città è il più bianco d'Italia. Il vino poi è da Plinio annouerato frà i più
nobili. Hà intorno sette porte, molti ponti di
pietra, cinque spatiose piazze con gran copia di
nobili edificij, così publici, come priuati. Il
palagio della Ragione particolarmente è il
più superbo, che sia in tutt'Europa; anzi in tutto il Mondo. Conciosia che è coperto di piombo, senza sostegno di colöne, ò di traui, & hà di
larghezza 36. piedi, e di longhezza 256. Essendo questo Palagio in parte rouinato dall'incendio, i Signori Venetiani nel 1420. lo ri-
fecero più bello, essendo stato l'antico 222.
anni in piedi. La figura di questa Sala è rom-
boide, ouero sbieca, non per la vicinanza delle
fabriche, come vogliono alcuni, ma perche

la

la ragione naturale ci moſtra, che più agenol-
mente l'huomo ſtante in poſitura dritta è fatto
cadere, che ſtando alquanto ritirato, è voltato
il ſito di lui alle quattro parti del Cielo, talche
nell'Equinottio i raggi del Sole naſcente, entrando per le fineſtre di Leuante feriſcon ol
fineſtre di ponente poſte nella coperta : e coſì
per lo contrario, ne'ſolſtitij il raggio entra per
i fori del mezzo giorno, e tocca gl'oppoſti, in
ſomma non c'è foro, ò parte ſenza artificio.
Le pitture di eſſa rappreſentano le influenze
de'corpi ſuperiori ne gl'inferiori diuiſe co'ſegni di Zodiaco, ad imitatione di quel cerchi ʒ
d'oro, che ſtaua nella ſepoltura di Simandio Rè
d'Egitto. In queſte pitture ſono da notare gii
habiti antichi, e frà gli altri vn Sacerdote, che
tiene la Pianeta indoſſo, quale anticamente ſi
vſaua larga, e ricca di robba, d'onde traſſe il
nome. Inuentore di queſte pitture ſi ragiona,
che ſia ſtato Pietro d'Abano. Famoſiſſimo Filoſofo, & Aſtrologo Padouano, che però fù
molti anni innanzi; può ben'eſſere, che le preſẽ-
ti tenute di mano di alcuni Fiorentini, ſiano
ſtate cauate da quelle, che nell'antico palazzo
ſi vedeuano di mano di Giotto, & in vero queſte hodierne ſono molto ſimili à quelle, che
nell'Aſtrolabio piano ſono diſſegnate per inuentione pur di Pietro d'Abano. Veggaſi di
eſſe il Pierio ne'libri 32. & 39. de'ſuoi Hieroglifici. E ſe gl'antichi fecero tanto ſtrepito dell'
Obeliſco, che in Roma in Campo Martio mo-
ſtraua da l'ombra ſua la lunghezza delle notti, e giorni, che diremo noi di queſta Fabrica,
nella quale ſono raccolti tanti ſecreti nobili
tutti degni d'eſſere contemplati, & ammirati?

In Padoua chi hà gusto di Pittura vede la
Chiesa della Confraternità di Sant'Antonio,
doue sono Tauole di Titiano, & altri famosi
Maestri, la cappella di S. Luca nel Santo, doue
si vede la vera effigie d'Ezzelino tiranno, come
anco nel Battisterio del Domo per mano d'eccellente pittore, nella cappella di S. Christoforo ne gli Eremitani, doue Andrea Mantegna
Cittadino, e naturale di questa patria hà lauorato stupendamente. Nella Sala insigne de'
Signori Zabarella alla Veraria si veggono ritratti li primi soggetti di questa Città, cioè
Antenore suo Fondatore, Volusio Poeta, T.
Liuio Historico, Q. Asconio Pediano Gràma-
tico, C. Cassio Tribuno, L. Arontio Stella Porta, e Trasea Peto Stoico ambidui Consoli Romani, C. Valerio Flacco Poeta, L. Giulio Paolo Iuris Consulto, Pietro d'Abano Filosofo, &
Astrologo famosissimo, & Albertino Mussato
Poeta, Dottor, e Caua
liere, Alberto Heremita-
no Theologo, Marsilio Santa Soffia Medico
insigne, Marsilio Mainardino Filosofo, Astrologo, e Theologo sapientissimo, Bonauentura
Peraghino, e Francesco Zabarella Cardinali,
Bartolomeo Zabarella Arciuescouo di Fiorenza, e Giacomo Aluaroto Iuris Consulto insigne
con le più belle Historie de' tempi antichi di
Padoua, e la Genealogia di casa Zabarella con
tal sottoscrittione in fine, cioè, Elogia hæc
virorum illustrium Pataninorum, Condito-
rumque vrbis cum Genealogia nobilis Fa-
miliæ Zabarellæ ex Historijs, Chronicisque
quam breuissimè collecta Ioannes Canaceus
fecit, scripsit in pariete Presbyt. Franciscus
Maurus Paciuigianus cerebrosus, pinxit

Gual-

Gualterius cura, & impensa Comitis Iulij Zabarellæ ædium Domini, Omnes continuanei M.D.XLIX. Idibus Martij.

In case priuate sono belle cose appresso li Signori Mantoua, impercioche Marco Mantoua famosissimo Iurisconsulto nella contrada delli Heremitani fabricò vn bel palazzo con vn nobilissimo Giardino, e nella Corte prima si vede vn gran Colosso di marmo, che è la figura di Hercole, e di sopra vn museo insigne con quantità di libri, pitture eccellenti, ritratti di huomini del mondo, scolture singolari, brózi, marmi, medaglie, & altre cose esquisite naturali, & artificiose; e quesso è posseduto hora dal Signor Gasparo Mátoua di Bonauiti Dottore, e nepote del sudetto Marco.

Luigi Cittadino Dottor di Filosofia, e delle leggi già Lettor delle Pandette nel Studio, e famosissimo criminalista huomo di viuacissimo ingegno, e di politissime lettere, ma in particolare versatissimo nelle antichità; fece vna nobil raccolta di libri, pitture, scolture, medaglie, bronzi, marmi antichi, e di altre cose rare, le quali sono in gran parte possedute dal Signor Andrea figliuolo Dottor di Filosofia, e Medicina, e Lettor del Studio, huomo virtuosissimo, che le conserua nella sua Casa antica nella Contrada di Torreselle.

Gio: Domenico Sala Dottor di Filosofia, e Medicina chiarissimo per eser stato tanti anni Lettor del studio, e per hauere medicato con nome celebre, in contrada di San Lorenzo, hà fatto nel suo palazzo vn nobilissimo studio có quantità di libri, pitture, marmi, bronzi, me-

B 6 da-

daglie,& altre cofe pretiofe; ma in particolare
hà lafciato vn'armaio grande, & infigne tutto
di noce, ripieno di vafi di criftallo con tutti li
fimplici minerali,& altre cofe rare,& efquifite;
il quale fù fatto fare dal Signor Conte Giacomo Zabarella Dottor, Lettor del ftudio, e Canonico di Padoua, dopò la cui morte effendo
paffato in mano del Signor Bonifacio Zabarella fuo fratello, da lui fù donato al fudetto Sig.
Gio: Domenico Sala per efferli grand'amico,
e parente, qual in vero è cofa rara, e fingolare.

    Benedetto Siluatico Caualier,Filofofo, Me-
dico, e Lettor Primario del ftudio è huomo infigne così nella Lettura,come nel medicare,
hà refabricato appreffo il Duomo il fuo nóbil
palazzo,facendoui vna Galleria nobiliffima,
Giardini,Fontane,vccelliere, e mille altre cofe
belliffime, oltre li molti libri,e pitture.

    Il Signor Conte Giacomo Zabarella Conte
di Credazzo, & Imperiale,è Caualiere confpi-
cuo,e virtuofiffimo,sì come nelle hiftorie, e cofe antiche hà fatto tanto ftudio, che meritamē-
te da dottiffime penne viene chiamato riftauratore dell'antichità, e rinouatore delle cofe
diuorate dal tempo, così nelle Genealogie de i
Prencipi, e cafe illuftri, fi può dire fenza pari,
oltre l'hauere egli trouato l'inuentione di for-
mar gli arbori gentilitij con fomma perfettione con li rami retti, e compartimenti vguali,
ma le opere poi da effo fabricate fanno fede
quanto fi eftende il fuo valore, vedonfi l'Antenore, l'Agamennone, Trafea Peto, Arontio
Stella,la Brandeburgica,Polonica, Auraica, le
Genealogie vniuerfali de Prencipi, e di molte

                        fami-

famiglie Illuftri; Le relationi di tante origini
gentilitie, le Hiftorie Cōtarina, Cornera, Zena,
Quirina, Bemba, Michiela, & oltre, le fue hiftorie delle città, e famiglie di Padoua, e le glorie
di Venetia con tanti difcorfi, Orationi, Elogij,
& altre opere molto ftimate da huomini dotti;
Hà egli nella Contrata di Coda lōga il fuo Palazzo cō vn Mufeo nobiliffimo, fi che in effo vi
fono quātità di libri d'humanità, hiftorie, & altre materie tutti fcielti, vn buon numero di ma-
nufcritti in carta pecora, e bombacina, de'quali
molti fono meffi à oro con efquifite miniature ,
e diuerfi anco mai fono ftampati, fi che egli hà
l'ifteffi originali . Hà di più tutte le Croniche
di Padoua, che fi ritrouano così ftampate, come
manufcritte ; com'anco molte di Venetia , e
d'altre città ; & oltre di ciò in vn gran Scritto-
rio, ouero armaiò di noce di grandezza , e fattura infigne, hà molti marmi , bronzi, & altre
cofe naturali, & artificiofe antiche, e moderne
di valor grande , e così vna quantità di medaglie antiche , e de prencipi vicini à noftri tempi d'oro, d'argento, e di metallo , che vagliono
affai, com'anco molte rare pitture di mano de'
primi huomini de'fecoli paffati , sì come egli
hà li ritratti autentici di Francefco Cardin,
Bartolomeo, e Paolo Arciuefcoui, Orlando, e
Lorenzo Vefcoui tutti di cafa Zabarella ; e
così delli Conti Giacomo Vecchio , Giulio , e
Giacomo Filofofo, e d'altri huomini infigni di
cafa fua; e conferua li priuilegij di molti Papi,
Imperatori, Rè, e Principi grandi conceffi alla
fua cafa con la chiaue d'oro di Maffimiano I.
Imp. data al detto Cōte Giacomo fuo Attauo ,
conferua anco molti figilli antichi, & infigni de
fuoi

ſuoi maggiori, cō quali ſoleuano bollar li Priuilegij de Conti, Cauallieri, Dottori, & Notari, che da eſſi erano fatti, e coſì ſi ritrouaua hauer'anco altre coſe diuiniſſime della ſua Caſa,
& d'altre ancora.

Monſignor Giacomo Filippo Tomaſini Veſcouo di Città noua, nella Contrata del Ponte
de Tadi hà le ſue Caſe nobilmente riſtaurate,
& inſignite da Signor Paolo ſuo fratello già
Dottor di Legge, & il primo Auocato del ſuo
ſecolo nella patria morto li anni paſſati con
dolor vniuerſale. E in vero Monſignor huomo
virtuoſiſſimo, Filoſofo, Teologo, Aſtrologo,
Hiſtorico, & Humaniſta, ſi che hà compoſto libri elegantiſſimi in tutte queſte materie da virtuoſi molto ſtimati: hà il ſuo ſtudio abbondante non ſolo di libri, ma di Pitture, niedaglie,
d'altre coſe di valore, oltre la libraria inſigne
della materia legale laſciatale da ſuo fratello.

Il Sig. Conte Giouanni de Lazara Caualier
di S. Steffano, figliuolo del Sig. Conte Nicolò,
Caualier conſpicuo nella patria adornato non
meno di nobiltà, che di virtù, perche hà intelligenza grande delle coſe antiche della patria, e
molta cognitione d'altre hiſtorie, perciò egli
hà fatto vna raccolta di diuerſi manuſcritti di
molta ſtima, com'anco d'vna quātità di medaglie antiche di molto valore, & altre coſe, trà
le quali v'è l'antico ſigillo della Republica
Padouana, di cui fà mentione il Scardenone
fogli 10. & oltre di ciò in vna ſtanza del Palazzo, che è de' maggiori della Città; hà fatto
fare vn friſo con li ritratti di molti Signori, e
Prencipi, che ſono ſtati parenti della ſua famiglia.

III

Il Signor Giouani Galianno Dottor di Legge, Lettor del Studio, e Criminalista insigne, e protettor della inclinatione Alemanna; e meritamente è in tal grado, perche egli è huomo di singolar virtù, & intelligenza, e non tanto nella sua professione legale, e nel patrocinio Criminale, quanto nelle lingue, humanità, historie, e cognitione delle cose più belle dell'antichità, perilche egli hà anco fatto molte dottissime compositioni, quali dimostrano il suo molto sapere, & oltre di ciò hà fatto vn studio insigne abbondante di libri, quadri, marmi, bronzi, & altre cose rare, & isquisite, insieme con vna raccolta di medaglie antiche d'oro, e d'argento, e di metalli singolari, e di sommo valore, hauendone egli somma intelligenza, quant'ogn'altro può hauere.

Il Signor Alessandro Este è parimente soggetto dignissimo, e di molta intelligenza nella patria, e nella sua casa appresso Santa Margarita hà ridotto insieme vna quantità notabile di medaglie, e sigilli antichi, com'anco di altre cose rare, e di molto valore.

In questa città poi può dirsi vi siano sette cose marauigliose Temporali, e sette Ecclesiastiche, oltre molte altre; trà le prime vi sono il Palazzo della Ragione. Le Scole publiche. Il Palazzo dell'Arena. La Corte del Capitanio. Il Castello delle munitioni. Il ponte Molino. Et il Prato della Valle. Trà le Chiese sono notabili il Domo, il Santo, Santa Giustina, Sant'Agostino, li Carmini, li Heremitani, e San Francesco. Nel maggior Palazzo detto della Ragione sopranominato si ritrouano belle antichità, frà l'altre nel muro, ch'è vers'Occidente te eui da vna parte la fepoltura di T.Liuio, e poco lontana la fua Imagine con l'infraſcritto Epitaffio.

V. F.
T. LIVIVS
LIVIÆ. T. F.
QVARTÆI.
HALYS
CONCORDIALIS
PATAVI
SIBI, ET SVIS
OMNIBVS.

Alla deſtra di quello, ſcorgeſi vn momumẽto, con l'inſcrittione, e l'imagine di cãdidiſſimo marmo di Sperone Speroni, huomo d'eleuato ingegno, come ſi può conoſcere dalle ſue opere, le quali per il più hà ſcritte in lingua Italiana. L'inſcrittione ſudetta è la preſente: Sperono Speronio ſapientiſſimo, eloquentiſſimoque, optimo viro, & ciui; Virtutem, meritaq; acta, vita ſapientiam, eloquentiam declarant ſcripta, Publico decreto. Vrbis quatuor Viri. 1589. & Vrbis 1712. Sopra ciaſcuna porta della gran Sala, (che ſono quattro) ſtà vna memoria de i quattro celebratiſſimi huomini, i quali con le loro ſingolari virtù, hanno non ſolamente illuſtrata queſta lor patria, ma altreſì tutt'Italia, & Europa inſieme. Vna è di T. Liu. E queſte ſono le parole inſcritte. T. Liuius Pat. Hiſtoriarum Lat. nominis facilè princeps, & cuius lacteam eloquentiam ætas illa, quæ virtute pariter, ac eruditione florebat, adeò admirata eſt, vt multi Romam non vt Vrbem rerum pulcherrimam, aut Vrbis, & Orbis

Do-

Dominum Octauianum, sed vt hunc vnum in-
iiiserent, audirentque à Gadibus profecti sint.
Hic res omnes, quas pop. Rom. pace, belloque
gessit quatuordecim Decadibus mirabili fæli-
citate complexus, sibi, ac patriæ, gloriam peperit sempiternam.

Sopra vn'altra porta.

Paulus Pat. I.C. clarissimus huius Vrbis decus æternum, Alexan. Mammææ temp. floruit,
ad Præturam, Præfecturam, Consulatumque
euectus. Cuiusque sapientiam tanti fecit Iusti-
nianus Imperator, vt nulla ciuilis Iuris par-
ticula huius legibus non decoretur. Qui splendore famæ immortalis oculis posteritatis
admirand. Insigni imagine hic merito decora-
tur.

In vn'altra.

Petrus Appenus Pat. Philosophiæ, Medici-
næque scientissimus. Ob idque Conciliatoris,
cognomen adeptus. Astrologiæ verò adeo peri-
tus, vt in Magiæ suspicionem inciderit, falsoq;
de Hæresi postulatus, absolutus fuit.

In vn'altra.

Albertus Pat. Heremitanæ Religionis splē-
dor, cōtinentissimæ vitæ, sumpta Parisij insula
Magistrali, in Theologia tantum profecit, vt
Paulum, Mosen, Euangelia, ac libros Sanctorū
laudatissimè exposuerit. Facundissimus ea
ætate concionator. Immortali memoria optimo
iure datur.

Vedesi etiandio in questo palazzo vn Marmo
scolpito in questa forma.

Inclyto Alphonso Aragonum Regi, studiorum authori, Reipub. Venetæ fœderato,

An-

Antonio Panórmita Legato ſuo orante,& Mat-
theo Victurio huius Vrbis Prætore conſtantiſſi,
mo intercedente, ex hiſtoriarum Parente, &
T. Liu. oſſibus, quæ hoc tumulo conduntur,
Brachium Pataui ciues in munus conceſſere,
MCCCCLI.

Appreſſo'l ſopraſcritto palagio vedrai le
Scole di tutte le diſcipline, che è la ſecõda coſa
marauiglioſa di Padoua,e d'Europa;impercio-
che iui è vna corte quadrata, con due loggie,
vna ſopra l'altra, ſoſtentate da belliſſime Colonne. Et è coſa celebre l'Anfiteatro Anato-
mico drizzato in eſſe Scole ad vſo de'Profeſſo-
ri di Medicina; è lo Studio di Padoua vn fa-
mofiſſimo mercato delle Scienze, non altrimente, che ſi foſſe anticamente l'Academia di
Athene. Oue da ogni parte del Mondo vengono condotti huomini rari in tutte le ſcienze, e diſcipline liberali; Frequentato da gran
numero di nobiliſſimi Scolari, non ſolamente
d'Italia,e delle prouincie circoſtanti,ma etiandio di lontaniſſimi paeſi. Sono in oltre dieci
Collegij in queſta Città, doue honoratamente
ſi dà da viuere à molti Scolari.

Il primo Collegio è nella contrata del Santo, detto Pratenſe, per eſſere ſtato fondato da
Pileo Conte di Prata Cardinale, e Veſcouo
di Padoua; vi ſtanno 20. Scolari Padouani,
Venetiani,Triuiſani,e Furlani col loro priore,
qual ſoleua tener carrozza, e li Scolari hà-
ueuano ducati venti al meſe, e più, ma per
eſſerſi leuati li banchi di Venetia, che li paga-
uano, hora li è reſtato ſolo ducati dieci
all'anno,ſtanza,e ſeruitù pagata. Il Cardinale
laſciò la patronia di eſſo à Franceſco Zaba-

rella

rella suo nepote, & indi al più vecchio di essa
casa, e al più vecchio di casa Leoni, raccoman-
dandolo anco al Vescouo di Padoua. ; & al
Priore del Collegio delli Leggisti.

Il secondo detto Spinello à ponte Coruo
instituito da Belforte Spinello da Napoli è
gouernato dal Priore delli Artisti ; e dal più
vecchio di casa Dottori; vi stanno 4. Scolari
Artisti per anni cinque, due Padouani, vn Tre-
uisano, & vn'altro forestiero; & hanno Ducati
25. all'anno per vno.

Il terzo detto da Rio in detta contrata instituito da essa casa è per 4. Scolari Artisti ap-
prouati dal più vecchio di detta famiglia, vi
stanno anni 7. & hanno ogn'vno l'albergo, pane, vino, e Ducati 12. e deuono esser di Padoua, ò suo Territorio.

Il quarto detto del Campione nel Borgo di
Vignali per noue Scolari Artisti, 2. Padouani, 2. Triuisani, 2. Ferraresi, 2. Francesi, & vn'
altro Forastiero, e per anni 7. hanno Formento stara 18. Padouani, vino, legne, seruitù, e stanza. Il Patrone è l'Abbate di S. Cipriano di Murano.

Il quinto à Santa Cattarina sottoposto ad
alcuni Nobili Venetiani ; è per Scolari Artisti,
che hanno per anni 7. ogn'vno formento stara
16. quartieri 2. Padouani, Vino mastelli 6.
quarti 2. danari Ducati 6. Sale, stanza, e seruitù
pagata.

Il sesto à Santa Lucia de Bressani tiene 6.
Scolari Artisti eletti dalla communità di Bres-
sa, hanno Ducati 15. per vno la stanza, e seruitù pagata.

Il settimo detto Feltrino è al Santo fondato,

vi

e gouernato dalli Altini nobili di Feltre; vi
ſtanno per anni 7. due Scolari Leggiſti , & vn'
Artiſta,& hanno formento ſtara 16.e vino ma-
ſtelli 10. per vno,e la ſtanza.

L'ottauo à S. Leonar. detto del Rauenna è
ſottopoſto al Pio. di S.Giul. di Ven.e li ſcolari
hāno ſtāza,ſeruitù,& vn duc.all'anno per vno.

Il nono nelli Virginali detto Cocho è per ſei
nobili Venetiani: ogn'vno de'quali hà la ſtanza,ſeruitù,e Ducati 40. all'anno.

Il decimo detto Amulio è ſù'l prato della
Valle per 12. ſcolari nobili Venetiani,fondato
da Marc'Ant.Amulio Card.& hanno li ſcolari
ogn'vno,ſtāza,ſeruitù pagata,e duc.6.all'anno

La terza coſa notabile,e marauiglioſa di Padoua, è il nobil loco detto l'Arena; ch'è vn ſuperbo cortile,intorno di cui ſi vedono gli archi
antichi d'vn belliſſimo teatro , che Naumachia dalli antichi era chiamato , e ne'tempi vicini vi ſi giocaua al calzo,ſi gioſtraua,e ſi faceuano molti belli giuochi cauallereſchi,ſtando-
ui le Dame à vedere ſopra le fineſtre del ſuperbo palazzo,ch'è in capo del cortile, in forma lunare,sì come eſſa Arena è di forma ouata,
di dietro verſo le mura,doue vi è brollo pieno
di vue,e frutti pretioſi,e dalla patte della vicina Chieſa delli Heremitani vi ſono Giardini
nobiliſſimi con vna Chieſola dedicata alla
BeataVergine,qual è priorato di Caſa Foſcari,
di cui è anco eſſo loco tutto;famiglia Sereniſſima di Venetia.

La quarta coſa marauiglioſa è la corte del Capitanio, ouero prefetto della città, dou'è il ſuperbo palazzo d'eſſoRettore,de'Camerléghi,&
habitatione di molti Cittadini , e di molt'altra

gente

gente in modo tale, che ſi può dire vna Cittadella picciola,queſta era la Regia di Carrareſi;
e vi ſono ſtanze in vero da Prencipi cō due Saloni inſigni, vno de'quali è detto de' Giganti,
doue è la Bibliotheca publica: qui ſono ritratti li più ſegnalati ſoggetti della Republ. Romana, e del mondo cō la rappreſentatione de i
loro fatti più inſigni di mano di Gualterio famoſo pittore,e li Elogij ſotto di eſſe figure fatti
già dal vittuoſiſſimo Giouanni di Cauazzi gē-
til'huomo Padouano, e ſcritti in caratteri ſegnalati da Pietro Frāceſco Puciuigiano detto
il Moro. Li libri, che ſono in eſſa Bibliotheca
ſono in gran numero, & iſquiſiti, il Sign. Gio:
Battiſta Saluatico,Dottor,e Caualier,e Gentil'
'huomo Padouano li hà laſciato per teſtamento la ſua Libraria Legale di molto valore, il
Signor Giacomo Caimo gentil'huomo Furlano Dottor, e Lettor del Studio li hà donato la
Libraria di Pōpeo Caimo ſuo Zio Medico di
gran valore; il Sign.Conte Giacomo Zabarella li hà donato vna quantità grande di Libri
manuſcritti, parte in Bergamena, e parte in
bombacina legati in corame con miniature di
oro rare, & eſquiſite,alcuni de'quali non ſono
nè anco mai ſtati ſtampati, ſì come trà eſſi vi
ſono le opere del Cardinal Zabarella, del
Conte Giacomo Zabarella ſuo Auo di Filoſofia,del Conte Franceſco ſuo padre,che ſono rime,e proſe Toſcane molto dotte, e coſi d'altri
ſoggetti inſigni di Caſa ſua. Vi ſono anco le o-
pere laſciate da Ceſare Cremonino Filoſofo famoſo,& altri cōperati di ordine publico,& altri poſtiui dal Sig.Ottauio Ferrari gentil'huomo Milaneſe lettor humaniſta del ſtudio,e Bi-
blio-

bliothecario publico, ilqualogni dì più nobili-
ta, & arricchifce quefta Libraria, in modo, che
fi fpera debbi efser in breue vna delle più infigni del mondo.

La quarta merauiglia è il Caftello delle
Munitioni fopranominato apprefso S. Agoftino, il quale dal Tiranno Ezzelino fù fabricato per fua ficurezza, doue fece morire tanti nobili Padouani, che fi può dire quafi hebbe diftrutta quefta Città; in quefto fi conferuano li
grani per conferuare l'abbondanza nella Città
e le munitioni da guerra per feruirfene ad ogni
bifogno.

La fefta merauiglia è il ponte Molino così
detto per efserui 30. ruote di Molino, che è cofa fegnalata, sì come molte altre ve ne fono in
altre parti della Città, è di cinque archi di pietra viua, & apprefso di lui vi è vn palazzo in
modo di Fortezza, il quale di grandiffime pietre quadrate, e lauorate tolte da palazzi, e Torre disfatte, fù fabricato dal tiranno Ezzelino cô
vna forte, e belliffima torre l'anno 1250, e quefto è pofseduto dal Conte Giacomo Zabarella,
come fi è detto.

La fettima merauiglia di Padoua è il Prato
della Valle, ilquale è di tal grandezza, che farebbe egli fono vna Città, fi chiamaua già campo Marzo, per le rapprefentationi Martiali, che
vi fi faceuano; & in quefto da pagani fono ftati decapitati infiniti Santi, fi che fuol dirfi piamente, che quella parte, che dall'acque è è cinta, fia impaftata del fangue di Martiri. In
quefto ogni primo Sabbato di mefe vi fi fà fiera franca d'animali, & alla Fefta di S. Antonio
di Giugno per giorni quindeci, nel qual tempo
ancor-

ancorche fia caldo, e vi fian migliaia d'animali, non fi vede però mai alcuna mofca.

Se dar fi poteffe la ottaua marauiglia, la por-
rei nella vigna, ò Giardino del Caualier Bonifacio Papafaua, fituata nella Contrada di
Vanzo; iui, oltre vn belliffimo, & addobbato
Palazzo, fi vedono molte ftatue d'artificiofo
lauoro, e piante infinite di cedri, e melaran-
ze, che formano ftrade al paffeggio, s'ammi-
rano archi formati, e profpettiue al diletto de
gli occhi, à i confini del quale giungendo abbondante riuo d'acqua tolta per quefto effetto con maeftrofi foftegni al groffo fiume della
Città, e per vna porta condotto fotto le mura
al detto giardino, fi gode vn mormorio foa-
ue, e gorgogliando limpido per ogni lato lam-
bendo, e bagnando i piedi al Palazzo, e le fpõ-
de al detto fiorito luogo, lo coftituifce quafi in
Ifola di fpeciofe delitie bello da vna ottaua
marauiglia, e per Natura, e per Arte. In
effo concorrono à diporto le Dame, e i Caualieri di Padoua, conducendofi anco i foreftieri, e con mufiche, & altri paffatempi l'eftate iui fi gode l'aria frefca all'ombra delle
piante, l'ampiezza delle ftrade, l'amenità dell'
acque, e la vaftità del fito. E fe bene quefto
fi troua in perfettione, con tutto ciò non cef-
fa il magnanimo Caualiere di aggiungerli fenza rifparmio delitie maggiori, e moftra effer
nato di quella cafa, che fù per la grandezza, e
per il dominio formidabile in Italia, & inclì-
ta nell'Europa. Viue al prefente quefto Caualiere, e feco viue il fratello Scipio Papafaua
Caualiere della gran Croce, e Prior di Meffina per la Sacra Religione Gierofolimitana.

Primate digniſſimo in tutto il Regno della Sicilia,nella quale famiglia viue anco al preſente il virtuoſiſſimo Roberto,figlio del ſopradetto Caualier Bonifacio,giouine, mà di coſtumi,
e di conditioni inſigne, Abbate Commenda-
tario di Sebenico Dottor di Filoſofia, Teologia, e dell'vna, e dell'altra legge, ſplendor in
vero della ſua patria, e della famoſiſſima caſa,
verſatiſſimo nelle lettere Greche, Latine, He-
bree, & inſigne nelle matematiche, sì come
lo dichiarorno in publico li meſi paſſati gli e-
ſperimenti ſingolari del ſuo ingegno. Fioriſce
di queſta inſigne famiglia à i noſtri tempi vna
coppia numeroſa di Caualieri, e ſoggetti di
gran valore,che non degradano certo da'famo-
ſiſſimi, & antichiſſimi progenitori, perciò il
dirne poco rieſce à pregiudicio della loro Fama, & il dirne molto non è opportuno al luogo. Tengono queſti Signori il palazzo per
ordinaria loro habitatione nella contrada di
San Franceſco Maggiore, & iui conſeruano
coppia di libri eſquiſiti in ogni profeſſione,la-
ſciatigli dal già Monſign.Vbertino Papafaua
Veſcouo d'Adria, fratello del detto Caualier
Bonifacio, oltre vna quantità di Manuſcritti antichi, & autori non anco ſtampati, che
trattano delle hiſtorie di queſta famiglia, e
numiſmi antichi de'Prencipi Carrareſi, & altri pretioſiſſimi monumenti della Caſa riſerua-
ti nell'archiuio del ſopradetto palazzo, che ſi
può dire il più grande, e riguardeuole della
Città.
    Trà le coſe Spirituali, e Chieſe di Padoua
la prima è il Domo, cioè la Chieſa Cathedrale, quale appunto è ſituata nel mezzo della
                                        Cit.

Città. Si conuertirono i Padouani alla vera
Fede di Chrifto per le predicationi di San
Prosdocimo loro primo Vefcouo mandato da
San Pietro, il qual frà gli altri battezzò Vi-
taliano huomo principale in quefta città, &
altresì edificò la Chiefa di Santa Sofia. Henrico IV. Imperatore arricchì la Chiefa Cathedrale, la quale hà 27. canonicati ricchiffimi di
buone entrate, sì che poffono dirfi tanti Vefcouati, e trà di loro vi fono 4 dignità, cioè Arciprete, Archidiacono, Primicerio, e Decano; vi
fono 12 fotto canonici, fei Cuftodi, e fei Man-
fionarij, e più di feffanta altri preti cappellani, e chierici, oltra li Maeftri di Grammatica, e di Mufica con molti cantori celebri,
sì che quefto Clero paffa il numero di cento,
hauendo più di 100000. fcudi d'entrata; è tenuto per il più nobile, & il più ricco d'Italia;
e però il Vefcouo di Padoua è ftimato vn pic-
ciol Papa, e li fuoi canonici con ragione li
Cardinali di Lombardia fono chiamati, poiche il loro capitolo è fempre pieno di nobiltà Venetiana, Padouana, e d'altre città, de
i quali tanti fono afcefi à Mitre, & à Cap-
pelli, doue, che degnamente viene anco detto, che fia vn Seminario di Cardinali, e di Prelati grandi.

In quefta Chiefa, non altroue, è fepolta la
moglie di Henrico IV. detta per nome Berta,
come confta per l'antica infcrittione.

(*Præfulis, & Cleri præfenti prædia phano*
Donauit Regina iacens hòc marmore Bertã
Henrici Regis Patani celeberrima quarti
Coniux, tam grandi dono memoranda per
auum.)

C   Sotto-

Sotto'il Choro dentro vna ricca fepoltura d marmo ftà il Corpo di S. Daniele, vno de quattro Tutelari.

Due gran Cardinali ripofano in queftaChiefa, liquali furono ambidue Arcipreti di effa cioè Pileo da Prata,e Francefco Zabarella cor altri eminenti foggetti.

Pileo di Conti di Prata, fù Cittadino Padouano, e Furlano, per le fue Virtù fù creato Vefcouo di Padoua; e poi anco Cardinale di Santa Praffede da Papa Gregorio XI. e Legato Apoftolico nel 1378. nato lo fcifma trà Vrbano VI. fuo fucceffore, e Clemente Antipapa, fù da Vrbano depofto, ma indi morto, e fucceffo Bonifacio IX. fù fatto Cardinale di nuouo con titolo di Vefc.Tufculano, e Legato Apoftolico; morì finalmente in Padoua, e fù fepolto in quefta Chiefa in vn'Arca fublime, e nobiliffima con tal memoria.

PILEVS PRATTA CARO.
Stirpe Comes PRATAE, præclarus origine; multis
Dotibus infignis,fæclo celeberrimus Orbe,
Defunctus ftatuit fic fuprema voluntas:
Hac Card. PILEVS tumulatur in vrna.

E queft'Arca era già nella cappella del Santiffimo dalla parte deftra del choro,ma douendofi far in quel loco la porta della Sacriftia maggiore,fù leuata,e pofta fuori di effa capella nel muro vicino in loco degno, & eminente.

Francefco Zabarella Filofofo, Theologo, Iuris Confulto fublime, fù nell'età fua ftimato il Prencipe di tutti li fapienti del Mondo, e le opere lafciate conferma-

no

no vera la fua gran fama,fù huomo doc:iffimo
in tutte le fcienze, e di vita fantiffima, però
li fù offerta da Fiorentini, e da Padouani la
Dignità Epifcopale, e da altri Prencipi altri
gradi infigni . Finalmente Papa Giouanni
XXII. lo volfe creare Arciuefcouo di Firenze, e poi anco Cardinale di SS. Cofmo, e
Damiano l'anno 1411. & indi Legato Apoftolico, e Prefetto del Concilio di Coftanza,
doue hauendo egli eftinto lo fcifma, & effendo bramato, e difegnato Papa,morì di anni
78.del 1417. al cui corpo tra ferito nella patria ,quiui fù fatto vn belliffimo Maufoleo, in
cui ripofa fin'hoggi nella capella della Beata Vergine dalla parte finiftra del Choro in
vn' Arca di marmo bianco, ricchiffima
con tal memoria. Franc. Zabarellæ Flor. Ar-
chiepifc. Viro Optimo vrbi, & Orbi gratiffi-
mo, diuini, humanique iuris interpreti præ-
ftantiffimo, in Cardinalium Collegium ob
fummam fapientiam cooptato, ac eorundem
animis Pontifice prope maximo Io: xxij. eius
fuafu abdicato ante Martinum V, ob fingula-
rem probitatem in Conftant. Concilio Ioannes Iacobi viri Clariffimi filius id monumen-
tum ponendum curauit . Vixit An-
nos L X X V I I I. Obijt Conftantiæ
1417.
Quefta capella era detta di SS. Pietro,
e Paolo,e fù acquiftata, e dotata da Bartolomeo Zabarella Arciuefcouo di Spalatro
per nome della fua famiglia, che perciò ne
è patrona, e vi mantiene due cappellani :
prefe poi il nome della Beata Vergine
dopo, che la nobil matrona Antonia Za-

C 2   ba-

arell forella del Cardinale nel fuo teſt-
-mento a' ciò quella Santiſſima Imagine , che
s'attrouaua in caſa ſua , che foſſe poſta ſopr
l'altare della detta cappella , e ſi hà per tra
ditione, che foſſe dipinta da San Luca: Ro
berto Rè di Napoli la donò à Francesco Pe
trarca , dal qual fù portata à Padoua , e la
ſciata à Giacomo ſecondo da Carrara Signo
di eſſa ; dopò la cui morte tornò à Marſili
ſuo ſecondo genito, che la diede in dote à Fior
diligi ſua figliuola moglie di Pietro Zabarel
a: paſsò indi in mano di detta Antonia, da cui
fù laſciata con altri doni al Domo, & è quella
Santiſſima Imagine, che ſi porta in proceſſio-
ne per impetrare nelli maggiori biſogni l'aiuto
diuino per ſua interceſſione. In queſta cappella vi ſono altri Epitafij , e li monumenti della
nobil famiglia Zabarella , da cui ſi sà l'alta
origine dalli antichiſſimi Sabatini di Bologna
oriondi dalli Cornelj, Scipione di Roma, de'
quali furono li glorioſi Scipioni Cinna, e Silla
Precipi di Roma con tanti altri Heroj, oltre li
Santi Papi Pio , Cornello , e Siluestro , e gli
Imperatori Balbino , Valeriano , Gallieno,
Tacito , e Floriano , Celſo , due Saturnini ,
& Aulto Imperatori, e tanti altri ſanti, & huomini ſegnalati, sì come in Bologna, di eſſa furono li Santi Hermete, Aggeo, e Calo Martiri ,
Il Beato Sabatino diſcepolo di San Franceſco ,
Sab tino Veſcouo di Genoua Elettore di Carlo Caluo Imperatore; & altri grand'huomini ; che hanno dominato quell'inclita città ;
coſi poſta la caſa in Padoua da Calorio Sabatino Conte , e Caualier Bologneſe , i ſuoi
poſteri furono chiamati Sabatini , e Sabarel-
li,

li, dal che nacque il cognome Zabarella, &
oltre il Cardinal sudetto di questa casa, vi sono stati Bartolomeo Arciuescouo di Spal. e di
Fiorenza, che morì essendo disegnato Cardinale, Paolo Vescouo Argolicense, & Arciue-
couo Pariense, Orlando; e Lorenzo, che
morirono con nome di Beati Vescoui, il primo
d'Adria, il secondo d'Ascoli; cinque Arcipreti, e sette canonici di Padoua, molti Dottori, Lettori del Studio famosissimi in ogn'età;
Conti, e Caualieri insigni, quantità di valorosi
capitani, Andrea Generale di Polentani, & Andrea secondo Generale di Santa Chiesa, Giacomo Primo Conte, e Caualier del Dracone fatto
da Sigismondo Imperatore, e da Giouanni 22.
Martino 5. & Eugenio 4. Papi fatto Gouernatore di diuerse città, Senator Romano; e chiamato nelle Bolle Domicello, cioè Barone Apostolico, Bartol. 2. Dottor, Caualier. Pref. di diuerse città, Pref. di Firenze, e Senator Romano
egli ancora, Giacomo 2. consigliero, e Caualier
della Chiane d'oro di Masim. 2. Imperatore, e
da cui fù fatto Conte, e Caualier con li figliuoli, e posteri primogeniti in perpetuo, qual pri-
legio fù prima concesso da Sigism. Imperatore
al detto Giacomo prima suo Auo; & indi confermato di nuouo da Ferdinando 2. Imperatore al Conte Giulio suo figliuolo, che fù padre
del Conte Giacomo 3. Zabarella Filosofo di
quel gran nome, che si sà, con tanti altri grand'
huomini in lettere, & in arme. Ma hauendo
fatto mentione di due Card. Padouani, mi par
conuenenole nominare gl'altri ancora, che
con tal dignità hanno adornato questa loro
patria.

Simone Paltaniero fù il primo Cardinal Padouano , il qual'essendo huomo di gran sapere,e di somma virtù , meritò da Papa Vrbano IV. di esser creato Cardinale di Santi Steffano , e Martino l'anno 1261. e poi Legato Apostolico ; morì del 1676. La cui famiglia in Padoua è estinta ; ma viue in Vicenza sotto il nobil cognome di Conti Poiana . Pileo da Prata fù il secondo Cardinal Padouano , come habbiamo detto di sopra: di questa Casa sono li Conti di Portia in Friuli .

Bonauentura Badoero de' Conti di Peraga fù huomo di gran sapienza,e bontà; perciò essendo Monaco Eremitano lesse Filosofia , e Teologia nelle sue Scole, doppo li altri gradi ascese al Generalato, e finalmente da Papa Vrbano VI. fù fatto Cardinale di S. Cecilia del 1384. e morì del 1389. di questa casa sono li Badoeri Nob. Venetiani,e li Badoeri di Pad.

Bartolomeo Oliario Minorita Filosofo , e Teologo insigne fù da Fiorētini eletto per loro pastore, e poi da Papa Bonifacio IX. fatto Card.di S.Pudētiana del 1389.morì del 1376.

Francesco Zabarella fù il quinto Cardinal Padouano, & Arciuescouo di Fiorenza, come habbiamo veduto .

Lodouico Mezarota Filosofo Medico lasciata tal professione, si pose sotto Giouāni Vitelli General di Santa Chiesa, e portandosi bene,ascese di grado in grado , fino che dopò la morte di quello, egli fù creato successore,e Patriarca d'Aquileia;Fece egli tante imprese,che non si può dire;basta, che restituì la Chiesa in libertà,liberò li Fiorentini,e l'Italia,però fù da Eugenio Quarto Papa fatto Cardinale di San

Lorenzo, e poi Vefcouo Albano, e Cancelliœr
di Santa Chiefa;morì del 1365. & hora queft t
cafa è eftinta . Ma oltre di quefti vi fono ftati
alcuni altri di quefta città Cardinali difegnati
liquali fopragionti dalla morte, non puotero
hauere il poffeffo della Dignità meritata, cme
Gabriel Capodelifta Arciuefcouo Aquenfe da
Clemente Quinto Papa fù difegnato Cardinale del 1304. Bartolomeo Zabarella Arciuefcouo di Fiorenza, effendo ftato Legato Apoftolico in Germania, Fracia, e Spagna per caufe graui con felice fucceffo delle fue fatiche, e
con gran fodisfattione di Papa Eugenio IV. fù
da lui difegnato Cardinale, ma nel ritorno
ammalatofi morì in Sutri di anni 47, l'Anno di
N.S. 1445.

Francefco Lignamineo Vefcouo di Ferrara,
e Legato Apoftolico dal medefimo Papa Eugenio IV. fù defignato Cardinale, ma morì l'
Anno di N.S. 1412.

Antonio Giannoti Giurifconfulto infigne
Vefcouo di Forlì, & Arciuefcouo d'Vrbino
fù Vicelegato in Francia, & in Bologna, loue
morì, effendo da Papa Clemente VIII. difegnato Cardinale l'Anno 1591. di anni 65.

Nel palazzo del Vefcouo fon cofe degne;
vedefi l'ampliffima Diocefi di Padoua fatta
ritrare in vn gran quadro da Marco Cornaro
Vefcouo di Padoua Prelato degno d'eterna
memoria, & vna gran Sala, doue fono ritratti (come fi crede) al naturale 112. Vefcoui di quefta antichiffima, e nobiliffima
Città.

Il fecondo luogo frà le belle Chiefe di Padoua merita fenza contrafto quella di Sant'

Antonio da Lisbona,sì per il diffegno,& artifi
cio,come per la pretiofità de'marmi,& altri or
namenti.Il coperto della Chiefa è diftinto in 6.
marauigliofe cuppule,coperte di piombo. Quì
vedrai primieramente.la Regal cappella di
quefto Santo,ornata di finiffimi marmi,e di 12.
belliffime colonne:oue in 9. fpatij frà l'vna, e l'
altra colóna vedrai i fuoi miracoli fcolpiti dai
più rari fcultori di quel tempo tanto eccellète-
mente, che ne refterai ftupefatto . In mezo di
detta cappella fcorgefi l'Altar di detto Santo ,
dentr'ilquale fi ripofa il fuo fantiffimo corpo .
Sopra queft'Altare fono fette figure di metallo di giufta grandezza lauoráte da Titiano
Afpetti fcultore Padouano eccellente . Il coperto di quefta cappella è ornato di belliffimi
fregi, e figure fatte di ftucco eccellentemente
indorate ; il felicato poi è fontuofiffimo di
marmo , e di porfido à fcacchiere ordinato .
Viffe quefto Santo 36. anni.Morì alli 13. di
Giugno 1231. Fù canonizato da Gregorio
IX. nella città di Spoleto nel 1237. Nel qual
giorno portano la fua Santiffima Lingua , e
parte d'vna Mafcella poceffionalmente per
Padoua , e con grandiffima folennità . Imperoche accompagnano ordinatamente quefta
proceffione tutti Frati dell'Ordine di San_
Francefco , cioè conuentuali , cappuccini ,
e zoccolanti, i quali all'hora vi fi ritrouano :
Frà i quali feguono tutt'i Dottori di collegio ,
cioè di Legge, di Filofofia, e Medicina. In oltre fi portano fimilmente tutti gli argenti , &
altre cofe preciofe , le quali fono ftate donate
à quefto Santo , con gran numero di Reliquie
conferuate in pretiofi vafi . Veggonfi figure d'
ar-

argento di dieci Santi, 16. Calici pretiofi, 50.
vafi, frà i quali ne fono trè da tenere il Sacra-
tiffimo corpo di Noftro Signore, molti Cande-
delieri d'argento, Lampade, incenfieri, 54.
voti d'argento parimente di grandezza d'vn
fanciullo. Vedefi vna naue fornita d'alberi,
vele, e farte; & vn modello della Città di Padoua fatto d'argento diligentemente. In vn
Reliquiario belliffimo fi conferua la Lingua
del Gloriofo Sant'Antonio, & in vn'altro il
mento, così in altri tutti d'argento dorati, e
con efquifitiffimi lauori fabricati fi conferuano
vn panno bagnato nel Sangue pretiofo di Noftro Signore Giesù Chrifto, trè Spine dell'i-
fteffo, del legno della Santa Croce, delli capelli, & latte della Beatiffima Vergine, del
Sangue delle Sante Stigmate di San Francefco, e di molte altre offa, e reliquie rare d'infiniti Santi, come fi può vedere nella carta fatta ftampare dal Signor Conte
Zabarella Prefidente, e Teforiero della Veneranda Arca del Gloriofo Sant'Antonio.
Imperoche oltre l'entrate del Conuento, con
le quali viuono li Padri, il Gloriofo S.
Antonio poffede vna groffa entrata, oltre
vna quantità grande di argenterie, e pretiofe fuppellettili, tutto donato ad effo Santo da Prencipi, e perfone priuate, la qual
robba tutta è gouernata da fette Prefidenti
chiamati volgarmente li Signori all'Arca
di Sant'Antonio, il quali fono tre Padri,
cioè il Padre Prouinciale, il Padre Guardiano, & vn Padre del Conuento, che
fi muta ogni anno, li altri quattro fono
no fecolari, e quefti fogliono effere de'

C 5   pri-

primi Caualièri della città ; è però vero , che
tal volta vengono eletti Cittadini honoreuoli,
se bene non sono della sublime Nobiltà ; &
questi sono chiamati oltre il Teforiero , che
hà la cura delle reliquie, delli argenti, della
Musica,e della Chiesa; vn'altro è cassiero, qual
riscuote l'entrate de i danari , e paga li Musi-
ci , e tutti quelli ; che deuono hauere per sa-
larij , mercede , & altre caufe ; il terzo si
chiama Fabriciero , perche hà la cura delle fabriche così della Chiesa,e Conuento, come delle altre case,molini,e simili di ragione del Santo , così nella città ; come fuori ; il quarto è sopra le liti , che può hauere l'Arca del detto
Santo , cioè per li crediti d'esso Santo , & ogn'
altro suo interesse ; questi sono eleti di anno in
anno, e se ne mutano ogni sei mesi due di loro.
Il conuento possede ancora vna nobilissima libraria publica ridotta in stato conspicuo dal
molto R. P. M. Francesco Zanotti Padouano
soggetto dignissimo hauendo sempre gouernato il suo conuento con somma prudenza ,
come Guardiano , & anco la sua Religione
essendo stato Prouinciale ; si come è stato di
gran giouamento il Molto R. P. M. Michel
Angelo Maniere , hora Guardiano , e già
Prouinciale , egli ancora huomo di somma
virtù,e bontà , sì che per questi due Padri
in particolare risplende mirabilmente questo
nobilissimo conuento ; Appresso la stanza di
detta Libraria , v'è vn'altra stanza ; doue si
conserua il Nobil Museo donato al medesimo
Glorioso Santo dal Signor Conte Giacomo
Zabarella , doue sono quantità di libri esquisiti stampati , e manuscritti con tutte le Hi-
sto-

ftorie , che fono in effere di Padoua , Venetia , & altre città , che altroue non fi trou-
no ; così iui fi vedono molti marmi , bronzi ,
medaglie , & altre antichità notabili , quadri
di molto valore , & in fpecialità li ritratti antichi , & autentichi di cafa Zabarella , con li
priuilegij di tanti Prencipi di effa cafa conceffi ; la chiaue d'oro di Maffim. I. Imperatore , e tutte le fcritture autentiche della detta
famiglia. Vi fono finalmente le opere del medefimo Signor Conte Giacomo , che fono mólte , e nobili , trà le quali fi vedono in diaci libri in foglio gl'arbori , e Genealogie di tutti li
Prencipi, e delle più nobili famiglie d'Europa ,
altri arbori, che moftrano la congiuntione trà
Prencipi; e con effi di molti Caualieri illuftri
fatti con compartimenti perfetti, perche egli è
ftato inuentore di fare tali arbori con li rami
retti, e con li compartimenti di fomma perfettione.

Dirimpetto all'Altar di Sant'Antonio vi è
la cappella di San Felice Papa della medefima
grandezza , oue fi ripofano l' offa di quel
Santo . Attorno quefta cappella v'è molte o-
pere di pittura eccellentiffimamente fatte da
Giotto; Del quale ne fanno degna mentione
Dante, il Bocaccio , & altri famofi fcrittori.
In quefta cappella fono li monumenti de' Signori Roffi, e Lupi Marchefi di Soragna, e
doppo la cappella del Santo, quefta è la più infigne di tutte l'altre , & è della fteffa grandezza, e forma di quella del Santo. L'altar maggiore (del quale doueua dir prima) è ornato
di finiffimi marmi , & hà al lato dritto vn
candeliero di metallo di grand'altezza, & al-

tresì lauorato di figure molto nobili. Incon
tro à queft'Altare ftà vn'artificiofo choro or
nato di belliffime figure, fatte di legni com
niefs'infieme. In quefta Chiefa fi vede la fe
poltura del Fulgofio, & appreffo la cappella
di Santa Cattarina quella di Marina Zabarel
la, e di Afcanio Zabarella ambidue famofi, i
primo in lettere, l'altro in arme, e la dett
cappella è di cafa loro antica. Oue in vn'Auel-
lo è fepolto Andrea Zabarella, e Montifia da
Polenta fua Moglie figlia di Bernardino Sign.
di Rauenna. Infiniti valorofi huomini così
nelle lettere, come nell'arme, che farei troppo lungo à volerli fpecificare. Fuor della
Chiefa vedefi vna nobiliffima ftatua a cauallo,
fatta di metallo da Donato Fiorentino, drizzata da i Sig. Venetiani, in memoria del valore di
Gattamelata da Narni, che fù capitan Generale del loro effercito, è fepolto co'l figliuolo
nella capella di San Francefco in detta
Chiefa, doue fi leggono due belli loro Epitafij.

Segue la fontuofa, & ampla Chiefa di Santa Giuftina, che è la terza infigne di Padoua,
oue fi cuftodifcono molto denotamente i corpi di S. Luca Enāgelifta, e Mattia Apoftolo, di
Innocenti, di San Profdocimo Vefcouo di Padoua, e primo di quefta prouincia, di Sāta Giuftina Vergine, e Martire, di Giuliano, di Maffimo Vefcouo fecondo di Padoua, di Vrio
confeffore, di Felicita Vergine, e di Arnal-
do Abbate, oltre ad vn'infinito numero di
altre Sante Reliquie, che fi conferuano in vn'
antichiffimo cimiterio detto (come anticamente fi coftumò) il pozzo de i Martiri.

Qui-

Quiui v'è etiandio vna pietra di Granito, fopra la quale era tagliato il capo à i martiri,
vn'altra, fopra la quale celebraua San Profdocimo. V'è il quadro della Beata Vergine dipinto da San Luca di grandiffima diuotione
portato dal Beato Vrio Coftantinop. Vedeſi il
choro attorno l'Altar maggiore di noce, doue
è figurato eccellentemente da Ricardo Francefe il Teftamento Vecchio, e Nouo. Hà
quefta Chiefa molt'argentarie, e vefti pretiofe:
Appreffo vedrai vn fuperbo Monafterio, oue
dimora l'Abbate con molti Frati di S. Benedetto, da annouerare frà i primi conuenti d'Italia,
per la fontuofità, e grandezza dell'edificio,
com'anco per l'entrata, conciofiache hà circa
100000. fcudi. Qui principiò la riforma di S.
Benedetto ducent'anni fono.

La 4. Chiefa infigne è S. Agoftino di Padri
Dominicani, laquale fù anticamente Tempio
di Giunone, & in effa furono dalli antichi Padouani dedicate le fpoglie di Cleonimo Spartano, come dice T. Liuio. Fù indi Chiefa particolare di Carrarefi, li quali perciò in effa hanno
li loro fepolcri, sì come vi fono quelli di Ma-
rieta madre di Giacomo Rè di Cipri, e di Car-
lotta figliuola di effo Rè; quini fono parimete
molte memorie d'altre perfone grandi, così
della città, come foreftieri, & in particolare vi è
quella di Pietro d'Abano appreffo la porta
grande: & hà vn belliffimo conuento con vna
Libraria infigne, doue fono li ritratti de' primi
huomini della religione.

La quinta Chiefa è quella del Carmine,
infigne per effere di grand'altezza, e grandezza con vn fol volto, & vn'altiffima
Cup-

Cuppola , e le cappelle tutte simili , & in somma perfettione, doue si conserua vn'Imagine della Beata Verg. che fà continue gratie à chi diuotamente per mezo suo le dimanda à DIO Benedetto , &in questa Chiesa vi sono li monumenti delli Naldi capitani famosi , e di molte case nobili di Padoua.

Nella Chiesa delli Eremitani , che è la sesta delle insigni di Padoua , v'è sepolto Marco Mantoua Famoso Dottor di Legge , e vedesi quì la cappella de i cortellieri dipinta da Giusto antico pittore, e quella de i Zabarella opera del Mantegna.

Nella Chiesa di S. Francesco, ch'è la settima, è sepolto Bartolomeo Caualcante, e Girolamo Cagnolo singolar Dottore, & altresì il Longolio, doue il Bembo li fece questi versi.

Te iuuenem rapuere Deæ fatalia nentes
Stamina, cùm scirent morituram tempore nullo
Longoli, tibi si canos, seniùmque dedissent.

Nella Chiesa de Serui è sepolto Paolo de Castro . Appresso la Chiesa di S. Lorenzo vedesi vna sepoltura di marmo sostenuta da quattro colonne con il coperto pure di marmo , oue si leggono questi versi.

Inclytus Antenor patriam vox nisa quietem
Transtulit huc Henetū, Dardanidumq; fugas;
Expulit Euganeos, Patauinam condidit urbem,
Quem tenet hic humili marmore casa domus.

Nella Chiesa de'Capucini stà sepolto il Cardinal Comendone. In Padoua le famiglie de i Caualieri principali sono Aluaroti Marchesi di Falcino; Cittadella Cōti di Bolzonella; Lazàra Conti di Paludo; Leoni Conti di Sanguineto ; Obizzi Marchesi d'Orgiano ; Zabarella Conti di Credazzo, Buzzaccarini, Capidilista, Conti, Dotti, Papafaui, S. Bonifacij, & altre; & hāno illustrato questa città (oltre i soprascritti) Asconio Pediano Oratore, Aruntio Stella, Valerio Flacco, Volusio poeta, Giacomo Zabarella dignissimo Filosofo, con altri infiniti valorosi huomini.

Frà la Chiesa del Santo, e quella di Santa Giustina ritrouasi l'Orto de i Semplici piantato l'Anno 1546. posto per i Studenti di Medicina, e Filosofia, acciò possino conoscere, e sapere la natura di tutte le herbe medicinali. Hà custodia principale di quest horto vn Dottore di Medicina, huomo per ordinario insigne, ilquale insegna a'Studiosi i nomi, e natura de'Semplici: hanno hauuto questo carico à nostri giorni Melchior Guillandino, Giacom' Antonio Cortuso, e Prospero Alpino huomini eccellenti. Hora è in mano di Giouanni Veslinghio Caualiere.

Fuori di Padoua 10, m: vers'il porto di Malamocco ritrouasi Pioue di Sacco Castello, del quale s'intitola Conte il Vescouo di Padoua poscia Poluerara, oue si generano le Galline, più grandi, ch'in altro luogo d'Italia. Qui vicino cominciano le lagune, frà le quali vedesi l'antichissima città d'Adria. Verso Tramontana stà il Castello di campo San Pietro, dal quale hebb'origine la nobil famiglia dell'istesso nome. Frà Padoua, e Bassano ritrouasi Cittadella. Vers'Occidente è la città di Vicenza, con i famosi colli Euganei, cosi detti in lingua Greca per le loro gran delicie. I quali non sono nè parte dell'Apennino, nè anco dell'Alpe (cosa, ch'altroue non si

ve-

vede) e Conftantino Paleologo (come riferifce il Rodigino) diceua, che fuor del Paradifo
Terreftre nò fi farebbe potuto ritrouare il più
delitiofo luogo di quefto. Veggonfi i famofi
Bagni d'Abano lungi 5. miglia da Padoua, ne'
quali porta la fpefa contemplare, come fopra
vn'eminenza di faffo cauernofo da fcaturigini
non più di due piedi l'vna dall'altra difcofte
nafcono due acque differentiffime di natura ;
percioche l'vna incrofta di pietra dura, e bianca non folo l'alueo, per doue fcorre; ma ciò,
che vi fi getta dentro, ingroffando la crofta fecondo lo fpacio del tempo, che la cofa in
effa acqua dimora: e di più genera pietra della
detta natura fopra vna ruota di Molino da
lei girata. La quale fà di meftieri ogni mefe
leuar via in forma di piaftre alte mezo deto
con i martelli; ma l'altra di dette acque tiene
nel fondo cenere fottiliffima, & è affai più
leggiera à pefo della prima, della quale non fe
ne ferue per bere alcuno, ftimandofi nocenole
nel corpo, sì come della feconda fe ne beue
communemente per diuerfi falutiferi effetti;
cauandofi terreno attorno'l detto colle s'hà
trouato folfo, & alle radici d'effo verfo Oriente, e verfo Mezo Giorno la terra bagnata dall'
acque, ch'iui nafcono fiorifce di fale. Al prefente Abano è poco habitato, rifpetto à quel
fi deue credere, che fij ftato per il paffato; percioche fotto terra fi ritrouano fpeffo reliquie
d'antichità, e vogliono alcuni, che quiui fi la-
uoraffe di panni in fomma eccellenza. Oltre di
Abano fi ritrouano il fontuofo, e ricco Monafterio di Praia de i Monaci negri di San Benedetto, & in quella vicinanza è la Chiefa di

San-

Santa Maria di Monte Ortone. E questo Conuento de'Padri Eremitani di Sant'Agostino riformati,e detti Scalci,nel qual sono scaturigini d'acque bollenti , e fanghi eccellentissimi per doglie, e per nerui ritratti; se ben di questi non si vsa adoperare per esser'essi assai sotto terra , e perciò difficili da cauare ; oltre che non ve ne sono in gran quantità,hMa sono di color bianchi,e(come ben lauorata creta) tenaci, non negri, e brutti, come quelli, che s'adoprano communemente da Montagnana loco vicino. Da Padoua à Este si và per barca sopra il fiume . Ritrouasi frà questi il nobil castello di Monselice circondato da ameni colli, oue si veggono vestigi d'vna rouinata Fortezza.Quì si fa gran presa di Vipere per Teriaca.Al sinistro lato di questi colli Arquato contrada, molto nominata per la memoria di Francesco Petrarca,oue lungo tempo soggiornò,& etiandio passò all'altra vita . E quì fù molto honoreuolmente sepolto in vn sepolcro di marmo, sostenuto da quattro colonne rosse,& iui è inscritto il suo Epitaffio , fatto da esso,che così dice,

Frigida Francisci lapis hic tegit essa Petrarca
Suscipe Virgo parens animã sate virgine parce,
Fessaque iam terris,cæli requiescat in arce .

Quì si vede la casa del detto , & in essa vna Sedia,& vn'Oriolo,ch'egli adoperaua,e lo scheletre della sua Gatta.

Due miglia discosto da Arquato sopra vn colle vedesi Cataio , Villa superbissima de'Signori Obizzi , poscia arriuasi alla Battaglia , contrada appresso il fiume . Quindi à sette miglia s'arriua à Este nobilissimo castello , & altre-

tresì antichiſſimo , dal quale traſſe origine la
Sereniſſima caſa d'Eſte . Il cui palazzo è fatto Monaſterio per i Frati Dominicani . Da
queſto ciuil Caſtello (oltra l'abbondanza di
tutte le coſe neceſſarie per il viuere humano)
ſi traggono finiſſimi Vini. Fà 10000. anime. Il publico hà d'entrata 18000. ſcudi ,
Quì ſi ſaliſce al monte di Venda , oue ſi vede
vn Monaſterio habitato da Monaci di Mont'
Oliueto , è Rua Eremitorio de'Camaldoleſi
di Monte Corona . Di quì à tre miglia ſi và
ad vn'altro monte , oue è la ricca Abbatia , e
Monaſterio de'Frati di Camaldoli. Poſcia
caminando dieci miglia vedeſi il nobil Caſtello di Montagnana niente inferiore à Eſte , nè
di ricchezza , nè di ciuiltà. Oue particolarmente ſi fà mercantia di canape. Più oltre 8,
miglia vedeſi Lendinara caſtello aſſai forte, e
bello, bagnato dall'Adice , ma vi è l'aria vn
poco groſſa ne'tempi eſtiui. Farà anime 4000,
Appreſſo vedeſi il caſtel di Sanguinedo ne'
confini tra'Venetiani, & il Duca di Mantoua ,
oue ſi và per vna bella ſtrada longa , e dritta
18. miglia da Sanguinedo.

    Vſcendo di Padoua fuor della porta di S.
Croce, che và à Ferrara, ritrouaſi primieramente Conſelue caſtello già de'Signori Lazara, doue è il delitioſo palazzo del Conte Nicolò de
Lazara magnanimo , e generoſo Caualliere ,
nel quale alloggiò Henrico I.I. Rè di Francia,
e Polonia . Di quà poco lontano è il Paludo
Contea del medeſimo Signore , loco nobile , e
fertile, doue è vn conuento de'Padri Eremitani
fondato da Giouanni de Lazara Caualiere di
San Giacomo, Tenente Generale della Caualleria

leria Venetiana l'Anno 1574. Poscia fi và all'
Anguillara, oue passa l'Adice. Più oltra s'arriua à Rouigo, fatto città dal Principe di Venetia lontano da Padona 25. miglia , e da Ferrara dicidotto: Rouigo fù edificato delle Rouine dell'antichissima città d'Adria, dalla quale
stà discosto poco più d'vn miglio. E bagnato
da vn ramo dell'Adice , oue si veggono nobili habitationi , hauendo attorno le muraglie con profonde fosse, lequali circondano vn
miglio. Hà il paese fertilissimo circondato da
4. fiumi cioè il Pò, l'Adice, Tartaro, e'l Casta-
gnaro. Di quì è, che vien chiamato Polesine, che
vuol dire Pen'isola, per esser questo paese molto lungo, e circondato da i detti fiumi. Hann'illustrata questa patria molti huomini illustri ,
tra i quali fù il Card. Rouella, Brusonio poeta,
Celio, & i Riccobuoni, con Gio. Tomaso Mina-
doi , Medico Eccellentiss. il qual'hà scritto l'
Istoria Persiana, & altri.

Ritrouasi in questo contorno vna Chiesa
dedicata à S. Bellino già Vescouo di Padoua; i
Sacerdoti della quale segnano con miracoloso
successo di salute quelli, che sono stati morsica-
ti da cani rabbiosi; di modo , che indubitatamente con alquanti essorcismi si risanano
quelli, che con medicine naturali à pena basta
longo tempo, e gran fatica de'Medici. Chi leggerà il c. 36. del 6. lib. di Diosc. e gli altri trattati scritti di tal'infirmità, può comprendere la
grandezza di questo miracolo. Il Mathiolli
nel citato loc. di Diosc. confessa il successo ; e
volendone discorrere naturalmente , dice ,
che potrebbe essere , che quelli Sacerdoti hauessero qualche secreta medicina, la quale
ripo-

riponeſſero nel pane , che ſogliono benedire
per gli arrabbiati; Ma queſto non è da credere. Prima, perche quella Chieſa è gouernata
da due poueri preti, da'quali in tanto ſpacio di
tempo da San Bellino in quà ſcorſo (maſſime,
che alle volte ſi partono, e non ſono di conditione ſcelta)alcuno haurebbe potuto caaare tal
ſecreto. Seconda, perche danno vn ſol boccone
di pane benedetto ; nella qual poca quantità
non è coſa, che ſi poteſſe poner, & occultare aſ-
fatto, ſufficientemente medicina. Terza, perche
anco in Padoua le Monache, che ſono alla
Chieſa di S. Pietro, hanno vna chiaue antica,
che fù di S. Bellino, cõ la quale infocata ſegnano ſopra la teſta i cani arrabbiati, i quali riceuuto quel ſegno non patiſcono piu rabbia, nè
coſa alcuna. Si che biſogna per forza, ch'anco i
Medici confeſſino, che è puro miracolo fatto
da Iddio per gratia di S. Bellino, il quale fù per
opera di mala gente da cani ſtracelato, & il cui
glorioſo corpo è conſeruato nella detta Chieſa
del Poleſine.

Volendo andar'à Ferrara, anderai per la
ſtrada de'Roſati, ſin'al Pò, il quale ſi paſſa per
barca, qui trouerai Francolino contrada, lontana da Ferrara cinque miglia.

VICENZA.

Vicẽza al preſente ripoſta nella Marca Triuigiana, fù edificata ſecondo Liuio, Giu-
ſtino, e Paolo Diacono, da'Galli Sennoni, che
ſceſero in Italia regnãdo in Roma Tarquinio
Priſco, dando anco il nome di Gallia Ciſalpina
à quella parte occupata da loro, Strabone
però,

però, Plinio, e Polibio vogliono, c'habbi hauuto il suo principio da gli antichi Toscani, e che
sia vna delle dodeci città da essi di quà dall'A-
pennino edificate, che da quei Galli fosse ri-
staurata, & ampliata. Quando poi le città
Venete prestarono buon seruitio all'alma Roma, essendo l'anno di essa 366, assalita da altri Francesi, Vicenza, che fù vna di quelle, in_
ricompensa dell'aiuto opportunamente datole,
fù creato Municipio. Onde poscia vsando le_
leggi, e statuti proprij, participaua de gl'honore, e dignità Romane. Perciò vidde molti de'
suoi cittadini nei Magistrati di quella gran
Republica, Frà quali Aulo Cecina Console, e
Generale dell'essercito di Vitellio Imperatore,
in honor del quale perche passò i segni di cittadino ordinario, non sarà souerchio di por qui
la seguente Inscrittione antica,

  (A. *Cecinna Felicißs. Vitelliani exercitus*
*Imper. ob virtutem, & munus Gladiatorum_*
apud se exhibitum Cremona.)

  Sortì anco il nome di Rep. e di città, come si
vede in molti marmi antichi nel paese, e fù as-
signata alla Tribù Menenia, era sotto la pro-
tettione de i Bruti, e di Cicerone, come si vede
nell'epistole familiari, E nell'Inscritta memoria antica.

(D. BRVTO, ET M. TVLLIO VIRIS
IN SENATV CONTRA VERNAS
OPTIME DE SE MERITIS VICENT.

  Mentre l'Imperio Romano stette nella sua
grandezza, seguitò sempre l'aquile vittoriose,
cadendo quello, patì molte calamità, e corse_
quelle mutationi, che le furono communi con
miserabil' essempio con le altre città d'Italia.

lia. Non mai però perdendo il suo vigore, l'antica riputatione. Laonde da' Longobardi fù tenuto in molta còsideratione, e perciò hebbe il suo Duca, & i suoi Conti particolari; cosi chiamandosi quei gouernatori, perche durauano in vita loro, e de'suoi difcendenti maschi. Di vno de'quali fà nobil mentione Paolo Diacono nella vita di Leone Imperatore, che fù Peredeo Duca di Vicenza, ilquale andò à Rauenna in foccorfo del Papa, vi morì combattendo per la S. S. valorofamente. Da Defiderio vltimo Rè de'Longobardi fù eletta trà tutte le fue per metterui in ficuro il figliuolo Aldigiero, quando affediato in Pauia da Carlo Magno, prenidde, ma non fuggì il total fuo eccidio.

Le reliquie del Teatro antico, ch'al dì d'oggi fi vedono ne gl'Orti de'Signori Pigafetta, e Gualdi, nel quale & i Rè Longobardi, e quei di Francia vi federono più volte à mirare gli fpettacoli, & i giochi publici; Et i fragmenti delle Terme con gli pilaftroni degli acquedotti danno manifefto fegno, che non le mancaffe cofa alcuna di quelle, che ò per ornamento, ò per commodità foleuano hauere le città grandi, e magnifiche.

E mentre Lotario Imperatore afpira in Roma l'anno 825. di riformare la materia de'feudi perciò còuocaua i principali Giureconfulti delle città primarie d'Italia, inuitò anco i Vicentini Giurifti con honorata teftimonianza della ftima, che faceua della città.

Quando poi Ottone Rè di Germania vinti, e disfatti i Berengarij, fù dal Papa coronato Imperatore, e rimafero le città Italiche in

liber-

libertà, concedendo loro l'eleggersi il Podestà, e
di vsare le proprie leggi . Vicenza trà le altre
fù partecipe di tanto dono . ; Onde formando il ·
Carroccio, che era il segno della città libera , e
riconoscendo l'Imperio co' tributo ordinario ,
visse ad vso di republica , benche alle volte
trauagliata dalle fattioni crudelissime de i suoi
Cittadini fino l'anno, 1143. Nel qual tempo
Federico Barbarossa fatto l'estremo di sua pos-
sanza, messe le città d'Italia in seruitù , e di-
struggendo Milano, constituì nell'altre Podestà
Tedeschi. .

    Non fosserì lungo tempo in questa tiranni-
de Vicenza, ma vnita con Padoua , e Verona ,
scosso il giogo, mandarno le prime , Ambasciatori a' Milanesi ad offerirgli aiuto , & à per-
suadergli di far l' istesso . Si concluse la lega
famosa delle città di Lombardia , dalle quali
vinto Barbarossa infra Como , e Milano, fù
scacciato di là dall'Alpi . Seguì la pace di Co-
stanza , nella quale interuennero anco gl'Oratori di Vicenza . Onde migliorò assai la sua
conditione , e lo stato della libertà , massime
confermando Henrico figliolo, & successore
di Federico la sudetta pace con le conditioni
del padre: concorrendo à questo effetto gl'Ambasciatori delle città della Lega à Piacenza ,
dou'era l'Imperatore, e Michele Capra Vicentino v'interuenne per Bologna .

    Fiorì in essa circa que' tempi lo studio publi-
co con grandissimo concorso delle nationi Ol-
tramontane, non vi mancano professori valentissimi in tutte le discipline, & arti. E par, che vi
durasse fino al 1228. Nel qual tempo esaltato
all Imperio Federico II. inimicissimo del Pa-

                                                    pa,

pa,e dell'Italia doppo molte rouine, che vi á
portò nel 1236. arse,e diſtruſſe Vicenza,incru
delendo particolarmente contra i potenti cit
tadini. Onde poſcia facilmente caſcò ſotto l
tirannide del maluaggio Ezzelino, conti
nuando così fino alla ſua morte. Poi fluttuan
do,& indebolita ripigliò le veſtigie dell'antic
libertà; ma non tanto, che dopo quarantaſe
anni, per opera de'ſuoi cittadini non andaſſ
ſotto la Signoria de' Scaligeri; i quali però v
entrarono ſotto l'ombra,e nome dell'Imperio
Con tutto che Can Grande, che all'hora era i
capo,foſſe potentiſſimo, e valoroſo Signore
Da queſti fù molto ben trattata, e riſtorat
molti publici edificij. Mà girando la rota, e
ſtinta la linea de i Signori legitimi, Antoni
naturale vltimo di quei Signori fù priua
to prima di Verona, e poi di Vicenza, d
Gio: Galeazzo Viſconte primo Duca di Mila-
ne,dal qual fù ſommamente honorata, e tenuta cara per la ſua fedeltà,e la fece cameriera del
ſuo Imperio.

　Morto lui; diffidataſi Cattarina ſua moglie
di poter mantenere tanto dominio, con ſue lettere piene d'humanità licentiò i Vicentini, aſ-
ſoluendoli dal giuramento di fedeltà; i quali
doppo varie conſulte circa il modo di gouer-
narſi,eſſendo ancora richieſti di collegarſi con
gli Suizzeri,e farſi vno de'loro cantoni, e molte difficoltà parandoſi loro dauanti per gli eſ-
ſempi delle coſe paſſate. Finalmente preualſe
il partito di Henrico Capraſauio, e ſtimato
cittadino per le molte adherenze, e ricchezze
ſue,di darſi ſpontaneamente alla Republica di
Venetia, il placido gouerno della quale
　　　　　　　　　　　　　　　　　era

:ra fatto famofo per tutto il modo. Dalla quale accettati di buona voglia per quefta pronta
volontà, gli confermò tutte le fue giurifdittio-
ni,ftatuti,e prerogatiue,che feppe dimandare ,
& in particolare il Confolato antichiffimo
Magiftrato di effa, chiamandola poi primoge-
nita , e fedeliffima città ; fotto la cui Signoria
tuttauia fi ritroua , effendo fempre andata mi-
gliorando di commodità,e di ricchezze.

E tutto , che per la rotta di Giaradada i Signori Venetiani cedeffero alla Signoria di terra ferma , e perciò Vicenza cadeffe in mano di
Maffimiliano Imperatore, che vi mandò Leonardo Triffino Vicentino , con titolo di Vicario Imperiale à pigliarne il poffeffo; sì come fece di Padoua ancora: tuttauia , per la grande
affettione del popolo verfo la Republica,e per
la fingolar prudenza del Senato Venetiano,ri-
tornò facilmente con le altre fotto l'antica Signoria fua.

Il circuito della città al prefente è di miglia
quattro;la fua forma è fimile alla figura dello
Scorpione. E benche ne i tempi paffati fuffe
riputata forfe per effere cinta d'vna doppia
muraglia, fecondo l'vfo moderno, però non è
nè forte,nè in ftato di riceuere fortificatione ,
per effer fituata alle radici del monte,che le ftà
à caualliere. Anzi volentieri viuendo, come l'
antica Sparta, fanno pofeffione i cittadini, che
la muraglia de'petti loro bafti per conferuare fino alla morte fedeltà al Prencipe naturà-
le. E bagnata da due fiumi , Bacchiglione ,
(da alcuni Latini detto anco Meducato minore)e dal Rerone, Freteno già nominato ; oltre due altri fiumicelli , Aftichello , e Seriola

D fer-

feruenti à molte commodità. Quefti vniti
pena fuori della città formano vn fiume na
gabile all'insù,& all'ingiù,capace di vafcelli
buoniffima carica, che per Padoua arriuande
Venetia, è in gran parte caufa della ricchez
del paefe.

Vi fi contano quaranta mila anime con g
Borghi, & è piena di fuperbi, e nobili palaz
d'architettura moderna, con belliffimi Ten
pij,& edificij publici. Potendofi quello dell
Ragione, doue fi riducono i Giudici a re
dere ragione, e nell'antica, e nella mode
na ftruttura paragonare à qualunque altro
Italia. La Torre altiffima, e fuelta à mar
uiglia, che gli è congionta, hà l'Horol
gio, che ferue a tutta la città commodamei
te, e fuori per vn miglio. La piazza capaci
fima per gioftre, & ornamenti, doue ma
tina, e fera fi riduce la nobiltà, è ornata non
folo da'portici, e dalla facciata del detto pa
lazzo uia da vna loggia belliffima del Signoi
Capitanio, della Fabrica del Monte della
Pietà, il quale opulentiffimo ferue a'bifogn
de'poueri cittadini fenza vfura alcuna. Ol
tre quefta (detta la piazza della Signoria) v
fono altre cinque publiche piazze per gli mer
cati,della Pollaria,Biaue, Vini, Legne,Fieno
Pefce, Frutti, & Erbaggi. E come che nell
cofe Profane appaia la fplendidezza de i fpiri
ti Vicentini; cofi non meno riluce la pietà
e magnificenza loro verfo il culto di Dio
Annouerandofi nella città cinquantafette
Chiefe beniffimo tenute, & ornate di pitture
antiche,e moderne, trà le quali 13. Parochiali
17. di Frati, e 12. di Monache; tutte bene

fta-

ttanti d'habitationi, e delle cose pertinenti al
vitto. Non meno le Mendicanti, per la carità
de'cittadini,che continuamente le suffragano,
che le altre. Vi sono nel contado altri tre Mo-
nasterij di Monache,e più di venti di Frati; oltre le Parochiali,che sono per ogni Villa molto ben grasse.

Non mancano Ospitali per le necessità de i
poueri d'ogni conditione; potendosene contare
noue senza le Confraternità, & altri ridotti di
persone pie, che attendono all'opere della carità. Nella catedrale insigne per il buon Ve-
couato, di rendita di dodeci mila ducati l'anno, oltre molte reliquie, si custodiscono i corpi
de'Martiri Carpoforo, e Leoncio Vicentini:
sì come nella Chiesa di Santa Corona de i Frati Domenicani vna delle Spine della Corona
del Saluatore del Mōdo donata l'Anno 1260.
da Lodouico il Santo Rè di Francia a Bartolomeo Breganze cittadino,e Vescouo di Vicenza. Riceuè il lume della Fede di Christo per le
predicationi di San Prosdocimo primo Vescouo di Padona,viuendo ancora San Paolo Apostolo.

Vedesi vicino al Domo l'Oratorio della
Madonna fabricato dalla confraternità di essa
simile a quel di Roma, e che forse il supera di
magnificenza,e di bellezza.

Lo stato suo sotto questo Dominio Veneto
tale, che sicuramente niuna città suddita hà
maggiori priuilegij di essa:poi che le cose ciuili,e le criminali, e le pertinenti alla grascia sono rette, e moderate da i proprij cittadini. Il
Consolato antichissimo di Giurisdittione sua
ipedisce tutte le cause Criminali.

Questo è vna Rota di dodeci cittadini, quat
tro Dottori, & otto Laici, I quali eletti dal Cõ
feglio hanno cambio ogni quattro mefi. Form
anco i proceffi de gli homicidij non folo dell
città, ma del Territorio; i quali vengono po
eletti nella detta congregatione, e perciò mat
tina, e fera fi raguna; doue il più vecchio d'
i Dottori, reaffunto breuemente il cafo, è il pri
mo a dire la fua opinione, e poi gli altri d
mano in mano, reftando per vltimo il Sign
Podeftà, il quale non hà più, che'l fuo voto fo
lo, e le fentenze fi paffano per la maggior part
delle opinioni, dalle quali non fi dà appellatio
ne. E cofi fantamente viene amminiftrata quiui
la giuftitia, che mai per alcun tempo il Prencipe fupremo hà violato l'auttorità di quei giu-
dicij; I detti quattro Dottori hanno di più gli
fuoi tribunali, doue rendono ragione delle cofe
ciuili: da'quali fi dà appellatione ad vn Giudice, che pur fi chiama dell'Appellatione, ch'è
dell'ifteffo Collegio de'Dottori, ouero al Signor Podeftà, ò Affeffori fuoi; talche è in arbitrio d'ogn'vno definir le fue liti fotto i proprij
Giudici Vicentini.

I Deputati, che rapprefentano la città, con-
fultano le cofe all'honore, e beneficio publico
pertinenti, & hanno affoluta cura della grafcia,
eleggendofi quattro chiamati cauallieri di
commun della prima nobiltà; che con gli loro
miniftri han cura di riuedere i pefi, e le mifure,
e che fiano efeguiti gli ordini à beneficio del
popo o, riferendo il tutto a'Signori Deputati. Quefti magiftrati vengono creati ogn'anno da confeglio di 160. cittadini, ch'effi ancho-
ra ver gon riballottati ogn'anno, per dar occa-

fione

fione à ciafouno di portarfi bene, è viuere vir-
tuofamente.

Vi fono tre Gollegij, vno de' Dotrori Leg-
gifti, doue non entra, fe non chi hà proue di cét'
anni di nobiltà, e natali di legitimità reale di
tre età; oltre l'efperienza, che fi fà del faper loro nell'ingreffo, e l'obligo d'effer dottorati nel
ftudio di Padoua. Il fecondo fi è di Medici Fi-
fici più moderno. Terzo di Notari antichiffimo, & affai riftretto.

La Città hà d'entrata fei mille ducati l'anno, i quali fpende in acconciar ponti, ftrade, ri-
parare il palazzo, e mantenere Nontio ordinario à Venetia, & altre fpefe ftraordinarie. Si
dilettano i Vicentini d'andar per il mondo,
così per prouecchiarfi, come per imparar belle
creanze. Perciò ritornati à cafa viuono con
ogni forte di fplendore, e politia, così in
cafa, come fuori; veftendofi fuperbamente così
gli huomini, come le donne, e tenendo mólti
feruitori. Il che ponno bene fare, effendo ricchiffimi. Si che ne' fpettacoli, e giornate publiche fà moftra pompofiffima al pari di qual fi
voglia gran Città. Sono molto amatori de'
foreftieri; e l'alloggiano liberamente con ogni
forte di regalo, gli hofpiti, & amici, conofciuti
la loro altroue. Incontrando anco volontieri
l'occafione d'alloggiàre i gran Prencipi.

Hanno fabricato vn Teatro d'inuentione
l'Andrea Palladio Vicetino, riftauratore della buona, & antica architettura, capace di cinque mila perfone ne' fuoi gradi.

Il Profcenio è ftupenda cofa à vedere per le
nolte ftatue, e per il bel cópartimento fuo d'or-
line Corintio. Le profpettiue rapprefétano vna

città Regale, e fù visto la prima volta co
applauso, e sodisfattione incredibile di tutt
questa prouincia l'anno 1585. nella rappresen
tatione dell' Epido Tiranno di Sofocle, fatt
con pompa signorile, così ne i vestimenti, co
me nella Musica, e ne'cori, e nella illumina-
tione di tutto'l Teatro. L' Academia Olimpi
ca dunque, allaquale si dene questa bella opera,
merita d'esser visitata, come ricetto delle muse, e d'ogni nobile, & eleuato ingegno. Della
fondatione di questa hanno obligo i Vicentini
principalmēte alla memoria del Caualier Va
lerio Chieregato Gouernatore di tutta la militia del Regno di Candia, e restitutore de gli
antichi, e buoni ordini dell'infanteria.

Oltre l'Olimpica, v'è vn'altra Academia più
moderna di caualleria, fondata per opera del
Conte Odorico Capra condottiero di Sua Se-
renità di cento huomini d'arme in essere, non
meno vtile, per l' essercitio della giouētù, e per
la creanza, che si dà a'caualli con molto profit-
to del prencipe per le occorrenze della guerra,
oue si dà trattenimento honoratissimo a' caual-
lerizzi della buona scola.

Laonde la città abonda di ginetti ben disci-
plinati più, che qualunque altra della Marca, ò
di Lombardia. Farai instāza di vedere la stalla
di detto Conte Odorico fornita di 1. decina, e
meza di corsieri delle prime razze d'Italia.

Fuor della porta del castello v'è il Campo
Martio per gli essercitij della soldatesca, e della giouētù, come quello di Roma, e per vso delle Fiere, cō l'acqua attorno; dalla quale inuita-
te le Gentildōne l'Estate, e dal fresco, che me-
nano i colli circostāti, vi fann' il corso cō gran
fre-

frequenza anco de i Cauallieri. All'incontro
vedrai il Giardino del Conte Leonardo Val-
marana, che si loda per se stesso, il pergolato
lunghissimo, di cedri, e di naranzi superà di grã
lunga di bellezza de gli alberi, e di copia dei
frutti qualunque sia nel Lago di Garda. A capo del Borgo stà il Tempio di S. Felice, e Fortunato Martiri Vicentini. Credono alcuni, che
l'edificasse Narsette. Vi si conserua il corpo di
S. Fortunato co'l capo di S. Felice. Et adesso fà
l'anno, che in Chioggia da quel Vescouo miracolosamente furono ritrouati in vn'Arco di
piombo, con lettere ciò significanti. Il corpo di
S. Fortunato, co'l capo di S. Felice. Del loro
martirio ne fà mentione il Cardinal Baronio.
   Più oltre vn miglio vi è l'olmo fatto famoso per la rotta, che vi hebbe l'Aluiano Generale dell'Essercito Venetiano dal Cardona, e
Prospero Colonna Capitani de gli Spagnuoli. Più in là il Castello di Montecchio, co'l palazzo de i Conti Gualdi, oue alloggiò Carlo V.
Poi per Montebello Vicariato si và a Verona,
lasciando alla destra la Val da Dressina ame-
nissima con Valdagno, & Arcignano Vicariati
popolatissimi, e mercantili, doue in specie si fabricano panni di lana, in quantità, e qualità nõ
ordinaria.
   Et alla sinistra Lonigo Podestaria, celebre
per il pane bianchissimo, e per il vino, che porta
la corona sopra gli altri, e forse più per esser
patria di Nicolò Leoniceno Medico chiarissimo, e molto caro ad Hercole primo Duca di
Ferrara, appresso il quale lungamente visse, e
morì, leggendo in questo Studio.
   Vscendo per la porta di Monte trouerai
l'arco

l'arco, e le belle Scale, ch'inuitano a vifitare
deuotiffima Madonna di Monte tenuta in
fomma veneratione per li continui miracoli
molto frequentata anco da'popoli circóuicin
Vn quarto di miglio fuori di detta port-
lungo il fiume nauigabile fopra vna colliu
quaſi artificiofamente feparata dalle altre, e
piaceuole afcefa, ſtà la Rittonda delli Sig. Co
ti Odorico, e Mario Capra fratelli, palazzo co
sì detto per la Cuppola ritonda, & eminente
che cuopre la Sala dell'ifteſſa figura. Vi ſi mo
ta per quattro ampie Scale di marmo, che por
tano in quattro fpatiofe Loggie riguardeuol
per le belle colonne, che fembrano di Marm
Pario. Da ogn'vna delle quali fcuoprendo
profpettiue variate, qual di paefe immenſi
qual di vago Teatro, qual di monti fopramo
ti, e quale miſta di terra, e di acqua, l'occhio reſta marauigliofamente appagato. La
volta della Sala ornata di figure di ſtucco, e
pitture, e freggiata di oro, piglia il lume dal
tetto, come il Panteon di Roma. Le ſtanze tutte meſſe ad oro con Hiſtorie di gentil'inuentione di ſtucchi, e pitture di mano di Aleſſandro
Maganza Vicentino à niuno in queſta età fecondo: E fe in parte alcuna, quiui più, che
altroue pare, che'l Cielo fpieghi le fue bellezze
eterne. Dirai, che vi foggiorna Apollo, e le
Sorelle co'l choro delle Gratie. Sì come
Sileno, e Bacco, nelle profonde cantine, le
quali vaſte, e piene di ottimi vini, meritano, che
non ſi paſſi per là fenza vederle. Come anco
i Giardini ripieni di cedri, e di fiori d'oltramare, e d'ogn'altra pellegrina delitia. Eſſendo per la liberalità, e magnificenza de i patroni
aperto

aperto ogni cosa, e regalato splendidamente
chiunque vi capita.

Passato il Barco di Longara di detti Conti
piantato di frutti rarissimi, non ti rincresca ar-
riuate à Costoza. Vi trouerai gl'acquedotti
di vento, i quali portando il freco alle stanze
di quei palazzi, contemperano mirabilmente
l'ardore del Sol Leone, massime congionti con
i vini freddissimi, che si conseruano in quelle
grandissime cauerne, di onde si caua quell'aria
gelata asciutta però, e sana; E perciò quel luoco
è molto frequentato l'Estate, come di delitie
singolari, e senza essempio.

Alla sinistra di Costoza passato il ponte del
Bacchiglione, e voltando verso Padoua per
qualche miglio scuoprirai il Castello di Mon-
tegalda già frontiera importante cōtra gl'inimici, hora per beneficio di questa pace aurea
diuenuto per poco il Castello d'Alcina, poiche
le conserue delle monitioni trouerai applicate
à conseruar l'acqua per far fontane artificiose,
& i fossi piantati ad vso di spalliere di cedri, e
di melarance, che maudano la soauità de i fiori
loro fin dentro alle stanze. Ti conuien ritornare à Costoza non volendo andare à Padoua,
e per la strada della Riuiera trà il fiume, & i
monti vedrai Barbarano Vicariato, le cui colline incuruandosi, e riceuendo il Sole del fitto
meriggio, ti daranno vini, che ne beuerebbe
l'Imperatore.

Poi volendo andar à Ferrara passa per Poiana, che termina da quella parte i confini, non
mancherai di vedere il Palazzo de'Conti Po-
iani, nobilissimo, e degno del Palladio suo auttore, e fornito di pitture rarissime.

D 5 Vn

Vn miglio fuori della porta di S. Bartolomeo vedeſi il palazzo di Circoli del Conte Pompeo Triſſino fabricato il primo di Archittettura moderna dall'Auolo ſuo Gio: Giorgio poeta celeberrimo, & intendentiſſimo di queſta, come di tutte l'altre buone arti, e diſcipline liberali. Merita, che tu lo vegga per eſſer di belliſſima inuentione, & ottimamente tenuto. Tirando innanzi per vna bella pianura, ſcoprirai doppo qualche miglio di viaggio la piaceuole contrada di Breganze di molto nome per li vini dolci, e ſaporiti, che produce.

Piegando alla deſtra per campagne feraciſſime, ti condurrai a Maroſtica Podeſtaria, e groſſo caſtello, patria di Angelo Matteaccio huomo eruditiſſimo, e che leſſe lungamente ragion ciuile nella prima catedra di Padoua; in tempo apunto, che Aleſſandro Maſſaria leggeua in primo luoco la pratica ordinaria della Medicina, e della Teorica pur in primo loco era eletto da' Signori (ſe morte non vi ſi interponeua) Conte de Monte amendue Vicentini, e nouelli Eſculapij dell'età noſtra.

Da Maroſtica ti condurrai a Baſſano con viaggio di tre miglia, che è fuori del Territorio, ſe bene anticamente vi ſi comprendeua; e nello ſpirituale tuttauia è ſotto il Veſcouo di Vicenza.

Sopra la parte di Breganze, che è bagnata dall'Aſtico, vn miglio in circa v'è Lonedo co'l palazzo de' Signori Conti Aleſſandro, e Girolamo Godi, edificato con ſpeſa ecceſſiua in quelli erti, ma fertili, e delitioſiſſimi colli, doue montandoſi con alquanto di fatica, e ſudore, ſi

puð

può affomigliare quel loco al monte della virtù; poiche arriuato quiui, troui, che ti riftora con tanta copia di forte di gentilezze, che par proprio, che la Dea dell'Abbondanza vi habbia verfato il fuo corno. L'architettura è finiffima, le pitture di mano eccellente, vedute mirabili, fontáne, cedri, fiori d'ogni ftagione. Sopra tutto ammirerai la gentilezza, & i regali, che vfano i padroni verfo i foreftieri.

Per la porta di Santa Croce fi và a Trento. Quefta contrata è liftata da vna perpetua fponda di Monticelli, i quali producono vini pretiofiffimi. Sin che arriuati à Schio s'innalzano, e diuentano gioghi affai fcofcefi.

Schio è Vicariato principale pofto alle radici di quei monti, lontano dalla città 15 miglia, pieno di mercantie, e di traffichi, e che fà cinque mila anime di gente forbita, & armigera, e molto ciuile. Que nacque Giouan Paolo Mâfrone, il quale di foldato priuato peruenne à i primi honori della militia, celebrato nell'hiftorie lui, e Giulio fuo figliuolo per condottieri di gran valore.

Fà opera di rimetterti sù la ftrada militare, la quale dalla porta ti condurrà a Tiene con dieci miglia di ftrada. E Vicariato nobile, & in fito piaceuoliffimo; oltre che viene honorato dal palazzo del Côte Francefco Porto, il quale con tutto, che fia di architettura antica, è pieno di maeftà; acque viue, labirinti, giardini fpatiofi, cedri, naranzi, l'aria iftefsa puriffima ti rapifce ad ammirarlo.

Due miglia più in sù fopra vn rileuato poggio di carretti fi farà inanzi il Romitorio nuquamente eretto di elemofina de i paefani

de' Romiti Camaldolenfi di Môte Corona . Le
doti del fito accrefciute dall' induftria quoti-
diana tofto renderanno il Lnoco tale, che con-
tenderà della palma co' primi della Religione .

Da Piouene Villa groffa , cofteggiando il
Monte Summano , & il Torrente dell' Aftico
per i Forni confini,ti condurrai à Trento con
ftrada malageuole , e capace folamente di caualli,co'l camino di 28. miglia . Lungo l'Aftico, doue fi pefcano Trutte roffe , vedrai gli E-
dificij,doue fi fà la carta da fcriuere,e le fucine
per fondere , e battere il ferro , e le feghe condotte dall'acqua per fegare i legni, e ridurli in
tauole da opera,quali in gran copia fommini-
ftrano quelle Montagne altiffime , che feruono anco a' pafcoli delle greggi , e de gli armenti .

Il Summano è celebre per i femplici rariffi-
mi;e per il Tepio di MARIA VERGINE ,
il quale fecondo la commune credenza, era
anticamente dedicato al Dio Summano, e da
S.Profdocimo fpezzati gl'Idoli fù confacrato
alla Madre di DIO . Già pochi anni nel detto Monte fù ritrouata vna lapida vecchiffima
intagliata di lettere Romane, che da' dotti furono interpretate dir così . Palemon Vicenti-
nus Latinæ Linguæ lumen. E fè credere foffe
fepolto iui; Fiorì Boemio Palemone Vicentino al tempo di Augufto in Grammatica : e
Rettorica,quando quelle profeffioni erano più
ftimate affai , che non fono hoggidì , perche gl'Imperadóri non ifdegnauano di atten-
derui . Da Piouene anco fi faglie a' Sette
Commnni , che fono fette Villaggi pieni di
                                                    gran

gran quantità di popolo ferociffimo, che habita
quelle Montagne, e che paiono create dalla
natura per antemurale del Vicentino contra le
incurfioni de' Tedefchi. Vfano vn linguaggio
tanto ftrano, che affomigliandofi al Tedefco
quanto all'afprezza del fuono, non viene punto intefo da loro. Credono alcuni, che fiano
reliqnie de' Gotti. Godono molte efentioni per
effer fedeliffimi al Prencipe, & alla Città.

Da quefta parte tentò Maffimiliano Imperatore il Febraio del 1508. calando da Trento
di forprendere Vicenza con effercito efpedito.
Ma leuato tumulto, e follenati i paefani da
Girolamo, e Chriftoforo Capra potentiffimi, cõ
altri della famiglia nel Pedemonte, occupati
i paffi ftretti d'Afiago, e de' Forni con cinquecento foldati de'parteggiani loro, fe gli op-
pofero brauamente, coftringendoli di ritor-
narfene indietro. Onde dal Senato Venetiano fù molto lodata, e riconofciuta la loro
prontezza.

In fomma il Territorio tutto è vaghiffimo,
tutto fertile, e buono, gareggiando le colline
cõ la piannra di bellezza, e di fertilità. Il vino
vi nafce in grandiffima copia, & il più ftimato
fenza paragone di tutti quefti paefi, che hà
dato luoco al Prouerbio. Vin Vicentin, &c.
con tanta varietà di colore, e di fapore (cofa
fingolare) che l'Eftate, & il Verno, e qual fi
voglia delicato gufto troua da contentarfi.
Vi è il dolce, e piccante, che bacia, e morde;
l'aromatico, e fragrante: l'auftero, e fto-
macale; il brufco, e cento altre differenze reali tutto digeftibiliffimo, e fano, grato
al palato. Potendofi anco gli più eccellenti
vgua-

vguagliare à quei di Regno . Produce formento,e grani d'ogni sorte in molta copia , pomi,e peri esquisitissimi per tutti i mesi,e così o-
gn' altra sorte di frutti .

Vitelli , e capretti eccellentissimi in tanta a-
bondanza,che mantiene meza Venetia. Doue
pur concorre per la commodità del fiume il
souerchio delle vettouaglie,che nascono quiui.
Hà saluaticine pretiose,perdici,francolini , co-
torni,e galli di Montagna , e tetraones,e tetra-
ces da i Latini,e Greci nominati, communi solamente all'Alpi . La pescagione sola non cor-
risponde alla douitia delle altre cose pertinenti
al vitto humano. Non vi mancano però Trutte rosse,e biàche,Lamprede,& altri pesci sassa-
tili,oltre quelli,che dà pur qualche Lago buo-
nissimi .

L'arte della Lana fà gran facende dentro, e
fuori della città,& i suoi pani sono stimatissimi
per bontà,e per bellezza .

I Vermi della seta vi fanno benissimo , e perciò vedesi per tutto di quegli alberi detti Morari , che li nutricano, di che i paesani ne traggono l'anno più di 500. mila scudi,e distribuē-
do la seta i mercanti alle fiere di Alemagna ,
e de i paesi bassi , molti de i quali per questo
traffico sono diuenuti ricchissimi . Si caua quì
la terra bianca , che si adopra in tutt'Italia ;
e massime in Faenza per inbianchire , e dare il Vitriato alle Maioliche , porcellàne , &
altri lauori di creta. Sì come quella sabbia,sen-
za la quale in Venetia non ponno polire gli
specchi .

Al Tretto hà le minere d'argento , e di ferro , e per tutto caue di pietre da opera d'ogni
sorte,

forte, vtiliffime al fabricare: vguagliandofi alcune di durezza all'Iftriane, & alcune per finezza à i Marmi di Carrara.

Dalla commodità adunque di legnami, di pietre, di fabbia ottima, e di calce moffi i paefani, e molto più dalla natura loro attiua, oltre l'inuito che fà la bellezza, e varietà de i fiti, cótinuamente fabricano; reftando anco impreffi ne gli operarij, e ne i galant'huomini della profeffione i buoni ordini, e difciplina dell' Architettura del Palladio. Laonde meritamente il Bottero annouera quefto Contado per vna delle quattro più belle, e delitiofe cótrade d'Italia. L'aria per tutto vi è puriffima, e faluberrima; E perciò hà prodotto quefto Clima in ogni fecolo huomini famofiffimi, così in lettere, & in arme, come fi vede nell' Hiftorie. E per l'ordinario li fà di buon ingegno, e di molto fpirito, viuaciffimi, & atti ad ogni cofa.

Fà il Territorio céto, e feffanta mila anime, che con quelle della città arriuano à ducento mila, compartite in 250. Ville fottopofte, eccettuate alquante d'intorno alla città, hà due Podeftarie; & vndeci Vicariati. In quelle vanno Nobili Venetiani, & in quefti Nobili Vicétini con giurifdittione limitata, & in ciuile folamente, effendo le caufe criminali tutte della Confolaria.

Il Prencipe caua di Vicenza ottantamille ducati all'anno fenza fpefa alcuna, & hà nelle ordinanze del Cótado defcritti tre mila fanti elettiffimi, e bene difciplinati, fotto quattro Capitani, che ftanno continuamente al loro Quartiero; e nella città mille Bombardieri. Più anco per

per i bifogni vrgenti della guerra fi è fatto noua defcrittione delle perfone atte à portar l'armi da'decidotto fino a'quarant'anni, n' han
meffo in libro fedici mila di giouentù fiorita.

I confini del Vicentino, fono per Grecole-
nante, il Baffanefe mediante la Brenta con diftanza miglia 18. e di 9. il Padouano per
Leuante di Sirocco, da Oftro per 22. il Colo-
gnefe, e da Ponente per 15. il Veronefe. La
Valfugana da'Monti,e per Tramontana Ro-
uereto di Trento, con camino di 36. miglia in
circonferenza di 150. miglia.

Vicenza è diftante da Padoua 18. miglia.
Da Venetia 43.

Dà Verona 30.da Mãtoua 50. da Treto 44.
Da Treuifo per Caftel Franco 35.

E quì mettendo fine,con verità fi può dire,
che ftimandofi da chi hà fano intelletto, e
qualche cognitione della buona politica, le
forze della Città non dal circuito delle mura,
ma dalla libertà, & ampiezza del Territorio,
e dalla ricchezza, numero, e valore del popolo, Vicenza hauerà poche Città pari. E farà
fempre tenuta da' Prencipi fauij di molta con-
feguenza.

VERONA.

V Erona Città nobiliffima dell'Italia fabricata già d'Tofcani, e fù vna delle dodeci, che da loro furono fignoreggia-
te di quà dall'Apennino. L'ampliarono i Galli Cenomani, hauendone fcacciato i Tofcani.
Il nome fuo viene da vna nobiliffima famiglia
de'Tofcani detta Vera. Quefta città è vicina a'
monti,

monti al mezo giorno, quafi in pianura,& è di
forma poco meno di quadra. Gira fette miglia, fenza i Borghi, che fono longhi più di vn
miglio. Al tempo di Cefare Augufto fù molto maggiore, il che affermano alcuni addotti a
ciò credere;perche fi ritroua, che faceua più di
cinquanta mila foldati, che però non mi par
marauiglia; fendo che Cornelio Tacito chiama Borgo di Verona Oftilia, la quale è lontana da Verona 30. miglia. Onde fi può con-
cludere,che faceffe fin 200. mila anime. Martiale la chiama grande, e Strabone grandiffima. E molto forte per natura del fito : ma
li Signori Venetiani l'hanno fatta fortiffima
con mirabili opere di baftioni,baloardi,Caftel-
li,Torri,foffe profonde, e larghe ripiene d'acqua dell'Adice, e con gran quantità d'artiglieria, e monitioni. Si che a'noftri tempi pare
inefpugnabile. Hà vna rocca in pianura vicina al fiume, e n'hà due nel Monte, l'vna
detta S.Felice,l'altra più moderna di Sant'Angelo,ambedue guardano tutta la pianura, e fono baftanti à foftenere ogni furia di nimici.
Hà cinque porte non folo forti, ma anco belle,
ornate di fcolture, di colonne, ftatue, e d'altri
belli marmi. Nella Città poi fono molte cofe, dalle quali fi può cauare, che fij ftata antichiffima, e nobiliffima : percioche fi vedono
fotto'l Caftello di San Pietro gran veftigij d'
vn Teatro con la porta intiera della Scena.
Ancora appare il fegno del Loco deputato già
alle guerre nauali: il quale fi dice, ch'era doue hora è gli horti de'Padri Domenicani. Alla
piazza de' beftiami vederai vn antichiffima, e grandiffima fabrica d'Anfiteatro di
qua-

quadroni di marmo chiamata da' Veronesi l'
Arena ; Il muro esteriore della quale haueua
tutto attorno quattro belle cinte, & altre tante
man di colonne, d'archi, e di finestre di quattro sorti d'architettura diuerse, cioè vna
alla Dorica, vna alla Ionica, vna alla Corin-
thiaca, & vna con ordine misto. Era fabrica
molto bella,& alta : come si può comprendere
da quella poca parte, ch'è ancora in piedi. Di
tutti i marmi, & ornamenti del cerchio esteriore d'essa Arena, cauato fin da i fondamenti
à posta, se ne seruirono i Barbari venuti
in Italia, per adornar l'altre loro proprie fabriche,lasciando quell'opera cosi nobile, priua
d'ogni maestà;pur da quelle poche reliquie,
che vi restano, si può far giudicio della grandezza, e della qualità del resto ; come a
punto dall'vnghie si può congietturare,che cosa sia vn leone:percioche la ragione d'architettura,e proportion circolare ci fà comprendere,
ch'ogn'vn de'detti ordini del muro esteriore
haueffe settantadue porte, ò vogliamo dire
archi, & altre tante colonne, ma da i vacui,
che sono nel terzo ordine, ch'era il Corinthia-
co, si può conoscere, che di erano 144. statue trà gli archi, e le colonne. Entrando ne i
portici, che di dentro circondano tutta la fabrica à tre ordini,ti stupirai, vedendo la gran-
quantità di Scale, e di vie, che d'ogni banda
trà loro s'incontrano, fatte per commodità
de'spettatori; accioche da ogni loco ogn'vno si
potesse mouere per entrare, ò per vscire senza incommodar altri, e potessero tutti insieme senza impedirsi per gran moltitudine, che
fosse, salir, e scendere per quelle strade. In
me-

mezo l'Arena è bel vedere quello spacio di
pianura di forma ouale, lunga 34. pertiche, e
larga 12. e meza, circondata tutta da 42. man
di banche l'vna fopra l'altra gradatamente
pofte, capaci di più di 23. mila perfone, che
vi potrebbero federe commodamente; fotto le quali banche fono le già dette ftrade, e
fcale in gran numero. Fù anco fpogliata la
parte interiore da i Barbari delle fue fedie di
marmo; ma hora i Nobili, & i Cittadini
Veronefi à proprie fpefe l'hanno riftaurata,
& ornata come era: e vi fogliono in certi
tempi far vedere al popolo giuochi, ò caccie
all'vfanza antica. Non fi troua da hiftorie autentiche, chi facefse fabricar quefta bella machina, ma Torello Saraina Veronefe huomo
dottifsimo fi sforza prouare con molti argo-
menti, che'l Teatro, e l'Arena fiano ftati fabricati fotto Cefare Augufto; percioche fi
vede manifeftamente In Suetonio, che Cefare Augufto fece molte noue Colonie per l'Italia, e molte vecchie cercò d'arricchire, e d'
adornare, alla quale opinione aggionge fede
vna certa Cronica, (come dice il Torello) nella quale è fcritto, che l'Arena fù fabricata
l'anno 22. dell'Imperio d'Augufto: dal che
poco difcorda Ciriaco Anconitano, ilquale
nel fuo Itinerario della Schiauonia raccolfe
molte antichità d'Italia, e dice, che l'Arena
di Verona, chiamata da lui Laberinto, fù edificata l'anno 39. dell'Imperio d'Augufto. Diuerfamente però fcriue il Magino Eccellentiffimo, e celeberrimo Matematico; percioche
nella defcrittione della Marca Trinifana fopra Tolomeo, parlando di Verona, dice, che
quell'

quell'Anfiteatro fù fabricato da L. V. Flami
nio l'anno 53. dopò l'edificatione di Roma
mà ogn'vn creda ciò, che gli pare, basta, che l:
grandezza, la magnificenza, e nobiltà dell'ope
ra dà ad'intendere, che sij stata fatta nel tempo
floridissimo della Rep. Rom. la grandezza, e
la maestà della quale rappresenta.

Si sà, che poco lontano di là era il locò, do
ue s'essercitauano i gladiatori, e si vedono ancora i vestigij dell'arco trionfale eretto in honore di C. Mario; doppo che hebbe superato i
Cimbri nel Territorio Veronese. Vn poco di
prospettiua, ò vogliamo dire di fronte, che resta dell'antica piazza, dimostra, che fosse fatta
con molto buona architettura. Si dice, che
quiui era la via Emilia, la qual conduceua à
Rimini, à Piasenza, à Verona, & ad Aquile-
gia, nella qual si vede vn'arco di marmo dedicato à Giano, c'haueua aneo vn Tēpio nel colle, del qual si vedono in vestigij vn poco rouinati per il tempo, ma ornati di assai Geroglifici
d'intagli.

Erano nella via Emilia molti archi di quattro faccie di marmo, delli quali a'nostri tempi
si vedono tre, & vno di essi fabricato da Vitruuio, pare, che additi la vera regola dell'architettura. Sono in Verona molti segni di veneranda antichità, come gran rouine di stufe con molte camere ornate di figure fatte di
minuti pezzetti di pietre: segni di Tempii,
di palazzi, d'acquedotti, di colonne, di statue,
di epitafij, medaglie d'oro, d'argento; e di rame; Orne, & altre simili cose; percioche
nell'incendio, che le diede Attila Rè de gli
Hunni, il pauimento in alcuni lochi restò sotto

terra

terra 10. piedi , & infieme reftarono fepolte
molte belle memorie. Hà quefta Città fon-
tuofiffimi Palazzi , trà i quali quel della Ragione è il principale ; di forma quadra, con
quattro Sale, e con vna Corte parimente quadra fpaciofa : nella qual'è Loggia tanto grande, che in effa fi potrebbe tener ragione, e far
Configlio commodamente. Sopra'l tetto di
quefta nella più alta cima fono all'aria efpofte
l'imagini di Cornelio Nepote : d'Emilio Marco,antichi Poeti : di Plinio Hiftorico, e di Vitruuio Architetto, & in vn'arco affai eminente
la ftatua di Girolamo Fracaftoro, li quali tutti
fono ftati Veronefi.

In oltre feguono i due palazzi de'Rettori ,
ma ve ne fono poi molti altri belliffimi di particolari Veronefi. Si loda ancora la gran
campana, ch'è nell'alta Torre ; la piazza frequentata da mercanti ; il borgo doue fi garza-
no, lauano, e follano i panni, & il prato detto
Campo Martio , doue fi poffono riueder ; &
effercitare le genti d'arme. Vi fono anco altre piazze per i mercati, e due da paffeggiare ,
vna per i nobili, & vna per i mercanti. Nella maggior piazza de'Mercanti fi vede vna
fontana belliffima con vna ftatua, che rapprefenta Verona con il diadema regio auanti i
piedi. Scorre per Verona l'Adice fiume ameniffimo, che vien giù dall'alpi di Trento;e nella Città fteffa per maggior commodità manda
due rami per le contrade , per il qual fiume fi
conducono à Verona diuerfe mercantie di
Germania,e da Venetia. Vi fono molti piftri-
ni dentro, e fuori della Città ; & altri edificij
per vfo delle perfone. Si paffa l'Adice in

Ve-

Verona con quattro Ponti mirabili d'artificio e di bellezza, l'vn de quali nella rocca hà du archi antichi molto vaghi,si che rende marauigliosa prospettiua,e forse, che l'Europa non n hà vn più polito;e meglio inteso.

Questa città à abbondantissima d'ogni cose necessaria. Hà frutti d'ogni sorte soaui;ma sopra gli altri auanzano di bontà i fichi bardolini. Hà pesci soauissimi per il Lago detto di Garda;Carni saporose per i buoni pascoli. Hà vini esquisiti per i colli, hà buon'aria, se non fosse troppo sottile per alcuni. Si fanno in Verona le mercantie di lana,e di seta con tante facende, che di esse viuono poco manco di 20. mila persone.

Verona è stata sottoposta à gli Etruschi, a gli Euganei, a gli Heneti, alli Francesi,& alli Romani,con i quali anco fù confederata, & haueua voce nelle ballottationi di Roma.Non furono condotti in Verona Romani ad habitare per farla Colonia ; ma fù scritta questa città nella Tribu Poblilia ; & i Veronesi hanno hauuto molti Magistrati in Roma. Già quattro deputati haueuano l'Imperio mero, & misto di questa città, come i consoli Romani ; i quali Quattro erano creati da'cittadini insieme con gli altri Magistrati, de i quali ancora ritengono i Veronesi qualche ombra : percioche creano i Consoli : i Sauij,il Consiglio de'Dodeci; i cinquanta; i cento, e i vinti; e il prefetto della Mercantia.

Mancando poi l'Imperio Romano,fù Verona sotto alquanti Tiranni Barbari:mà cacciati quelli da gli Ostrogothi , e questi da'Longobardi;à quali la signoreggiarono 200. anni, fi-

nal-

almente fù liberata anco dalla Signoria di
questi, e casò in potere de'successori di Carlo
Magno, cioè di Pipino, e Berengario, e d'altri li
quali in essa posero la sede dell'Imperio, come
prima haueua fatto Alboino Rè de i Longobardi.

Regnando Ottone Primo, di nuouo tornò
libera; ma nate diuerse discordie trà i Cittadini, fù oppressa dalla Tirannide di Ezzelino, e
de i Scaligeri suoi Cittadini, i quali per dugento anni continui ne ritennero la Signoria. Al
fine essendo anco stata oppressa da altri, si diede volontariamente in poter de'Venetiani, quali, in quei tempi in Italia si stimauano giustissi-
mi trà gli altri Signori. Fù conuertita alla Fede di Christo da Euperio mandato à predicare
da San Pietro. Hà hauuto 36. Vescoui Santi;
con San Zenone Protettor d'essa: al qual Pipi-
po figliuolo di Carlo Magno dedicò vna chiesa con entrata di dodeci libre d'oro all'anno.
Hà la chiesa maggiore nobilissima, e ricchissima con vn Capitolo di Canonici di molta auttorità. Nella Chiesa di Santa Anastasia si vede vna bella capella di Giano Fregoso capitanio Genouese, piena di Statue di marmo, e
con la sua effigie. Il popolo Veronese è pio,
e sempre hà hauuto ottimi Vescoui, & in particolare a nostri tempi hà hauuto Agostin Va-
liero Prelato integerrimo, Cardinale
Illustrissimo, ritratto per dir così de i primi
Santi Padri, e Dottori della Chiesa: nè si deue
tacere, che Giberto fù riformatore di molte
Chiese, & alleuò Nicolò Hormanetto Vescouo di Padoua, dal quale poi fù sapientissima-
mente ammaestrato nella religione Carlo Bor-
ro-

romeo gran Dottore , e capo di tutti i Santi
huomini, anzi Stella lucidiffima del Collegio
de Cardinali. E che la Chiefa di Verona fù dò-
pò Ginerto,& auanti il Concilio di Trento, ri-
formata negli ordini , ch'ancora effa offerua ,
Honorarono fantamente i Veronefi. Lucio
Terzo Pontefice, ilquale effendo andato à Verona, per farui vn Concilio,iui pafsò à miglior
vita, e vi fù fepolto nella Chiefa maggiore .
Onde in Verona anco fù creato Vrbano III. fuc
ceffore.

E molto piena di popolo Verona , & hà
molte famiglie nobiliffime : Hà prodotto huò-
mini fegnalati in ogn'effercitio, hà hauuto alquanti Confoli in Roma,hà hauuto molti huomini Santi , e molti Beati : trà quali è celebre
San Pietro Martire dell'Ordine de'Predicatori fepolto in Milano , nato nella contrà di San
Steffano di Verona , doue al dì d'hoggi fi vede la cafa della fua natiuità. Hanno i Veronefi ingegno fottile , e molto fono inclinati alle lettere. Onde in ogni Secolo vi fono ſtate perfone eccellenti in ogni Studio. Sono
ſtati Veronefi quei cinque letterati , c'hanno
le ſtatue fopra'l palazzo publico , e non fono
mancate le Donne di quella patria , le quali
non folo dotte nel parlar Greco , e nel Latino , ma anco nelle principali fcienze hanno
prouocato à difputa gli huomini : trà le quali
Ifotta Nogarola è ſtata celeberrima , & in
fomma Verona hà quelle cofe , che poffono render vna Città perfetta ; & i Cittadini
fuoi feliciffimi. Onde non è marauiglia , che
molti Imperatori antichi allettati dalla bellezza del Loco iui paffaffero alcuni mefi
dell'

ell'anno , come si può legger ne' Codici di
Giuftiniano,e Theodofio;e che Alboino primo
è de'Longobardi,e Pipino figliuolo di Carlo
Magno,e Berengario , & altri Rè d'Italia fe la
leggeffero per ftanza , nella quale Città acciò
on le mancaffe alcun'ornamento , è inftituita
anco vn'Academia di belle lettere, & vna Mu-
ca in cafa de Signori Beuilacqua , si che ben-
iffe Cota buon Poeta de'noftri tempi in que-
a maniera.

erona , qui te viderit , & non amarit proti-
nus amore perditiffimo,is credo fe ipfum non
amat, caretque amandi fenfibus ; & tollit
omnes gratias .

Territorio di Verona .

L territorio di Verona à noftri tempi è quafi largo ottanta miglia , tirando da Confini
i Torbolo Caftello del Trentino verfo mez-
o giorno fin'al Polefene di Rouigo ; ma dalla
arte Orientale , cioè da'confini del Vicentino
n'à quei del Breffano , che fono verfo Tra-
ontana , intorno quarantafei miglia , hà di
onghezza vers'Oriente , e mezo giorno di
, miglia,& arriua al Vicentino,doue confina
o'l Padoano, hà 30. miglia di pianura fertilif-
ma , verfo Maeftro hà 25. miglia di paefe
ontuofo . Verfo Sirocco 30. miglia Ferra-
fi , ò 12. Mantoane di Ville fertiliffime , di
aniera, che è Territorio molto largo, e fera-
: di ciò,che fi può defiderare. Hà monti,colli,
ofchi,acque nauigabili diuerfe,chiari fonti,o-
lio , buon formento , buon vino, canape,
ran copia di frutti,e d'arbori , de'quali porta

E   la

la fpefa notare , e che i pomi Veronefi duran
più de gli altri foauiffimi, e frefchi . Hà vcce
lami, e carni ottime: hà diuerfe forti di pietre
e geffi;hà Villaggi con belle fabriche, e con v
ftigii di gran Torri : In fomma quella campa
gna fi può dir bella, e felice al par d'ogn'altra
e più di molte.

Vfcito per la porta del Vefcouato piegand
à man finiftra , doppo hauer trouato molt
colli fruttiferi, le rouine d'vn Caftello appreʃ
il borgo di San Michaele,c'hà vna bella Chiefa
dedicata alla Beata Vergine, nella quale fi fo
no veduti molti miracoli, & il borgo di S. Mi
chele pieno di Cartiere , il qual'è difcofto da
Verona per cinque miglia ; fe riuolto à r &
dritta feguirai il camino , ritrouerai i bagni d
Caldiero giouenoli alla fterilità delle donne
& à refrigerar le reni, doue nacque il Calderi
no quel Domitio tanto letterato : che poi viʃʃe
in Roma .

E fama, che quiui foʃʃe vn'antichiffimo Ca
ftello, che la Chiefa, che vi fi vede dedicata à
S. Matia Apoftolo , fij ftata vn Tempio di
Giunone . A dirimpetto fopra vn colle fi ve
de il Caftello Suaue , fabricato in belliffime
fito da i Scaligeri , più auanti è Monte Fort
Villa del Vefcouato Veronefe, quafi sù li confini , sì come dall'altra banda , è ne'confini il
borgo di San Bonifacio,in oltre da quefta parte , che guarda verʃo Greco fono anco molt
monti habitati,& alquanta pianura. La parte,
che guarda mezo giorno comincia dalla porta
Noua, e và a Lonigo, & a Cologna, e fegue fin
sù'l Padouano,nel qual tratto nõ è altro di notabile,fe non la gran feracità di quelle campa
gne.

gne. Vi trouerai Lignago, Sanguinedo, la via, che guida à Mantoa,e l'origine del fiume Tartaro,che scorre per il Polesene di Rouigo.Dalla parte verso Mantoua si troua lontana da Verona 17.miglia l'Isola dalla Scala piena di popolo,e di robba,c'hà non picciola sembianza di Città.

Verso Occidente, si ritroua auanti Verona per 20. miglia,paese inculto,e sassoso, ma celebre per diuersi fatti d'arme quiui seguiti trà gran Capitani ; percioche è fama, che Sabino Giuliano,che voleua occupar l'Imperio, vi fù da Carino Cesare superato, e morto, che Odouacro Rè de gli Heruli, e de Turciligni, il quale per violenza s'haueua vsurpato il Regno d'Italia, hauendone scacciato Augustolo, e l' haueua tiranneggiata alquanti anni, vi fù da Theodorico Rè de gli Ostrogothi in vna battaglia di tre giorni, sconfitto. Che vi fù ammazzato Lamberto figliuolo di Guidon Rè di Spoleto con quattordeci mila Ongari da Berengario. Che pochi anni doppo da Hugo-ne Arelatense vi fù tagliato à pezzi Arnoldo Capitano di Bauiera con vn forbitissimo essercito di Germani, il quale i Veronesi primi haueuano chiamato per Rè d'Italia contra Hugone ; e di già l'haueuano riceuuto nella Città, come vittorioso, e trionfante, che vi fù vinto, e priuato del Regno il Secondo Berengario da Rodolfo Borgondo, e che anco alli tempi antichissimi quiui s'hanno fatto molti conflitti per lo acquisto del Regno d' Italia con varij successi. Ma in quanto dice il Biondo, che in quella campagna medesima C. Mario estinse affatto nell vltima battaglia

E 2 glia

glia i Tedeschi , & i Cimbri , che furiosa-
mente veniuano in Italia , è cosa poco certa ;
perciòche gli Historici molto variano nel descriuere il luoco , doue succedesse quel fatto
d'arme tanto memorabile . Di quì puoi andare à Villa Franca, & à San Zeno Villaggi ricchi , che confinano co'l Mantouano. Ma
se per l'istessa pianura andarai alla volta di
mezo giorno , passate molte Ville , arriuerai
à Peschiera Castello fortissimo , ma di cattiuo
aere , è lontano da Verona quattordeci miglia . Questo Castello è nella prima riua del
Lago di Garda , doue hà principio il fiume
Menzo , che scorre à Mantoa. Oltre Peschiera per la riua sinistra del Lago , doppo cinque
miglia di pessima strada , farai à Riuoltella ,
e due miglia più auanti al Desenzano , ne'
confini del Veronese. Dalla parte verso Maestro Verona hà colli posti in forma di Teatro ,
c'hanno dalla loro parte Meridionale il Sole
quasi tutto il giorno , doue sono più pieni di
vigne fertili , e tanto ornati di palazzi , e di
giardini delitiosi, che il vederli anco da lontano rallegra mirabilmente. Dentro questi monti è la Val Paltena habitata, e fertile, e seguendo per la pianura allongo quel tratto di monti
si trouano belli , e spessi palazzi sù la riua dell'
Adice , il quale venendo giù de Monti di
Trento , scorre per quella campagna dieci
miglia lontano da Verona , incomincierai
ascendere piaceuoli colli , e vederai la nobilissima Valle Pulicella , c'hà molti Castelli , e
Terre grosse ; dietro la quale incominciano
le montagne di Trento. Porta la spesa far sapere , che nella detta Valle si ritrouano due

ma-

mãmelle di ſaſſo fatte co'l ſcalpello, che perpetuamente ſtillano acqua, con la quàle ſe qualche donna, che per caſo habbi perduto il latte,
ſi laua le mãmelle, è fama, che le ritorni in abbondanza . Ritornando à Verona allongo l'
Adice, paſſata la pianura, ritrouerai da vna
banda le radici di Monte Baldo , e molti Caſtelli, e Borghi dietro la riua per vn gran pezzo ; Ma dall'altra riua dell'Adice trouerai piannra fin'à Peſchiera, doue incominciano le radici de'Colli, che ſono nella deſtra riua del Lago. Quiui è Bardolino, che produce quei celebri Fichi, de'quali alle volte Solimano Imperadore de'Turchi ſi dilettaua di ragionar con i
ſchiaui Chriſtiani : ſi ritroua poi Gardo, c'hà
dato il nome al Lago, e molti altri Caſtelli .
Quì ſi vede quanto ſijno ſtati mirabili i Venetiani, i quali conduſſero per queſti lochi aſpri, e
montuoſi, Galere, e Naui per armarle, e combatter nel Lago contra Filippo Viſconte Capitano de'Milaneſi. Monte Baldo, del qual habbiamo poco ſopra parlato, è degno d eſer an-
tepoſto à tutti i monti d'Italia, perche gira 30.
miglia, & è pieno di rariſſime, e virtuoſe piante,
oltre che hà vene aſſai di rame .

Lago di Garda .

ANticamente era Benaco Caſtello, che
daua nome al Lago, iui doue al preſente
i ritroua Tuſculano ; e perciò il Lago ſi
chiama Benaco : ma hora piglia il nome da
Garda, parimente Caſtello, del quale habbiamo

E 3   fatto

fatto mentione di fopra. Quefto Lago da Pefchiera, ch'è al fuo mezo giorno,è lungo verfo Tramontana 35. miglia,e da Salò,che è al fuo Occidente,fin'à Ladice,che fono fopra la fua riua Orientale,è largo 15. miglia, ò poco più, E molto tempeftofo,sì che fà tal volta onde alte al par de'monti, & in certi tempi dell'anno è grandemente pericolofo da nauigare; di che fi crede fia caufa l'effer fuo chiufo trà monti,i quali impedifcono l'vfcita a' venti. Perciò Virgilio diffe.

Fluctibus,& fremitu affurgens Benace marino.

Sono in quefto Lago pefci faporitiffimi in quantità; Trutte principalmente,e Carpioni, de'quali fi dice,che non fe ne troua altroue, fe non nel Lago di Porta appreffo Sora nell'Abruzzo, vi fono infinite anguille, delle quali Plinio parlò alla lunga. Incominciando quefto Lago,come hauemo detto, da Pefchiera,egli hà nella riua,ch'è su'l Veronefe molti Oliui,& i Caftelli nominati, e fà vn'angolo verfo Occidente,doue è Garda,ma lontano 8. miglia da Pefchiera fcorre dentro il Lago vna ponta di terra longa due miglia, la qual pare,che diuida effo Lago.Sopra quefta terra anticamente fù Sirmione patria di Catullo Poeta; ma hora vi è vn fol picciolo caftelletto abbondante però d'ogni cofa,e delitiofo per l'ifteffa banda; quattro miglia auāti è Riuoltella,e poco doppo fi troua Defenzano Loco di principal mercato, in quei contorni,e molto ben fornito di Hofterie fempre abbondanti d'ogni cofa neceffaria. Ma allongo l'altra riua fono molti belli Caftelli, e trà gli altri Salò in quell'angolo del Lago verfo Occidente; poco più

BRESCIA

103

auanti Prato di Fame,doue i Vescoui di Trento,di Verona,e di Brescia possono, stando ogn'
vn di loro nella sua Diocese, toccarsi le mani.
Da Salò fin'al detto loco il paese è tutto ameno
fertile, pieno d'Oliue, Fichi,Pomigranati, Limoni,Cedri,& altri fruttiferi arbori,i quali fano gran bene quiui,per hauer questa Riuiera
dalla parte di Tramontana, & vn poco anco
dall'Occidente,i monti, che la difendono dall'
oltraggio di noceuoli venti; e le mantengono
il Sole, quasi tutto'l giorno cominciando la
mattina per tempo.Questo è de'bei lochi d'Ita-
lia.Trouerai il numero delle persone,che viuono attorno queste riuiere del Lago di Garda di
sotto;doue si fà la descrittione delle Valli.

B R E S C I A.

BRescia stà lungi da Desenzano vinti miglia, oue si và per vna strada dritta, se
ben alquanto sassosa: vogliono alcuni, che sia
talmente addimandata Brescia, da Britei, che
in lingua de'Galli Senoni ristoratori di questa
Città significa alberi godenti, per lo peso de i
frutti, quasi che gli alberi di frutti grandi,pa-
iono rallegrarsi.

Liuio, & etiandio altri grani auttori scriuono, che questa Città fù edificata da Galli Senoni, mentre che i Rè gouernauano Roma, e
che poi se n'impadronirono i Romani, dopò che hebbero soggiogata tutta la Lombardia. Dicono di più, che seruò sempre
constantissima Fede al popolo Romano, e
particolarmente ne'calamitosi tempi, che

Annibale hebbe rotto l'effercito di quelli, vogliono altresì, che la foffe dedotta Colonia de'Romani dopò la guerra fociale, infieme con Verona, & altre Città di là dal Pò, da Cn. Pompeo Strabone padre del magno Pompeo, e che poco dopò da Cefare foffero connumerati i Brefciani nel numero de'Cittadini Romani, fotto l'Imperio de'quali fi mantenné, infin che fù in colmo la maeftà di effo;nel qual tempo fù molto ricca, e potente, come fi può congietturare da molti marmi antichi, de'quali fi vede parte nella Città, e parte nel Territorio; cioè ftatue, infcrittioni, & Epitaffij d' huomini illuftri, e con altre diuerfe Infcrittioni.

E pofta in vna pianura alle radici de'colli, più lunga, che larga: e fe bene è di circuito tre miglia folamente, nondimeno è molto piena di popolo, e d'habitationi. Veggonfi in effa molte piazze, delle quali è la maggiore quella doue è pofto il palazzo publico,il quale per la fua bellezza, fi deue annouerare frà i più nobili edificij d'Italia. Sotto detto palazzo vi fono bei portici, con molte botteghe di diuerfe forti d'arme, come panciere, archibugi, fpade, con altre armi, lauorate con buona temperatura. In oltre quiui fi veggono botteghe, doue fi vendono fottiliffime tele di Lino, delle quali ne canano quefti Cittadini grādiffimo guadagno. Paffa per quefta Città vn picciolo fiume nominato Garza, il quàle vfcendo fuori, è condotto in quà, & in là per irrigare i campi. Hà cinque porte, & vna fortezza inefpugnabile, fabricata di pietra viua fopra vn colle. Hà vna Torre detta la Pallada, fopra la

quale

quale si suona vna grossa campana della Città
per le fattioni, e nimicitie de'suoi Cittadini,
patì già molte calamità, percioche di continuo
si ammazzauano frà di loro, si scacciauano, &
abbrucciauano gli edificij. Non è dunque da
marauigliarsi se questa Città in spatio di vent'
otto anni, sotto Lodouico Terzo, & Ottone
Imperatori mutasse sette volte Signoria, essendo Città deditissima all'armi. In vero è cosa
molto horrenda da leggere l'Historia del Caprioli di questi calamitosi tempi, ne'quali si
vede le gran rouine, & vccisioni fatte frà essi
Cittadini, proscrittioni, esilij, saccheggi,
rouine d'edificij, e desolationi della Città.
Certamente parerà à chi leggerà dette Historie, di vedere vna forma delle proscrittioni, vccisioni, e rouine de'tempi di Mario, e di Scilla,
e del Triumvirato. E gouernata hora da'Signori Venetiani con gran pace, & è tanto accresciuta di ricchezze, che par non'hauer mai
patito male alcuno. Riceuè il lume della Fede, predicatale da Sant'Appollinare Vescouo
di Rauenna, negl'anni di Christo 119. Hà bellissime Chiese, e frà l'altre il Duomo; il cui Vescouo hà titolo di Duca, di Marchese, e Conte,
con vna grossa entrata. Quiui è riuerita vna
Croce di color Celeste, da loro detta Oro Fiamma, la qual indubitatamente tengono, che sia
quella, che apparse à Costantino Imperatore
combattendo contra Massentio.
Poscia vi è la Chiesa di Santa Giulia martire, edificata da Desiderio Rè de'Longobardi l'anno 753. ornata di veste, e vasi pretiosi, &
altresì di corpi Santi, con vn nobilissimo monasterio, doue Ansilperga sorella, & Hermin-

E gar-

garda figliuola di quel Rè; In oltre due figli-
uole di Lotario I. Imperatore, vnà forella di
Carlo III. & vna figliuola di Berengario vfur-
pator dell'Imperio, con infinite altre vergini di
fangue regio, volfero confumar i loro anni in
feruitio di Dio, fotto la Regola di San Benedetto.

Si ritroua in Brefcia gran numero di perfone, trà le quali fono molte nobili,& illuftri famiglie,come la Gambara, di Martinengo, de'
Maggi, Auogadri, Aueroldi, Luzaghi, Emilij,
& altri. Hà dato alla luce quefta Città molti
Santi,de'quali nominarò folamente San Gio-
uita, e Fauftino martiri, i quali foffrirono la
morte per la Fede di Chrifto, del martirio de'
quali fi vedono al dì d'hoggi i veftigi nelle
mura verfo Verona. Di più ha hauuto quefta
Città 30. Vefcoui canonizati per Santi. Hà il
fuo territorio molto largo, fpatiofo, e lungo,
tal che fi crede, che il Vefcouo di Brefcia habbia cura di 700. ouero 800. mila anime. In oltre vi è abbondanza di tutte le cofe neceffarie,
& è altresì piena di popolo di perfpicace, e di
elegante ingegno,però ben diffe vn'elegante
Poeta,

Calū bilarĕ,frōs lata Vrbi,gēs nefcia fraudis,
Atque modum ignorat diuitis vber agri.

Territorio di Brefcia.

E' Di larghezza il territorio Brefciano cento miglia, cominciādo da Mofo difcofto
da Mantoua 15. miglia, e paffando à Dialen-
go pofto nella fommità di Valcamonica. Et in
lunghezza 50. miglia,pigliando da Limone

con-

contrada del Lago di Garda infino à gli Orzi
noui. Nel qual paese si veggono colli , monti , e valli ornate di belle contrade , con Ville , e Castella molto habitate da popoli industriosi ; E tanti sono i Castelli , Ville , è Contrade , che credo pochi territorij di poche Città d'Italia n'habbino tante ; percioche arriuano à 450. luoghi. Nè quali si raccoglie gran
copia di frumento , miglio , e d'altre biade ,
con vino d'ogni maniera , & oglio , & altre
frutta. Vers' Oriente nella strada , che conduce à Verona à man destra vedesi Ghedio , Ma-
nerbio , Caluisano , Calcinato ; alla sinistra il
Monte , Bidizolo , Tadegno , e la Riuiera del
Lago. Vedesi altresi sopra il monte la bella
Contrada di Lonato discosta da Brescia 15.
miglia.

- Vers'il Meriggio per la strada di Cremona ,
e di Mantoua vedesi Virola , & Asola forte ,
e Ciuil Castello. Vscendo dalla porta di San
Nazarino verso Occidente à man destra vedesi
Triniato , alla sinistra Quintiano honorato
Castello. Quest'è la strada de gli Orzi nuoui,
doue è vn fortissimo Castello discosto da Brescia 20. miglia , edificato l'anno di nostra salute 1135. Questo luogo , porta il vanto
delle tele di Lino. Appresso vi passa il fiume
Oglio , termine del Dominio Venetiano.
Vscendo finalmente dalla porta di S. Giouanni
ritrouasi il torrente Mela , poscia Cocaio ricca contrada , & alla destra Roato terra popolatissima, quanto , che sia nel Bresciano.
Quindi parimente s'arriua ad vna fertilissima
pianura , oue sono fabricati molti Castelli : il
qual Luogo , perche fù già habitato da Fran-

E 6   cesi,

cefi,fi dice Francia curta. Ma auanti,che fi vada à Palazzuolo fi paffa il fiume oglio fopra vn
belliffimo ponte; di quì s'entra nel territorio di
Bergamo pieno d'altiffimi monti, pofti al Settē-
trione di Bergamo.

Valli Brefciane.

HA quefta nobiliffima Città tre Valli principali : La prima è Valcamonica vers'
Occidente maggiore dell'altre due, la quale fi
ftende 50. miglia verfo Tramontana, & è circondata continuamente da altiffimi monti,frà i
quali fi ritroua vna fpatiofa pianura, irrigàta
dall'acque del fiume Oglio, onde fi pefcano i
buoni pefci,e frà gli altri le trutte. Quefto fiume mette capo nel Lago d'Ifeo, dal quale efce
co'l medefimo nome, e trafcorrendo per la pianura affai canali,e rufcelli d'acqua, fe ne iftan-
no per adacquare il detto paefe: la onde è produceuole delle cofe neceffarie per il viuere de
gli huomini,e de gli animali. Non mancano in
quefta valle minere di metalli,sì come di ferro,
e di rame;la fua principal terra fi chiama Bren-
nò. Al fine la predetta Valle fi fparte in due
bracci,vno delli quali fi ftende vers'il Contado
di Tirolo, l'altro fi congionge con la Valle
Tellina.

La fecōda è la Valle Troppia, la qual principia fei miglia difcofto della Città, e fi ftende
in longhezza 20. miglia verfo Settentrione: è
attorniata da monti, & è irrigata dal fiume
Mela. In alcuni luoghi è molto ftretta, e quella parte,ch'è appreffo alla Città,più fruttifera,
e più bella. Nella quale 10. miglia difcofto da

Brescia vi è posto il ricco, e ciuil Castello detto Gardone, molto nominato per i buoni
schioppi, che iui si fanno. In questa Valle parimente vi è la minera di ferro, laonde vi sono
fabricate molte fucine da batterlo, e lauorarlo
in diuerse maniere.

L'vltima è la Valle del Sole, quale è congiõ-
ta con la sopradetta, & hà 20. miglia di longhezza. Passa per essa il fiume Chiese, il qual'
esce dal Lago d'Iseo, irrigandola per lo spatio
di 10. miglia, oue volge molte rote per lauorare il ferro, & altresì produce buoni pesci, massime delle trutte. Questa Valle si parte in molte
braccia, & in molti luoghi è piantata assai artificiosamente di Viti, e d'altri alberi fruttiferi,
& irrigata da molti ruscelletti.

Queste due vltime Valli sono soggette alla
Republica di Venetia, e producono soldati di
molta brauura.

Si ritroua in tutt'il Territorio Bresciano esserui hora da 700. ò 800. mila anime, senza
quelle della Città, che son'in grandissimo numero.

Prima Strada, e più curta da Brescia à Milano.

VScendo da Brescia dalla porta di San
Giouanni per andar à Milano, primieramente si ritroua Cocaglio, poscia alla
man sinistra vedesi Pontoi, così detto, quasi
ponte dell'Oglio fiume, il qual bagna le mura di questo Castello. Più oltre ritrouasi
Martinengo, Triuiglio, e Cassano molto nominato per la mortal ferita, c'hebbe q uiui Ezzelino da Rom, crudelissimo tiranno di Padoua.

ua . Alla finiftra fi vede vna campagna, detta
Giara d' Adda . Poco più oltra fi ritroua il
nobiliffimo Caftello di Carauaggio, capo di
tutta la Giara d'Adda,forte per fito, e per arte,
& molto douitiofo,& abbondante. Quiui l'anno 143 2. apparue la Beatiffima Vergine, e doue fi ripofò fece fcaturire vna fôte,le cui acque
fono giôueuoli à tutte le infirmità,e vi fi drizzò vna ornatiffima Chiefa .

A Caffano fi trapaffa il fiume Adda. Pofcia
caminando 10.miglia s'arriua aCaffina bianca
hoftaria, e doppo altrettante miglia à Milano. Per quefta ftrada da Brefcia à Milano fono 50. miglia .

Secondo viaggio, ma più lungo, da Brefcia à Milano.

L A prefente ftrada per andar à Milano è
più ftretta,e più longa; Vfcendo dunque
dalla porta di S. Nazario di Brefcia , caminerai per 10. miglia à gli Orzi nuoui, donde ,
paffato il fiume Oglio, arriuerai al nobiliffimo
Caftello di Sōcino, oue fe farà tempo d' inuerno mangierai vn certo pane d'amandole dolci molto faporito. Quiui fi fanno belliffime lu-
cerne d'ottone. Gli habitatori poi fono tanto
ciuili,e cortefi, che non fi ponno arriuare .Hà
quefto Caftello titolo di Marchefato, & è dello ftato di Milano. In Soncino volfe morire
Ezzelino famofo Tiranno di Padoua, nato del
fangue Saffonico,e d'anni 70. hauendo riceuuto vna mortal ferita invn ginocchio dall'effercito Guelfo inCaffano.Imperoche non volfe in
alcun modo,che li fafciaffero le ferite,nè meno
che

che li progeffero alcun rimedio, la onde infelicemente, come meritaua, abbandonò la vita, 6.
miglia, più auanti ritrouafi Romanengo, e dopò altretanti la nobile Città di Crema; la quale vers' Oriente è bagnata dal fiume Serio. Era
gia vno de'quattro principali Caftelli d'Italia,
ma adeffo è Città, effendoui il Seggio Epifcopale. E pofta in vna bella, e vaga pianura,
forte di mura, ricca di Douitia, piena di ciuil
popolo, vaga d'edificij de' Cittadini, & abbondante delle cofe per il viuere de' mortali. E
foggetto alla Signoria di Venetia. Il Podeftà,
che vi mandano i Venetiani, gouerna altri
46. Luoghi. Quiui le Donne guadagnano bene nel biancheggiare il filo, per cucire, & e-
tiandio in teffere la tela di Lino. Quindi paffato prima il fiume Torno, s'arriua a Lodi lontano 10. miglia, poi à Melignano Caftello, ornato dal titolo del Marchefato della nobiliffima famiglia de'Medici Milanefe, e finalmente
fi giunge à Milano. Per quefta ftrada fi fanno
82. miglia.

Terzo viaggio da Brefcia à Milano per la ftrada di Bergamo.

Partendo da Brefcia per la porta di San
Giouanni, e paffato il Torrente Mela,
vedefi Coccaglio, e Palazzuolo Caftelli fopra-
nominati. Pofcia di là dal fiume Oglio ti fi
farà incontro Malpaga contrada, fabricata in vna bella pianura da Bartolomeo Coleone da Bergamo, il quale finì quiui i fuoi
giorni, effendo d'anni 76. e fù fepelito à
Bergamo. Il quale, per effer ftato valorofif-
fimo,

fimo,& altresì fedel Capitano dell'effercito Venetiano,gli è ftata drizzata vna ftatua à cauallo di bronzo fopr'indorato con la bafe di marmo, auanti la Chiefa de'SS. Giouanni, e Paolo
in Venetia.Alla finiftra vi è Orgiano,e Santa
Maria della Bafella,qual'è vna Chiefa con vn
bel Monafterio de'Frati Predicatori. E quindi
paffato il fiume Serio fopra vn nobil ponte ar-
riuafi à Bergamo, difcofto da Brefcia 30. miglia.

BERGAMO.

E Tanto antica la Città di Bergamo,che non
fi sà certamente donde haueffe principio
la fua edificatione. Imperoche molti dicono,
che foffero i fuoi primi fondatori Orobij, ch'in
Greco vogliono dire habitatori delle Montagne. Giouanni Annio Viterbefe con Giouan
Grifoftomo Zaco s'affaticano molto per dimoftrare, e prouare l'antichità di Bergamo, e perche foffe così nominato,dimoftrandolo cô molte etimologie del vocabolo, deducendolo dal
Greco,e dall'Hebreo,& al fine concludono,che
fuffe talmente detto in Hebreo, ch'in Latino
fuona. Inundatorum clypeata ciuitas, vel Gallorum Regia Vrbs, quę à Graecis Archipoli, à
recentioribus autem Latinis tum Princeps,tum
Ducalis ciuitas appellari folet.
E più in giù. Igitur Bergomum regalem
veterum Gallorum vrbem extitiffe, nomen
ipfum manifeftiffimè docet. Altri poi fono di
opinione, che foffe edificata da'Tofcani, e
poi da'Galli Cenomani riftorata, & allargä-
ta,

ta. La sua campagna verso Oriente è piana, fertile, e producenole di frutti. Da Settentrione, & Occidente è aspra, montuosa, e sterile. E molto forte città, hauendola i Venetiani cinta di grosse mura, baloardi, e d'altre machine da poter resistere à gl'inimici. E ben picciola,& è posta sù la costa del monte. Hà due borghi assai grandi congionti con essa, oue si veggono honoreuoli edificij, così dedicati al culto di Dio, come per habitationi de'Cittadini. In vno de'quali si fà ogni anno nel dì di San Bartolomeo vna fiera, che dura molti giorni, alla quale per esserui infinite mercantie, vi concorre infinita gente, così d'Italiani, come Tedeschi, Grigioni, e Suizzeri. L'aria vi è sottilissima, & il suo Territorio produce soauissimi vini, buon'oglio, & altre saporite frutta. In alcuni luoghi per non esserui terreno idoneo da lauorare, nè da piantar viti, si lauorano le lane,e si fanno panni;che poi portano gli habitatori de i luoghi quasi per tutta Italia. Egli è il popolo di questa città molto ciuile, di parlar rozzo, ma d'ingegno molto sottile, disposto tanto alle lettere, quanto alle mercantie. Laonde hà acquistato il nome di Bergamo sottile.

Sono vsciti di questa Città molti nobili ingegni, i quali con le loro eccellenti virtù l'hanno grandemente illustrata. De i quali fù Alberico di Rosato grauissimo Dottor di Legge, & Ambrogio Calepino, le opere de i quali vanno per le mani d'ogn'vno. Fra Damiano conuerso dell'Ordine de i Predicatori, huomo di tanto ingegno, quanto si sia ritrouato infin'ad hora (che si sappia) in commet-

metter legni infieme con tanto artificio, che
paiono pitture fatte co'l pennello. Frà Pagano
del medefim' ordine diede grand'efempio di coftanza, effendo ftato vccifo dagli Heretici per
la Fede di Chrifto. Sono etiandio vfciti di quefta Città huomini di gran configlio per gouernare le Republiche particolarmente della famiglia de'Forefti, con molti Cardinali, Prelati,
& altri Eccellentiffimi Capitani, trà i quali fù
Bartolomeo Coleone, del quale parlaremo quì
fotto.

Il primo, che fondò la Religione Chriftiana
nella città di Bergamo, fù San Barnaba difcepolo di Chrifto nell'anno 45. di noftra falute infieme con Anatalone Greco, e Caio Romano.
Dandoli per Vefcouo. Narno fuo Cittadino, il
quale dopò hauerla gouernata con gran Santità, e Religione 30. anni fantamente, pafsò all'
altra vita. Alquale fucceffero di mano in mano
molti Santi Vefcoui.

Nel Domo di Bergamo fono 25. corpi Santi,
cuftoditi con gran diuotione. Onde appreffo l'
altar maggiore fi vede la fepoltura di Bartolomeo Coleone, cò la fua effigie di marmo, la qual
fi fece fare, mentre viffe, & dice l'Epitaffio in
quefta forma.

Bartholomæus Colleonus de Andegauia virtute immortalitatem adeptus, vfque adeo
in re militari fuit illuftris, & non modo
tunc viuentium gloriam longe excefferit,
fed etiam pofteris fpe meum incitandi ade-
merit, fæpius enim à diuerfis Principibus, ac
deinceps ab Illuftriffimo Veneto Senatu ac-
cepto Imperio. Tandem totius Chriftia-
norum exercitus fub Paulo Secundo, Pont.
Max.

Max. delectus fuit Imperator : Cuius acies
quatuordecim annos ab eius obitu sub solo,
iam defuncti Imperatoris , tanquam viui
nomine militantes iuffa, cuius alias contem-
pferunt. Obijt anno Domini 14͡ 5. Quarto
Nonas Nouembris.

Nella Chiefa di S. Agoftino vedefi la fepoltura di Frat'Ambrogio Calepino, il quale con
grandiffima diligenza, e fatica cercò di far vna
fcelta di tutte le parole latine, approuate da più
graui fcrittori. L'opere di quefto fingolar huomo fono note à tutto il mondo, percioche fono
portate per tutto, doue è arriuata la lingua Latina.

Bergamo infieme con i Borghi caccia gran
numero d'anime. Sopra di effa fi vede la Cappella luogo molto forte per il fito, ou'ella è pofta, cioè fopra l'alto monte, & etiandio per le
fortiffime mura, delle quali era intorniata da
Luchino Vifconte Signor di Milano, & etiandio di Bergamo, ma hora è luogo abbandonato, e mezo rouinato, per effer ftato per ifperien-
za conofciuto, da poter dar poco aiuto alla città ne bifogni. Quiui primieramète fù dato principio ad vn Monafterio di S. Domenico, & fabricata vna Cappella, & perciò ritenne il nome
di Cappella.

Fù foggetta quefta città longo tempo all'
Imperio Romano. Dopo la cui rouina fù ab-
brucciata da Attila. Pofcia fù foggiogata da
Longobardi, facendofi chiamar Duchi di effa.
Indi fi riduffe fotto i Rè d'Italia. Nel qual tempo fi riduffe anco in libertà, còme fecero l'altre
città. E talmente viffe infino à i tempi di Filippo Turciano ; che s'infignorì d'effa nel

1264.Poſcia fù ſoggiogata da Lúchino Viſcõte. Se ne inſignorì poi Maſtino della Scala. Di lì alquanto tempo fù venduta à Pandolfo Malateſta per 30000. ducati d'oro. Et dopò eſſer ſtata alcun tempo de i Franceſi, finalmente ne venne da ſe ſteſsa ſotto i Venetiani. Et coſì hora ſotto detti Signorì quietamẽte ſi ripoſa. Chi deſidera più diffuſamente ſaper l'hiſtorie di Bergamo, legga quel Libro intitolato; La Vigna di Bergamo.

Appreſſo Bergamo traſcorre il fiume Serio, ò ſia torrente, il quale deriua da quelle montagne, frà le quali dalla banda di Settentrione ſi ritrouano 6. Valli, la prima ſi chiama Val Seriana, dal fiume Serio, che traſcorre per eſsa, quale è molto piena di popoli, i quali da Tolomeo ſon nominati Beccunni: la ſeconda è Val Brembana, talmente nominata per eſſer preſso la deſtra del fiume Brembo. Ciaſcuna di eſse ſi ſtende in longhezza 30. miglia la terza è Valle di San Martino longa 15. miglia; la quarta è Val di Calepio: la quinta Val di Chiuſontio; la ſeſta Valle di Manca. Nelle quali ſi ritrouano frà Ville, e terre più di 200. luoghi habitati, & il principale di tutti è Calepio, e Luer de'Chiuſonti, e Vertua, doue ſi lauora eccellentemente di panni. Da queſta banda il Territorio di Bergamo ſi ſtende 28. miglia. Sopra Calepio vi è Lenco fortiſſimo caſtello, oue cõgiũge amendue le riue d'Adda vn ponte. Dall'Occidente Bergamo hà la città di Como, Monza, & i colli di Brianza; verſo Oriente Breſcìa, & verſo il Meriggio Crema con i luoghi di ſopra deſcritti. Si fanno da Bergamo à Milano 32. miglia, hauendo alla man deſtra il fiu-

me Brembo, il quale entra nell'Adda, Più ad
alto preffo Adda, enui il fortiffimo Caftello di
Trezzo edificato da Bernabò Vifconte nel
1370. infieme con quell'artificiofo ponte, che
è fopra l'Adda. Alla finiftra veggonfi i luoghi
fopradetti. Dodeci miglia lontano da Bergamo
fi ritroua Colonia picciola contrada, e quindi
fi và in Barca fino à Milano per fpatio di 20.
miglia.

CREMA.

LA informatione di quefta Città andaua
ordinata trà la narratione di Brefcia, &
Bergamo, doue anche nel fecondo viaggio per
andare da Brefcia à Milano viene folo breuif-
fimamente accenato; mà per effermi ftata man-
data tardi, & effendo delle riguardeuoli città
della Lombardia, hò ftimato bene à metterla
qui nel fine del libro, accioche s'habbia anco
qualche cognitione di quefta città, e riftampa-
dofi l'Opera, fi metterà poi à fuo luogo.
Ritrouandofi adunque nella città di Brefcia
& vfcendo per la porta di San Nazario, caminando per vinti miglia arriuerai alli Orzi nuoui, e paffato il fiume Oglio ritrouerai il caftello di Soncino, cinque miglia auanti giongerai
alla Terra di Romanengo, e doppo altretante alla città di Crema, che è verfo Oriente fituata alla ripa del fiume Serio, viene dal
medemo delitiofamente irrigata. Giace ella
nel centro della ferace Lombardia, & in mezo
hà cinque illuftri città, che con vgual diftanza

za di trenta miglia le fanno d'intorno gratiofa
corona,& quefte fono Milano, Bergamo, Brefcia, Cremona, e Piacenza, le quali fommini-
ftrando à lei mancheuole, e riceuendo, dall'
ifteffa il fouerchio, concorrono à renderla vna
douitiofa,e riguardeuole città,ripiena di popolo altiero,e bizarro.Ella è ornata di fontuofe,e
magnifiche fabriche, frà le quali fono confpi-
cue la piazza,il palazzo publico,& il Duomo,
che hà vn campanile di molto bello,& vaga architettura, & due riguardeuoli cappelle: vna
dedicata alla Beata Vergine, tutta veftita di
pitture eccellenti, & l'altra à San Marco, tutta
guernita di dorati ftucchi.Due altre cofe notabili fi ritrouano nella ifteffa Chiefa, l'vna è
quel Crocififfo di legno, il quale nell'anno
1448. fù gettato nel fuoco da vn tale Giouanni Alchini di fattione Gibellina Bergamafco,
effendo,che quefta Santa Imagine per hauere il
capo chino alla deftra era Guelfa,& tuttauia fi
conferua con vn fianco abbruggiato in vna capella particolare con grande veneratione.L'altra poi è vna chiaue di San Belino, la quale hà
virtù miracolofa di rifanare tutti quelli, che
fono morficati da cani rabbiofi.
    Nella ifteffa Chiefa fono conferuati appefi
certi trofei di bandiere, & vn fanale di galera
acquiftati infieme con la galera, nella guerra
Nauale contro il Turco, da vn Euangelifta
della nobiliffima famiglia di Zurli, mentre
combatteua,fendo egli capo di galera.
    Oltre le fudette fabriche, & cofe degne da
notarfi in effa città, fono riguardeuoli ancora
due ricchi Hofpitali,vno degl'infermi,e l'altro
delli efpofti,il Sacro Monte della Pietà di grof-

so capitale,& buona entrata dotato: vn depofito di fomme 7000. di miglio formato, e mantenuto da quel publico con gran prouidenza;
per fouenire ne'bifogni l'iftefla città, e Contado:

Vi è più vna nobile Accademia di letterati,
i quali fotto il nome di Sofpinti, con impulfo
di generofa emulatione fi vanno trattenendo
con virtuofi effercitij. Difcofto dalle mure della
città vn quarto di miglio dalla parte del Caftello di effa fi fcorge vn magnifico Tempio, e
di gran diuotione, nominato Santa Maria
della Croce, Tempio di marauigliofa ftruttura,& di vaghe, & efquifite pitture adornato. A
città così nobile,e bella, sì come picciola,corri-
fponde vn picciolo, ma fertiliffimo territorio
tutto d'acque correnti,e criftalline irrigato,per
mezo delle quali non folo viene fomminiftrata
ad efsa città copia grande di gambari, e faporiti pefci, cioè trutte, marzioni, e lamprede;
ma viene dall'humor loro fecondato in modo
tutto il territorio di effa,che il rende feraciffimo
di formenti, & migli; sì che di effi non folo fe
fteffa, ma buona parte ancora del Bergamafco
mantiene, di fieni parimente in copia grande,
medianti li quali fi fanno efquifitiffimi for-
maggi.

Ma quello,che in effa città preuale à tutte le
altre Città d'Italia,fono li grandiffimi raccolti
di lini,li quali più di quelli d'ogni altro paefe
celebri,pare,che gareggino con le medefime fete,e di quefti non folo nell'effere loro,ma fabricati in fottiliffimi fili, in bianchiffime azette di
reui,& in tezzarie d'ogni forte perfettiffime,per
tutto il Mondo fi fpacciano. Si

Si formano in effa fpecialmente ancora nobiliffime fcopette da panni, e da tefta fabricate
con grande artificio da fottiliffime radici d
herba,che nelle fpiaggie del Serio fi cauano, le
quali in ogni parte d'Italia fono ftimate. Il
Contado fe ben non è molto grande, fendo però popolatiffimo, e molto ricco, contiene cinquantaquattro terre. Le principali fono Mon-
todine,Stanengo, Camifano, Tefcore, Vaiano
Bagnolo,e Madegnano,

L'origine di quefta città fù da molti Nobil
pure delle vicine città, credefi nel tempo delle
guerre d'Alboino Rè de'Longobardi,quali ri-
tiratifi in tal fito per efler forte, fendo all'hora
circondato da tre fiumi Adda, Oglio, e Serio
diedero principio à quefto Luogo,e da Creme-
re, che fù vno de'principali, Crema fù addimandato. Per quarant'anni fi mantenne in libertà, poi anch'effa infieme con l'altre città d
Italia,patì i fuoi naufragij,fendo ftata da'Longobardi, e da Federico Barbaroffa, & da altri
più volte prefa, abbruggiata, e diftrutta, e fot-
topofta hora à Imperatori, e Rè Francefi, hora
à Tedefchi.Hà viffiuto per qualche tempo foggetta alla Chiefa, e confederata co'Milanefi, &
Brefciani. Hora è gouernata dalla Sereniffima
Republica di Venetia. Hà quefta città anche
lei priuilegio di far ogni anno la Fiera, che
riefce molto famofa, cominciando alla fine d
Settembre, fendo frequentata non fol da grandiffimo concorfo di perfone,e di varie mercantie, ma ancora da copiofiffimi beftiami d'ogni
forte.

Anche quefta Città è ftata fempre madre d
huomini in tutte le profeffioni illuftri, hauédo

haun-

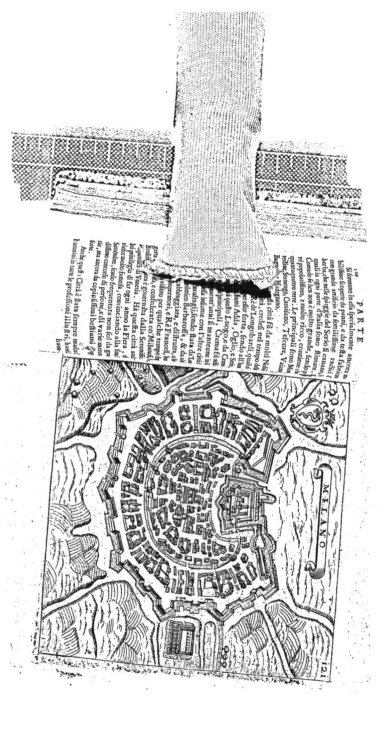

Si fermano in essa specialmente ancora bilissime scoperte da panni, e da resta fabrica
con grande artificio da finissime radici
herbe, che nelle spiaggie del Serio si cauano,
quali in ogni parte d'Italia sono stimati.
Contado si ben non è molto grande, è tanto
populatissimo, e molto ricco, conciosia che
quarantaquattro terre. Le principali sono Martinengo, Sarnego, Caruiano, Telcore, Vilan
Bagnolo, Martignano,

...città fù da molti Nobil
...ità, credesi nel tempo de
...e'di Longobardi, quali
...er distruta, essendo all'hor
...iumi Adda, Oglio, e Ser
...quello Luogo, e da Cre
...principali, Crema fù al
...si insieme con l'altre cità
...naufragi, essendo stata da l'a
...leto Barbaroffa, & da i
...ubbuggiare, e distrutte, di
...uinto per qualche tempo d'a
...e, consecerata co'Milanes,
...hiera è gouernata dalla Sereni
...e quella di Venetia. Hà questa città and
...lei priuilegio di far ogni anno la Fiera, d'
...ricco, molto famosa, cominciando alla fine
...Settembre, sendo frequentata non solo da gi
...distimo concorso di persone, è di varie merc
...rie, ma ancora da copiosissimi bestiami, g'
...fore.

Anche questa Città è stata sempre madr
huomini in tutte le professioni illustri, hat
haue...

MILANO

hauuto Capitani famofi,Ingegneri celebri,Ge-
nerali d'efferciti,Scrittori non folo d'Hiftorie,
ma di tutte le fcienze naturali,morali,e diuine.
Prelati di maneggi grandiffimi,e finalmente
Cardinali Eminetiffimi, frà i quali vi fù ancora chi tenne la Sede del Sommo Pontificato.

M I L A N O.

Milano è Città antica, & illuftre, oue per
la bellezza del Luogo vi fù lungo tēpo tenuto il feggio Imperiale.Hà dietro alle
fpalle i monti,i quali partono l'Italia.Dinanzi
poi hà vna lunga, e fpatiofa pianura, la quale
ftendendofi 200. e più miglia, arriua fino alla
Cattolica,terra pofta frà Rimini,e Pefaro,e da
vn'altra parte fcorre in Iftria, e più ad Ofia.
Della quale così fcriue Polibio. Ritrouafi vna
pianura frà l'Alpi,e l'Appennino, & ameni cā-
pi fopra tutti i campi, non folamente d'Italia,
ma di tutta Europa,di forma triangolare. Del
qual triangolo ne forma vn lato l'Appennino,
e l'altro l'Alpi,qual fi congiungono in vn bello,e grand'angolo,ò cantone. Poi partendofi l'
vn dall'altro dalla detta congiuntione,quanto
fi aprono, e fi difcoftano infieme, tanto maggiormente fcendono al mare Adriatico, il cui
lito forma la bafe di quefto triangolo, e talmente fi finifce detta pianura. Comincia dunque alla Cattolica,girando intorno al golfo di
Venetia,iui finifce,come fi vede.

E benche Milano fuffe per auanti vna picciola Contrada, fù nondimeno molto aggrandita, & ampliata da Bellouefo Rè de'Galli,

F   hà-

hauendoui fabricato attorno vna muraglia
larga ventiquattro piedi,& alta 64.che circon
daua, e ferraua dentro tutto l'ambito della Cit
tà,facendoui 130.torri in essa muraglia di smi
surata grossezza,& altezza,delle quali v'eran
sei porte principali. E ciò fù fatto d'anni 170
auanti, che scendesse nell'Italia Brenno Rè de
Senoni,il quale la spianò,e rouinò fino da'fon
damenti. Et hauendola poi il Senato Romani
ristorata nella forma di prima,passando di qui
Attila Rè degli Vnni di nuouo la rouinò, es
sendo prima molto accresciuta in ricchezze, &
in popolo.

Poi fù di nuouo fabricata dall'Arciuescouo Eusebio, facendoui le mura attorno, e ristorando tutti gli edificij rouinati.Passati 100.an
ni, che fù nel 577. di nostra salute, vsarono i
Gotti tanta crudeltà ne'Milanesi, dopò haue
battuti per terra tutti gli edificij, ch'in vn giorno solo ammazzarono 30. mila Cittadini. Fù
parimente mal trattata questa Città da Erimberto fratello del Rè di Francia, & altresì da
Federico Barbarossa Imperatore, il quale in
memoria di eterna desolatione vi fece semina-
re il sale.Ma essendo poi reconciliato con i Cittadini,la rifece bella come prima,fabricandoui
le mura attorno con sei porte principali . Nel
qual tempo, cioè nel 1177. era questa Città di
circuito intorno sei miglia,senza i Borghi. Ma
hora vi è stata tirata vna muraglia attorno, la
qual comprende etiandio i Borghi daFerrando
Gonzaga Luogotenete di Carlo V. Imperato-
re.Circonda hora dieci miglia;hà profonde fosse attorno,e dieci porte.

Era questa, auanti la venuta di Bellouefo,

co-

come s'è detto, vna contrada nominata Subria
edificata da'Toscani. Hora effendo vennto
qui Bellouefo di Gallia, hauendone fcacciati i
Toscani,aggrandì quefta Contrada,e molto la
magnificò. Quanto à quefto nome di Mediolano,cioè perche così foffe detta quefta Città, varie fono le opinioni: Sono alcuni,che dicono ,
che talmente fù nominata per effer pofta frà
due lame,ò fiano dui fiumi,cioè l'Adda,e'l Tefino. Altri dicono, che tal nome gli fù impo-
fto da Bellouefo per commandamento de gli
Dei, hauendogli fatto intendere, che doueffe
fare vna Città, oue ritrouaffe vna fcrofa meza
nera, e meza bianca, che haueffe la lana fopra
le fpalle. Onde ritrouandola quiui riputando-
la per buono augurio,e prefagio, la fece,nomi-
nandola Mediolano, sì come meza lana. In
memoria della qual cofa fi vede in vn marmo
fcolpita detta fcrofa fopra la porta del Palagio de'Mercanti.

Tennero longo tempo la Signoria di quefta
Città i Galli,cioè Bellouefo con i fuoi difcendenti,finche furono fcacciati dalla gran potenza de'Romani, fotto i quali fi mantenne Milano lungo tempo ; onde accrefcè molto in ricchezze, & in popolo, e maffimamente fotto gl'
Imperatori, così Greci, come Latini, de'quali
molti fi dilettarono d'habitar quiui,aggraden-
do, e compiacendogli la bellezza del luogo ,
& anco per la commodità,c'haueuano di guerreggiare co' Galli, e Germani, quando
bifognaua. A Traiano tanto aggradiua il
Luogo, che vi edificò vn fuperbo Palagio ,
che hora appunto fi dimanda il Palagio. Si
fermò etiandio quiui Adriano, Maffimiano ,

F 2   Her-

Herculeo Filippo Imperatore Chriſtiano, Conſtantino, Coſtanzo., Teodoſio , con molt altri Imperatori : quali vi laſciorno belliſſimi ediſicij. E parimente li fecero cauare quattro chiauiche communi , le quali infin'ad hora ſi veggono. Poſcia fù ſoggetta a' Gotti , & a Longobardi. I quali doppo eſſer ſcacciati da Carlo Magno, ne venne ſotto gl'Imperatori. Nel qual tempo eſsendo Imperatore Conrado Sueuo, cominciò a pigliar ardire , e drizzarſi in libertà, la giuſtitia amminiſtrandoſi da' Capitani , & altri officiali dal popolo eletti ; vnendo però il primato della Città l'Arciuelcouo eletto da'Cittadini. Cominciò in queſti giorni gran diſcordia, e trauaglio frà la nobiltà, e la plebe di Milano , talmente in libertà gouernandoſi, laonde ſi ſottopoſero à quelli della Torre , poſcia a'Viſconti , i quali lungo tempo tennero il dominio di eſſa. Dopò queſti ſucceſſero i Sforzeſchi, e i Franceſi ; Finalmente il Rè Catolico hora ne hà il dominio , ſotto la quale viue in gran pace, e ſicurezza.

Milano è ſotto il ſeſto Clima. Laonde viene à godere vna gran benignità del Cielo, benche vi ſia l'aria vn poco groſſa. Circondanc tanto la Città , quanto i Borghi larghi canal d'acque, per i quali da diuerſe parti con le bar che ſi conduce grande abbondanza di robbe d'ogni ſorte. In vero è coſa marauiglioſa d veder la gran copia , che quiui ſi ritroua del le coſe per il viuere , & altri biſogni dell huomo; e tengo per fermo , che in neſſun'altra parte d'Europa vi ſia tanta quātità di robbe da mangiare , e che con più baſſo   ezz

ſi

fi vendano, sì come in quefta. Laonde fi dice per prouerbio; Solo in Milano fi m ingía.
Percioche fe nell'altre Città fi ritrouano due,
ò tre piazze al più, doue fi vendono fimili cofe, in Milano ve ne fono cento, delle quali
fono 11. le principali; che ogni quattro giorni fono ripiene delle fopradette robbe. Quanto a'vini, vi fono principalmente le Vernaccie
del Monferrato, & i vini di Brianza tanto
nominati. Di più, perche quefto è il centro
di Lombardia, vi vengono portate infinite
mercantie da ogni parte, maffime d'Alemagna,
di Francia, Spagna, & etiandio dal Porto di
Genoua.

E pofto in vna grandiffima pianura, hauendo all'intorno colli apprichi, dilettenoli
monti, nauigheuoli fiumi, e pefco i laghi,
ne'quali fi pefcan o buoni, e faporiti pefci.
Quefto paefe in fomma hà infufe tu e le cofe
buone, e belle, che fi fappiano dima dare.
Veggonfi quiui tante differenze d'artefici, &
in tanta moltitudine, che farebbe cofa molto
difficile da poterla defcriuere; la onde fi dice
per prouerbio, chi volefe raffettare Itali i,
rouinarebbe Milano, perche paffando gli artefici d'effo altroue, indurriano l'arti fue in det
ti luoghi. Veggonfi quiui infiniti O efici, ar-
maroli, e teffitori di panni di feta, le quali cofe fi lauorano marauigliofamente, e con maggior artificio, che nè in Venetia, nè in altre
parti d'Italia. Veggonfi magnifici, e fuperbi
edifici in grandiffimo numero: trà i quali ri-
fplende il ftupendo Palagio di Tomafo Marini, sì come la Luna frà le Stelle, fatto
con tanta fpefa, & artificio, che chiunque
lo

lo riguarda refta ammirato.

Euui il tanto nominato Caftello di Porta_
Zobia, de'primi frà le fortezze de'Europa, _
per il fito, e per la grandezza, e bellezza, &
etiandio per effer fornito d'artiglierie, e munitione fopra modo, è tanto forte, & inefpugnabile, che mai per forza non è ftato pigliato : ma sì bene per il mancamento delle_
cofe neceffarie. Quefta fortezza fi può rag-
guagliar ad vna mediocre Città : imperoche
vi fi ritrouano contrade, piazze, palazzi,
botteghe di fabri, e d'altri artefici d'ogni
qualità in grandiffimo numero. E piena e-
tiandio di tutto quello, che fi può dimandare,
circa le robbe da mangiare, & altre vittua-
glie, & è tanto abbondante di tutte le cofe
neceffarie, così in tempo di guerra, come_
di pace, che è ftupore. La circondano d'ogni
intorno fmifurati baftioni, cō tre larghe, e profonde foffe; per le quali fcorrono groffi canali
d'acque, oltreche hà vna groffiffima muraglia,
e fpatiofi terrapieni, fotto i quali vi fi camina
per vna ftrada coperta fatta à volti. Sù i merli poi, e per le feneftrelle attorno attorno fono tirate fuora groffe bocche di Cannoni,
e di pezzi d'artiglierie, foftentate fopra le
ruote ferrate; le quali, fcaricandofi, con
grandiffimo ftrepito mandano fuora tal balle
di ferro, che paffaranno ottocento libre,
& altresì con tant'impeto, che non è oftacolo alcuno, che loro poffa refiftere_
Hà vn Luogo da ripor l'armi, ò fia Arfenale
capaciffimo, e ripieno d'infinite armi d'ogni
qualità, così per diffefa, come per offefa. Il
Mafchio di effa è di forma quadrata; & è di_

cir-

circuito (fenza le torri, che fi poffono chiamar
picciole fortezze) 200. paffi in circa. Tutta la
Fortezza infieme circonda 1600. paffi fenza le
trincere.

Chi fi diletta di veder efquifite pitture, in
quefta Città ne trouerà molte, che à pieno lo
fodisfaranno. Trà l'alt e n'è vna appreffo la
Fortezza fopra la facciata d'vn pal gio, oue
fi veggono dipinti i fatti di Roma i per mano
di Trofo da Monza tanto diuinamente, che
par impoffibile à poterui aggiungere. Sono
quefte imagini dipinte tanto al viuo, e così
naturali, che ogn'vn, che le riguarda rimane attonito. E non meno fi ftupifce vedendole
fenza moto, che fe le vedeffe muouere, e fpirare. In fomma quì la natura è vinta, e fuperata
dall'arte. Verfo la porta Beatrice fopra vna
piazza vedefi dipinta la facciata del palagio
de i Latuadi con tanto artificio del Bramantino, che gli occhi de'rifguardanti reftano atto-
niti non meno, che fodisfatti. Et alla porta To-
fa vedefi vna ftatua di mezo rilieuo fatta dal
publico in memoria d'vna Meretrice, la
qual fù caufa, che Milano fi drizafse in libertà.

E ftato Milano, dopò la morte di Bellouefo in quà, fempre capo de'circoftanti paefi.
Oue gli antichi Imperatori mandauano vn
Luogotenente con titolo di Conte d'Italia, il
quale era altresì Capitano Generale dell'Imperio, e dimoraua quì con auttorità confola-
re, e come Capitano del loro efercito, acciò
poneffe il freno, e ferrafse il paffo d'Italia a'
popoli Oltramontani. Qniui è tanta la dolcezza dell'aria, e la bellezza del paefe, oltre

l'abbondanza grande del viuere , che molti
Prencipi volendo ripofare,à quefti luoghi veniuano per viuer quietamente,& altresì grand'
huomini per occuparfi ne'ftudij delle lettere ,
de'quali fù Virgilio , Alpino, Sant'Agoftino ,
Hermolao Barbaro , Merula, Francefco Filelfo , Celio Rodigino , Aleffandro Sefto , e Pio
Quarto Pontefici . E benche più , e più volte
quefta Città fia ftata rouinata fino da'fondamenti,& all'vltimo folcata con l'aratro da gl'
inimici , in ogni modo fempre è ftata rifatta
più bella, accrefcendo talmente in ricchezza ,
& in popolo,che fempre hà hauuto il luogo frà
le prime Città d'Italia .

Appreffo la Chiefa di San Saluadore v'era
vn fuperbo palagio per gl'Imperatori,con vn
Tempio dedicato à Gioue , fatto ad emulatione del Campidoglio di Roma . Doue hora fi
fà il Confeglio, v'era già il palazzo della Ragione , oue etiandio v'era vn luogo per leggere publicamente i proclami de'Duchi , e per
far Giuftitia de gli Huomini fcelerati . In oltre v'era vn Teatro da rapprefentare le comedie , vn luogo per far correre i caualli , &
vn circo maffimo , dou'è hora Santa Maria
Maggiore. Il Giardino , che è appreffo San
Stefano era vn'Anfiteatro , oue fi combatteua
à duello. La Chiefa di S.Nazario fù già vna
prigione , doue fi condannauano i fcelerati à
combatter con le fiere feluaggie,dellequali quì
fe ne manteneua vn gran numero. Il prato comune all'hora era vn Teatro , doue i giouani s'effercitauano à domar caualli , & à combattere. Oue è la Chiefa Catedrale v'era vn
luogo , c'haueua molte ftrade , nelle quali fi
face-

faceuano le feste Compitali . La stalla era già
vn' ameno Giardino piantato di molti Alberi
fruttiferi,e piante venute di lontani paesi, con
vn gran numero d'odoriferi fiori, e di ruscelletti d'acque christalline, e parimente v'erano
statue, & altre scolture di marmo,fatte con
grandissimo artificio.Dou'è la Chiesa di S.Lo-
renzo v'erano le Terme di Massimiano,di Nerone,e di Nerua Imperatori, non men belle di
quelle di Roma .

   Vedrai,oltra le sudette anticaglie, vn'arme-
ria grandissima nel palazzo,ripiena di nobilissime armi, e degne di qual si voglia Prencipe,
sì per il valore, come per la bellezza, impo-
roche si veggono non solamente toccate d'oro,
e d'argento, ma etiandio intagliate con
grandissima spesa,& artificio. Ou'è la Chiesa
di San Lorenzo, v'era vn Tempio dedicato
ad Hercole,fatto alla forma della Rotonda di
Roma. Appresso al quale furono poste 16.co-
lonne di marmo, e sopra di esse vn'ornatissimo
palagio per gl'Imperatori; il quale doppo è
stato parte abbrucciato, e parte consumato dal
tempo;onde non v'è rimasto altro, che dette
colonne. Tutta questa fabrica fù fatta da Mas-
simianoHerculeo,il quale parimente volse, che
questa Città non si chiamasse per l'auuenire
Milano, ma Herculeo .

   E stata sempre potentissima questa Città ;
laonde leggiamo,che fece molte volte resistenza a' Romani, combattè spesso contra i Gotti,
& altri fieri Barbari, & altresì contra ambidui i Federici Imperatori, cioè primo, e secondo,riportandone gloriosa vittoria. Soggiogò
Nouara,Bergamo,Pauia,Como,Lodi,e Torto-

F 5   na;

na:liberò Genoua dalle mani de'Mori. A tempo de'Romani si diceua volgarmente.

Qui miseram citius cupiunt effundere vitam,
Mediolanam adeant, gens ea dura nimis.

Era tant'apprezzato Milano da'circonuicini paesi,ch'essendo stato rouinato dall'Imperator Federico Barbarossa, fecero consiglio Cremona, Verona, e Piacenza di risorarla, come prima à lor spese; è stato in ogni tempo ben popolato.

Riceuè il lume della Fede da San Barnaba mandato da San Pietro, il quale all'hora dimoraua in Antiochia, che fù del 45. dopo la venuta del Saluatore, oue sostituì per Vescouo Anatalone Greco suo discepolo, à cui in processo di tempo successero molti Santi Vescoui, frà i quali è stato S. Ambrogio celebratissimo Dottore; il quale hauendo ritrouati i Corpi di SS. Geruaso, e Protaso martiri, fece fabricare vna Chiesa, la quale al presente si dice Sant'Ambrogio. Questa fù la Chiesa Catedrale, oue si vede la vera effigie del Serpente di Bronzo fatto da Mosè, portato quiui da Teodosio Imperatore. Vedesi quiui sopra vna Colonna l'effigie di San Bernardo, il quale in questa Chiesa disse Messa,predicò,e fece molti miracoli. Euui parimente vna sontuosa sepoltura, nella quale giacciono Lodouico II.Imperatore, e Pipino Rè d'Italia, amendui figliuoli di Carlo Magno. Quiui sotto l'Altare,dentr'vn profondo pozzo serrato con 4.porte di ferro è custodito con gran riuerenza il Corpo di Sant'Ambrogio, & vn libro scritto di sua propria mano. Essendo Imperator Carlo Magno, Angelberto dell'Illustrissima

ma famiglia de'Pusterli, l'Arciuescouo donò
à questo nobilissimo Altare vn bellissimo Pallio, nel quale stanno venti quadri d'oro scolpiti con imagini parte di Santi, e parte d'Angeli. In mezzo delle quali vedesi il Saluatore
quando risuscita da morte; sopra il cui capo vi
è vn Diamante con pretiose gemme intorno d'
infinito valore. In ambidue i lati dell'Altare
vi sono altre quattro simili imagini di Sāti, in
mezo vi è vna Croce. Li compartimenti poi
sono distinti con gran numero di perle, e di
pietre pretiose. Dietro all'Altare vi è vn'altra
Croce d'argento due cubiti lunga, & vno, e
mezo larga, oue si veggono 23. figurette di
Santi fatti di rilieuo. Costò quest'opera tanto singolare, e stupenda all hora 18.mila scudi,
ma adesso valeria più di 100. mila, e fù l'artefice Voluinio eccellentissimo Scultore di quei
tempi. Stando sù la porta di questa Chiesa
Sant'Ambrogio scommunicò Teodosio Imperatore, dicendogli, che non entrasse in Chiesa; E congionto con essa Chiesa vn superbo,
e marauiglioso monasterio de'Frati Celestini.
Vscendo da Sant'Ambrogio vedesi vna picciola Cappella di Sant'Agostino, oue riceuè
questo Santo il Sacro Battesimo. Sappi, che
questa è la strada, per la quale Sant'Agostno,
e Sant'Ambrogio insieme andauano per render gratie à Dio in San Geruaso per il Bat-
tesmo riceuuto, cantando il Te Deum lau-
damus.

La Chiesa di Santa Tecla è ripiena di sante
Reliquie. Qui ripose Sant'Ambrogio, frà
l'altre Reliquie, vn Chiodo, il quale
fù conficcato nelle membra del Saluator no-

ſtro Giesù Chriſto ſù'l legno della Croce dagl'
empij Giudei,donatogli da Teodoſio Impera-
tore.Non è in Milano il più antico Tempio di
queſto,il quale primieramente i Chriſtiani cõ-
ſegrarono al Saluatore,poſcia à Maria Vergine,& vltimamente à Santa Tecla.Ma perauãti
molti , e molti anni la venuta del Meſſia,dico-
no , che quiui era vn famoſiſſimo Tempio di
Minerua , one , come aſſeriſce Polibio , queſta
Dea era adorata,e riuerita con grandiſſima , e
particolar religione.Laonde confeſſano molti,
che quindi traeſſe il nome queſta Città;percio-
che in lingua Celtica antica , & altreſi in lingua Alemanna , Megdelant , ſignifica terra , ò
paeſe della Vergine. La qual'opinione è con-
fermata etiandio da Andrea Alciato I.C. vera-
ciſſimo in tutte le ſcienze,il quale ne'ſuoi Em-
blemi laſciò ſcritto queſto Epigramma .

Quam Mediolanum ſacram dixere puella
  Terrã,nam vetus hoc Gallica lingua ſonat,
Culta Minerua fuit, nunc eſt vbi nomine Tecla
  Mutato, Matris Virgine ante Domum.

Santa Maria della Scala fù fondata da Regina moglie di Bernabò Viſconte . E perche di-
ſcendeua da'Signori della Scala di Verona,per
queſto volſe,che ſi nominaſſe Santa Maria della Scala . Per auanti in queſto luogo v'era il
palagio de'Turriani .
    Doue ſtà hora la Chieſa di San Dionigi,v'
era anticamente vn Dragone , ch' infettaua
grandemente queſta Città ; ilquale hauendolo
vcciſo Vmberto Angieri, s'acquiſtò il titolo di
Viſconte .
  Nella Chieſa di S. Marco veggonſi in due
                                        Cap-

Cappelle l'eccellentiffime pitture di Lomazzo.
In vna fi veggono gli Apoftoli, i Profeti, e le
Sibille, con molt'altre figure. Nell'altra la ca-
duta di Simon Mago dal Cielo,la quale reca_
rand'horrore a'riguardanti.

Nella Chiefa di S. Nazario vggonfi alcune fuperbe fepolture degl'Illuftriffimi Signori
Triuultij,e maffimamente quella di Giacomo,
del quale veramēte fi può dire:Chi nō s'acque-
tò mai,quì fi ripofa. Appreffo quefta Chiefa
vedrai vna pietra roffa, che fi dice la Pietra
Santa, oue fono fcolpite le vittorie, & i trofei,
che riportò gloriofamente Sant'Ambrogio da
gli empi Arriani, al quale altresi in fegno di
quefta vittoria fù drizzata vna ftatua alla
porta di Vico.E ftupenda la Chiefa di S.Fede-
le, si per la bellezza, come anco per l'architettura di Pellegrino.

E nobiliffima ancora la Chiefa delle Monache di San Paolo,e San Barnaba; doue primieramente fù fondata la Religione de'Preti Riformati di San Paolo Decollato. Quiui fi vede
vn Chrifto depofto dalla Croce ftante fopra il
Sepolcro eccellemente fatto dal Bramanti-
no.Eui la Chiefa di Santa Rofa,doue i Frati
Predicatori hanno l'Illuitre Compagnia del
Santiffimo Rofario.

In oltre vedefi il magnifico Tempio di San
Gottardo, oue fono dipinte eccellentemente l'
effigie de'Signori Vifconti:appreffo il quale vi
è vn ftupendo,& alto campanile,& vn'ameniffimo giardino. In quefta Chiefa giacciono fepolti Azzone Vifconte, e Gio: Maria Secondo
Duca di Milano.

Nella Chiefa di Sant'Euftorgio Vefcouo,
ve-

vedeſi vna grāde, e ſontuoſa ſepoltura di finiſ-
ſimo marmo,nella quale ſi conſeruano l'oſſa di
San Pietro Martire. In oltre vi è vn ricchiſſimo Tabernacolo, oue ſi cuſtodiſce il Capo di
Sant'Euſtorgio. Et altresi v'è vna ſepoltura,
nella quale giaceuano i Corpi de'tre Magi; li
quali furono portati. qui ſin dall'vltime parti
d'Oriente dal ſudetto Santo nel 330. Ma dopò molt'anni,eſſendo ſtata rouinata queſta città da Federico Barbaroſſa,che fù nel 1163. furono traſportati queſti corpi da Ridolfo Arciueſcouo à Colonia Agrippina. Si ripoſa hora in detta ſepoltura il Corpo di Sant'Euſtorgio, con infinite Reliquie di Santi, i quali quiui,per eſſer all' hora luogo inculto,erano martirizati per la Fede di Chriſto. Sono etiandio
in queſto luogo le ceneri di molti nobili Milaneſi, e trà gli altri di Marco Viſconte primo
Duca di Milano, de'Torriani, & ancora di
Giorgio Merula letteratiſſimo huomo, il quale fù ſepolto ne'tempi di Lodouico Sforza con
grandiſſima pompa. Nella cui ſepoltura ſi legge queſt'Epitaffio.
Vixi alias inter ſpinas,mundique procellas,
Nunc ſoſpes Cœlo Merula vino mihi.
Sopra la porta del conuento vedeſi vn pulpito, doue predicando publicamente S.Pietro
Martire, perche era di meza eſtate, e di mezo
giorno, impetrò, per li ſuoi meriti, che ſi ſpan-
deſsero nuuole ſopra gli Auditori, le quali à
guiſa d'vn'ombrella li riparauano da così faſtidioſo caldo. E habitato queſto Conuento
da'Frati Predicatori, dal quale ſono vſciti nobiliſſimi Teologi.
Appreſso la ſudetta Chieſa ſcaturiſce la fō-
te

se di San Barnaba. Imperoche qui vicino habitaua; e benche fusse loco inculto, vi battezza-
ua, e diceua Messa. Beuédo dell'acqua di quella fontana, sarai liberato da qual si voglia ma-
lignità di febre.

Il Tempio poi di San Lorenzo, che già era
dedicato ad Herode, è molto più sontuoso delle sudette Chiese, il qual nel 10 85. essendo in
parte abbrucciato, il foco fece molto danno
alle Mosaiche d'oro, e parimente guastò molte
figure di metallo, ch'erano intorno le colonne.

Vedesi in oltre la Regal Chiesa di Sant'A-
quilino, la qual fù fondata da Placida sorella
d'Honorio Imperadore, e moglie di Costantino; nella cui facciata si veggono belle colonne di marmo, e di dentro è di finissimi
porfidi, e nobilissimi Mosaichi d'oro adornata. Nella Chiesa di San Steffano fù trapassa-
to con molte pugnalate il Duca Galeazzo,
Maria Sforza. In San Giouanni in Conca v'è
sepolto Bernardo Visconte Prencipe di Milano. Nelle Chiese di San Tiro, e Celso,
le quali furono fondate dal Duca Lodouico
Moro, si scorge il diuino ingegno, & Architettura di Bramante eccellentissimo architetto, e pittore da Vrbino, in molt' opere,
che ci fece. Sopra la facciata della Chiesa della B. Vergine sono poste alcune statue eccellentemente fatte, e con tanto artificio, che fis-
sandoui ben gli occhi, parerà impossibile à po-
terle agguagliare. Frà l'altre vedesi la Beata
Vergine in assunta al Cielo di mezo rilieuo d'
Annibale Fontana. E doppo questa vna ec-
cellentissima statua d'Astoldo Fiorentino. Nel
Tem-

Tempio della Pace veggonsi dipinte l' historie della B. Vergine di Giouachino suo Padre, per man di Gaudentio, & altresi la Vergine, che stà appresso la Croce, la qual dimostra vna vera mestitia, dipinte da Marco Vgolino Pittore.

Nella Chiesa di San Francesco vedesi vn Quadro della Concettione, con San Gio: Battista fanciullo, che adora il Signore, dipinti per man del Vincio, che non si possono arriuare. In S. Pietro, e Paulo vi sono molte opere di Zenale, & vn' Organo dissegnato da Bramantino, il quale ancora vi dipinse Christo sopra la sepoltura deposto dalla Croce. Vedrai nella Chiesa della Passione vna stupendissima Cena, doue è veramente espresso quel stupor de gli Apostoli. Questa opera fù fatta, come dicono molti, da Christoforo Cibo, dignissimo Pittore.

Oltre le sopradette, andarai alla nobilissima Chiesa delle Gratie, fódata prima da Fra Germano Rusca, e poi accresciuta da Lodouico Sforza. Doue frà l'altre cose segnalate, vedrai dipinto in vn quadro il nostro Signore coronato di Spine dal gran Titiano, degno veramente d'eterna memoria.

Attorno la Cupula si veggono gli Angeli formati di stucco di Gaudentio, con il motto, & i vestimenti fatti con grandissimo artificio. Et in vn'altro luogo dall'istesso Gaudentio vedesi dipinto San Paolo, che stà scriuendo, e contemplando.

In questa Chiesa è sepolta la Duchessa Beatrice, la quale fù amata tanto da Lodouico suo marito, che dopò, che lei morse egli non volle

mai

mai federe à tauola mentre mangiaua , e quefto durò vn'anno continuo . Hò voluto notar
qui vn'Epitaffio , ch'è fopra vna porta del
Clauftro , perche è molto artificiofamente fatto .

Infelix partus, amiffa ante vita, quàm in lu-
cem ederet , infælicior , quod matri moriens
vitam ademi , & parentem conforte fua
orbaui . In tam aduerfo fato , hoc folùm
mihi poteft iucundum effe , quod Diui pa-
rentes me Ludouicus , & Beatrix Mediolanum Duces genuere 1497. tertio Non. Ia-
nuarij.

Giace in quefta nobiliffima Chiefa Giouan-
ni Simonetta , il quale compofe l'hiftoria de'
Sforzefchi , & altresì Giulio Camillo huomo
letteratiffimo , del quale fi legge l'infrafcritto
Epitaffio fopra vn'altra porta del predetto
Chioftro .

Ciulio Camillo Viro ad omnia omnium
fcientiarum fenfa mirificè eruenda, & ad fcien-
tias ipfas in fuum ordinem aptè conftituendas
natura mirè facto, qui apud Dominicum Sau-
lium Idibus Maij 1544. repentinò mortuus cò-
cidit. Dominicus Saulius amico defideratif-
fimo P.

E vfficiata la fudetta Chiefa da'Frati Predicatori , i quali vi hanno vn fontuofiffimo
Conuento , da annouerare trà i principali
Monafterij , che habbia quefta Religione ,
così nella grandezza , e bellezza dell'Edificio , come per il numero di dottiffimi , &
ottimi Padri . Intorno al Chioftro vi fono
dipinte molte Hiftorie da quel gran Zenale .
Ma fe defideri vedere le più illuftri , e

ma-

marauigliofe pitture , che fi poſsono veder'in
tutto'l mondo, fà che quei Padri ti moſtrino il
Refettorio ; doue vedrai la Cena del Noſtro
Signor infieme cō gli Apoſtoli , ne i quali Lo-
nardo Vinci con marauigliofa maniera hà dimoſtrato vna viuacità , & vno ſpirito , che par
veramente ; che fi muouano . Dimoſtrano
queſti Apoſtoli ne i lor volti chiaramente tre-
more , ſtupore, dolore , foſpitione , amore , &
altre qualità d'effetti , ch'all'hora haueuano .
Particolarmente nel volto di Giudea fi vede
eſpreſso quel tradimento , quale haueua concetto nell'animo. Hauendo coſtui dipinti tutti
gli Apoſtoli compitamente , nè mancandogli
altro da fare,che la faccia del Signore;s'accor-
fe , che non l'haurebbe mai compitamente
condotta al fine , perche haueua eſpreſso vna
molto gran beltà , e maeſtà in San Giacomo
Maggiore , & altresì nel Minore . La onde
conſiderando l'impoſſibilità della cofa, fi rifol-
fe di volerfi conſigliare con Bernardo Zenale
digniſſimo Pittore ancor lui di quei tempi , il
quale dicono,che li fece queſta rifpoſta . Queſta pittura hà vn'errore,qual folo Iddio lo può
accomodare ; perche non è poſſibile , che nè
tù , nè qualunque altro Pittore , che fia al
mondo poſsa eſprimere più gratia, e maeſtà ad
vna imagine , di quella , che tu hai eſpreſſa
nell'vno,e l'altro Giacomo, però laſciala così .
Così fece Leonardo , come fi può veder al prefente; benche non vi fi ſcorga adeſso quella
maeſtà di prima, perche la longhezza del tempo l'hà ſcemata . In queſt'iſteſso Refettorio
fi veggono ſcolpite al viuo l'effigie di Lodouico,Beatrice, & di amédue i lor figliuoli,i quali
po-

oscia són stati Duchi, cioè Massimiano, e Francesco. Nella Chiesa di S. Vittore de i Frati di Mont'Oliueto vedési vn S. Giorgio, che dà la morte al serpente, la qual'opera è di Raffaelo da Vrbino.

Il grande, e sontuoso Domo di Milano fù ondato con innumerabile spesa dal Duca Giouan Galeazzo, & con tanto artificio fatto, che pochi Tempij in tutto il mondo si posso-no paragonar ad esso, tanto nella grandezza, & architettura, quanto nella preciosità de i marmi, & magisterio; conciosia cosa, che oltra che tutto è incrostato di marmi bianchi tanto di dentro, quanto di fuori, vi sono anche marauigliose imagini di marmo molto artificio-samente fatte. E la longhezza di questo Tem-pio dall'Oriente all'Occidente 150. cubiti, e di larghezza 130. Hà sei cupule, e la maggio-re è alta ottanta cubiti, la mezana, & quella lalle bande cinquanta cubiti, vn'altra qua-anta, e la minore 30. I quattro pilastri della maggior cupula sono distanti l'vn dall'altro 13. cubiti. Hà etiandio tre naui proportionate, con cinque porte in faccia, due verso il mezo-giorno, & vna verso Tramontana, le fine-tre, e gli archi sono di forma piramidata. Le catene di ferro, che sostentano questa machina sono di tanta grandezza, e grossezza, che mirandole da terra gli Architetti di Car-lo V. se ne fecero gran marauiglia. Frà mol-te statue di gran valore, che vi si ritrouano, ueggonsene due particolarmente stupendissi-me, vna di Adamo, & l'altra di S. Bartolomeo corticato, diuinamente scolpite da Christo-foro Cibo; in vna delle quali si può veder chia-

chiaramente la notomia dell'huomo. E tengo
per fermo, che poche statue siano in tutto l'v-
niuerso d'vguagliare à questa. Vi sono etiandio due grandissimi Organi, in vno de'quali è
vn Dauid Profeta, che suona la Cetera auanti
l'Arca, fatto con singolar artificio da Gioseffo
da Monza. Hà due nobilissime Sagrestie, nelle
quali si custodiscono ricchissimi ornamenti,
come vasi, e vesti pretiose donategli da gl'Arciuescoui, e Duchi di questa Città. E parimente
vi sono molte reliquie de'Santi conseruate in
pretiosi vasi.

In oltra hà vn nobilissimo Choro, doue sono
sepolti molti Duchi di Milano; tanto de'
Visconti, come de'Sforzeschi. Auanti l'Altar
Maggiore vedesi in terra la sepoltura del Cardinal Carlo Borromeo, la cui anima è commune opinione, che sia salita in Cielo. Imperoche
visse santamente, & altresì prescrisse a
tutta Italia la forma di viuere religiosamente.

Vedesi ancora quiui la sepoltura di Giacomo Medici Marchese di Melignano, il quale
fù Capitano di militia di grandissimo valore.
Oue frà l'altre statue, vedesi la naturale imagine del detto Marchese vestito in habito militare, di bronzo, di Leone Aretino. Si custodisce con grandissima diligenza, e diuotione in
questo Domo vno de'chiodi, co'l quale fù crocefisso nostro Signore, il quale portò à Milano
Teodosio Imperatore.

Trà i Luoghi pij, che hà questa Città, vi
è l'Hospital maggiore molto sontuoso. Il
quale è posto in Isola circondato da colonne,
e portichi, & è di circuito 600. canne, cioè

150. Per ciafcun lato. E diuifo in quattro appartamenti capaciffimi. Hauendo di fotto molte ftanze fatte à volto, nelle quali fi lauorà di tutt'i meftieri, che fanno bifogno per l'Hofpedale. Di fopra poi nella Crociara di mezo ftanno 111. letti per gli ammalati, i quali fono tutti i coperti di tende, & vgualmente diftanti l'vn dall'altro, effendo altresì accommodati in maniera, che tutti poffono adorare il Signore, quando fi dice Meffa. Hà d'entrata ogn'anno 40.mila fcudi; è ben vero, che alle volte paffa 50.& ancò 100. mila. Mātiene anime 400. Cinque miglia fuori di Milano per la ftrada di Como v'è il Lazareto di S. Giorgio per quelli, ch'hanno fofpetto di pefte. Quefto edificio è di forma quadrata 1800. braccia di circuito, attorno al quale fcorre vn gran canale d'acqua viua. Di dentro vi fono infiniti letti, con prouifione fufficiente di tutte le cofe neceffarie.

Si ritrouano in quefta Città nobili, magnifiche, e fignorili famiglie. Trà l'altre vi è l'antichiffima cafa de' Pufterli, e la nobiliffima famiglia de' Turriani paffò à Milano di Valle Saffina, molto ricche, e potenti, i quali tennero la Signoria di Milano, fin che fù conturbata da i Vifconti fauoriti dall'Imperio; Ilche fù nel 1342. Dimaniera, che all' hora furono confinati tutt'i Turriani, chi nel Friuli, altri in Genoua, & altri in Como. Difcefe da quefta famiglia quel Marco Turriano, il quale effendo Capitano di Conrado Secondo Imperatore di Arabia contra i Mori, & effendo fatto prigione da quelli, fù ammazzato per la Fede di Chrifto, riportandone la corona

rona del martirio. I Visconti , vogliono mol
ti, che siano discesi da i Troiani , i quali edifi
carono Angiera appresso il Lago maggiore
la qual Città hanno poscia molto tempo perduta. Nel qual tempo, essendo la più potete famiglia , che fusse in Lombardia , fù constituì
to Matteo Visconte Vicario Imperiale di Milano , e di tutta Lombardia , & donatogli
l'Aquila nelle sue insegne. Et per questo si
cominciò à nominar Matteo Vicario dell'
Imperio nel 1295. Altri vogliono , che questa famiglia hauesse origine da i Rè de'Longo
bardi . Sia come si voglia : hanno hauuto la
Signoria di Milano cento , e settant'anni dodici Principi di casa Visconti. Sotto Giouan Galeazzo Duca haueua sotto di se 28. città , oltra
la Lombardia: e trà l'altre Genoua, Bologna ,
Pisa,& etiandio si distese sopra Ciuidal di Belluno , e Trento . Dall'Illustrissima casa Sforza ne sono discesi sei Duchi di Milano , &
altresì Cardinali , Regine , & vna Imperatrice. Oltra le sopradette sono ancora nobilissime le famiglie de i Triuultij , Bira-
ghi , Medici, Ruschij, Mazenti, Bezzozzi, &
altre .

Sono vsciti da questa città quattro Ponteti-
ci,cioè Vrbano Terzo, Celestino Quarto, Pio
Quarto di casa Medici , & Gregorio Decimoquarto di casa Sfondrati. Due Imperatori ,
Didio Giuliano , & Massimiano Herculeo ; il
quale fece le Terme Herculee, & quiui in Milano l'insegne dell'Imperio. E stato parimente di questa patria Virginio Rufo , che fù
tre volte Console. Hà dati etiandio alla luce molti Cardinali , Vescoui , e Beati ; con
mol-

molti huomini dotti in diuerfe generationi di
lettere. Et prima nelle leggi Saluio Giuliano
auolo di Giuliano Imperadore, Paulo Elea-
zaro, Gran Lignano, Giafone del Maino, Filippo Decio, Andrea Alciato, con molti altri.
Furono Milanefi Marco Valerio Maffimo Hiftorico, & Aftrologo, & Cecilio Comico. Vi
furono anco il Cardinale Paulo Emilio Sfondrato Nepote di Papa Gregorio Decimoquarto degno di molta lode per la fua bontà, &
integrità di vita.

L'Arciuefcouo di Milano hà titolo di Prencipe, & n'hà tenuto lungo tempo il primato: la
giurifdittione fi ftendeua già fino à Genoua, &
Bologna, & altresì poffedeua molti luoghi in
Sicilia. Di più venne à tanta temerità, che
fi fottrafe per 200. anni dal Pontefice Romano. Mà hà dato grandiffimo fplendore quefti
anni paffati à quell'Arciuefcouato Carlo Bo-
romeo con la fua fantiffima vita. Nel cui luogo fuccefe Federico fuo nepote Cardinale,
il quale con ogni ftudio imitando il Zio, hà
fatto conofcere à tutti la nobiltà, & grandezza
del fuo animo.

Dinanzi ad vn palagio, ch'è appreffo la porta Lodouica vedefi vn'altar di marmo quadro;
oue da vn lato vi è fcolpita Diana Lucifera, sì
come la nomina Cicer. che tiene vna facella
dritta. Per la qual cofa altresì Facellina vien
chiamata da Lucillo, quando nelle Satire così
fcriue.

Et Regina videbis

Mania tum Leparas Facelina templa Diana.
Percioche parimente era riuerita quefta Dea
in cotal forma nell'Ifola di Lipari. Pofcia
ai

à i piedi vi ftà vn Braco à federe con gli occhi verfo la Dea. Dall'altra banda del fudetto Altare vi è fcolpito Apolline Medico, appoggiato ad vn Tripode, con vn ramo d'Alloro nella deftra, con il turcaffo dietro le fpalle. Appreffo i piedi d'Apolline vi ftà la cetra, & il ferpente Pitone, che perciò è chiamato da' Poeti Pitio, e Citaredo. Dinanzi al detto Altare fi legge quefta Infcrittione

> AEfculapio & Hygiæ
> Sacrum
> C. Oppius, C.L. Leonas.
> IV. Vir.& Aug.
> Honoratus. In Tribu.
> CL. Patrum, & liberum
> Clientium. & Adfcenfus
> Patroni. Sanctiffimis,
> Communicipibus fuis. DD.
> Quorum. Dedicatione
> Singulis Decurionibus
> III. Auguftalibus. II.Et
> Colonis. Cænam. Dedit
> L. D. D. D.

Si ritrouano in Milano 11. Chiefe Collegiate 71. Parochie 30. Conuenti di Frati, & 6. di Preti Regolari 36. Monafterij di Monache. 32. Confraterne, le quali infieme con diuers'altre arriuano à 238. Chiefe. Vi fono etiandio 170. Scole, nelle quali s'infegna a' putti la Dottrina Chriftiana.

Degnamente dunque hà meritato il nome di Milano Grande, & è parimente connumerato frà le quattro principali Città d'Italia; le quali, fono Roma, Venetia, Na-

Napoli,Milano.E annouerata altresì frà le 10.
maggiori,e più degne d'Europa.Sì come scrisse Antonio Gallo.

Dopo hauer vista,è ben considerata questa
gran Città,vscendo finalmente fuor della porta Comasina, caminasi verso Settentrione,& i
monti , e dopò 15. miglia arriuasi à Como .
Per questa strada non si vede cosa degna ,
eccetto Barlasina contrada lungi da Milano
dieci miglia : oue San Pietro Martire dell'Ordine de'Predicatori fù vecciso da gli Heretici ,
& in quel luogo,doue esso scrisse i dodeci articoli della Fede co'l sangue , vi è vna grotta ,
donde se ne caua la terra continuamente , nè
mai par cauata. Sopra quel luogo si vede gran
splendore, il quale Iddio mostrò per gloria di
quel sacro corpo .

C O M O.

Como è posto sopra vna pianura circondata da i monti, & vicina al Lago La-
rio, che di Como si chiama : E Città molto
nobile, sì per la gentilezza,e cortesia de'Cittadini , come per l'illustre Museo di Paolo Giouio . Dirimpetto alla Città vedesi vna villa
posta à guisa di peninsola dentro al Lago La-
rio , nel più basso luogo della quale stà vn Palaggio , doue Paolo suddetto haueua radunato
vna libraria nobile , & accommodatala con i
ritratti de gli huomini illustri ; come si legge
nel libro, ch'esso hà composto , detto gli Elo-
gi . Al presente non vi è rimasto altro di notabile , fuor che alcune pitture sù'l muro. Imperoche l'imagini, i panni del prete Ianni Rè

G   del-

dell'Etiopia,gli archi, & altre arme de gl'An
tipodi con molte altre cofe non mai più vifte,
& etiandio di gran valore, fono dentro la Città nel palazzo de'Gionij. Nel Domo à ma-
niftra vedefi la fontuofa Sepoltura di Benedet
to Gionio digniffimo Scrittore. In oltre fi leg
gono diuerfi Epitaffi in quefta Città, da'qual
fi caua non folo, che fia molto antica, ma ch
fia ftata fempre fedele verfo la Republica d
Roma.

Il Lago di Como è di longhezza 36. miglia
e tre miglia al più di larghezza:Sopra il qual
(non facendo fortuna) andrai à fpaffo in vna
barchetta, circondando quella delitiofa riuiera : Oue appreffo in fine vedrai la fontana d
Plinio, & Belafio Palaggio de i Signori Sfon
drati,& intorno à quelli vaghi Giardini orna
ti di bei pergolati, hauendo le pareti veftite d
gelfomini,rofe,e rofmarini,con alcuni bofchet
ti di ginepri molto agiati da vccellare fecondo le ftagioni.

Frà Como,e Bergamo 10.miglia difcofto d
Milano ritrouafi Monza nobiliffimo Caftell
bagnato dal fiume Lábro; il quale fù amplia
tò da Teodorico primo Rè de i Gotti, e Teo
dolinda Regina vi fece vn magnifico Templ
dedicato à San Giouan Battifta, dotandolo d
molto eccellenti ricchezze, e frà le altre d'vn
Zaffiro d'ineftimabil valore,vna Chioccia co
alquanti pulcini d'oro,e molti altri vafi d'oro
Qui parimente fono molte reliquie donategl
da S.Gregorio,e tenute in ricchiffimi vafi.

Pofcia fopra i monti ritrouafi Somafca có
trada molto nominata, per efferfi dato princi
pio quiui alla Religió Somafca de i Preti Re

go-

del'Etiopia, gli archi, & altre arme de gl'
ippoli con molte altre cose non mai più, v,
& criando di gran valore, sono dentro la
ta nel palazzo de Gioui. Nel Domo à ma
altre vedesi la fomosa Sepoltura di Bene
to Giouio diguissimo Scrittore. In oltre fi
gono diuersi Epitassi in questa Città, da qu
si caua non sola, che sia molto antica, ma
sia fiorita molto verso la Republica (
di larghezza 36. migli
di longhezza...Sopra il
...andrai à spasso, in
...quella deliziosa
...fine vedrai la fontana
...lago de i Signori Sfo
...quali gli Giardini, co
...quando le pareti vedi
...unti, con alcuni bosc
...agni da vccellare feco

...egano ro. miglia discosto
...Monza nobilissimo Casta
bagno....
no d.....n Libro; il quale fia amp
...e primo Rè de i Gotti, c Lo
fondala Regina vi fece vn magnifico Tem
dedicato à San Giouan Battista, dotandolo
molto eccellenti ricchezze, c fra le altre du
Zissimo d'inestimabil valore, vna Chioccia
alcuni pulcini d'oro, e molti altri vasi d'or
Qui primente sono molte reliquie donat
de S. Gregorio, e tenute in ricchissimi va
Poscia sopra i monti ritrouasi Somasca
rada molto nominata, per essersi dato prin
pio quinsi alla Religiò Somasca de i Preti R

golari. Più auanti appreſſo la riua del Lago
Lagio, ò ſia di Como, vedeſi Leuco fortiſſimo
Caſtello, e quindi con la barchetta ſi và à Co-
mo.Poſcia cominciando per terra più auanti s'
entra nel paeſe de Griſoni,per il quale corre
l'Adda fiume.

Alla ſiniſtra di Monza hanno i monti di
Brianza ; i vini di queſti monti ſono perfettiſ-
ſimi,e molto nominati. Alla deſtra poi tre miglia da Monza ritrouaſi vna campagna molto
ben coltiuata ; nella quale Franceſco Secondo
Sforza ruppe l'eſſercito de'Franceſi guidato da
Lotrecco,riportandone glorioſa vittoria. Morirono in queſta giornata, molte migliara d'
huomini. Ritrouaſi ancora da queſto lato ,
auanti, che s'arriui al fiume Varo, termine d'
Italia, il Nauilio di Marteſana, ilquale è vn
ramo d'Adda , che corre ſotto Gorgongiola ,
oue è vn ponte ſopra di eſſo , e qui ſi ſcende à
Milano. E coſì habbiamo deſcritti i luoghi
vers'Oriente.

Vers'Occidente vſcendo da Milano per la
porta di Vercelli, ritrouaſi prima la ciuil contrada di Rò,& appreſſo ſcède vn ramo del Teſino,che và à Milano. Dall'altra riua di queſto fiume vedeſi Buſalora con molti altri Caſtelli. Quindi caminando alla deſtra arriuaſi
al Lago maggiore in quel luogo à punto donde ſcaturiſce il fiume Teſino , che và à Pauia.
Appreſo la qual bocca vedeſi Angiera , donde hanno hauuto origine i Signori d'Angiera , li quali hoggi ſi chiamano Viſconti .
Poſcia lungi da Milano diciſette miglia ſopra
l'alto Monte (non però diſcoſto dalla riua
del Lago) appare il diuoto Tempio di San-

ta Maria del Monte, al quale sempre è gran
concorso di popoli, che quiui passano, per otte
nere gratie da Dio per i prieghi della sua glo
riosa Madre Reina de' Cieli sempre Vergine
Maria. Passato il Tesino alla sinistra discost
da Milano venti miglia, ritrouasi Viglebia
picciòla, e nuoua Città; ma bella, oue appare
magnifico palagio, con l'ameno, e dilettreuol
podere detto la Sforzesca, così detto da Lodo
uico Sforza Duca di Milano, & è posseduto ho
ra questo luogo dalla Religion Domenicana
essendogli stato donato dal predetto Duca.

Dal predetto luogo caminando alla destra
ritrouasi Nouara, & il paese detto la Lomel
lina, ma alla sinistra vedesi il ciuil Castello d
Mortara, già Selua bella detta ; ma poi pe
la grand vccisione fatta da Carlo Magno de
Longobardi quiui combattendo con Desiderio loro Rè, fù così Mortara addimandata, Da
questa banda stà parimente il ciuil castello di
Vasese, e quattro miglia più auanti sul monte
è posta la Terra di Varallo, oue si vede effigiato di terra cotta il Sepolcro di Nostro Signore, tutt'i misterij della Passione in diuerse Ca-
pellette visitate con grandissima riuerenza da'
vicini popoli. Qui appresso comincia il Lago
di Lugano, & altresì il paese de i Grigioni.

Viaggio da Milano à Pauia.

TRà Milano, e Pauia ritrouasi la Certosa nobilissimo Monasterio edificato
da Giouan Galeazzo Visconte primo Du-

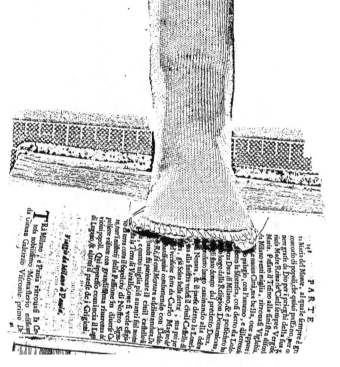

ta Maria del Monte, al quale sempre è gr
concorso di popoli, che quiui passano, per o
ner gratie da Dio per i prieghi della sua
riosa Madre Roma de' Cieli sempre Vergi
Maria. Passato il Tesino alla sinistra disco
da Milano venti miglia, ritrouasi Vigleba,
e nuoua Città, ma bella, oue appare i
o palagio, con l'Ancreo, e diletteuol
ro la Sforzesca, così detto da l'edo
za Duca di Milano, & è posticato lo
l luogo della Religion Domenicana,
chano donato dal predetto Duca.
rocedo lungo caminando alla sinistra
Nouara, & il piede detto la dextra
n alla sinistra vedesi il ciuil Castello di
, già Sedia bella detra; ma poi pr
uercinoe fatta da Carlo Magno de
niqui contenente con Dello
e Ri, sicosi Mortara adimmanda, Da
anda sta perimanci i ciuil castelloua
, e quanto migian più auanti sul mone
a la Terra di Varallo, oue si vede effigi
voli terra con il sepolcro di Nostro Sig.
re, turi misteri della Passione in diuersi Ca
pelere visitate con grandissima riuerenza da
uicini popoli. Qui appresso comincia il Lag
di Lugano, & altresì paese de i Grigioni.

Paesi da Milano a Pauia.

TRa Milano, e Pauia ritrouasi la Ce
tosa nobilissimo Monasterio edificat
da Gioan Galeazzo Visconte primo Du

ea di Milano , & dotato di grandiffima entrata; nel cui Tempio egli è fepolto in vna fuperba fepoltura di marmo , oue fi vede la fua
ftatua , & effigie naturale , e con vn'Epitaffio
gentiliffimo, che contiene i fuoi egregi fatti .
Quefta Chiefa è incroftata di nobili marmi, &
ornata di marauigliofe ftatue, fcolture, e pitture. Hà belliffime capelle, & altari ricchi d'oro, &
di pretiofe pietre . In oltra hà vna fagreftia ripiena di vefti, & vafi d'oro, & d'argento di valore, con molte Reliquie di Santi .

Appreffo il Monafterio euui vn Barco, ch'è
vna muraglia 20. miglia condotta in quadro ,
doue fono campi arati, prati, e felue; nel quale
fi conferuano affai animali feluaggi, sì come
lepri, caprioli, cerui, daini, & altri fimili animali per cacciaggione . Ma hora appaiono in più
luoghi le mura rouinate . Quefta grand' opera
fù parimente fatta da Giouan Galeazzo . Quiui tenne il fuo efercito Francefco I. Rè di Frā-
cia, affediando Pauia, all'hora, che fù fatto prigione, infieme col Rè di Nauarra, & a tri principali Baroni di Francia da Monfignore d Lā-
noia, & Borbone Capitani dell'efercito di
Carlo V. Imperatore, ilche fù nel 1525. di noftra falute.

P A V I A.

SEcondo Plinio, fù edificata Pauia da i Leui,
& Marini Popoli della Liguria non molto
dal Pò difcofto. Mà Eutropio, & Paolo Diacono vogliono, che la foffe fondata da gli Infu-
bri, & Boii dopo la declinatione dell'Imperio Romano, al quale era ftata molto tempo

G 3 fog-

foggetta,fù foggiogata prima da Attila Rè de
gli Vnni, poi da Odoacro Rè de gli Eruli, ilquale hauendola prefa per forza, la faccheg-
gio,l'abbruccio,e li getto à terra le mura. Pofcia ne venne fott'i Logobardi,che quindi pofero il feggio Regale,e vi fecero molti fontuofi edificij,come dimoftra Paolo Diacono. Trà i
quali fù il Monafterio di Santa Chiara edificato da Partarito, & dalla Reina Teodolinda;la Chiefa di Santa Maria delle Pertiche,e
di Luitprando Rè,il Monafterio di San Pietro
in Cielo Aureo, oue ripofa il venerando corpo
di Sant'Agoftino,che l'haueua quiui fatto portar di Sardegna, il qual fi cuftodifce con gran
riuerenza in vna artificiofa fepoltura di marmo,con molti altri edificij, li quali per breuità
tralafcio. Qui fi vede il Caftello fatto da Giouan Galeazzo Vifconte, & altresi quell'antica
ftatua à canallo di metallo detta Regifole, la
qual dicono molti,che fia Antonio,come fi può
congietturare da i lineamenti della faccia , e
della barba.

Furono 20. i Rè de Longobardi,& tennero
la Signoria d'Italia 202. anni, i quali nobili-
torno molto quefta Città, hauendola fatta Sedia Regale,e Signoria delle Prouincie loro.

Hà prodotti Pauia molti huomini illuftri ,
trà i quali fù Gio: XVIII. Papa , con Teforo
Beccaria Abbate di Vall'Ombrofa, martirizato in Fiorenza. Sono quiui molti nobili edifici ,maffime quella Torre, nella quale il gran
Boetio lafciò la fpoglia mortale. E pofta in
vn fito molto agiato effendo appreffo i monti
Apennini , & al fiume Tefino, fopra ilquale fù fatto vn nobiliffimo ponte dal Duca Ga-

leaz-

leazzo Visconte.

In questa Città vi è lo studio generale, po-
ſtoui da Carlo Magno Imperatore, non molto doppo quel di Parigi : il qual'Imperatore
ſpinto dal zelo d'ampliare la Religion Chriſtiana, mandò quiui dottiſſimi Theologi, acciò
inſegnaſſero la vera Dottrina publicamente .
Sono condotti à leggere in queſto ſtudio famoſi Dottori d'ogni ſorte di ſcienze, & altreſì
honorati con largo ſtipendio, particolarmente Giaſone tanto celebrato Dottore conſumò
molt'anni in queſta Academia. Baldo poi capo di tutti hauendoui letto alcun tempo, finalmente vi morì, e fù ſepolto nel Conuento de'
Frati di S. Franceſco: Laonde per eſſerui l'aria
ſottiliſſima, la quale gioua aſſai à i ſtudioſi, ſi
può veramente dire, che ſia vna glorioſa Vni-
uerſità .

Fù predicata, & inſegnata à i Paueſi la vera
Fede di Chriſto dal Beato Siro d'Aquileia
nell'iſteſſo tempo, che San Pietro la inſegnaua
in Roma, la quale poi hà ſempre coſtantemen-
te oſſeruata .

Deſiderando queſti Cittadini di mantenerſi
in libertà, ſi diedero à Filippo Arciueſcouo di
Rauenna Legato della Chieſa Romana nell'
anno di Chriſto 1259. E così ſi mantenne ſotto la Sede Apoſtolica lungo tempo, non ſolo
nello Spirituale, ma ancora nel Temporale; &
'loro Podeſtà, e Magiſtrati nell'ingreſſo dell'
ſficio, faceuano preciſamente giurar in queſta
forma .

Ego Poteſtas, vel conſul iuſtitiæ Papiæ, &c.
ad honorem Dei, & Virginis Mariæ, ad ho-
norē, & reuerentiam S. R. Eccleſiæ, & Sereniſ-

fimi D.D.Ludouici Roman.Regis, & Ciuita-
tis Papiæ bonum statum iuro ad Sancta Dei
Euangelia, corporaliter tactis scripturis, quod
sum, & ero fidelis S.Roman. Ecclesiæ, & Romanorum Imperij.

    L'Imperator Carlo Magno volendo andar
in Francia , lasciò per i suoi Luogotenenti in
questa città i Languschi principali gentil'huomini di Pauia , con titolo di Vicarij : La qual
constitutione approuorno, etiandio successiuamente gli altri Imperat. fino à Federico Barbarossa, il quale concesse , che da loro stessi s'e-
leggessero i Consoli , i quali gouernassero la
Città . Laonde nella pace, che fù fatta trà esso
Federico,& i popoli di Lombardia,v'interuenne questa città come libera,e non come soggetta ad altri .

    Passati 180. anni , da che la tennero gl'Im-
peratori , elessero i Pauesi per Conte di Pauia
Gio. Galeazzo Visconte , che all'hora era Vicario dell'Imperio . E così sotto titolo di Contea la tennero successiuamente gli altri Prencipi,cioè Visconti, e Zforzeschi. Et al presente il
Rè di Spagna . Si sottoposero à quelli con altro titolo,e giurisdittione per mostrar,che questa Città non si conteneua sotto'l Ducato di
Milano,ma che essendo Pauia libera,voleua ri-
conoscerli particolarmente come Conti dell'
Imperio Romano.

    Non è alcuna Città in Lombardia , laqual
possa estinguere le nouità , & i romori meglio
della città , e paese di Pauia. Imperoche con il
suo gran Territorio , & i fiumi , che li sono attorno , diuide i Milanesi,Nouaresi, & altri popoli Insubri da i Piacentini, da quei di Bobio ,

                                                 da'

da'Genouesi, Tortonesi, Alessadrini, & Casal-
schi. Talmente, che i suddetti popoli non possono accordarsi insieme, e congiungersi à lor
beneplacito, senza il consentimento di Pauia.
Di più questa Città, che è chiamata Fatale,
porta, e Chiaue di Lombardia, domina il Pò,
& il Tesino. La onde può concedere il passo
dall'vna, e l'altra riua del Pò, & del Tesino, e
parimente lo può facilmente negare l'opportunità del sito.

Sopra il Tesino si può andar in barca fino à
Piacenza, ouero à Cremona. Ma caminando
per terra alla destra, ritrouasi Vicheria ciuil
Castello di là dal Pò. Et oltre Vicheria, Tor-
tona, Alessandria, il Monferrato, & poscia il
Piemonte.

Viaggio da Milano à Bologna per la strada
Emilia, poi à Fiorenza, & finalmente
à Roma.

VOlendo andar da Milano à Roma, vsci-
rai dalla porta Romana; e caminan-
do alquanto verso Lodi, ritrouasi a man destra
del Territorio di Milano il ricco, & famoso Monasterio di Chiarauualle; al quale l'Abbate Manfredo Archinto, trà gli altri poderi,
lasciò la gran Vigna del Pilastrello, detta per
lo innanzi la vigna de i poueri; imperoche
il vino, che da quella si raccoglieua, tutto si
dispensaua frà i poueri, conseruandosi in tanto in vna botte delle maggiori, che siano al
mondo, nella quale capiscono 600. misure, che
da i Lóbardi si chiamano Brente, & è cinta da

G quat-

quattro groffi traui,con altri groffiffimi cerchi, & effendo vuota, vanno molti per vederla, e particolarmente alcuni Principi, Rè, & etiandio Imperadori non fi fono fdegnati d'entrarui,trà i quali fù Carlo Quinto.

Caminando più oltra, nel Territorio di Pauia,ritrouafi la Terra di Landriano, pofta 16. miglia difcofto da Lodi,è pofto il nobile,e ricco Caftello di Marignano, per il qual paffa il fiume Lambro. Quefto Caftello è molto dilettenole,& abbondante delle cofe neceffarie per il viuere. Qui vicino è quel luogo,doue Francefco Primo Rè di Francia fece ftrage di 19. mila Suizzeri, con la morte de i quali Maffimiano Sforza venne à perdere la Signoria, e la libertà. Quindi à fei miglia è pofto il ciuil Caftello di Sant' Angelo bagnato dal Lambro, one ogni Mercordì fi fà vn bel mercato; E dopò tre miglia fi vede doue anticamente ftaua Lodi Vecchio. Alla finiftra di quefta bella ftrada vi è Crema con altri luoghi, de i quali habbiam parlato di fopra nel viaggio di Brefcia à Milano; per il qual paefe paffa il fiume Adda. Si vede da ogni parte quefto paefe ben coltiuato con vigne,& altri fruttiferi alberi,fino à Lodi.

LODI.

FV edificata quefta Città da Federico Barbaroffa tre miglia difcofto da Lodi Vecchio; volendo egli pur effer prefente con tutti i Prencipi al principio dell'edification di effa nuoua Città; dotandola di molti priuilegi. Laonde molto tempo fi gouernò in libertà, fotto

to l'ombra però dell' Imperio . Poi eleſſe per
ſuoi Signori i Veſtarini ſuoi Cittadini, & vlti-
mamête fi ſottomiſe à i Duchi di Milano . Lodi Vecchio fù chiamato Laus Pompeia, per eſſer ſtato riſtorato da Pompeo Strab. padre del
Magno Pompeo . E queſto iſteſſo fù fatto Città da Corrado Secondo Imperatore a' prieghi
d'Erimberto Arciueſcouo di Milano . Et accioche ſappi l'inuidia , che regnò ne i petti de'
Milaneſi , deui ſapere , che fù rouinata queſt t
città da' Vſſi nel 3 1 5 8. per il grand'odio,ch'er t
frà di loro . I quali non contenti d' hauer roui-
nàte le mura, e ſcacciato fuori il popolo , con-
ſtrinſero i Cittadini ad habitar nelle ville l' vn
dall'altro ſeparati, acciò non ſi poteſſero ragu-
nare à pigliar conſiglio di riſtorar l' infelice
patria. Etiandio prohibirono il trafficare, & il
vendere coſa alcuna, e l'imparentarſi , ſotto pe-
nà di perdere il lor patrimonio , e d'eſſer confinati altroue: in fimile pena caſcaua ancora chi
vſciua fuori del luogo a lui conſegnato . Furono queſti infelici Cittadini in tanta miſeria , e
duriſſima ſeruitù 49. anni , Mà i Milaneſi furono ſeueriſſimamente caſtigati da Dio giuſto
giudice,eſſendo ſtato ſaccheggiato , & abbrucciato Milano da Federico Imperatore .

E poſta queſta Città in vna pianura , di circuito due miglia , & di forma rotonda , hauendo all' intorno ameno , e fertile territorio , il quale abbondantemente produce frumento , ſegala , miglio & altre biade , vin o
con infiniti frutti d'ogni forte . Veggonſi in
eſſo larghiſſimi campi , & prati per gli armenti ; Quiui ſempre abondano i paſcoli , per la
grand'abbondanza dell'acque, con le quali ſo-

G 6   no

no irrigati tutti quefti paefi. Conciofi ache
in quefto Territorio veggonfi tre, ò quattro
canali l'vn fopra l'altro con grande artificio
fatti, cofa certamente marauigliofa; & di
molto vtile. Laonde tre, ò quattro volte l'
anno, & alcuna volta cinque, fi fega il fieno
de' detti prati. E perciò fe ne caua tanto latte
per fare il formaggio, che par cofa quafi incredibile à quelli, che non l'haueranno veduto.
Le forme di cafcio fi fanno sì grandi, che alcuna di effe pefa libre cinquecento minute. Qui
etiandio fi cuftodifcono le lingue di vitello
co'l fale, tanto faporite al gufto, che è cofa notabile. Hà molti fiumi, ne'quali fi pefcano
buoniffimi pefci, e particolarmente le più delicate anguille, che fiano in tutta Lnmbardia.
Sono in quefta Città dodici mila anime, &
molte nobili famiglie, frà le quali vi è cafa
Veftarini, che lungo tempo tenne la Signoria
di Lodi. Hà partorito etiandio molti Huomini valorofi, così in maneggiar l'arme, come
nelle lettere.

Riceuè il lume della Fede di Chrifto infieme con Milano alle predicationi di S. Barnaba. Fù Vefcouo di quefta Città S. Baffano, al
cui nome è ftata dedicata vna Chiefa molto
ricca di paramenti Sacerdotali, ricamati d'o-
ro, e di gemme, con Calici, Croci, incenfieri, &
altri vafi di gran valore. Eui parimente la
Chiefa dell'Incoronata di forma rotonda, dotata di molte ricchezze, e molto frequentata
da'vicini popoli, per le molte gratie, che quini
riceuono à preghi della Beata Vergine. E bagnata dal fiume Adda, fopra il quale vi è vn
ponte di legno, che congionge amendue le
riue.

riue. Si fanno in questa città vasi di terra belli,
quasi, quanto quelli di Faenza.

Fuor di Pauia dalla banda d'Oriente, e di
mezo giorno stà Cremona, della qual parlaremo à suo luogo insieme con Mantoua, e Bologna. Ma seguitando il sopradetto viaggio sei
miglia da Lodi, è posta la ricca Abbatia del
Borghetto, tenuta, & vfficiata da' PP. Oliuetani. Dopò altretante miglia vedesi il monte di
S. Colombano, molto nominato per i vini, &
frutti delicati. Seguitando la ricca strada, vedesi alla sinistra la terra dalla Somaglia, & l'Ho-
spedaletto, Abbatia molto ricca de i Frati di S.
Girolamo. Più oltre si ritroua Zorlesco contrada, & Casal Pusterlengo edificato da i nobili Pusterli di Milano. Di quì si passa all'altra
riua del Pò per barca, e dopò vn miglio euui
Piacenza.

PIACENZA.

ESsendo questa città in vn sito molto piaceuole, & ornata di bellissimi edifici, per
questo vogliono molti, che trahesse il nome
di Piacenza. E posta vicino al Pò, come s'è
detto, in vn molto diletteuole luogo; hauendo
amena campagna, e fruttiferi colli. Dal territorio d'essa si traggono tutte le cose per il bisogno humano. E prima dalla Campagna
grand'abbondanza di formento, & altre biade; e da i colli finissimi vini, con delicati frutti,
& olio. Si veggono altresì larghi prati per pascoli de gli animali, irrigati da ogni banda con acque chiare, condotte artificiosamente, & estratte da i circonstanti fiumi,

in

in beneficio degl' armenti, de i quali gran numero quì si ritroua per far il cascio, che si
conduce à tanta grandezza, & di tanta bontà,
ch'in tutt'Europa è di grã nome,onde vol
alcuni far stimar,& apprezzar il cascio,dicono
esser Piacentino. Ritrouasi in oltre nel territorio i pozzi d'acqua sola, della quale co'l fuoco
si trae il sale candidissimo. Nè vi mancano le
minere del ferro con selue per la cacciaggione.
Fù Piacenza dedotta Colonia insieme con
Cremona dal popolo Romano, hauendo scacciati da questo Paese i Galli. Ilche fù del 350.
dopò l'edification di Roma, si come dimostra
Liu. il quale etiandio in più luoghi ne fà honoreuole mentione con altri antichi historici.
Da i quali si caua chiaramente,che fosse molto
florida sotto l'Imperio Romano: è ben vero,
che hà patite molte rouine,più per le guerre ciuili,che straniere. Imperoche quando guerreggiaua Vitellio contra Ottone, 7o. anni doppo
la Natiuità di Christo, le fù abbrucciato vn'-
Anfiteatro, che era fuor delle mura. Perilche
ben disse Silio: Quassata Placentia bello.
Vedonsi in questa Città nobilissimi edificij,
Frà i quali è vn'antica fontana fatta da Cesare
Aug. Di più vi è la sontuosa Chiesa di Santa
Maria Vergine detta in Campagna,la Chiesa
di Sant'Antonio Martire, la bella Chiesa di S.
Giouanni,vfficiata da i Frati di S.Domenico,
& altresì San Sisto con vn degno Monasterio.
Mà frà tutti risplende di bellezza il Tempio
di Sant'Agostino custodito da Canonici Re-
golari. Era prima intorniata di mura molto
deboli, ma poi talmente è stata fortificata di
buone mura, & d'vn fortissimo Castello da
Pier

Pier Luigi Farnese, che trà le prime fortezze d'Italia ſi può annouerare. Hà di circuito inſieme con le foſſe cinque miglia, ma ſenza di quelle quattro, & è bagnata da i fiumi Trebia, & Pò. Doppo eſſer ſtata molto tempo in libertà, fù ſoggetta à i Scotti, Turriani, Landi, a i Duchi di Milano, Franceſi, alla Romana Chieſa, & al preſente viue in pace ſotto i Signori Farneſi.

Quanto ſia buona, e temperata l'aria di Piacenza, lo dimoſtra Plinio, il quale ſcriue, che al ſuo tempo facendoſi il cenſo degl'huomini Italiani, fù ritrouato in queſta Città (oltre ad vn gran numero di Cittadini) vno, che paſſaua 120. anni, nel territorio poi ſi ritrouorno ſei, i quali paſſauano 110 anni. Et di più vi era vno che arriuaua a 140. Si ritrouano al preſente in queſta Città 18. mila anime, trà le quali ſono 2. mila Religioſi, & vi fioriſcono molte nobili famiglie, & di gran nome, com'è la Scotta, Landa, Anguſciola, le quali hanno molti Caſtelli, & giuriſdittioni. In oltre ſono vſciti di queſta patria molti illuſtri, & virtuoſi huomini, trà i quali ne' tempi antichi fù T. Tinca dicaciſſimo Oratore. Ornò ancora queſta patria Gregor. X. Papa, il quale paſsò all'altra vita, in Arezzo di Toſcana, oue al ſuo ſepolcro dimoſtra Iddio gran ſegni per i meriti di lui.

Caminando fuor di Piacenza verſo Occidente, e Tramontana appar la foce del fiume Trebia molto nominato da gli Scrittori per la rouina dell'eſercito Romano fatta da Annibale. Ma auanti ſi vede la Chieſa di Sant' Antonio, oue ſi vede gran miracolo. Percioche abbrucciò con il ſuo fuoco quei ſoldati, che fecero

poco

poco conto del suo nome . Poscia si ritroua
Stradella, & Castel di S. Giouanni contrade ,
& più auanti il nobile Castel di Vicheria. Alla
finistra sono i colli dell' Apennino, frà i quali
è rinchiusa la Città di Bobio 30. miglia discosta da Piacenza. Oue Teodolinda Regina de i
Longobardi edificò vn ricco , e sontuoso Monasterio à compiacenza di S. Colombano, con-
segnandoli molte possessioni per sostentar gran
numero di Monachi, i quali seruissero à Dio. Di
questo Monasterio sono vsciti 3 2. Beati .
    Comincia à Piacenza la via Emilia secondo
Linio, raffettata da Emilio Console, e si stende
di quà infino à Rimini verso mezo giorno . A
man destra non si veggono se non monti aspri. Oue sono assai belli Castelli, Ville, & Cō-
trade, ma di poco momento, fuor che di corte
Maggiore nobile Castel de i Pallauicini , con
Arquato Castello molto nominato per i soauissimi vini , che produce . Ma alla finistra di
questa via Emilia lungi 20. miglia è posta Cremona . Doue etiandio da Piacenza si può andar sopra il Pò in barca. Per la stessa strada
Emilia , auanti che si arriui à Cremona, appar
Fiorenzola, castello 12. miglia discosto da Piacenza, nominato da Tolomeo Fidentia, & parimente da Linio, scriuendo nell' 88. libro, come Silla scacciò Carbone fuor d'Italia, hauendogli rouinato l'essercito à Chiuso, à Faenza, &
à Fidentia . Qui è quella famosa Abbatia, che
con splendidezza, & apparato Regale fù riceuuto Francesco Primo Rè di Francia, Carlo
Quinto Imperat. e Paolo III. Pont. da Pietr'-
Antonio Birago Abbate : più oltra si ritroua
Borgo di S. Donnino fortificato con vna nuo-
                                    na

PARMA

161

na fortezza,& fatto città vltimamente ad iſtà-
za di Ranuccio Farneſe Duca di Parma . Alla
ſiniſtra ne'mediterranei frà il fiume Conio,& il
Seſtrono, vedeſi Fontanellato, Soragna, e San
Secondo, ricchi, e ciuili Caſtelli, poſcia paſsato
il Pò, s'arriua finalmente al fiume Varo, il
quale ſi parte in molti rami, e ſi paſsa à guazzo, ſe però non è ingroſsato dall'acque . Di quì
a Parma ſono quattro miglia, e ſempre alla
man deſtra ſi veggono i monti dell'Apennino .

P A R M A.

Q Veſta Città è ornata di nobili edifici, di
famiglie illuſtri, e di molto popolo, &
altresì ricca . Hà parimente buono, ameno, e
fruttifero Territorio, il qual produce frumento,& altre biade,ſaporiti frutti, olio, e delicati
vini; con grand'abbondanza di caſcio noto
per tutto il mondo . Laonde per tante doti non
ſolo ſi può annouerar nelle principal città di
Lombardia, ma trà le più abbondanti, ricche, e
nobili d'Italia .
   E poſta ſopra vna pianura nella via Emilia
cinque miglia lontana dall'Apennino, frà la
quale, & il borgo, che è dall'Occidente, paſsa
il fiume Parma, ſopr'il quale è vn ponta di pietra cotta, che le riue congionge inſieme . Non
ſò ſe queſta città pigliaſe il nome dal fiume,
ò il fiume da eſsa . Imperoche non mi ricordo
di hauer trouato appreſso alcun'antico Scrittore, mentione di queſto fiume Parma . Mà
della città ne fanno honorata mentione Liu.
Polib.Cicer. & altri graui autori . Fù dedotta
                                        Colo-

Colonia da Romani infieme con Modena, come fcriue Liuio nel 39. libro così. Eodem anno Mutina, & Parma Coloniæ Romanorũ ciuium funt deductæ bina millia hominũ in agrum, qni proximè Boiorum, ante Tufchorũ fuerat, Octaua iugera Parmæ, quina Mutinæ acceperunt.

È il popolo di quella bello, nobile, animofo, e d' ingegno difpofto non folamente à gouernar la Republica, ma anche alle lettere, e maneggiar l'armi. Hà bella, e larga campagna, laonde dalla gran copia delle pecorelle, che quiui nodrifcono, fe ne cauano affai fine lane. Delle quali dice Martiale.

Tondet & innumeros Gallica Parma greges.

Et in vn'altro luogo.

Velleribus primis Apulia, Parma fecundis Nobilis, Altinum tertia laudat ouis.

Vi è tanta dolcezza d'aria, che dice Plinio, che vi fuffero ritrouati due huomini (facendofi il cenfo ne'tempi di Vefpafiano) che ciafcun d'effi haueua 133 anni. Qui è parimente vna campana tanto fmifurata, che tutti la riguardano con gran marauiglia, e della quale i Parmigiani raccontano vna faceta fauola. Enui al prefente fatto vn fontuofo, regal Palaggio per habitatione del Duca, oue fono giardini, e fontane belliffime.

Quefta Città fù foggetta all'Imperio Romano, sì come l'altre città del Paefe, infino che fù mantenuta la Maeftà di quello in riputatione, poi mancata detta Maeftà, fi riduffe anch' ella alla libertà. E ne gl'anni di Chrifto 1248. fù affediata gagliardamente dall'Imperator

Fe-

Federigo Barbaroffa, ilqual haueua deliberato
di non partirfi di là, infin che non l'haueffe e-
fpugnata, e rouinata. Onde fece far qui vicino
vna Città, nominandola Vittoria, ch'era di
longhezza 800. canne, e di larghezza 600. &
haueua otto porte con le foffe larghe. E ciò
fece detto Federico, tenendo certo d'hauer
vittoria, con pigliar la Città, e rouinarla. Ma
non gli riufcì il difegno; perciochè i Parmegiani vn giorno affaltarono l'efercito di effo, e
lo ruppero, gettando per terra la Città di Vittoria.

E il Domo di quefta Città molto bello, e
fontuofo, nel quale fono molti Canonici, & altri Preti, che l'vfficiano: Vi è la Chiefa di San
Giouanni, oue dimorano i Fràti di S. Benedetto. Vi è parimente la Chiefa della Steccata fatto con grandiffima architettura, oue fi veggono pitture, & opere di ftucco belliffime. Nella
Chiefa de i Capuccini ftà fepolto Aleffandro
Farnefe inuittiffimo Capitano, & la fua deuotiffima Conforte Madama Maria. Non è alcuna Chiefa in Parma, oue non fi vegga qualche
eccellent'opera del Parmegianino, ò del Correggio, i quali furono nobiliffimi pittori.

Sono in Parma nobiliffime famiglie, e trà le
quali i Pallauicini, i Torelli, Roffi, Giberti, Sà-
vitali, & altre. Hà altresì partorito grand'huomini tanto in lettere, quanto in altre virtù, &
in trattar l'arme, trà i quali fù Caffio poeta,
& Macrobio digniffimo Scrittore, benche da
alcuni è negato, che fuffe Parmegiano. Hà
dato alla luce molti altri, i quali per hora tra-
lafcierò. Dirò folamente, che quefta Città è
foggetta alla Sereniffima Cafa Farnefe, oue
que-

quefti Signori han fatte belliffime fabriche, &
nuouamente il Duca Ranuccio v'hà pofto lo
Studio Generale di tutte le fcienze, conducendoui con largo ftipendio i più eccellenti Dottori d'Italia.

Ritrouanfi in effa 22. mila anime, & è di
circuito 4. miglia.

Fuor di Parma verfo Tramontana vedefi
Colorno ciuil Caftello, & altri bei luoghi. E
verfo il meriggio doppo hauer pafsato il fiume Taro, e caminato 35. miglia, ritrouafi Borgo nobile caftello del Duca di Parma. Dal cui
paefe (oltre la grand'abbondanza delle cofe
necefsarie per il viuere) fi raccoglie sì gran
quantità di caftagne, ch'alcuna volta arriuano
a 100000. moggi, e per il manco 50000. Quefta terra fà 300. fuochi, e partorifce huomini sì
difpofti alle lettere, come all'arme, & alla mercantia. Stà in mezzo de' Monti Apennini, & è
circondata da ameni colli, hauendo fotto di fe
13. ville. Più auanti fi ritroua la nobiliffima
Terra di Póntremioli. E doppo 12. miglia arri-
uafi ad vna fortiffima Rocca detta la Val di
Mugello. Pofcia vi è Bardo, e Campiano terra,
donde principia il fiume Taro, il qual pafsa 3.
miglia difcofto da Bórgo.

Caminando dà Parma lungo la via Emilia,
alle radici del monte Apennino, vedefi Monte
Chiarugolo ciuil Caftello, del quale tiene la
Signoria l'illuftre famiglia dei Torelli. Pofcia
nella pianura è pofto Montechio, & Sant'-
Ilario apprefso la Riua del fiume Lēza. Sopra
il quale vi è vn bel ponte di mattoni cotti, che
congiónge amendue le riue infieme, fatto con
grandiffima fpéfa dalla Cónteffa Matilda. Ca-
minan-

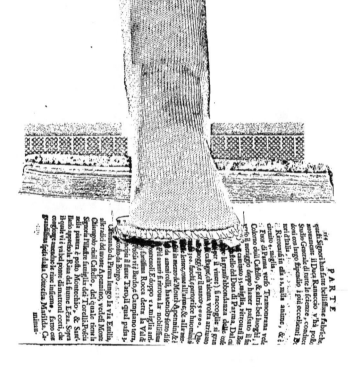

quefti Signori hanno fatte belliffime fabriche, anouamente il Duca Ranuccio, v'hà poſto Studio Generale di tutte le ſcienze, conduce doni con largo ſtipendio i più eccellenti Pit- uri d'Italia.

Ritrouanſi in eſſa 11. mila anime, & ti.

circuito 4. miglia.

Fuor di Parma verſo Tramontana vede Colorno ciuil Caſtello, & altri bei luoghi.

verſo il meriggio doppo hauer paſſato il fi- il camino 35. miglia, ritrouaſi Reg- fello del Duca di Parma, Dal ca- la grand'abbondanza delle coſe per il vino) ſi raccoglie ſi gra- ca hagia, ch'alcuna volta arriuano poggi; per il mano 50000. Que- 50. ſonchi ſi pretorice huomini, nia mezzo de'Monti Apennini, & fi uiti annni ſi ritroua la nobiliſſima da amirocolli, hauendo ſotto di ſe

nuncioſi. E doppo 5. miglia ari- Erniſſima Rocca detta la Valdi Poſcia vi ſi paſſa il Torelli.Poſcia nolla pianura è poſto Montechio, & San- gia il fiume Taro,il qual paſſa 3.

colſo il Borgo. Sauri.

Vſtimando di Parma lungo la via Emilia, altri ſtradi del monte Apennino, vedeſi Monte Chiatigolo ciuil Caſtello, del quale tiene la Signora Piliadre famiglia dei Torelli.Poſcia nolla pianura è poſto Montechio, & San- lino appreſſo Rinò del fiume Enza. Sopra liquale vi è vn bel ponte di mattoni conſi, che congiunge amendue le riue inſieme, fatto con grandiſſima ſpeſa dalla Conteſſa Matilda. Ca- minai-

ninando per la fudetta via, in fpatio di 15. miglia fi arriua à Reggio.

REGGIO.

Q Vefta Città è pofta nella via Emilia, &
nominatà Regium Lepidi da Strabone,
Cic. Cornelio Tacito,& altri fcrittori. Da chi
foffe edificata;fono diuers'opinioni.Imperoche
molti vogliono,che l'hauefle fuo edificatore
M.Lepido,vno de i tre huomini,che partirono
frà fe la Signoria de i Romani. Altri dicono,
che foffe fatta ne'tempi antichiffimi, auanti M.
Lepido fopra nominato, ma che lui la deduffe
Colonia.

Effendo ftata rouinata quefta Città da i
Gotti fotto Alarico loro Rè, furono coftretti i
Cittadini, d'abbandonarla, & fuggirfene à i
luoghi ficuri, infino che furono vinti, & fcacciati d'Italia i Longobardi da Carlo Magno,
& all'hora ritornando di mano in mano i cittadini alla defolata Città, la cominciorno à riftorare, e farui le mura intorno. Si gouernò
alcun tempo da fe fteffa in libertà fecondo il
coftume dell'altre città d'Italia, & altre volte
è ftata gouernata da altri, fin che fi diede à i
Marchefi da Efte.

E città molto nobile, e piena di popolo, &
altresì abbondante delle cofe neceffarie per il
riuere dell'huomo, benche l'aria non vi fia
troppo perfetta. Qui fi fanno belliffimi lauori
l'offo,& nobili fperoni. Vi fono belle, e larghe ftrade con fontuofi edificij, de i quali è
a magnifica Chiefa di San Profpero Vefcouo di effa città, cue deuotamente è tenuto

il suo corpo . Hà questa Chiesa grosse entrate ,
& è ornata di bellissime pitture, particolarmente del Correggio , degne veramente d'eterna
memoria . Di più nella muraglia dell'Horto
de i RR. PP. de'Serui è stata scoperta per miracolosa nouamente vna Imagine della Beata
Vergine Maria, oue Iddio fà molte gratie per i
suoi meriti à ciascuno, che à lei diuotamente
ricorre . E ornata la Città di nobili famiglie,
delle quali sono i Canossi , Manfredi , Foglia-
ni, Sessi, le quali tengono la Signoria di molte
Terre, e Castelli .

Appresso à Reggio sono alcuni, colli ornati
di belle contrade, e ville, dalle quali si traggono delicatissimi vini, con saporiti frutti . Verso
Parma poi vedesi Canossa Castello molto forte di sito , oue la Contessa Matilda saluò Gregorio VII. Papa dall'insidie, e forze d'Enrico
IV. Imperatore nemico della Chiesa Romana.
Il qual pentito del suo fallo, ne venne quini co'
piedi ignudi , & co'l capo scoperto nel mezo
della fredda vernata, per neue, & ghiaccio dauanti al detto Pontefice à chieder perdono del
suo peccato. Et humanissimamente fù riceuuto
dal buon Pontefice, & à lui perdonato. Hor quì
confidera di quanta virtù sia la dignità del
Pontefice . Possiede hora questo castello insieme con gli altri circonstanti la nobilissima famiglia Canossa. Più oltra, stanno i Castelli, &
altri luoghi de Signori Manfredi .

Caminando per la via de i monti , s'entra
nel paese della Graffignana, doue è Castel nouo molto nobile, & ciuile, dal quale sono vsciti
molti huomini illustri , così nell'arme, come
nelle lettere. De i quali è stato à i nostri giorni
                                        Giu-

Giulio Vrbano Dottor di Legge, Protonotario Apostolico,ilquale per la sua gran Dottrina era molto stimato da i Prencipi, e Cardinali della Corte di Roma ; Costui essendo stato Vicario Generale del Cardinal Luigi Cornaro Vescouo di Padoua , dopò hauer eserci-
tato molti anni questo vfficio con grandissima
lode , vltimamente morì nel 1595. lasciando
gran desiderio di se à i mortali, Non minor
splendore diede à questa patria Vrbani suo
Fratello Capitano di militia de'Signori Venetiani . Viue hora Filippo Vrbani loro dignissimo nepote,& Canonico del Domo di Padoua .

  Ritornando alla via Emilia, si vede Scan-
ciano ciuil Castello, ornato del titolo di Mar-
chesato soggetto alli Signori Tieni Nobili Vicentini. Alla sinistra verso Tramontana è posto Roldo,Castello della famiglia de i Sessi, &
altresì feudo dell'Imperatore. Poscia si vede
S. Martino de i Signori da Este, Gonzaga , e
Nuuillara.

  Trà Modena, e Reggio appresso il fiume
Lenza è posto Correggio molto ciuile, & honoreuole castello , & etiandio ben popolato ;
Tiene la Signoria di questo castello, il qual è
fatto Città dell'Imperio, l'Illustre famiglia da
Correggio , che già fù molto grande in Parma,e forse si chiamauano i Giberti.Dalla quale vscì gli anni passati vn Cardinale. Dà gran
nome adesso à questa patria Girolamo Bernerio dell'Ordine de i Predicatori assunto al
Cardinalato da Sisto V. Pontefice Massimo
per le sue rare virtù,e bontà di vita . E questo
Cardinale prudente, & amator de i Virtuosi,e
molto zelante della Religione Christiana .

                             Poscia

Poſcia doue il fiume Secchia ſpacca la via
Emilia ritronaſi Rubiera forte caſtello, doue
è vna bella Rocca, circondato da i Colli. Di
qui ſopra vna larga ſtrada s'arriua à Modena.

MODENA.

Queſta nobile città fù dedotta Colonia
della Rep. Romana inſieme con Parma
nel 570. anni dopò l'edificatione di Roma, come ſcriue Liuio, & altri Scrittori, i quali ne
fanno honorata mentione in molti luoghi.
Laonde biſogna credere, ch'in quel tempo foſſe molto ricca, e potente. Ilche vien confermato
ancora da molte inſcrittioni, e marmi antichi, i
quali ſi vedono per la Città. L'hà illuſtrato aſſai quella nobile battaglia, che ſeguì appreſſo
queſta Città, eſſendo Conſoli Irtio, e Panſa, per
la quale ſi venn'à perdere l'auttorità del Senato, e la libertà del popolo. Imperoche M. Antonio aſſediò Bruto in queſta città, il quale
poi fù liberato da C. Ottanio Ceſare, riportandone il detto la vittoria contra Antonio.
Patì poſcia molte rouine da i Barbari. Onde Sant'Ambrogio (ſcriuendo à Fauſtino)
dice, che la vide gettata per terra inſieme con
gli altri luoghi vicini lungo la via Emilia.
Dalche è da credere, che ſpeſſe volte fuſſe gua-
ſta, & da i Gotti, & da i Longobardi, i quali
eſſendo ſtati ſcacciati d'Italia per Carlo Magno Imperatore, & hauendo conſtituito Pipino ſuo figliuolo Rè d'Italia, radunandoſi inſieme quei figliuoli de i Cittadini di Modena,
ch'erano fuggiti à luoghi ſicuri, eſſendo roui-

nata

nata la città, come s'è detto, fecero consiglio di
edificar questa città, che hora in piedi si vede,
alquanto discosta dall'antica, la quale era nella via Emilia, sicome più difusamente lo racconta Leandro nella descrittione d'Italia, trattando di Modena.

Questa Città è picciola, e di forma circolare.
E posta sopra vna gran pianura, la qual produce frutti, e vini delicati d'ogni sorte. Il
Duca Alfonso II. da Este ampliò grandemente
questa città, hauendoui fatti belli edificij. Nel
Domo si conseruano diuotamente l'ossa di
San Geminiano Vescouo di essa, per il cui merito Dio libera molti indemoniati. E piena
di popolo nobile, & ingegnoso. Onde non solamente ne sono vsciti egregij Capitani, massime della famiglia de' Rangoni, e de i Bosche-
i, con molti Conti, e Marchesi, quali hanno
assoluto dominio in alcune terre, e castelli.
Mà ancora hà dati alla luce molti Cardinali,
Vescoui, & altri Prelati, con litteratissimi
huomini, de i quali fù il Sadoletto, & il Sigonio, le opere de'quali sono note à tutti i virtuosi. Si gouernò lungo tempo in libertà, sì
come l'altre Città di Lombardia: ma al pre-
sete è soggetta a' Duchi da Este, i quali vi risie-
dono, e la rendono con la lor presenza molto
nobile. In questa città si fanno belle Masche-
re, e Targhe molto stimate in Italia.

Fuor di Modena verso mezzo giorno sotto
l'Apennino ritronasi Formigine, Spezzano,
e dieci miglia discosto vi è Sassuolo Castello
nobile, e ciuile già della famiglia Pia, oue è
vn sontuoso Palagio, & è bagnato dal fiume
Secchia. Qui è vna bella Chiesa in honore

H della

della B.V. doue corre molto popolo per ottener gratie. Sopra il predetto monte ritrouanfi
molte terre,e contrade, le quali ancora fi veggono dall'altra parte vers'Oriente,e fu'l Bolognefe. Quefti Caftelli erano già foggetti a
molti Signori , e particolarmente a quei del
Monte , i quali furono già molto potenti in
quefti paefi , e poffedeuano tutt'i luoghi della
Graffignana , la quale confina con Bologna , e
trà le principal terre contiene Seftola, e Fana-
no. Pofcia caminando vers'Occidente fi veggono l'Alpe di S. Pellegrino, e più auanti A-
quatio Caftello molto nominato per i bagni.
Riuoltandofi poi al merigio da quefti monti fi
fcorge il Mar Tirreno. Più oltra apprefso Bologna,& alla riua del fiume Panaro appar Caftel vetro,e Spilimberto dei Signori Rangoni,
donde quattro miglia difcofto ritrouafi Vi-
gnola terra ornata del Marchefato , foggetta
à i Signori Boncompagni. La fudetta terra
confina co'l Bolognefe.

Verfo Tramontana è pofto Correggio difcofto dodici miglia, e più oltra il nobiliffimo
Caftello,anzi città Imperiale di Carpi,il quale fi può paragonare à molte Città , sì per il
gran popolo di eleuato ingegno, come ancora
per l'abbondanza delle cofe necefsarie. Hà titolo di Prencipato, e lungo tempo è ftato poffeduto da' Signori Pij , ma al prefente è del
Duca di Modena.

Fuor di Modena dalla banda d'Oriente fi
ritroua vn Canale, per il quale fi può andare
otto miglia in barca fin'à Finale ciuil contrada. Mà fopra il Panaro fi entra prima nel Pò,
& di quì fi và à Ferrara. Verfo quefta banda

da , doue il Canale sbocca nel Panaro , è posta
la terra di Bon Porto , & il borgo di San Felice nominato per i buoni vini.

Lungo la via Emilia tre miglia difcosto da
Modena passa il fiume Panaro , appreſso ilquale confinano i Modeneſi co'Bologneſi . In
queſti luoghi Claudio Conſ.eſsendoſi azzuffa-
to co'nemici,fece prigioni 25. mila,e 700. Liguri . Di più Rotari Rè de'Longobardi rouinò l'eſſercito Romano , ammazzandone ſette
mila. E da i Bologneſi , efsendo ſtato rotto l'
efercito de'Modeneſi , fù fatto prigionè Enzo
Rè di Sardegna,e figliuolo di Federico Secondo . Ritornando al fiume Panaro all'altra rina caminando verſo Tramontana ritrouaſi
Nouantola Caſtello, ou'è vno antico,e nobile
Monaſterio edificato da Anfelmo cognato di
Aſtolfo Rè de i Longobardi , il qual èra ſtato
digniſſimo Capitano di militia. Onde abban-
donando il mondo , ſi fece Capitano di mille
Monachi , dotando queſto luogo di molti beni , e poſseſſioni,ilche fù circa l'anno di noſtra
ſalute 780.Fù poi riſtorato dalla Cōteſsa Matilda , oue dimorano molti Monachi , li quali
(per quant'intendo) han giuriſdittione finó in
Spagna. Quì ſi conſerua il Corpo di S.Andria-
nò Papa,& vna parte del Corpo di S.Siluestro,
con molte altre ſante Reliquie. In oltre vi
ſon cuſtoditi alquanti libri antichiſſimi , frà i
quali è il pretioſo Breuiario della Conteſſa
Matilda .

Appreſso la via Emilia trà Bologna , e
Nouantola appare Sant'Agata Caſtello e-
dificato da Barbaroſsa Imperatòre . Più
auanti ſi ritroua Creualcore Caſtello , a-

H 2 uan-

uanti nominato Allegra cuore, oue due volte
fu rotto l'efercito di Bernabò Visconte Signor
di Milano. S'arriua poi à San Giouanni, Caftello molto producenole di formento, & d'-
altre biade. Alla deftra della Via Emília vedefi Caftiglione, e Caftel Franco lontano da
Bologna 15. miglia, & in quefto Territorio
nuouamente è ftato fabricato vna Fortezza
inefpugnabile da Vrbano Ottauo, con il qual
nome fi chiama il forte Vrbano. Qui vicino
era il Foro de' Galli, oue hebbero gloriofa vittoria Irtio, e Panfa Confoli Romani, combattendo con M. Antonio; mà effendo ftati fe-
riti i detti Confoli mortalmente nella battaglia, dopò tanta vittoria morirono nel medefimo luogo. Pofcia fi vede Piumaccio, Bazano,
e Crefpellano caftelli ameni, pofti fopra quei
piccioli colli alle radici dell'Apennino.

Alla finiftra della Via Emilia cinque miglia là Bologna vedefi il fiume Lauino, ilquale fcende dall'Apennino, e fpacca la Via Emilia. Sotto quefta via vn miglio v'entra vn ri-
uolo d'acque nominato Ghironda, per il qual
fi fcaricano alcuni luoghi paludofi, che fono
in quefto contorno, e congiunti ambidui, cioè
la Ghironda, & il Lauino, creano vna penifola à fomiglianza d'vn triangolo, hora nominato Fortelli, dalla via Emilia vn miglio dl-
fcofto, oue Ottauiano, M. Antonio, & M. Lepido partirono trà loro la Monarchia. Et au-
uenga, che hora quefto luogo fia penifola,
nondimeno pare pur, ch'altre volte foffe Ifola.
Congiuntifi amendui quefti fiumi, cioè la Ghironda, & il Lauino dopò poco corfo mettono capo nel fiume Samoggia, la qual porta

que-

PARA...

unti nominato Allegra cuore, oue due volte
fù rotto l'eſercito di Bernabò Viſconte Signor
di Milano. Sì ritua poû San Giouanni, Caſtello molto produceuole di formento, & d'
altre biade. Alla deſtra della Via Emilia vedeſi Caſtiglione, e Caſtel Franco lontano da
Bologna 12. miglia, & in queſto Territorio
longamente è ſtato fabricato vna Fortezza
forbitale da Vrbano Ottauo, con il qual
è chiamaſi forte Vrbano. Qui vicino
il Foro de' Galli, oue hebbero glorioſa vi-
la Trio, e Paula Conſoli Romani, con
ſegno con M. Antonio; ma e fiuuto ſcriſ-
ſidetti Conſoli merataente nella battaglia, dopo tanta vittoria moù tropo nel meſi-
ſmo. Poſcia ſi vede Piumaccio, Bazza-
capellano caſtellamenti, poſti ſopra qui
ſopra colli alle radici dell'Apennino,
Vlla ſinistra della Via Emilia cinque-
A Bologna vedeſi il fiume Lauino, loue
che dall'Apennino, e ſpacca la Via Emi-
nato Foreli, dalla via Emilia va migliolo
forſo, oue Ottauiano, M. Antonio, & M. L
ſpito partirono trà loro la Monarchia. Et a
ſenga, che hora queſto luogo ſia penſio-
monimano pare pur, ch'altre volte foſſe liuli
Congiunti ſi mendali queſti fiumi, cioè la Col
roma, & il Lauino dopò pocò corſo mеа-
no capоnd fiume Sanuoggia, la qual pεε-
que

BOLOGNA

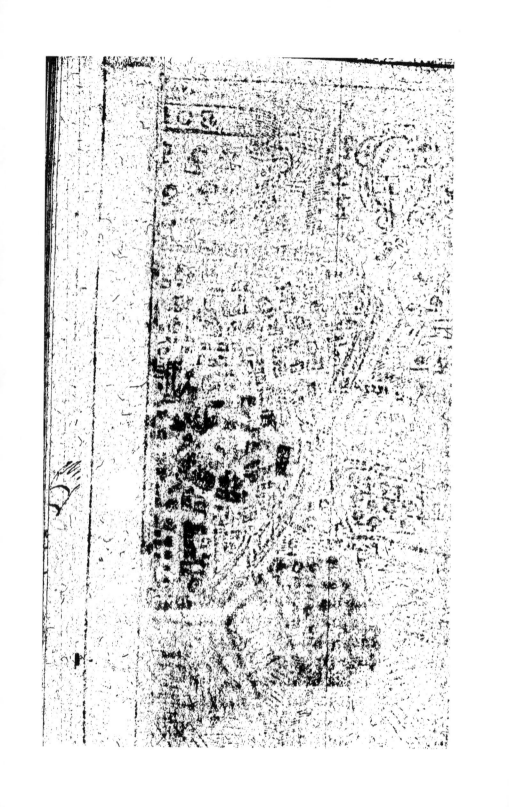

quest'acque nel Reno,il qual Reno sbocca nel Pò . Appresso Bologna incontrafi vn ponte di pietra longhissimo, il quale congiunge insieme amendue le riue. : e quiui à vn miglio sarai à Bologna.

BOLOGNA.

FV già capo Bologna delle 12. Città, che i Toscani possedeuano di là dall'Apennino,i quali essendo stati scacciati da'Galli, e poscia i Galli da'Romani ; fù fatta Colonia, hauendoui condotti ad habitare tre mila huomini. Doppo i Romani fù soggetta a'Greci, a'Longobardi, & all'Esarcato di Rauenna. Poscia si drizzò in libertà , sì come fecero l'altre Città di Lombardia , nel qual tempo si leuarono le maledette fattioni de i Lambertazzi , e de i Geremei, i quali al fine la condussero à gran miseria,e seruitù.Onde per tanti trauagli si raccomandarono al Pontefice Romano. Poscia à i Popoli Visconti,Bentiuogli, & al fine si ridussero sotto l'ombra dell'istesso Papa,ilquale hora la tiene con pace.

E posta questa Città alle radici dell'Apennino nel mezo della Via Emilia , riposta da Tolomeo nel sesto Clima , al grado 33. e mezo di lunghezza , e di larghezza circa li 44. Hauendo il detto Apennino dal Mezogiorno, dall'Oriente la via Emilia , ò la Romagna , dal Settentrione l'amena , e fertile camp gna per andar à Ferrara,& à Venetia.Fù dal principio fatta picciola città,secodo il cosueto molo de gli antichi,con due sole porte, vna verso Romagna , l'altra verso Lombardia . Poscia ne'Tempi di Gratiano Imperatore vi furono

aggiunte due altre porte ; e nella riftoratione ,
che fece San Petronio, (che fù dopò la rouina
fatta da Teodofio) vi furono fatte noue—
porte, (e fecondo altri 12.) oue hora fi veggono alcune baffe torri, detti i Turrofotti. Al-
fine allargata,come hora fi vede,furono ridotte le dette porte à 12. E fù tanto accrefciuta ,
che quefti anni paffati,effendo mifurata dentro
dalle mura,fù ritrouata effere d'ambito cinque
miglia , e di lunghezza due meno vn quarto, e
di larghezza oltre ad vno, cominciando dalla
porta di S.Mamniolo,e trafcorrendo alla porta
di Galliera .

E formata à fimiglianza d'vna naue , cioè
più lunga,che larga; dimoftrado da vn lato la
figura della prora,& dall'altro della poppa,&
hauendo nel mezo l'altiffima torre de gli Afi-
nelli, che rapprefenta l'albero ; la torre Gari-
fenda la fcala;e tante altre torri le farte, che—
riguardano ad effa. Non vi è fortezza alcuna
dentro à quefta città , anzi hà gettate per terra
quelle, che vi erano , contentandofi folamente
di vna muraglia di mattoni , che la circonda,
e confidandofi nel valore , e prudenza de'fuoi
Cittadini . Vi paffa vicino il fiume Sauona , e
per mezo di effa il Reno ; il quale correndo
verfo Ferrara, vi fi conducono fopra le barche
con molte mercantie .

Che Bologna fia abbondante delle cofe neceffarie per il viuere , è noto à tutti; Imperoche fi dice per prouerbio: Bologna graffa .
Q̀ì fi vedono belli , e larghi campi produce-
uoli non folo di frumento , legumi, e d'altre—
biade ; ma anco di vini d'ogni maniera de'migliori,che fiano Italia. Abbôda d'ogni genera-
tio-

·tione di frutti , particolarmente d'oliue tanto groffe , e dolci , che non cedono .punto à
quelle di Spagna,nè vi mancano luoghi da vccellare , e d'andar à caccia . E fe bene vi fono:
pochi laghi,nondimeno non vi manca mai pefce , perche ne vien copiofamente portato da
Comacchio, & da Argenta . Quiui fanno due
beccarie di carni delicatiffime , maffime di Vitelli,& le falciccie, ò falami non hanno pari in
tutto'l paefe.Fanno vna conferua di Cotogne ,
e di Zucchero chiamata gelo , degna d'effer
pofta alle tauole de'Rè. Si fanno etiandio,&
fi lauorano con grande artificio le vagine per
i coltelli di cuoio cotto , con belliffimi archibugi,e fiafche. V'è grand'abbondanza di feta,
della quale qui fi teffono rafi,ormefini,velluti,
& altri drappi in tanta copia, che non folamē-
te vanno per tutta Italia, ma ancora in Alemagna,& Inghilterra .

Si ritrouano in quefto Territorio molte
pietrazze , dalle quali fi cauano belle pietre
bianche,e tenere da lauorare, & da quefto terreno particolarmente fi raccoglie gran quantità di canape , e di lino. Verfo il Meriggio non
fi veggono,fe non colli,monti,bofchi,felue,pa-
ludi,e valli,ma da gli altri tre lati fono belli, e
larghi campi fertiliffimi. Non vi mancano minere d'allume,& di ferro,fontane d'acque fredde,e calde molto medicinali.

Se bene in quefta Città non è fe non vna
piazza , nondimeno è di tanta grandezza , che
fi può dire effer tre congiunte infieme . In mezo d'effa è vn'artificiofa Fontana di Marmo ,
ornata di ftatue di Metallo,dalla quale fcaturifcono chiariffime acque,& fù fatta con belliffi-

H 4   ma

architettura da Gio: Bologna Scultore Fiam-
mingo. Hà le strade dritte, larghe, e coperte di
portici, per le quali si può caminar d'ogni hora, imperoche non vi si sente l'ardor del Sole,
nè vi è pericolo d'esser bagnato dalla pioggia.
Ci è vn delitiosissimo Giardino de i Poeti, &
vn'altro de'Paselli. Appresso la Chiesa di San
Giacomo, oue si veggono per buon spatio luoghi dishabitati, era già vn regal palagio de i
Bentiuogli, mentr'erano Signori di Bologna;
la cui magnificenza,e maestà fù diligentemente
descritta dal Beroaldo.

E ornata di superbi, e vaghi edifici, tanto
per il culto diuino, quanto per il bisogno de i
Cittadini. Frà i quali è il nobilissimo palaggio
della Signoria, quello de i Campeggi, oue al
tempo di Giulio Terzo si radunaua il Concilio
de i popoli, Maluezzi, ne i quali può habitar
qualsiuoglia Prencipe. Il palagio, che stà in
faccia alla Chiesa di San Petronio, fù edificato da i Bolognesi per carcere d'Enzo Rè di
Sardegna,oue visse, e fù regalmente spesato del
publico 20. anni sin'alla morte. In oltre non è
città alcuna in Italia, oue le case de'Cittadini
siano più magnificamente addobbate,ch'in Bologna, le quali benche di fuora non habbiano
vista, di dentro è vn stupore à vederle così ben'
addobbate,e vi habitano in ogni tempo così di
sotto,come di sopra indifferentemente. Hàno le
cantine molto profonde,e basse,però poco danno gli posson far i terremoti. Veggonsi in essa
molte torri, e frà l'altre quella de gli Asinelli,
così detta, perche fù fabricata da vno di casa
Asinelli,e la Garisenda alquanto pendéte,nella
qual si scorge il grand'ingegno dell'architetto.

Quan-

Quanto à i principali Tempij di eſſa, vedeſi primieramente la Chieſa di San Pietro, ſeggio del Veſcouo, oue giacciono molti Cardinali, Veſcoui, & altri huomini letterati, & è adornata di molte Reliquie de' Santi, pitture, ſcolture, con altri ornamenti d'oro, e d'argento di grā valore. Quì ſtà l'Archidiacono ſuperiore à tutti, il quale deue far i dottori. Sopra la piazza vi è il gran Tempo dedicato à San Petronio Veſcouo, e protettore della Città, tanto grande, e magnifico, che ſi trouano poche Chieſe da paragonar'à queſta. Quì riceuè Carlo V. la Corona dell'Imperio da Clemente VII. C'è la nobil Chieſa di S. Franceſco fatta con grande artificio, oue ſtà ſepolto Aleſſandro V. Pontef. Maſſ. Bologneſe. Quì etiandio è ſepolto Odoffredo, & Accurſio lumi grandi delle leggi ciuili. Poſcia appare il magnifico Monaſterio di San Saluatore; & frà i più nobili, e ricchi di Monache ſi deue annouerar quello del Corpo di Chriſto, oue è ſepolta la Beata Catarina, che fù Monaca di quell'iſteſſo monaſterio, alla quale creſcono l'vnghie delle mani, e de' piedi, non altrimente, che ſe foſſe viua. I Padri Eremitani ſtanno nell'ornata Chieſa di S. Giacomo, ou'è quella bella Capella fatta da Giouanni Secondo Bentiuoglio: opera certamente da Rè. In queſta Chieſa è ſepolto il predetto Giouanni con molti altri ſuoi deſcendenti, con alcuni de i Maluezzi, & d'altri huomini illuſtri. Vi ſono parimente molte Reliquie de' Santi, riccamente ripoſte ſopra vn'Altare del Cardinal Poggio. Nella Chieſa di S. Martino de i Frati Carmelitani ripoſano l'oſſa di Beroaldo giouane, & Aleſſandro A-

H 5 chel-

chelini nobil Filofofo. I Frati de i Serui hanno vna ſtupenda Chieſa, nella quale appaiono le ſepolture di Giouanni d' Anania, & di
Lodouico Gozadino eccellentiſſimi Dottori di
Legge, & di Franceſco Bolognetto famoſo
Poeta. Vi è parimente la Chieſa di San Giouanni in Monte officiata da i Canonici Regolari di Sant' Agoſtino, nella quale ſi vede vna
Imagine di Santa Cecilia Vergine, e martire,
dipinta dal diuin Rafaello da Vrbino. Qui
ancora ſi conſeruano le ceneri della Beata Elena dall'Oglio, e vi è ſepolto Carlo Roino notabile Dottor di Legge. Sono ſtati quattro
Canonici di queſto Monaſterio Veſcoui di
Bologna.

E ſontuoſiſſima la Chieſa di S. Stefano Pro-
tomartire edificata da S. Petronio, doue ſi moſtrano infinite ſacre reliquie, e particolarmente le ceneri di S. Vitale, Agricola, e Petronio,
le quali furono portate qui dal detto ſanto Veſcouo. Nella Chieſa di S. Benedetto è cuſtodito
il Corpo di S. Proculo martire. Nel monaſterio
poi vedeſi la cella, nella quale Gratiano com-
poſe il Decretale.

Nella ſontuoſiſſima Chieſa di San Domenico vedeſi principalmente il Presbiterio, ò ſia
il Coro fatto da Fra Damiano Conuerſo da
Bergamo, nel quale è effigiato raramente il
Vecchio, e nuouo Teſtamento di comimiſſure
di legni. Qui giace Enzo Rè di Sardegna in
vna ſuperba ſepoltura. In oltra vi è ſepolto
Agoſtino Beroo, l'Ancarano, Saliceto, Calderi-
no, Tartagno, Liguano, Socino giouine, Hipo-
lito de Marſilij, Giouan'Andrea Imola, & Ludouico Bolognino, tutti principali, e famoſi
- Dot-

Dottori di Legge. Vi fono etiandio le ceneri
di Curtio, Ceccarello, Benedetto Vittorio dottiffimi Medici, con altri digniffimi Oratori. E
particolarmente vi è fepolto Giacomo Pietra
Melara famofo Medico, & ottimo Aftrologo,
nato della nobiliffima famiglia de i Vafi Frá-
cefe. Di più vedefi in quefta Chiefa il fepolcro
di Tadeo, & Giacomo Pepoli, i quali furono
Signori di Bologna. Nel Chioftro del Conuento in vna fepoltura appreffo la porta fono
fepolti tre famofi lumi delle leggi ciuili, cioè
Dino da Mugello, Cino da Piftoia, & Floriano da San Pietro.

All'altar maggiore fi veggono infinite Reliquie de'Santi, delle quali è il facro corpo di
San Domenico ripofto in vn ricchiffimo Tabernacolo, oue fono fcolpite più di 300. figure
d'oro, e d'argento. Pofcia vi è vna delle fa-
cratiffime fpine della pungente Corona del
Saluatore, cõ la Bibia fcritta dal profeta Efdra
in lingua Hebraica, in bianco cuoio. Giace il
corpo di effo Santo Patriarca, & inftitutor
dell'Ordine de'Predicatori in vna fepoltura di
candido marmo molto artificiofamente lauorata, & fcolpita da Giouan Pifano, & da vn'altro Giouanni, che fù perciò detto dall'arca. Il
gran Bonarota vi effigiò vn'Angelo, & San
Petronio. Oltra quefte vi è vna nobile Imagine di San Francefco di marmo. Le pareti di
quefta Capella fono di legni commeffi da Fra
Damiano fopradetto; taccio i candelieri; lampade, & altri ornamenti di gran valore.

Hà quefta Chiefa vn Conuento nobiliffimo,
e fontuofiffimo, oue fi veggono molti chic-
ftri, e Dormitorij per i Frati, vn grandiffimo

Refettorio eccellentemente dipinto,& vna cã-
tina, che fi può annouerare trà le più grandi d'
Italia. Vi è parimente vn Cemeterio,doue fi fe-
pelifcono i Frati,trà i quali vi fono molti Beati. Quì è l'Inquifitione , & vna eccellēte Librã-
ria,à cui credo nō ritrouafi alcuna fuperiore,nè
fórfe vguale,tenuta con gran diligenza dı qnei
Padri,i quali di continuo la vãno accrefcendo.
Habitano in quefto Conuento cento cinquanta Religiofi, oue tengono il publico Studio delle Scienze . Laonde hà dato alla luce
Pontefici , Cardinali, Vefcoui , & Padri molto
famofi in lettere , & in fantità. De i quali fù S.
Pietro Martire ; S. Raimondo, ilquale è ftato
nouamente canonizato da Clemente VIII. il
B. Bartolomeo Arciuefcouo d'Armenia , Giacomo Boncambio,che fù Vefcouo di Bologna,
Coradino Ariofto, Beati Girolamo Sauonaro-
la , & Egidio Fofcari Vefcouo di Modena, ilquale nel Concilio di Trento fi portò molto
prudentemente, e dottamente.
Il primo Vefcouo, che hebbe la Chiefa di
Bologna fù San Zamà , ilquale etiandio vi cominciò à predicar la Fede di Chrifto , che fù
nel 270. effendo Pont. Rom. Dionifio. Pofcia
fono feguiti altri 71. Vefcoui di molta dottrina , e fantità fino al prefente, frà quali è ftato
il Card. Paleotto , huomo non folamente ben
letterato , ma molto religiofo , e graue . Trà
quefti Vefcoui,noue fono ftati canonizati Santi,& due tenuti per Beati.
In oltre da quefta così eccellente patria fono vfciti fei Martiri, 13. Confeffori, 14. Beati ,
7. Beate. Vi fono 179. Chiefe,cioè 33. per le
compagnie de i Laici, 3. Abbatie, 2. Prepofi-
ture,

ture, 2. de' Preti Regolari, 24. de' Frati, e Monachi, 23. Monasteri di Monache, 10. Hospedali, 5. Priorati. Hà due Chiese collegiate, S. Petronio, e Santa Maria Maggiore; della quale trattarò descriuendo il Territorio di Bologna. Il Duomo è consegrato à San Pietro, il cui Vescouo hà titolo di Prencipe con vna grossa entrata. Hà molte altre Chiese, che sono, ò Parochie, ò Oratorij.

Fù posto lo studio generale in Bologna, comè dicono, da Theodosio Imperatore nell' anno di nostra salute 425. Doppò fù molto ampliato da Carlo Magno, & da Lotario Imperadori. Il primo, che in questo Studio interpretasse publicamente le leggi ciuili, fù Irnerio, il quale vi fù condotto da Lotario sopradetto. Però è da credere, che da principio, e sempre, sia stato famosissimo Studio. Dal che sono vsciti molti sapientissimi huomini in ogni scienza. Trà i quali fù Girolamo Osorio, ilquale venne à Bologna, hauendo inteso che vi si trouaua il più famoso studio di tutt' Italia. Non è dunque merauiglia, che sia frequentata da tanti studenti, perche veramente par, che le scienze tutte v' habbiano la sua propria residenza. Quì hà letto Giouan Andrea splendor delle leggi Canoniche, & Azone fonte delle leggi Ciuili, nel cui tempo furono annouerati in questa Città dieci mila studenti. Quì fù creato Dottore Bartolo. Accursio quì fece la Glosa, & come disse Azone; Legalium studiorum semper Monarchiam tenuit Bononia. Quindi è, che Gregorio IX. indrizzò le sue Decretali allo Studio di Bologna. Bonifacio VIII. il Sesto, & Giouanni XXIII.

XXIII. il libro delle Clementine.

La fabrica dello ſtudio è molto ſuperba con Sale,e corti grandiſſime. In queſta Citta ſono molti Collegij, & trà gli altri ve n'è vno per i Spagnuoli, fondatoui del Cardinale Egidio Carella;vn'altro per i Marchiani,fatto da Siſto V.vn'altro ancora per gli Oltramontani, & Piemonteſi drizzatoſi dall'Ancorano. E per dir in vna parola le ſue lodi, è vn' Academia feliciſſima, & meritamente le ſi conuiene quello,che da tutti vien detto : Bononia docet , & Bononia mater Studiorum.

L'anime di queſta Città arriuano al numero quaſi di ottanta mila,& vi ſi ritrouano nobiliſſime famiglie,con molti titolati,cioè Duchi, Marcheſi, Conti, & Capitani di militia, oltra infiniti huomini letterati.

Sono vſciti da queſta Città cinque Sommi Pontefici, cioè Honorio II.Lucio II. Aleſſandro V. Gregorio XIII. & Innocentio IX. otto Cardinali, cento, e più Veſcoui, con molti digniſſimi Prelati della Corte Romana, & altreſì ne viuono al preſente molti, i quali per eſſer noti ad ogn'vno, tralaſcio.

Quanto alle ricchezze, ſono grãdi,& egualmente diuerſe frà i Cittadini. Di quì è, che ſempre s'è mantenuta in gran riputatione. Combattè con Federico Barbaroſſa, & fece prigione Enzo ſuo figliuolo, il quale tenne prigioue 12. anni, molto ſplendidamente trattandolo. Soggiogò più d'vna volta Forlì, Imola, Faenza, Ceſena, Ceruia, e molti luoghi del Modoneſe. Mantenne glorioſamente la guerra con i Venetiani trè anni continui, con vn'eſſercito di 40.mila ſoldati. Et hauuto alcune famiglie

tan-

tanto potenti, effendo ſtato ſcacciato Lombar-
tazzi con tutt'i ſuoi ſeguaci da Cologna nel
1274. dicono, che frà huomini, donne, e ſerui-
tori, arriuarono à 15. mila perſone.

Borghi di Bologna.

FVor di Bologna vers'Occidente a piè del
monte v'è la Chieſa di S. Gioſeffo de'Frati de i Serui, & il Monaſterio de i Certoſini. Sù
la cima del monte della Guardia, trè miglia
diſcoſto da Bologna, vi è riuerita vn'Imagine della Beata Vergine dipinta da San Luca.
Fuor della porta verſo la via Emilia, vi è vn
nobiliſſimo Monaſterio de i Padri Crocicchieri, & all'altra porta verſo il Meriggio la Chieſa della Miſericordia, doue dimorano i Reuerendi Frati di Sant'Agoſtino. Fuor della porta
di San Mammolo vi è vn Monaſterio de'Frati
Geſuati, & più auanti vn ſontuoſo conuento
de i Padri Zoccolanti. Poi ſopra il colle è la
miracoloſa Madonna del Manto, Chieſa de'
Monaci Benedittini, oue ſi vede l'effigie naturale del Cardinal Beſſarione, & di Nicolò
Perotto.

Vers'Oriente vedeſi la Chieſa di San Vittore poſta trà i colli, oue Bartolo famoſiſſimo
Dottore dimorò tre anni quaſi incognito. Qui
appreſſo vedeſi vn ſontuoſo palagio del Cardinal Vaſtauillani con molti altri d'altri Signori.

Vedeſi etiandio fuor della città San Michele in boſco poſto ſopra il monte, oue è vn ricco, e ſuperbo Monaſtero. La Chieſa è ornata
di

di belliſſime colonne, ſtatue, & altre ſcolture
di marmo. Vi ſono gli altari molto ſontuoſi
con rare pitture. Il Presbiterio, ò Choro è effigiato con commiſſure di varij legni tanto arti-
ficioſamente compoſti, che paiono pitture
fatte co'l pennello, oue ſi diſcernono caſtelli,
torri, alberi, animali, campi, paeſi, monti, prati
verdeggianti, & etiandio i minutiſſimi fiori. La
Sacreſtia è coſa notabile. Nel Monaſterio vi è
vna belliſſima libraria, & vn Refettorio, oue ſi
veggono belliſſime pitture fatte da Giorgio
Vaſari, & frà l'altre il ritratto di Clemente
VII. Nel chioſtro ſtà ſepolto Antonio di Butrio famoſo Dottore di Legge, & Ramazzot-
to valoroſo Capitan di militia.

Di più, gli appartamenti di queſto Conué-
to, e tutte l'altre ſtanze ſono fatte con grande
architettura, e beniſſimo addobbate. In oltra vi
ſono giardini delitioſiſſimi, oue da ogni parte
ſi ſente il mormorio dell'acque, le quali ſcor-
rono per diuerſe parti.

Da queſto Monaſterio ſi vede, oltra la città,
e Territorio di Bologna, l'ameniſſimo paeſe
di Lombardia táto lodato dà Polib. nel 1. lib.
dell'hiſtorie, e quella gran pianura di forma
triangolare, della quale habbiamo parlato di
ſopra. Quindi ſi ſcorgono i neuoſi gioghi dell'
Alpi, che paiono nuuole: il mare Adriatico, e
la bocca del Pò, il quale entra nel mare con
molti rami; vedeſi etiandio Mantoua, Ferrara,
Imola, la Mirandola, & altri luoghi circon-
ſtanti, li quali piaono tante belle roſe, e fiori
ſparſi per quei campi.

Ter-

Territorio di Bologna.

Caminando fuor di Bologna trà l'Occidente, e'l mezo giorno, doppo il Monasterio de i Serui, e Certosini, e gl'altri detti di sopra, ritrouasi l'antichissimo Monasterio, ò sia Priorato di Santa Maria del Reno, dal qual sono vsciti doi Pontefici, con molti Cardinali, Vescoui, e Santi, come si può vedere nell'historia de'Canonici Regolari di S. Saluadore. Poscia riuolgendosi a man manca al monte Apenino, e seguitando le radici di quello, hauendo a man destra il fiume Reno, incontrasi nel ponte di Casalecchio. Più oltra a man sinistra del Reno vedesi la Chiesa, ch'è vna grossa muraglia trauersata nel Reno, congiungendo amendue le ripe per ridur l'acque, anzi per sforzarle à passar per vn cupo canale (artificiosamente canato) a Bologna per riuolgere diuerse machine, e stromenti, tanto per macinar il grano, quanto per far vasi di rame, arme da battaglia, tritar le spetie, e la galla, filar la seta, brunir arme, e dar'il taglio a diuersi stromenti, segar tauole, far la carta, con altri mestieri, & al fine portar le barche à Mal' albergo, e quindi à Ferrara sopra il Pò. Più auanti s'entra nella Valle di Reno posta frà'l detto fiume, & i monti, laqual'è molto bella, vaga, e fertile di formento, e d'altre biade, e di finissimi vini, e parimente di frutti d'ogni maniera. Seguitando il viaggio per questa nobil valle, appare il magnifico palagio de'Rossi, certamente palagio da poter alloggiar vn'Imperatore, sì per la sontuosità, come

an-

anco per le delitie . In quefti luoghi fi dimoftra il Saffo di Glofina, contrada ; ma auanti ,
che fi fcenda alla contrada , paffafi fott'vn'altiffima rupe col ferro sfaldata,accioche fi poteffe continuar la via fopra la riua del Reno, che
è cofa molto fpauētofa; vedefi alla finiftra vna
grandiffima profondità , per la quale corre l'
acqua del Reno, Vedefi pofcia il caftello del
Vefcouo contrada, e Panico, poffeduto lungamente dalla nobil famiglia di Panico, la qual
al prefente è eftinta affatto. Più auanti ritrouafi vna bella pianura,detta Milano, oue fi fcorgono alcuni veftigij d'edifici,e d'altre antichità. Seguitando il camino s'arriua al Vergato,
cōtrada,feggio del capitano,che hà da far giuftitia à gli habitatori de'luoghi conuicini, & è
lontano quefto luogo da Bologna 15. miglia.
Quindi caminando verfo la man finiftra vedefi Cefio,Bargi,& Caftiglione, caftelli de'Sign.
Pepoli,e poco lontano di qui fono i confini del
Territorio de'Fiorentini. Ma caminando lungo la riua del Reno à man deftra veggonfi i
bagni della Porretta , oue efcono l'acque calde molto medicineuoli in gran copia del faffo,
la virtù delle quali è manifefta ad ogn'vno ,
cōciofiacofa,che per prouerbio fi dice; Chi beue l'acqua della Porretta,ò che lo fpazza,ò che
lo netta. Pigliando la ftrada,che è à mā deftra,
fi entra nella Graffignana , e di quì fi và nel
Territorio di Modena , del quale s'è diffufamente parlato di fopra.
   Ritornando à Bologna, dico, che vfcendo
fuor della porta Galliera per andar à Ferrara,
ò per vedere i luoghi Mediterranei , che fono
verfo Settentrione , tre miglia difcofto dalla
                                           cit-

città vi è Corticella contrada. Poscia passando
il ponte, che è sopra il Reno, & caminando per
la dritta strada , appare San Giorgio castello
dieci miglia da Bologna discosto . Quindi caminando oltra per buon spatio , lasciando il
castello di Cento, e di Pieue alla sinistra, si vede
Poggio de i Lambertini , nobile famiglia di
Bologna. Qui si veggono ancora i vestigij, que
il fiume Reno già correua , e sboccaua nelle valli , il qual fiume hora sbocca dall'altra
parte vers'Occidente nel Pò. Volendo andar à
Ferrara , bisogna caminar sempre dritto da
Poggio.

A man destra della predetta strada frà Settentrione, e l'Oriente, seguitando il canale, si
ritroua Bentiuoglio molto famoso palagio posto in fortezza con vna torre. Quindi nauigando per il Canal sopradetto, si passa Mal'albergo hosteria infame di nome, e di fatti. Quiui
comincia la Palude, e nauigando per il detto
canale con alcune barchette, che si chiamano
Sandali, si và al Bottifredi, che è vna tauerna,
e quindi alla Torre nella fossa posta sopra la
riua del Pò; vicino à Ferrara quattro miglia à
man destra di questo Canale stà Minerbo contrada, & più oltra il ciuil castello di Butrio ,
dalquale si caua grand'abbondanza di canape,
ch'è in tanta estimatione à Venetia per fornire
i legni loro , che reputano tenere il primato
sopra tutti gli altri canapi (eccetto di Cento , e
della Pieue) per il buon neruo, e fortezza sua.
Appresso la via Emilia vers'Oriente vi è Mo-
linella palagio de i Volti Bolognesi ;
Medicina castello , e la Riccardina contrada ; frà questi luoghi fù fatta quell'aspra
Bat-

Battaglia frà l'efercito di Bartolomeo Coglio-
ne, e quello di Galeazzo Sforza figliuolo del
Duca Francefco, oue reftò vincitore il detto
Bartolomeo Coglione. Quì vicino è la Valle d'
Argenta, e più auanti Caftel Guelfo della no-
bile famiglia de' Maluezzi. Pofcia s'entra nel
Territorio d'Imola.

Caminando verfo Romagna per la via E-
milia cinque miglia difcofto da Bologna, fi ritrouano à mano deftra ameniffimi colli, ornati
di giardini, d'alberi fruttiferi, e di Palaggi.
Scopronfi etiandio intorno bofchetti di Ginepri molto agiati da vccellare fecodo le ftagioni. Quefti colli producono dolci, e groffe oliue
delle migliori, che fiano in Italia, e niente inferiori à quelle di Spagna. Appreffo quefti colli vi è la ftrada, che và in Tofcana, & à Fiorenza. Seguitando la via Emilia, fi giunge al
fiume Sauona, fopra il quale fi paffa per vn
lungo, e bello ponte di pietra cotta, e più oltra
fi vede la ftrada diuifa dal fiume Lidife, Idex
da i Latini nominato, oue fi fcorgono le rouine d'vn lungo ponte di pietra, che congiun-
geua detta via, già fabricato dalla Conteffa
Matilda. Alla deftra appaiono le radici del
Monte Appennino, con alcuni colli ornati di
contrade, e Ville. Alla finiftra poi è vna buoniffima, e fertile pianura, e finalmente vi è la
ftrada per Ferrara. Appreffo la via Emilia fcor
gonfi i veftigij dell'antica Città di Quaterna,
ò fia Cliterna, oue adeffo fi veggono per li
campi lauorati alcuni rottami di pietre cotte
co'l terreno negro. Fù rouinata quefta Città
da i Bolognefi dopo lunghe Battaglie, correndo l'anno di noftra falute 58. Dall'altro lato
v'è

v'è Butrio castello. Dopò dieci miglia ritrouasi il fiume Silero, che scende dall'Apennino, e passando per la via Emilia, mette poi capo nella Padusa palude, oue è vn ponte di pietra, che congiunge insieme amendue le riue di quello. Vedesi appresso Castel San Pietro edificato da i Bolognesi, ou'è grande abbondanza di formento, e d'altre biade, di lino, e d'assai frutti, e cauasi gran guadagno del guado. Alla destra del Silero sopra il colle, che riguarda alla via Emilia, vi è Dozza castello ornato di titolo di Contea, il dominio del quale tiene la nobilissima famiglia de i Campeggi di Bologna. Poscia si ritroua Paradello Connento de i Reuerendi Frati del terzo Ordine di S. Francesco, fatto con mirabil spesa, & artificio da Papa Giulio II. Di quì à Imola v'è solamente vn miglio.

Hauendo visto tutto il Territorio di Bologna, resta solamente à descriuere il numero dell'anime, le quali gli anni passati furono ritrouate ester 128425. il qual numero aggiungendo à quell'anime, che si ritrouano nella città, e ne i Borghi, che (come habbiamo detto di sopra) sono 80. mila, trouaremo, che Bologna co'Borghi, & il Territorio caua 207792. anime, cioè ducento, e sette mila settecento, nouanta sette.

Viaggio da Bologna à Fiorenza, Siena, e Roma.

PEr andar à Fiorenza da Bologna, si và trà l'Oriente, e'l mezo giorno per la porta di

di San Stefano, e ſi camina per vn'ameniſſima
campagna ornata di delitioſi colli. Oue, come
dicemmo di ſopra, fanno à gara Cerere, Pomona,e Bacco,e paſſati dieci miglia, ſi ritroua
Pianoro contrada piena di hoſterie. Epiù oltre ritrouaſi Loiano negli aſpri monti. Salen-
do più auanti, ſi giunge à Scarca l'aſino, talmente detto per l'aſprezza del monte, alquale
diede gran nome Ramacciotto, huomo molto
prode nella militia. Vedeſi poi Pietra Mala, e
più à baſſo frà i monti Fiorenzuola nuoua caſtello edificato dal popolo Fiorentino. Quindi
paſſato il fiume, s'aſcende alla ſommità del
monte Apennino, laſciando alla man ſiniſtra
vna profonda Valle, laquale al viandante to-
glie la viſta, ſe la riguarda, e così facendolo
vacillare, è pericolo,che non caſchi à baſſo,e
queſt'aſceſa è lunga tre miglia per vna ſtrada
ſtretta, e faticoſa, doue non ſi troua alcun ripoſo, ſe non ſù la cima del monte, che v'è vna
picciola hoſteria.Scendendo da queſto,ſi troua
Scarperia caſtello,così detto per eſſer edificato
alla ſcarpa del colle, e dell'Apennino, oue appaiono i piaceuoli, & ameni luoghi di Toſcana. Finalmente hauendo fatte 50. miglia da
Bologna,ſi ritroua Fiorenza.

FIORENZA.

Florenza non ſi può gloriare d'eſſer molto antica, imperoche fù fondata poco a-
uanti al Triumuirato.Diuerſe ſono l'opinioni
circa l'edificatione d'eſſa. Alcuni vogliono,
che foſſe edificata da i Fieſolani, i quali conſiderando la difficoltà, & aſprezza del monte,
nel-

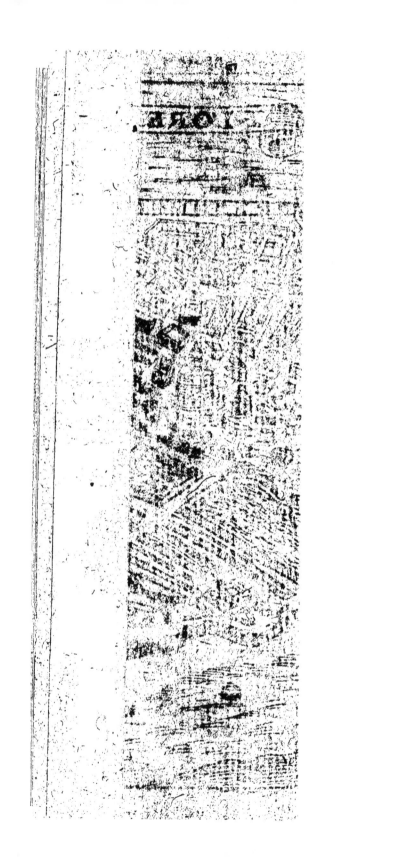

nel quale era Fiefole , rincrefcendogli il de-
fcendere, e lo afcendere, à poco à poco abbandonata Fiefole,fabricorno l'habitationi nella
foggetta pianura appreffo la riua dell'Arno .
Altri dicono da i Fluentini,i quali habitauano
in quefti luoghi. Quanto al nome,fù chiamata
Fiorenza , ò fofse per la tanta felicità,che così
prefto ottenne à fomiglianza del fiore , che
prefto crefce in bellezza, ò perche fuffe dedotta Colonia da Roma , ch'era fiore di tutto il
mondo. Quefta città è edificata in vna pianura,& è fpaccata dall'Arno in due parti. E cinta dall'Oriente , e Settentrione , à fomiglianza
d'vn mezo teatro,d'ameni colli , tutti veftiti di
fruttiferi alberi; e dall'Occidente hà vna gratiofa pianura , che fi ftende 40. miglia in larghezza , efsendo pofta frà Arezzo, e Pifa. Et è
afficurata da più braccia dell'Apennino contra gl'impeti de'nemici . E di circuito cinque
miglia,e di forma più tofto lunga,che circolare. Hebbe già le mura attorno, & otto porte ,
delle quali quattro erano le principali,e l'altre
quattro erano pofterle. Dentro à quefta città
erano 6 2. torri habitate da gentilhuomini. Fù
poi rouinata in gran parte da Totila Rè de i
Gotti, e fimilmente vccifi alcuni cittadini. Furono poi rouinate le mura di quella da i Fie-
folani, e da'Barbari. Laonde efsendo i Cittadini di quefta città così trauagliati , abbando-
nandola,fi ridufsero a'circoftanti caftelli.E così rimafe totalmente priua d'habitatori infino
all'anno 80 2. dal nafcimento del Figliuolo di
Dio ; nel quale ritornando Carlo Magno da
Roma coronato Imperatore per paffare in
Francia, e fermandofi quiui alquanti giorni,
ag-

aggradendogli il luogo, fece dar principio alle mura, molto aggrandedola,oue furno drizzate 150. torri alte più, che braccia 100. &
commandò, che douessero ritornare ad habi-
tarui tutti i cittadini disperfi in quà, & in là.
Sempre poi accrebbero più i Fiorentini gouer-
nandofi in libertà. E ftata fpeffo anche tribolata quefta città per le fcelerate fattioni de'Negri, e de'Bianchi,de'Guelfi,e Gibbellini.
Fù anticamente tale il fuo gouerno. Crea-
uano due Confoli per vn'anno, dandogli vn_
Senato di cento Padri,huomini Sauij. Poi fù
mutato queft'ordine, & eletti dieci Cittadini,
dimandādogli Antiani. Fù mutato poi l'ordine di quefto magiftrato più,e più volte, perche
molte volte contendeuano i Gentilhuomini
con i Cittadini,& i Cittadini con la plebe. Effendo i Cittadini di éffa di grande ingegno, di
grand'animo,hanno fempre accumulato gra_
ricchezze,laonde è ftata molte volte tribolata,
perche l'vno non voleua cedere all' altro.
Soggiogò molte Città di Tofcana, di Romagna, e particolarmente Pifa,che era molto potente Republica in Italia. Al prefente è fotto
vn Prencipe folo.
Hà l'aria molto fottile, e buona,laonde genera gli huomini di grande ingegno. E fpaccata dall'antedetto Arno, come habbiamo già
detto, fopra il quale fono quattro magnifici
ponti per paffar dall'vn'all'altra parte. E molto ricca, & abbondante di tutte le cofe neceffarie, sì perch'è cinta d'ogn' intorno d'alti
monti,ameni colli,& hà vna larga pianura, e
di più hà'l fiume nauigabile, sì anco per efferui la corte del Prencipe, ilquale hà grand Im-

perio, e quel,che più importa,ftà quafi in mezo
d'Italia, & hà il popolo tanto induftriofo , che
non è Città mercantile in Europa,doue non vi
dimori qualche mercadante Fiorentino. Però
non fenza ragione folea dire Papa Bonifacio
XI.che i Fiorentini erano il 5. Elemēto.E perche non è alcuna Città in Europa (eccetto Roma) della quale fiano vfciti più Architetti,pit-
tori,e fcultori,quāto quefta, di quì è,che hà tāti palagi,tanti Tempij, tante pitture, tante ftatue,tant'opre marauigliofe.Vedefi il regal palazzo del Duca,doue è vn mirabile Cortile ornato di belliffime pitture , nelle quali fono dipinti li egregij fatti di Cofmo gran Duca , &
tutti i luoghi foggetti à quefto Ducato .

Sopra la piazza di quefto regal palagio fcor-
refi vna belliffima fontana , dalla quale fcaturifcono chiariffime acque. E fuperbo ancora il
palazzo de'Pitti, doue ftà il Prencipe con vn
bel giardino,ripieno di fontane, e di bofchetti,
ch'ella è cofa da far marauigliar'ogn'vno. Ritrouanfi anco li ferragli,doue S.A.tiene tutte le
forti d'Animali faluatichi,come Orfi,Lupi,Ti-
gri,e fimili, tutti con la fua ftanza feparatamē-
te, vna fpetie dall'altra, e vi concorrono molti
forestieri per veder quefte cofe,le quali fono tenute con sì bell'ordine , che recano ftupore à
chi le vedono. Vi è ancora vn corritore coperto,per il quale và fegretamente all'altro palazzo. Nel quale fi vede allo fcoperto vna marauigliofa ftatua di Perfeo,fatta di metallo.

Appreffo la **Chiefa** della Santiffima Trinità
vi è drizzata vna colonna di fmifurata grandezza, & altezza , nella cui fommità è pofta la
Giuftitia,la qual colonna fece drizzare Cofmo
I gran

gran Duca, al quale caminando à spasso per
la città, fù in quel luogo data la nuoua della
vittoria, la quale ottenne il Marchese di Marignano sù i'confini di Siena contra Pietro
Strozzi, nel 1555. Appaiono etiandio in quà
& in là, per quella, larghe, lunghe, e
dritte strade di belle pietre silicate, e palazzi molto vaghi, talmente, che meritamente
hà ottenuto il nome di Fiorenza bella. Chi si
diletta di disegni, di architettura, ò scolture
ò pitture, vadi à veder i Tempij di questa Città, dei quali chi ne volesse descriuere il tutto
bisognarebbe scriuerne i volumi; imperòch
sono tanti, e tali, che ella è cosa da far mara
uigliar ogni grande ingegno. Dirò nondi
meno del marauiglioso Tempio di Santa Maria del Fiore, oue stà sepolto il Ficino, con la
sua effiggie di marmo, e similmente Giotto, eccellentissimo Pittore, & Architetto, oue si
legge vh'Epitaffio postoni dal Politiani. Veggonsi etiandio i dodeci Apostoli in marmo fatti da i più ecellenti scultori di quell'età. E
quella stupenda cupula tanto artificiosamente
fatta da Francesco Brunellesco, ornata di bell
pitture fatte dal Vasari, e dal Zuccaro famosi pittori. Vicino à questo Tempio apparc
quella bellissima Torre delle Campane, tutt
fabricata di belle pietre di marmo, & ornat
di molte statue, le quali furono fatte da quei e
gregij scultori à gara vn dell'altro. E poi poco discosto si dimostra il Battisterio, fatto d
forma rotonda, che fù già vn'antichissimo tem
pio di Marte, ou'è il superbo vaso di pretio
pietre, nel quale si battezzano i fanciulli. Le c
porte sono di metallo con tanto artificio co

dot-

dotte da Lorenzo Gilberti Fiorentino, che giudica ciafcuno di qualch'ingegno, che non fi
poffono ritrouar in tutt'Europa fimili. Giace
in queft'ornato Tempio Baldaffar Coffa già
Pontefice Romano (depofto del Papato nel
Concilio di Coftanza) in vn'artificiofo fepolcro di metallo, fatto dal Donatello, con la fua
effigie, & in quefte lettere. Balthaffar Cóffa,
olim Ioannes Vigefim uftertius.

Euui poi il nobile Tempio di S. Maria nouella dell'ordine de'Predicatori d'aggua glia-
re à gl'altri ecellenti Tempij d'Italia per la
marauigliofa ftruttura, ch'in efso fi ritroua.
La qual Michiel'Angelo foleua chiamare la
fua Venere. Qui frà l'altre opere egregie, che
vi fono, vedefi la fepoltura del Patriarca di
Coftatinopoli,quafe fi fottofcrifse al Concilio,
che fù celebrato fotto Eugenio IV. e viueua
nel Conuento de i Padri Predicatori, i quali
vi dimorano in gran numero. Oltra gli eccellenti, e dotti Padri, che al prefente viuono, ne
fono vfciti a i tempi pafsati doi Cardinali, 48.
Vefcoui, e fei Beati. A quefto è congiunto il
fontuofo Monafterio, per i Frati. In quefto
conuento fi faceuano le feffioni del Concilio
generale, prefente la Chiefa Latina, e Greca.
Il Pontefice, e l'Imperatore, oltra quattro Patriarchi. Che dirò della fontuofa Chiefa di San
Lorenzo edificata da Cofmo Medici? Oue in
mezo la Chiefa è la fua fepoltura con quefto
Epitaffio: Decreto publico Patri Patriæ: con
altre magnifiche fepolture, non folamente di
pretiofi marmi, ornate di metallo, mà anche
con grand'arte,e magifterio lauorate,maffima-
mente dal Buonaroti,ftà altresì in quefto tepio

vna superba capella con vna sontuosa libraria fatta da Clem. VIII. Pont. Rom. oue veggonsi nobilissimi, e rarissimi libri, così Greci,
come Latini. Vedesi in oltra la Chiesa di S.
Croce dei Frati Conuentuali, oue è vn bellissimo pulpito trà quanti ne sono in Italia, & insieme la sontuosa sepoltura di Lunardo Aretino. In questa Chiesa etiandio è sepolto Michiel'Angelo Bonarota in vna ammirabile sepoltura, oue si veggono tre bellissime statue di
marmo, denotando, che lui fosse raro trà i pittori, scultori, & Architteti. Quì si vede vn bellissimo organo fatto fare da Cosmo Gran D.
la cui manifattura solamente è costata 4000.
scudi. Che dirò della Chiesa di S. Spirito, fatta
con tant'osseruanza d'architettura, & ornata
di tante grosse, e lunghe colonne di pietra,
gouernata da i Frati Eremitani? oue si vede
quel bel Chiostro dipinto da i Greci, auanti
che gl'Italiani hauessero alcuna cognitione
del pennello. E che dirò della vaga fabrica
del Monasterio di San Marco de i Frati di San
Domenico? Nella qual Chiesa si vede vna
sontuosa cappella de i Signori Saluiati, oue è
la sepoltura di Sant'Antonino Arciuescouo di
Fiorenze, ornata di bellissime statue di marmo,
oue parimente si legge l'Epitaffio di Giouanni
Pico, il quale fù vnico, e raro ingegno, se
bene il suo sepolcro è nel conuento de'
Frati.

Ioannes iacet hìc Mirandula, cætera norunt,
Et Tagus, & Ganges forsan, & Antipodes.

　　Dimorano nel conuento molti Frati, & vi è
vna singolar libraria piena di rari, e pretiosi libri latini, e Greci. Vedesi poi il Tepio dell'An-

nonciáta , al quale da ogni ftagione concorrono i popoli per hauere ottenute gratie da Dio , à preghi della fua dolciffima Madre sempre Vargine Maria ; è molto magnifico Tempio , e ripieno d'ornamento d'oro , d'argento , di ftatue, gioie, & altri ricchiffimi doni quanto qualfivoglia altro luogo d'Italia , eccetto la Madonna di Loreto . E cuftodito poi,& vfficiato da i Reuerendi Frati de i Serui con molta Religione,i quali v'hanno vn fontuofo Monafterio ornato d'eccellentiffime Pirture, fatte particolarmente dal Poffo, & altresì v'hanno vn nobiliffimo ftudio per dotti , e scientiati PP. che vi leggono . Altri affai bei tempij fi veggono per la Città, che farei molto lungo à rimembrarli. Dirò folamente,che ancora fono in piedi i Tempij , che fece fondar Carlo Magno , e quefti fono S. Maria in Campo,S.Pietro Scaraggio,Santi Apoftoli, doue ancora fi vede fcolpita la fua effigie naturale . Tacerò l'Hofpidal de'poueri fanciullini efpofti,con altri fimili luoghi pij, de i quali diconfi efferne 37. E parimente ritrouanfi quiui 44. Parochie , computandoui 12. Priorati, 54. Monafterij di Monache, e di Frati, Confraterne de'fanciulli , fenza le compagnie d' gli huomini , che fono in grandiffimo numero . Laonde e dalle cofe fopradette, & anco per effere infiniti Frati in quefta Città in ogni regola, fi può argomentare , che i Fiorentini fiano più inclinati alla Religione,che altra gente d'Italia.

Sono vfciti di quefta nobiliffima Patria affai eccelléti ingegni che hanno dato nõ folamẽte nome à quella, ma altresì à tutta l'Italia , de'

I 3   qua-

quali alquanti ne nominerò, cioè Sant' Antonino Arciuefcouo di Fioréza,S.Giouan Gualberto; Sant' Andrea Carmelitano ; S. Filippo
de i Serui, & altri , i quali , ò hanno inftituite
le religioni,ò l'hanno riformate. In oltre fono
vfciti da queft'Inclita Città quattro Pontefici, trè della Sereniffima famiglia de'Medici,
cioè Leon X. Clemente VII. e Leon XI. il
quale infieme con Clemente VIII. di cafa
Aldobrandini, è ftato a'tempi noftri. Hà e-
tiandio quefta Città partorito molti Cardinali, Vefcoui,e altri Prelati della Corre di Roma
in infinito numero. Sono vfciti anche di quà
molti fingolari Capitani di militia , trà i quali
fù Pietro Strozzi gran Marefcial di Francia .
Nelle lettere poi eccellentiffimi fono ftati infiniti,de i quali farò mentione, Dante, Petrarca , Boccaccio , Caualcante , Beniuieni, Politiano, Crinito , Ficino , Palmerio , Paffauan-
ti , Dino dal Garbo Medico,Accurfio Gloffa-
tore; Lione,Batt. Alberti, Faccio de gli Vber-
ti , Vittoria Donato Acciaiuolo ; perche. hò
fatto memoria d'alcuni artefici per fpedirla
in poche parole; dirò, che da Fiorenza fono
vfciti più Pittori, fcultori , & architetti, che
di tutt'Italia , le quali arti fi poffono dire effere
loro proprie , e connaturali. Laonde vi fono due famofe Academie , vna della Pittura ,
l'altra della lingua volgare, della qual profeffione i Fiorentini fono Capi, e Maeftri . Fece nominare quefta digniffima patria fuori d'-
Italia Americo Vefpuccio, eccellente Cofmo-
grafo, ilquale ritrouò paefi non conofciuti da
noi . I Fiorentini fono inclinati molto dalla
natura & alla mercantia, & al commandare,

o fi-

uano gli Auguri,& indouini,che interpretaua-
no i prodigi, voci, & apparitioni d'augelli. Fù
di tanta poſſanza,che diedero aiuto i ſuoi Cittadini à Stilicone Capitano de i Romani à ro-
uinar l'eſercito de'Gotti, oue furono vcciſi oltre à centomila di quelli. Giace hora rouina-
tà queſta città, & habbiamo dimoſtrato in
Fiorenza la cagione della detta rouina, che fù
l'anno di noſtra ſalute 1024. Ora appaiono in
quà, & in là per quel colle, oue era la città,
aſſai vaghi, e belli edifici fatti da' Cittadini
Fiorentini per loro piaceri, con molti Mo-
naſteri, e Chieſe. De i quali è quel ſon oufo
Monaſtero nominato l'Abbatia di Fieſole,fat-
to da Coſmo Medici. Et anche v'è il Monaſterio di San Domenico de'Frati Predicatori,
luogo molto ameno, e dilettenole. Ritiene
queſto luogo il nome di Fieſole co'l ſeggio E-
piſcopale. Più ſopra è Pratolino tanto nominato, ilquale fece fare Franceſco Gran Duca,
ornandolo di tutte quelle coſe, che ſi ricchieg-
gono alla grandezza,e diletto d' vn Prencipe,
cioè

cioè palaggi, ftatue, pitture, e fontane, che por
tano grand'abbondanza di chiare acque. Le
quali cofe fono difpofte con tale, e tanto artifi
cio, che fi può annouerarle frà i più ameni, e de
litiofi luoghi d'Italia.

SCARPERIA.

NElla via, che trafcorre à Bologna, è Scarperia caftello, doue fono molte botteghe di forfici, cortelli, & altre cofe fimili,
da Fiorenza è lontano 16. miglia. Poi frà quei
monti appare vna molto piaceuole, & amena
valle piena di belle contrade, e ville, nominata
Mugello, gli habitatori di cui fono dimandati
Mugellani. Nacque in quefto luogo Dino di
Mugello molto letterato, e fcientiato, e maffimamente nelle leggi. Qui etiandio dimoraua
à piacere Cofmo, quando fù con folennità
chiamato Duca di Fiorenza, il qual comandò,
che vi foffe fabricata vna forte Rocca, & vn
Palagio, cingendoli di lunga muraglia attorno per tenerui le fiere feluaggie per la caccia.
Più oltra v'e la ftrada, che conduce à Faenza,
& in Romagna. Pofcia comincia il Cafentino,
ch'è vn paefe contenuto frà il torrente Ronta,
& il fiume Arno, infino alli confini del Territorio d'Arezzo. E quefto paefe molto ameno,
fruttifero, abbondante di grano, di vino, e d'altre cofe neceffarie; vi fono molte contrade, e
caftella piene di popofo. Pofcia fopra gli altiffimi monti fi vede Valle ombrofa, oue fù dato
principio alla Religione nomata di Vall'Ombrofa, da San Giouanni Gualberto Fiorentino
nell'

nell' anno del Signore 1700. e più oltre fi và nell'Vmbria.

Dall'altra banda vers' Occidente, e Settentrione vedefi il Palazzo di Poggio Gaiano poſto in fortezza, & edificato dal Duca, Coſmo ſopra vn' ameno colle, appreſſo il quale ſtà vna lunga muraglia condotta in giro, e ſerrata da ogni parte, per tener gli animali per la cacciagione. Dirimpetto à queſto luogo à man deſtra fi vede il nobile caſtello di Prato, annouerato frà i quattro primi Caſtelli d'Italia, oue fi fà il pane candidiſſimo fimile alla neue, & vi è conſeruata molto honoreuolmente la Cintola della Regina de i Cieli ſempre Vergine Maria. Più oltre appreſſo l'Apennino fi vede Monte Murlo molto nominato per la cattura de i fuor' vſciti di Fiorenza; i quali furono pigliati quiui da Aleſſandro Vitelli, Capitano di Coſmo de' Medici, per la qual vittoria eſſo venne à ſtabilire il ſuo Prencipato.

P I S T O I A.

POi ritrouaſi vna bella pianura, ou'è poſta la città di Piſtoia 20. miglia diſcoſto da Fiorenza; è Città veramente picciola, ma bella, ricca, e nobile; la quale fù illuſtrata da Cino famoſo Dottor di Legge, & è ſtata molto trauagliata per le diſcordie, e fattioni nate frà' Cittadini. Più oltra ritrouaſi l'Apennino, & il Territorio di Bologna, & il fiume Reno. Fuor di Piſtoia frà Ponente, e Tramontana vedeſi la Graffignana, e doppo 10. miglia diſcoſto da Piſtoia, appare Lucca, laqual fi gouerna in libertà, e fi mantiene molto bene;

I 5   im-

imperoche è forte di mura, e molto ricca per i
traffichi, e l'induftria de' fuoi Cittadini. Laonde benche non fia molto grande, tuttauia_
abbonda' di tutte le cofe necessarie. Quì fi ri-
uerifce con gran deuotione il Volto Santo del
Figliuol di Dio noftro Signore, che opera
molti miracoli, & altresi il Corpo di San Fi-
driano fuo Vefcouo. E antica città, e fù dedotta Colonia da i Romani. E molto forte_
(come hò detto) sì per efser cinta di grosse
mura da Defiderio Rè de'Longobardi, come
anco per il fito, & altre buone qualità; e però
potè ben foftenere per fei mefi l' afsedio di Narfete. Sotto Lucca verfo il mare veggonfi i veftigi del Tempio d'Hercole. E pieno quefto
paefe di prudenti huomini, de'quali molti fono difpofti alla militia. Scorre vicino a Lucca
il fiume Serchio. Da Lucca fono lontani dieci miglia quei Bagni tanto nominati in Italia.

Fuor di Fiorenza vers' Occidente fopra
quella fpatiofa pianura, che è lunga 40. miglia, fi vede Empoli caftello, & dall'altro lato
Fucecchio, doue è vn Crocififso miracolofo, &
hà vn Lago grande vicino, che di Fucecchio
fi chiama.Pofcia in mezo la ftrada,che conduce
da Fiorenza à Pifa, vedefi San Miniato al Todefco nobile caftello, il qual fù fabricato da
Defiderio Rè de' Longobardi, & fù così nominato al Todefco, perche fù fondato da i
Tedefchi foggetti al detto Rè Defiderio, fecondo Annio Viterbefe.

P I S A.

CAminando lungo la riua dell'Arnó, e non mai da quello difcoftándofi, fi'giunge à Pifa, fpaccata dal fiume. E antichiffima quefta città, effendo ftata edificata di molti anni auanti Roma da i Greci, e fù vna delle 12. Città della Tofcaná. Era molto potente in mare, onde ottenne molte vittorie contra i Genouefi; Soggiogò Cartagine, conducendo il Rè di quella legato al Pont. Rom. e fece acquifto dell'Ifola di Sardegna. Racquiftò Palermo di Sicilia, ch'erà ftato lungo tempo occupato da'Saracini: Vccife il Rè di Maiorica Saracino. Mandó 40. Galee in aiuto d'Aimerico Rè di Gierufalemme contra i Saracini, che teneuano Aleffandria. Diede grand'aiuto a' Pontefici nelle loro auuerfità. Fù tanto potente, felice, e ricca, che S. Tomafo nel Trattato delle quattro cofe, la annouera fà le quattro potentiffime città. Mà quando i Pifani à perfuafion di Federico Barbaroffa pigliorno tanti Prelati della Chiefa Romana, con dui Cardinali, che di Francia paffauano al Concilio Lateranenfe, fempre da quel tempo in quì fono paffati di male in péggio; talche perderono la libertà, e la po tenza. Hà lo ftudio generale, oue fi trattengono eccellenti Profeffori in tutte le fcienze. E in Pifa parimente la Religione de' Caualieri di San Stefano, di modo che, e per la prefenza di quefti, e per la magnificenza dello Studio, fi vede, ch è vna Città affai honorata. Stà fituata molo bene, perche fi come vuol Platone, fù edifi-

I 6   cata

cata lontano dal mare 4.miglia(benche al prefente fia lungi da quello più di otto,) di maniera, che non è sù'l mare, ma è vicino ; non è
sù'l monte,ma appreffo, pofta in vna pianura,
& è diuifa dall'Arno regio fiume, come parimente defidera Platone la fua Città . In oltra è
dotata di quattro cofe principali, e che fanno
marauigliar ogn'vno;cioè,la Chiefa di S. Giouanni, il Domo, e'l Campanile di effo, & vltimo del Campo Santo, ilquale fù fatto quando
mandorno à Federico Barbaroffa, che voleua
paffar al racquifto di Terra Santa, cinquanta
Galere, che per effer l'Imperadore pericolato
nel fiume, empirono i Nauilij di terra Santa,
della quale fù fatto Campo Santo . Hà quefta
città da vna banda Lucca, e dall'altra il porto
di Liuorno . Fù rouinata fino da i fondamenti
da i Fiorentini nel 1509. E poi lagrimando,la
maggior parte di quei, che poteuano portar
arme, partirono, lafciando la lor patria de-
ferta .

Da Fiorenza volendo andar à Siena, e di là
à Roma, bifogna vfcire per la porta, che è
verfo Mezogiorno, per la qual entrò Carlo V.
doppo la vittoria, che hebbe in Africa,e poco
difcofto appare il nobil Monafterio de Certo-
fini,nel quale ftà fepolto il Beato Nicolò Albergati Cardinale letteratiffimo al tempo di
Nicola V. Pontefice Maffimo. Di quì s'arriua
à Caffano terra,pofcia alle Tauernelle, e Staggia Caftelli, i quali fono diftanti l'vno dall'altro 9. miglia, e caminafi per vna dritta ftrada,
hauendo da ogni lato ameni colli, & vna fruttifera campagna . Alla man deftra di quefto
viaggio fopra vn colle appare Certaldo Ca-
ftel-

ftello, patria di Giouanni Boccaccio,il quale è
ftato il prencipe delle profe Tofcane ; morì ne'
6 2. anni di fua età,correndo l'anno di Chrifto
noftro Signore 1375. e fù fepolto in vna bella fepoltura , con la fua effigie di marmo nel
Domo di Certaldo , oue fi legge queft' Epitaffio.

Hac fub mole iacent cineres, ac offa Ioannis,
Mens fedet ante Deum meritis ornata laborum;
Mortalis vita genitor Boccacius illi ,
Patria Certaldum , ftudium fuit alma Poefis.

Più oltre , & infra terra vedefi il più nobil
caftello di S. Geminiano , donde fi traggono
buone Vernacce da annouerare frà i miglior
vini d'Italia . E ornato quefto caftello di belle
Chiefe , di nobili palazzi, d'huomini illuftri ,
e di popolo ciuile. E fù edificato da Defiderio
Rè dè i Longobardi,come fi vede in vna táuo-
la di Alabaftro fcritta di Lettere Longobar-
dice, pofta in Viterbo. Più oltra vers'Occidente appare la molto antica Città di Volterra ,
la quale fù fondata 100. anni auanti l' Incendio di Troia , & 500. auanti l'edificatione
di Roma. E fabricata fopra il monte , alla cui
fommità è vn' afcefa di tre miglia . Sono le
mura,che circondano la Città , per maggior
parte di pietre quadrate communemente di
fei piedi in lunghezza,tanto ben congiunte infieme fenza bitume, ch'ella è cofa molto bella
da vedere. Entrafi in quefta Città per cinque porte , auanti di ciafcuna apparendo vna
bella fontana,che getta chiare,& foaui acque .
Poi nella città due altre grandi fe ne ritrouano,con molte,& antiche ftatue di marmo,qua-
li intiere , e quali fpezzate,con varij epitaffij.

E fog-

È foggetta al gran Duca di Tofcana, hauendo
vn fertiliffimo territorio; con molte folfatare.
Sono vfciti di quefta Patria molti huomini illuftri, de i quali Perfio Poeta. Di là da Volterra è il Mare.

A man finiftra nella ftrada da Fiorenza à
Siena appare Ancifa patria di Francefco Petrarca. Più oltra vedefi Fighine, & altri bei
luoghi.

AREZZO.

MA caminando vers' Oriente, anderaffi
ad Arezzo antica Città, annouerata
frà quelle prime 12. antiche. Diedero li Aretini 3000. fcudi, & altretante celate, con altre
forti d'arme à i Romani per feruitio dell' armata di 40. galere con 11000. moggia di grano, laqual armata douea condur Scipione nell'
Africa contra i Cartaginefi. Hà patito in diuerfi tempi molte, e molte calamità; co'l gouerno però del gran Duca Cofmo cominciò
à refpirare, e riftorarfi. Ne'tempi antichi erano
in pretio i vafi Aretini fatti di terra, & in tanta
ftima erano, che come dice Plinio, teneuano il
primato fopra tutti gli altri fimili vafi d' Italia. Fù martirizato quiui San Donato Vefcouo
di lei, ne'tempi di Valentiniano Imperatore,
che battezò Zenobio Tribuno, che poi votò
la Chiefa d'Arezzo, come fi vede nelle antiche
tauole di marmo di detta Chiefa, nella quale
giacciono fepolti S. Lorenzo, e Pellegrino fratelli martiri di quefta ifteffa Città, e parimente
vi è fepolto Gregorio X. Pontefice Maff. al cui
fepolcro fi vedono molte marauiglie. Vfcirono

E' foggetta al gran Duca di Toscana, hauendo
vn fertilissimo territorio; con molte solsatare
Sono vicini di questa Patria molti huomini illustri, de i quali Persio Poeta. Di là da Val-
terra è il Mare.

A man finistra, nella strada da Fiorenza i
leggono Anciala patria di Francesco Pe-
a oltra vedesi Figliue, & altri bei

A R E Z Z O.

aminando vers' Oriente, anderassi
Arezzo antica Città, annouera
prime 12. antiche. Diedero li Are-
culti, & alternate celate, con altre
mi a i Romani per seruitio dell' a-
e, galee con 12000. moggia di gra
al nana doua condur Scipione nell'
nni i Caraginesi. Hà patito in di-
e molte, e molte calamità; co'l go-
ero del gran Duca Colmo cominciò
è rifiorirsi. Ne' tempi antichi erano
in pretio; i vasi Aretini satti di terra, & in tan-
isime erano, che come dice Plinio, teneuano l'I-
primato sopra tutti gli altri simili vasi d'Italia. Fù martirizato quiui San Donato Vescouo
di lei, ne' tempi di Valentiniano Imperatore,
che batteuò Zenobio Tribuno, che poi volò
la Chiesa d'Arezzo, come si vede nelle antiche
tauole di marmo di detta Chiesa, nella quale
giacciono sepolti S. Lorenzo, e Pellegrino fratelli martiri di questa istessa Città, e parimente
vi è sepolto Gregorio X. Pontefice Mass, à cui
sepolcro si credono molte marauiglie. Vicino

no da quefta città Mecenate fautore de' Virtuofi, Guido Mufico, che ritrouò la confonan-
za del canto con fei note fopra gli articoli della mano, Leonardo Bruno, Giou. Tortellio, il
Cardinale Accolti, & altri eccellenti huomini,
& vi è fottiliffima aria, Vedefi ancor'in piedi
la cafa del Petrarca in quefta Città. Segue dopò Arezzo la Città di Caftello, e di quì fi và
nello Stato della Chiefa.

Ritornando alla ftrada principale, che và
da Fiorenza à Siena, doppo Staggia ritrouafi
Poggibonzi, oue alzando gli occhi fi vede
Poggio Imperiale, pofto fopra il colle, ilquale
fù fortificato, con vna forte Rocca da i Fiorentini. Pofcia sù la ftrada vedefi la terra d'Afcia,
& poco più auanti Siena.

S I E N A.

FV nominata Siena quefta Città da' Galli
Senoni, i quali effendo fotto Brenno lor
Capitano contra i Romani, l'edificorno fopra
il colle intorno d'alte ripe di Tuffo, e fù fatta
Colonia da i Romani, à i quali fù primieramente foggetta, pofcia patì le medefime calamità, sì come l'altre Città vicine. Ma in pro-
ceffo di tempo, effendofi drizzata in libertà,
riconofcendo però l'Imperio per fuo Signore,
e combattendo con i Fiorentini, co' quali haueua vna antica emulatione, ne riportò gloriofa vittoria. E benche poi fia ftata foggetta à
i Petracci fuoi cittadini principali, nondimeno pigliò la libertà di nuouo, nella quale
fi mantenne fino all'anno 1555. Imperoche

fù

fù foggiogata dal Duca di Fiorenza. Gò
quefta Città vn'aria fottile, e purgata, & hà
molte fontane d'acque chiare, trà le quali è la
nobil fontana di Branda, ne fà memoria Dante nel canto 30. dell'Inferno cosi. Per fonte
Branda non darai la vifta. E pofta quefta
fontana fopra la larga, e bella piazza della città, la quale è fatta con tal'artificio, che tutti
quelli, che vi paffeggiano, fi poffono da ciafcun
vedere.

Sono in quefta Città molti nobili, e fontuofi
edifici, trà i quali è il tempio maggiore dedicato alla Regina de'Cieli fempre Vergine Maria, d'annouerare frà i nobili, e fontufi edifici
d'Europa, cofi per la pretiofità delle pietre di
marmo (delle quali è tutto fatto) quanto per la
eccellenza dell'artificio, di cui è ornato.

Vedefi poi in Campo Regio la Regal Chiefa di S. Domenico, nella quale, oltra il Capo di
Santa Caterina da Siena, fi cuftodifcono molti
Corpi Santi. Vi è poi quel grand'Hofpidale,
dolce refrigerio per i poueri infermi, oue fi
vede (oltre la magnificenza della ftruttura) il
grand'ordine de i feruenti per fodisfare à i gufti de'poueri infermi.

Di più vi è lo Studio generale molto frequentato dai ftudenti; imperoche vi leggono
eccellentiffimi Dottori in ogni generatione di
fcienze, oue è in particolare l'Academia della
lingua Italiana.

Vedefi etiandio il fuperbo palagio di pietra
quadrata fatto da Pio II. Pont. Rom. con molti altri nobili edifici, & vaghi palagi, che farei
molto lungo in defcriuerli.

Riduffe quefta Città alla Fede di Chrifto
N.S.

N.S.Sant'Aniano Cittadino Romano, ilquale
fù poi decollato per la Eede di Chrifto,& hà in
particolar deuotione, & veneratione la B. V.
Madre di Dio. Laonde tiene fcritto nel Sigil-
lo quefto verfo.

Salue Virgo, Senä Veterü,quä cernis amœnam.

Sono vfciti da quefta Città molt' Illuftri
huomini,che le hanno dato gran nome,e fama
non folamente per Italia, ma anche fuori, con
le loro eccellenti opere, sì come S. Bernardino riftorator della Religione de'Frati Minori,
Santa Ceterina da Siena, il Beato Giouanni
Colombino inftitutor dell' Ordine de'Giefuati,
& il B. Ambrogio de'Bianconi dell' Ordine
de i Predicatori. Furono anco Senefi gl' infti-
tutori de gli Ordini de'Canonici Regolari di
San Saluatore, e de' Monachi di Mont'Oliueto. Hanno illuftrato etiandio Siena quattro
Sommi Pontefici Romani; il primo de'quali fù
Aleffandro I I I. che riportò gloriofa vittoria
per la fua coftumata vita, & ottima patien-
za, di quattro falfi Pontefici creati da Federico Barbaroffa contra lui. Partori pofcia due Pij Pontefici,cioè il fecondo, & il terzo, della famiglia de i Piccolomini. Il quarto, & vltimo è Paolo Quinto della famiglia
de i Borghefi, affunto à quefta fublime dignità
l'anno prefente nel 1605. alli .... di Maggio
per la fua dottrina, prudenza, & altre eminenti virtù. Et hora tanto faggiamente, e prudentemente gouerna la Chiefa, che ogn'-
vno ne rimane marauigliato. Sono ftati molti
Cardinali Cittadini Senefi, & altresì gran numero di Vefcoui,& altri Prelati della Chiefa,
che bifognarebbe affai tempo per defcriuerli.

Die.

diedero nome etiandio à detta Città con la
loro dottrina molti huomini illuſtri . E primo
Vgo ſingolar Filoſofo, e Medico,ilqual morì,
e fù ſepolto à Ferrara, Mariano Socino, Bartolomeo ſuo figliuolo, e Mariano ſecondo Socino dottiſſimo nelle leggi . Di più due Filoſofi
famoſi di caſa Piccolomini , e Claudio Tolo-
mei; con molt'altri ingegni,che ſarebbe molto
lunga la narratione di quelli . Sono i Seneſi ciuili, gratioſi,ripieni d'ornati coſtumi , e molto
dediti alle buone lettere . Hà eſſa città buono,
ameno, e fruttifero territorio , dalquale ſe ne
caua gran copia di frumento , e d' altre biade,
con buoni vini , e frutti . E per concluderla è
città di molta iſtimatione , e delle principali d' Italia .

Fuor di Siena vers'Occidente, ò ſia alla man
deſtra della ſtrada Romana, vi è il paeſe di
Volterra , e più à baſſo i luoghi mediterranei,
nominati la Maremma di Siena , la quale traſcorre forſe da 70. miglia in lungo . E poço
habitata per la mal'aria, laonde nõ ſi vede alcun luogo di momento , eccetto Maſſa Città
molto antica , e più auanti Scarlino: Perilche
ritornando alla Via Regia primieramente ſi
troua Buon conuento, oue Enrico Seſto Imperatore vſci di queſta vita.E più auanti alla mã
deſtra ſopra d'vn'alto monte , ſi ſcopre la Città di Mont'Alciao aſſai uominato nel paeſe
per li buoni vini, che ſi cauano da quelli ameni colli. E luogo molto ciuile,e popolato .

Alla man ſiniſtra dopò 12. miglia ſcopreſi
Monte Oliueto , molto nobilitato per eſſer ſtato dato quiui principio alla Religione de' Monachi bianchi di Mont'Oliueto ; C'è vna ſon-
                                            tuo-

tuofa , & Illuftre Abbatia , non tanto per l'architettura de gli edifici, e per il bel fito,quanto
per il gran numero de'Monachi , i quali vi dimorano feruendo à Dio con gran Religione .
Paffato il fiume Affo appreffo Monte Elcino ,
fi và à San Quirico Caftello pofto in vn' alto
colle, e cofi nominato dall'antichiffimo Tempio, che è quiui edificato , e dedicato al predetto Santo . Per quefta ftrada fi camina fotto le
radici de' monti , fopra i quali è pofto Radi-
cofano , oue Defiderio Rè i Longobardi edificò vna forte rocca , & Cofmo Duca di Fiorenza (al cui Imperio è foggetta) n'hà fatto fabricare vn' altra fortezza appreffo . Quiui
termina il Patrimonio , ilquale fù confegnato dalla Conteffa Matilda alla Chiefa Romana , del quale è capo Viterbo . Qui parimente fi fcorgono alti,e difficili monti, non inferiori all' Apennino, trà i quali era già l'antica Città di Rofella , che hora i bagni di San
Filippo fi domandano , oue confina il territorio di Siena , & altresì hà origine il fiume Orcia . Trà il Caftello di San Quirico , e la riua
del detto fiume alla man finiftra vedefi la città di Pienza , patria di Pio Secondo Pontef.
Romano , e cofi detta dal fuo nome ; imperoche prima fi chiamaua Corlignano . Più oltre
fcorgefi fopra l'alto,e difficil monte l'antichiffima Città di Chiufi , annouerata frà le prime
dodeci Città di Tofcana . Qui volfe effer fepelito Porfena Rè de'Tofcani; ilquale vi fabricò vn Laberinto , oue fe alcuno foffe entrato
fenza il gomifello di filo, non hauria ritrouata
l'vfcita.Era mancata quefta fabrica fin ne'tempi di Plinio , talche niun veftigio fi vedea di
effa .

eſſa. Giace la Città hora quaſi tutta rouinata e dishabitata. Più oltra verſo Settentrione ve deſi Monte Pulciano Città non molto antìca ma nobile, e popolata, poſta ſopra l'amen colle, e produceuole d'ogni maniera di buon frutti, e maſſimamente di nobili vini bianchi e vermigli. Diede gran nome à queſta, patri Marcello II. Pontefice Maſſ. & alcuni Car dinali, de i quali viue al preſente il Cardi nal Bellarmino (Nepote da canto di ſorella di detto Papa Marcello) huomo di loda ti, e ſinceri coſtumi, & altresì di grand'ingegno; il qual'hà ſcritto l'acutiſſime controuerſie contra tutte l'hereſie. Fù etiandio di queſta Città la B. Agneſe Monaca dell'Ordine de'Predicatori, della quale per ordine di Papa Clemente VIII. ſi fà commemoratione negli vfficij. Di là da Monte Pulciano ſi ritrouano molti bei luoghi appreſſo la via della Chiana.

Dall'altra parte della ſtrada, che và à S.Quirico, ritrouanſi appreſſo il fiume Arbia i Bagni del Petriolo, e la bocca dal fiume Aſſo, appreſſo il quale ſono molti bei caſtelli, e comincia la Maremma di Siena: in Maremma vi è la Città di Groſſetto della giuriſdittione di Siena, molto ben fortificata dal Gran D.di Fiorenza. Nò lontano da Radicofani appare la Montamiata, oue ſi ritroua gran copia di Ghiande, e di grana da tinger la porpora, ò vogliamo dir lo ſcarlatto. Di più ſotto queſti monti è poſta la terra di S. Fiore, laquale è ſtata illuſtrata dall' Illuſtriſſima caſa Sforza, dallaquale ſono vſciti Card.Duchi,& altri perſonaggi in gran numero, delli quali ne viuono ancora al preſente,&

han-

hanno quindi poco lontano vn belliffimo palaggio, con vn grandiffimo podere molto commodo per la caccia, & altri honoreuoli fpaffi.

Molte volte bifogna paffar il fiume Paglia
in quefto viaggio, il quale fpeffo è pericolofo :
ma innanzi, che fi paffi, ritrouafi Ponte Cenno, caftello, è cofi il ponte nominato ; perche
vicino à quello fi paffa il fiume, pofcia di là dal
fiume poco difcofto appare Acquapendente
nobil caftello, cofi detto dal fito, ou'egli è pofto ; perche è pendente, e dall'abondanza dell'
acque, che fcendono. Dà hora gran nome à
quefto luogo Gieronimo Fabritio eccellentiffimo Medico Anatomifta, ilquale hà letto molti anni in Padoua, & altresì legge con gran
concorfo, hauendo mandato in luce molte fatiche vtiliffime alla profeffione. Seguitando
detta via s'arriua à S. Lorenzo caftello molto
popolato, e più oltra vi è Bolfena pofta alla
finiftra del Lago, Caftello molto honoreuole, edificato fopra le rouine dell'antica Città
nominata Vrbs Vulfinienfium, da gli antichi
annouerata frà le prime dodeci Città d'Etruria, la quale effendo ftata foggiogata, e chie-
dendo aiuto i Cittadini à 'Romani, vi mandorno Decio Morena, che gli liberò, e li reftituì
alla loro libertà. Hà molto fertile Territorio,
del quale dice Plinio, che l'oliue producono il
frutto nel medefimo anno, che fono piantate.
Quiui è riuerito il Corpo della Vergine Santa Chriftina, le cui orme de i piedi infino ad
hoggi veggonfi nell'antidetto Lago, effen-
loui ftata gettata detro per la Fede di Chrifto,
lel quale sëza lefione alcuna vfcì fuori. A que-
to luogo occorfe il marauigliofo miracolo
del-

dell'Hoftia confegrata nelle mani di quel Sacerdote,il quale dubitaua della verità del Sacrofanto Sacramento, & il Sacrato Corporale
tutto di detto fangue fegnato, fù portato ad
Oruieto, oue con gran riuerenza è conferuato nella maggior Chiefa.Quiui veggonfi alcuni pezzi di marmo, per li quati fi può conofcere l'antichità di quefto luogo leggendoui le
lettere intagliate. E nel Lago vi è vna picciola
Ifola molto fertile, e diletteuole, oue fi vede
vn picciolo Monafterio, nella cui Chiefa fi fe-
pelifcono i Farnefi. Quiui etiandio fù mal-
uagiamente vccifa la molto prudente,e religio-
fa Regina Amalafunta, per comandamento di
Theodato Rè de gl'Oftrogotti : Tanta era la
grauità di quefta Regina, mefchiata cõ la dolcezza del parlare,che quegli,i quali erano condannati alla morte per le loro cattiue opere, v-
dendola parlare, poco ftimauano il fupplicio
della morte.

Alla finiftra del detto Lago vi è Oruieto,
e Bagnarea,ambedue Città, e più oltra il Teuere. Alla deftra poi vedefi Soana città patria di Gregorio Settimo Pontefice Mafs. la
quale al prefente è quafi dishabitata. Poi Pi-
tigliano nobil Caftello de gli Orfini; vicino al
quale è Farnefe honoreuole Caftello della Illuftriffima famiglia de'Farnefi Romani. E
più in giù ritrouafi la Città di Caftro delli fu-
detti Farnefi,la quale è talmente da rupi, e cauerne intorniata, che par'à quelli, che la veggono più tofto d'entrar in vn'ofcura fpelonc
da feluaggi animali habitata,che da domeftic
huomini.Caminando da quefto luogo verfo il
mare ritrouafi Orbetello, Talamone,Mõte Ar-

gen-

gentaro,e Port'Ercole,nobili luoghi, e foggetti al Rè di Spagna.Dal fudetto lago fi pefcano
ottimi pefci, dal quale etiandio efce il fiume
Marta , che poi mette capo nel mare.Alla cui
deftra fi dimoftra il nobile caftello di Tofca-
nella molto antico , foggetto alla Romana
Chiefa,il quale fù edificato,fe è lecito à creder-
lo , da Afcanio figliuolo di Enea, & appo vna
porta di effo fi vede nel marmo intagliato vn'
antico Epitaffio , ilquale dichiara la fua origi-
ne.Più auanti alla riua del detto fiume , dalla
marina difcofto tre miglia fopra il colle appare Cornetto Città così detta dall'Infegna dell'
albero Corno . Fù fimilmente da gli antichi
detto Cornetto (Caftrum inui,) ò fia Pan , al
cui nome fù dedicata quefta città da'Tofcani.
Si veggono in quefta città molte fuperbe, &
antiche mura, per le quali chiaramente cono-
fcer fi può,che già foffe ella molto ho noreuole
città.Hanno illuftrato quefta città molti nobili ingegni,de i quali fù Gregorio Quinto Pontefice Romano,Giouanni Vitellefco Cardinale
della Chiefa Romana,con Bartolomeo Vefcouo di effa città fuo nepote. E nei noftri giorni
il Padre Mutio della compagnia del Giesù per
la fua rara dottrina ; Marcello Canonico di
Santa Maria Maggiore in Roma , e Marc'Antonio, tutti tre della nobiliffima famiglia de'
Vitellefchi.Da Cornetto difcofto 7. miglia ne'
Mediterranei fi troua la Tolfa,oue ne'tempi di
Pio II.Pontefice Romano fù ritrouata la minera dell'Allume. Vicino à quefto Caftello appreffo il lito del mare vedefi. Ciuità Vecchia ,
oue è vn porto,& vna fortezza fornita, e ben
tenuta .

Alla

Alla finiſtra della via Regia veggonſi molti bei lauori , frà i quali è Horti antica Città ,
oue termina la Toſcana da queſta parte . Più
oltre vi è il Teuere , & il Tago di Baſſanello ,
Lacus Vadimonis in latino . Del quale Plinio ſecondo ſcriue molte coſe notabili nell'vltimo libro delle ſue Epiſtole . Quì intorno ſtà
Baſſanello Caſtello , Magliano , Ciuità Ca-
ſtellana, Galleſe , e la via Flaminia, che và da
Rimini à Roma.

Ritornando à Bolſena , più oltra per andar
à Roma , vi è la ſelua di Monteſiaſcone , nella
quale gli antichi con molte cerimonie, e ſolen-
nità ſoleuano ſacrificare alla Dea Giunone .
Dopo queſta ſelua ſcorgeſi ſopra l'alto colle
Monteſiaſcone Città molto antica , la quale fù
molto tempo aſſediata da Camillo , non la potendo eſpugnare per la fortezza del ſito, ou'ella
è poſta ; fù già capo de'Faliſci , & hà molto
ameno, e bel Territorio, che è di fruttiferi colli
ornato. Da i quali ſi traggono buoni , e ſoaui
vini moſcatelli.

Paſſato Monteſiaſcone , ſi entra in vna larga , e piaceuole pianura , ſopra la quale è poſto Viterbo . Ilqual nome è nuouo , perche
già ſi chiamaua Vetulonia : Ma dopò , che furono aggiunte à queſte due altre Città , cioè
Longhiola, Tuſſa, e Turrena Volturna, è cir-
còdata d'vna muraglia dal Rè Deſiderio,com'
egli dimoſtra nel ſuo Editto;qual ſi vede ſcritto in vna Tauola d'Alabaſtro nel palazzo publico di Viterbo ; fù da lui nominato Viterbo .
Ella è capo di Patrimonio , & è poſta in vna
bella,e ſpatioſa pianura,hauedo dietro le ſpal-
le il mōte Cimeno. E ornata di belli ediſici,frà
i qua-

i quali è il Duomo , oue sono sepolti quattro
Sommi Pontefici , cioè Giouanni XXI. Alessa.
IV. Adriano V. e Clemente IV. Euui parimente la Chiesa di Santa Rosa , oue si conserua
il corpo intiero di questa Beata . In oltre
vi è quella marauigliosa fontana , che getta grande abbondanza d'acque . Fù soggetta questa Città longo tempo à i Vicchi, e Gotti suoi Cittadini , ma scacciati quelli , ne venne sotto la Chiesa Romana . E se bene dice
Leandro , che al suo tempo era meza rouinata,
nondimeno al presente è ben' habitata da ciuil popolo, & è parimente abbondante di tutte
le cose necesarie, cioè frumento,vino,olio,con
altre biade , e frutti . Sono nel suo Territorio
vndeci fiumi , da i quali se ne cauano buoni,e saporiti pesci. Nè vi mancano fontane,
sorgiui d'acque calde molto medicineuoli; De'
quali sono i bagni detti di Bolicano molto nominati per la lor marauigliosa virtù.Fuor della città per ispatio d'vn miglio è posto vn sontuoso Tempio dedicato alla Santissima Madre
di Dio,detto della Quercia, di grandissima deuotione,oue concorre infinita gente per ottener
gratie da quella Beatissima V. Sono vsciti da
essa Città eccellenti ingegni d'huomini , che le
hanno dato gran nome ; De i qualii Giouanni
Annio dell'Ordine de'Predicatori,che fù Maestro del sacro palaggio . Molti altri huomini
cientiati,& ornati di dignità Ecclef.sono vsciti di questa patria,i quali tralascio per non ha-
erne particolar notitia.

Lasciando questa Città , si salice il difficil
monte di Viterbo , da'Latini Mons Cyminus
detto,sopra'l quale vi è il castello di Canepina

K   po-

pofto alla finiftra della prefente via, circa vn
miglio difcofto. Sopra quefto monte era anticamente Corito caftello edificato da Corito
Rè di Tofcana, del quale ancora fi veggono i
veftigij. V'era fimilmente ne i tempi antichi
vna folta, e molto fpauentofa felua, per la quale non ardiua alcuno di pafsare, & era fenza
via; fi come la felua Calidonia, ouero Hercinia,
ma adefso ella è talmente rafsetata con la via,
e tagliati gli alberi, che ficuramente vi fi pafsa.
Pafsato queft'alto monte, alle radici di efso al
Mezogiorno, vedefi il Lago di Viço da gl'antichi detto Lacus Cyminus, e nafsimamente
da Virg. nel 7. libro dell'Eneide; Apprefso
quefto lago è pofto Vico contrada, e ne'tempi di Tolomeo fopra quefto lago era Vico d'
Ebbio. Vicino al detto monte appare Caftel
Soriano, oue è vna fortiffima Rocca, dalla
quale nõ fù mai poffibile per ifpatio di 60. anni d'eftrarne i foldati Britoni.

Seguitando la via, per la quale fi camina à
Roma, incontrafi in Ronciglione, oue fi vede vna bella fontana. Et alla deftra tre miglia
difcofto dalla detta ftrada, euui Capranica nobile, e ciuil caftello. È habitato quefto caftello da 500. famiglie; alquanto più verfo'l
monte trouerai Sutri Città antichiffima; la
qual fi crede, che fij ftata edificata da i Pelafgi
popoli Greci, auanti, che veniffe in Italia Saturno. Valendofi i Romani della commodità
di quefta Città, afsalirono i Tofcani, e qui con-
quafsarono vn'efercito di fettantamila nemici, parte Tofcani, e parte Ombri, ò Spoletini,
che vogliamo chiamarli. Hora Sutri hà cattiuo aere, e pochi habitatori. Oltre Ronci-
glio-

glione è Caprarola caſtello de'Farneſi , pieno
di fabriche in ogni parte compitiſſime, doue
non è che deſiderare in materia di ricreatione,
opera del Card. Aleſſandro ſplendore di queſta gran caſa. Di quà è poco lontano Ciuità;
queſta è ben Città di poca importanza, ma però ſi troua memoria,che hauendo voluto i ſuoi
Cittadini dar aiuto alli Romani, da Annibale
aſſaliti, furono poi da eſſi Romani condannati
al doppio.

Andãdo per la via Regia,ſi ritroua Roſolo
borgo vicino ad vn lago di notabile profondità , oltre il quale due miglia è Campagnano à
man ſiniſtra. E per l'iſteſſa via ritrouaſi vn
ſtagno , dal quale al Teuere ſcorre vn fiume ,
doue è Cremera caſtello già fabricato da i Fa-
bij nobili Romani, e poi diſtrutto da i Veienti : Quiui appunto furono da i Veienti in vna
giornata tagliati à pezzi cinquecento ſerui , e
trecento , e ſei gentilhuomini della detta famiglia , la qual' haueua preſo ſopra di ſe da
iſpedire contra i Veienti la guerra per la ſua
patria Roma. Più auanti è la Villa di Baccano, con la ſelua già detta Meſia ,& hora chiamata il Boſco di Baccano ; il quale già pochi
anni era vn'albergo d'aſſaſſini , e di gente
pronta ad ogni male : onde è paſſato in prouerbio , che quando ſtiamo in luogo , doue biſogni ſtar con gli occhi aperti , & hauer ben
fantaſia a'fatti noſtri per aſſicurarci , diciamo
in modo di querimonia,Par che ſiamo nel Boſco di Baccano.Ma al preſente mediante la vi-
gilanza , e neceſſarie ſeuerità d'alcuni Sommi
Pontefici,quel paſſo è fatto ſicuro.

A man deſtra ritrouerai Anguillara conta-

do di molta fama , i Signori del quale fendofi
portati generofamente in diuerfi fatti d'arme ,
per l'Italia hanno acquiftato à fe, & al loco e-
terno nome . La poffedono i Signori Orfini
padroni anco di Bracciano caftello illuftre , lì
vicino al Lago Bracciano ; ilqual caftello , fe
ben da'Romani hà hauuto diuerfe ftrette, tuttauia da i fuoi Sig. è mantenuto in conditione
molto honoreuole,& hà titolo di Ducato. Dal
detto Lago fcorre il fiume Arone , dal quale
conduffero i Romani in Roma l'acqua detta
Sabbatina,perche'l Lago fi chiama Sabbatino.
Di fotto quefto tratto verfo il mare fi ritroua
il Monafterio di S. Seuera fatto in fortezza ; e
più à baffo Ceri caftello fopra'l lido.

Alla finiftra della via Regia è la via Flaminia;e fei miglia oltre Baccano fi troua Ifola;
dipoi la Storta,borghi: e fette miglia più oltre
Roma .

Si può anco andare da Bologna à Roma
per la Via Emilia ; per la quale fi troueranno
Imola,Faenza,Forlì,Cefena,e Rimini.

I M O L A.

I Mola detta in Latino Forum Cornelij , vogliono creder alcuni , che foffe edificata
fubito doppo la diftruttion di Troia ; ma perche non apportano proua degna di fede , non
fappiamo credere;maffime che non leggendofi
di lei altro nome , par più ragioneuole, che da
i Romani fofse edificata,& cofi chiamata;per-
che là mandafsero qualche Cornelio à tener
ragione,pur creda ogn'vno ciò,che li pare,poi-
che

che non può hauer certezza del suo principio. Gode buon'aria, e fertiliffimo territorio, per ciò all'vfo humano può bifognare, fendo in fito commodo per ogni cofa. La deftruffe Narfete in circa l'anno di Chrifto 550. ma da Iuone,ò (come altri lo chiamano)Dáfone fecondo Rè de'Longobardi fù riftorata, e chiamata Imola. Doppò i Longobardi è ftata de'Bolognefi, e longo tempo della nobiliffima cafa de i Manfredi. L'hà hauuta Galeazzo Sforza figliuolo di FrancefcoDuca di Milano,e la confegnò per dote à Girolamo Riario Sauonefe l'anno 1473. fù poco dopò a forza prefa da Cefare Borgia, dotto il Duca Valentino figliuolo di Aleffandro VI. Pontefice. Al fine ritirata fotto la Chiefa ancora vi dura in pace. Ma, quando le cofe dell'Italia erano in continuo moto,fù anco fofsopra per breuiffimo tempo però à Lippo Alidofio;ficome per altrettanto la fignoreggiò Mainardo Pagano Capitano Faentino. Hà prodotto molti huomini illuftri nelle lettere,e molti valenti nell'arme: come Beneuento Filofofo,e poeta Gloffator di Dante,Ciouanni Imola,Aleffandro Tartagno,e cognominàto il Monarca delle Leggi, Beltramo Alidofio gran Capitano, Lippo Alidófio, che ne fù per vn poco padrone, & altri. Martiale anco poeta celeberrimo, per quanto da'fuoi verfi fi può cáuare,habitò vn pezzo in Imola.

COTIGNOLA.

TRà Imola, e Faenza vi è alquanto più verfo Mezogiorno Cotignola caftello

picciolo,ma forte,poſto alla ſiniſtra del fiume
Senio,faſciato di forti mura, & attorniato di
profonde foſſe. E loco molto nobile; fù edificato da Forleneſi,& Faentini,mentre aſſediando
Bagnacauallo,nell'anno di noſtra ſalute 1276
Mali fece le mura,l'anno 1371. Giouanni Auguſto Capitano, e Confalonier della Chieſa
Romana , ſendo ſtato à lui donato da Greg.
Pont.XI. Sono vſciti di queſto caſtello alcuni
eccellenti,e valoroſi huomini, i quali non ſolo
hanno fatto alla ſua patria ; ma anco hanno
fatto conoſcere à tutta la Romagna , ne fù vn
Sforza Attendolo origine dell'Illuſtriſſ. famiglia Sforzeſca, c'hà prodotto valoroſi Capitani,Conti,Marcheſi, Duchi, Regine, vna Imperatrice,Veſcoui, Arciueſcoui,e Cardinali: tutti
in ſpatio di non più di 100. anni, coſa inuero
marauiglioſa, maſſime, che quel primo Sforza
Attendolo fù Contadino, il qual di ſua mano
adoperò la zappa ſendo chiamato Giacomaz-
zo , ſe ben'auanti moriſſe, fù confaloniere di
Santa Chieſa, Capitano di molte genti,e Conte
di Cotignuola. Furono da Cotignuola Beruz-
zo,Lorenzo, Corà, Triſtano,Roberto, Fermano,Sforzino,e Santo Parente,tutti gran Capitani,con Micheletto Attendolo, & il ſuo figlino-
lo Ramondo ; e fù anco di queſta patria Rai-
naldo Gratiano Generale de i Minori , e poi
Arciueſcouo di Raguſa,con molt'altri belli ingegni.

FAENZA.

FAenza è diuiſa dal fiume Lamone, ilqual
paſſa tra'l borgo,e la Città,doue è vn for-

te, e bello ponte di pietra, con due torri, che congiunge efsa Città co'l borgo, e con la via Emilia. E città antica, della qual non fi fanno i primi fondatori. Hà territorio ferace, maffime di lino ottimo, e bianchiffimo. Gode aria fana, e popolo vnito, amator della patria, e di buona natura. Si lauora in Faenza di vafi di terra i più eccellenti, & i più fini, che fi facciano in Italia. Hà partorito molti huomini illuftri in diuerfe profeffioni. E ftata diftrutta più volte, cioè da Totila Rè de i Gothi, da Federigo I. detto Barbaroffa, e da vn Capitano de i Brittoni. Federico II. che fù figlio del primo, le fece la forte Rocca, che ancora vi fi vede, intorno l'anno 1240, & fpianò le mura; percioche, fendofi tenuta quanto puote in diuotione della Chiefa, al fine con lungo afsedio la prefe. I Mãfredi poi, in poter dei quali fù vn pezzo, la cinfero di mura l'anno 1286. E ftata fotto i Bolognefi, fotto Mainardo Pagano fuo Cittadino, e gran Capitano, ma poco tempo, e fotto Venetiani, da i quali, dopò la rotta, c'hebbero à Ghiara d'Ada da Lodouico XII. Rè di Francia l'anno 1509. pafsò di nuouo alla deuotione della Chiefa, fotto la qual'è fempre viffuta fedelmente in pace.

B R I S I G E L L A.

L A Terra di Brifigella (come fe n'è hauuta relatione dal Signor Sebaftiano Nàali) è di pafso dalla Romagna tutta à Firenze, pigliandofi la ftrada a Faenza, e due volte a Settimana pafsano li muli, che da Lugo, e la Comacchio portano pefci à detta città di

Firenze, oltre le merci molte, che pur paſſano
per traffico ordinario, c'hà la Toſcana con la
Romagna.

Ponno andar le carrozze da detta Città di
Faenza, ſino à Maridi caſtello, e primo confi-
no Fiorentino. Queſta terra è in ſito parte piano, parte à coſta. Hà due fortezze, l'vna à Leuante chiamata la Torre, di doue ſi dà ſegno
con tocchi di campana delli caualli, che paſsano, e come è molto antica, non è aſſai forte; l'
altra à Ponente, che per eſser in forma sferica,
e con groſſiſſime muraglie tutte di mattoni, e
coſtrutta in tempo, che detta Terra era ſotto
il Sereniſs. Dominio Veneto, è fortiſſima, &
ambe ſono poſte al monte nell'eſtreme parti
della Terra. Hà due fontane, l'vna d'acqua
dolciſſima, e leggieriſſima, con aſſai bella architettura fabricata di pietre à ſcarpello, eſcono da vn vaſo rotondo chiuſo, dopò d'eſser ſa-
lita l'acqua per vna groſsa colonna quadra tre
cãnelle di detta acqua, e caſcano in vn vaſo aſſai maggiore; hà ſei faccie, e queſta ſi vede da'
paſsaggeri. L'altra è d'acqua coſi fredda, cru-
da, e graue, che ne anco alle beſtie ſi dà à beuere; ma ſerue ſolo per rinfreſcar il vino l'Eſtate
in loco di neue, e per ttarre la ſete, di che ſi fà
particolar traffico in detta terra con 80. calda-
re, e per l'abondanza de'morari, e bontà delle
galette, e per il gran luſtro, c'hanno dette ſete,
attribuito alla crudità, & altre qualità di detta acqua, che è in luogo remota, dentro però
alla terra, e non molto lontano dalla ſtrada
per doue paſsano li foraſtieri, e queſto non viene per condotti, come l'altra: ma ſcaturiſce d
certi geſſi, (de'quali abbonda aſsai detta coſt

den-

dentro, e fuori della Terra,) che se ne fanno
molte fornaci, e se ne vede per tutte le fabriche
della prouincia.

Il Territorio di questa Terra vien detto la
Valle d'Amone, così nominata dal fiume, che
dal notabiliffimo Alpe di Firēze hà il suo principio, e scorre (con non poca acqua, che mai
manca, e fà macinar molini) per il lungo di
detta Valle finò à Faenza, e lontano dalle mura
della Terra vn tiro d'archibugio.

Contiene questa Valle, e territorio quarant'
otto Villaggi, ciascuno de'quali hà la propria
parochia, e tutte con assai commoda intrada,
& hà Cittadini, che per la maggior parte sono
ricchi, e viuono affai ciuilmente, sì che non è
marauiglia, se le ordinanze di questa Terra di
800. huomini, siano, e per la bella, & effercitata
giouentù, e per ricchezza, e per bellezza d'arme le più scielte di quante ne habbia singolar-
mente lo Stato Ecclefiaftico. Quali Villaggi
tutti vengono compresi sotto il nome di Bretti-
gella. Pagano l'impofitioni Camerali, & altri
paesi à chi è tenuta detta terra, e sono sottopo-
fti al gouernatore di quella, che viene mandato
dal Pontefice immediate con Breui, come s'offerua di fare con le Cittadi.

La detta Valle è fertiliffima, e raccoglie grano, e vino ogn'anno, che bafterebbono
per dui, quando da'conuicini popoli non ne
foffe afportato, ancor che la Terra con
detti Villaggi faccino ficuramente 1800. anime.

Si troua fuori della porta, che và à Firenze sù la ftrada al fin del borgo vn belliffimo
Monafterio con belliffima Chiefa, & certo

K 5   degna

degna d'eſſer viſta, doue habitano li Padri Oſſeruanti di San Franceſco.

E poco più innanzi ſi vede vn palazzo nobiliſſimo, c'hà tutte le commodità, di Chieſe, di
Peſchiere, Fontane, Giardini, Vigne, Palom-
bare, boſchetti da vccellare, Conſerue di neue,
con tutte le ſorti d'arbori d'eſquiſiti frutti, con
abbondanza di Cedri, Melangoli, Pini, & altre
delitie, che in qual ſi voglia Villa di gran Signore ſi poſſano deſiderare, & è de' Signori
Spadi, che lo tengono talmente ripieno di
tutte maſſaritie, e ſuppelletili, & Argentarie,
che quando vi ſono alloggiati la Gran Prenci-
peſſa di Firenze, li Legati di Romagna, & altri, non è occorſo portarui coſa alcuna.

Vn quarto di miglio più innanzi incontro
all'antichiſſima Pieue del Thò v'è vna quercia, ò rouere, che da chi hà viſto l'Italia tutta,
la Faenza, la Spagna, li gran boſchi di Germania, la Polonia, la Lituania, & altri paeſi, è
ſtato affermato, che non ſi troui Arbore della groſſezza di detta Quercia, il corpo della
quale à pena ſi può abbracciare da cinque
grand'huomini. Più innanzi vn miglio pur
ſù la ſtrada ſi troua vn bel borgo di caſe, chiamato Fugnanno, & sì per fino Firenze ſi trouano buone hoſterië, & alloggiamenti.

Hà queſta Terra vna collegiata inſigne,
per l'habito di Prelato, c'hà il Prepoſto, prima
dignità, & almucci, che portano l'Arciprete,
e dieci Canonici aſſai commodi d'entrada.
Et il primo, ch'eſſercitaſſe la dignità della
prepoſitura fù vn tale Aleſſandro Garauino
Dottor intelligente della detta Terra. In queſta Terra di Breſigella ſi fà il Mercordì mer-
ca-

cato sì groſſo, per l'abbondanza de'comeſtibi-
li, che vengono portati da quelli Villaggi, e
per il numeroſo beſtiame di tutte le forti, che
vi concorre popolo infinito anco dalle vicine
Cittadi,e caſtelli,e non ſi pagano gabelle nell'-
entrare.

E fiorita queſta terra nelli dui ſecoli paſſati
in armi per la nobiltà,generoſità, e valore delle famiglie Naldi,e Recuperati, come s' intende da Fanulio Campano,& altre Hiſtorie.

In Venetia in SS.Gio. e Paolo ſono le ſtatue
di Vicenzo,e Dioniſio Naldi.

In queſto tempo fioriſce in lettere, e Prela-
ture, viuendo al preſente Monſignor Gio: Andrea Calligari Veſcouo di Bertinoro,quale per
la molta prudenza,valore,e letteratura, doppo
eſſer ſtato Vicario in molti luoghi, Auditor di
Legato Apoſtolico,e Prior del Thò, fù da Papa Greg.xiij. fatto Prelato Collettore in Portogallo,Nuncio al Rè di Polonia, Veſcouo, e
Nuncio all'Arciduca Carlo d'Auſtria,e da Pa-
pà Siſto V. chiamato per ſuo Segretario, & in
tal carica continuò fin ſotto Clemente VIII. à
cui ſeruì per ſpatio di 15.meſi.

Monſig.Gio:Maria Guangelli Frate Dominicano, e Veſcouo di Poloniano in terra de
Bari, che prima è ſtato Predicatore famoſo, e
poi per noue,e più anni Maeſtro del Sacro Palazzo.

Fra Agoſtino Galamini Teologo ſingola-
riſſimo, quale doppo hauer ſeruito di Lettore
per molti anni alla ſua Religion Dominicana,
e d'eſſer ſtato Inquiſitore à Breſcia, à Genoua,
& à Milano, fù da Clemente VIII. chiamato
Commiſſario Generale del S. Vfficio,poi fatto

K 6 Mae-

Maeſtro del Sacro Palazzo in luogo di Fra
Gio: Maria ſudetto da Papa Paolo V. & vltimamente alli 24. di Maggio 1608. fù per la
ſua ſingolar bontà, & integrità di Vita, con v-
niuerſal contento della ſua Religione eletto
Generale; Monſig. Paolo Recuperati Dottor
di Legge, e Teologo buoniſſimo, Refferendario
dell'vna, e l'altra ſegnatura di Sua Santità, &
vno de'dodeci votanti, prelato di buoniſſima
vita, e di belliſſime lettere, oltre il notato.

Viaggio da Milano à Cremona, à Mantoua, à Ferrara, e fin'à Rimini.

SE partendo da Milano vorrai vedere i lochi poſti fuor della Via Emilia, arriuato
che ſarai in Lodi, te ne vſcirai per la porta di
Cremona, e caminerai al fiume Ada verſo O-
riente; doue trouerai molti villaggi groſſi, &
paſſati dodici miglia vedrai Caſtiglione terra,
c'hà molti priuilegi. Di ſotto, doue l'Ada entra
nel Pò, vederai Caſtel Nouo; ma vn poco di ſopra è Pizzichitone, loco di nome, percioche fù
quà condotto Franceſco I. Rè di Francia preſo
da gl'Imperiali ſotto Pauia, e vi fù ritenuto,
finche ſecondo l'ordine di Carlo V. Imperatore, l'imbarcarono à Genoua per Spagna. Non
ti auanzano poi fin'à Cremona più di 15. miglia di ſtrada, laquale è dritta, piana, e buona.

CREMONA.

CRemona è poſta alla riua del Pò, nel 7
Clima, e nella parte Occidentale d'Italia

CREMONA

228

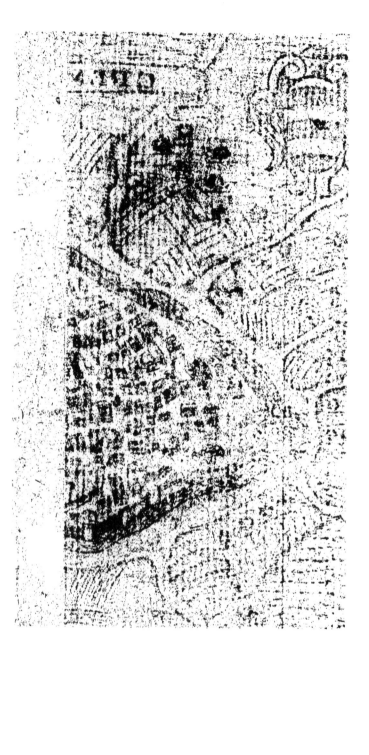

lìa, gira in circa 8 miglia, fasciata, per quanto
le bisogna, di bastioni, e fosse : con vna rocca
dalla parte Orientale , attorniata di mura di
mattoni cotti, la più stupenda, la più forte,
formidabile , che si ritroui in Italia . Questa
Città gode buon'aere, & è tanto antica, che
non si sanno i suoi primi fondatori. Fù Colonia de i Romani, e sempre è stata tanto fedele
alli suoi Prencipi , che trà le Città d'Italia hà
meritato il cognome di fedele. Nel tempo di
Triunuirato, di Augusto, di M. Antonio, e di
Lepido, hebbe molti affanni, essendo anco diuiso il suo territorio alli soldati; la cui vicina-
za in quei colpi di mala fortuna nocque affai à
Mantoua; del che se ne lamentaua Virgilio di-
lendo nell'Egloga 9.

Mantua, vel misera nimiū vicina Cremona.

Quanto fosse all'hora Cremona mal trattata, si può cauare da Cornelio Tacito. L'anno
poi della nostra salute 6 50. fù da' Gotti, Longobardi, e Schiaui tutta rouinata , & ancora
600. anni dopo fù destrutta da Federico Barbarossa , sìche restò dishabitata ; poi fù di nuono rifatta, & ampliata , e durò in libertà , sì
che sendosi da se stessa preseruata per le discordie ciuili, fù soggiogata da Vberto Palauicino,
scacciato il quale, fù da diuersi Signorotti tenuta in seruitù, hor da Cauadabò, hor da Pon-
zoni, hor da Fonduli, hor da Visconti, secondo
che perseguitandosi trà essi, hor l'vno, hor l'altro rimaneua vincitore ; e così l'infelice Città
continuamente patiua da chi secondo le mutationi di fortuna, più poteua . L'acquistaro-
no con l'arme anco i Venetiani, i Francesi, &
i Sforzeschi, ma al presente il Rè di Spagna la
reg-

regge , e gouerna in quiete .

Sigifmondo Imperatore , per gratificar Gabrino Fondulio , conceffe gratia à Cremona di
hauer vn ftudio publico, con tutti quei priuilegi,immunità, & effentioni,che godono i ftudi
di Parigi,e di Bologna .

Nella Città di Cremona fono cafamenti
grandi, anzi poffiamo dir nobiliffimi palazzi ,
fabricati con gran fpefe , e con mirabil architettura; trà maggiori è quello delli Affaltà , e
quello de i Signori Tretti , del Vefcouato,del
Podeftà, & il publico della ragione . La piazza maggiore del Capitano è bella ; fono anco
belle quella della pefcaria , & quella , doue
fi fà il mercato de i beftiami , oltre le
quali ve ne fono molte altre , ma di manco cõ-
fideratione. Hà vie larghe,horti,e giardini , e
molini in copia dentro,e fuori della città ; Sendo ftato tirato à quefta pofta vn canale, e condottaui l'acqua del publico fiume , che paffa
per mezo la Città. Hà vna torre ftimata la più
alta,che fi veda; è perciò numerata trà i miracoli d'Europa, fabricata l'anno 1284. fopra la
quale vna volta fi ritrouarono infieme Gio:
XXII. Pontefice, e Sigifmondo Imperatore,con Gabrino Condulio Sig. della Città : il
quale dipoi hebbe à dire, ch'era gramo alla
morte di non hauer precipitato quel giorno
della torre il Pontefice, e l'Imperatore, e così
hauer fatto vna cofa degna d'eterna memoria : confiderando forfe l'efempio d'Heroftra-
to : il quale folamente per eternare il fuo nome diede fuoco à quel ftupendo Tempio di
Diana , fabricato in Efefo à fpefe comuni di
tutti i potentati d'Afia in 220. anni,e l'abbruggiò

gió. La Chiesa Catedrale è nobilissima, ricca
di grosse entrate, fornita di bellissimi paramenti, & hà reliquie di più 160. Santi, con l'ossa
di S. Himerio, di S. Archelao, & etiandio di S.
Homobono cittadino di essa, della nobil famiglia de' Tucenghi. Vi è ancora la sontuosa
Chiesa di San Domenico con vn degno Monasterio de' Frati Predicatori, e la Chiesa di S.
Sigismondo, nel cui conuento stanno per ser-
uir'à Dio, i Frati di San Girolamo. Nella
Chiesa di S. Pietro si custodisce il Corpo di S.
Maria Egittiaca, la qual fù vn specchio di pe-
nitenza. In oltre sono in questa Città molti
ricchi Hospedali, & altri luoghi pij.

Quant'alle famiglie di Cremona, sono la
maggior parte di loro discese da i Romani, i
quali vi dedussero la Colonia due volte, altre
discendono da i soldati veterani, à i quali per
premio delle loro fatiche era concessa quest'-
habitatione cô vna parte di terreno. Altre ancora sono discese da i Gotti, Longobardi, Frã-
cesi, Tedeschi, & altri popoli d'Italia, eccetto
alcune poche originarie. Sono vsciti da questa Città molti Cardinali, Vescoui, & altri
Prelati della Chiesa, con molti huomini eccellenti nelle lettere, trà i quali fù Odofredo celebre Dottore delle leggi. Vi sono stati etiandio molti nobili Poeti, & altri huomini dottis-
fimi nella lingua Greca, & Hebraica, e per
non dire i Medici, & egregij Theologi, vi è stato frà gl'altri Antonio dal Campo eccellentis-
fimo pittore, come si può veder'in questa Città dalle sue opere marauigliose. Sono i Cremo-
nesi di sua natura industriosi, e d'acuto ingegno, & han ritrouato i veli tessuti di filo, di bô-
bace,

bace,e di lino, la farza, ch'è vn panno fatto d
lana:mezalana,il pignolato,e finalmente il pa
no di grifo molto groffo.Si fanno etiandio i
Cremona belliffimi cortelli con grand'artificio
lauorati.

     Hà di circuito quefta Città cinque miglia,&
è ben fortificata fecondo l'vfo moderno,efsedo
cinta d'vna groffa muraglia riempita di terra,
con baloardi,e foffe,hauendo cinque porte.

     Fuor della Città ne'borghi ritrouafi alcune
Chiefe, e Monafteri. Vedefi particolarmente
fuor della porta Pulefella, oue già era lo ftudio publico,la Chiefa di San Guglielmo, & vn
pozzo,ilquale hauendo l'acque turbide,e cattiue con il fegno della Croce fattoui fopra da
San Domenico, e S.Francefco,che quiui dimo-
rauano,furno conuertite in chiare,e dolci.

     Appreffo la porta di San Michele v'era vn
Tempio dedicato dalla gentilità alla Dea Februa,nelquale adeffo nõ appare alcun veftigio.

     Nel territorio di Cremona frà l'Oriente,e
Settentrione fcorre il nobil fiume d'Oglio, dal
quale effendo bagnate le mura della Città, n'è
iftratto vn canale per condurlo dentro di effa.
Vers'Occidente,oltra il fiume Adda,che diuide
quefto dal Territorio di Lodi,è irrigato ancora dal fiume Serio, ilqual fcende da'Monti di
Bergamo. E finalmente paffa vicino ad effa il
Pò, fopra il quale vi fi conducono diuerfe mercantie da molti Paefi d'Italia.Di maniera che
vers'Occidente hà'l Territorio di Lodi; Verfo
Settent.Bergamo,e Brefcia;all'Oriente Mantoua,verfo Mezòdì Piacenza.

     Poffiede quefta Città frà Terre, e Caftelli
41.luoghi, li quali hanno in feudo molti no-
bi-

bili,& alcuni di là dal Pò, fono hora poffeduti da'Parmigiani.

Egli è il paefe di quefta città tutto piano, & ornato di bei ordini d'alberi accompagnati dalle viti. E ancora fertiliffimo, e produceuole di tutte le cofe neceffarie per il viuere.

Da Cremona à Mantoua fi và per vna ftrada piana, e dritta, oue fi troua Piadena, patria di Bartolomeo Platina, appreffo la quale paffa l'Oglio fiume, alla cui finiftra riua fi dimoftra Canedo, ou' effo fiume fi fcarica nel Pò. Più oltra euui Afola, & Acquanegra caftelli. Ritornando alla deftra fopradetta, ritrouafi Bozzolo nobile caftello, & indi à 3. miglia San Martino, oue fù fepolto il Cardinal Scipion Gonzaga, che fù fplendor di Collegio de' Cardinali, pofcia paffato l'Oglio antidetto, il qual fpacca quefta ftrada, vedefi Marcheria caftello, e poco più auanti alla finiftra euui Gazuolo, ou'è vn fontuofo, e regal pallaggio de' Signori Gonzaghi, de i quali parimente fono i fopradetti tre caftelli. Da Gazuolo à Mantoua fono dodici miglia.

Ma volendo far la ftrada, da Cremona à Mantoua per la finiftra riua del Pò, laqual'è più longa, fi dimoftra primieramente il Caftel di San Giouanni, & Riccardo bella terra. Più oltra lungo la riua del Pò, ritrouafi alla finiftra Ponzono della nobil famiglia de'Pozoni Cremonefe, Gufciola, e Cafal maggiore, liquali Caftelli producono gran copia di vini, fe ben non molto grandi. Tre miglia più auanti appare Sabioneda città Imperiale, molto bella, e riguardeuole, effendo tutta dipinta per ordine del Duca Vefpafiano.

Più

Più oltra euui Viadana terra molto nobile, e ciuile. Poſcia ritrouaſi Pomponeſco, e Terraforte, oue ſi paſſa il Pò; e quindi à otto miglia s'arriua à Mantoua. Nel qual viaggio ſi troua Montecchio caſtello dei Pallauicini, & auanti ne'Mediterranei ritrouaſi Colorno ſott'il dominio di Parma, il quale è lontano da Caſal maggiore tre miglia. Più oltra ſi troua la Rocca di Briſſello dei Duchi da Eſte, oue era prima vna Città, laqual fù diſtrutta da i Longobardi, oue etiandio Alboino Rè de'Longobardi vcciſe Totila Rè de'Gotti, per la qual vittoria s'impadronì di tutt'Italia. Quindi ſi và à Gongaza, oue è vn ſuperbo palaggio del Duca di Mantoua, poſcia à Reggiolo ſcudo de i Conti da Seſſa, e parimente a Nuolara. Mà ritornando alla riua del Pò ritrouaſi Luzzara terra, e più oltra Guaſtalla, la quale hà titolo di prencipato, & è al preſente di Ferdinando Gonzaga Prencipe ſaggio, e prudente. Oltre Guaſtalla ſi ritroua Borgo forte, e poi Mantoua.

M A N T O V A.

È Coſa chiara, che Mantoua non cede à qual ſi voglia altra Città d'Italia in antichità. Imperoche fù edificata non ſolo auanti à Roma, ma etiandio auanti la Rouina di Troia (la quale ſucceſſe più di 430. anni prima, che fuſſe edificata Roma, com'aſſeriſce Euſebio, San Girolamo, & altri.) Dimoſtra etiandio Leandro Alberti eſſer ſtata fondata innanzi la venuta del Saluator noſtro 183. anni E coſi come è antica più di tutte l'altre, coſi

pari-

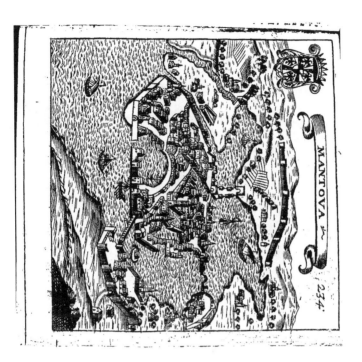

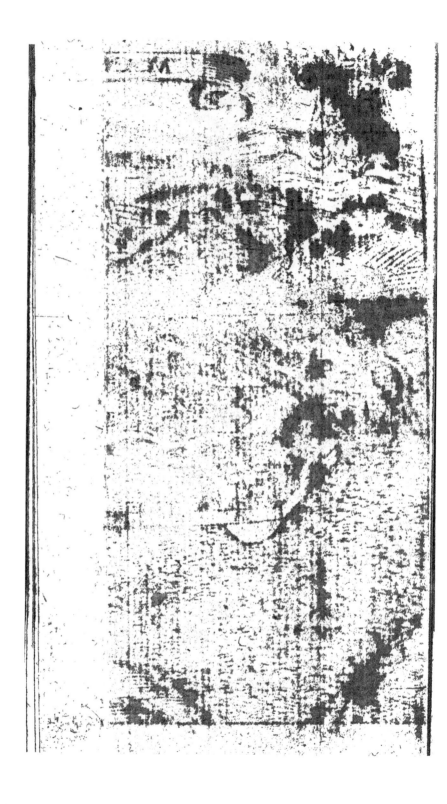

parimente fù nobilissima la sua origine. Imperoche (come vogliono grauissimi auttori, fù fondata da Ocno Bianoro antichissimo. Rè di Toscana, e fù habitata primieramente da tre nobilissimi popoli, cioè Thebani, Veneti, e Toscani; ilqual' Ocno fù figliuolo di Tiberino, Rè di Toscana, e di Manto Thebana; e però fece nominar questa Città Mantoua, dal nome di sua madre. Si come frà gl'altri testifica Virgilio Prencipe dei Poeti nel libro 10. dell'Eneide mentre celebra la nobiltà di questa sua Patria; cosi scriuendo.

Ille etiam patrijs agmen ciet Ocnus ab oris,
Fatidica Manthus, & Tusci filius amnis.
Qui muros, matrisque dedit tibi Mantua nomen.
Mantua diues auis, sed non genus omnibus vnum.
Gens illi triplex populi sub gente quaterni.
Ipsa caput populis Tusco de sanguine vires.

E posta questa Città frà le paludi create dal fiume Mincio, onde appare fortissima, tanto quanto altra Città d'Italia, per detto sito, & è larga, e ben'edificata, & ornata di sontuosi palagi, & etiandio di bellissime Chiese. Hà belle piazze, con lunghe, spatiose, e dritte strade, è Città mercantile, e copiosa di tutte le cose necessarie per la commodità dell'acque. Egli è il popolo d'ingegno disposto non solamente à maneggiar l'arme, alle lettere, all'arti, ma ancora à trafichi, & alle mercantie.

In Mantoua nella Chiesa de i RR. Frati di S. Domenico vedesi la sepoltura di Giouanni de i Medici, Padre di Cosmo gran Duca di Toscana, oue si legge quest'Epitaffio.

Ioan-

Ioannes Medices hic situs est inusitata virtutis
Dux, qui ad Mincium tormento ictus, Italia
fato, potius quam suo cecidit. 1526.

In questa medesima Chiesa si cōserua il corpo intiero d'Ossanna Andreassa, che fù donna
di santissima vita.

Nella Chiesa de'RR. Frati Carmelitani è
sepolto Battista Spagnuolo Generale del dett'
Ordine, del quale così è scritto.

Reuerend. P. Magister Baptista Mantuanus
Carmelita, Theologus, Philosophus, Poeta, &
Orator Clarissimus, Latinę, Grǣcǣ, & Hebrai-
cǣ linguę peritissimus.

Nel sontuoso Tempio di Sant'Andrea, vi è
del Sangue pretioso del nostro Signor Giesù
Christo, e parimente il corpo di San Longino
Martire. Qui etiandio è sepolto il Mantegna
Padouano, oue si legge questa iscrittione.

Ossa Andrea Mantinia famosissimi Pictoris, &
cum duobus filijs in sepulcro per Andream
Mantiniam nepotem ex filio constructo.

E di sotto sono questi due versi.

Esse parem hunc notis, si non praeponis Apelli,
Aenea Mantinia, qui simulacra vides.

Nel Duomo si conserua il corpo intiero di
Santo Anselmo Vescouo di Lucca. Et in questo Tempio si scorge l'ingegno di Giulio Romano famoso Architetto.

Nella Chiesa de'Frati Min. sono l'ossa de'Ca-
pilupi poeti, & in S. Egidio di Bernardo Tasso.

E cinta questa Città dal detto Lago, ilquale hà di circuito in tutto 20. miglia, e nella sua
maggior larghezza due miglia. Hà la detta
Città otto porte, circonda quattro miglia, e vi
sono 50. mila anime. Vicino alla Città è'l Regale

gale palazzo del Te, doue fi vedono merauiglie di mano di Giulio Romano.

Difcofto di Mantoua cinque miglia, vers'
Occidente, fopra al colle appare vn Tempio
dedicato alla Beatiffima Vergine Madre di
Dio,pieno di voti,nel quale fi vede la fepoltura di Baldafsar Caftiglione.

Vedefi poi verfo Mezogiorno difcofto da
Mantoua dodeci miglia il magnifico,e fontuofo Monafterio di San Benedetto, pofto in vna
pianura apprefso il Pò: il quale (come dicono,
molti fcrittori) fù dato da Bonifacio Marchefe
di Mantoua, e Conte di Canoffa, e parimente
Auo di Matilda nell' anno nouecento; ottanta
quattro,doppo la venuta del Saluatore.Quefto
luogo à da anteporre à tutti gli altri Monafterij d'Italia tanto per la gran ricchezza,quanto
per la magnificenza,e fontuofità dell'edificio,e
quel, che più importa, per l'ofseruanza della
Religione. Però è da fapere, che qui ftauano
primieramente i Padri Cluniacenfi fotto la regola di San Benedetto;Ma al prefente d.a 200.
anni in quà dimorano i Monaci della Congregatione Caffinenfe; Donde fono vfciti fempre
molti Religiofi ripieni di fantità,di dottrina,e
graui coftumi. Circondano le lor pofseffioni per
lungo,e per trauerfo vn grande fpatio di paefe.
Di più,per quanto fi può cauare da vn priuilegio di Pafquale II. Pontefice Maffimo, hebbe
già il dominio cofi nello fpirituale, come nel
temporale fopra Guernelo, e Quiftello,Caftel-
li, e pofsedeuano 38. Chiefe Parochiali pofte
nella Diocefi di Mantoua, Lucca, Bologna,
Brefcia, Ferrara, Parma, Malamoco, e Chioza.

L'Il-

L'Illuſtriſſima Conteſsa Matilda , (all
quale non sò trouar'alcuna pari frà le donn
Chriſtiane, che faceſſe tanti , e si ſegnalati b
neficij alla Romana Chieſa)eſsendo d'anni ſe
ſantanoue , finì i ſuoi giorni ne gli anni dell
ſalute mille cento ſedici à 12. di Luglio , e f
ripoſta in luogo eminente dentro vn ſepolcr
di marmo nella Capella della Beatiſ.Vergine
la qual ſepoltura eſſendo ſtata aperta di lì
trecento,e vinti anni, cioè nel mille, e quattro
cento quarantacinque,fù ritrouato eſſere il ſu
corpo intatto. Vedeſi la ſua effigie ſopra il der
to ſepolcro,ch'è poſta à cauallo ſopra vna giu
menta, à guiſa d'huomo , e veſtita d'vn'habit
lungo di color roſſo , con vn pomo granato
nella man deſtra. Oue ſi legge queſto antichiſſimo Epitaffio frà molt'altri , che gliene furon
fatti .

*Stirpe, opibus, forma geſtis, & nomine quondam
Inclyta Mathildus, hic iacet aſtra tenens.*

In quella parte del detto Monaſterio , doue
da baſſo ſi tengono le legna per la cucina con-
mune , e di ſopra ſi conſerua il formento, v'era
già l'habitatione,ò palazzo di Matilda. Che
più? è tanto grande la magnificenza di queſto
Conuento,che paſsandoui Paolo III. Pontefice,
mentre veniua dà Buſsetto , diſse , che queſto
era vn grande,e molto marauiglioſo Monaſterio , e con gran ragione ; Imperoche oltre gli
edifici marauiglioſi , come s'è detto , poſſiede
tanti campi , quanti poſsono lauorare tre mila
ottocento, e due para di buoi .

Di più vn terrapieno , che circonda gran
parte de'poderi di queſto Conuento , e di longhezza . miglia ; Nella qual fattura (oltra
que ̃l-

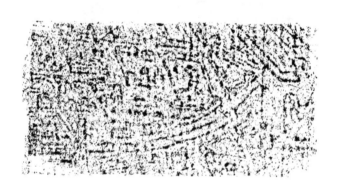

quelli,che i padri scontorno con i lor contadini debitori,vi spesero 17000. ducati. La qual'
opra nel mille cinquecento sessanta cinque fù
spedita in pochi mesi per rimediare all'inondationi del Pò.

Passata Mantoua due miglia discosto alla
bocca del fiume Mincio, il quale esce dal lago,e camina vers'il Pò,e Ferrara,ritrouasi alla
destra la contrada d'Ande,hora Pietole detta,
oue nacque Virgilio Prencipe de'Poeti, nè di
lui hà altra memoria.Più auāti doue il Mincio
entra nel Pò,ritrouasi Hostia castello alla sinistra,e Roueredo alla destra,con molt'altri luoghi frà terra tanto dall'vna, come dall'altra
parte. Etiandio poi nel territorio di Ferrara, si
vede Stella sù la riua del Pò verso Mezogiorno,e Ficarolo verso Settentrione;Al fine ritrouasi la contrada di Lago scuro, oue è il porto
da passar à Venetia.Quiui lasciando il fiume,si
và tre miglia per terra à Ferrara. Appresso
Stellada vedesi l'antichissimo letto del Pò, che
hoggidi è quasi secco,sopra ilquale drittamen-
te si passa à Ferrara,e di questo n'è causa il fiume Reno di Bologna.

FERRARA.

E Posta questa nobilissima Città sopra la
riua del Pò,che la bagna dall'Oriente,
e dal Mezogiorno, ornata di vaghi,e sontuosi edifici,di spatiose, e belle piazze, delle quali le principali furono primieramente seliciate
di mattoni dal Marchese Lionello. Oue al
presente si ritrouano assai nobili famiglie,
ricchi Cittadini , & altresì è molto nominata
per

per lo studio generale di tutte le scienze, ilqua
le vi fù posto da Federico Secondo Imperato
re in dispregio de' Bolognesi . E se bene non
si celebra di quei famosi titoli de i Troiani, ó
Greci, ò Romani, imperoche non sono ancora mille anni da che fù la prima volta cinta di
mura, lequali furno fatte per ordine di Mauri-
tio Imper. da Smaragdo suo Essarco, come as-
serisce Biondo, e'l Volaterr. nondimeno ella è
di maniera accresciuta fino al presente giorno
per la diligenza de' suoi prencipi tanto in edifici, quanto in ricchezze, che frà le prime città d'
Italia meritamente si può annouerare; fù questo
accrescimento sotto l'Illustre famiglia de' Marchesi da Este , e massimamente sotto Nicolò
Terzo, & Hercole primo. Laonde con molta
verità, & non senza ragione lodò questa Città
Giulio Cesare della Scala famoso poeta in questi versi .

Inclyta qua patulo fruitur Ferraria calo
  Reginas rerum limine dicat aquas:
Aurea nobilitat, studiorum nobilis ocij
  Ingenia, audaci pectore prompta manus,
Magnanimique Ducum genus alio à sanguine
  Diuum.

· Ma questo basti intorno à Ferrara, essendo-
ne stato scritto da molt'altri con gran facon-
dia, e diligenza. E nuouamente, cioè nel 1598.
tornata questa città sotto la Chiesa per opra di
Clemente VIII. Pontefice Massimo.

. Quì è il famoso Monasterio della Certosa
nel Barco, ilquale in vero è sontuosissimo edificio, e sono più di cent'anni, che fù edificato, e
dotato da Borso da Este Marchese di Ferrara,
oue vols'essere sepellito.

                                        Non

Non voglio però lasciare, che nel Duomo alla
iniftra del Choro giace Vrbano Terzo P. M.
n vna fepoltura di marmo , & iui appreffo fi
egge di Lilio Gregorio Giraldo huomo letterato .

Quid hofpes adftas ? tymbion
Vides Gyraldi Lilij,
Fortunæ vtramque paginam
Qui pertulit, fed peffima
Eft vfus, altera nihil
Ope ferente Apolline .
Nil fcire refert amplius
Tua, aut fua, in tuam rem abi.
　Lil.Greg.Geraldus Proton. Apoft. mortali-
　　tatis memor.
Anno 72.V. S.P.Cur. 1579.

　Nella Chiefa di S. Doménico de i frati Predicatori appreffo le fcale dell'Altar maggiore
vedefi la fepoltura de i Giraldi, nella quale
particolarmente è fepolto Gio: Battifta Cintio
Giraldo huomo molto elegante, e facondo nella lingua Italiana; quella, doue ftanno ripofte
l'offa di Gafparo, e di Aleffandro figliuolo di
cafa Sardi, eccellenti Hiftorici. In quefto fteffo Tempio giace Peregrino Prifciano, il quale
defcriffe l'hiftoria di Ferrara; amendue i Strozzi poeti, cioè padre, e figliuolo ; & appreffo la
porta à piè del Tempio alla deftra, quando fi
entra, in vna nobile fepoltura di marmo fi legge così :
　　　　D. O. M.
　Nicolao Leocenico Vicentino, qui fibi Fer-
rariam patriam maluit; Vbi annos 60. Italos,
& prouinciales magna celebritate Græcè, &
Latinè inftituit ; continua ferè apud Principes

　　　　　　　　L　　　　　　Eften-

Eſtenſes magno in honore habitus. Vnus om
nium magis pectore,quàm lingua philoſophi:
profeſſus, rerum naturæ abditiſſimarum expe
rientiſſimus, qui primus herariam penè deſi
tam, & ſyluam rei medicæ iniuria temporun
negligenter habitam in diſquiſitionem magn
ope mortalium reuocauit, in barbaros condi
tores pertinaciter ſtylum perſtrinxit, & ſtudi
veritatis, cum omni antiquitate acerrimè de
pugnauit, annos natus ſex, & nonaginta, cun
iam æternis monumentis in arcem immortali
tatis ſibi gradum feciſſet, homo eſſe deſijt Al
phonſus Eſtenſis Dux III. & S.P.Q.Ferrarien
benemerito poſuere,vj.Idus Iunij,MD.XXIV
Bonauentura Piſtophilo grato ipſius diſcipu
lo procurante.

- Nel Monaſterio de' detti Frati, entrando
nella libraria, ſi vede la ſepoltura, & epitaffi
di Celio Calcagnino, ilquale arricchì queſt
luogo con li teſori de'ſuoi libri.

Nella Chieſa di San Franceſco giaccion
l'oſſa di Giouan Battiſta Pigna, ilqual ſcriſſ
le Hiſtorie di caſa d'eſſi; e nel Chioſtro quell
di Enea Vico da Parma, antiquario de'noſtr
tempi.

Nella famoſa Chieſa de' Frati di S.Benedet
to, dalla banda ſiniſtra ſopra vna colonna, l
legge del Prencipe de'Poeti Italiani.

D. O. M.

Ludouico Areoſto Poetæ Patritio Ferrari
enſi,Auguſtinus Muſtus tanto viro, ac de ſe
bene meren. Tumulum, & Effigiem marmo
ream,ære proprio P.G. Anr o ſalutis MDLX
XXIII. Alphonſo II. Duce;vixit annos 39. c
bijt anno ſalutis 1533. vij.Idus Iunij.

E po-

E poco più à baſſo di compoſitione di Lorenzo Frizoli.

Hìc Areoſtus ſitus eſt, qui comico
Aureos ſparſit theatri Vrbanos ſale,
Satyraque mores ſtrinxit, acer improbos
Heroa culto, qui furentem carmine,
Domumique curas cecinit, ac prælia
Vatés corona dignus vnus triplici,
Cui trina conſtant, quæ verè Vatibus
Graijs, Latinis, vixque Hetruſcis ſingula.

Entrando poi nel Monaſterio, vedeſi vna
picciola, & antica Capella, oue furono lungamente conſeruate le oſſa del detto Arioſto, oue
in vna di quelle facciate ancora ſi ritroua :

Quì giace l'Arioſto, Arabi odori
Spiegate, ò aure, à queſta tomba intorno,
Tomba ben degna d'immortali honori:
Ma troppo à sì gran buſto humil ſoggiorno.
Oſſa felici, voi d'incenſi, e fiori
Habbiate il viſo ogn'hor cinto, & adorno,
E da gli Heſperij liti, e da gli Eoi
Vengan mille bell'alme à veder voi.

Quì giace quel, che'l ſeme di Ruggiero
Cantò, e'l valor del gran Signor d'Anglante,
Voi, che moſſi d'ardente alto penſiero
Fermate i paſſi al ſuo ſepolcro auante.
Dite (nè pur'in parte andrete al vero)
Che'n quanto è ſotto al gran peſo d'Atlante,
Di cui non fù di Cintio al ſacro regno
Spirto più bel, nè più ſublime ingegno.

Nel Chioſtro de' Carmelitani alla ſiniſtra
vedeſi vna memoria di Manardo, del quale
così ſi legge :

Io: Manardo Ferrarienſi viro vni omnium
integerr, ac ſanctiſſ. Philoſopho, & medico do-

ctifs. qui anni P.M. LX. continente, tum do-
cendo, & fcribendo, tum innocentiffimus me-
dendo omnem medicinam ex arce bonarum
litterarum fœdè prolapfam , & in barbaraits,
poteftatem, ac ditionem redactam proftram
ac profligatis hoftium copijs identidèm,vt hy-
dra renafcentibus in antiquum , priftinumque
ftatum, ac nitorem reftituit lauream omnium
bonorum confenfu adeptus IV.& LXX. annos
agens, omnibus omnium ordinum fui defide-
rium relinquens, humili fe hoc farcophago
condi iuffit.
Iulia Mafanda vxor, meftiff. quod ab eo opta-
    bat,pofuit .   (di,
Hęc breuis exuuias magni capit vrna Manar-
    Nam virtus latè docta per ora volat.
Mens pia cum Superis cęli coit aurea templa,
    Hinc hofpes vitæ fint documenta tuæ.
M.D.XXXVI. Mon.Mart.
    Li Canonici di S.Saluatore fotto il titolo di
S. Maria del Và conferuano del fangue mira-
colofo, & hanno vna vaga Chiefa.

Viaggio da Ferrara à Venetia.

CHIOZA.

PArtito da Ferrara cinquanta miglia verfo
    Greco ritroui Francolino sù'l Pò, doue ti
deui imbarcare : andando all'ingiù, lafcierai
à finiftra Rouigo,& à deftra la feconda, e fpatiofa campagna Ferrarefe. Giunto poi alli
borghi di Papozza, e di Corbola, trouerai vn
ramo del Pò, che fcorre verfo Mezo giorno,
per quefto, paffando vicino ad Arriano, entrerai nel mare appreffo il porto di Goro.
                                        Ma

Ma seguendo l'alueo maggiore del Pò, ti la-
scierai à finistra l'antichissima, e rouinata Città
di Adria, Cauarzere, e le lagune, che sono attorno Venetia; e ritrouato nel fine del Pò Lo-
reo parimente, entrerai in mare al porto delle
Fornaci. Di qui costeggiando terra verso tramontana, t'incontrerai in Chioza Città, che
hà buon porto fatto dall'acque delle già nominate Lagune, & de i due capi della Brenta.
Li Chiozoti sono marinari, pescatori, & horto-
lani celebri. Chioza è famosa per i fatti d'arme quiui occorsi trà i Venetiani, & i Genouesi;
e quando vennero gli Hunni in Italia, fù
molto accresciuta, & in particolare da i popoli da Este, e da Monselice, Castelli del Padouano, i quali fuggirono là per saluarsi. Al
tempo d'Ordelafo Faliero Doge di Venetia,
fù trasferito in Chioza il Vescouato di Malamocco Città già rouinata dall' acque, e cosi
Chioza fù fatta Città. Quiui si troua vna Imagine della Beata Vergine molto miracolosa,
e visitata da infinite persone de i luochi circonuicini. Dalla parte Orientale di Chioza
nella marina si troua vn'argine fatto dalla natura lungo 30. miglia da Ostro in Tramontana, ilquale è come vn riparo, che ritiene,
rompe l'impeto dell' acque dell' Adriatico.
Non sarebbe possibile raccontare, quante robbe cauano i Chiozotti di quel terreno, e le portano à Venetia. Basta sapere, che quasi tutto è
pieno di horti gouernati con somma cura; &
in oltre fertili di ogni verdura per l'istesso sito
del loco. Nauigando da Chioza verso mezodì, si và in Ancona, à Pesaro, Rimini, Cesena,
& à Rauenna; ma andando per terra sopra i

lidi della marina di Chioza verso mezogiorn
fi vedono molti porti: & al fine fi arriua à R<
uenna, ma con lunga fatica, in modo, che no
porta la fpefa andarui chi non hauelfe propò
fito di riuedere i porti di Goro, delle Bebe, c
Volana, di Magnauacca, e di Primaro, che pri
ma fi ritrouano. Euui anco il porto di Bron
dolo in quefto tratto, ilquale, fe bene abbond
d'acqua di Brenta, è tuttauia pieno d'alga.

Da Chioza à Venetia fono 20. miglia, n<
qual fpatio fi ritroua Malamocco Ifola già nc
bilitata per la refidenza, che vi faceua il Dog
di Venetia. Quiui è il porto di Malamocc<
molto pericolofo, per effer affai profondo. Po
co lontano è Poueggia, hora Ifoletta dishabi
tata, ma che ne i primi tempi di Venetia er
piena di popolo. Ancora in effa fi vifita l'ima
gine d'vn Crocififfo miracolofo. Per le lagun
fono fparfe molte altre Ifolette, Monafterij, O
fpedali, horti, e giardini, trà'quali è fondata l<
Nobiliffima Città di Venetia, che al mond<
hà poche pari.

Viaggio da Ferrara à Rauenna, & à Rimini.

NE, i Borghi di Ferrara verfo Oftro paffato il Pò per vn certo lungo ponte
di legno, trouerai la Chiefa di S. Gregorio, officiata da' Padri Oliuetani, nella quale fi conferua il capo di San Maurelio primo Vefcou<
di Ferrara. Quiui il Pò manda vn fuo ramo
à man finiftra, ilquale bagnata gran pianura,
e fcorfo per Meiato, Meiatino, & altri luochi à
Volana, entra nel mare Adriatico. Ma l'al-

uco

neo maggiore piegando à mano destra, cioè verso mezo giorno, disdotto miglia auanti, hà sù la riua sinistra Argenta Castello nobile, così nominato, perche ogni tanti anni, come si dice, soleua pagare vna certa quantità di argento alla Chiesa di Rauenna. A mano destra hà molte Valli del Bolognese, e de gli Argentani, tutte abbbondantissime di pesce. Oltre Argenta tre miglia si troua la Bastia, rocca distrutta; doue gli esserciti di Giulio Secondo Pontefice, & Alfonso Primo Duca di Ferrara, fecero vna gran battaglia. Dieci miglia oltre la Bastia trouerai Lugo Terra nobile, & in quel contorno è Bagnacauallo Castello honorato: Cotignola patria natia de i Prencipi Sforzeschi, Barbiano quasi distrutto, patria di Alb rtino famoso Capitano, Mazolino, Imola Città, e più verso Ostro il Castel Bolognese celebre, con Faenza, famosa per la finezza de i vasi di terra, che in essa si lauorano.

Alla sinistra del Pò sino ad Argenta, stà il Polesine di San Giorgio con fertilissime Campagne, & vn palazzo de i Prencipi da Este, detto Bel riguardo, tanto grande, bello, e fornito, che può bastare per ogni Rè. Erano anticamente in questa vicinanza dodici terre grosse: gli habitatori delle quali d'accordo insieme fabricarono Ferrara, e la principale di quelle era Vigonza. Quì è Porto, Castel Consandolo, e molti altri luochi abbondanti, e dilettuoli.

Seguendo allungo il Pò per 20. miglia, trouerai diuerse terre quasi sù la riua, tutte belle, & amene, trà le quali è Longastrino, e Filo così detto, perche iui il Pò è dritto sei miglia, che pare à punto vn filo. Più auanti è Santo Alber-

berto, e poi Primaro, doue il Pò entra in m
re. Già tempo quefto alueo del Pò era molt
furiofo, ma hora è quafi atterrato dall'arena
che mena il Reno di Bologna; e tutte l'acqu
gonfiano quell'altro alueo, che và à Venetia
Se quì ti volti verfo Tramontana, andarai
Venetia, paffando di mano in mano Primaro
Magnauacca, Volane, le Bebe, Goro, le Forna
fe, Foffon, Brondolo, & vltimamente Chioza
Da Sant' Alberto guardando verfo Tramon
tana fi vede Comacchio vicino al lido del ma
re, con vno ftagno attorno di giro di dode
miglia, pieno di Cefali, e di Anguille; dell
quali forti di pefci qualche volta fe ne piglia
no di grandi fuori di mifura, come di vinticin
que, e trenta libre; ma della grandezza ordina
ria fe ne prende tanta quantità, che ne dà in
abbondanza à diuerfe Città d'Italia. Scorro
no in quefto Lago le acque del mare per i
porto di Magnauacca. Fù anticamente Co
macchio Città potente, ma hora è quafi di
ftrutta dall'acque. In quefta vicinanza è l'A
baria antichiffima di Pompofa, e vi fi trouan
anco molti bofchi, valli, laguné, & altre terr
poco coltiuate.

Sono à man deftra del Borgo di Santo Al
berto campagne paluftri, nelle quali fino al
d'oggi fi vede la foffa Maffanitia, fatta da g
antichi, ma al prefente è vn'alueo ftretto, pe
ilquale fi può nauigare à Rauenna in barche
te però picciole. Si chiamaua anticamen
quefta foffa per la vicinanza del Pò, che in la
tino fi dimanda Padus, Padula; & andaua d
Rauenna à Modena; talche era lunga cinqua
ta miglia, ma hora è atterrata; sì che nelle val

Bo-

Bolognefi di Confelue, di Argenta, e di Rauenna, à pena fe ne vede vn poco di forma
picciola,e fangofa.

RAVENNA.

RAuenna è Città memorabile più per l'antichità fua, che per belli edificij, ch'ella
habbi. Fù prima fabricata da i Theffali, come dice Strabone; i quali poi moleftati da gli
Ombri, e da i Sabini, fpontaneamente glie la
ceffero,e ritornarono in Grecia; ma gli Ombri
ne furono fcacciati da i Francefi : e quefti
da i Romani, fotto i quali durò, fin che fi fece
padrone di quei paefi Odouacre con gli Heruli, e fcacciato ancora quefti Teodorico Rè de
gli Oftrogothi, fe la fece capo, e fedia del fuo
Regno;nè fù però degli Oftrogothi più di 70.
anni, perche Narfette prefetto di Giuftiniano
Imperatore con titolo di Effarcato di nuouo la
racquiftò all'Imperio,e doppo Narfette la tennero fucceffiuamente quindeci altri Effarchi
de gl' Imperatori di Coftantinopoli per più di
cento, e fettant'anni : liquali però hebbero da
guerreggiare continuamente con i Longobardi, chiamati in Italia da Narfette à danni dell'
Imperatore; percioche era ftato accufato Narfette à Giuftino fucceffore di Giuftiniano di
hauer rubbato affai in Roma ; onde Giuftino
ftimolato anco à ciò dalla moglie, mandò vn'
altro in loco di Narfette ; d'onde auuenne, che
Narfette adirato contra l'Imperatore,inuitò à'
danni dell' Imperio i Longobardi, per mano
anco de'quali l'Effarcato in Italia perì; hauendo Aftolfo Rè dei Longobardi prefa Rauēna,

L 5 ch'

ch'era la Sede dell'Eſſarco . L' Eſſarcato eɪ
vn ſupremo Magiſtrato mandato dall' Impɛ
ratore à goũernare , & à giudicare di ogni cc
ſa,ſenz'appellatioɴe alcuna; onde l'Eſſarco eɪ
come Rè d' Italia . Aſtolfo poco doppo ſupɛ
rato da Pipino Rè de i Franchi , ceſſe Raueɴ
na , e tutto ciò ; che ſpettaua all' Eſſarcato , a
Pontefice Romano;ma Deſiderio ſucceſſore d
Aſtolfo, eſſendo partito da Italia Pipino con l
eſſercito Franco , non curandoſi della fede da
ta , ancora occupò l'iſteſſe terre ; ma fù poi dɛ
Carlo Magno con l'eſſercito Franco di ɴuouɪ
ritornato vinto,e preſo,& all'hora furon ſcac
ciati i Longobardi di tutt' Italia , e coſi preſe
ɪo il Regno d'Italia , con la euidente ragio‑
ɴe dell'Eſſarcato , laqual'era da Rimini à Pa‑
ɪiia per la Via Emilia ; e dall'Apennino ſino
alle paludi Veroneſi fino alle Vicentine, e fino
al mare Adriatico. In tal maniera queſta Città
hà hauuto varie diſgratie , e mutationi di go‑
ɪierni ; come anco à memoria de i noſtri ante‑
ceſſori non ſolo fù ſacchеggiata da i Franceſi,
ma anco caſcò in vltima rouina per le diſcor‑
die ciuili de i ſuoi Cittadini .
Dice Strabone, che à i ſuoi tempi Rauenna
era fabricata in mezo le paludi ſopra i pali di
legname, con l'acque ſotto; onde non ſi tranſi‑
taua per lei, ſe non per via di ponti , e di bar‑
chette ; e che alle volte l'acque inalzandoſi ,
conſtringeuano gli habitatori à ritirarſi ne i
ſolari alti , e laſciauano molto faɴgo per tutte
le ſtrade , ma ch'era ſana, come anco Aleſſan‑
dria di Egitto; e queſto perche l'acque ſtando
in continuo moto , sì come portauano il fango
per le ſtrade,coſi anco preſto le purgauano da
tut‑

tutte le immonditie; ma à i tempi noſtri eſſen-
doſi già feccate le paludi, vi ſono campagne
fertiliſſime di biade, horti, e paſcoli in abbondanza. Dicono molti Hiſtorici d'accordo, che
Auguſto Ceſare nobilitò aſſai Rauenna, accō-
ciandole vn gran ponte, e facendole quell'alta
torre detta il Faro; doue anco egli fermò vn'armata in difeſa del Golfo, e poſe nell'eſtremità
del braccio del porto per mezo la Città, gli alloggiamenti de i ſoldati ordinarij, fabricati in
forma di Caſtello, che dipoi furono chiamati
la fortezza di Rauenna; onde perch'era ancora nel mezo del cerchio del porto vn'altro Ca-
ſtelletto detto Ceſarea, fortificato poi ne i tempi ſeguenti con mura, e baſtioni da Longino
Eſſarco (come racconta il Biondo) il porto di
Rauenna quaſi coronato di tre continui cap-
pelli, rendeua vna viſta mirabile; ma al preſente à pena ſi vede ſegno del porto, e meno di
quelle antiche fabriche; vi ſono bene certe
Chieſe vecchie, e Monaſterij di poco momento; del reſto tutto quel tratto maritimo è pieno
di ſtagni, fango, e ſabbia.

Si legge nella porta Specioſa, hora per la
bellezza de i marmi, e dell'architettura, detta
Aurea, queſto titolo.

TI. CLAVDIVS DRVSI F. CÆS. AVG.
GERMANICVS PONT. MAX. TR. POT.
COS. II. DES. III. IMP. III. P. P. DEDIT.

Dal quale ſi comprende, che Claudio Imperatore fortificò Rauenna di mura, e la ornò di
porte nuoue. Il Biondo afferma, che la iſteſſa
Città fù anco ampliata, e rinouata di mura da

L 6   Pla-

Placida Galla forella di Arcadio, ed Honori
Imp. e da i figli dell'iftefla, che furono Valen
tiniano, e Tiberio. Theodorico Rè degli O
ftrogoti la ornò di molti edifici, e l'arricch
delle fpoglie delle altre prouincie,hauendofe
la eletta Sedia del Regno; perilche al prefent
ancora vi fi vedono Chiefe,palazzi,& altre fa
briche dell'ifteffo,e de i fuoi fucceffori.

Trouerai in Rauenna appreffo alla piazz
di S.Maria del Portico vn gran Conuento,
il magnifico fepolcro di Dante Aldighieri, di
rizzato da Bernardo Bembo, già Podeftà Ve
netiano in Rauenna, con quefta ifcrittion
dell'ifteffo Bembo :

Exigua tumuli Dantes hic forte iacebas
  Squallenti nulli cognite penè fitu .
At nunc marmoreo fubnixus conderis arcu,
  Omnibus & cultu fplendidiore nites.
Nimirum Bembus Mufis incenfus Hetrufcis ,
  Hoc tibi,quem in primis ha coluere,dedit .

E con queft'altro Epitaffio, che Dante mori-
bondo fi fece :

Iura Monarchia,Superos Phlegetonta,lacufq;
  Luftrando cecini,voluerunt Fata quovfq;
Sed quia pars ceffit melioribus hofpita caftris ,
  Actoremq; fuum petijt felicior aftris .
Hìc claudor Dantes patrijs extorris ab oris ,
  Quem genuit parui Florentia mater amoris.

Trà le Chiefe di Rauenna la maggiore, e
più fontuofa è quella dell'Arciuefcouato, con
quattro mani di colonne di marmo pretiofiffi-
mo . Sopra l'Altare maggiore di effe foleua effer foftentato da quattro belliffime colonne vn
Cielo d'argento di trenta mila fcudi di valuta,
con ornamenti dorati politiffimo, ilquale fù
tol-

tolto via dalle facrileghe genti di Lodouico
XII.Rè di Francia,quando empiamente fenza
differenza alcuna, faccheggiarono tutta quefta
Città;del che però n'hebbero prefto il caftigo:
perche furno parte tagliate à pezzi, e parte co-
ftrette à gettarfi nel Pò, e nel Tefino, doue mi-
feramente fi annegarono.Sono in quefta Chiefa molte facre reliquie di Santi,paramenti pretiofi,e doni di gran valore . In vna capella fe-
micircolare fi vedono i primi Vefcoui di Rauenna eletti còn l'inditio della colòba,figurati
idi mofaico alla Greca,cofa molto bella . La
loro elettione cominciò come fegue .

Pafsò à miglior vita Santo Apollinare, vno
(per quel, che fi crede) de i fettantadue Difcepoli di Chrifto;ilquale partito con San Pietro
Apoftolo di Antiochia per andare à Roma ,
haueua dato la fede Chriftiana à Rauenna,e vi
fi era fermato à gouernarla;nè alcuno de i Difcepoli da lui lafciati fi ftimò buono da reggere quella Chiefa; onde tutti infieme fi ritirarono in vn Tempio à pregar Dio,che dimoftraf-
fe à chi voleffe commettere quella cura; e cofi
lo Spirito Santo in forma di Colomba fe ne
volò fopra il capo d'vno , ilquale intefero a
quefto modo effer'eletto da Dio per quella dignità; nella qual maniera furono creati fucef-
fiuamente vndeci Arciuefcoui . E la fineftra,
per la quale veniua la Colomba, ancora fi vede, meza però chiufa , fopra l'arco dell'Altare
maggiore nella Chiefa dello Spirito Santo,ch'
è in quefta Città;nella qual Chiefa à man finiftra vedrai vn cumulo di pietre cotte, appreffo
ilquale in vn cantone fe ne ftaua Seuero huomo femplice , fopra il capo del quale difcefe

vl-

vltimamente lo Spirito santo visibile à tutti.

Porta la spesa vedere la Chiesa di Santo A-
pollinare, detta il Cielo d'oro, fabricata da
Theodorico Rè degli Ostrogotti molto son-
tuosamente, che fù già dedicata à S. Martino.
Hà due ordini di nobilissime colonne grandi
di marmo, portate da detto Rè da Costantinopoli, & è ornata di altri pretiosi marmi, portati da Roma, & altri luochi d'Italia. E bella fabrica la Rotonda di S. Vitale, l'alta cuppula
della quale è il volto dell'Altar maggiore; e
parimente sostentata da bellissime colonne di
marmo; anzi anticamente fù tutta quella fabrica con il pauimento ancora incrostata di
marmo, e lauorata di diuerse figure à Mosaico;
sì come appare dalle reliquie di alcune opere,
che ancora vi si vedono. E fabricata riccamè-
te la Chiesa de i SS. Martiri Geruaso, e Protaso, ornata di molti marmi, fatta da Placidia
Galla, della quale, & insieme di due suoi figliuoli sono in detta Chiesa le sepolture di marmo intagliato. Nel volto del Tempio di San
Giouanni Enangelista sono figurate à mosaico le imagini degl'Imperatori, che furono del
parentado di Galla, della quale anco questo
Tempio edificato. Iui si legge la memoria del
tempo dell'edificatione, e come da S. Giouanni
miracolosamente apparso, fù quella Chiesa
consecrata li 9. Febraio.

Ritrouerai nella Città di Rauenna molte
antichità, molti epitaffij, e memorie antiche,
dalle quali potrai cauare diletto, & aiuto ne i
studij per la bellezza delle cose, e delle parole, che contengono. Si vedono le rouine di vn
gran palazzo, il quale si crede, che sia stato di

Teo-

Teodorico Rè degli Oftrogothi.Nel vafo della fontana fi vede vna ftatua di marmo d'Ercole Horario,non più vifta. Stà Hercole come vn'Atlante, inginocchiato con il ginocchio finiftro in atto di volere leuare in piedi; e foftenta con ambedue le mani eleuate, e con la tefta infieme vn'horologio folare, fatto à modo di meza palla,nel quale effendo il Sole, per l'ombra di vno ftilo fi difcerneuano l'hore del giorno. Vna fimile ftatua d'Hercole fi è veduto in Roma, ritrouata nella vigna di Steffano del Buffalo,laquale non haueua in tefta vn'Orologio,come hà quefta,ma vn Cielo rotondo, con li fegni Celefti diftintamente figurati, ma quefta differenza,di hauere fopra la tefta l'horologio, ò il Cielo, non è di alcun momento, confiderando intimamente il fignificato della cofa;perciocke la cognitione delle hore è nata dalla offeruatione del moto Celefte: & il Sole diftingue l'hore, e ricerca con il fuo annuo camino tutto il giro del Cielo;perilche hanno tenuto per certo alcuni de gli antichi, che Hercole fignifichi il Sole, e che le dodici fatiche fue raccontate, come di huomo, vogliano dire il viaggio del fole per i dodici fegni nel circuito del Cielo, per il quale il Sole da fe fteffo fi raggira, feguendo la qual dichiaratione,mifteriofamente, e con fenfi occulti fi applicano anco al Sole tutte le altre fauole,che di Hercole fi raccontano; lequali non mi pare in quefto luoco di raccogliere; nè di dichiarare. Bafti hauer detto tanto à propofito di quella ftatua, & hauere fuegliato la giouentù ad inueftigare profondamente l'intimo fenfo delle fauole de gli Antichi, dalla intelligenza delle quali fi

vie-

viene in cognitione di molti fecreti naturali à bella pofta nafcofti da gli antichi detti fotto quelle coperte.

Nella via, che guida al porto Cefenatico, & à Ceruia, fi vede auanti Rauenna vna Chiefa rotonda della B.Vergine antichiffima, belliffima,e grande; sì che il circolo interiore hà 25. piedi di diametro;i fuoi muri fono ben lauorati, e tutto il pauimento è fatto di picciolissime pietre di varij colori, difpofte in figure diuerfe molto diletteuoli. La coperta è in forma di cuba tutta di vn folo faffo intiero, e molto duro,concauo di dentro; nel mezo del quale è il forame,che illumina la Chiefa,per miracolo;e non fi può cofi facilmente imaginare, con che ingegno fi habbi potuto tirare in alto quella gran pietra; pofciache il diametro dell'orlo di effa appoggiato fopra i muri del Tempio, come fi può comprendere dall'arca interiore di effo Tempio, e dalla groffezza delle muraglie, bifogna, che fia in circa 55. piedi. Sopra il detto forame nella cima quattro belle colonne foftenevano il nobile fepolcro di Theodorico Rè degli Oftrogotti, di porfido macchiato di bianco,tutto di vn pezzo,lungo otto piedi,& alto quattro, con il coperchio di bronzo figurato mirabilmente, lauorato con oro, e con altri ornamenti, ilqual fepolcro fi crede, che Amalafunta figliuola del fudetto Rè faceffe porre à fuo padre. Ma al tempo della guerra de i Francefi, gli empij foldati di Lodou. XII. Rè di Francia,con fperanza di ritrouarui dentro cofe pretiofe, lo gettarono giù con tante cannonate,& ancora fe ne vedono alcune reliquie.

Tre

Tre miglia fuori della Città verfo Garbino, per doue fi và à Forlì, à parte deftra fcorre il fiume Ronco, fopra la ripa del quale trouerai vna Croce di pietra, in fegno, che l'anno 25 12. Gaftone di Fois Capitano dell'effercito Francefe iui ottenne vittoria, ma con perdita della propria vita; percioche mentre troppo ardente contra gl'inimici, accompagnato da pochi, fi fpinfe innanzi à cauallo di tutta corfa, fù morto. Sopra la riua di quel fiume morirono in quella giornata 18. mila foldati trà Francefi, Spagnuoli, Italiani, Tedefchi, e Suizzeri.

C E R V I A.

OLtre Rauenna ritrouerai quel notabile Bofco, detto la Pigneda, perche è di Pini, i frutti del quale poffono baftare per tutta l'Italia. Alquante miglia più auanti fi vede Ceruia Città poco habitata, per effere di cattiua aria, quafi tutti gli habitatori fono Artefici di confettare il Sale, del quale attorno fi fà incredibile quantità di acqua marina fecreta mediante il calore del Sole. Rendono marauiglia i monti di fal bianco, che quiui fi vedono. Non vi è cofa di notabile, fe non vuoi contemplare vna forma di quelle Città antiche fabricate folo per bifogno. La Chiefa Cathedrale, con tutto che habbi entrate groffe, pare vna Chiefa da Villa. Fuori di quefta Chiefa emui vna fepoltura di bianco marmo antichiffima, fatta à guifa di piramide, con due belli fanciulli fcolpiti in piedi.

Fù Ceruia della giurifdittione della Chiefa di Rauena, poi fotto Bolognefi, fotto Forlì fotto i

Poletani Signori di Rauenna; sotto i Malat
sti,sotto i Venetiani, e sotto la Chiesa Rom
na . Ma hauendo la ripigliata i Venetiani,m
tre Clemente VII.era assediato dall'essercito c
Carlo V.in Castel S. Angelo l'anno 1529. I
restituirono l'anno 1530. alla Chiesa,sotto l
quale fin'hora pacificamente è sempre durata
  Di qui passarai il fiume Sauio,nel cui port
Cesare Ottauiano tenne vna grande armata
vederai il porto Cesenatico,e Borgo;poi ti po
trai fermare al fiume Pissatello,che già si chia
maua Rubicone,celebre non solo perche iRo
mani antichi lo fecero termine di due Prouin
cie , che chiamauano Italia quella, ch'era da
detto fiume verso Roma ; e Gallia Cisalpin
quella,ch'era verso l'Alpi; e comandando,ch
niun Capitano di che sorte, e conditione si vo
lesse, hauesse ardire di condur genti armat
oltre quel fiume verso Roma , cioè in Italia ,
cosi da loro terminato ; ma an co perche C.Ce-
sare poi contra la terminatione del Senato , e
del popolo Rom.,si condusse oltre quel fiume,
doue però si dice,che alquanto si fermò à pen-
sare quel,che faceua, e si risolse passare, dicendo: *Eatur quò Deorum ostenta, & inimicorum
iniquitas vocat:iacta sit alea.* Cioè:Vedasi doue i prodigij de i Dei, e l'iniquità de i nemici
ci chiama:Sia gettato il dado,cosi disse:perche
iui fermato, haueua veduto alcuni augurij , li
quali pareuano, che lo inuitassero à passare in
Italia le compagnie de i soldati,ch'egli haueua
hauuto in gouerno in Francia , per muouere l'
armi contro Roma sua patria .
  Andando da Rauenna à Rimini, hauerai à
mano sinistra il mare,& alla destra campagne
                                    fer-

fertili, ma vn pezzo oltre queste pianure si
trouano la Via Flaminia,& i colli dell'Apennino; alle radici del quale si vede Forlì Città
magnifica.

F O R L Ì.

CRedono alcuni(nè si troua cosa in contrario)che dopò vcciso Asdrubale dal Consolo Romano, Liuio Salinatore vnito con
Claudio Nerone, fosse da certi soldati hormai vecchi fabricato vn Castello, e chiamato
Liuio,ad honor del detto Liuio Consolo; lontano però dal luoco, dou'è Forlì al presente,
vn miglio, e mezo; ma perche era nella via
Maestra, doue hora è Forlì, vna bella Contrada, nella quale si faceuano i mercati,e si daua
ragione; e perciò si addimandaua Foro: dicono,che, passato alquanto tempo, considerando
gli habitatori di Liuio,ch'era molto più commodo stare nella detta Contrada, che nel suo
Castello,d'accordo con quelli della Contrada
si vnirono ad habitare insieme; e cosi di commun consenso con licenza di Augusto, il quale
la concesse volontieri ad instanza di Liuia sua
consorte, e di Cornelio Gallo Liuiese; onde
congiunsero quei due nomi,ch'erano Foro,e
Liuio,e chiamarono il luoco Forlì, che in Latino dimostra meglio la congiuntione de' nomi fatta,perche si dice,Forum Liuij; laquale
vnione si fece ne'tempi,che Christo Nostro Signore era al mondo, e 208. anni doppo la prima fondatione del Castello Liuio. Forlì è posto trà i Fiumi Ronco,e Montone, e gode aria
delicata,con Territorio fertilissimo di vino, d'
oglio, di formento, e d'altre biade; in oltre hà

Co-

Coriandoli, anifi, comino, e guado in abbondanza. Quei di Forlì fono braui fuori di modo,
e ritengono della martialità de i loro primi
fondatori. Questa Città è ſtata lungo tempo
foggetta à i Romani, dipoi à i Bolognefi ; ma
perche quattro famiglie Gibelline fcacciate di
Bologna, furono cortefemente in Forlì accol-
te, i Bolognefi andarono con vn groffo effercito contra Forlì; & hebbero da i Forliuefi vna
tal rotta, che mai più non poterono leuare il
capo. Sì che abbaffata in queſto modo la potenza de i Bolognefi, Forlì fi ritirò fotto la
Chiefa, dalla quale poi effendofi partita, fù da
Martino IV. Pontefice sfafciata delle mura, &
confegnata alla famiglia de i Manfredi, da i
quali pafsò fotto gli Ordelafi, che la cinfero di
nuoue mura. Ma Sifto IV. la diede à Girolamo Riario Sauonefe. Dipoi Cefare Borgia figliuolo di Aleffandro Sefto fe ne fece padrone
per forza; e finalmente ritornata fotto la Chiefa fotto i tempi di Giulio Secondo, fempre fe n'
è viffuta in pace, e fedeltà. Hà Forlì gente di
bello ingegno, & hà partorito huomini molto
fegnalati in armi, & in lettere. Furono di quefta patria Gallo poeta, del quale fà mentione
Virgilio. Guidon Bonato grande Aftrologo,
Rainiero dottiffimo Leggifta, Giacomo filofofo, e medico eccellentiffimo, il Biondo Hiftorico, & altri molti, che farebbe troppo lungo il
raccontarli.

BRITTONORO.

ALquanto fopra Forlì fi ritroua la Città
di Brittonoro, detta in latino da Plinio
Fo-

Forum Trutarinorum , è posta sopra vn monticello , & hà ancora di sopra vna forte rocca
fatale da Federico II. Era Castello,ma fù fatta
Città al tempo di Egidio Carrilla Spagnuolo
Cardinale, e Legato d'Italia, ilquale hauendo
rouinato Forlimpopoli , trasferì la Sedia Epi-
scopale di quella in Brittonoro, che fù l'anno
di nostra salute 1370. Gode aria felicissima ,
campagne piene di oliui , fichi, vigne , & altri
fruttiferi arbori , che dilettano à vederli , hà
buone acque,ma trà l'altre vna vista tanto bella,e lontana, che par loco drizzato à posta per
guardare il mare Adriatico, la Dalmatia, la
Croatia, Venetia , e tutta la Romagna, in vn
batter d'occhi; per il che Barbarossa sendosi
pacificato à Venetia con Papa Alessandro III.
chiese in gratia al Papa questo loco da habi-
tarui, se bene il Pontefice considerata la fedeltà perpetua di questo popolo verso la Sede A-
postolica,persuase all'Imperatore con buone
parole , che si contentasse di lasciarlo sotto il
gouerno della Chiesa , alla quale haueua sempre mostrato sincera fede . E così vi perseuerò
fin'alli tempi d'Alessandro VI.ilqual consegnò
Brittonoro à Cesare Borgia suo figliolo; man-
cato ilquale , le discordie ciuili quasi affatto la
rouinarono;percioche partorisce huomini sottili d'ingegno , ma che s'impiegano più tosto
all'armi,che ad altro;anzi che pare, che non
sappino viuere in pace. Finalmente Clemente
VII. la consegnò alla casa de i Pij , dalla quale
ancora prudentemente è gouernata.

FORLIMPOPOLI.

VN miglio, e mezo lontano da Brittonoro
è poſto nella via Emilia Forlimpopoli,
detto in Latino, Forum Pompilij. Et è vno
delli quattro Fori rammentati da Plinio nella
Via Emilia. Era Città, ma fù rouinata l'anno
della noſtra ſalute ſettecento, eſſendo Papa Vi-
taliano, da Grimoaldo Rè de'Longobardi: ilquale vi entrò ſecretamente il giorno del Sabbato Santo, eſſendo il popolo radunato nella
Chieſa à gli Vfficij Diuini col Veſcouo: & vcciſi tutt'i maſchi, e femine, la ſaccheggiò, e poi
la rouinò ſin da'fondamenti. Fù di nuouo riſtorata da i Forlieſi, & ancora disfatta da E-
gidio Carilla Legato del Papa, che dimoraua
in Auignone, ilquale non contento di hauerla
disfatta, la fece arare, e ſeminarui il ſale; ilche
fù l'anno 1370. e trasferì il Seggio Epiſcopale
in Brittonoro Caſtello vicino. Ma 20. anni
doppo Sinibaldo Ordelafi Signore di Forlì, la
rifece in forma di Caſtello, come al preſente
ſi vede; e le fù poi fatta la Rocca bella, che hora appare. Gode buon'aria, e fertiliſſime campagne, & hà tanto guado, che ne riceue grandiſſimo guadagno. Hebbe queſta Città Roſel-
lo Veſcouo huomo ſantiſſimo, e di ſtupendi miracoli, nel tempo di San Mercuriale Veſcouo
di Forlì, poſto nel Catalogo de'Santi, le cui ſacre oſſa ſono in Forlì, nella Chieſa detta di
Santa Lucia. Diede gran nome à queſto luoco
Antonello Armuzzo, che di Contadino ſi fece
ſoldato; e per l'ingegno, e forza ſua, di grado in
grado, arriuò ad eſſer Capitano dei caualli del
Pa-

Papa, da cui hebbe alcuni Castelli per premio
delle sue fatiche, e lasciò dopò se due figliuoli,
Meleagro,e Brunoro valenti Capitani, stimati
assai dal Papa,e da'Venetiani.

SARSINA.

NOn è molto lontana di quà Sarsina Città
posta alle radici dell' Apennino, i cui
Cittadini hebbero 20000. armati in sussidio
de'Romani contro i Francesi, che voleuano in
furia venir giù dall'Alpi. Gode aria buona,e
Territorio pieno di vliui,vigne, & altri alberi
fruttiferi. Fù lungo tempo sottoposta a' Ma-
latesti;ma quando la Chiesa Romana ottenne
Rimini al tempo di Giulio Secondo, anch'ella
ne venne sotto quella. Leone Decimo poi la
consegnò alla Nobilissima Casa de'Pij. Hebbe
questa Città Vicino Vescouo di Liguria, huomo santissimo,e di miracoli famoso; il cui corpo è nella Chiesa Cathedrale, e dimostra tuttauia stupendi miracoli in salute di quelli, che
sono oppressi da'maligni spiriti. Non si deue
tacere,che Plauto,quell'antico,e famoso poeta
Comico Latino fù di questa patria, ilquale,di-
ce Eusebio, e si tien communemente per vero,
che seruiua nel pistrino per guadagnarsi il viuere;e quando gli auanzaua tempo,compone-
ua le Comedie, e vendeuale per meglio souue-
nire a'bisogni suoi.

CESENA.

CI aspetta Cesena à piedi di vn monte, appresso il fiume Sauio, che rapidamente
scorre

ſcorre giù dall'Apennino, & qual'hora pioue
infeſta i finitimi campi, auanti ſi porti in
mare. Hà queſta Città vna forte Rocca nel
monte, fabricatale da Federico Secondo Imperatore,laquale ſi congiunge co'l corpo della
Città mediante vna certa mole,che già fù Cittadella, ma al preſente è quaſi affatto diſtrutta. Vi reſta pure vna Chieſa, nella quale porta
la ſpeſa andare à vedere vna parte di porco ſalato, che iui dal tetto pende, attaccatale per
memoria del miracolo in queſta guiſa ſuccef-
ſo.

Faceua San Pietro Martire fabricare il Cõ-
uento di San Domenico, & cercando elemoſi-
na, ritrouò per l'amor di Dio queſta parte di
animale ſalato; della quale diede à gli operarij, fin che finirono il Conuento; & ancora a-
uanzò quel, che ſi vede lì ſoſpeſo; percioche
quella carne quanto tagliaua il Santo, tanto
da vn giorno all'altro ritornaua nel primiero
ſtato,come ſe non foſſe ſtata ſmoſſa.Ceſena abbonda d'ogni coſa neceſſaria, & hà vini eccellentiſſimi; non ſi sà coſa alcuna certa della ſua
prima origine. E tanto piena di popolo, che
Bernardo de i Roſſi Parmeggiano ſendo prefidente nella Romagna per Leone Decimo,in-
cominciò allargarla trà Occidente, e Settentrione, cioè verſo Maeſtro; ma fatto poi Gouernatore di Bologna, laſciò l'opera imperfet-
ta, che mai più doppo non è ſtata finita. Fù
ſotto gl'Imperatori, ſotto la Chieſa, ſotto i
Bologneſi, ſotto Maghinardo da Suſenana,
ſotto gli Ordelaſi, & i Malateſti; l'vltimo de
i quali, che fù Malateſta Nouello, meſſe inſieme vna importantiſſima libraria, laquale al
pre-

presente anco si troua nel Monasterio di San Francesco,e porta anco la spesa vederla.Costui rinunciò la Città alla Chiesa , ma ancora se ne impadronì Cesare Borgia detto il Duca Valentino,figlio d'Alessandro VI.Pontefice,doppo il quale è ritornata , e sempre vissuta in quiete sotto la Chiesa. Hebbe Cesena Mauro Vescouo Santo, ilquale sopra vn monte vicino alla Città fece vita santissima ; e perciò chiamasi quel luoco Monte Mauro,sopra il quale è fabricata vna bella Chiesa dedicata alla beatissima Vergine,& è chiamata S.Maria del monte di Cesena,habitata da i Monaci di S. Benedetto . Ma hormai è tempo di passare à Rimini,che di qnì non è molto discosto .

RIMINI.

Q Vesta Città è antichissima, & hà quantità notabile di anticaglie; è stata ornata in diuersi tempi da Augusto Cesare,e da gli altri Imperatori susseguenti di sontuose fabriche,come si può comprendere dalle reliquie, che al presente vi restano . Dicono molti Historici, che fù fatta Colonia de'Romani , insieme con Beneuento,auanti la prima guerra Punica, essendo Consoli Publ. Semp. Sofo,& Ap. Claud. figliolo del Cieco,che fù 485. anni dopò la fondatione di Roma . Fù poi tenuta,& abitata da i Romani , come vna fortezza in uei confini,contra i Francesi; nella qual Città nco il più delle volte i Capitani, c' haueuano a andare con esserciti fuori d'Italia , soleuano fare le radunanze , intimando alle sue genti l giorno, per il quale doueuano iui ritrouarsi ,

M co-

come beniffimo da Liuio fi può cauare. Fù
chiamata Rimini dal fiume Rimino, che la
bagna : quantunque diuerfi apportino diuerfe
ragioni di quefto nome. Alla prima era at-
tribuita alle regioni de i Picenti ; ma fuperati
quefti da Ap. Claud. che di loro trionfò, e di-
latò i confini dell'Imperio dall'Efino, ò Fiu-
mefino, fin'al fiume Piffatello, fi cominciò at-
tribuir all'Ombria. E pofta in pianura fertiliffima ; da Leuante, e da Ponente hà campi
ottimi per biade : da Oftro hà gran copia di
hortaglie, di Giardini, di Oliuari, e di vignali
fopra i colli del monte Apennino, ma da Tramontana hà'l mare Adriatico ; onde abonda
di ciò, che fi può defiderare per il viuere humano.

E Città bella ; e commoda di fabriche noue ; trà le quali fono alcuni fontuofi palazzi
fatti per il più da i Signori Malatefti, che già
erano della città padroni. Si vede in piazza
vna bella fontana, la qual fparge da più fori
acqua dolce, e limpida, vi fono dalla parte
del mare alcune reliquie d' vn gran teatro, che
iui era di pietre cotte fabricato. Euui fopra'l
fiume Arimino vn ponte fatto di gran quadroni di marmo da Augufto ; il qual congiunge la via Flaminia all'Emilia, e la Città al borgo. E longo in cinque archi 200. piedi, e largo
15. hà le fponde parimente di marmo ben lauorate alla Dorica : in vna delle quali con lettere grandi fono notati i titoli di Cefare Auguft. e nell'altra i titoli di Tiberio Cefare ; dal
che fi comprende, che fia ftato finito quel ponte
l'anno 778. dal principio di Roma, mêtre erano Confoli C. Caluifio, e Gn. Lentulo, fendo già
ſta-

ſtato principiato per ordine d'Auguſto,ilqua-
le attendeua ad abbellire, & accommodare la
via Flaminia, non riſparmiando à ſpeſa alcuna. Si vede vn poco di ſegno dell'antico porto, ilqual'al preſente non ſerue ſe non per barche picciole, eſſendo la maggior parte atterrato. Ma quanto ſij ſtato grande,e nobile,ſi può
comprendere dalla grandezza, e magnificenza
della Chieſa di San Franceſco vicina, laquale
fù da Sigiſmondo Malateſta Prencipe di quella Città de i marmi dell' antico porto fabricata.

Alla porta Orientale, ch'è per andare à Peſaro,trouerai vn belliſsimo arco di marmo,po-
ſtoui in honore d'Auguſto Ceſare, quando eſſendo ſtato ſette volte Conſole, era eletto anco per l'ottaua; hauendo egli per commiſsione
del Senato, e volontà del popolo Romano for-
tificate, & adornate cinque nominatiſsime ſtrade dell'Italia,come ſi legge in quei pochi fragmenti, che vi reſtano di lettere intagliate; done anco appare, ch' era di gran conſideratione
la via Flaminia,hauendo Auguſto preſo quella ſopra di ſe da accommodare da Roma fin' à
Rimini (come dice Svetonio) e dato frà tanto
il carico di accommodare le altre ad alcuni
huomini Illuſtri, con ordine di ſpendere in
quelle quanto delle ſpoglie degl' inimici haueuano riportato. In memoria del qual beneficio publico, ſi ritrouano ancora certe monete d'oro all'hora battute, con la effigie di Auguſto in vna parte con il ſuo titolo,e nell'altra
vn'arco con due porte eleuato ſopra vna ſtrada,nella cima del quale è la Vittoria, che fà
correr vn'arco trionfale, con queſte parole—,

che dichiarano la caufa di quel grand' honor
fatto à Cefàre, effer ftata l'acconciamento del
le ftrade, *Quòd via munita fint*, del qual'Arc
hora in tutto fpogliato de i fuoi marmi, troue
rai molte reliquie nella via Flaminia cami
nando fino à Roma.

Chi vuole andare da Rimini à Roma all
breue, paffi i colli, che fono à mezogiorno dell
Città, ne' quali fi troua il Caftello Monte Fiore, e paffato il fiume Ifauro doppo 34. miglia
fi troua Vrbino, oltre il quale otto miglia fi
arriua ad Acqualagna, e quiui fi entra nella
Via Flaminia, e fi và vedendo i luochi, de'quali
parleremo nel viaggio da Fano à Foffombruno, di doue fi andarà nell'Vmbria.

Nell'ifteffa via Flaminia volgendo gli occhi à man deftra fi vede fopra vn monte Ve-
rucchio prima habitatione de'Malatefti, caftello confegnato à Malatefta primo da Ottone
Imp. e più volte nella fommità del monte, del
quale fcaturifce la fontana, che produce il fiume Arimino, detto volgarmente la Marecchia,
fi vede il Caftello S. Marino detto Acer mons,
luoco molto nobile, ricco, e pieno di popolo: il
quale fempre fi hà conferuato coftantemente
nella fua libertà, nè mai fi hà trouato alcuno
sì potente, che l'habbi foggiogato: da lontano
non hà figura d'altro, che di vn'altiffima falda
di monti, fenza via, nè modo d'afcenderui.
Nella medefima ftrada fi troua 15. miglia lontano da Rimini la Catolica borgo, doue incomincia vna pianura, laquale và fenza oftacolo
d'alcun monte fin'all'Alpi Cottie, che diuidono l'Italia dalla Francia. Quefta pianura e
grande, ben popolata, e piena di ciò, che l'Italia

lia produce in eccellenza da ogni banda si vedono terre chi maggiori, e chi minori; vi si vede il monte di Pesaro pieno di frutti, e tutto
delitioso, dal qual'è poco lontano il palazzo
chiamato Poggio Imperiale, perche ne fondamenti di quello volse Federico III. Imperatore
metter la prima pietra, ch'è luoco bello, & ornatissimo, e degno di esser considerato da ogn'
vno.

P E S A R O.

Q Vesta Città fù fabricata da i Romani
119. anni auanti la venuta di Christo
appresso il fiume Isauro, dal quale prese il nome con vn poco di mutatione di parola. Ha
bella rocca fatta da Giouanni Sforza, che ne
fù padrone. Hà le mura con i suoi baloardi, co-
minciate da Francesco Maria della Rouere, e
finite da Guidobaldo suo figlio; hà belle Chiese, Monasteri, Palazzi, & altre cose degne d'esser vedute. Fuori della Città è fabricato vn
sontuoso palazzo da Prencipe. In Pesaro si fanno certe fiere, alle quali concorrono molti
mercanti di luochi lontani: ma perche il porto essendo atterrato, non serue per legni grossi,
vi si portano per il più le mercantie sopra asi-
ni, e muli. Fù fatta Colonia de' Romani l'anno 569. doppo la fondatione di Roma, essendo
Consoli Claud. Pulchro, e Lucio Portio Licinio, e trà gli altri vi fù condotto ad habitar L.
Accio eccellente poeta tragico, nato di padre,
madre Libertini. Dice Plutarco nella vita
li Antonio, che questa Città patì gran danno

M 3 per

per vna fiſſura,che iui fece la terra ; doppo che
M. Antonio vn'altra volta di nouo vi hebbe
condotto ad habitar Romani; ilche fù poco a-
uanti la guerra , nella qual'egli con Cleopatra
fù da Auguſto ſuperato.

Al palazzo del Capitanio ſi vede vn loco
fornitiſſimo d'arme belle , e varie. Da Peſaro
anderai a Fano dalla dritta, & allongo il lido
fin'a Sinigaglia. Appreſſo la porta di Rimin
ſi paſſa il fiume Foglia per vn ponte di pietra,e
quiui ſono i confini vltimi della Marca d'Ancona,col principio della Romagna. Si vede à
man ſiniſtra Nouellara bel Caſtello; e quattro
miglia diſcoſto il caſtello di Monte Abbate
poſto all'alto in belliſſima viſta ; oltre il qual
Monte Barocio in loco ancora più eminente ;
talche ſi vede tutta la Marca. Vi ſono altri
quindeci caſtelli in circa in quella vicinanza;
tutti con belli,e diletteuoli ſiti. Hà Peſaro copia di vini eccellenti , e fichi ottimi in tanta
quantità, che ſecchi ſi portano in diuerſe Città
d'Italia,e maſſime in Venetia,doue ſono ſtimati più di quelli,che vengono di Schiauonia.

FANO.

FV coſi chiamata queſta Città , perche
quiui era vn nobil tempio dedicato alla
Fortuna , & il tempio ſi chiama in Latino
Fanum. E poſta nella via Flaminia in buona
campagna , fertile di biade, di vino,e d'oglio.
Dicono molti, ch'Auguſto la fece Colonia
conducendoui gente Romana ad habitare
quando egli (come ſcriue Suetonio) cauò d
Ro-

Roma 18. colonne; & dice Pomponio Mela, che questa Colonia fù poi dal nome di Ciulio Cesare chiamata Giulia Faneste; come anco si hà potuto da certe inscrittioni antiche iui trouate raccogliere. Dalle reliquie delle mura vecchie, e dell'arco di marmo posto alla porta, per la quale si entra venendo da Roma per la via Flaminia, si può comprendere, che questa Città fù cinta di mura da Augusto, e poi ristorata da Costantino, e Costante figlioli del gran Costantino.

Il detto arco durò intiero quasi fino al tempo di Pio Secondo Pontefice. Era fatto con gran maestria, pieno di lettere, e di figure intagliate. Fù poi distrutto dalle artiglierie nella guerra contro i Farnesi: ma ne fù scolpito per tenerne memoria vn simolacro, ò vogliamo dire ritratto, à spesa comunne de i Farnesi nel muro della vicina Chiesa di S. Michele. Si ritrouano anco in questa Città diuersi marmi con lettere intagliate, dalle quali si comprende che siino stati ò del nominato Tempio della Fortuna, ò d'altre publiche fabriche, se ben per essere stata in diuersi tempi rouinata, non hà alcuna cosa delle antiche intiera.

In questa vicinanza sono oltre il fiume Metauro alcuni lochi a man destra celebri per i famosi fatti d'arme in loro successi; perche iui M. Liuio Salinatore, e Claud. Nerone Consoli superarono, & ammazzarono Asdrubale fratello d'Annibale Cartaginese alla riua del detto fiume; il qual successo mise Annibale in disperatione di poter mantenere Cartagine contra Romani; quando egli vidde la testa di suo fratello, la quale gli fù portata à posta a-

M 4   uan-

uanti il campo, per farlo perder d'animo.
poco più auanti è la campagna, nellaqual To
tila Rè de i Gothi fù fuperato da Narfete Eu
nucho primo Effarco, e Legato di Giuftinian
Imperatore, la qual vittoria in tutto, e per tut
to liberò l'Italia dàlla Signoria, ò per dir me
glio tirannide de i Gothi, percioche Totil
grauemente ferito fe ne fuggì ne' monti dell'
Apennino, & vicino alli fonti del Teuere (co
me racconta Procopio nel 3. lib. dell'hiftori
Gothica) fe ne morì.

Viaggio da Fano à Foligno per la via Emili

FOSSOMBRVNO.

ANdando da Fano verfo Ponente ritro
uerai molti villaggi trà monti, dipoi in
uiandoti nella Via Flaminia verfo Oftro per
la deftra ripa del Fiume Metauro arriuerai à
Foffombrone Città pofta nella pianura tra'l
monte, e'l fiume, quafi in mezo; le fabriche fo
no moderne: perche i Gothi, ò Longobardi di-
ftruffero la Città vecchia; nel tempio maggiore, ch'è la più bella fabrica, che fia in tutta
quella Città, fi vedono alcune infcrittioni antiche, le quali atteftano l'antichità del loco.
Vfcito della Città paffa il Metauro per vn pô-
te di pietra, e caminerai al tuo viaggio per la
via Flaminia; hauendo in ogni parte ameniffimi vignali; tre miglia fopra da Foffombruno
trouerai il fiume Candiano, oltre il quale i Sig.
Feltrefchi fecero vn ferraglio; e lo tennero
pieno di ogni forte di fiere per fuo folazzo. Quì
vicino è 'l Monte d'Afdrubale, cofì detto, perche

che Afdrubale iui fù fuperato da i già detti
Confoli Romani. Quì fi comincia veder la via
Flaminia falicata da Augufto fin'à Roma . E
non potrai veder fenza ftupore vna via larga
anco à baftanza per carri aperta per forza di
fcalpello trà altiffime montagne in faffo duriff-
fimo per mezo miglio di longhezza, e quel; che
rende maggior marauiglia è; che fopra vna
parte di detta apertura longa cento paffi, rima-
fto il volto dell'ifteffo duriffimo faffo , alto , e
largo 22. paffi, ilqual loco fi chiama il Forlo,
che vuol dire il faffo forato , & è ftato fatto
quel foro tutto col fcalpello .

Vi erano alcune lettere intagliate , che hora
dalla vecchiezza fono venute al meno , le qual
in fomma dichiarauano , che Tito Vefpafiano
haueua fatto fare quella nobil'opera . Il fium e
Candiano và per tre miglia allongo i monti ,
lafciati i quali trouerai vna pianura larga ; e
dieci miglia auanti arriuerai in Acqualagna .
Ricorderatti quiui, che ne i lochi vicini era ritratto, e vi morì poi Totila Rè de' Gothi fuperato da Narfete; alquanto auanti per la via
Flaminia trouerai la città detta Cigli, & il caftello Caciano fabricato dalle rouine di Lu-
cerla città, che era doue al prefente è quel ponte di pietra, e fù diftrutta da Narfete, quando il
perfido Eleuterio, che fi voleua arrogare il nome d'Imperatore, fù fconfitto . Alquanto più
auanti vederai la fommità dell'Alpi , che ter-
minano la Marca d'Ancona, e poco oltre ritrouerai Sinigaglia, Sigilo, e Gualdo fabricato
da i Longobardi fopra vn colle .

M 5 NO.

NOCERA.

Finalmente vederai sopra vn'alto mont dell'Apennino à man finiftra Nocera, gi celebre per l'eccellenza de i vafi di legno, ch in effa fi foleuano lauorare; abonda di vin mo featello. E nona, e picciola, foggetta al Ponte fice Romano ; fi chiama Alfatenia à differenz dell'altre Nocere. L'antica fù diftrutta ; alla radice del monte di Nocera è la valle Tinia cofi detta dal fiume Tinio, che per lei fcorre ; del qual fcriffe Silio in quefta forma; *Tini aqua inglorius humor* ; chiamandolo indegno trà fiumi; perche non è nauigabile. Il caminar per quefta Valle è pericolofo, perche fà bifogno guazzar più volte oltre quel fiume, e fpeffo oc- corre, che i poueri viandanti reftino in quello impantanati, fendo che nel fondo hà fango te- naciffimo, e qualche volta anco reftano fom- merfi; perche vi fono certe voragini coperte di fango difficili da fchifare à chi non sà la prat- tica del loco. La detta Valle è longa dodeci miglia, & in effa è Ponte centefimo cofi chia- mato, perche era lontano da Roma cento mi- glia; mà il conto non rifponde alle miglia de' noftri tempi, le quali fono maggiori delle anti- che : onde non è lontano da Roma cento delle noftre miglia, anzi molto manco.

Viaggio da Fano à Foligno, & à Roma per via migliore, ma più lungo.

SINIGAGLIA.

OLtra Fano sopra il mare Adriatico è Sinigaglia Città celebre, & antica chiamata prima Sena da i Senoni, gente Francese, che la fabricarono; ma poi detta Sinigaglia, acciò hauesse il nome differente da Sena Città di Toscana; laquale mutatione le fù fatta fino à quel tempo, quando il fiume Ese era il confine dell'Italia, oltre ilquale si chiamaua Gallia Cisalpina. Fù fatta Colonia Romana insieme con Castro, & Hadria; doppo ch'erano stati distrutti i Senoni, & occupate le campagne loro, essendo Console Dolabella, quasi nello stesso tempo, nel qual furono dilatati i confini dell'Italia dal fiume Ese fino al Pissatello, includendo in Italia il Ducato di Spoleto, che prima n'era escluso. E cosa certa, che per l'Historie, che M. Liuio Salinatore Console si fermò in Sinigaglia con l'essercito contro Asdrubale, ilquale non era più discosto di mezo miglio, e soprastaua all'Italia, mettendole gran terrore, quãdo C. Nerone collega di Liuio partitosi di Basilicata con 6000. fanti, e 1000. caualli, tutta gente spedita, andò di notte in aiuto di esso Liuio, sì che il giorno seguente i Consoli gionti insieme, tagliarono à pezzi l'essercito d'Asdrubale, & ammazzarono esso Capitano, mentre si pensaua fuggire oltre il Metauro, come habbiamo per auanti detto, & è raccontato da T. Liuio nel fine del lib. 27.

M 6 AN-

ANCONA.

QVesta è Città famosa, nobile, bella, e ricca, la qual'hà il migliore, il più bello, e più celebre porto, che sij attorno. Onde è frequentata da mercanti, non solo Greci, Schiauoni, Dalmatini, & Ongari, ma anco d'ogni natione dell'Europa. Del principio di questa Città s'accordano Plinio, e Strabone historici degni di fede, che la fabricarono i Siracusani fuggendo la tirannide di Dionisio. E s'ingannano di grosso quelli, che credono, che sij stata fondata da i Dorici facendo forti le sue ragioni con vn versetto di Giouenale; ilqual la chiama Dorica, scriuendo d'vn gran Vhombo nella Satira 4. in questa forma: Incidit Hadriatici Spacium admirabilis Vhombi Ante Domum Veneris, quem Dorica sustinet Ancon; s'ingannano, dico: perche non intendeno quel che voglia significare Giouenale con quella parola Dorica, con la quale egli niente altro dinota, se nò il linguaggio vecchio degli Anconitani, ilqual'era Dorico, sì com'a co parlauano i Siracusani anticamente fondatori d'Ancona, e tutt'i Siciliani ancora, come ci fanno fede i scritti di Democrito, di Mosco, e di Epicarmo Poeti, e le parole, che ad hora si possono vedere attorno certi danari Siciliani antichi. Non è chiaro nell'historie, quando questa Città fosse fatta Colonia de i Romani. E ben verisimile, che ciò fosse doppo la guerra Tarentina circa l'anno di Roma 585. quando furono superati i Marchiani da Publio Sepronio Console,

ANCONA.

O Velia è Città famosa, nobile, bella, e ricca, la qual ha il migliore, il più bello, e
più celebre porto, che sia intorno. Onde è frequentata da mercanti, non solo Greci, Sala-
uni, Dalmatini, & Ongari, ma anco degli
altri della dell'Europa. Del principio di questa
Città s'accordano Plinio, e Strabone,
historici degni di fede, che la fabricarono i Siraculani fuggendo la tirannide di Dionisio. E
sgannano di grosso quelli, che credono, che
sia stata fondata da i Dorici facendo forti-
si le ragioni con un verietto di Giovenale; il
qual la chiama Dorica, serivendo d'un gra-
Vhombo nella Satira 4, in questa forma: Incidit Hadriaci Spacium admirabilis Vhombi
Ante Domum Veneris, quem Dorica sustine
Ancon; s'ingannano, dico perche non intendeno quel che voglia significare Giovenale con
quella parola Dorica, con la quale egli intende
altro di sorta, se non il linguaggio vecchio degli
Anconitani, il qual era Dorico, si come si par-
luano i Siraculani anticamente fondatori di
Ancona, e tutti i Siciliani ancora, come ci fanno
fede i scritti di Democrito, di Moscho, e di Epicarmo Poeti, le parole, che ad hora si possino
vedere attorno certi danari Siciliani antichi.
Non è chiaro nell'Historie, quando questa Cir-
ti fosse fatta Colonia de i Romani. E ben verisimile, che ciò fosse doppo la guerra Tarentina circa l'anno di Roma 518, quando furno
superati i Marchiani da Publio Sempronio Console,

fole, & allm
all'hora face
na in quea cr

E ben cert
liani; pofcia
che fù da' S
fua Colonia
Cumero nel
quale fù que
parola Greca,
torio detto in
fà porto, fer
Greco vuol
minato hogg
Si troua an
compofto da
pagna Atena
ta à gli habi
nati fecond
diuerfi (cran
tempo dell'
ftata celebre,
ia del porto,
riftorato con
peratore, fi c
molte illuftri
tica di quel
Hà dunq
mercantie,
cinta d'og
di; talche
impero nam
duftria, ch
fortificarlo.
Tramontana

fole, & allungati i confini d'Italia; percioche
all'hora faceua bifogno metter gente Romã
na in quei confini.

E ben certo, che prima fù Colonia de i Siciliani; pofciache Plinio nel lib. 3. c. 13. fcriue;
che fù da' Siciliani fondata Numana, e fatta
fua Colonia Ancona à canto al promontorio
Cumero nell'ifteffa piegatura del loco, per la
quale fù quefta Città chiamata Ancona con
parola Greca, perche fi piega effa col promontorio detto in forma di gombito di braccio, e
fà porto, ficuro ripofo per le naui, & Anco ie
Greco vuol dire Gombito. Il promontorio non
minato hoggi fi chiama il Monte d'Ancona.
Si troua anco fcritto nel libro de' termin-
compofto da varij auttori antichi; che la campagna Anconitana fù da i Romani comparti-
ta à gli habitatori del loco in fpatij determi-
nati fecondo la legge di Gracco. Finalmente
diuerfi fcrittori degni di fede teftificano, che al
tempo dell'Imperio Romano quefta Città è
ftata celebre, e molto habitata per la commodità del porto, il qual fù anco nobiliffimamente
riftorato con incredibili fpefe da Traiano Imperatore; si che fin' al dì d'hoggi fi vedono
molte illuftri reliquie della magnificenza antica di quel porto.

Hà dunque Ancona belle fabriche, ricche
mercantie, popolo, e negotij in quantità; è
cinta d'ogni intorno di forti mura, e balloar-
dì; talche è buona per refiftere à qualunque
impeto nimico, e quefto per la particolar induftria, che vi hanno pofto i Pontefici per
fortificarlo. E oppofto al monte, & hà la
Tramontana il mare con vn porto com-

mo-

modissimo, capacissimo, chiuso, e fatto sicuro
parte perche il monte lo difende, e parte perch
gli Antichi vi posero tutto l'ingegno possibi
le, e che seppero, per assicurarlo. Onde ancor
si tiene trà i primi, e bellissimi porti di tutt
il mondo, se bene in alcuni luochi per l'auari
tia, e per la negligenza de i nostri tempi, e de
prossimi passati si và atterrando. Si vede a
presente parte della cinta di marmo, dell
quale era anticamente tutto fasciato. Vi sc
le colonne conueneuolmente distanti l'vn
dall'altra per legare le naui, e lunghissimi scaglioni, per i quali si scende all'acqua, e si hà
commodità di traghettare le mercantie da
terra in Naue, e da Naue in terra, secondo le
occorrenze. Si trouano certe monete battute
in honore di Traiano con la forma di quel
porto, & vn Nettuno coronato di canne nell'
acqua auanti la bocca del porto, c'hà vn Delfino appresso, & vn timone di Naue nella mano
destra, dalle quali medaglie si comprende, che
anticamente quel porto hauesse gran portici
sopra molte colonne. Vi si vedono due catene, con le quali si chiudeuano le foci: vi sono
da ogni tempo Naui, Galere, & altri legni di
varie sorti. Vi si vede quel grand'Arco carico di carri trionfanti, e di trofei, fabricato per
ordine del Senato, e del popolo Romano in
honore di Traiano, per memoria di quel beneficio, che fece al publico, ristorando il porto,
ilqual'arco, se bene al presente è spogliato di
quegli ornamenti, di quell'imagini, e di quelle
lettere di metallo, lequali già hebbe, come si
caua da i segni del piombo, e del ferro delle
congiunture restati: tuttauia, come se fosse vn

sfmusimulacro d'vna bella donna nuda, rende marauiglia, & inuita à riguardare, chi lo vede, mouendo la fantasia à considerare l'artificio, la bellezza, e la proportione delle parti di così nobil machina; percioche senza alcun mancamento s'innalza sempre d'vn'istessa grossezza con poche mani, ò vogliamo dir'ordini di gran quadroni di marmo; sì che da ogni banda, che si riguarda, ne dimostra vna proportionatissima, & bella apparenza. Ma trà l'altre merauiglie di quell'arco forse questa non è di poca consideratione, sè anco non è la più importante, che tutti quegl'ornamenti, ch'egli hà attorno, e pur sono di varie sorti in gran numero, non sono attaccati postizzi, ouero aggionti di fuora, ma intagliati, e scolpiti di quei gran quadri di marmo; de i quali è composto tutto l'arco, e sono poi talmente ben messi insieme, e con tanta diligenza congionti; che non entrarebbe vna punta di coltello nelle commissure. Onde riguardandolo con vn poco di distanza par tutto vn solo pezzo grande di marmo tagliato fuora da vn qualche monte dell'Isola di Paro. Ilche dimostra la sufficienza, e la gran diligenza dell'artefice, che lo fece. Si legge nella fronte di detto arco sopra la piegatura, per che causa in quel loco fosse eretto in honore di Traiano Cesare, di Plotina sua moglie, & di Martiana sua sorella, alle quali già s'haueua cominciato attribuire diuini honori. Nè voglio, che mi rinfresca riferir quì per amor de i Studiosi l'istesse parole iui segnate; e più correttamente di quel, che da altri scrittori sijno state publicate.

Imp.

Imp. Cæfari.Diui. Nernæ. F.Neruæ. Traiano
Optimo. Aug. Germanic. Daci. Co. Pontif
Max. Tr.Pont.XIX.Imp.IX.Cof.VI.P.P. pro
uidentiſſimo . Princi. Senatus P. Q. R. Quod.
Acceſſum. Italiæ.Hoc. Etiam. Addito.Ex. Pe-
cunia. Sua.

 Portu.Tutiorem.Nauigantibus.Reddiderit.
   Dalla parte deſtra .
 Plotinæ. Aug.
 Coniug.Aug.
   Dalla parte ſiniſtra .
 Diuæ. Marcianæ .
 Sorori. Aug.

 Andarai à vedere la rocca, le porte, e le fortezze noue,con le quali ſenza riſparmio di ſpeſa,è ſtata Ancona fortificata da gli aſſalti , e
dalle inſidie de' Corſari Turchi , per commiſ-
ſioni di Clem.VII. di Paolo III. e de i Pontefici
loro ſucceſſori.

 Porta la ſpeſa anco aſcender il monte d'Ancona, per ſtarui alquante hore à vedere alcune
coſe degne . Queſto è'l promontorio Cumero .
Euui la Chieſa Cathedrale antica di S.Ciriaco,
nobiliſſima di varij marmi rari, & architettura
mirabile , nelle ſacreſtie della quale ſono infinite reliquie di Santi , & offerte di grande importanza fatte à quella Chieſa per diuotione ;
da i verſi di Giuuenale poco fà citati ſi comprende , che poco diſcoſto di lì ſopra l'iſteſſo
monte fù anticamente vn Tempio dedicato à
Venere ; del qual però al preſente non appare
alcun veſtigio . Da quella eminenza ſi vede
il gran ſpatio del mare , la piegatura del porto, la poſitura della città, & il ſito del promontorio ſteſſo talmente congionto con l'Apenni-

... il monte d'An-
cona, per starui alquante hore à vedere alcune
cose degne. Questo è'l promontorio Cumero.
E ui la Chiesa Cathedrale antica di S. Ciriaco,
nobilissima di varij marmi rari, & architettura
mirabile, nelle facescie della quale sono innu-
micreliquie di Santi, & offerte di grande importanza fatte à quella Chiesa per diuotione;
da i versi di Giuuenale poco fa citati si comprende, che poco discosto di lì sopra l'istesso
monte fu anticamente vn Tempio dedicato à
Venere; del qual però al presente non appar
alcun vestigio. Da quella eminenza si vede
il gran spatio del mare, la piegatura del porto, la positura della città, & il sito del promontorio sì collocatamente congiunto con l'Apenni-

no,

no, ch'alcuni hanno voluto, che fij vn suo capo, ma par più ragioneuole, che fij vn suo ramo, il qual se ne vada di qui al monte di Sant'
Angelo allongo'l mar Adriatico, dipoi voltan-
dosi al mezo giorno seguiti con perpetui, e suc-
cessiui giochi fin per mezo al mar d'Albania,
facendo fine à capo Spartiuento, monte dell'
Abruzzo; come se fosse la spina della schena
dell'Italia, che fortifica, e conserua questo pezzo di terra ferma, che mette capo tanto auanti
in mare. Si vedono stando sopra questo monte
d'Ancona le Città, i Castelli, & i borghi vicini.
Sotto d'esso al lido del mare è posto Sirolo fin'
hora celebre per il buon vino, che fà, chiamato
da Plinio vino Anconitano, e numerato trà i
generosi. Li siti d'Vrbino, d'Osimo, e de gli altri luoghi à loro vicini si scorgono trà i rami
dell'Apennino. E' posto sopra vn monte al fiume Musone Cingolo Castello fabricato da Tito Labieno di tante robberie fatte da lui, mentre fù Legato di C. Cesare Proconsole nelle
Gallie in quella lunga guerra. L'imagine del
qual Castello si ritroua scolpita in alcuni danari d'argento antichi, e co'l suo titolo. Di
quelle tante ricchezze di Labieno, il quale à
propria spesa fabricò Cingolo, è stato parlato
mordacemente da Cicerone, da Valerio Massimo, da Silio, da Dion Niceo, e da altri: ma noi
senza cercarne più oltre attenderemo alli nostri viaggi.

LA SANTA CASA DI LORETO.

PAssate 15. miglia trouerai sopra vn colle la
famosa Chiesa della Verg. Maria di Loreto, visitata da gran moltitudine di pellegrini
d'o-

d'ogni parte del mondo per voti, e per diuotione. Si chiama Loreto; perche già tempo in
quel monte,il quale è vicino al fiume Maffo-
ne trà Recanati, & il mare,era vna felua di
Lauri. Vogliono alcuni, che nell'ifteffo monte fij ftato Cupra Caftello de i Tofcani, infieme con l'antichiffimo tempio di Giunone
Cuprana,hoggi euui vn borgo, ò più tofto cà-
ftelletto cinto di mura, torri, e foffe, con arme
in pronto, perche poffi difenderfi dall'infidie,
e violenze de corfari,ò d'altra mala gente,e viuono gl'habitatori ficuri con commodo d'al-
bergar i foreftieri,e di trattarli bene. E quefta
Chiefa belliffima fatta di quadroni di marmo
con gran fpefa, nel cui mezo i foreftieri con
gran diuotione vifitano quella Sacrofanta Camera della Vergine Maria; la quale è circondata da vna cinta quadra di marmi fcolpiti, e
figurati cõ marauigliofo artificio;la qual però
di maniera circonda la detta camera, che non
tocca li fuoi muri da alcuna parte; & è certo,
che fia voler diuino,che quelle muraglie trà le
quali nacque,e fù alleuata la Regina de'Cieli,
non debbano da ingegno humano effer più lauorate,nè adornate. Quefto loco è ftato portato quà di Paleftina da gli Angeli, del che
fi trouano teftimonianze di grandiffimi Scrittori, e non fe ne deue dubitare per i gran
miracoli, che alla giornata fempre fi vedono.

La gran quantità di tauolette,di offerte,
di voti,ch'appaiono per i muri della Chiefa,
per le colonne,per le cornici, e per gli archi
attaccati nel primo entrare in Chiefa, può in-
tenerir ad honorare quel luogo ogni duro,&

ofti-

ftinato core.Iui fi fcopre chiaramente quanto,
grandi , & indicibili fijno i fegni, che Dio Ot-
imo Maffimo moftra della fua potenza per la
falute del genere humano, e come, ne i lochi,
parimente dedicatili dij profpero , e compito
fucceffo alli buoni penfieri delle perfone, em-
piendo di gloria , e di Maeftà la fua Chiefa ,
nella quale il nome,& il cor fuoftanno perpetuamente,fecondo , che hà promeffo per bocca
di Salomone, per offeruar con gl'occhi aperti ,
e con l'orecchie attente le preghiere di quelli,
che le chiedono aiuto,e fpecialmente per mezo
della fua cara Madre,e d'altri Santi

Gl'infiniti miracoli fatti da Dio iui , & in
altri lochi ben ci dimoftrano ; quanto prontamente fua Diuina Maeftà foccorra nelle cofe
difperate le fue creature;quanto afcolti volentieri i noftri auuocati , & anco quanto habbia
del temerario cercar le caufe , per le quali Sua
Diuina Maeftà voglia effer riuerita più in vn
loco , che in vn'altro. Per la Chiefa vederai
molti ritratti (come in vn teatro) dell'humane
miferie, quali però fempre Iddio benigno hà
condotto a felice fine. Chi potrebbe raccontar
i diuerfi accidenti di acque,di tempi cattiui, di
naufragij , di faette, di terremoti, di rouine, di
precipitij, di cafcate, di rompimenti d'offa, di
malatie,d'vccifioni, dilatrocinij, di prigionie,
di tormenti, di forche, e d'infinite altre fciagu-
re,per efplicarle, le quali non bafteriano cento
lingue,come dice Virg.

E però da fapere , che con tali difgratie il
Sig. Iddio non folamente moftrandofi giufto
caftiga le noftre colpe;mà ben fpeffo moftrandofi clemente cerca di condurci al ben fare per
defi-

deſiderio, c'hà di ritrouarci degni del Paradiſo. Quì ſi vedono rari,e pretioſi doni di Prencipi, e gran Signori per diuotione, ò voto dedicati alla B.Vergine.Nella Sacriſtia ſono veſti,e vaſi d'oro,ed argento,carichi di gemme,e
coſe d'infinito valore. Vi ſono tauolette voti-
ne con le lodi della B.Vergine,deſcritte da nobiliſſimi ingegni; trà le quali è rara queſta di
Marc'Antonio Morero;

Vnde mihi inſolitus præcordia cõcutit horror,
Et perfuſa metu trepidat,velut iſta Deo mens?
Fallor,an hoc facit ipſe locus,ſtimuloſq;pauéti
Subijcit,atq; animum præſentia nominis vrget;
   O cœlo dilecta domus,poſteſq; beati,
Quos ego iampridé tota mihi mente cupitos,
Nunc primùm veteris voti reus,aduena viſo;
Saluete,adſpectiq; mihi feliciter eſte.
   Voſne per æthereas Iudææ à finibus oras
Aligerum mandate Deo,vexere manipli?
Hic Virgo genitura Deum,genitricis ab aluo
Prodijt,& blandis mulſit mugitibus auras?
Hic quoq; virginei ſeruata laude pudoris?
Sancta ſalutifero tremunt viſcera Fœtu.
Ille opifex cunctorum, illa æterno vnica proles
Æqua Patri, ille homini primæua ab origine
Spé cælo,vitáq; ferens hac luſit in aula (lapſo
Paruulus,& ſancta blãda obtulit oſcula matri.
   Quænam igitur regũ ſedes,quæ tépla per orbé
Huic ſe auſint conferre loco? ter, & amplius
Ante alias felix Piceni littoris ora;   (omnes
Cui Solymos ſpectaré domi,cui munera diuum
Fas calcare domi eſt pedibus veſtigia Chriſti:
En ego iam ſupplex procumbã,atq;oſcula figã
Parietibus ſanctis,ſpargáq; hoc puluere crines.
   Aſpice me ſuperis è ſedibus,aſpice Virgo,

                                        Pro-

Proſtratum, atq; imo gemitus ex corde cientê,
Et pectus tundentem,& fletibus ora rigantem:
Neu quamquam culpis ad opertũ turpib. arce
Adſpectu me Diua tuo , ſi pectore toto
Te veneror,ſi te dubijs in rebus,ad vnam
Confugio,teq; auxilium Sanctiſſima poſco ?
   Pœnitet ex animo vitæ me Diua prioris,
Pœnitet,& meritas horret mens conſcia pœnas,
Quòd niſi tu caſto pendentem ex vbere Natum
Concilias, placaſq; mihi, quo tendere curſum,
Quòve malis feſſam tẽtabo aduertere puppim?
   At tu namq; ſoles: placida dignare querelas
Aurê meas,& ades lapſis mitiſſima rebus.
   Certè equidem tota pendentes æde tabellas
Aſpicio,quæ te miſeris præſto eſſe loquuntur.
Hic te animo ſpectans, torrentê viſcera febrem
Depulit ille hyadas triſtes,hæ dumq; cadentem
ſpectauit tutus, vertentibus æquora ventis,
Et duce te patrias enauit ſaluus ad oras.
Criminis ille reus falſi, ſub iudice duro ,
Dũ mortê expectat, tenebroſo carcere clauſus,
Munera Diua tuo detecta fraude,reuiſit
Vxorem,& natos,exoptatumq; parentem.
   O ego nunc morbis multò grauioribus æger,
Naufragiumq; timens longè exitioſius illo ,
Et iampridem animũ peccati compede vinctus
ſi poſſim morbus liber,vincliſq; ſolutus ,
Fluctibus,& ventis laceraã ſubducere puppim ;
Quas tibi lætus agam grates,dũ vita manebis ?
Te,cum luce noua ſparget ſol aureus orbem ,
Te recinã, quòties abſcondet opaca polũ nox,
Et tua præcipuo venerabor nomina cultu.

Eui parimente vn nobil voto di Leuino
Torrentio Veſcouo d'Anuerſa.

Nobiltà, e magnificenza della Chiesa di Lore to, cauata compendiosamente da i cinque libri di Horatio Torsellino Giesuita.

SE bene non è giorno dell'anno, nel quale l cella della Santissima Vergine sij visitai da molti forastieri (del che non si hanno d lodar solamente gl'Italiani, ma gli Oltramon tani, & Oltramarini ancora ; perche di conti nuo vi concorrono Pollachi, Spagnuoli, Por toghesi, e d'ogni natione) vi sono però due sta gioni, nelle quali vi è grandissimo concorso cioè la primauera, e l'autunno. Nella primaue ra comincia la solennità il giorno della Con cettione di Christo. Nell'autunno il giorno della Natiuità della Madonna, e ciascuna so lennità dura tre mesi, nelli quali la S. Casa di Loreto, è visitata ogni giorno da gran molti tudine di gente. La maggior parte de i popoli và à Compagnie con le loro insegne, portando auanti, oltre il Crocefisso, anco le imagini d'al tri Santi ; & hà ogni Compagnia li suoi Go uernatori, e Sacerdoti, che cantano. In oltre seguono i donatiui, che voglion'offerire, i qua li sogliono essere di maggiore, ò di minore va lore; secondo la qualità delle persone, e la loro diuotione ; ilqual modo di andare ordinato, e cantando lodi, ò preghiere à Dio, eccita gran pietà negli stessi pellegrini, & anco ne'popoli, per dou'essi passano: e pur si vede andare anco alle volte innumerabil moltitudine senz'ordi ne alcuno. Quando si comincia veder da lon tano la S. Casa di Loreto, ch'è posta sul mon te

all'alta tutte le compagnie, e gli altri, che si
ntono interiormente commouere à diuotio-
e, si gettano per terra, e piangendo d'alle-
rezza, salutano la Madre d'Iddio, dipoi se-
uono il viaggio pur cantando, & alcuni si
pogliano le proprie vesti, vestendosi di sacchi,
& altri si battono, ò fanno battere le spalle nu-
le. In tanto i Sacerdoti di Loreto vanno in-
ontro à queste compagnie, introducendole
nella Chiesa con Musica solenne, e con suoni
li trombe, e di campane. Arriuati all'entrar
nella porta i forestieri di nuouo gettati per
erra salutano di core la Beata Vergine, e ciò
fanno molti con tanto ardore, che muouono le
lagrime à chi li vede.

Giunti alla Cella della Verg. la qual'è tutta
lucida, e risplendente per i molti lumi, che vi
i portano, cominciano contemplar l'effigie
della Madonna con tanta pietà, con tante lagrime, con tanti sospiri, e con tanta humiltà,
che è vna cosa di stupore; & molti s'affissa-
no tanto à considerar quel loco, e l'attioni, che
poteua far la Madre di Christo iui; che, se non
fossero sforzati partir dall'altre genti, le quali
sopragiongono, non mai si partiriano. Ma
quelli, che vengono di molto lontani paesi,
non potendo far viaggio con ordine di compagnie, arriuano in altre maniere diuotamen-
e, secondo le loro conditioni. Quasi tutti,
ui si communicano, e lasciano offerte all'Altare; ma le cose pretiose si sogliono con segna-
e alli deputati, i quali hanno carico di met-
terle à libro, notando chi le dà, per tenerne
memoria. L'altare eretto da gli Apostoli, e l'
ffigie della Vergine Maria sempre sono ac-

com-

commodati di tempo in tempo di parament
fontuofi, con ornamenti di gran valuta, d'oro
e di gemme .

La Chiefa è fempre piena di cere, di lampa
de, che ardono, rifuona di mufiche, e di fuon
d'organi ; ma quello, che importa più, è pien
dello Spirito di Dio, ilquale mette terrore all
cattiui, allegra i buoni, fana gl'infermi, e fà
ftupendi miracoli . Il maggior concorfo fuol
effer da Pafqua, dalle Pentecofte, e per la fefta
della Natiuità della B. Vergine, che è di Settembre ; ma in particolare per la Pafqua, vi
concorrono molti arriuati in Ancona per mare, di Lombardia, e di Venetia : Il numero de'
quali fuol paffare dodeci mila ; oltre che fe gli
accoppiano diuerfe, e grandiffime fchiere di
Contadini nel viaggio, ch'è da Ancona alla
Santa Cafa ; mà è però molto maggiore il numero, che vi concorre il Settembre, per la Natiuità della Beatiffima Vergine; poiche tutta la
Marca vi fuole andare ; oltre gli altri di più
lontani paefi . Si sà, che à i noftri tempi in quei
due giorni vi fono ftate più di ducento mila
perfone; per il che sforzati dal bifogno quelli,
che attendono alla Chiefa, fanno diuerfi ripari
intorno alla Santa Camera, per poter' introdurre, & efcludere chi pare à loro, e non effere
dalla moltitudine oppreffi . Et in oltre, perche
da ogni tempo vanno à Loreto diuerfe compagnie di foldati, liquali auanti s'inuijno alla
guerra, fogliono iui confeffarfi, e communicar-
fi, e poi fare qualche moftra: e perciò per quefti
gran concorfi la via è tanto piena d'hofterie, e
di commodità iui attorno, che ogni perfona,
benche delicata, e debile, può farla à piedi. Son'
anco

anto frequentare quelle ſtrade ne' detti tempi,
che s'incontrano continuamente nuoue perſone, & compagnie; ilche inuita à deuotione,
& fà parer la fatica del viaggio men graue.
Onde M. Antonio Colonna (per non dir d'altri)
huomo celebre, ricco, & gran Capitano, andò à piedi à viſitare la Santa Caſa di Loreto.
Gionte che ſono le perſone al coſpetto della
Vergine ordinariamente, tanto s'allegrano
ſpiritualmente, che confeſſano d'hauer raccolto grandiſſimo frutto del pellegrinaggio,
benche difficile. Portarebe la ſpeſa, ma ſarebbe diceria troppo lunga, e difficile, raccontare i voti, che iui ſi fanno, & quelli, che ſi
rendono à Dio; quanti vi eſcono dal fango
de' peccati: quanti ſi ſciogliono da' legami intricati delle luſinghe carnali, & nefande; quanti odij, & vecchie inimicitie vi ſi depongono;
quanti huomini quaſi diſperati di far più bene,
ò confinati già vicini all' inferno per patto eſ-
preſſo fatto da loro con li diauoli, ancora ſi
liberano dalle mani dell' inimico, & ſi
pongono in ſtato di ſalute, poſcia, che ſi come l'anima è da più del corpo, coſì più ſono
gli Miracoli della Beatiſſima Vergine di Loreto fatti in ſalute dell' anima, che non ſono
i fatti intorno à quella del corpo. Di modo,
che il voler diſcorrere baſteuolmente delle
coſe, c'hauemo toccate, ſarebbe vn voler miſu-
rar con l'humana fragilità la diuina potenza,
laqual ſi moſtra ſpecialmente à Loreto. Onde è meglio non prender la fatica, che
prendendola ancora rimaner ſenza ſodiſ-
fattione. Queſto però non ſi deue tacere,
ch'è tanto grande la Nobiltà, & Maeſtà di

Loreto quanto alcuna perſona ſi poſſi, non vedendola, imaginare. In vero la fama ſuol fare
le coſe maggiori di qnèl, che ſono, ma in queſto ella manca, che ſe alcuno paragonerà diligentemente le coſe, che vedrà à Loreto, con la
fama, che n'hauerà ſentito, ſicuramente egli
confeſſerà, che in queſto Santo luogo la fama
reſta ſuperata.

Il loco principale, & il ſito merauiglioſo della Caſa di Loreto.

B Iſogna ſapere, che la caſa della Beata
Vergine partendoſi di Galilea andò prima in Dalmatia, dopo in vna ſelua nel Marchiano, di doue ſe ne paſſò in vn monte di duoi
fratelli trà loro diſcordi, ne i quali lochi ſi ri-
riduſſe non per rimanerui, ma per ſtarui ſolamente à tempo, hauendone Iddio determinato, che ella poi ſi fermaſſe nel loco, doue hora
ſi troua, e doue ſperiamo, che debba ſtar per
ſempre, ſe però qualche delitto de gli habitanti
non ne faceſſe quella vicinanza indegna, percioche non è già da credere, che à caſo la Beata Vergine faceſſe portare la ſua ſtanza in lochi, dai quali per i peccati de gl'habitanti do-
ueſſe poi partirſi, ma, che ſapendo ella beniſſimo la qualità delle perſone, faceſſe ritirare la
ſua caſa là, di doue haueua preſto da far par-
tenza, per far certi tutti con le ſpeſſe mutationi di loco, che quella è la vera ſtanza ſua partita di Galilea. Ilche s'ella non foſſe più d'vna
volta moſſa, non ſarebbe ſtato facile da per-
ſuadere alle perſone per la grandezza del miracolo. Concludiamo dunque, che la Madre
di

di Chrifto moffe quefta fua Cafa dalla patria fua con intentione di ridurla, e fermarla qui- ui, doue al prefente, fe ben per auanti la fece per la detta caufa ftar'in alcuni altri lochi per alquanto tempo, per la qual ftefsa ragione poi anco qui nel Marchiano, doue fi ritroua in_ manco d'vn'anno; s'è mofsa quella Benedetta Cafa tre volte di loco, mà però non fi partendo per fpacio d'vn miglio di lontananza, ilche fù l'anno di noftra falute 1295. nel quale era ar- riuata in Italia. Ma chi diligentemente confi- dererà il fito, che la S. Cafa ad hora tiene, facil- mente venirà in cognitione, che non può da ingegno humano efserui ftata pofta, del che_ però non feguiremo à difcorrere, fendo la cafa da efser confiderata folo da diligenti Aftrolo- ghi, i quali fenza noftro auifo, vedendola, ben s'accorgeranno del miracolo.

Sonoui molte teftimonianze di grauiffimi Autori, in particolar del P. Battifta Mantoa- no Vicario Generale de Carmelitani, alli qua- li fù prima data in cuftodia la Santa Cafa; per- che auanti anco fi partifse di Galilea, foleuano hauerla in guardia: ilqual Padre ne fcrifse pie- namente l'hiftoria, e la mandò al Cardinal della Rouere Protettori de i Carmeliti l'anno 1488. Et del P. Leandro Alberti diligentiffimo Scrittore; mà non occorre metter qui le paro- le loro formali; perciòche in fomma non con- tengono altro, che l'iftefse cofe fin' hora reci- tate. E perche s'hà detto, che i Padri Carmeli- tani alla prima hebbero la Chiefa di Loreto in gouerno; s'hà da fapere, che poi Giulio III. Pontefice giudicò efpediente porui più tofto i Preti della Compagnia, che al prefente vi fo-

nò : perche ve ne foffero sempre di periti in
ogni linguaggio, e di eletti de' più periti trà
tutta la Compagnia ne' cafi di confcienza ; sì
che in ogni occafione poteffero dar fodisfattione nelle confeffioni alli popoli, che là concorrono.

RECANATI.

DA Loreto andarai à Recanati Città nuoua fabricata delle reliquie della vecchia
Heluia Ricina: delle rouine della quale vogliono, che fij stata fatta anco Macerata. Della
detta Heluia vna volta riftorata da Heluio per-
tinace, Augufto magnificamente, fi vedono
per ftrada i fondamenti, & i veftigij d'vn
grande Anfiteatro alla ripa del fiume Potenza : doue anco apparono fegni d'altri gran palazzi nelle campagne vicine. Da Loreto à Recanati vi fono 5. miglia di ftrada difficile, e fatta frà monti. Gli habitatori dunque di Heluia
Ricina deftrutta da Gotti, fabricarono quefta
nuoua Città, e la chiamarono Recanati; nella
quale fi fà vna folenne fiera il mefe di Settembre; concorrendo le perfone d'ogni banda.
Nella Chiefa Maggiore è fepolto Gregorio
XII. Pontefice, ilqual nel Concilio di Coftanza rinonciò il Pontificato. E pofta quefta Città nella cima d'vn'alto monte affai fpaciofo:
Le fono attorno i colli dell'Apennino, di Cingolo: il mare, & altri monticelli. Venendo
poi di qui alla pianura trouerai alquante miglia auanti al lato deftro San Seuerino, che gia
fù Caftello: e l'hà fatto Città Sifto V. poco
difcofto di qui è Mathelica Caftello, e più oltre
è Fa-

è Fabriano anco esso Castello, ma celebre per
la bella carta da scriuere, che vi si lauora. Di
S. Seuerino, la strada ti guiderà à Camerino
posto sopra vn monte. Questo è luogo fortissimo, & abbondantissimo sì di ricchezze come
anco d'habitatori: ilquale sempre hà dato aiuto alli Romani nelle guerre, e sempre hà prodotto huomini spiritosi, e di grande ingegno,
come trà gl'altri a' nostri giorni Mariano Pier-
benedetto Cardinale dignissimo d'ogni honore. Per la Valle di Camerino potrai andare à
Foligno, & à Spoleto.

MACERATA.

MA se caminerai per la strada dritta per i
monti giungerai à Macerata, la più
nobile Città di tutto il Marchiano, posta nel
monte, chiara, e per grandezza, e per bellezza.
Hà vn Collegio di Leggisti chiamato la Rota
deputato per vdir le cause. Vi risiede anco il
gonernatore di tutta la prouincia: però è pó-
polatissima. Alquanto auanti arriuerai à Tolentino, nel qual potrai honorar le reliquie di
S. Nicolò dell' ordine di Sant'Agostino, ilqual
iui santamente visse. Quelli di Tolentino mostrano nel publico Conseglio à forastieri l'effigie di Francesco Filelfo suo cittadino, coronato d'alloro, con la cintura di Caualiere, e per
testimonianza della dignità conferitagli, sal-
uano ancora il priuilegio reale. Di qui andarai all'ingiù à Mont'alto, à Fermo, & à
Ascoli: ma poi quasi à man sinistra andarai
verso i colli, & arriuerai per strada trauia-
gliosa, e piena di fatica. Serauualle borgo

di poco conto, il qual d'indi hà pigliato il
nome per esser posto trà le foci dell'Apennino.
Qui sono i confini dello Spoletino, e del Marchiano,& euui la strada,che mena à Camerino.
Più oltre trouerai Colfiorito borghetto, con
vn lago vicino, & à man destra trà monti il
Castello di S.Anatolia,& il capo dell'acqua,
nel quale per la commodità, che hà d'acque, si
fanno carte,& altre cose vtili. Di qui se ti parti,passando per vna valle, giongerai à Foligno
hauendo caminato due giorni dopò la parten-
za di Loreto.

FOLIGNO.

HAuendo i Longobardi distrutto il Foro
di Flaminio, quelli del loco venendo da
quel di Todi delle rouine di quel Foro fabricarono Foligno. La Città è ricca di mercantia, e specialmente nel tempo della fiera vi
concorre gran gente per comperar confetture.
E picciola,ma allegra. Hà anco vna porta fabricata splendidamente con grand'artificio, di
doue i cittadini cacciarono i Longobardi, che
faceuano forza per entrarui.

Se desideri veder Perugia, la qual è lontana
20.miglia, camina verso Occidente, per doue à
man destra vedrai nel monte Assisi città, nella
quale stà il corpo di San Francesco con la sua
Chiesa sontuosissima, e la Chiesa de gli Angeli.

Andando per la strada Flaminia, che è trà
colli,e campi di quel di Spoleto molto ben coltiuati, sentirai piacere nel riguardare la campagna ridente,e piena d'ogni sorte di frutti, di
vi-

vignaletti , d' horti , e di luoghi pieni d'oliue ,
piantati di mandole, innalzati fino al Cielo d'
Propertio, da Virgilio, e da altri Poeti .

Si vede à mia destra Menania Patria di Propertio col territorio, che produce buoni tori,
da banda sinistra da'colli Trebellani, nei quali
già tempo fù l'antica Mutusca, secondo che
Seruio dichiara vn luoco di Virgil. esce il fiume Clitunno , che vien fuora con vn chiaro, e
copiosissimo capo d'acqua , ilquale vscendo ad
irrigar la campagna di Bertagna nel secondo
stadio pigliò il nome di Dio, appresso la cieca
Gentilità, anzi che credono, che quel Tempio
vicino, che si vede di marmo antichissimo, e
bellissimo fabricato di maniera Corinthia, gli
sij stato dedicato per i tempi adietro. E fatto in
quella maniera à punto, che Vitruuio scriuendo dell'ordine de'Tempij, insegna douersi far
quelli de'Fonti, delle Ninfe, di Venere, Flora, e Proserpina , acciò habbino qualche simi-
litudine con li suoi Dei , e vi vedano ne g'i
ornamenti fiori, foglie d'Acanto , e d'Elce, che
mostrano la fecondità di Clitunno , del quale
gl'antichi osseruarono , che feconda talmente i
pascoli vicini, che iui nascono mandre di gran
buoi, e la sua acqua beuuta da gl'istessi, (come
attestano Plinio, Lucano , e Seruio commenta-
tor di Virgilio) gli fà diuenir bianchi .

Di questi armenti poi il Romano vincitore
dell'Ombria soleua sciegliere i più belli , e nel
trionfi farne sacrificio per il felice augurio, che
portauano seco . Quest' istessi erano menati da
gl'Imperadori, che trionfauano con le corne
indorate, e bagnati dell'acqua di questo fiume, nel Campidoglio erano sacrificati à Gio-

N 4 ne,

ue, & ad altri Dei, e perciò Clitunno fù honorato per Dio da gli Spoletini; alqual sono stati consacrati non solo tempij, ma boschi anco da gli antichi, come si può cauar da Propertio, mentre dice.

Quà formosa suo Clitumnus flumina Luco
Integer, & niueos abluit vnda boues.

Ma di gratia non ci rincresca veder quel, che ne dice politamente Virgilio Prencipe de'poeti nel secondo della Georgica, parlando delle lodi d'Italia in questa forma,

Hinc albi Clitumne greges, & maxima Taurus
Victima sapè tuo perfusi flumine sacro
Romanos ad templa Deum, duxere triumphos.

Il qual concetto toccò Silio Italico ne'suoi libri nella guerra Cartaginese; con poche parole, dicendo,

Et Lauit ingentem perfusum flumine sacro
Clitumnus taurum.

SPOLETO.

L'Istesso giorno, volendo, auanti notte arriuerai à Spoleto, Città splendida, abbondante di tutte le cose, laqual fù stanza de i Prēcipi Longobardi; hora è nobile per il titolo di Duca dell'Ombria; è già molto tempo era stata nobile, e forte Colonia del Latio(come testifica Cicerone nella oratione Bibiana) fatta, e ridotta da'Romani doppo c'hebbero superati gl'Ombri; tre anni dopo Brindisi (per quel che si raccoglie da Paterculo, e da Liuio)sotto il Consolato di C. Claudio Centone, e di Marco Sempronio Tuditano. La qual Colonia, dopò

pò c'hebber riceuuto i Romani la rotta appresso Trasimeno, hauendo hauuto ardire (come
racconta Liuio) di ributtar Annibale vincitore, gli insegnò à far conto dalle forze di vna
sol Colonia, quanta fosse la potenza di Roma;
essendo, che Annibale, doppo hauer perduto
molti dei suoi, fù sforzato dar volta, & ridur
l'essercito ne'confini del Marchiano. Le vecchie rotte fabriche dimostrano, che era molto
in fiore al tempo de i Romani. Si vede il grandissimo palazzo di Teodorico Rè de' Gothi,
distrutto da gl' istessi Gothi, ma rifatto da
Narsette Capitano di Giustiniano Imperatore.
Apparono in Spoleto i fondamenti d'vn theatro, il Tempio della Concordia, e fuori della
Città forme alte, e forti d'acquedotti, parte tagliati dalle coste dell' Apennino, parte cò archi
di pie ra cotta eleuati dalla valle bassa; & principalmente vedrai gli alti tetti della Chiesa
Catedrale, i muri di Marmo, la Rocca fabricata nell'Anfiteatro, il ponte di pietra, il qual
con grande ingegno è sostenuto da vin iquat-
tro gran pile, e congiunge la parte più alta
della Città alla Rocca, ouero all'Anfiteatro situato in vn'alto colle.

TERNI.

IL giorno seguente per la valle di Scrittura
chiusa da altissimi monti, per sassi, e balze
dell' Apennino giungerai à Terni, chiamato
Interanna da gl'antichi, per esser posto trà i
rami del fiume Nera, le rouine de i vecchi edi-
fij mostrano, che già tempo fù Città maggiore, e per grandezza, e per fabriche, di qual

che

che è hora; & si sà per memoria, che è venuto
almeno per gli odij intestini, e per le discordie
ciuili.

Molte inscrittioni antiche di marmi c'inse-
gnano, ch'è stata antico Municipio dei Romani; mà non si sà certo in che tempo le sij stato
dato titolo di Municipio, ouero la prerogatiua
di cittadinanza Romana. Il Pighio osseruò da
vna gran pietra di marmo, posta nel muro per
mezo la Chiesa Cathedrale, che fù fabricata
541.anni auanti il Consolato di C. Domitio
Enobarbo, & di M. Camillo Scriboniano; li
quali furono Consoli, doppo l'edificatione di
Roma 624.anni; nel qual tempo in Terni fù
fatto sacrificio alla salute, libertà, e Genio d'essa, per gratificar Tiberio Cesare, che s'haueua
leuato de' piedi Seiano, come si scopre dal titolo d'essa tauola: ilche l'istesso Pighio dichiara più distintamente nei suoi annali del Senato, e del Popolo Romano. Fù fabricata dunque
dopo Roma ottant'anni solo, e sotto Numa:
ma è verisimile, che Interanna soggiogati i
Spoletini, e fatta Colonia, all'hora hauesse il
titolo di Municipio. S'ingannano adunque
Leandro, e gli altri, cioè Roberto Titi ripreso
da Iuoni Villomaro nel decimoterzo lib. delle
sue osseruationi; li quali pensano, che sij Colonia di Romani, non sapendo, che ye n'era vn'-
altra dell' istesso nome appresso il Barigliano
nel Latio, la qual fù fatta Colonia de'Romani,
essendo Consoli M. Valerio, & P. Decio(come
riferisce Linio) dice poi à differenza di questo
Municipio Interanna, che essendo Consoli il
Postumo, & M. Attilio i Sanniti si erano sforzza-
ti d'occupare Interanna Colonia, la qual'era
nella

nella Via Latina, e nelle antiche inscrittioni
quella vien chiamata Colonia Interanna Liri-
na à differenza del Municipio Interanna Naarte, che così chiamano questa Città dell'Ombria, della qual'hora parliamo. Hà portato la
spesa auisar questo, accioche il lettore leggendo quegli auttori, benche dotti, non si lasci in-
gannare. La Campagna di questa Interanna
Naarte: secondo, che anticamente, così hora
per il sito, e per l'abbondanza d'acque dolci, è
fecondissima: essendoche hà colli posti nel venir giù dell'Apennino verso Mezódi, e verso il
mare Tirenno, & hà campi irrigati del continuo da fonti, e fiumi: il qual territorio, essendo
in tal forma, & esposto al Sole, è atto à produr
ogni sorte di frutti. Si scopre anco, che Plinio
non dice la bugia, che li prati di Terni si sega-
no tre, ò quattro volte all'anno, & anco poi si
pascolano: il che pare alla prima incredibile, mà
di ciò fanno fede le rape, che iui nascono, le
quali pesano 30. libre l'vna: sette delle quali sono la carica d'vn'asino; anzi Plinio nel lib. 19.
della sua istoria naturale afferma, hauerne visto di quelle, che pesauano 40. libre.

NARNI.

Andando ad Otricoli per la strada Flaminia trouerai Narni, la qual'è posta in
monte orto, e di difficile ascesa: à piè del quale
scorre il fiume Nera con gran strepito per le
rotture del Monte, con quali s'affronta. Liuio, e
Steffano Grammatico vogliono, che dal detto
fiume la città sij stata nominata Narnia. Martiale la descriue in questa maniera nel libro
N 6 de'

de' fuoi Epigrammi.

Narnia fulphureo, quam gurgite candidus amni
Circuit ancipiti vix adeunda iugo.

Liuio ifteffo diffe, che la Città fù prima
chiamata Nequino; e gl'habitatori Nequinati quando fù foggiogita da i Romani, furono chiamati così per la poltroneria, e cattiui
coftumi loro, fecondo, che vogliono alcuni;
ouero per la difficile afcefa del luogo; della
quale hauemo parlato: ma dipoi fprezzando
il nome di Coloni Romani, quelli, ch'erano
ftati condotti là contro gl'Ombri, e contro i
Nequinati volfero più tofto effer denominati
dal fiume Nare.

I trionfi del Campidoglio c'infegnano, che i
Nequinati erano confederati con i Sanniti,
con i quali però furono vinti; e di loro anco.
M. Fuluio Petinio Confole trionfò l'anno di
Roma 554. nel qual tempo fù condotta poi à
Nequino la Colonia, che hauemo detto. Hora
la Città è di forma longa, e bella di fabriche.
E abbondante per la fertilità della campagna
vicina, fe ben alle volte mal condotta per le
guerre, hà hauuto gran trauaglio alla memoria de i noftri antenati. Fuori della Città à
banda deftra fopra il fiume Nare fi vedono
marauigliofi, e grandi archi d'vn ponte, il
qual foleua congiungere due alti, e precipitofi monti, trà quali paffaua il fiume; Acciò
per ftrada dritta, fi poteffe paffar da Narnia à
quel monte, che li è per mezo. Alcuni credono, che foffe fabricato fotto Augufto delle
fpoglie Sicambriche; e Procopio ancora riferifce, che Augufto lo fece, foggiongendo di
non hauer veduto archi più eminenti di quelli.

si. Le reliquie, che hoggidì si vedono fatte di gran quadroni di Marmo, e gli altri archi appoggiati sopra pile grandissime dimostrano, che questa sij stata opera d'vn'Imperio florido, e d'intolerabil spesa. Nè penso, che Martiale parli d'altro ponte nell'Epigramma, citato poco auanti, mentre dice:

Sed iã parce mihi nec abutere Narnia Quinto,
Perpetuò liceat sic tibi ponte frui.

Le pietre di questo ponte sono attaccate insieme non con calcina, ma con ferro, e piombo. Vn'arco, che di presente non c'è tutto, è largo 100. piedi, alto più di 150. si dice publicamente, che sotto questo ponte sono sotterrati gran tesori.

Arriua nella Città vn'acquedotto, il quale per 15. miglia passa sotto altissimi monti; e di questo si fanno nella Città trè fontane di bronzo, bellissime. Quiui è l'acqua di Narni, chiamata dalla carestia; imperoche s'hà osseruato, che non appare, se non l'anno auanti qualche carestia, come occorse l'anno 1589. Si ritrouano qui molte altre sorti d'acque salutifere, delle quali per breuità non parlerò più à lungo.

Partendoti da Narni per andar à Roma 40. miglia lontano vedrai vn monte sassoso, nel qual è fatta strada con lo scalpello da passar trà le rupi precipitose del fiume, & il difficil monte, che s'erge à man sinistra. Il sasso è alto più di 30. piedi, e 15. largo; à man destra il luogo è molto precipitoso, di modo, che mette paura a'riguardanti: e le acque fanno gran mormorio per i sassi.

Passando più oltre si troua strada bellissima, che

che hà colli da ambe le parti diletteuoli, pieni
d'arbori, che mena ad Otricoli, fabricato sopra
vn colle vn miglio vicino al Teuere.

Passando per le Anticaglie della via Flaminia, e per le gran rouine d'Otricoli arriuerai al
Teuere vedendo nel passaggio gran reliquie di
edificij publici, cioè di Tempij, di bagni, d'acquedotti, e di conserue d'acqua : i portici, il
Teatro, l'Anfiteatro, le quali cose dimostrano
la grandezza, e magnificenza di quel Municipio, mentre egli nel fiore dell'Imperio era in
vigore. S'ingannano quelli, li quali ci hanno
descritta l'Italia, & in quel luogo vogliono,
che si j stata vna certa Ocrea de Sabini, ouero
Interocrea già tempo trà Cotila, e Falacrina
nel Territorio Reutino posta nella via Salaria, per quel, che hauemo raccolto dall'Itinerario Romano, che quelle siano le rouine d'O-
criculo Municipio: ne fanno anche fede due
inscrittioni di statue dedicate à padre, e figliuola dal publico, per hauer quelli fabricato iui
bagni à proprie spese, e donatili poi al publico;
le quali hauemo voluto por qui à contempla-
tione de i Studiosi. Vna si legge in vn pezzo
di marmo, ch'è in vn muro in piazza appresso
la Chiesa, doue poco lontani anco si vedono
alcuni pezzi delle dette statue. L'altra è nella
base quadrata, soprà la quale era la statua della
figliuola, la qual base al presente si vede fuori
in strada. L'inscrittioni sono queste

C. Iulio L. F. Pal.
Iuliano
II. I. Vir. Aed.
IIII. Vir. I. D.

IIII.

IIII. Vir. Quinq
Quinq. Deſt.
Patrono.
Municipi.
Pleb. Ob. Merita.
L. D. D. D.

Iulia. Lucilla
L. Iuli. Iuliani. Fil.
Patroni. Municipi
Cuius. Pater
Termas. Otricula-
nis. à Solo. Extructas
Suá. Pecunia. Dona-
vit
Dec. Aug. Plebs
L. D. D. D.

Quiui paſſerai il Teuere ſul porto appreſſo
al ponte di pietra fabricato da Auguſto : il
qual ponte era tanto grande, che con le rouine ſue, doppo ch'è rotto, ottura, & impediſce
il corſo al fiume: e d'indi giungendo alle radici
del Monte Soratte, la notte albergherai in Ri-
guano.

Clemente Ottauo Pontefice, imitando Auguſto, con gran ſpeſa, e ſua gloria commandò,
che foſſe rifatto il Ponte : qui terminauano i
borghi di Roma anco al tempo d'Aureliano
Imperatore, perilche hauendo letto, che altre
volte Roma haueua cinquanta miglia di circuito, e che regnando Coſtantino le fabriche,
& altre muraglie della Città erano coſi frequenti dal Teuere fino à Roma, che ogn'vno
mezanamente prattico haueria penſato eſſere
nella Città. Paſſato il fiume ti ſi fà incontro

il Borghetto, di doue à man destra vi sono otto miglia à Città Castellana, fabricata in altezza d'aspri monti, chiamata natiuamente Fesunio. Più dentro è Caprarola, loco delli Farnesi; delquale s'hà parlato disopra. Andando per la via Regia, laqual tira ancora più di 20. miglia, arriuerai ad Ariano Castel nono, e prima porta, doue vedrai delle pietre, con le quali era lastricata la via Flamminia; & à man manca in breue sarai al Teuere, quasi vicino al ponte Milino, detto ponte Molle, doue Dio mostrò à Costantino il segno della Croce, che haueua scritto queste parole. In hoc signo vinces, e così Costantino superò Massentio Tiranno. Per il detto ponte si passa il Teuere, e s'arriua alli Borghi di Roma, nellaquale entrerai per la porta Flaminia, hora detta del popolo.

LVCCA

LVcca si gloria con gran ragione, d'esser dalli Scrittori numerata trà le più antiche Città d'Italia, imperoche se bene questi non s'accordano della sua prima origine, conuengono però tutti in dire, che sia antichissima Città, & il più moderno suo principio è da Catone, & altri buoni Auttori attribuito à Lucchio, Lucumone Lart, di Toscana 15. che regnò 45 Anni doppo l'edificatione di Roma, dalquale vogliono ancora, che pigliasse il nome, tutto, che quanto al suo principio altri Scrittori affermino, che ella fosse molto prima edificata, ò dalli antichi Toscani, ouero da Greci innanzi la distruttione di Troia;

E sta-

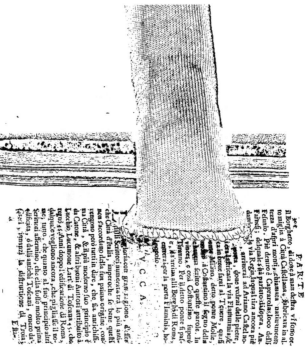

il Borghetto, di donde à man destra vi sono orto miglia à Città Castellana, fabricata in altezza d'aspri monti, chiamata nuuicamente
Falisco. Più dentro è Caparola, loco delli
Farnesi; del quale si hà parlato di sopra. Andando la via Regia, loqualità ancora più
dando la via Regia, loqualità ancora più
auanti, al Ariano Castel no-

..., doue vedrai delle pietre,
si fabricaua la via Flaminia, &
cui beue sarà al Teuere, quali
... Mino, detto, ponte Molle,
à Costantino il Segno della
... guerra fecero queste parole. In
vince, e così Costantino supe-
Thanno. Per il detto ponte si pas-
e, & si arriua alli Borghi di Roma,
entra sino la porta Flaminia, ho-
... opolo.

LVCCA.

L'Città con gran ragione, d'esser
cita d'Italia, imperoche se bene questi
non s'accordano della sua prima origine, conuengono però tutti in dire, che sia antichissima Città, & il più moderno suo principio è
da Catone, & altri buoni Autori attribuito à
Lucchio, Lucumone L'arte di Toscana, sì, che
regno 445. Anni doppo l'edificatione di Roma,
delquale vogliono ancora, che pigliasti il nome, tutto, che quanto al suo principio altri
Scrittori affermino, che ella fosse molto prima
edificata, ò dalli antichi Toscani, ouero da'
Greci, & innanzi la distruttione di Troia;
E ha-

E stata sempre Città molto forte, e potente; e
perciò C. Sempronio, doppo la rotta, che riceuè à Trebbia da Annibale, e la poco felice
giornata fatta sotto Piacenza, si ricourò à Lucca con le reliquie dell'essercito, come in luogo
molto sicuro, & il valoroso Narsete, che per l'-
Imperatore Giustiniano liberò l'Italia da'
Gotti, non l'haurebbe ancora potuta ottenere,
doppo vn lungo, e rigoroso assedio di sette
mesi; se con artificioso inganno, non si hauef-
se obligato (per così dire) gl'animi de' Cittadini, à darseli volontariamente, come seguì; ma
quei Signori l'hanno ridotta al presente à tal
segno, che non è Città in Italia, che arriui
alla fortezza di lei: perche oltra vndeci baloardi reali, che nello spatio di poco meno di
tre miglia di circuito con forte mura la cingo-
no, hà di più dentro alle stesse mura congionto il terrapieno molto largo, e spatioso, quali ancora per la quantità delli alberi, che vi
sono sopra, e per la grata vista delle amene, e
fertili colline, che da esso si scuoprono d'ogni
intorno ripiene, & adorne di bellissimi palazzi, appare molto vaga, e dilettevole, dice
Strabone, che da essa i Romani ne leuauano
spesso numerose compagnie di soldati à piedi,
& à cauallo: e scriue Gaspar Sardo, che nella
giornata nauale, che l'Anno 1179. si fece nel
Mar Lincio, trà i Christiani, e Saracini, fù anche Lucca à parte della vittoria, essendoui
concorsa con sei galere ben'armate, condotte
da Nino delli Obizi suo Cittadino valorossi-
fimo Capitano, Luogotenente ancora di
quelle della Chiesa, che erano nella stessa armata, & il 1303. che si collegorno i Lucchesi

con

con i Fiorentini à danni de'Piſtoieſi di 1000. caualli, e ſedici mila fanti, de'quali era compoſto
l'eſſercito, i Luccheſi vi haueano 500. caualli, e
dieci mila fanti.

Queſta Città fù amata, e tenuta in gran
preggio dal popolo Romano, e perciò li conceſſe il priuilegio di Municipio tanto ſtimato, e
la fece ſua Colonia, e ſi legge in particolare,
che con l'occaſione, che l'anno 698. dall'edificatione di Roma, vi paſsò l'inuernata G. Ceſare, e vi concorſero da più di 200. Senatori,
trà quali furono Pompeo, e Craſſo, che inſieme con Ceſare fecero in queſta Città il primo
Triumuirato. Si vedono verſo la Chieſa di S.
Agoſtino alcune reliquie di vn nobil tempio
dedicato anticamente à Saturno, e nella contrada di S. Frediano, le veſtigie di vn nobil'anfiteatro, certiſſimi ſegni della ſua nobiltà.

Ne'tempi, che la Toſcana, co'l rimanente
dell'Italia, diuiſa in 12. reggimenti, fù ſoggetta à i Longobardi, conſtituirono queſti in Lucca la reſidenza del Reggente della Toſcana,
& iui come tale, riſedeua Deſiderio quando
l'anno 757. fù creato Rè de'Longobardi,
mentre, dipoi la Toſcana fù da i Marcheſi
gouernata, riſederono gli ſteſſi in Lucca, come nella Metropoli di quella prouincia, doue
il Marcheſe Adalberto, come ſcriue l'Amira-
to, & il Baronio, & prima di eſſi il Sigonio, dimorò con tanto ſplendore, che hauendoui egli
riceuuto l'anno 902. Lodouico Imp. e guſtan-
do queſto la reggia grandezza, che teneua il
Marcheſe, diſſe ad vno de'ſuoi, certo io non
veggio, che dal titolo in poi queſto Marcheſe
in coſa alcuna mi reſti inferiore. Trà i Marcheſi

chesi di Toscana fù assai celebre per le molte ricchezze, e proprio valore, e merito Bonifacio da Lucca, che potè ottenere per moglie Beatrice figlia dell'Imperatore Corrado II. e sorella d'Henrico III. de' quali Bonifacio, e Beatrice nacque la gran Contessa Matilda, quale in non molto corso di tempo restò herede, & assoluta padrona di molte altre Città d'Italia, & alla sua morte lasciò alla Chiesa la Città di Ferrara, e quello Stato, che è detto il Patrimonio, come si legge nel suo testamento, che si conserua in Luca.

Tornò poi Lucca à gustare i frutti pregiatissimi dell'antica sua libertà, e l'anno 1288. n'hebbe la confermatione da Rodolfo Imperatore, & essendosi mantenuta in quei tempi di fattione Guelfa, si conseruò molti anni amica, e confederata con la Republica Fiorentina, e per quest'anno 1304. quando quella Republica era trauagliata dalle fattioni de Bianchi, e Neri, furono chiamati i Lucchesi da' Fiorentini in loro aiuto, acciò li riformassero il loro tumultuante, e confuso gouerno, doue quando le fù data potestà assoluta sopra tutta la Città, furono da Lucca mandati de' più prudenti Cittadini, accompagnati da noue mila soldati, la maggior parte de' quali erano à cauallo, questi subito giunti, posero le guardie per tutto à piacer loro, come se fossero stati in vna Città propria, e sottoposta assolutamente al loro dominio, e poi in termine di sedici giorni fù da i medesimi acquetato il tumulto, e riformato con intiera sodisfattione di quella Republica, il modo del gouerno.

PARTE

Fù poco doppo dominata Lucca da Vgoc-
cione, e poi da Caftruccio fuo Cittadino, e Capitano Eccellentiffimo, che tenne con il fuo v-
nico valore in continua paura, e fofpetto le vicine Republiche, e finalmente doppo hauer fo-
ftenuto alcuni anni fotto diuerfi tiranni la con-
traria fortuna, rihebbe per certa fomma di de-
naro la fua libertà da Carlo IV. la quale hà fé-
pre goduta felicemente, eccetto dal mille quattrocento fino al 1430. che la tenne Paolo Gui-
nigi fuo Cittadino, & al prefente ancora la gode fotto la protettion della maeftà del Rè Cattolico, con grandiffima tranquillità, è ficurezza, non vigilando in altro quei gentil' huomini, nelle mani de'quali è il gouerno della Republica, che al publico bene; & vnione di tutti
i Cittadini, fondamenti tāto principali, e necef-
farij, per il mantenimento delle Republiche.

E ripiena quefta Città di molte buone, e
ben'intefe fabriche, e di numero grande di
belliffime Chiefe, trà lequali la Cathedrale di
effa, dedicata à San Martino, meritamente
ritiene il primo luogo; è ftata quefta Chiefa
ornata, e fauorita molto da i Pontefici, e prima da Aleffandro II. ilquale l'anno 1070. come fi legge nel Baronio, non fdegnò la fatica
di confacrarla; & Vrbano Sefto il 1382. vi celebrò Meffa la notte del Natale, & honorò il
Confaloniere con fargli legger l'Epiftola. Il
Vefcouo ancora, & i Canonici fono dotati di
belliffimi priuilegi, hauendo quello l'vfo degli ornamenti Archiepifcopali, cioè Croce, e
Pallio, & i Canonici la facoltà di portare le
Cappe, e Mozzette pauonazze, e le Mitre di feta bianca, more Cardinalium, e tanto il Vefco-

uo,

no, che i Canonici non riconoscono altro superiore, che la sede Apostolica.

Trà le molte gratie, delle quali è stata fauorita questa Città dall'altissimo Dio, alcune specialissime se ne possono considerare: imperoche Lucca fù la prima delle città di Toscana, (come racconta Fr. Leandro, & altri) che riceuesse il lume della Santa Fede, e fù l'anno 44. di nostra salute per mezo di San Paolino Antiocheno discepolo di San Pietro, quale fù poi l'anno 69. coronato del Martirio sù'l monte San Giuliano da Anozino Presidente di Pisa. Ottenne fino ne'tempi di Carlo Magno con gratia singolarissima il Volto Santo, formato, e collocato miracolosamente da celeste mano alla statua veneranda del Saluatore del Mondo fabricata da Nicodemo suo discepolo, mentre, che esso staua quasi perso d'animo, pensando come douesse formare quella testa per dar perfettione à quella statua.

Racchiude entro di se, oltre i corpi di San Paolino, S. Regolo, e S. Frediano suoi principali Protettori, 33. altri corpi Santi trà quali vè ne sono non pochi di Lucchesi, che con alcuni altri, che sono sepolti in diuerse città, arriuano al numero di 14. & altri ancora ne sono riueriti, e tenuti in grand'opinione di Santi. Si scoperse ancora in questa città l'anno 1588. vna imagine miracolosa di N. Signora, per mezzo della quale l'Onnipotente Iddio hà conferito gratie merauigliose à fedeli di diuerse nationi. Non sono mancati alla Città di Lucca Pontefici, & hà ancora hauuto Cardin. in molto numero, e Signori, e Capitani insigni, come s'è detto, & molti di singolar dottrina,

trina, dei quali non è da paſſar con ſilentio Frà
Santi Pagnini dell' Ordine de' Predicatori
huomo tanto celebre per la traduttione così
eſquiſita della Sacra Scrittura della lingua
Hebraica nella Latina, & in Legge, non ſi
hanno acquiſtato poca lode Guglielmo Durando, detto lo ſpeculatore, & Felino Sandei,
interpreti de'Sacri Canoni, il quale ſe ben ſi
troua eſſer nato in Ferrara, nondimeno i ſuoi
genitori erano Cittadini di Lucca antichiſſimi,
& eſſo poi, come tale, ne fù fatto Veſcouo il
1449. In filoſofia hà hauuto gran nome Flaminio Nobili, il quale con gran faſto a'noſtri tępi
l'hà letta publicamente in Piſa, & è ancora
conſeruato frà gl'Hiſtorici di molto grido nella Libraria del Vaticano vn Tolomeo da
Lucca Scrittore delle memorie de'ſuoi tempi.
Sono vſcite da queſta Città, ò ſiaſi per occaſione di peſte, ò di perſecutioni di Tiranni,
molte famiglie nobili, le quali ſi ſono ſparſe
quaſi per tutta Italia, ma maggior numero ſe
ne ritirorno à Venetia, & in Genoua, doue
molte ne ſono ammeſſe al gouerno di quelle
Republiche, come ſe foſſero ſtate originarie di
quelle Città. Hanno i Lucheſi picciolo Stato:
ma per l'induſtria de gli habitatori fertiliſſimo,
& abondante di tutte le coſe, e tanto ripieno
d'huomini, che hanno più di diſdotto mila
ſoldati rollati, ſenza le militie della Città. Nel
Territorio di Lucca hà poſto Dio quei Bagni
così ſalutiferi, e celebrati da molti ſcrittori, doue ogn'anno concorre da diuerſe parti numero
grande d'infermi, e ſtroppiati, e per il più ritorno alle caſe loro conſolati, e per andare à
queſti Bagni ſi paſſano due ponti ſopra il Serchio

rina, dei quali non è da pallar con filentio. Frà
Santi Pagnini dell' Ordine de' Predicatori,
huomo tanto celebre per la traduttione così
elquilita della Sacra Scrittura, della lingua
Hebraica nella Latina, & in Legge, non è
hanno acquiftato poca lode. Gugliemo Durando, detto lo Speculatore, & Fulvio Sandei,
interpreti de'Sacri Canoni, il quale fe ben fi

nato in Ferrara, nondimeno i suoi
Cittadini di Lucca a richiffini,
mentale, nefu fatto Velcouo il
hauuto gran nome Fiam-
quale con gran fatto, nio fcrifli
licamente in Pifa, & è anco
gl'Hiftorici di molto grido nel-
rior delle memorie de'fuoi tempi,
Vaticano vn. Tolomeo da
da quella Città, ò fiaß per occa-
ò di perfecutioni di Tiranni,
e nobili, le quali fono fpefe,
Italia, ma maggior numero fe
ò in Genoua, doue
fono annudi al gouerno di quel-

P che, come fe foffero ftate originarie di
y le Città. Hanno i Lucchefi piccioloStato
ma per l'induftria de gli habitatori fertilißimi,
& abondante di tutte le cofe, e tanto ripieno
d'huomini, che hanno più di diftotto mila
foldati rolin,fenza le milifie della Città. Nel
Territorio di Lucca ha pofto Dio quei Bagni
così falutiferi, e celebrati da molti fcritori, doue ogn'anno concorre da diuerfe parti nume-
gran, e d'inermi, e ftroppiati, per li più rifoe-
n no alte cele loro conciolati, e per ampire i
gu, fi Bagni fi pallano due ponti fopra il Serchio

chio fatti di archi così grandi, che si rendono
merauigliosissimi à i riguardanti, & al sicuro
non hà l'Europa Ponti così belli.

Molte altre cose, e tutte notabili potrebbono
raccontarsi di questa nobilissima Città, ma per
sfuggire la lunghezza, e non partirsi dall'in-
cominciato stile, è necessario rimettersene a
quelli,che copiosamente ne hanno scritto.

GENOVA.

Genoua, capo della Liguria, è posta alla
riua del mare, dalla qual parte per il
piu riguarda il mezo giorno. Hà l'aria buona,
che tira però alquanto al caldo,& al secco. Nó
è del tutto in piano, ò montuosa, ma partecipa
dell'vno, e dell'altro, come che sia fabricata al
piè della montagna. E sito opportunissimo, onde si può dire, che dalla parte maritima del
Ponente, ella sia la più principale, e la più importante porta d'Italia. Gode il tesoro di libertà, e si gouerna à republica. Di tale forma
di gouerno tutto lo Stato suo è contento, stan-
te,che chi gli vbidisce hà la vita, l'honore, e la
robba in sicuro. E in mezo di due riuiere, quella di Leuante è lunga da 70. miglia in circa,
quella di Ponente intorno à cento.

Nella riuiera di Leuante vicina alla Città
5.miglia in circa è la vaga Villa di Nerui piena di fiori, e frutti tutto l'inuerno. Alle spalle
la Liguria hà poco Territorio, non estenden-
dosi nel più largo più di trenta miglia. E padrona dell'Isola di Corsica, la quale in vn bisogno gli potrebbe dare buona quantità di soldati,nó inferiori in valore à qual si voglia altro

Ita-

Italiano, ò foraſtiero. I Corſi gli ſoggiacion
volontieri, maſſime quelli, che ſono ſtati per
mondo, vedendo, che non hanno altra gra
nezza, che di pagar vn quarto di ſcudo per o
gni fuoco, e qualche poco ſtraordinario, ch
coſa inſenſibile. La Republica manda ogn
due anni in quell'Iſola il Gouernatore, e g
altri Giuſdicenti, i quali finito l'vfficio ſon
ſindicati da due Gentilhuomini, mandati d
Genoua à poſta à queſt'effetto, ilche ſi fà pe
tutto lo ſtato di quella Signoria, il che d
grandiſſimo guſto a'ſudditi, i quali ſenza par
tirſi dalle loro caſe, ſi querelano di chi, gouer
nandoli, hà lor fatto alcun torto, e n'ottengo
no giuſtitia. Ma ritornando alla Città di Ge
noua, dico, ch'ella può ringratiar Dio, ch
la Religione, e pietà Chriſtiana vi ſono in col
mo, delche douea dirſi ſù'l principio. Hà por
to artificioſo, aſſai capace, al quale fà riparo v
na mole forſe delle maggiori, e delle più belle
che ſiano hoggidì: contuttociò, quando ſoffiano
Libecchio, e Mezodì vi è gran trauerſia. Hà
Darſina, nella quale hà ſicuriſſimo ricetto d
ogni tempo buon numero di galere, e quantità
grande di vaſcelli alla latina. Gira più di 5. mi
glia, dando più nel lungo, che in larghezza.
Hà ſcarſezza di ſito, onde le ſtrade vi ſono
ſtrette, e la ſtrettezza hà forzato ad alzar gli e
dificij, ilche rende la città in molti luoghi al
quanto ſcura, e malinconica. Fà 100. mila ani
me, poco più, ò meno. Quanto alle Chieſe, non
hanno bellezza tale, che vedute vna volta poſ
ſano eſſere vedute di nuouo con guſto. Quella
però de Sig. Seuli, il Gieſù, e S. Siro farebbon
tente, e ſi à fuori di quì, ragioneuolmēte belle

Si

San Matteo parimente, ch'è de' Signori Doria, ancorche picciola Chiesa, di dentro, ornatissima di stucco, ad oro, e dipinta da pittor'eccellente. Il Palazzo publico della Sign. non è finito, che se fosse compito, si potrebbe annouerar frà i più grandi, e più belli d'Italia, massime ornato di quell' incrostatura di marmi, che s'è risoluto di fargli. Nel palazzo di San Giorgio è vna bellissima memoria antica intagliata in vna gran pietra. La Loggia coperta di banchi hà del Magnifico, come anco i granari publici, massime vno, che s'è cominciato da poco in quà, vicino alla porta di S. Tomaso, ch'è de'più forti ingressi di Città, che possa vedersi. Er à proposito delle porte publiche, non manchi di notarsi, che quelle del Molo, & dell'Arco hanno del grande assai; & sono fatte con buona architettura. Il principio parimente del nuouo Arsenale, con gli apparecchi, che alla giornata d'ordinario vi si vanno facendo, è cosa, che può esser veduta. I Palazzi priuati di questa Città hanno fama d'esser belli, e ben fabricati, & à dir' il vero in buona parte, è cosi. Se ne veggono molti insieme accolti in strada nuoua: i più belli però sono sparsi fuori nei borghi, particolarmente nelle Ville di S. Pier d'Arena, e d' Albaro, doue d'Estate villeggiano moltissimi nobili. Il Catino, ò sia Smeraldo, gioia inestimabile, si tiene nella Chiesa Cathedrale di S. Lorenzo, e si mostra à personaggi grandi. In detta chiesa è la sótuosa Capella di S. Gio. Battista, nella quale si adorano le sue ceneri. Hora perche questa relation superficial di Genoua si fà per dar notitia a'forastieri di certe cose, che

O   pon-

ponno andar vedendo, quaſi con i ſtiuali i
piedi quando ve ne foſſero alcuni, che ſi dilet
taſſero di vedere pitture di gran maeſtri, ſi di
rà loro, che le più belle ſono nel palazzo de
Prencipe Doria tutte à freſco di mano di Pe
rin del Vago,e del Pordenone. Se ne veggono
ancora dell'altre in varij luoghi della Città,d
due famoſi pittori, che furono il Cangiaxo,&
il Bergamaſco. Intorno poi alla raccolta d
quadri,e di ſtatue, che ſi fanno per ornamento
di ſtanze, ò ſia di gabinetti,nelle caſe de gl'in-
fraſcritti gentilhuomini ſono di molte coſe,
degne d'eſſer vedute. Il Sig. Aleſſandro Giuſtiniano, oltre vn bel Cupidine antico di marmo, che dorme, hà vna teſta pur'antica co'l
buſto, ch'è ſtimata coſa rariſſima. Il Signor
Tomaſo Pallauicino, nella ſua villa hà buona
quantità di ſtatue antiche, e di pitture nobili.
Il Signor Horatio di Negro n'hà pieno vn
ſtudio. Il Sign. Andrea Imperiale, oltre molti
quadri d'eccellente mano, hà ſette, ò otto pezzi grandi di Raffaello d'Vrbino. Il Sig. Tomaſo Chiauari hà di molte coſette belle antiche, e moderne, sì di marmo, come di bronzo,
accompagnate da varie pitture. Il Sig. Giouan
Carlo Doria non hà ſtatue, ma quanto alle
pitture, egli n'hà fatto tanta raccolta, & in
gran parte buona, che forſe lontano di qui
vn pezzo niun'altro gentilhuomo priuato n'hà
fatto vn'altra ſimile. E queſto ſia detto intorno alla pittura, & alla ſcoltura. Co'l che
finire, aggiungendo ſolo, che chi vuol vedere Genoua ſolamente per diletto, non l'harb-
bè à vedere, ſe non sù'l principio dell'Eſtate.
Venendoui hora alcun con tal fine, ſi ricordi

in

in giorno fereno, e di calma dilungarfi con vna
barchetta tanto da terra , ch'alla veduta ordinaria dell'huomo s'vnifcono i borghi con la
Città, che facendolo, dirà forfe non hauer mai
veduto profpettiua più bella. Chi poi vorrà veder Genoua da luogo eminente, vada à S. Benigno, ch'è fopra la Lanterna, e parimente in cima del Campanile della già detta Chiefa de'
Signori Sauli .

PALMA.

P Alma Noua Città fabricata nel Friuli da'
Sig. Venetiani, dall'Anno 1594. in qua,
nella bocca del mare Adriatico ; la quale ne'
fecoli paffati fù quafi fatale alle rouine d'Italia; imperoche tutte le nationi barbare fi fecero
trada per di quà à foggiogare, e rouinare quefto paefe; e gli Turchi ifteffi con molte fcorrerie trauagliarono già le vicine contrade, a' qua-
i ciò per l'auuenire non farà sì facile, fe piace-
à à Dio . Hà noue Baftioni lontani vno da
l'altro 100. paffi in circa, con le loro piazze ro-
onde , e larghe per mettere in ordinanza i foldati, che ci foffero à difenderla; la foffa è larga
o. paffi, profonda 12. e piena d'acqua; hà tre
porte, & noue fpaciofe piazze; dai Caualieri al
centro di effa fono tirate alcune ftrade à filo, in
capo alle quali ftà vna Torre fortiffima per
refidio della Città; hà 600. paffi di diametro .

NOMI DE' BALOARDI DI PALMA.

Da Porta Maritima à porta di Vdine,
Fofcarini, Sauorgnana, e Grimani.

O 2 Da

Da Porta di Vdine à Porta di Ciuidal,
Barbaro, Donà, Monte.
Da Ciuidal à Maritima,
Garzoni, Contarini, Villa Chiara.

VDINE.

ALla Riua del Tagliamento maggiore in
vna larga pianura giace la nobile Città di Vdine; non fi sà di certo chi la fondaffe;
ma fappiamo bene, che Ottone I. Imperatore
di quefto nome donò à i Patriarchi d'Aquileia
Vdine, se bene effi non ci pofero la Sedia se
non l'anno 1222. Sotto l'Imperio di Federico
II. Raimondo della Torre Gentil'huomo Milanese, e Patriarca, aggrandì molto quefta
Città, riceuendo in effa molte famiglie di Milanefi, Romani, Fiorentini, Senefi, Bolognefi,
Lucchefi, Parmegiani, Cremonefi, Veronefi,
Mantoani, Trentini, & altri affai di molti luoghi; perilche crebbe in tal maniera di popolo,
che fù sforzato à cingere i borghi di muraglie, per lo quale accrefcimento gira Vdine al
dì d'oggi ancora 40. ftadij, ò fiano cinque miglia, & il fuo territorio trà lunghezza, e larghezza gira 250. miglia. Quefto fteffo Patriarca aprì nelle mura dodici porte, deriuò nella
Città due capi d'acqua tolti dal fiume Tarro, e
féce, che da due bande effi la bagnaffero, e
feorreffero; al piè della collina, che fi vede
in Vdine ftà vna larga piazza, nella quale ne i
tempi ordinati fi radunano i Mercanti à trattare i loro negotij. Vi è vn'altra piazza circondata da diuerfi bottegai, che attendono
à varij meftieri; è abbondante di tutte le cofe
neceffarie al viuer' humano; è d'aria molto
tem-

Da Porta di Viline à Porta di Cuidal,
Barbaro, Donà, Monte,
Da Cuidal à Marinana,
Garzoni, Contarini, Villa Chiara.

V D I N E.

A Lla Riua del Tagliamento maggiore in
vna larga pianura giace la nobile Città Viline; non ſi ſà di certo chi la fondaſſe,
ſiano bene, che Ottone I. Imperatore
poca donò à i Patriarchi d'Aquileia
di bene eſſi non ci poſero la Sedia, ſe
ma 1222. Sotto l'Imperio di Federico
ſtano della Torre Gentil'huomo Milaneſe, aggrandi molto queſta
Patriarca; e appreſſo in eſſa molte famiglie di Milano, Fiorentini, Seneſi, Bologneſi,
e Parmegiani, Cremoneſi, Veroneſi,
e Treuiſani, & altri aſſai di molti luoghi ſi creſce in tal maniera di popolo,
e venne à cingere i borghi di mura-
glie, e à cinger lo accreſcimento gira Viline al
fito territorio tra lunghezza, e larghezza, e ancora 40. ſtadij, ò ſiano cinque miglia, e gira 550. miglia, Queſto Reſto Patriar-
cale mura dodici porte, deriuò nella
Città due capi d'acqua toltida dal fiume Taroç
fice, che dà due bande eſſi la bagnaſſero, e
ſcorreſſero; al piè della collina, che ſi vede
in Viline fà vna larga piazza, nella quale nei
tempi ordinarij ſi radunano i Mercanti à trattare i loro negotij. Vi è vn'altra piazza circondata da diuerſi botteghi, che attendono
à varij miſterij; e abbondante di vrre le coſe
neceſſarie al viuer' humano; è d'aria molto

tem.

temperata ; la quale hà prodotto, e produce
huomini di grand'ingegno, e rare virtù, trà
quali hora la fà nominare l'Illuftriff. Signor
Conte Giacomo Caimo Lettor primario della
Ragion Ciuile nel Studio di Padoua. E circo-
data quefta Città da vaghe,& ameniffime campagne, irrigate da chiar'acque. Non meno vi
fono belle vigne,che producono delicati vini,
molto lodati da Plinio nel 6.cap.del 44. libro,
quando dice.Liuia Augufta lxxxij.*annos vita*
Pucino retulit acceptos non aquofo. Gignitur
in finu Adriatici maris, non procul à Timauo
fonte faxeo colle, maritimo afflatu paucas co-
quente amphoras. Nec aliud aptius medica-
mentis iudicatur. Hoc effe crediderim, quod
Graci celebrares miris laudibus Piccianum ap-
*pellauerunt ex Adriatico finu.*Et più in giù dice effere ottimi vini, cauati preffo il Golfo A-
driatico.In quefto paefe fi hanno frutti d'ogni
maniera molto faporiti. Quiui fon folte felue,
tanto per il bifogno delle legne, quanto per la
caccia. Di più veggonfi vaghi prati,e pafcoli
per gli animali.Ne'móti d'effo ritrouanfi quafi
tutte le minere de'metalli,cioè, ferro,piombo,
ftagno,rame, argento viuo, argento fino, & o-
ro.Cauanfi etiandio marmi bianchi,negri,rof-
fi,macchiati,& corniuole, camei,berilli, & cri-
ftalli. Fù adunque quefta Città fignoreggiata
da molti,& al giorno d'hoggi fe ne ripofa in
pace fotto l'ali del feliciffimo Dominio Veneto. Molt'allre cofe vi farebbono da notare,
che tralafcio per breuità. Nel refto veggafi
appreffo F.Leandro Alberti.

SACILLE.

L'Antica, e nobil Città di Sacille, chiamata da' Veneti Giardino della Sereniff. Republ. da fe medefima fi gouerna con Rettore, d'autorità di Podeftà, e Capitanio in ciuile, e criminale; fi regge per le conftitutioni della patria, Dioeefe d'Aquileia, pofta nel Friuli di fito ameniffimo, d'edificij vaghi, e rari ornata, per il limpidiffimo fiume Liuenza, falubrità d'aria, & altri rifpetti, non cede à molte città d'Italia. Quefta da' Padouani ne'fecoli paffati era detta Padoua feconda per la moltitudine, e fingolarità de'Letterati, e Dottori celebri in ogni facoltà; de'quali ve n'è pure al prefente gran numero. Le famiglie nobili meriterebbero particolari panegirici, trà quali s'attroua quella de'Giardini; e d'effa difcende l'Eccellentiffimo Sign. Gio. Paolo Dottor di Filofofia, e Medicina affai intendente de'Semplici, e di qualunque altro genere di fcienza, amato, e lodato da' virtuofi di quefto famofiffimo Studio di Padoua, doue con decoro efsercita la fua profeffione, per le di lui accennate conditioni dal Senato Venetiano con tutti i voti è ftato creato patrtio, e nobile di quell'Alma Città, & aggregato all'ordine Senatorio. In oltre iui non mancano foaniffimi cibi, e delicatiffimi vini per compita fodisfattione delle humane voglie.

Il Fine della Prima Parte.

PARTE
SECONDA
DELL'ITINERARIO
D'ITALIA,

Doue si contiene la Descrittione

DI ROMA,

Con le cose notabili di essa, tanto
Diuine, quanto humane.

Di nuouo ricorretto, & aggiuntoui l'am-
pliamento de' Palazzi, Chiese, & altre
cose notabili fino ad oggi.

IN VENETIA, M. D. C. LXXIII.
Presso Gio: Pietro Brigonci.

INDICE
DE' CAPI

Della Seconda Parte

DELL' ITINERARIO
D' ITALIA

Tradotto in volgare.

O Del

322

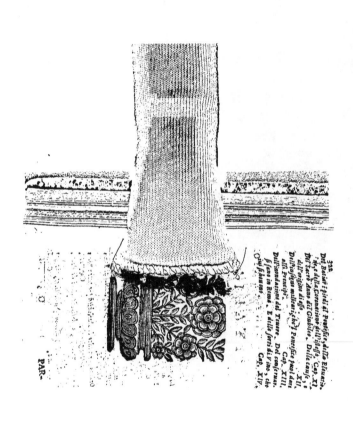

PAR-

PARTE
SECONDA

Dell'Itinerario d'Italia,

Doue si contiene la Descrittione di Roma,
con le cose notabili di essa, tanto
Diuine, quanto humane.

Ammiano Marcell. nel lib. 14. dell'Historie
sue parla di Roma in simil senso

E Stata gran merauiglia, che la virtù, e
la Fortuna, trà le quali quasi sempre è
discordia, s'accordassero insieme per
fauorir Roma giusto nel tempo, che
l'accrescimento di quella città hauea dell'aiuto loro vnito gran bisogno. Onde l'accrebbe l'Imperio Romano in tanta grandezza, che
soggiogò tutto il Mondo. E ben da considerare, che Roma da principio s'occupò nelle
guerre contro i vicini, si che à guisa di fanciullo attese ad imprese conuenienti à tenera
età: ma 300. anni in circa dopo'l suo principio,
quando era di già cresciuta, quasi huomo
robusto, e vigoroso incominciò passare monti,
e mari, e seguì guerreggiando in lontani paesi, riportandone innumerabili gloriosi trionfi di barbare, e fiere nationi. Al fine fatte
infinite nobili imprese, hauendo acquistato
ciò, che co'l valor si poteua sopra la terra

O 6   acqui-

acquiſtare, come ridotto in età matura, incominciò darſi al ripoſo, godendo i commodi,
che già ſi haueua apparecchiato, e laſciando
il gouerno d'ogni coſa à gl'Imperatori, come
à proprij figliuoli, nel qual tempo tuttauia, ſe
ben'il popolo era in otio, e la gente ſoldate-
ſca non paſſaua più auanti nelle fatiche, non
reſtaua però d'eſſere riuerita, e temuta la Maeſtà Romana.

Scriſſe Virg. in lode di Roma i ſeguenti verſi.

Ipſe lupa fuluo nutricis tegmine latus
Romulus, & Aſſarici què ſanguinis Ilia mater
Educit gentem, & Mauortia condidit olim
Mænia: Romanoſque ſuo de nomine dixit.
Illius auſpicijs rerum pulcherrima Roma
Imperium terris, animos æquauit Olympo;
Septemque vna ſibi muro circumdedit Arces:
Felix prole virum: qualis Berecynthia mater
Inuehitur curru Phrygias torrita per vrbes,
Læta Deum partu, centum complexa nepotes,
Omnes cælicolas, omnes ſupera alta tenentes.
Hæc olim indigenæ Fauni, Nymphaq; tenebãt;
Genſque virum truncis, & duro robore nata;
Qua duo diſſectis tenuerunt oppida muris:
Hæc Ianus pater, hæc Saturnus condidit vrbē:
Ianiculum huic, illi fuerat Saturnia nomen.

Et Ouidio Naſone ne ſcriſſe queſti altri.

Creſcendo formam mutauit Martia Roma;
Appenninigena, qua proxima Tibridis vndis
Mole ſub ingenti poſuit fundamina rerum:
Quanta nec eſt, nec erit, nec viſa priorib. annis:
Hanc alij proceres per ſecula longa potentem,

Sed

Sed dominam rerum de sanguine natus Iuli
Effecit; quò, quum tellus fuit usa, fruuntur
AEtherea sedes: caelumque fit exitus illi.

Il medesimo.

Hinc ubi nunc Roma est, olim fuit ardua sylua:
Tantaque res paucis pascua bobus erat.

Il medesimo.

Gentibus est alijs tellus data limite certo,
Romana spatium est urbis, & orbis idem.

Lasciando diuerse altre testimonianze, e
predicationi della Magnificenza di Roma, che
si ritrouano nell'opere d'Ausonio, di Claudiano, di Rutilio Numantiano, e de i moderni, di
Giulio Cesare Scaligero, di Fausto Sabeo Bresciano, e d'altri, ma non si potrebbono già tra-
lasciare i seguenti elegantissimi versi di Marc'
Antonio Flaminio senza gran colpa.

Antiquum reuocat decus
Diuum Roma domus, & caput urbium:
Vertex nobilis Imperi;
Mater magnanimum Roma Quiritum,
Fortunata per oppida
Cornu fundit opus Copia diuite,
Virtuti suus est honos,
Et legum timor, & prisca redit fides.

Lode di Roma di Stefano Pighio.

SI vedono in Roma segnalati edifici, sì publici de' Sommi Pontefici, come anco priuati di Sign. Cardinali, e di Prencipi, da' quali
a' no-

a'noftri tempi quella Città è frequentata . Sono fegnalati gli Horti dietro'l Vaticano chiamati Beluedere per la loro amenità , & va-
ghezza:In quelli Sifto IV.Pontefice fabricò vn
nobiliffimo Palazzo,non vi rifparmiando fpefa alcuna , per farlo ben dipingere , indora-
re , & incroftare d'artificiofe figure, e per for-
nirlo regiamente , acciò vi poteffero commodamente alloggiare tutti i gran Signori , che
andaffero à Roma . Vi pofe auanti la facciata,
che guarda il Palazzo , doue habita effo Pontefice, vn belliffimo portico fatto in forma
di teatro grande , eleuato dalla pianura del
terreno alquanti fcalini , & ornato di molte
ftatue di marmo . Di più aggiunfe vn'altro
portico dalla parte di Occidente trà l'vno, e
l'altro Palazzo (perciò che quefto di Belueder-
re , e quello del Pontefice non fono molto dif-
cofti)opera belliffima , e di gran confideratione, quando però fia finita , come è difegnata .

Ma di maggior ftupore fono i veftigij refta-
ti di quella Roma antica , opere , che in vero paiono fatture di Giganti , e non d'huomini ordinarij . Se confidererai le gran volte
cadute, le gran rouine di torri , e di mura in
diuerfi lochi,doue furono publici edificij.Ogn'
vno c'habbi giudicio , vedendo alla prima il
Teatro di T. Vefpafiano antepofto da Martiale con elegantiffimi verfi alli fette miracoli
del Mondo, refta pieno di marauiglia . Che
s'hà da dire del Panteon, delle Terme Carca-
lline, Diocletiane, Coftantiniane? fabriche
fatte con tanta maeftria , e tanto grandi, che
paiono Caftelli. Si vedono tanti archi trion-
                                    fali,

fali, tante colonne, tante sculture d'ispeditioni
d'esserciti figurate al viuo, tante piramidi, obe-
lischi tanto smisurati, che per traghettarli bisognò far le Naui à posta di......... grandezza,
come per condurr'i gioghi de i monti per l'onde al dispetto dell'acque, che diremo delle
gran statue intiere? de i Castori con i Caualli?
de i gran corpi de'fiumi, che sono per terra?
di tante statue di precioso metallo? di tanti vasi
bellissimi, e capaci, ch'erano per lauarsi? Come
non ci stupiremo di quelle sedie di durissimo
marmo granito pertuggiate, che son nel portico della Chiesa Lateranense, delle quali il
volgo racconta molte baie? Nò scorreremo più
oltre in questa materia, perche altri ne hanno
parlato, e tanto felicemente, che non hanno
tralasciato cosa alcuna delle degne d'esser raccontate.

Ne gli horti di Beluedere si vedono alcune
belle statue di bianco marmo, di grandezza
maggior, che d'huomo, e sono d'Apolline, d'
Hercole, di Venere, di Mercurio, del Genio del
Prencipe, ilquale pensano alcuni, che sia Antonio, d'Adriano Imperatore, d'vna Ninfa appoggiata appresso vn fiume, laqual pensano
alcuni, che sia Cleopatra; vi è Laconte
Troiano con i due figliuoli inuiluppato ne'-
giri de'serpenti: opera molto lodata da Plinio, e d'vn sol sasso intiero, nel scolpir laquale
s'accordarono Agessandro, Polidoro, &
Atenodoro valentissimi scultori Rhodiani a
portii quanta industria seppero adoperare. Fù
conseruata questa rara scoltura quasi per miracolo di fortuna nelle rouine del Palazzo di
Tito Vespasiano Imperatore. Vi si vede anco,

il fiume Teuere con la Lupa, che latta i gemelli Romolo, e Remo, d'vn fol pezzo, così
parimente il gran Nilo appoggiato ad vna
sfinge, per il corpo del quale fono fedici fanciulli,che dinotano fedici cubiti del crefcere di
quel fiume,offeruato da gli Egittij,& ogn' vno
di quelli fanciulli è talmente figurato,ch'efplica beniffimo l'effetto, che fà l'accrefcimēto del
Nilo della tal mifura all'Egitto, come per effempio il decimofefto di quei fanciulli è fopra
vna fpalla del fiume, e fi pone vn cefto di fiori, e di frutti in tefta; quefto fignifica, che il
crefcimēto di fedici cubiti apporta molti frutti, & allegrezza à quel terreno, sì come il
decimoquinto dì .... che è ficuro, e ftà bene,e quel dì 14.cubiti parimente è allegro, mà
tutti gli altri accrefcimenti del Nilo di fotto
da 14. cubiti fono per l'Egitto infaufti, e miferabili, come dice Plin.nel libr.5.cap.7.del-
le hiftorie naturali. Di più vi fono fcolpite
al vino certe piante, & alcuni animali proprij del paefe, come la Colocaffia; il Calamo,
il Papiro, piante, che non fi trouano altroue,
che in Egitto. E degli Animali,gli Hippopo-
tami, gl'Ichneumoni, i Trochili, gl' Ibidi, i
Sciachi,& i Cocodrili. Vi fono anco de'Terri-
fiti huomini nani; perpetui nemici de' Cocodrili, de i quali parla abbondantemente Plin.
nel lib.8.cap.25.dell'Hiftorie naturali. Tutte
le raccontate cofe, & altre ancora, che fi ritrouano ne gli horti di Beluedere, quando fijno
vifte,e ben'intefe da perfona giudiciofa, le ap-
porteranno gran diletto.

Nel Bagno di Pio IV. fi vede vn' Oceano
fatto di belliffimo marmo, opera di molta
fti-

ſtima. Gli Antichi penſarono, che l'Oceano
foſſe Prencipe dell'Acque, e padre di tutte le
coſe, Amico di Prometeo; percioche per mezzo dell'humidità, e della liquidezza dell'acque, par, che'l ſeme d'ogni coſa prenda vigore
di generare, mediante però la virtù de'Cieli, e
coſì intendeuano gli Antichi, che dall'Oceano, cioè dall'acqua ogni coſa haueſſe vita,
mediante l'amicitia del genio temperatore de'
corpi celeſti. Hà quella figura il corpo coperto con vn ſottil velo, per il che voleua ſi-
gnificare, che'l Mare copre il Cielo di nuuole
con li ſuoi vapori, intendendoſi per il mare
tutta la congregatione dell'acque, e perche
copre anco la terra di piante, gli hanno figurato i capegli, la barba, e gli altri peli ordinarij del corpo con varie foglie di tenere
piante. Gli hanno poſto due corna nella fronte; prima perche il Mare da' venti moſſo à
guiſa di Toro mugghiaſſe, poi perche ſegue
il moto della Luna, che ſi chiama cornuta;
terza, perche ſi chiama padre de i fonti; e
le i fiumi, i quali ſi figurano cornuti. Gli
hanno dato nella deſtra vn timon di Naue,
per ſegno, che l'acque per mezzo delle Naui con quel timon gouernate ſi ſolcano à piacer dell'huomo, della qual commodità ſi crede, che Prometeo ne foſſe l'inuentore; gli
han poſto ſotto vn Moſtro Marino, per dimoſtrar, che'l Mare è generator di molti, e
merauiglioſi moſtri; vno de'quali appunto ſi
vede in Roma nell'antica sfera marmorea d'
Atlante poſto trà i ſegni Celeſti con queſta
occaſione. Diceſi, ch'Andromeda contenendo di bellezza con le Ninfe del Ma-

re,

re superata, fù da loro data à quefto moftro, che la diuorafse; del corpo del quale ammazzato al lido da Perfeo,che volfe liberar quella Giouine,vfcì tanta quantità di fangue, che tinfe il mare di rofso,ondë poi fù quel mare chiamato Eritreo,cioè Rofso, fe bene il Mare Eritreo non è quel Golfo,che volgarmente fi chiama Mar Roffo;mà è quella parte dell'Oceano congionta al detto Golfo, laqual bagna l'Arabia verfo il mezzo giorno. Horsù fiamo andati in paefi troppo lontani,di gratia torniamo à Roma.

Prima bifogna vifitare per diuotione le fette Chiefe principali, è poi le altre: nelle quali fi ritrouano infinite Reliquie di Santi,& alcune cofe notabili di Giesù Chrifto noftro Signore, come il Sudario Santo di Santa Veronica con l'effigie di efso Chrifto; la Lancia di Longino, con la quale à Chrifto fù pafsato il petto,vn Chiodo di quelli,con i quali fù pofto in Croce; vno di quei 30. danari, li quali furono dati à Giuda traditore in prezzo del tradimento,le quali cofe bifogna cercar di vedere & adorare con ogni affetto di religione.

Di Roma Vecchia, e Nuoua, e delle fue marauiglie, cauate dal Libro delle cofe memorabili d'Italia di Lorenzo Schradero.
Cap. II.

NOn fi può à baftanza lodare Roma già Signora del Mondo, & hora Regina delle Città, fiore, & occhio dell'Italia, anzi quafi compendio di tutta la terra; còme la chiama Palemone Sofifta apprefso Atheneo.
Onde

Onde con poco frutto tentò in vna volta di
farlo in vna sua Oratione Aristide Sofista. Diremo dunque di lei quel, che disse Sallustio di
Cartagine, cioè, che sia meglio tacere, che dirne
poco. E stanza d'ogni sorte di gente, teatro
li più belli ingegni del Mondo, habitation delle virtù, dell'Imperio, della dignità, e della fortuna, patria delle leggi, e di tutti i Popoli, fonte delle discipline, come fù già Atene. Capo
della Religione, regola della giustitia, e finalmente origine d'infiniti beni, se bene gli Heretici nimici della verità non lo vogliono confessare.

E posta in campagna non molto fertile, sot-
oposta al vento Ostro, & ad aere grosso: fù già
grandissima di circuito sin di 50. miglia, mà
hora à pena ne gira tredici. Hebbe 28.
strade principali, delle quali ancora si vedono
chiaramente i vestigij, e furono queste cosi
chiamate.

La Via.

Appia	Latina	Labicana
Tiberina	Nomentana	Campana
Prenestina	Cimina	Setina
Quintia	Valeria	Ostiense
Flaminia	Portuense	Pretoriana
Tiburtina	Laurentia	Ardeatina
Cornelia	Claudia	Cassia
Collatina	Gallicana	Ianiculense
Salaria	Emilia	Trionfale
Aurelia		

Vi erano anco queste altre Vie di nome,
cioè l'Alta Somità sù'l Monte Cauallo, detto
già Quirinale, appresso'l Campo Martio, Via
lata, la Suburra appresso San Pietro in Vincola.

cola. La Sacra appreſſo l'arco di Coſtantino. La noua alle Stufe d'Antonio. La Trionfale appreſſo la porta Vaticana. La Vitellia vicino dou'è San Pietro di Montorio, cioè al Gianicolo. La Deta nel Campo Martio. La Fornicata vicino alla Flaminia.

Nel circuito delle mura di Roma ſono in circa 360. Torri, e già tempo ve n'erano 740.

Le Porte di Roma antiche, e famoſe ſono quindici.

LA Flaminia detta hora del Popolo. La Gabioſa detta di S. Methodio. La Collatina detta Pinciana. La Ferentina detta Latina. La Quirinale detta Agonia. La Capena detta di S. Sebaſtiano. La Viminale detta di Sant' Agneſe, ò Pia. La Trigemina di San Paolo, ouero Oſtienſe. La Tiburtina, c'hora è chiuſa. La Portuenſe detta porta Ripa. L'Eſquilina di San Lorenzo. L'Aurelia detta di S. Pancratio. La Neuia detta porta Maggiore. La Fontinale detta Settimiana. La Celimontana detta di S. Giouanni. La Vaticana, ch'è nella ripa del Teuere.

Vi ſono queſte altre porte de i Borghi, e più noue delle raccontate, di Caſtello, l'Angelica, la Pertuſa, de'Caualli Leggieri, e di S. Spirito, che è hora la Trionfale, per la quale non entrauano gli huomini del Contado.

I colli dentro le mura di Roma ſono dieci, cioè.

Il Capitolino, ò Tarpeio, ilquale al tempo del Rè Tarquinio hebbe più di 60. Tempij trà grandi, e piccioli, con altiſſime torri. Era que-

questo colle cinto di mura, e si chiamaua la
stanza delli Dei.

Il Palatino, ouero palazzo maggiore, ch'è
quasi tutto cauato, sotto questo hora non contiene altro, che horti, e rouine d'edificij antichi,
percioche vi soleuano esser sopra molte gran
fabriche, come il palazzo degl'Imperatori, le
gran Case d'Augusto, di Cicerone, di Horten-
sio, e di Catilina, hora ci è vn giardino vaghissi-
mo di Casa Farnese.

L'Auentino, che si chiama di Santa Sabina,
sopra il quale fù la prima habitatione de Pontefici Christiani.

Il Celio, che soleua esser doue al presente
sono le Chiese Lateranense, e di Santa Croce
in Gerusalem, e soleua hauere molti segnalati
Tempij de i Gentili, & begli Acquedotti.

L'Esquilino, doue è San Pietro in Vincola,
sopra'l quale furono le Case di Virgilio, e di
Propertio, & gli horti ameni di Mecenate.

Il Viminale, doue è la Chiesa di Santa Pu-
lentiana, e quella di San Lorenzo in Palisper-
na anticamente era in esso la Casa di Crasso.

Il Quirinale, c'hora si chiama monte Cauallo, doue furono le Case di Catullo, e di A-
quilio, co'l palazzo, e gli Horti di Sallustio.

Li detti sette colli sono gli Antichi di Roma, per i quali anco Roma fù chiamata Setti-
cemina, sono poi aggionti per diuersi accidenti questi altri, cioè:

Il Colle de gli hortuli, ouero Pincio, detto
volgarmente di Santa Trinità, nel quale già
fù vn Tempio del Sole, doue è quella fabrica
otonda, con quel profondissimo pozzo.

Il

Il Vaticano, doue è la Chiefa di S.Pietro
& il Palazzo del Pontefice.

Il Gianicolo, detto Montorio, doue fono le
Chiefe di Sant'Onofrio, e di San Pietro d
Montorio.

Il Teftaceo, che non è altro, che vna gran
quantità di pezzi di vafi, e d'altre opere di terra cotta rotte;percioche qui era la Contrada di
tai lauori, e foleuano qui gettar infieme tutte
le robbe rotte, non fendo buone per altro
Quefto Colle,ò Comulo è vicino alla porta O-
ftienfe,appreffo alla quale fi ritroua vna fepoltura famofa di C.

C H I E S E.

IN Roma fono più di 300.Chiefe molto fre-
quentate,ma fette fono quelle, che più dell'
altre per diuotione fi vifitano,cioè S.Pietro nel
Vaticano, S. Paolo nella Via Oftienfe;Santa
Maria Maggiore nella Via Efquilina, San Se-
baftiano fuor della porta Capena, detta di S.
Sebaftiano, San Giouanni Lateranenfe nel
Monte Celio, Santa Croce in Hierufalem nel
Monte Celio,San Lorenzo fuor della portaEf-
quilina,detta di San Lorenzo.

Cinque Chiefe hanno le porte di Metallo,
fe ben'anco vi fono alcune porte di Metallo,
ma picciole, à San Giouanni Laterano, e fono
quefte. San Pietro nel Vaticano,Santa Maria
Rotonda, Santo Adriano, che fù nel Tempio
di Saturno, Santi Cofmo, e Damiano,che fù il
Tempio di Caftore, e di Polluce, San Paolo
nella Via Oftienfe.

Vi fono cinque Cimiterij principali, oltre
molti

molti altri, che ne i primi tempi erano sepolture di Chriſtiani martirizzati, ò defonti, &
erano anco patiboli per i Chriſtiani viui, hora
ſono in gran diuotione, e di loro fà mentione
S.Girolamo. Si chiamano Cripte, ò Catecom-
be, e ſi trouano vno appreſſo S. Agneſe fuor
della porta Viminale, detta di S.Agneſe; vno
appreſſo S.Pancratio fuor della Aurelia, detta
li S. Pancratio. Vno appreſſo S. Sebaſtiano
fuor della porta Capena. Vno fuor della por-
a di S. Lorenzo; l'vltimo di Priſcilla fuor di
porta Salaria.

Gli Hoſpitali, nelli quali ſono accettati, e
gouernati con grande amore, e diligenza gl'
infermi, ſono molti, e tanto ben prouiſti, che
rà le coſe moderne di Roma forſe queſta è la
più degna di memoria di tutte le altre. Alcuni ſono publici per tutte le nationi, e per ogni
perſona, cioè l'Hoſpitale di S.Spirito nel Vati-
ano: quel di S.Giouanni Laterano nel Monte Celio, quel di S.Giacomo di Auguſta nella
valle Martia; quello di S.Maria della Conſo-
latione nel Velabro, e quel di Sant'Antonio
nell'Eſquilino.

Vi ſono poi gli Hoſpitali deputati ad alcune nationi particolari, e ſono queſti. L'Ho-
ſpital di Santa Maria dell'anima deputato alli
Tedeſchi, & alli Fiaminghi. Quello di S.Lo-
juico per i Franceſi. Quel di S.Giacomo de
Spagnoli. Quel di San Tomaſo de gli In-
eſi. Quel di S.Pietro de gli Ongari. Quel
Santa Brigida per quelli di Suetia. Quel di
n Giouanni nel Monte Celio, & di S.An-
dea appreſſo la Torre Argentina per i Fiaminghi. Quel di San Giouanni Battiſta per i
Fio-

Fiorentini. Quel di S.Giouánni Battista vicino alla ripa del Teuere per.i Genouesi, instituito,& dotato da Mediabusto Cicala. Vi sono molte altre cose per poueri, e per orfani,
delle quali non faremo altro Catalogo; perche sarebbe troppo lungo raccontar queste mi-
nutie.

Li Cemeterij sacri, che già furono, in_
parte ancora si ritrouano, sono gl'Infrascritti.
L'Ostiano di Priscilla, ouero di Basilla; di
Nouella, di Santa Felicita, di S.Frasone; alla
Calata, ò Cliuo del Cocomero, di S.Calepo-
dio, ouero di S.Felice, di Lucina, di S.Agata,
di S.Giulio,di Santa Cecilia,ouero di Gianuario, ò di S.Zeferino, ò di S.Calisto, di San
Pretestato, di Santa Ciriaca, di Santi Pietro, e
Marcellino, di San Timoteo, di S.Ciriaco, de'
Santi Felice, & Adauto, di S.Giulio, de'Santi Marco, e Marcelliano, di Santa Petronilla,
di San Nicomede, di Sant'Aproniano, de'
Santi Gordiano, & Epimaco, de'Santi Quattro, e Quinto, de'Santi Sulpicio, e Seruiliano,
di Sant'Agnese, ad Lymphas, di San Giulio
dell'Orso,e tutti questi al numero di ventinoue
erano fuori della Città. Dentro di essa erano
il Vaticano, di Santo Anastasio appresso
Santa Bibiana,di Santa Balbina, e'l quarto trà
le vie Appia, & Ardeatina. Oltra tutti questi,tre ne habbiamo,de'quali il luogo non si sà,
di Pontiano, di Santo Hermete, delli Gorda-
ni.

Tre sono le Librarie del Pontefice nel Vaticano. Vna sempre chiusa, laqual'è de'Libri
scelti. Vn'altra congiunta con la detta, & la
terza, ch'è sempre aperta per chi vole per due
hore

iore al giorno di lauoro, piena di Libri Greci,
Latini, scritti à penna in Bergamo fornita al
paro di ogn'altra per opera di Nicolò Quinto
Pontefice. Vi è poi la Noua di Sisto Quinto
e inscrittioni, le pitture, & i versi delle quali
ono stati mandati in luce in vn libro apparato da Monsignor Angelo Rocca Vescouo
Tagastense.

Vi sono altre Librarie ancora, cioè quella
di Santa Maria in Araceli. Quella di Santa
Maria del Popolo. Di Santa Maria sopra la
Minerua. Et quella di Sant'Agostino, degne
di memoria, & alcune altre per il passato vi
rano, come à S. Pietro in Vincola, alli Santi A-
postoli, & Sabina; lequali ne i tempi, che la
Città fù saccheggiata furno parte abbruggiare, e parte rubbate. Sono anco nobili quelle
della Vallicola, di sant'Andrea della Valle, &
del Giesù al Colleggio Romano.

Per i studiosi delle antichità vi sono gli horti del Som. Pontefice, ne'quali possono pigliar
ricreatione; percioche si permette ad ogni persona honorata l'ingresso. Oltreche ancora in
case, & in giardini d'altri particolari si può hauer solazzo, massime in alcuni de'Signori Cardinali, & d'altre celebri famiglie di Roma, come ne gli horti di Giustiniano, d'Aldobrandino, di Medici, di Cesi, di Mattei, di Colonna, e
d'altri molti.

Vi sono questi Palazzi trà gli altri riguardeuoli. Quei de i Conseruadori nel Campidoglio, de i Massimi, de i Bufali vicino al campo Martio, de Rucellai, de Cesis. Il Lateranese
rifatto da fondamenti regalmente da Sisto V.
Quel di S. Lorenzo di Damaso. Quel de'Colo-

na de i Farneſi in piazza del Duca di S. Ma,
co, in capo alla Via larga de i Mattei , de'C
uoli,de'Borgheſi .

Anticamente erano in Roma 1ξ. Regioni
che à Venetia ſi diria. Seſtieri ; ma al preſent
vi ſono queſte quattordici ſole , che corrotta
mente ſi dicono Rioni,cioè de i Mōti della Co
lonna del Ponte , dell'Arenula , che'l volg
chiama in Regola della Pigna,del Capitello
di Tranſteuere , di . . . . . del Campo Martio
di Parione, di Sant'Euſtachio, di Sant'Angel
della Ripa,di Borgo .

Li ponti di pietra ſopra'l Teuere ſono queſti ſei . Ponte Molle fuor della Città,e della
porta del popolo due miglia,già detto Miluio.
Quel di Sant'Angelo , ò di Caſtello già detto ,
Elio . Quel de i quattro capi,già detto Fabritio . Quel di Siſto detto Gianiculeſe. Quel di
S.Bartolomeo,detto il Ceſtio.Quel di S.Maria
Egittiaca,detto Senatorio,e Palatino . Anticamente vi era ancora il Sublicio,le pile del quale hoggi ſi vedono alle radici dell'Auentino,&
il Trionfale,del quale ſono le pile à S.Spirito.

Le acque,che entrano nella Città al preſente
ſono queſte . L'acqua Vergine , che paſſa per
campo Martio per opera di Nicolò V,Pontefi-
ce . L'Alſietina per il Vaticano riſtorata da
Innocentio VIII. La Solonia riportata poco
tempo fà da Pio IV,ma è chiaro , che Gregorio
XIII. conduſſe molte altre acque , & ne'tempi
auanti ve n'erano ancora in maggior numero .

Sono molte le piazze di Roma , ma le più
celebri d'hoggidì ſono queſte , la Vaticana , di
Nauona,Giudea,e di Fiore .

Li

Li portici non principali fono tre, quel del-
a benedittione,quel nel palazzo del Vaticano,
:he guarda la piazza,e'l Corridoro verfo Bel-
iedere.

Sono in Roma varie piazze, trà le quali felice, che hoggi quella del pefce, e quella delle
ierbe fono nè gl'ifteffi lochi,dou'erano antica-
nente. Quelle de i porci, e de i buoi fono do-
ie era anticamente il foro Romano. I pifto-
i n'hanno molte; vna appreffo Santa Maria
Rotonda; vn'altra appreffo il Ghetto de'Giu-
lei: la terza appreffo San Lorenzo in Dama-
o; la quarta al ponte Caftello; Le Beccarie
fono quafi congiunte co' piftori in ogni loco.
Vi è la piazza di Nauona, nella quale ogni
Mercordì fi fà il Mercato.

Li Monti fono pochiffimo habitati, perche
fono occupati da hortami,ò da vigne, ò da ro-
ine di fabriche vecchie, che fanno peffima
aria.

Vi fono molte belle ftrade tirate à filo da Sifto V.

La ftanza del Pontefice hora è contigua alla Chiefa di S.Pietro. In effa fono molte cofe
ftupende,come la Capella di Sifto,e la Paulina
piena di pitture eccellentiffime di Michel'Angelo Bonarota Fiorentino, le quali poffono effer compiti,e perfetti effemplari alli pittori d'-
hoggi. Si afcende fenza difficoltà nel palazzo per fcale quafi piane, commode per caual-
cature, e per beftie da foma, che montano fin
fotto il tetto. Hà poi il Pontefice altre ftanze
per l'eftate, ch'à S.Pietro l'aria è troppo trifta
come appreffo S.Maria Maggiore, appreffo S.
Giouanni Laterano,appreffo i Santi Apoftoli,

P 2 vici-

vicino alla Fontana di Treui : l'habitation
però ordinaria, e fauorita è di Montecauallo
che fù già il Quirinale.

I Palazzi de i Cardinali fono fparfi per l
Città, come habbiamo detto. Le habitatioi
pòi de i Cittadini fono belle, con molte anti
caglie dentro, e con molti ornamenti di pittu
re, e d'altre cofe nobili; hanno ancora molt
commodità di Fontane. Il Caftello Sant'Ange
lo, ò Mole d'Adriano, è bella, e fortiffima Roc
ca inftrutta, & apparecchiata fempre di ciò, che
può bifognare per guerra. In effa tre giorni
all'anno fi fanno grã fefte con tiri di Bombar-
de, e con fochi artificiali. L'vn de i detti giorni
è la fefta di San Pietro, e San Paolo. Gli altri
due fono l'vno quello, nelqual'il Pontefice vino è ftato creato; l'altro quello, nel quale l'ifteffo Pontefice è ftato coronato. La cuftodia della
detta Rocca fi dà à perfona di qualità: laqual
paffati fette anni s'intende hauer compito il fuo
gouerno, e poi fi fuol far Cardinale, ò prefentar
d'alquante migliaia di fcudi.

Gli acquedotti de gli antichi con le fue conferue erano molti; ma trà gli altri quel dell'acqua Claudia era di tant' arte, e fpefa, che per
riftorarlo fi fpefero cinquecento, e feffanta ta-
lenti.

Vi era l'acqua Martia, Aleffandrina, Giulia,
Augufta, Sabbatina, Appia, Traiana, Tepula,
Mletina, di Mercurio, della Vergine, dell'-
Aiene vecchio, e dell'Aniene nouo, la Clau-
a, & altre. I bagni eran'affai, le Antoniane, le
Triane, le Titiane, le Gordiane, le Nouatia-
e, le Agrippine, le Aleffandrine, le Manliane,
Diocletiane, le Deciane, di Traiano, di Fi-
lip-

ippo,di Olimpiade, d'Adriano, quelle di Ne-
one,di Seuero di Coftantino, di Domitiano ,
li Farno,di Probo .

Le Piazze furono molte,la Romana;quella
le i Piftori, quella di Cefare,di Nerua,di Tra-
ano, di Augufto; quella delle herbe, de i beftiami, di Enobarbo, la Efquilina ; quella de i
Contadini,dal Pefce,da i Porci,la tranfitoria ,
quella di Saluftio,di Diocletiano .

Gli Archi trionfali famofi fono quefti.Quel
di Romulo,di Coftantino,di Tito Vefpafiano,
di Lucio Settimio Seuero , di Domitiano , di
Traiano,di Fabiano,di Gordiano, di Galieno,
di Tiberio,di Theodofio,e di Camillo .

Gli Anfiteatri nominati fono quefti . Quel
di Stafilio Tauro , di Claudio, e quel di Tito
Vefpafiano , ch'era capace di cento cinquanta
mila perfone . Ma li Teatri erano quefti. Quel
di Scauro, di Pompeio,di Marcello,di Balbo, e
di Caligula .

Li Circi furono quefti . Il Maffimo,l'Ag -
nio,il Flaminio,quel di Nerone,quel di Aleff.

Li portici memorabili fono quefti . Il Pompeio,il Corinthio,della Cocordia, della Libertà, di Augufto,di Seuero, di Pantéo , di Metello , di Coftantino , di Q.Catullo, del Forò , di
Augufto,e di Traiano,di Liuia,del circo Maffimo, di Nettuno , di Quirino , di Mercurio, di
Venere Ericina , di Gn. Ottauio, di Giu'ia, &
quello detto Tribunale Aurelio .

Le colonne famofe fono quefte. La Roftra-
ta, la Lattaria, la Bellica, quella di Traiano ,
quella di Cefare, la Menia, quella d'Antonino
Pio,quella del portico della Concordia .

L'Aguglie erano quefte . Quella del Circo

P 3 Maf-

Maffimo,del Campo Martio,del Maufolo , d'
Augufto,delSole,d'Araceli,dellaLuna nel col
le di Santa Trinità , del Vaticano à S.Pietro
quella à Capo di Bue,ma hora è rotta, e quella
di S.Mauro per fianco del Collegio Romano

Vi erano tre Coloffi,cioè quel di Nerone,
quel di Apolline,e quel di Marte.Vi erano anco due piramidi l'vna di C.Celtio , l'altra d'
Scipione,dou'è Caftel S.Angelo .

Furono in Roma alcuni lochi dettiNauma-
chie,cioè combattimenti Nauali , & era no come quel del Circo Maffimo, di Domitiano, di
Nerone,di Cefare . I Settizonij furono due, di
Seuero,ilquale Sifto V.fece rouinare,& era vicino à S.Gregorio,e quello di Tito .

Vi erano caualli lauorati di materie diuerfe come di M.Aurelio , Antonino nel Campidoglio, di Domitiano, di L.Vero,di Traiano ,
di Cefare,di Coftantino,e quello di Fidìa , e di
Prafitelle nelQuirinale,cioè à MonteCauallo.

Quelli,c'hanno fcritto delle cofe di Roma . Cap. III.

DElla Città di Roma hanno fcritto i fe-
guenti auttori , S.Vittore,e Sefto Ruffo
fcriffero delle parti della Città,Ariftide Sofifta
fcriffe in Greco vn'Oratione in lode di Roma:
Trà i più moderni n'hanno fcritto il Poggio
Fiorentino,Fabricio Turriano,FlauioBiondo,
Rafael Valateranno , Francefco Albertini , il
Rucellai, il Serlio, Bartolomeo Marliano no-
uamente accrefciuto di figure da Theodoro
Brae,da Giacomo Boiffardo , Gregorio Fabri-
cio , Lucio Fauno , e Mauro Andrea Fuluio ,
Gio-

Giouanni Rofino, Onofrio Panuino, Vuolfan-
o Lazio, Giufto Lipfio, Lodouico Demoncio-
o in vn libro intitolato Gallus Hofpes de Vr-
e, ftampato in Roma .

Della moderna grandezza di Roma, qual'è
otto i Pontefici n'hanno fcritto Flauio Bion-
o, Tomafo Bofio Eugubino, Tomafo Sta-
letonio Inglefe .

Delle fette Chiefe in Roma Onofrio Pan-
ino, ilquale hà fcritto anco delli Cemeterij, e
delle Stationi. M. Attilio Serrano, Pompeio Au-
gonio Romano Bibliotecario d'Afcanio Co-
onna Cardinale padrone della Libraria, che
già fù del Cardinale Sirleto, e quefto hà fcrit-
o in lingua volgare . Delle altre Chiefe ancora hà fcritto Lorenzo Schradero Saffone nel
lib. 2. delle memorie d'Italia .

Delli tempi, e delle imprefe de i Confoli, e
de gli Imperatori Romani fi troua fcritto da
Caffiodoro Senator Romano, da Marcellino ,
da Vettor Tanunenfe Vefcouo nelli Fafti Siciliani in Greco, da Niceforo Vefcouo C. P. e più
modernamente da Giouanni Cufpiniano, da
Carlo Sigonio, da Onofrio Panuino, dà Stefano Pighio, c'hà ordinato con i marmi l'Hiftoria Romana, e da Vberto Golthio, c'hà fatto il
medefimo con le Medaglie .

Sono ftate fcritte l'Hiftorie de gli Imperatori Romani (lafciando per hora i fcrittori
Greci) Plutarco, Dione, Herodiano, Giuliano,
Cefare, e lafciando i Latini Antichi, Ammiano, Lampridio, Spartiano, Aurelio, Vittore, &
altri molte volte riftampati, da quefti mode-
ni, da'quali anco fono ftate mandate in luce
l'Imagini de gl' ifteffi Imperatori, cioè da

P 4   Vber-

Vberto Golthzio Herbipolita, da Giacom
Strada Mantouano, da Enea Vico.Parmigi
no, da Alfonfo Occone Auguttano,da Seba
ftiano Erizzo in Lingua Italiana. Sono anc
ftate ftampate in Rame l'Imagini de gl'Imp
& delle loro mogli da Leuino Hulfio Ganda
uefe in Spira, che gli hà prefi da Enea Vico,
da altri in Roma. In oltre fono ftate fcritte
le vite de gli Imperatori in verfo da Aufoni
Bulgidalenfe,da Giacomo Micillo,e da Orfin
Velio. Delle Colonne di Roma hanno fcrit
to Pietro Chiaccone Toletano della Roftra
ta,che fi vede nel Campidoglio;AlfonfoChiac
cone, e Pietro Galefino ftampati in Roma d
quella di Traiano; Giofeffo Caftiglione An
conitano di quella d'Antonino.

Delle Aguglie drizzate, e dedicate da Sifte
V.hanno fcritto Pietro Angelio Barga, Pietro
Galefino, Michiel Mercato due Tomi in lingua volgare,e Giouanni Seruilio nel lib. delle
marauigliofe opere de gli antichi.

De gli Acquedotti,e dell'acque, ch'entrano
nella Città è ftato fcritto da Sefto Giulio Frō-
tino, da Aldo Manutio nel libro De quæfitis
per Epiftolam,dà Giouanni Seruilio. Dell'acqua Vergine hà fcritto Ducaperò Legifta Romano. Dell'accrefcimento del Teuere hà fcritto Lodou.Gomefio y.e Giacomo Caftigl.

Delli Magiftrati Romani Pomponio Leto,
Andrea Dominico Flocco,la cui opera s'attri-
buifce falfamente à Feneftella, Carlo Sigonio,
Giouanni Bofino nel lib.7. dell'Antichità Ro-
mane. Gioachimo Periomio. La notitia delle
Prouincie di Marian Scoto co'l Comento dl
Guido Pancirolo Leggifta. Le dignità d'Orie

                                        te

e raccolte da Antonio Sconhouio.

Del Senato han scritto Aulo Gelio nel l.14.
delle Notti Attiche al c.7. Giouanni Zamosio
Gran Cancell.di Polonia , & Paulo Manutio.

De i Comitij,Nicolò Grucchio,Carlo Sigonio, Gio: Rosino nel l.6.delle Antichità Rom.

De i Giudici hanno scritto Val.Massimo nel
lib.7.Carlo Sigonio, Giouanni Rosino nel lib.
9.dell'Antichità Romane .

De i Sacerdotij Andrea Domenico Flacco ,
Pomponio Leto,Giouanni Rosino nel lib.3.

De i tempi delle Feste,e delli Giuochi è stato scritto da Ouidio ne i Fasti,da Lidio Geraldo,da Giouanni Rosino nel 4. & 5. da Gioseffo
fo Scaglieto de temporum emendatione .

Del Triclino, e de i Conuiti, e della maniera d'accommodarsi à tauola hanno scritto,Pie-
tro Chicon Toletano,Fuluio Orsino Romano,
Giouanni Rosino nel lib.9. Giusto Lipsio nell'
antiche Lettioni.Il Ramnsio de quæsitis per e-
pistolam.Andrea Baccio,de vini natura .

De i Teatri, e de gli Anfiteatri è stato scritto da Giusto Lipsio,e da Giouanni Seruilio nel
lib. 1. delle marauigliose opere de gli antichi .

Della Militia Romana.Polibio nel libro 6.
Giusto Lipsio , Giouanni Rosino nel lib.10.
Giouanni Antonio Valentino nel lib.7. della
militia Romana . Giouanni Seruilio nel lib.3.
de mirandis,Carlo Sigonio,e Gio:Rosino.

Delle Colonie,Sesto Giulio,Frontino,Ono-
frio Panuino, & Carlo Sigonio, ma delle Prouincie,Sesto Rufo nel Breuiario,con le dichia-
rationi di Giouanni Cuspiniano, Carlo Sigonio,e la notitia delle Prouincie .

Delle Cifre de gli Antichi è stato scritto

P 3   da

da Valerio Probo, ilquale è l'auttore del decimo libro di Valerio Maſſimo de i Cognom
Romani, delche hanno ſcritto anco il Sigonio,
il Panuino, e Franceſco Robertello.

Delle antichità de gli Edificij, e delle Rouine di Roma, hanno ſcritto Carlo Sigonio nel
libro de antiquo Iure Ciuium Romanorum,
Paulo Manutio, ilquale hà ſcritto delle Leggi
Romane, come hanno fatto parimente il Zeſio,
& Hotomanno; ma meglio di tutti hà ſcritto
Antonio Agoſtino; ne parla bene anco Giouanni Roſino nel libro decimo delle antichità Romane. Sono ſtate ſtampate figure in Rame delle antichità di Roma da Antonio Laufrerio,
& da Antonio Salamanca in bella forma più
acconcia dell'altre. Sono poi ſtate fatte le tauole della Città da Onofrio Panuino, da Pirro
Ligorio Napolitano, da Michel Tramezino, e
da altri. Ma anco le ſtatue ritrouate in Roma
ſono ſtate mandate in luce da Nicolò de i Cauallieri, e da Theodoro Br. con Giouanni Giacomo Boiſſardo. Sono ſtate ſtampate le I-
magini de gli Huomini Illuſtri cauate da i
Marmi da Achille Statio Portogheſe, da
Fuluio Orſino Romano in Roma, & in Anuerſa per opera di Theodoſio Galleo, appreſſo'l
quale anco ſono ſtampate l'Imagini de' moderni Italianî Illuſtri, e di quelli noue Greci
letterati, i quali ſendo preſo Coſtantinopoli,
portarono prima le lettere Greche in Italia, e
poi oltre le Alpi.

L'inſcrittioni antiche de i Marmi, e delle
pietre ſono ſtate mandate in luce da Pietro
Appiano, ilquale hà raccolto ciò, che hà po-
uto di tutta l'Europa, da Ciriaco Anconitano,

o, ſtimato però di poca fede, da Martino Sme-
o Fiamingo, con l'aggiunta di Giuſto Lipſio.
Da Fuluio Orſino al libro delle leggi Roma-
e. Da Antonio Agoſtino. Da Gionanni Gia-
omo Boiſſardo Veſentino in Francforte. Ne
ianno anco diuolgato il Mazochio, & altri aſ-
ai. Adolfo Occone hà dato in luce di quel-
o di Spagna. Così anco ne hanno ſtampate
l Manucio nella Ortografia. Onofrio com-
mentando i Faſti. Fonteio nel libro delle famiglie. Ceſia, Gabriel Simeoni Fiorentino.
Vuolfango Laizio. Vberto Golthzio nel teſo-
o delle antichità, & diuerſi altri nelle oper
ue ſpeſſo adducono memorie, & inſcrittioni
intiche. Gli Epitafi anco de i Sepolchri di
Chriſtiani ſono ſtati raccolti da Lorezo Schradero Saſſone nel libro 4. & parimete ſono nel-
e delitie de i viaggi del Chitreo.

Delle merauiglie Romane è ſtato ſcritto da
Vberto Golthzio in quattro Tomi, ch'è libro
abbondatiſſimo di dottrina, percioche abbraccia anco l'inſcrittioni, & le Medaglie della
Puglia, e della Sicilia: da Giacomo Strada Ma-
oano. Da Enea Vico Parmegiano. Da Sebaſtiano Erizzo in lingua Volgare. Da Adolfo
Occone Auguſtano. Da Antonio Agoſtino in
undeci Dialoghi ſtampati due volte in Roma
in Spagnolo, & in Italiano, liquali hora hanno l'aggiunta delle figure.

Le Vite de i Pontefici Romani ſono ſtate
ſcritte da Bartolomeo Platina, da Panuino, da
Papirio Maſſone: ma non ſi deuono legger
queſte, ſe non circoſpettamente. Il Panuino, &
altri hanno anco fatto ſtampar l'Imagini al
uiuo de i Pontefici.

P 6 Li

Li Cardinali con tempi , & altre pertinen-
ze loro fono ftati dati in ftampa da Onofrio
Panuino Veronefe , e da Alfonfo Chiaccone
Spagnuolo più copiofamente . Teodoro Gallo in Anuerfa hà fcolpito le Imagini, & gli E-
logij di 12.Cardinali .

Delle fette Chiefe di Roma più vifitate , &
più ricche d'Indulgenze, e de i Priuile-
gi dell'altre . Cap. IV.

LA forma de i Tempij di Roma fecondo
la verità de'tempi , e la diuerfità de gli
humori de gli huomini è ftata varia ; perche
altre volte s'hà vfato far le Chiefe rotonde
fenza colonne , e fenza tranatura, e fenza fineftre , lafciando in mezo del coperto vn gran
foro, ò buco, per il quale veniua il lume . Di
quefta forte fi vede al prefente la Rotonda in
Roma , Chiefa digniffima di effer confiderata
per l'architettura , che altre volte s'hà vfato
far li rotondi , ma con ordini di colonne variamente pofte, come è San Stefano nel Monte
Celio , che già fù tempio di Ianno,e quella di
D.Coftanza, ouero Coftantina fuor della porta Viminale nella Via Nomentana : la qual fi
penfa,che già foffe di Bacco . Altre volte s'hà
vfato far i tempij quadri con vna , ò più mani
di colonne , come fi vedono San Gionanni Lateranenfe nel Monte Celio , San Paolo nella
Via Oftienfe , S. Agnefe fuor delle muraglie .
Altre volte s'hanno fatto con colonne inter-
zate , e con feneftrelle picciole fubito fotto il
tetto , ò più , ò manco , fecondo la grandezza
della fabrica . Sono in Roma affai Chiefe fatte

té à volte; con nobiliſſimi frontiſpicij, molte
hanno colonne di pretioſi, e varij marmi; e
molte anco hanno il ſuolo, ò pauimento, che
vogliamo dire, di minutiſſimi pezzeti di marmo lauorato à figure.

La prima delle ſette Chieſe principali di
Roma detta S.Croce in Hieruſalem.

Qveſta Chieſa è la prima di deuotione, &
è poſta nel Monte Celio, fabricata nobilmente da Helena Madre di Coſtantino Magno Imperatore:hà 20.colonne,e doi belliſſimi
ſepolcri di marmo negro, e roſſo, e bianchiſſimo;il coperto dell'Altar maggiore è ſoſtentato
da quattro colonne di marmo. Si vede vna inſcrittione iui,la qual dice,che il ſuolo di quella
Chieſa è della vera terra Santa portata da
Hieruſalem. Si crede, che quiui foſſe l'Aſilo
viuendo Romolo, e che Tullio Hoſtilio poi
ampliaſſe la città fin al detto Aſilo; talche doue fù l'impunità de i misfatti ſotto i primi fondatori di Roma, nel medeſimo loco ſotto la
Religion Chriſtiana ſi ottiene dal Signor Iddio perdono de i peccati. Euui la Sepoltura di
Benedetto VII.Pontefice,con vn'Epitaſio fatto
in verſo. Vi ſono anco le ſepolture di Franceſco Quignone Scultore egregio. Si parlerà ancora di queſta Chieſa quando ſaremo nel viaggio del ſecondo giorno al Monte Celio.

La ſeconda Chieſa de i Santi, Fabia-
no, & Sebaſtiano.

Qveſta Chieſa hora ſi ritroua, & è nella
via Appia,di forma lunga,fabricata alla
ſchietta

fchietta con il pauimento di marmo, e con vn
bel Monafterio appreffo, ma deferto. In quefta furono ripofti alla prima i Corpi di San
Pietro, e di S.Paolo; l'Altare Maggiore è fo-
ftenuto da quattro colonne. Il tetto è di pietre, come hanno la maggior parte delle Chiefe di Roma. Sotto vna ferrata,che iui fi vede,
è ripofto il corpo di S.Stefano Papa, e Martire. Vi fono Reliquie di più di fettanta quattro
mila martiri, e 46. Corpi de'Pontefici Beati.
Per effer quefta Chiefa tanto lontana, alle
volte il Pontefice concede, che ne i gran caldi
in loco di effa fi vifitino quella di Santa Maria
del popolo,per hauer l'Indulgenza. Si parlerà di quefta Chiefa ancora nel viaggio del fecondo giorno alla via Appia. Ma della Chiefa di Santa Maria del popolo, che fopra s'hà
nominato, fe ne tratterà nel Catalogo delle
Chiefe à fuo loco.

La terza Chiefa, ch'è di San Gionanni nel Laterano.

Vefta fi può dir vnica trà le fette Chiefe
principali,perche già è ftata ftanza de i
Sommi Pontefici nel Monte Celio; e Sifto V.
vi hà rinouato,fe bene indarno, quel palazzo
Pontificio fin da i fondamenti, nel quale fpeffe volte è ftato celebrato il famofo Sinodo
detto Lateranenfe in Roma. Soleuano gli
Imperatori Romani riceuer la corona d'oro
in quefta Chiefa.Hà bel pauimento di marmo,
& il Cielo lauorato nobilmente, e meffo à oro
con molte Reliquie de'Santi,hà le tefte di San
Pietro, e di San Paolo, la Vefte di S.Stefano

infanguinata , e rotta per le faffate , e diuerfe altre cofe degne di gran veneratione , delle quali apprefio l'Altar Maggiore fi legge la Bolla di Sifto IV. Pontefice ; e parimente fe ne legge vn'altra di Papa Gregorio intagliata in marmo, in confermatione della detta verità . Fù bonificata in molte parti quefta Chiefa da Nicolò IV. l'anno di Chrifto 1291. delche fe ne vele teftimonianza fcritta di mofaico nel volto . Si dice, che quelle colonne, che vi fono, fono ftate condotte da Vefpafiano di Hierufalem à Roma . Quefta è vna delle cinque Patriarcali.

E congionto alla detta Chiefa il Battifterio, nel quale Coftantino Imperatore fù battezzato da San Siluefiro Papa , & in vna Capella di effo dedicata à San Giouanni Battifta , non fi lafciano entrar femine, in memoria , che vna Donna fù caufa della morte di San Giouanni Battifta : il qual primo publicò il Battefimo. Si dice , che quelle colonne di porfido , che vi fono fpirano d'odor di viole , fe fi fregano vn poco, e che fono ftate portate dalla Cafa di Pilato, con vna porta dell'ifteffa cafa, e con la Colonna, fopra la quale era il Gallo, che cantando tre volte ricordò à San Pietro le parole di Chrifto. In San Giouanni fi conferua l'Arca del Teftamento Vecchio, la Verga di Aron, e le altre cofe notabili, commemorate diftintamente da altri fcrittori ; de i quali hauemo già fatto mentione . Si moftrano quefte cofe publicamente à diuerfi pellegrini . Si leggono qui gli Epitaffij di Siluefiro II. Pontefice in verfo , & di Antonio Cardinal Portoghefe , e di Lorenzo Valla , che fù Canonico di quefta

Chie-

Chiefa; morì egli di 5 9.anni il primo d'Agofto del 1465,& in lode fua fi legge quefto Elo.
Laurens Valla iacet, Romanæ gloria linguæ:
   Primus enim docuit qua decet arte loqui.
Quì è la porta Santa, laqual nel principio del-
l'anno del Giubileo fi fuol'aprire da i Pontefici, Si diràno altre cofe notabili di quefta Chiefa nel viaggio del fecondo giorno al Monte
Celio.

La quarta Chiefa delle principali, detta di S. Lorenzo fuor della Porta Efquilina.

QVefta Chiefa è bella, foftentata da 36.co-
lonne di marmo, allàquale è attaccato il
Monafterio de i Canonici Regolari di Sant'-
Agoftino, che fi chiamano di S. Saluatore. E
quì vno di quelli lochi fotto terra, come San
Sebaftiano, nel quale fono mólte offa de'martiri leuate dal Cemeterio di Ciriaco, e quì fono le
Reliquie di SanLorenzo, trà le quali fi troua la
pietra, fopra la quale quel benedetto Santo, leuato dalla gradella fù ripofto, e fpirò. E quefta pietra cuperta da vna grata di ferro. Alla
finiftra dell'Altar maggiore, emui la fepoltura
d'Euftachio Nepote d'Innocenzo IV. nella
quale da fcultore antico fono intagliate alcune
belle ftatue in atto di condur vn'Agnello al
facrificio. Fù vna delle cinque Chiefe Patriarchali. Di quefta fi parlerà ancora nel viaggio
del fecondo al Monte Efquilino.

La quinta delle Chiese principali detta di Santa Maria Maggiore nel Monte Esquilino.

QVesta Chiesa è picciola, rispetto all'altre, ma polita, longa 312.piedi,e larga 112.è lauorata à figure di mosaico anco il pauimento; il soffitto è dorato. Euui vna pietra d'Altare di porfido, & vn sepolcro parimente di porfido, nel qual giace Giouanni Patricio,che fabricò la Chiesa. Euui in vn loco sotterraneo il Presepio del Signore, notato con lettere antiche, e spesso visitato con Messe, & orationi; percioche Sisto V. vi fece vna capella in vero marauigliosa, & le deputò Chierici,ch'iui douessero attendere al culto Diuino. Quiui fece scolpire l'opere fatte da Pio Quinto in seruitio della Religione Christiana, per eterna memoria di così buon Pastore; il corpo del quale anco fece iui porre in honorato sepolcro da vna parte; commandando, che'l fosse posto dall'altra, quando hauesse piacciuto al Signore chiamarlo à se: in questa Chiesa à destra dell'Altar maggiore è sepolto Nicolò Quarto Pontefice, appresso il sepolcro del quale si visita con gran diuotione vn' Imagine della Beata Vergine dipinta da san Luca. E quì la Sepoltura di San Girolamo.

Sono quì sepolti Alberto, e Giouanni Normando,il Platina, c'hà scritto le vite de i Pontefici gloriosamente. Lucca Guarico celebre matematico, & Vescouo di Ciuità; Francesco Toledo Cardinal Giesuita, i Cardinali Sfor-

Sforzeſchi da S.Flore,& Ceſis. In queſta Chieſa ſopra le colonne ſono alcune pitture antichiſſime, dalle quali è ſtato preſo argomento
per la Fede Cattolica contro gli Heretici, che
dannauano le imagini, quando ne i Concilij ſi
diſputaua queſto punto. Auanti queſta Chieſa ſi vede vna antichiſſima Agguglia drizzata
da Siſto Quinto, & è ſenza note hieroglifice,
diuerſa da quella, che molti anni, e tutta ſcol-
pita ſi vede innanzi San Giouanni Laterano.
Queſta fù vna delle cinque Chieſe Patriarchali, e d'eſſa parlaremo ancora nel viaggio del
terzo giorno al Monte Eſquilino.

*La ſeſta Chieſa delle principali detta San
Paolo nella Via Oſtienſe.*

QVeſta è Chieſa bella, grande, fabricata
dal gran Coſtantino, longa 110. paſſi,
larga 85. ſoſtentata da vna ſelua, per coſì dire, di colonne di marmo. E ſalicata di marmo, ſonoui molte inſcrittioni raccolte, e date
in luce da altri. L'altra maggiore è ſoſtentata
da quattro colonne di porfido, & in queſta
Chieſa ſi moſtra ſpeſſo l'Imagine del Crociſiſ-
ſo, laquale parlò à Santa Brigida mentre oraua; ſi come dichiara l'inſcrittione; e fà fede
la Bolla, ſonoui ancora ſtupendamète eſpreſſe
in Moſaico l'Imagine di Chriſto, di S.Pietro,
di San Paolo,e di S.Andrea, con le parole,che
ad ogni vno di loro par,che eſcano di bocca, e
con tutti gli inſtromenti della paſſione,
morte del Saluatore. E ſtata queſta Chieſa
inſtaurata nobilmente da Clemente Ottauo,
veramente ottimo Pontefice. Nelle porte di
me-

metallo sono figurate varie historie sacre, sì
Greche,come latine.Dalla inscrittione si caua,
che ve la fece porre Pantaleone Console, sendo Pontefice Alessandro IV. Fù questa vna
delle cinque Chiese Patriarchali. Sonoui le
sepolture d'alcuni Pontefici,cioè di Giouanni,
che morì l'anno 1477. e di Pietro Leone. Vi
sono le memorie di Giulio Terzo, e di Gregorio Decimoterzo,e di Clemente Ottauo, che
aprirono la porta santa l'anno del Giubileo,
nel quale si trouarono. E gouernata questa
Chiesa al presente da i Monachi di San Benedetto della Congregatione Casinese. Quiui è
la Capella di San Paolo in buona parte rifatta
da Alessandro FarneseCardinale l'anno 1582.
in sacristia vi sono molte Reliquie di Santi, la
colonna, sopra la quale fù tagliata la testa a
San Paolo, & vna pietra, che si soleua attac-
care alli piedi de i Martiri per tormentarli.
Nella Capella della porta Celi sono Reliquie
di 2203.martirizati da Nerone. Di quà non
molto lontano si deuono visitare le tre fontane; perche quello è il loco del martirio di San
Paolo, ristorato piamente da Clemente Ottauo.

*La Settima Chiesa delle principali di Roma
detta S.Pietro in Vaticano.*

Questa,senza difficoltà,supera di nobiltà,
di valore, di Maestria, e di bellezza di
marmi tutte l'altre Chiese del mondo, non
che di Roma, specialmente in quanto alla
parte fabricata modernamente, alla quale
aggiun-

aggiunfe Sifto Quinto vna nobiliffima cupola:
e per auanti Gregorio XIII. ci haueua fabricata vna capella belliffima in honore di San_
Gregorio Nazianzeno, nella quale anco volle
effer fepolto. Senza dubbio quefta Chiefa fupera di magnificenza il Tempio di Diana,
Chiefa numerata trà i fette miracoli del Mondo, e già abbruggiato da Neloftrato, ilquale
volle con tal misfatto immortalarfi. La vecchia Chiefa haueua 24. colonne di marmo di
tanti variati colori, che non hanno pari; in
fomma nè anco la Chiefa di S. Marco di Venetia, che pur è tutta politamente incroftata
di marmi portati da' più nobili lochi di Grecia, fe le poteua paragonare. Furono leuate
via quefte colonne dal vicino fepolcro di A-
driano Imperatore, il quale in tutte le cofe
fue fù efquifitiffimo. Quelle altre colonne_,
ch' erano alla Capella del Santiffimo Sacramento, lauorate à ftrifcie, e cinte attorno di fogliami, e quelle, che foftentauano il volto
Santo, che è il Sudario di Veronica, & alcune
altre furóno condotte di Gierufalem in Italia
dà Tito Vefpafiano leuate via del Tempio, e
del palazzo di Salomone doppo ch'in tutto reftarono fuperati gli Hebrei, e diftrutta la detta loro Città, così è fama; fi come anco fi dice, che dell'ifteffo fono quelle colonne d'Alabaftro bianco lucido, le quali fi vedono nella Chiefa di San Marco di Venetia, nell'-
vltima parte fuperiore del Choro. Vedefi nel
loco di quefta Chiefa, detto il Paradifo, vna
gran pigna, e doi pauoni di Metallo tolti dalla Piramide di Scipione Africano, la qual fi
crede, che foffe già nella Valle Vaticana. Vi
erano

erano molte figure di mofaico ; ma per dir il
vero, fe bene era opera lodata da i Romani,
era però fuperata, à giudicio d'ogni intendente, dal mofaico della Chiefa di San Marco di
Venetia, ch'è fatto alla Greca, & in tutta eccellenza. E quiui la fepoltura di porfido d'-
Ottone II. Imperatore, fepolto l'anno di Chrifto 1486. In Italia non fi troua vn maggior
porfido di quefto, eccetto però quello, che è
nel tetto di Santa Maria Rotonda di Rauenna, che già fù il fepolcro di Theodorico Rè
de gli Oftrogothi. Quefta Chiefa era vna
delle cinque Patriarchali, e la parte vecchia
fù fabricata da Coftantino Magno Imperatore, il quale la volle foftentata da colonne;
ma Giulio Secondo Pontefice l'anno 1507. fece cominciar la noua nobiliffima, mettendo
effo alla prefenza di trentacinque Cardinali
in opera la prima pietra de i fondamenti, Bramante da Vrbino fù inuentor del modello, ilqual poi Michiel'Angelo Buonarota Fiorentino tirò in miglior forma, & Antonio Fiorentino fece la porta di metallo ad inftanza di
Eugenio Quarto con le figure di Chrifto, della
Beata Vergine, di San Pietro, e di San Paolo. In quefta Chiefa ogn'anno la fettimana
fanta fi moftra la faccia di Chrifto reftata im-
preffa nel velo di S. Veronica. Euui di mar-
no, vna figura della Beata Vergine, che
iene in grembo Chrifto morto, opera di
Michiel'Angelo : del quale ancora è quell'ec-
cellentiffima pittura del Giudicio Vniuerfale
pofta nella Capella del Pontefice. Entrando in Chiefa, fi vede dalla parte d'-
Oriente la Nauicella di San Pietro di mofaico

fatta

fatta da Giotto Fiorentino. Nel Choro de i Cantori si vede di metallo il Sepolcro di Sisto IV. Pontefice; ilquale vi è sopra rappresentato in atto di dormire, con le Virtù da ambe le parti, e tutto attorno le scienze, cioè la Theologia, la filosofia, e l'Arti liberali con la sua inscrittione; opera di Antonio Pollaiolo fatta l'anno 1482. Sono in questa Chiesa molte sepolture di Pontefici, le quali racconteremo senza ordine di tempo; ma secondo, che ci verranno in fantasia, lasciando però quei primi Santi Martiri, Lino, Cleto, e cento altri. Euni dunque quella d'Innocentio Ottauo di metallo. Quella di Paolo Secondo Venetiano fatta l'anno 1477. Quella di Marcello II. che visse solo 22. giorni nel Pontificato. Quella di Pio II. Senese fatta l'anno 1464. Quella di Pio III. figliuolo d'vna sorella di Pio II. e defonto l'anno 1503. Quella di Giulio III. senza inscrittione. Vi sono in Versi gli Epitafij de i seguenti cioè di Nicolò V. di Eugenio IV. e di Vrbano VI. di Andriano I. de Gregorij IV. e V. di Bonifacio VIII. Napolitano, di Paolo III. e hà sepolcro di Metallo nella Chiesa noua, d'Innocent. IV. di Vrbano VII. de i Gregorij XIII. e XIV. di Pietro Balbo Vescouo Tropiense huomo dottissimo in Greco, e del Cardinal dalla porta.

Chi volesse intendere più cose in proposito delle sacrosante sette Chiese principali di Roma, legga Onofrio Panuino, & Attilio Serrano, i quali n'hanno scritto diligentissimamente; anzi il Panuino hà scritto anco dei Cemiterij, e delle stagioni: ma in lingua volgare ne hà scritto Pompeo Vgonio Theologo, professore

fore di Rettorica in Roma, e Prefetto della nobiliſſima Libraria del Cardinal' Aſcanio Colonna; la qual, come habbiamo detto ancora,
fù già di Guglielmo Sirletto Cardinale dottiſſimo; à noi baſta hauer dato alquanto di lume
alli deſideroſi d'hauerne qualche notitia con
breuità. Paſſiamo hora all'altre Chieſe, & à
gli altri lochi memorabili.

*Catalogo delle Chieſe di Roma poſte per
Alfabeto, con gli Epitaſij, che in quelle ſi leggono più degni. Cap. V.*

SAnto Andriano in tribus Foris fù Tempio
dedicato à Saturno nel foro Romano; dipoi fù dedicato à Nerua Imp. l'inſtaurò Gio:
Bellaio Cardinale, come ne fà fede l'inſcrittione, ch'è ſopra la Colonna.

Santo Agapeto appreſſo S. Lorenzo.

S. Agata Chieſa de i Goti ſotto'l Viminale.
Quiui ſono di pietra le figure di Diana, e della
Pace: auanti la porta anco vi ſono le figure
d'alcuni fanciulli con la preteſta, che già fù ve-
ſte dell'età puerile: ſono in atto di ſedere à ſco-
la; ſi che ſi può veder quì la forma della preteſta. Si ritroua in queſta Chieſa il Sepolchro
li Gianno Laſcaro, con doi Epitaſij Greci.

Santa Agneſe nel Borgo di Parione; la me-
leſima nella Nomentana, ch'è Chieſa incro-
ſtata di pietre nobili, c'hà 26. colonne mar-
noree, & vi ſi diſcende per 42. ſcaglioni. Eraui vn Monaſtero, che hora è caſcato, e prima
ra reſtato deſerto per l'intemperie dell'aria.
l portico di queſta era ſtato edificato da Giu-
io Cardinale Nepote di Siſto Quarto. Quì
fù

fù poſto il corpo di Sant' Agneſe l'anno di
Chriſto 1141.E vicina à queſta vna Chieſa dedicata da Aleſſandro Quarto alla B. Coſtanza
figliuola di Coſtantino Imperatore, nella quale ſono i corpi delle Vergini Emerentiana, Antica, e d'Artemia. Si crede, che già queſta
Chieſa foſſe dedicata à Bacco, perche al preſente ſi vede vna tomba di porfido intagliata
con fanciulli, che calcano dell'vue. E Chieſa
rotonda, con 24. colonne di marmo; lauorata
di Moſaico politamente.

Sant'Alberto nell'Eſquilie.

Sant'Alberto nell'Auentino, che fù già tempio di Hercole Vincitore. In queſta Chieſa ſi
conſerua la Scala, ſotto laquale viſſe vn pezzo
il detto Santo incognito in caſa di ſuo padre. E
quì ſepolto Vicenzo Cardinal Gonzaga.

Sant'Ambroſio di Meſſina nel Rione di S.
Angelo. Item nel Campo Martio, Chieſa de i
Milaneſi. Santa Anaſtaſia alla radice del Monte Palatino, che fù Tempio di Nettuno Eque-
ſtre, ilquale anco ſi nominaua Conſo; perche ſi
penſaua, che foſſe Dio conſapeuole de i ſecreti:
è nella contrada dell'Harenula.

Sant'Atanaſio nella via Ardeatina, all'acque ſaluie vicino alle tre fontane.

Sant'Andrea alla Colonna, nel Triuio: de
Ania appreſſo'l palazzo de i Sauelli; dalla Ta-
uernula, trà li Monti Celio, & Eſquilino: delle
Fratte delle barche, nella riua del Teuere: de
gli Orſi nel Rione dell'Harenula; in Montuc-
cia nella radice del Capitolino; in Nazareno
nell'Hagenula: in Paliura nel Palatino: in Portogallo: in Statera nella radice del Capitolino: in Tranſteuere, nel Vaticano; in Piazza
Sie-

Siena, ch'è de i Fratini, dou'è vna ricca capella
di casa Rucellai.

Sant'Angelo nel Foro Bouaro, in pescaria,
che già fù Tempio di Mercurio, nelle Terme
di Diocletiano, Chiesa, che Pio IV. dedicò alla
B. Vergine, & à gl'Angeli, doue anco volse
esser sepolto, vicino all'Altar maggiore, è de
Padri Certosini, doue si vede vn Clauftro di
cento colonne. Vi sono anco sepolti il Bob-
ba, il Sorbellone, Fracesco Alciato, il Simonet-
to Cardinale Sant' Angelo di Mozarella nel
Monte Giordano.

S. Anna nel circo Flaminio, e sotto il Vi-
min.

Sant'Antonio in Portogallo. Di Padoua
nella valle Martia. Nell'Esquilino, qui la fefta di Sant'Antonio tutti i bestiami si lasciano
andare appresso l'Altare, acciò viuano, senza
pericolo di malatie, e di lupi. Qui vicin'è l'Ho-
pedale ristorato da Pio IV. Milanese.

S. Apollinare, che già fù Tempio d'Apolline à Torresaguina, hora vi è attaccato il Collegio de' Germani, fondato da Giulio III. Qui
vicina fù la casa di Marcantonio Triumuiro.

Li Santi Apostoli XII. nel Triuio, hoggi vi
sono i Padri Conuentuali di San Francesco;
l'inscrittione di vna pietra fà fede, che questa
Chiesa fù fabricata da Costantino, sendo poi
stata rouinata da gli heretici, fù ristorata da
Pelagio, e da Giouanni Pontefici. Qui è la
sepoltura di quel gran Cardinale Niceno Bes-
sarione Vescouo Tusculano, e Patriarca Co-
stantinopolitano, e quella di Pietro Sauone-
se Cardinale, quella di Bartolomeo Camera-
rio Beneuentano Theologo, & Leggista.

O   Di

Di Cornelio Muffo Vefcouo di Bittonto Prencipe de'Predicatori. Li Santi Apoftoli XII. nel Vaticano.

Santo Agoftino nel campo Martio, conuento de gli Heremitani di Santo Agoftino. Qui giace il corpo di Santa Monica madre di sant' Agoftino con quefti verfi.

Hic Augustini sanctam venerare parentem,
Votaque fer tumulo quo iacet illa sacro.
Quo quondam grato toti, nunc Monica Mundo
Succurrat, precibus praftet, opemque suis.

Qui è fepolto anco il Cardinale Burdigalenfe, & il Cardinale Verallo.

Santa Balbina nel Monte Auentino. Qui furono le Therme d'Antonino, & il palazzo di Licinio.

Santa Barbara nel Rione della pigna già fù tempio di Venere nel Teatro Pompeiano.

San Bartolomeo dell'Ifola in Tranfteuere. Quefta fù Tempio di Gioue, ò com'altri dicono, d'Efculapio. Hoggi è quiui vn conuento di Padri di San Francefco Zoccolanti; & vn' antica infcrittione in pietra al Dio Semone Sanco. E quiui anco il corpo di San Bartolomeo.

San Bafilio fopra'l foro di Nerua.

S. Benedetto nell'Horeruola in piazza Catinara; & in vn Tranfteuere in piazza Madama.

San Bernardo appreffo la Colonna di Traiano, & alle Terme.

San Biaggio nel campo Martio della Tinta nella riua del Teuere, ouero della pagnotta. Qui era il Tempio di Nettuno, nel quale foleuano quelli, che haueuano hauuto gratia di

fal-

saluarfi in tempo di qualche naufragio, attaccar per voto delle tauolette co'l pericolo fuo
dipinto nelle fcale . Dell'anello nel Rione
della pigna, della foffa, nel Rione del ponte
le i monti nell'Efquilino, delle coltre in cam-
pitello .

Santa Bibiana nell'Efquilie .

San Bonifacio nell'Auentino, mà fi chiama
al prefente Sant'Aleffio .

Santa Brigida nell'Harenula .

Santa Cecilia in Tranfteuere di Monache.
Quiui è il corpo di quefta fanta Vergine, con
molti altri corpi Santi, honorato con gran
diuotione, & translato dal Cardinale Paolo
Emilio Sfondrato figliuolo di vn fratello di
Gregorio XIV. nel campo Martio .

San Cefario nel Rione di Ripa, riftorato eccellentemente da Papa Clemente VIII.

La Chiefa de Cartufiani, la quale fi chiama
li fanta Maria de gli Angeli .

Santa Caterina nel circo Flaminio, hora
delli Fornari della Ruota, & il Borgo nuouo .

San Celfo appreffo'l ponte di caftello in Bã-
chi .

San Chrifogono in Tranfteuere . Qui è la
fepoltura, e l'epitafio di Girolamo Aleandro
Cardinale dottiffimo, e quella di Dauid Vui-
iano Oratore Inglefe .

San Clemente nel Monte Celio . In quefta
Chiefa è il corpo di San Clemente Papa, e
martire, portato à Roma da Cherfona città di
Ponto . Quiui è fepolto Vicenzo Lauro Cardinale .

Santa Coftanza nella Via Nomentana, fi
penfa, che quefta già foffe Tempio di Bacco,

Q 2   per

per vna tomba, che si vede di porfido.

Santi Cosmo, e Damiano, nella via sacra, ù già Tempio di Romolo, e Remo. Quiui è il sepolcro di Crescentio, e di Guidone Pisano, con epitasio in verso.

S. Cosmato sotto il Gianicolo, che già fù Tempio dedicato alla Fortuna.

S. Elisabetta in Parione.

S. Eufemia nell'Esquilie.

S. Eustachio appresso la Rotonda, questo fù Tempio del buon . . . . .

S. Francesco alle radici del Gianicolo. Qui è la sepoltura di Pandolfo Conte di Anguillara, ilquale visse cent'anni, e vecchio si fece Frate di S. Francesco.

S. Gregorio in Velabro.

S. Gregorio à capo del ponte Fabricio, e nel monte Celio, e questo fù già tempo Monasterio de' Germani, e de' Fiamminghi; mà hora è de' Padri Camaldolensi. Qui fù la casa di S. Gregorio Primo Pontefice; e si vede la tauola alla quale egli medesimo cibaua ogni giorno dodeci poueri, come si legge nella sua vita scritta da Giouanni Diacono. E quì vi è posto il Cardinale Lomellino Genouese, & vi sono molti epitasij di Fiorentini, anco di Edoardo Carno, e di Roberto Vecamo Inglesi Leggisti e Caualieri, liquali scacciati dalla patria loro perche difedeuano la Religion Cattolica, volsero finir'i suoi giorni in pace in Roma. Vi si legge anco l'Epitasio d'Antonio Valle da Barcellona, & d'vn certo Statio poeta, il qual si comprende da questo Epigramma, ch'habbi scritto con Virgilio.

tatius hic situs est, iuuenē quē Cypris ademit
Praco cem Aenea carmine quod premeret.
      Statio Statio F. Dulciss.
      Christophora M. Pientiss. P.
      Vixit Ann. xxxiii.

S. Girolamo appresso corte Sanella, quì incominciò con gran pietà la congregatione dell'Oratorio, & è cresciuta mirabilmente per opera in particolare del B. Filippo Neri fondatore di essa, e de' suoi discepoli.

San Giacomo nel circo Flaminio. Questo è Hospitale de' Spagnoli, doue si leggono varij Epitafij di Spagnoli. Nell'ingresso si vedono le memorie di Bartolomeo Cuena Cardinale, e di Bernardino Vescouo di Cordoua. Euui vna imagine di marmo, con là sua inscrittione di Pietro Ciacconio Prete Toletano, huomo di feliciffima riuscita nell'emēdare libri de i Scrittori sacri, e profani. Degl'incurabili. Scouacauallo.

San Giouanni Battista nel Monte Celio. S. Giouanni Euangelista auanti la porta Latina, nel monte Celio. Questo fù già Tempio di Diana. S. Giouanni Celauita nell'Isola, il qual si crede sia stato Tempio d'Esculapio. Nel Fonte in monte Celio, nel Laterano, ch'è vna delle sette Chiese principali, delle quali habbiamo di sopra parlato. In Dola, nel monte Celio. Nell'oglio auanti la porta Latina. Del Mercatello al Campidoglio: de Malua in Tranfteuere. Della pigna, in Rione della pigna.

San Giouanni, e Paolo nel monte Celio con doi Leoni auanti la porta, vno de' quali tiene con i denti vn putto, e l'altro vn'huomo

Quiui fi vede vn fepolcro di porfido,& qui era la Curia Hoftilia .

San Giofeffo nel Rione della pigna .

San Giuliano nell'Efquilino .

S.Iuo nel campo Martio, che è de'Bertoni .

San Lorenzo appreffo il macello de i corni, Nel Viminale, nel Gianicolo, appreffo il Teuere il Lucina. Quefto fù Tempio di Giunone Lucina, e quì giace Francefco Gonzaga Cardinale . In Fonte nella Valle Efquilina . Quì era il Cliuo Virbio. In Miranda nel Foro Romano . In Palifperna nel colle Viminale. E quì l'Epitafio di Guglielmo Sirleto Cardinal peritiffimo nella lingua Greca . Era quiui il plazzo di Decio Imperatore . In Damafo nel Rione della pigna . Qui fi vede l'imagine, & l'Epitafio d'Annibal Caro eloquente nella lingua Tofcana, & di Giacomo Fabio da Parma, di Pietro Marfo, di Giulio Sadoletto, di Girolamo Ferrato da Correggio, e d'altri huomini illuftri . In quefta fabrica furono trasferiti i marmi dell'Arco Gordiano, con tutti gli ornamenti,e fcolture,c'haueua .

San Leonardo in Carine . In Orfea nel Septifolio . In filice nell'Efquilino. S.Leonardo vecchio nelle botteghe ofcure, in ripa del Teuere nella Longara .

S.Lucia nel palazzo,che già fù d'Appolline Palatino . Nelle botteghe ofcure, che già fù Tempio d'Hercole,e delle Mufe .

S.Lodouico appreffo Nauona, Chiefa delli Francefi ornata di molti epitafij de' più nobili di quella Natione .

Santa Maria Egittiaca nel Drago di Ripa, che fù tempio della Fortuna Virile. Santa Ma-

ria

ria dell'Anima in Parione, questa è bella Chiesa de i Germani, e de' Belgi, i quali quiui stan-
tiano, & aiutano i pellegrini bisognosi. Euui v-
na Imagine della Beatissima Vergine con questi versi.

Partus, & integritas discordes tempore longo
  Virginis in gremio fœdera pacis habent.

Alla sinistra dell'Altar maggiore v'è vn bel
sepolcro di Adriano IV. Pontefice fattoli da
Guglielmo Entcefora Cardinale, il quale solo
hauea detto Pontefice creato in vita sua, & in
quel sepolcro anco esso Cardinale si fece porre.
Alla destra di detto Altare si vede il sepolcro
di Carlo Prencipe di Cleues fatto con grã spesa, morì l'anno del Giubileo, 1575. il dì 14. di
Febraio, con gran dolore di tutti i buoni,
massime di Gregorio XIII. Pontefice. Scrisse la
sua vita Stefano Pighio, con dotto libro intitolato Ercole Prodicio. Vi sono gli Epitaffij anco di Francesco Foresto, di Ocone Vvachten-
donc, di Giouanni Andrea di Anuersa, di Giouanni Roseto da Bruselle, e d'altri nobili, & eccellentissimi huomini.

Santa Maria in Araceli, nel Capitolino, che
fù già Tempio di Gioue Ferenio, hora è Conuento de i Padri di San Francesco Zoccolanti.
Qui sono le sepolture di Luca Guarico Matematico eccellentissimo, di Flauio Biondo Historico, di suo figliuolo Francesco, & d'Ange-
la Bionda sua nezza. Qui si vede anco l'Imagine con vn'Epitaffio di vn Marchese di Sa-
luzzo, & altri Epitaffij d'alcuni Sabelli, del Cri-
uello, e del Moneglia Cardinali. Si ascende
a questa Chiesa per 130. scaglioni. E Chiesa
del senato, e popolo Romano, fatta de gli

ornamenti del tempio di Quirino. Euui vn'Altare di quattro belliffime colonne.

Santa Maria Auentina, nel colle Auentino, che fù già tempio della Dea Bóna. Qui fi legge il lamento di vn' ammazzata crudelmente dal marito. S. Maria de'Cacabarij nel Rione della pigna. Santa Maria in Campo Santo, nella Valle del Vaticano, doue fono alcuni Epitafij.

Santa Maria del Campidoglio, che già fù Tempio di Gioue Capitolino. Nella Cappella oltre al Teuere. In Candelorio, nel Rione di Sant'Angelo. Della Concettione, nel monte Celio. Della Confolatione, fotto la rupe Tarpeia. In Cofme din, nel Velabro, che fù gia tempio di Hercole. In Domnica nel monte Celio. Quiui foleuano effere le manfioni Albane, e gli acquedotti di Caracalla. Nell' Efquilino, che fù già tempio d'Ifide, nel Circo Flaminio. In corte fotto il Campidoglio. Delle gratie, che fù già tempio di Vefta, trà il Campidoglio,& il Palatino. Grotta pinta in Parione dell'Horto,oltre al Teuere,nell'Ifola in Giulia, nel Rione dell'Harenula. Liberatione dell'Inferno, che fù tempio di Gioue Statore al foro Romano,di Loreto de i piftori, delle febri,che fù già tempio di Marte nel Vaticano.

S. Maria fopra Minerua, Chiefa cofi detta, perche fù tempio di Minerua; al prefente vi habitano i Padri di San Domenico, & è Collégio di Theologia, fondato dal Vefcouo di Cufcha. Vi fono con li fuoi epitafij le fepolture di Leone X. di Clemente VII. e di Paolo IV. Pontefice, de'Capranichi, di Oliuiero, Carlo Caraffa, di Michiel Bonello, Aleffandro

dro nipote di Pio Quinto, dello Strozzi, del
Maseo, Delfino, Aldobrandino, Pozzo, Ro-
fata,del Giuftiniano,de Fiefchi,de i Pucci, e di
molti altri Cardinali, e Prelati; trà quali fono
principali Pietro Bembo all'altar grande,Gio-
uanni Morone, che fù 13. volte Legato à La-
tere, e fù Prefidente al Concilio di Trento,
Giouanni Torrecremata,che lafciò grandi entrate per maritar donzelle, il qual'officio di
carità fi fà con grandiffimo apparato in quefta
Chiefa il giorno dell'Annonciata, con l'inter-
uento del Pontefice. Sono in quefta Chiefa anco le ceneri di Egidio Fofcari Vefcouo di Modena,il quale nel Concilio di Trento era chiamato Luminar maggiore; di Siluestro Aldobrandino padre di Clemente Ottauo, di Giouanni Annio hiftorico,di molti Fiorentini, de
i Maffei,de i Padri Generali Dominichini. E
quì il facro corpo di Santa Caterina da Siena,
e l'Epitafio di Guglielmo Durando Vefcouo
Numatenfe, che compofe vn libro intitolato,
Rationale Diuinorum Officiorum,& altri volumi di legge.
In quefto Tempio fù eretta la Fraterna prima del Santiffimo Sacraméto da Tomafo Stella Predicatore; e Michiel'Angelo Buonarota
fù l'inuentore del Tabernacolo da conferuarui dentro il Santiffimo Corpo di Chrifto N. S.
Auanti le porte di quefta Chiefa fono le fepolture di Tomafo di Vio Caietano dottiffimo,&
di Giouanni Badai Modenefe Eminentiff.Car-
dinali, e di Paolo Manutio elegantiffimo, il
quale però giace iui fenz'alcun titolo, come
appunto auuenne al gran Pompeo, che viuendo empì il mondo della fua gloria, e giacque

Q 5 fen-

senza memoria alcuna . Euui queſto Epitafio
fatto à Rafael Santio Pittore da Vrbino .

Hic ſitus eſt Raphael , timuit quo ſoſpite vinci
Rerum magna parens , & moriente mori .
Patria Roma fuit , gens Portia , nomen Iulus
Mars puerum inſtituit , Mors iuuenem ra-
puit .

Santa Maria de'Miracoli in Monte Giordano, di Monterone, nel Rione di Santo Euſtachio. Di Monferrato,dopò'l campo di Fiore. Queſta è la Chieſa della Nation di Cata-
logna . In Monticelli , nel Rione dell'Harenula . Della Nauicella,nel monte Celio . Nona, nel foro Romano. Queſta già fù tempio
del Sole, e della Luna, hora vi habitano i Monaci Oliuetani . Annonciata,ch'è colleggio di
Geſuiti . Della Pace queſta è habitatione de'
Canonici Regolari . Quiui è la ſepoltura di
Marco Muſuro dottiſſimo Candioto con queſto epitafio .

Muſure , ò Manſure parum , properata tuliſti:
Præmia,namque citò tradita, rapta citò .
Antonius Amiternus Marco Muſuro Cretenſi
erecta diligentia Grammatico,& rara felici-
tatis Poeta poſuit .

Vi ſono anco i ſepolcri de' Cardinali Capo-
ferro,e Magnanello,e queſto epitafio di Giulio
Saturno .

Patris eram quondam ſpes , ſolamen Iulus,
Nunc deſiderium mortuus,& lachryma .

Santa Maria delle Palme nella via Appia .
In portico del Rione di Ripa . Queſta già fù
tempio di Saturno , e d'Ope . Qui ſi moſtra il
zaffiro portato dal cielo da gli Angeli, ornato
dell'Imagine della B.Vergine .

Santa

Santa Maria del Popolo, fotto'l colle di
Santa Trinità alla Porta Flaminia. E quì vna
Agguglia drizzata da Sifto V. Pontefice. E
conuento de i Padri Agoftiniani, e nel gran
caldo il Pontefice fuol dar licenza, che fi vifiti
quefta Chiefa per San Sebaftiano, che è fuor
delle mura molto difcofto. Qui fono i fepolchri
di molti Cardinali; fonoui anco molte capelle
belle, fatte da diuerfi per diuotione. Euui la
fepoltura d'Hermolao Barbaro Patriarca d'A-
quileia con queft'Epitafio.

Barbariem Hermoleos Latio qui depulit omnè
  Barbarus hic fitus eft, vtraque lingua gemit,
Vrbs Venetum vitam, mortem dedit inclyta
  Roma.
  Non potuit nafci clarius, atque mori.

Et fi vede in terra il feguente lamento d'v-
no, che morì per caufa leggiera.

Hofpes difce nouum mortis genus, improba
  feles,
  Dum trahitur, digitum mordet, & intereo.

S. Maria di Portogallo nel fin di Suburra.
In Pofterula nel Rione di ponte. In publicu-
lis, appreffo il palazzo de' Signori fanta Croce,
al Prefepe.

Santa Maria Rotonda, cosi detta, perche è
fabricata rotonda, già fù Tempio dedicato à
tutti i Dei, & alla loro madre; e perciò fù
fabricata rotonda, acciò d'effi Dei non nafceffe
qualche riffa fopra la maggioranza del loco;
fendo che non fi volenano trà loro cedere,
anzi nè anco il Dio Termino volena cedere à
Gioue. Hora quefta Chiefa è confecrata alla
B. Vergine, & à tutti i Santi: è fabrica nobiliffima fatta da M. Vefpafiano Agrippa tre vol-

Q 6   te

te Confole,come fi vede nell'infcrittione . Da'
periti , e maffime da Lodouico Demontorio
nel lib.intitolato, Gallus hofpes in Vrbe , vien
tenuta per vn'idea , ouero per vn'efsemplare
dell'architettura ; è di trauertino , & è larga
quanto alta, hà il tetto coperto di piobo fatto
in tondo , con vna fola apertura , ò vogliamo
dir gran fineftra in cima,per la quale s'illumina tutto'l Tempio . Hà gran portico foftentato da grandi colonne, con traui , e porte di
metallo . L'Altar grande rifponde alla porta ;
fi vede nel muro il capo della Madre de'Dei ,
s'afcende la volta del tetto con 150 fcaglioni,
& per arriuare al forame del tetto ancora vi
fono 40. fcaglioni di piombo ; fi vede auanti
la detta Chiefa vn gran vafo di marmo Nu-
midico , ch'è di fopra quadrato , ma di fotto
hà'l ventre in forma d'Alueo . Vi erano anco
doi Leoni con lettere Egittiache , & vn vafo
rotondo del detto marmo . Eunì l'epitafio feguente di Tadeo Zuccaro pittore eccellente , e
quafi concorrente con Rafael d'Vrbino,ilqual
hauemo già detto, ch'è fepolto in Santa Maria
fopra la Minerua .

Magna quod in magno timuit Raphaele ;
    per aqua
Thadeo in magno pertinuit genitrix .

Santa Maria fcala Cæli fuor della porta
Oftienfe , doue furono martirizati dieci mila
Martiri;fi chiama fcala del Cielo , perche facendo oratione quiui S.Bernardo per i defonti,egli vidde vna fcala da Terra al Cielo ; per
la quale afcendeuano alcune anime al Paradifo . Del Sole fotto'l Monte Tarpeio,fpoglia
Chrifti nel foro di Traiano . Della ftrada ap-
                                    preffo'l

preſſo'l pòrtico Corinthio, & il Càmpidoglio;
mà hora fi chiama nel nome di Giesù. E Chiefa nobile, edificata dal Cardinal Farneſe Aleſſandro per i Padri Geſuiti, nella quale anco è
ſepolto eſſo Cardinale. In Tranſteuere; Quiui
al tempo di Auguſto in vn'hoſteria ſcaturì vn
fonte d' oglio, il qual continuò per vn'intiero giórno, denonciando, che preſto doueua
naſcer Chriſto fonte di miſericordia. Quì fù
da San Pietro edificata vna Chieſa in honore
della Beata Vergine, la qual Chieſa poi da'
Pontefici ſuſſeguenti è ſtata in varij tempi ornata di molte pitture belliſſime, & arricchita
d'ori, e di argenti; in oltre anco accreſciuta di
grandezza. E qui la ſepoltura di Stanislao Ho-
ſio Veſcouo Varmienſe, che fù quel gran Cardinal Pollacco prefetto al Concil. di Trento,
e flagello de gli heretici. Quì giace il Cardinal Campeggio, & Altemps, che fù huomo di
gran negotio. Tranſpontina in Borgo. Queſto
già fù Tempio di Adriano Imperatore, e quì
furono flagellati S. Pietro, e S. Paolo. In Via
Lata, doue ſotto terra s'hanno trouato diuerſi
trofei, & imagini trionfali. E quì ſepolto Vitel-
lotio Vitelli Cardinale, & è Chieſa de' Padri
de' Serui. Quiui S. Luca ſcriſſe gli Atti de gli
Apoſt. e quiui era il loco, doue San Paolo faceua oratione. Del Triuio. Queſta Chieſa fù
riſtorata da Beliſario gran Capitano dell'Imper. Giuſtiniano, come ſi vede in vna pietra
in terra. Giace quì Luigi Cornaro, & è de'
Padri Crociferi, ò Crocicchieri.
Santa Maria in Vinea nella ſceſa del monte
Tarpeio. In Via delle Vergini, vicino al portico d'Antonino Vallicella in Parione, queſta fù

Oo   am-

ampliata da Pietro Donato Cardin. Cefio inî
fepolto;doue anco dal Beato Filippo Nerio, al
preséte annouerato trà Santi dalla famiglia di
Gregorio XV. fù introdotta l'Oratione dell'-
Oratorio di Roma, dalla quale fono vfciti i
Cardinali Baronio, e Taruggi, e nella quale
fono ftati alleuati i Cardinali Parauicino, Cu-
fano, e Sfondrato, per effer vna vera fcola da
imparare à ben viuere.

Santa Maria Maddalena nel Rione della
colonna. Tra'l colle di fanta Trinità, e'l Teuere. Nel Quirinale, doue è vn Monafterio di
Monache gouernate dai Predicatori, inftituito
da Maddalena Orfina.

San Mauro Chiefa de i Bergamafchi per
mezzo il collegio de i Padri Giefuiti: appreffo quefta Chiefa è vn' Agguglia minore intagliata di note Geroglifiche. Quiui giace Pietro Giglio gran letterato, al quale Giorgio
Cardinale d'Armignac fece fare il fepolcro, come à fuo familiare: morì l'Anno 1555. viffe
anni 65.

San Marcello nella Via Lata, e de i Padri
Seruiti. Vi fono fepolti i Cardinali Mercurio,
Dandino, & Bonuccio; fù tempio d'Ifide.

San Marco, quiui è fepolto Francefco Pifani Cardinal Venetiano.

San Martino, nell'Efquilino de i Carmelitani, doue è fepolto Diomede Caraffa Cardinale.

Santa Martina nel foro Romano, fù già
Tempio di Marte Vltore.

Santa Margarita, nella radice dell'Efquilino. Vedi in fine l'aggiunta.

San Matteo nell'Efquilino. Qui habitaro-
                                        no

no longamente i Padri Crociferi : & perche questa Chiesa è nel Borgo Patritio, nel quale nacque Cleto I. Pontefice, e santo, institutor di quell'Ordine, si pensa, che fosse questa Chiesa la casa del loro primo Fondatore, ilquale hauendola consacrata l'habbi data alli primi suoi discepoli, e figliuoli per seruitio d'Iddio; ma hora vi habitano i Padri Eremitani di S. Agostino.

- San Michele in Borgo.

- Santi Nereo, & Archileo, appresso le Therme di Antonino: questo già fù Tempio d'Iside nella Via Appia.

- San Nicolò in Agone nel Rione del Ponte. In Archemoni. A capo le Cese. De gli Arcioni, sopra il Rione del Tridio. In carcere à Ripa: qui fù la prigion publica. In Calcaria : qui vicino fù il Portico Corinthio.

- Sant'Onofrio nel Gianicolo: qui giace il Cardinal Madrucci, ilqual morì l'istesso giorno del suo nascimento. Euui anco sepolto Lodouico Madrucci Cardinale nepote del primo. Il Sega Cardinal Bolognese, & il Tasso Poeta eccellente.

- San Pancratio nel Gianicolo, doue è vn pulpito di netto, e bel porfido: vi sono le Grotte sotterranee piene di corpi di Martiri : qui giace il Cardinal Dersonese, e qui vicino fù vciso il Borbone inimico di Dio.

- San Pantaleone in Suburra, che fù Tempio già dedicato alla Dea Telluri, & à Pasquino.

- San Paolo in Regola nel Rione dell'Harenula.

- San Pietro, e Marcellino, che già fù Tempio della Quiete.

San

San Pietro in Carcere. Fù quiui la prigion
Tulliana; della qual fà mentione Saluſtio nella congiuration di Catilina,Diodato nella Via
Parmenſe. Montorio nel Gianicolo, Chieſa
bella, e ben'ornata, doue ſi vede la belliſſima
capella di Bramante. Si dice, che fù inſtaurata da Ferdinando Rè di Spagna.Euui appreſſo vn Conuento de gli Oſſeruanti di S.France-
ſco. Di queſta compagnia morì l'anno 1597.
Fra Angelo della Pace Spagnuolo letteratiſſimo; ilquale hà ſcritto vn gran Volume ſopra
il ſimbolo de gli Apoſtoli: quì ſono ſepolti
Antonio Maſſa Galleſio Leggiſta, Giulio Po-
giano Nouareſe bel dicitore, Giulio III. Pontefice ſenza epitaſio. Innocentio dal Monte,
Il Corneo, & Politiano Cardinali. Vi ſono
belliſſime pitture di Rafaele da Vrbino, di Sebaſtiano Venetiano, che fù valente pittore,
San Pietro, Domine quò vadis? nella via Appia, Chieſa rotonda ben'ornata di pitture:
Si chiama coſì, perche fuggendo Pietro, gli
apparſe Chriſto, al quale Pietro dimandò oue
andaua, dicendoli, Domine quò vadis? mà
Chriſto gli riſpoſe, vado à farmi crocifiggere
vn'altra volta à Roma; per la qual riſpoſta
Pietro pigliò animo, e voltò il camino verſo
Roma, doue poi fù crocifiſſo con la teſta all'-
ingiù. San Pietro in Vincola, quì ſono le
catene, con le quàli fù legato San Pietro in
Gieruſalem, & in Roma ſonoui i corpi de
Macabei, & vna parte della Croce di Sant'-
Andrea, la teſta del quale ſendo ſtata donata
al Pontefice da vn'Imperatore di Coſtantinopoli, ſi moſtra nella Chieſa di San Pietro in
Vaticano, doue è diuotamente conſeruata,

ta, il resto del corpo è nel Regno di Napoli.
Quiui è vn bellissimo Altare, & vi sono le
porte di Metallo, figurate con la passione di S.
Pietro. Sotto il sepolcro di Giulio II. Pontefice si vede vna molto bella statua di Moisè
Capitano del popolo Hebreo, opera di Michiel Angelo Fiorentino. Altre cose memorabili sono in questa Chiesa, e nel Conuento, ch'è
de i Canonici Regolari, si vede vna gran palma, che sola produce in Roma frutto stagio-
nato, e maturo. Volse esser qui sepolto Nicolò Cusano Cardinale, il quale morì l'anno
1484. il dì 11. di Agosto. E qui sepolto anco
il Cardinale Sadoleto. Giulio II. Pontefice in
sepolcro di marmo senza Epitaffio, & il Cardinal della Rouere, si vedono nel muro alquā-
te inscrittioni di antichi Gentili. Hauerai altre cose di questa istessa Chiesa nel viaggio del
terzo giorno, doue parleremo del mont' Esquilino.

San Peregrino alla porta Pertusa, di doue
hà preso il nome quel Borgo.

Santa Prassede nell'Esquilino, fabricata da
Pasquale I. Pontefice, nel qual tempio è la colonna, alla quale Christo fù flagellato, portata dalle parti Orientali dal Cardinal Giouanni Colonna. Qui habitò S. Pietro. All'Altare
vi sono sei Colonne di porfido, e due di marmo negro con macchie bianche; qui giace Aleffandro Braccio Fiorentino, huomo di molta
dottrina, qui sono molti corpi santi, & in
mezzo la Chiesa è vn loco con vna ferrata, doue Prassede riponeua il sangue de'martiri, raccolto in diuersi lochi con vna sponga. Habitauano qui già 400. anni i Mon. di Vall'Ombr.

San-

S.Prisca nel Monte Auentino, che fù già tēpio d'Hercóle.

Santa Pudentiana nel Viminale, quì si mostra quella pietra, sopra la quale apparue la
Hostia Sanguinata, mentre vn Sacerdote dubitaua del santissimo Sacramento dell'Altare:
questa è la più antica Chiesa di Roma, & si
dice, che in questa celebrò Messa San Pietro
Apostolo; quì sono trè mila corpi di SS.Mar-
tiri,& vn pozzo venerabile per il loro sangue.
Vi sono i Padri Dominicani penientieri.
Vi stanno i Monaci di San Bernardo. Euui sepolto il Cardinal Gaetano nobile Romano,
del quale si vede vna ricchissima Cappella, & il
Cardinal Radziuil Limano benemerito della
Catholica Religione, se bene era nato di padre
heretico.

Santi Quaranta martiri nel Rione della pigna, lodati da S.Basilio in vna predica.

Santi Quattro Coronati nel monte Celio.

Santi Quirico, e Giulita in Suburra.

San Rocco nella Valle Martia.

S.Rufina oltre al Teuere, & à S.Giouanni
Laterano.

Santa Sabina nel Monte Auentino, doue fù
la prima stanza de i Pontefici, hora è de i Padri
Dominicani, hora è quì la pietra, che à San
Domenico fù in vano tirata dal Diauolo per
vcciderlo. Auanti le porte di questa Chiesa si
vede la maggior vrna di pietra, che sia in Roma. Quì sono le reliquie di Alessandro Pontefice, di Euentio, e di Theodulo Martiri: parimente di Sabina, e di Serafia Vergine, martirizati tutti sotto Adriano Imperatore l'anno
di Christo 133. & posti quì da Eugenio secondo

do l'anno 8 2 2. ilquale è parimente quì sepolto con vn'epitafio in verso Heroico. Vi sono
anco sepolti i Cardinali Bertano, & di Tiano.
Quiui si vede vn pomo granato piantato da S.
Domenico, aiutandolo San Giacinto, il quale
il primo giorno di Quaresima da' Romani viè
per deuotione spogliato delle foglie, e de' frutti; si dilettano d'hauer di quelle foglie i Prelati, & anco i Pontefici. Quiui San Domenico
diede principio alla Religione sua, doue hebbe molte visioni d'Angeli, & vestì l'habito à S.
Giacinto.(Vedi in fine l'aggiunta.

Santo Sabba Abbate nell' Auentino, doue si
vede vn gran sepolcro, il qual si crede, che sia
stato di Tito Vespasiano.

San Saluadore del campo, nel Rione dell'
Harenula in strada Giulia oltre al Teuere al
ponte de'Carri nell' istesso loco. Di Laurano
nel Monte Celio. Di copelle nel Rione della
colonna. Del Lauro vicino à monte Giordano. Questa è Chiesa de gli Orsini, nella quale giacciono i nobili di quella famiglia, e de
gli Amaltei Litterati. Di portico sotto la
Rupe Tarpeia. In Massimi, che già fù Tempio dedicato da M. Puluillo à Gioue, Minerua,
& à Giunone. In Statera, che fù di Saturno
nel Campidoglio. Nelle Stufe appresso l'A-
gone. Della pietà, che fù Tempio della
Pietà. In militijs. De Pedemonte. Delle
tre imagini. In Suburra instaurato da Stefano Capo à sue spese, sendo Pontefice Alessandro VI. come ne fà fede vna inscrittione, che
vi si vede.

San Spirito nel Vaticano oltre al Teuere.
Quiui è l'Hospedale ricchissimo, degno d'esser

considerato. Euui sepolto il Cardinal Renma-
no Francese. Vedi l'aggiunta.

S.Sebast., e Fabiano nella via Appia, della
qual Chiesa s'hà parlato nelle sette principali.
S.Sergio, e Bacco nel Campidoglio, che fù già
Tempio della Concordia.

San Simeone nel Rione di ponte.

San Sisto alla piscina Inferma, che fù tempio della Virtù, e dell'Honore. Qui S.Dome-
nico suscitò vn defonto nominato Napuleone,
e vi fece altri miracoli.

Furono qui congregate le prime Monache,
le quali viueano disperse per Roma, mà furon
poi altroue trasferite, per esser quiui aria cattiua.

San Stanislao Chiesa de i Polacchi.

San Stefano de gli Ongari de Cacabo. Rotondo nel Monte Celio; questo già fù Tempio di Fauno, ma hora è collegio de Germani,
è dipinto per dentro in giro de Trionfi de SS.
Martiri. Nel Foro Boario, che già fù Tempio
della Dea Veste. In Via Giulia. In Silice. Del
Frullo appresso il portico d'Antonino Imperatore.

Santa Susanna nel Quirinale. Quiui si vede
vna bella Cisterna, & vn bel vaso d'acqua benedetta di metallo.

S.Siluestro nel Rione della colonna. A Sāti
Quattro. Nel Quirinale dedicato da Clemente
VII l'anno 1524. Qui habitauano i Padri Tea-
tini, & vi sono sepolti i Cardinali Rebiba, An-
tonio Caraffa, e Francesco Cornaro. Oltre al
Teuere appresso l'Arco di Domitiano.

San Tomaso appresso la corte Sabella nel
ione dell'Harenula. Nel Monte Celio. Nella

la Via Giulia. In Parione.

San Teodoro alle radici del Monte Palatino, che già fù Tempio di Romolo, e di Remo, ouero secondo altri, di Pane, e di Bacco.

Santa Trinità de i Monti, nel colle Plinio, fabricata da Lodouico XI. Rè di Francia, per consiglio di San Francesco di Paola, e dei Padri Minimi, che sono iui quasi tutti Francesi. Vi sono sepolti Rodolfo Pio Cardinal di Carpi; Crasso, & Bellai Cardinali. Lucretia della Rouere figliuola d'vna sorella di Giulio II. & M. Moreto Oratore eloquentissimo con questo Epitafio:

Hinc Marti caros cineres Roma Inclyta seruat
  Quos patria optasset Gallia habere sinu.
Stat colle hortorum tumulus stat proxim. astris
  Qua propius puro contigit ille animo.
Tu sacros latices lacrymans, asperge Viator,
  Et dic heu lingua hic fulmina fracta iacent

Enui sepolto anco Francesco Frachino Cosentino Vescouo, huomo di grande ingegno, e poeta spiritoso.

Santa Trinità de gl'Inglesi, questo è vn collegio de gl'Inglesi Cattolici, di doue sono vsciti alquanti, che in Inghilterra per la Fede Cattolica sono stati martirizati da gli Heretici. E qui sepolto il Cardinal'Alano, che volontario bando prese dalla patria sua, e fece gran fatiche in difesa della Fede cattolica.

San Trifone appresso Sant'Agostino.

San Valentino nel circo Flaminio.

San Vitale nel colle Quirinale, Chiesa gouernata al presente, e ristorata da' Gesuiti.

San Vito nel Rione del ponte, qui giace Carlo Visconte Cardinale.

Gli

Gli Officiali del Palazzo Pontificio.
Cap. VI.

SOno molti gli Officiali del Pontefice , sì
che la Corte sua supera qualsiuoglia altra di Prencipe Christiano , & è retta con tanta disciplina, che nè anco i Cardinali , i quali
di dignità sono eguali alli Rè , escono della
Città senza hauerne ottenuta licenza . Sempre sono al meno quaranta di loro in Roma .
Il numero de' Cardinali non è prefisso , ma è
ad arbitrio del Sommo Pontefice . Di Arciuescoui,e Vescoui sempre in Roma si ritroua grã
numero .

Nella famiglia del Pontefice sono l'infra-scritte Persone.

AVditori di Rota	num. 11
Chierici di Camera	7
Thesoriero	1
Auditor di Camera	1
Commissario di Camera	1
Maestro del sacro palazzo , che è Dominica-no	1
Commissario Generale del Sant'Officio , ch'è Dominicano	1
Reggente di Cancellaria	1
Protonotarij Apostolici	7
Suddiaconi	6
Accoliti	8
Secretarij Apostolici	8
Correttor di Cancellaria	1
Summista	1

De

Cor-

Corſori   1 ♦
Seruitori d'Arme   24
Verghe Roſſe   16
Catene del Sacro palazzo   7
Porte di ferro   26
Caualli leggieri communemente   100. ò 200
Bombardieri   300
Tedeſchi alla cuſtodia delle porte del palazzo
  dei Pontefici, i quali fanno ſempre le ſenti-
  nelle.   100. & alle volte 300

XIX. Seminarij, e Collegi di tutte le Nationi, inſtituiti da Gregorio XIII. Pontefice in Roma per commodo della Fede Cattolica.
Cap. VII.

IL Collegio de i Gieſuiti, doue ſono ſpeſate
200. perſone, & ammaeſtrate in ciò, che
può appartenere ad vn Teologo, e Sacerdote.
Quel de'Germani fatto l'anno ſecondo del ſuo
Pontificato. De i Neofiti, figliuoli degli Hebrei, lo fece l'anno quinto del ſuo Pontificato. De gl'Ingleſi, i quali per la Fede Cattolica hanno abbandonato la patria, lo fece
l'anno quinto del ſuo Pontificato. Delli Greci
per ampliar la Fede Cattolica, doue ancora è
vna Chieſa, lo fece l'anno ſeſto del ſuo Pontificato. Delli Maroniti nel Monte Libano.
De i Schiauoni era Seminario in Loreto, ma
fù trasferito à Roma l'anno ottauo del ſuo
Pontificato. Di Vienna d'Auſtria, di Praga,
Di Boemia. Di Gratz in Stiria. L'Olmuceſe
di Morauia fatti l'anno nono del ſuo Pontificato, co'l Branſpergenſe di Pruſſia. Il Moſi-
po-

sotano di Lorena. Il Vilanenfe di Lituania. Il
Claudiopolitano. Quello di Funai nel Giapone.
L'Vfaquienfe cafa di probatione del Giesù nel
Giapone. L'Anzuchiomenfe Seminario del Giapone, fatti l'anno vndecimo del fuo Pontefica-
o. Il Puldefe Seminario di Haffia, fatto l'anno decimoterzo del fuo Pontificato.

In Roma fono ancora quefti altri Collegij.
Il Clementino fatto da Clemente VIII. Di San
Tomafo d'Aquino fatto dal Vefcouo di Cuf-
ha nella Minerua. di San Bonauentura fatto
da Sifto V, in Santo Apoftolo. Il Capranico inftituito dal Cardinal Capranico, il Nardino. La
Sapienza commune.

Delle Aguglie, delle Colonne, e degli Acque-dotti di Roma. Cap. VIII.

L'Aguglie riftorate, drizzate, e trasferite da
Sifto V. Pontefice di glor. mem. con fpefa
incredibile, con l'opera di Domeaico Fontana
Ingegniero, e confecrate alla Santiffima Croce
fono quefte.

L'Aguglia di Tiberio Cefare, c'hora è nella
piazza di S. Pietro nel Vaticano l'anno 1586.
che fù il fecondo del fuo Pontificato.

L'Aguglia di Augufto Cefare portata d'E-
gitto trasferita da San Rocco à S. Maria Maggiore non hà fcolture di forte alcuna.

L'Aguglia, ch'era confacrata al Sole trasferita dal circo Maffimo, doue giaceua per
terra, à San Giouanni Laterano, e drizzata
l'anno terzo del fuo Pontificato. Hà quefta
ancora caratteri Egittiachi. La cauò del fuo
luoco in Egitto Augufto, e per il Nilo la

R   con-

conduffe in Aleffandria , doue l'îmbarcò,e per
mare la mandò per adornamento di Roma , la
quale cercò di abbellire in tutte le maniere
poffibili,onde diffe vna volta,c'haueua trouato
Roma di mattoni, e che la lafciaua di marmo .
　L'Aguglia dedicata al Sole da Augufto nel
circo Maffimo , cauata dalle rouine , trà quali
era fepolta, fù trasferita con fpefa infinita alla
porta Flaminia , auanti il Tempio di Santa
Maria del popolo .
　Nella Città di Roma fi ritrouano ancora
molte altre aguglie;ma di poca cófideratione ;
eccettuato però quella drizzata nouamente in
piazza Nauona da Innocentio X.qual'è cofa
marauigliofa .
　Da i fcrittori delle antichità fi caua , che furono già molto più Auguglie in Roma di quel
che fi vede al prefente . Plinio , che fù al tempo di Vefpafiano, ne racconta molte; Ammiano Marcellino , che fù al tempo di Giuliano
Imperatore,ne racconta ancora più.Mà P.Vit-
tore ne commemora fin 4 2.parlando delle minori . Bifogna leggere in propofito di quelle
Bartolomeo Barliano,& Andrea Fuluio,& altri,che n'hanno trattato alla lunga.Hanno anco fcritto a'noftri tempi dell'Aguglie Pietro
Angelio Bargeo,Pietro Galefino, Giofeffo Caftiglione, Michel Mercato in lingua volgare,e
Filippo Pigafetta .
　Due Aguglie mandò d'Egitto à Roma Augufto, fubito, c'hebbe fuperato M.Antonio , e
Cleopatra . Publ. Vittore ne numera fette altre, che doppo vi fono ftate condotte ; due delle quali erano nel circo Maffimo , vna nel
campo Martio , della quale parla Plinio nel
lib.

ib. 27. c. 40. & Suetonio in Claudio cap. 10. Ma
e n'era anco vu'altra ne gli horti di Siluestro,
e quali teneuano dalla Chiesa di Santa Susan-
a del colle Quirinale, fino alla porta Collina,
occupando tutta la valle, ch'è in quello spa-
io. Quest'Aguglia dicono, ch'era consacrata
lla Luna, e segnata di caratteri Egittij, come
anco hoggidì si vede delle galere smisurate,
con le quali bisognò portar l'aguglie d'Egitto,
e ne troua mentione: Plinio parla di due, Ammiano di vna, la qual'haueua 300. Galeotti.
Hora diremo particolarmente di quelle aguglie, che sono in Roma, segnate con Hierogli-
ici, perche quella, che è à San Pietro, e quella
di Santa Maria Maggiore non hanno alcun
segno tale.

L'aguglia, che si vede à San Giouanni Laterano scolpita di Gieroglifici, fù prima da Costantino Imperat. leuata del loco suo in Egit-
o, e condotta per il Nilo in Alessandria, e dopò
per mare in Costantinopoli, doue fù collocata.
Costantio poi figliuolo di Costantino la condusse con vna smisurata Galera di 300. galeotti
al remo, come hauemo detto, per autorità di
Ammiano, à Roma, e la pose nel circo Massimo;
ma Sisto V. l'anno 1588. che fù il quarto anno
del suo Pontificato, con spesa incredibile, ser-
uendosi di Domenico Fontana Ingegniero, la
euò del suo loco, l'instaurò, la dedicò alla
santissima Croce, e la fece porre à S. Gio: Laterano, doue antieamente soleuano habitare i
Pontefici. Fece porre anco vn'altra aguglia à
S. Maria Maggiore, la quale prima era nel circo Massimo, condottaui da Augusto, e consecrata al Sole.

La terza è nella Vigna del gran Duca di Toscana, piena di Hieroglifici, la qual si pensa, ch'alli Tempi di Tarquinio superbo hauesse'l suo loco nel campo Martio; è picciola. La quarta ancora minore, è nella vigna de'Mattei nel monte Celio, trasferitaui dal Campidoglio, doue era in piedi l'anno 1582. da Ciriaco Mattei, che l'hebbe in dono dal Senato, e dal popolo Romano. Questa hà alcune poche imagini nella cima; ma le altre ne sono piene da tutti i lati. Se ne vede vn'altra picciola appresso'l Collegio de'Giesuiti, per mezo la Chiesa di San Maguto, detta da alcuni Chiesa di San Bartolomeo. Si vede la festa assai grande piena di segni Egittij nella Via Appia, di sopra la Chiesa di San Sebastiano nel Circo d'Antonino Caracalla Imperatore, appresso la sepoltura di Cecilia Metella, il qual loco volgarmente si chiama capo di Bue, ma è per terra rotta in tre pezzi; cosa che fà marauigliare considerando per che causa il Pontefice Sisto V. non la facesse drizzare, come le altre; se però la morte non li ruppe questo con gli altri dissegni, come spesso auuiene.

Ne i Hieroglifici, e nelle Aguglie è cosa mirabile, che in tutte si vede il segno della Croce; il che può auuenire, ò perche gli Egittij ancor per qualche mistero honorassero la Croce, ò perche n'hauessero hauuto qualche relatione da i loro maggiori, senza però saperne altro significato, perche mentre per tutto l'Egitto si distruggeuano gl'Idoli per commandamento di Theodosio Maggiore Imperatore, si trouò nel petto di Serapide il segno della Croce, & i Sacerdoti periti de i Sacri Mi-
ste-

fterij de gli Egittij intendeuano la vita , che
haueua à venire , che non voleua dir altro, che
l'eterna beatitudine, alla quale Chriſto morendo in Croce ci aprì la ſtrada . Coſi raccontano
Socrate ſcrittore dell' Hiſtorie Eccleſiaſtiche al
lib.3. cap.27. & Ruffino al libro 11. cap.29.
Georgio Cedreno ne gli Annali, & Suida nelle
ſue raccolte . A propoſito della Croce s'hà da
notare , che fù da Coſtantino Imperatore,vero
Chriſtiano leuata via per riuerēza la pena della Croce , che ſi ſoleua dare alli malfattori, &
in loco d'eſſa introdótta la forca , come dimoſtrano Giacomo Cuiacio nelli libri dell'orna-
tioni , per auttorità d'Aurelio Vittore, e d'altri . Pietro Fabro nelli 11. Semiſterium, cap.8.
Giuſto Lipſio nel 3. lib. de Cruce , alli capi 7.
& 14.& Gio: Goropio Becano nel lib.16. intitolato Tau ; il qual dice molte altre coſe della
Croce . Coſi parimente Theodoſio Imperatore con vna ſua legge prohibì , che non ſi con-
culcaſſe Croce alcuna ſegnata in terra . Delle
Aguglie di Roma queſto baſta , dell'altre poi,
che in Coſtantinopoli, ouero altroue ſono ſtate
drizzate,non è à propoſito noſtro fare diſcorſo,
vedaſi Michele Mercato , Pietro Bellonio , e
Pietro Gillio .

Sono anco in Roma tre colonne nominate,
vna drizzata da C.Duilio poſta nel Campido-
lio , doppo ſuperati i Cartagineſi nella guerra
unica,la quale ſi chiama Roſtrata . Quella di
raiano,che Siſto V.dedicò à S.Pietro, e quella
'Antonio,la quale fù dall' iſteſſo dedicata à S.
aolo l'anno 1580.

Gli Acquedotti.

Tiberio Cesare induffe nella Città l'Acqua Vergine, e Nicolò V. Pontefice l'anno 1552. di Chrifto, & VII. del fuo Pontificato la riftorò, come appare nell'infcrittione alla Fontana di Treui.

Sifto Quinto introduffe nella Città l'acqua Felice, cofi chiamandola dal nome, ch'effo haueua auanti foffe Papa. Da altri Pontefici ancor fono ftate introdotte in Roma, e riftorate altre acque (vedi l'aggiunta.

Guida, che conduce à veder l'antichità di tutta Roma, cauata da Giacomo Boiffardo Vicentino. Cap. VIII.

Cominciaremo dal Vaticano maffime per fauorir quelli, che vengono à Roma di Tofcana, li quali entrano per la porta Vaticana, ch'è alla banda di Caftel Sant'Angelo. Qui fono i Prati di Quintio, i quali altri dicono di Pincio, hoggi fi chiama Prata: è luoco bello, doue la giouentù fuol paffeggiare per ricreatione.

Là porta Elia detta volgarmente di Caftello, cõduce nella gran mole di Adriano, la qual' egli fi fece per fepoltura fua, e de gli Antonini, opera grande, e forte, ma hora alquanto meglio accommodata, acciò fij la fortezza de i Sommi Pontefici, e poffi refiftere à nemici: può il Papa ritirarfi colà dal Palazzo di S. Pietro per certo corridore nelle occorrenze. Già tempo vn tal Crefcêtio fe n'impatronì per forza,

za, e della Città ancora: ma al presente è dei
Pontefici, e si chiama Castel Sant'Angelo, per
la statua di marmo, che vi è sopra vn'Angelo
cõ la spada in mano. Accrebbe,e fortificò questo loco Alessandro VII. Borgia, come si vede
nell'inscrittione al monte.I marmi,le colonne,e
le statue, che vi erano, sono stati portati nel
Vaticano,cioè nella Chiesa di San Pietro,e nel
palazzo Pontificio pur vi è restata vna testa di
Adriano Imperatore armato,&vna di Pallade.
In alcuni Nicchi vi si vede qualche antichità,
& alcuna bella inscrittione mutata, in somma
è cosa degna d'esser veduta. Qui si ritroua il
ponte Elio, cosi detto perche lo fece Elio A-
driano Imperatore per il suo sepolcro, ma
hoggi si chiama il ponte di Castello.Dall'vna,
e dall'altra parte vi sono le statue degli Apostoli San Pietro,e SanPaolo fatte con bell'artificio sotto Clemente VII. Pontefice, mentre il
Teuere cresciuto inondò,rouinando molto della Città,e del detto ponte,che fù del 1530.Stã-
do sopra questo ponte vederai incontro l'Hospedale di S. Spirito,le rouine del ponte Trionfale, cosi detto perche si conduceua per quello
nel Campidoglio le pompe de'Trionfi.
  Tutta quella parte del Vaticano, ch'è trà'l
ponte, & il palazzo,si chiama Borgo, e già si
chiamaua la Selua,perche vi era il BoscoVati-
cano auanti Alessandro II.Pontefice, con vna
Piramide del Sepolcro di Scipione Africano,
della quale ancora si vedono alcune reliquie
in quella parte del Tempio, che si chiama P a-
radiso,come la gran pigna di metallo, & i pauoni di metallo indorati. In borgo quasi tutti
gli Edificij sono nobili, & in particolare i se-

guenti.(Vedi l'aggiunta.)

Il palazzo del Cardinal di Cefis alla porta
di Sant'Onofrio, la prima corte del quale
è piena di ſtatue, e d'inſcrittioni, coſe ſtampate tutte, e date in luce. Euui vna Effigie d'Hip-
polita Amazone molto lodata da Michel'Angelo Prencipe de'Scultori, vn'altra d'Apolline,
vn'altra di donna Sabina, non meno bella di
quella dell'Amazone, ſe non che è ſenza braccia. Nel piano poi del Giardino vicino euui
vn Bacco ſopra vna baſe: più à dentro vn vaſo
di metallo con vn Fauno. Nettuno, & Apolline, che tiene in mano la lira. Euui ancora vn'
imagine d'Agrippina figliuola di M. Agrippa,
vna di Giulia figliuola di Ceſare Auguſto, vna Pallade armata, & vn Hermafrodi-
ta. Alla deſtra ſi vede vn fonte con 22 termini attorno di marmo, vn Fauno, vn Gioue Ha-
mone, Pompeio Magno, Demoſtene, & Speuſip-
po Filoſofo, figliuolo come ſi crede d'vna
ſorella di Platone. Vedeſi in proſpettiua della porta, Roma, che trionfa della Dacia ſuperata, ſedendo ſopra vn trono con la celata
in capo; con vn corno di lauro in mano; la
Dacia appreſſo in habito, & atto di dolente.
Sonoui attorno trofei, arme barbare, doi Rè
ſuperati di marmo Numido, grandi più d'
huomini ordinarij, due ſtatue di due Parche,
e due Sfingi dello iſteſſo marmo ſopra le ſue
baſi.

E quì vicina vna fabrica rotonda. detta l'-
Antiquario per le molte antichità, che in
eſſa ſi vedono. Nella fronte ſonoui vna faccia di Gioue di porfido, e l'effigie di Poppea
moglie d'Ottone Imperatore. Di ſopra ſono

cin-

cinque ftatue, cioè Pallade, Cerere, la Vittoria,
la Copia, e Diana . Dentro ſi vede vna ſtatua
del Sonno, ò della Quiete, ò come vogliono altri d'Eſculapio , c'hà del papauero in mano ,
e di poi euui vn'altra imagine di donna Sabina . Nella porta à man ſiniſtra ſi vede vna faccia di Gioue grande come gigante , alla deſtra
vna d'Hercole, nel mezo vna di Pallade . Sotto
Hercole euui vn Satiro , che gonfia col fiato
vna ſampogna da ſette canne, della qual'opera non ſi può facilmente vedere vna più poli-
tà. Si crede, che ſia fattura di Scopa. Sotto Gioue euui vna teſta inceladata di Pirro Rè degli
Epiroti con vna lode appreſſo , & vn Cupidine. Il Satiro , e Leda fono ſtatue compitiſſime .
Vi ſono di più queſte altre teſte , cioè di Portia, di Catone, di Gioue, di Ganimede , di Diana, di Nettuno, e con vn'antichiſſimo ſimolacro
Egittio, detto il capo d'Aſtrate Madre d'Oſiri-
de, e ſecondo, che vogliono altri, di Ope, ouero
di Cibele madre de i Dei .

Vicino alla porta ſono due ſtatue , vna à
man ſiniſtra dell'Ariete Fiſſo di bianchiſſimo
marmo : con queſte parole nella baſe. Secura
Simplicitas. L'altra à man deſtra di Leone con
queſte parole nella baſe . Innoxia Fortitudo .
Euui appreſſo Heliogabalo Imperatore veſtito
alla lunga intiero cõ alcune antiche cerimonie
di ſacrificare ſcolpite nella ſua baſe. Euui ſopra
vn'imagine d'Imperatore trionfante tirato da
quattro caualli . Vna Simia di marmo Etiopi-
co fatta come la ſoleuano adorare gli Egittij.
Vedeſi nella ſala vna teſta di Bacco di ſaſſo roſſo con vn Nettuno di ſopra tirato in carretta da
caualli, e due ſtaue della Dea Pomona .

R 5 Euui

Euui il Museo del Cardinale col pauimento fatto à figure di minutissime pietre. Qui sono molte teste d'Illustri Romani, come di Scipione Africano, di M.Catone, di M.Antonio
Trionuiro, di Giulio Cesare, di Settimio Seuero., di L.Silla,di C.Nerone, di Giulia Mammea, di M.Antonino Caracalla, di Adriano,
di Macrino,di Cleopatra, di Faustina, e di Sa-
bina.E quiui vna Libraria fornita diLibri antichi,e moderni,nelle stanze ritirate sono gemme,e pietre preciose, tanto ben lauorate, che nō
si può dir più.Euui anco vnScipion Nasica,M.
Bruto, Adriano Imperatore, Cupidine, che dorme,vn fanciullo,che stringe con ambe le mani
il collo d'vn'Occa,con diuerse altre belle cose,
di modo, che porterebbe la spesa andar à Roma per vedere questo solo palazzo, quādo anco non vi fosse altro di bello da considerare.

Il Palazzo del Pontefice.

NEll'alto del Vaticano euui vno stare
nobilissimo, perilche vi sono ritirati ad
habitar' i Pontefici, incitati dalla bellezza del
sito, e della temperie dell'aria, percioche soleuano habitare nel Laterano. Primieramente
bisogna vedere laCapella di Sisto,che di grandezza,e bellezza si può paragonar con qual si
voglia grande,e nobil Chiesa, in essa si riducono i Cardinali à creare il Pontefice, e si chiama
il Conclaue, doue sopra l'Altare è quella
nobilissima pittura di Michel'Angelo, che
rappresenta il Giudicio Vniuersale, lodatissima, & imitata da i più eccellenti pittori. E poi vicino alla Capella Paolina di-

pinta

pinta dall'ifteffo, ma di gran longa auanzata
dalla detta di Sifto. Sono quiui appreffo gli
horti detti Beluedere per la loro bellezza : ne i
quali fi ritrouano molte piante foreftiere, e rare. Qnì fi vede la ftatua del Teuere appoggiato ad vna Lupa, che lattaRomolo, e Remo,
dall'altra parte vedefi il Nilo fopra vna sfinge
con 16.fanciulli, che li giuocano d'ogn'intorno
alti vn braccio l'vno; per i quali fi dinotano 17
mifure diuerfe dell' accrefcimento del Nilo,
come dice Plinio : & ogni fanciullo è in atto
di moftrar quel, che apporta all'Egitto ilNilo,
crefcendo à quella tal fua mifura.Sonoui nella
bafe caualli Fluuiatili, e Cocodrilli, beftie
proprie di quel fiume.Fù ritrouata la detta ftatua già tempo appreffo S. Stefano de Cacabo;
è ftata poi intagliata in rame, infieme col Teuere, e data a vedere à tutto'l mondo.

   Vi fono ancora 12. Mafchere di marmo politiffime rimeffe sù alto nel muro. Più à baffo
in certi nicchi grandi ftà vn' Antinoo di marmo bianchiffimo, d'artificio fingolare fatto in
quefta guifa per commandamento d'Adriano,
il quale ad Antinoo morto deputò diuini honori, Tempij, e Sacerdotij, & in Egitto edificò
vna Città, chiamandola Antinopoli, acciò di
lui reftaffe memoria eterna. A man deftra è
l'Arco in habito di fiume, come huomo, che
giace,e fparge acqua dall'orna fua, con Cleopatra à man finiftra, in atto d'effere appoggiata fopra la fua deftra mano. Nel fecondo armario fi vede Venere Ericina in atto di venir
fuori del bagno. Nel terzo euui la medefima,
che giuoca cō Cupidine con queft'infcrittione.
Veneri Felici Sacrum Salluftia Helpis D.D.

                R 6   Euui

Euui appreſſo vn Bacco ſenza braccia , e quel
torſo d'Ercole , il qual'è ſtato predicato da
Michel'Angelo per la più compita ſtatua , che
ſia in Roma ; hà intagliato il nome d'Apolline Scultore ſotto il ſedere . Sonoui anco due
torſi vicini vno di Donna , e l'altro di Mercurio ; vn'arca di marmo, nella quale è figurata
di baſſo rilieuo la caccia di Meleagro: queſta
fù trouata nella Vigna Vaticana del Pontefice. Nel quarto Armario , ouero nicchio ſi
vede vna ſtatua di Commodo Imperatore in
habito,& in forma di Hercole ; percioche egli
haueua humore di eſſer coſi figurato , e chiamato ancora , del che fanno fede gl'Hiſtorici ;
tiene ſopra vn braccio vn fanciullo . E nel
quinto Apolline Pidio , che tiene à piedi vn
tronco con vna ſerpe ; hà la faretra, e l'arco,
& è del reſto nudo , ſe non , che hà vn
poco di panno ſopra il braccio . Nel ſeſto finalmente ſi vede Laocoonte con li due figliuoli da due dragoni inuiluppati, come li deſcriue Virgilio nel 2. Queſta era opera chiamata
il miracolo della Scoltura da Michiel'Angelo,
e per auanti anco da Plinio ; ilquale dice , che
fù fatta da Ageſandro Polidoro , & Atheno-
doro Scultori di Rodi , principaliſſimi de i loro tempi , e ch'era conſeruata nel Palazzo di
Tito Veſpaſiano. Fù ritrouata nelle Carme
alle ſette ſale. E nel loco vicino alla ſtatua di
Cleopatra moribonda , di ſi perfetto artificio,
che ſono finte di marmo veſti belliſſime , ſotto
le quali appare anco la forma di tutta la perſona. Nel palazzo medeſimo,e ne'ſuoi giardini,che ſono molti, ſi vedono altre coſe notabi-
liſſime di vaſi,e ſtatue,Euui Mercurio,e Cibele
in-

incoronata di torfi con vn Leone appreffo, &
Api appoggiate ad vn pino, al qual pende vna
fampogna, & vn cembalo. Quì fi vede vn fonte fatto alla ruftica, doue fono finti Dei, e mo-
ftri marini molto ben rapprefentati. Vi fono
anco l'Imagini di varij Prencipi, di Paolo III.
Pontefice, e di Carlo V. Imperatore dipinti da
Michel'angelo. Si vede al loco de i Suizzeri
vna ftatua d'vn de'Curiatij molto bella.

Nella fala Coftantina, per lafciar le altre
cofe, che fono infinite, vederai pitture belliffime de i principali pittori, che fijno ftati, maffime la battaglia fatta al Ponte Miluio, e la vittoria riportata da Coftantino contra Maffentio, opera di Rafael Santio da Vrbino.

Fù quefto Palazzo dei Pontefici principiato
da Nicolò III. accrefciuto da i fucceffori, ma finito da Giulio II. e da Leon X. L'hanno poi
nobilitato di pitture, e d'altri ornamenti Sifto
V. e Clemente VIII. sì che è fabrica degna d'o-
gni gran Signore. (Vedi l'aggiunta.

Della Chiefa di S. Pietro in Vatica-
nò, e della Libraria.

QVì ne faremo repetitione di quel, c'hauemo detto di quefta Chiefa, trattando
delle fette principali; à queft'è attaccata la
Chiefeta di Santa Petronilla, che già fù tempio
d'Apolline, sì come quella di S. Maria della
Febre era di Marte: nella Piazza di San Pietro è l'Agguglia trafportataui dal Circo di Nerone l'anno 1586. ad inftanza, e fpefa di Sifto
Quinto con l'induftria di Domenico Fontana
da Como; è di altezza di 170. piedi fenza la
baſe,

cafe, la quale è alta piedi 37. L'Agguglia nella
parte da baffo è larga 12. piedi, e nella parte di
fopra 8. pefa fenza la bafe lib. 956148. gli in-
ftromenti, che furono adoperati per transfe-
rirla, pefauano lib. 104824. Il mouerla fù cofa mirabile da effer pofta con le gran marauiglie
de gli antichi, fe non vogliamo come fi co-
ftuma fprezzarla perche è cofa moderna.

Il Circo, e la Naumachia di Nerone erano
quì vicini, doue fi faceuano giochi in acqua
con le barche, e doue fi danano crudelmête alle fiere quelli, che fi confeffauano Chriftiani.

Cinque fono le porte di Borgo. L'Elia, che è
al Caftel Sant'Angelo. Quella di San Pietro
fotto gli horti del Pontefice. La Pertufa nella
più alta parte del Colle. La vicina al palazzo
de i Cefij, e la Trionfale, c'hora fi chiama di S.
Spirito. Vicino alla quale morì il Borbone per
vna archibugiata, e per quefta fù prefa Roma
dall'effercito di Carlo V. (Vedi l'aggiunta.

L'Hofpedal di SanSpirito fù prima inftituito da Innocentio III. e poi accrefciuto da Sifto
IV. in effo fi gouernano con amore, & honoreuolmente gl'infermi foreftieri, in modo, che
molti ricchi non fi fdegnano ritirarfi là à fue
fpefe per farfi gouernare infermi, fe non hanno
cafa propria in Roma. (Vedi l'aggiunta.

Del Gianicolo, hora detto Mentorio.

FV vicino al Gianicolo il Circo di Giulio
Cefare, fin'alla porta Tranfteuerina, hora
detta porta di Ripa, doue era la Naumachia.
Quì fi vedono alcune poche rouine del fepolto di Numa Pompilio, le quali dimoftra-

no,

no, che non ſij ſtata gran fabrica, & in verò non era ancora entrata à quei tempi in Roma l'ambitione.

Montorio è così detto per il ſcintillante color del ſabbione, c'hà. Quiui ſi ritroua vna Chieſa di San Pietro, & vna Capella rotonda fabricata alla Dorica eccellentemente, co'l diſſegno di Bramante, all'Altar Maggiore di detta Chieſa vedeſi vn quadro di Chriſto trasfigurato fatto da Rafaele da Vrbino,& à man deſtra nell'entrare in Chieſa ſu'l muro Chriſto flagellato dipinto raramente da Baſtiano Venetiano, detto dal Piombo. E qui il ſepolcro, che Giulio III. Pontefice ſi fece fare viuendo, ma però egli poi fù ſepolto nel Vaticano in luogo baſſo.

La Porta di San Pancratio già fù detta Aureliana, ò Settimiana per eſſer ſtata riſtorata da Settimio Seuero, che appreſſo la fece delle Terme,& vn'altare; fuor di queſta porta vedeſi vn'acquedotto non molto alto, per il quale ſcorreuano l'acque del Lago Alſetino nelle Terme di Seuero in quelle di Filippo, e nella Naumachia d'Auguſto.

Doue al preſente ſi ritroua il Tempio di S. Maria in Traſtenere ſoleua eſſere vna Taberna meritoria, che adeſſo à Roma direbbono vna Locanda. Vi era di più appreſſo vn Tempio d'Eſculapio per gl'infermi, al quale, perche lo credeuano Iddio ſopraſtante alla ſanità, ricorreuano, e ſacrificauano gl'infermi.

La Naumachia era vn loco à poſta per metter inſieme ciò, che può appartenere alla guerra Nauale. Si chiama queſto loco al preſente in Roma, à Ripa, doue le barche ſi conduco-

cono per Oftia nella Città ; ma di più nella
Naumachia fpeffo fi faceua qualch'effercitio,ò
giuoco nauale per folazzo delle perfone.

Il Ponte Aurelio, ò Gianicolo congiunge la
parte Tranfteuerina alla Città, ma poi rotto,
nelle guerre ciuili, fù chiamato ponte rotto,
vltimamente fendo ftato riftorato da Sifto IV.
nella magnificenza,nella quale fi ritroua, fi
chiama ponte Sifto.Per mezo la Naumachia fi
vedono le reliquie del Ponte Sublicio, fopra'l
quale Horatio folo nella guerra contro Tofcani foftenne vn pezzo l'impeto de'nemici,finche
i Romani hebbero tempo di rompere effo ponte appreffo la porta, e di vietar in tal maniera
à gl'inimici l'ingreffo nella Città.Emilio Lepido poi lo fece di pietra,e giù di quefto fù precipitato nel Teuere Eliogabalo Imperatore moftro della natura humana con vn faffo al collo.

Sono quì vicini i Prati Mutij, donati à Mutio Sceuola dal publico, per il nobil'atto, che
fece alla prefenza di Porfenna Rè de'Tofcani.

Al porto di Ripa fono due Torri fatte da
Leone IV. per impedire le fcorrerie de i Saraceni,i quali da Oftia fcorreuauo fpeffo nel Teuere. All'hora Borgo fi chiamò città Leonina,
ma Aleffandro VI. Borgia vi fece grande accrefcimento d'ogni cofa.

L'Ifola Tiberina fi crede,che nafceffe al tempo di Tarquinio Superbo; non è molto larga,
ma è lunga vn quarto di miglio, fù già facrata
ad Efculapio. Euui al prefente vna Chiefa dedicata à San Bartolomeo. Vedefi nella punta
dell'Ifola vna forma della naue, con la quale
fù condotto nella Città il ferpente di Epidau-
ro,

ro, là qual forma è restata poco fà scoperta per inondatione del Tenere.

Ne gli hotti del Cardinal Farnese, oltre alı Tenere vedonsi alcune Veneri di marmo bellissime, diuersi pili, nei quali sono figurati Huomini, Leoni, Donne, le noue Muse, le Baccanti, Satiri, Sileni, Ebrij, e putti, che portano vue. Vedesi vn marmo con i fasci, e con le scuri consolari figure. Vna colonna rotta con vna Greca inscrittione memorabile portata da Tiuoli.

Il Ponte Cescio, ouero Esquilino congionge la parte Transteuerina con l'Isola, fù ristaurato da Valentiniano, e da Valéte Imperatori, si chiama hoggi ponte di San Bartolomeo per la Chiesa dell'Isola vicina. Enui anco vna Chiesa di S. Giouanni Battista, che già fù di Gioue. Nella superiore parte dell'Isola era vn Tempio di Fauno, ma per l'inondationi del fiume è tutto rouinato, e se ne vedono le rouine.

Il Ponte Fabricio, chiamato anco Tarpeio, congionge l'Isola alla Città, per mezo il Teatro di Marcello. Chiamasi hoggi il ponte de' quattro capi per certe statue di marmo, che iui si vedono con quattro faccie per vna.

Il Teatro di Marcello fù da Cesare Augusto fabricato al ponte Fabricio in honore di Marcello figliuolo d'Ottauia sua sorella (hoggi l'occupano le case de i Sauelli) fù capace di ottanta mila persone, al qual Teatro Ottauia madre di Marcello aggiunse vna fornitissima libraria di libri d'ogni sorte, per maggiormente honorare suo figliuolo. L'istesso Augusto fece la Loggia detta di Ottauiano, parte della quale ancora si vede in piedi per mezo il der-

to

to Teatro, doue sono alcune botteghe di Fabri, in honore d'Ottauia sua sorella, vi furono molte statue, ma trà le altre vn Satiro, opera di Prasitele; e le noue Muse di Timarchide, & il Simolacro di Giunone, ch'è nella Vigna di Giulio III. Pontefice alla Via Flaminia. Aggiunse alla Loggia Cesare Germanico vn tempio della Speranza verso la piazza Montanara, alla quale era congiunto vn Tempio dell' Aurora, celebre à gli Antichi; ma hora non se ne vede segno alcuno.

Nella casa de i Sauelli, la qual'è nel Teatro di Marcello, si vede vn Leone di marmo, e tre armati per combattere, & altri marmi. Ne gli Horti sono diuersi pili con le fatiche d'Hercole scolpiteci. Sonoui altre statue d'huomini, e pezzi di Mercurij.

S. Nicolò in carcere: era qui la prigione della plebe, e d'Attilio Glabrione vi fù dedicato vn Tempio alla pietà, perche in quella prigione vna figliuola nutrì suo padre co'l proprio latte, come racconta Valerio Massimo.

S. Andrea in Mentuzza fù Tempio consacrato da Cornelio Console à Giunone Matusa sotto'l Campidoglio.

Vedesi il rotto ponte di Santa Maria Transteuerina, ouero Egittiaca; così detto per la vicina Chiesa, già fù chiamato ponte Senatorio, e Palatio, perche i Senatori per quel ponte andauano religiosamente nel Gianicolo à consultarsi con i libri Sibillini, e poi ritornauano nel palazzo alle stanze de gl'Imperadori.

La casa di Pilato quiui posta dal volgo fauolosamente, è stata per quanto può congetturare, vna quantità di stufe, ò di bagni.

Foro

Foro Olitorio è la piazza Montanara, & iui era vn'Altare drizzato da Euandro in honore di Nicoſtrata Carmenta ſuá Madre.

La Chieſa di Santa MariaEgittiaca,la quale hà v n lungo ordine di colonne, fù già dedicata alla Fortuna Virile,ouero ſecódo altri alla PudicitiaMatronale,quel,che quiui raccontano della bocca della Verità è pure fauola, e quella pietra,che ſi vedeua giù alla Scola Greca ſeruì per canale,ò ricettacolo d'acque,sì come in Roma ſe ne vedono diuerſe altre ſimili.

Nella caſa di Serluppi à Sant'Angelo in peſcaria ſi vede vna teſta di Veſpaſiano Imperatore di bianchiſſimo marmo, grande come di Gigante,opera compitiſſima.

Nella caſa vicina de i Delfini ſotto le teſte di Lucio Vero, di Marco Aurelio giouine, di Bacco,di vn Fanciullo,che ride gentilmente,& altre ſei,có certe orne,e pietre ſcritte notabili. Dell'Aſilo non ſi hà certezza doue foſſe, perche altri lo pongono in queſta parte, altri nel Campidoglio,sì che non hauendo certo fondamento,non ne parleremo.

San Stefano Rotondo, coſi detto dalla forma della fabrica,è per mezo S.Maria Egittiaca, fù loco ſacro à Veſta,fatto da Numa Pópilio; è ſoſtentata queſta Chieſa da ogni parte di colonne Corinthie, e riceue il lume per vn forame,ch'è di ſopra nel mezo del tetto,come anco il Pantheon,che è Santa Maria Rotonda.

La Rupe Tarpeia è nell' eſtreme parti del Campidoglio verſo la detta Chieſa di Santa Maria Egittiaca. Fù precipitato giù di queſta rupe per commiſſione del Senato, Manlio Capitolino, conuinto di volerſi impadronire di

Ro-

Roma . Dicefi, che fù qui la cafa d'Ouidio nelle rouine, che fi vedono à Santa Maria della Confolatione, quantunque altri vogliano, che foffe nel Borgo Giorgio vicino alla porta Carmentale . Era ftato pofto dà Romolo il Tempio della Dea Vefta, nel qual fi conferua dalle Vergini Veftali perpetuo foco, & il Palladio con li Dei Domeftici portato da Enea in Italia, doue è Santa Maria delle Gratie, ò della Confolatione: mà abbruggiato il detto Tempio fù portato il Palladio, ch' era vna ftatua di Pallade in Vellia, doue hora è S. Andrea in Palara.

Il foro Boario fi chiama così, ò perche in effa fi faceua il mercato delli boui, ò perche Euandro hauendo riceuuto i boui di Gerione, confecraffe quel luoco per eterna memoria di tal fucceffo : Vedefi qui à S. Giorgio in Velabro vn bell'arco picciolo drizzato da gli Orefici, e da i mercanti in honor di Settimio Seuero, & di Marco Aurelio Imperatore, è fcolpito di figure, che ftanno in atto di far facrificij, & hà vna bella infcrittione, la quale và in volta ftampata.

Euui à canto di detto Arco il Tempio di Giano da quattro faccie fabricato di forma quadra, con quattro grandiffime porte con 12. nicchi per facciata, nel qual fi penfa, che poneffero anticamente 12. ftatue dei 12. mefi. Sacrificauano i Romani à quel Dio, come Prencipe, ò vogliamo dire à prefidente de i facrificij; e lo chiamarono anco Vertuno. Furono à quefto Dio dedicati molti tempij in Roma: gli ne fabricò vno Numa alla porta Carmentale appreffo il Teatro di Marcello con due porte, le quali fi chiudeuano folo in

tem-

tempo di pace, del resto sempre i Romani le
teneuano aperte. Dicono gli Historici, che furono chiuse tre volte sole: La prima al tempo
di Numa. La seconda sendo Console Tit. Ma-
nilio. La terza, quando Cesare Augusto hebbe
superato in tutto Antonio. Dice Suetonio, &
Sesto Vittore, che la serrò vn'altra volta Nerone, del quale anco si ritrouano monete con queste parole da vna parte. *Pace. Pop. Rom. vbique*
Parta Ianum Clausit. Altri furono altroue, e
leggasi il Marliano.

Il Velabro doue è S. Giorgio nel Velabro, si
chiama cosi, perche quando il Teuere inonda-
ua, & copriua assai terreno, bisognaua per andar nello Auentino passar da vna ripa all'altra
in questo loco con barchette, ò zattere, & si pa-
gaua il porto, il che si dice in latino con parole
simili, ò vicine, ch'è velabro.

S. Maria in Cosmedin, è detta Scala Greca,
forse perche già tempo sia stata de i Greci. E
fauola, che quì S. Agostino insegnasse, com'anco quella, che vn'altra volta hauemo auertito
della bocca della Verità. Era à questa Chiesa
attaccato verso il Teuere vn Tempio d'Hercole vincitore, e vedesi hoggi, ch'era di fabrica rò-
tonda. Fù distrutto da Sisto IV. Non vi entrauano mosche; e dicono perche di quella gratia
Hercole pregò Miagro Dio delle Mosche. Nè
anco v'entrauano cani, e dicono perche Hercole appese la sua Claua alle porte, la quale vi
hauea lasciata virtù d'impaurirli tutti. Era anco prohibito l'entrarui à serui, & à liberti, si
che solo i liberi, & ingenui poteuano andarui.
Fù iui l'Ara massima fatta da Hercole, & Emilio vi pose appresso il Tempio della Pudicitia

Pa-

Patricia, come anco nel Borgo longo,ne pofe
vn'altro alla Pudicitia Plebeia Virginia ; ma
hora non fi vede veftigio alcuno nè dell' vno,
nè dell'altro.

Il Monte Auentino fù già infaufto per il cō-
trafto iui fatto trà Romolo,e Remo; nel quale
Remo reftò morto. Anco Martio Quarto Rè
de i Romani lo conceffe ad habitare alli Sabini ; ma altri fcriuono, che fi cominciò ad habitare folamente, fendo l'Imperatore Claudio.
Chiamafi al dì d'hoggi l'Auentino con l'antico fuo nome.

La Chiefa di S.Sabina, ch'è nella cima del
detto Auentino fù già tempio di Diana,& Anco Martio,ò fecondo altri,Seruio Tullio l'haueua fabricato.Seruio,che fù il feftoRè di Romani, perche era nato d'vna ferua,volfe,che ō-
gn'anno iui il dì 13.Agofto fi faceffe folennità
per i ferui, nel qual giorno della loro folennità,nè anco i patroni poteuano commandar lo-
ro.Habitò qui Honorio IV. vi furono fatte alcune fabriche da Pio V. altre ancora ve ne hà
aggiunto con vna Capella Girolamo Bernerio
detto il Cardinal d'Afcoli, dell'Ordine de i
Padri Predicatori, verfo i quali anco è ftato
amoreuoliffimo.

La Chiefa di S.Maria dell'Auentino fù già
Tempio facro allaDea Bona,& eraui appreffo
la cafa di Giulio Cefare,la moglie del quale
nominata Calfurnia effendo andati di notte
alli facrificij della nominata Dea,entròui anco
Claudio, ilquale di lei era innamorato,veftito
da Donna, percioche non poteuano entrarui
huomini,e fù poi fcoperto da vna fantefca, come dicono Plutarco,& Afcanio.

Le

Le Stufe, ò bagni, ch'erano nell'
Auentino.

ERano nell'Auentino le Stufe di Decio Imperatore, dette Deciane; delle quali si vedono gran rouine à S.Prisca, che fù già tempio d'Hercole. Eranui quelle chiamate Variane,delle quali si vedono grã reliquie appresso S.Alessio sopra'l Teuere.Erãui quelle di Traiano,co'l palazzo nell'vltima parte dell'Auentino.Di queste sono le rouine alBaloardo Farnesiano di Paolo III.alla porta Trigemina.

La Remoria ancora ritiene il suo nome antico.Fù loco infausto,perche iui Remo cominciò infelicemente la Città,e vi fù ammazzato, e sepolto da Cerere con vna zappa ad instanza di Romolo. Questa via s'estende dal Circo massimo per la cima dell'Auetino dritta quella fabrica di Paolo III. con la quale egli fortificò la Città.

E qui la sepoltura di Caco, del quale si parla nelle fauole d'Hercole, questa è vn sasso aspro,e rotto per mezzo la Chiesa di Santa Maria Auentina, & iui fù vn Tempio in honore di Hercole. Erano in questo contorno le forche Germanie,doue erano strascinati cõ vn'vncino i rei,& vccisi miseramente, come fù fatto vccidere Vitellio Imperatore da Vespasiano, perche haueua ammazzato Sabino fratello di esso Vespasiano.

Si vede quasi tutta la porta Trigemina antichissima di pietre cotte alle radici dell'Auentino appresso'l Teuere alle Vigne vicine alle Terme di Traiano. Hebbe questo nome per i
tre

tre Gemini, ò vogliamo dir tre fratelli Horatij; i quali per essa vscirono andando à combattere con i tre fratelli Curiatij Albani per la
libertà della patria, ammazzati i quali Albani
e morti anco doi degli Horatij, se ne ritornò il
terzo, nella Città trionfando.

I granari del popolo Romano ristorati, &
accresciuti da Diocletiano Imperatore, presero
il nome da lui. Erano trà'l Teuere, e'l monte
Testaceo con 150. appartamenti, si vedeuano
le loro rouine, che pareuano vna fortezza nella
Vigna di Giulio Cesarino Romano.

Il Monte Testaceo vicino è di pezzi di vasi
cotti rotti: imperciòche in questo contorno sù
la riua del Teuere era contrada de i Vasari,
che portano tutte le robbe rotte in questo loco
per non le gettar nel Teuere, acciò nõ s'ingor-
gasse. Onde così è cresciuto il detto monte, che
gira due miglia, & è alto piedi 160. E fauola, che sia fatto di quei vasi, ne i quali le nationi forestiere portauano i tributi al popolo Romano, perche ogni natione portaua il suo tributo in quel modo, che le tornaua più commodo, & non in vasi di terra.

Vedesi intera la Piramide di C. Cestio Sep-
temuiro de gli Epuloni alla porta Ostiense,
dentro alle mura della Città, fatta di gran quadroni di marmo bianco. E se bene l'inscrittione è nominata solamẽte C. Cestio, si crede nondimeno, che fosse commune sepolcro di tutti i
Septemuiri Epuloni. Il carico di questi era pro-
curare, che passassero bene le feste, i conuiti, le
solennità, & i sacrificij, de i Dei.

La porta Ostiense, hora detta di S. Paolo, fù
fabricata da Anco Martio, e si chiama Ostiense,

fe, perche per lei fi paffa volendo andare ad O-
ftia . La detta Chiefa di San Paolo è vna delle
fette principali,e molto frequentata.La foftengono quattro man di colonne lauorate parte
alla Dorica,e Corintiaca,e parte all'Aftiaca,&
alla Ionica;non è Chiefa in Roma,c'habbi più
colonne,ò fia più politamente guarnita di quefta;i marmi,de'quali è ornata,fono ftati leuati
via dalli due Porti Oftienfi, quali erano nobi-
liffimi.Era vno di Nerone,l'altro di Antonino.
Vedefi più oltre vn'altra Chiefa, che fi chiama
tre Fontane,con colonne di porfido di marmo
roffo,e berettino nel portico . Dentro vi fono
tre fcaturigini d'acqua ftimate Sante , & ado-
perate per cacciar l'infirmità ; percioche dicono,che fono nati quei fonti miracolofamente ,
quando fù qui tagliata la tefta à S.Paolo fotto
Nerone Imper. Bafterà il primo giorno hauer
vifto le già dette cofe con diligenza .

*Giorno fecondo del viaggio per veder
le cofe notabili di Roma .*

ENtrando dal Borgo nella Città per il Pōte di Caftello t'incontrerai in vna via,che
fi parte in due, à man deftra verfo'l Tenere và
a ftrada Giulia,doue nella cafa di Ceuali fono
molte belle cofe , degne d'effer vedute . Nell'
altra ftrada vicino à Banchi in cafa del Cardinal Sforza fi vedono diuerfe antichità, e pitture nobili,con vna Libraria di libri Greci fcritti à penna .

Alla Pace vedonfi in cafa di Lancellotto
Lancellotti gentil'huomo Afcolano molte belle antichità .

Nel fin di Parione è la ftatua detta Pafqui-
S   no

no famofa per tutto il módo,non che à Roma;
altri credono, che fia ftata d'Hercole, altri d'
Aleffandro Magno,ma non fe ne hà certezza,fi
vede però, ch'è ftata fatta da valente artefice,
quantunque fia tronca, e rotta. Già tempo
quefta fi foleua caricar di fcritture infami contra d'ogni forte di perfone,ma al prefente vi fono prohibitioni grandiffime. Onde fe bene fi
diuolga qualche Pafquinata, nondimeno non
fono ftati attaccati quei cartelli à Pafquino,
ma fono publicati dalle perfone ingegnofe con
qualche colore. Antonio Tibaldeo Ferrarefe
huomo letterato,e venerabile racconta di quefta ftatua:Che fù in Roma vn Sarto molto valente nel fuo meftiere,chiamato Pafquino,c'haueua bottega in quefta contrada,alla quale có-
correuano à veftirfi molte genti,Prelati,Corte-
giani,& altri;perilche egli teneua grã copia di
Lauoranti,li quali poi,come perfone vili paffauano'l tempo tutto'l giorno dicendo molto di
quefto, e di quello,non rifparmiando ad alcuno, e pigliando occafione di dir male da ciò,
he vedeuano nelle perfone, che alla bottega
loro concorreuano.Scorfe dunque tanto auanti l'vfo di dir male in quella bottega,che l'ifteffe perfone offefe fe ne rideuano,trattando quei
tali furfanti indegni di fede, fenza farne altro
rifentimēto.Quindi auueniua poi,che s'alcuno
voleua infamar vn'altro,lo faceua, coprendofi
con la perfona di Maftro Pafquino,dicēdo,che
cofi haueua fentito à dir nella fua bottega; per
la qual coperta tutti rideuano, e non fi teneua
altro conto delle cofe dette. Sendo morto quefto Maftro,auuenne, che nell'acconciar le ftrade fù ritrouata quefta ftatua mezza fepolta, e
rot-

rotta vicino alla fua bottega , e perche non era commodo per la via il lafciaruela , la drizzarono alla detta bottega di Maftro Pafquìno ; dàl che prendendo buona occafione i mordaci, cominciarono à dire ; ch'era ritornato Maftro Pafquìno , & volendo infamare alcuno, non baftandoli l'animo di farlo apertamente ; attaccauano i cartelli à quefta ftatua , volendo, che sì come à Maftro Pafquino era lecito ogni cofa dire , così per mezo di quefta ftatua ogn' vno poteffe farfi intendere di quello , che alla fcoperta non haueua ardir di proferire, del che rimafe l'vfanza leuata poi con prohibitioni, fotto grauiffime pene .

E quì vicino il gran palazzo della Cancellaria , di forma quadra fabricato di Trauertini leuati dalle rouine dell' Anfiteatro di Tito Vefpafiano, il quale però Anfiteatro non hanno voluto i Pontefici, che del tutto fia diftrutto , acciò la pofterità habbia da vedere qualche fegno della grandezza dell'Imperio Romano . Nel primo ingreffo vedendofi due gran ftatue , vna di Cerere , e l'altra per quanto fi penfa d'Ope . Nella parte di fopra fi vedono alquante tefte , cioè d'Antonio Pio, di Settimio Seuero , di Tito , di Domitiano , di Augufto,di Geta Imp.d'vna donna Sabina , di Pietro Rè de gli Epiroti,di Cupidine, e di vn Gladiatore .

Non è troppo lontana la piazza del Duca, doue fi vede il più bel palazzo , che fia in Roma fabricato con grandiffima fpefa da Paolo III.Pontefice Farnefe . Quì fono tante anticaglie,che fe ne potrebbe fare vn grã libro,chi ne voleffe trattare diftintamente, fe fin dirà qual-

S che

che cofa,non feguendo però ilBoiffardo,perche dal fuo tempo in quà fono mutate molte cofe, oltre che nè anco effo vide il tutto . (Vedi l'aggiunta .

Nel Cortile fi vedono due ftatue d'Hercole famofe per l'artificio, e per l'antichità,e la minore è la più lodata . A man finiftra vedefi Gioue Tonante, con due Gladiatori molto grandi, vno de'quali hà il fodero della fpada pendente da vna fpalla,e co'l piede deftro calca lo fcudo,la celata, & i veftiti . L'altro tiene di dietro con vna mano vn putto morto. Nell' afcendere le fcale vederai vna ftatua del Teuere,& vna dell'Oceano, fopra le fcale fi vedono due prigioni barbari veftiti all'antica .

Nelle ftanze di fopra, chi fi diletta della nobiliffima arte di pittura,e fcoltura hauerà molto che mirare, e prima nel falotto, che dà l' ingreffo alle ftanze del Cardinale,fono pitture di Francefco Saluiati , e di Tadeo Zucchero molto commendate,à frefco fopra'l muro . Incontro à quefto è cofa nobile vna Galleria moderna dipinta da'fratelli Carazzi Bolognefi pittori di molto nome, nella quale s'hanno à riporre molte tefte antiche d'huomini fegnalati, come farebbe à dire Lyfia, Euripide, Solone, Socrate, Diogene, Zenone, Poffidonio, Seneca, & altri; di più ftatue nobili di Ganimede, Meleagro,Antinoo, Bacco,& alcuni belliffimi vafi . In vna ftanza à parte fi vede il Duca Aleffandro di glor. mem. che hà fotto a'piedi il fiume Scaldi, ò Schelda, e la Fiandra inginocchiatali inanzi con vna Vittoria dietro,che l'incorona , tutte ftatue maggiori del naturale , e cauate da vn pezzo di co-

colonna di marmo Pario. Vi fono tre cani
di bronzo lauorati eccellentemente. La Libraria di quefto palazzo, e le medaglie, & intagli antichi di gioie fono cofe famofe, sì come
le pitture, che ci fi conferuano di Rafaello, di
Titiano, e le miniature di D.Giulio Clouio eccellentiffimo huomo.

Calando à baffo, & vfcendo per la porta di
dietro verfo'l Teuere vedefi vna gran ftatua
fopra la fua bafe veftita con Clamide, e notata
per M.Aurelio Imperatore. In vna cafetta quì
vicina conferuafi la ftatua di Dirce legata con
le treccie alle corna del Toro, e d'effa parlano
Plinio, e Propertio, opera, ch'auanza ogn'altra
di valore, e la quale, come fi dice, i Signori Venetiani hanno tentato di hauere per gran prezzo. Si crede, che fij ftata ritrouata nelle Terme d'Antonino. Chi hà gufto di quefte cofe,
cerchi vedere il refto, perche farebbe troppo
lungo raccontar'ogni cofa. Bifogna ben notare, che'l Boiffardo, fcriuendo della fopradetta Dirce, s'ingañò di groffo, dichiarandola per
Hercole, ch'ammazzaffe il Toro nel monte
Maratonio.

Incontro a'Farnefi ftanno gli heredi di Mô-
fignor d'Aquino, & in cafa loro fi vedono varie infcrittioni; & vn'Adone, il quale però alcuni penfano, che fij Meleagro, perche vi fi vede appreffo in terra vna tefta di Cingiale, & vn
cane tanto ben fatto, che par viuo; è ftata ftimata quell'opera cinque mila ducati. Euui vna
Venere di non manco valore, & vna Diana
fuccinta con faretra, arco, e faette da cacciatri-
ce, e vedonfi iui due Orcadi con archi, e fare-
tre, con la ftatua del Bon'Euento, c'hà nella de-

S 3　　　　　ftra

ftra vn fpecchio, e nella finiftra vna ghirlanda
di fpiche,opera di Praffitelle .

Vicino à Campo di Fiore trouafi il Palazzo
del Cardinal Capo di ferro , il quale di fplendore , e di architettura bella non cede à quello
del Farnefe , ma sì di grandezza . Qui fono
dipinte le quattro Stagioni dell'anno , li quattro Elementi , le compleffioni dei corpi huma-
ni , li dei prefidenti, Marte, Saturno , e Gioue,
opere di Michel'Angelo , ilqual mentre viffe ,
fù cariffimo à quel Cardinale . Vi erano altre
ftatue di Gioue , di Ganimede , di Bacco , di
Venere con Cupidine , di Flora , di Mercurio , di Confoli , d'Imperatori , e di Matro-
ne .

La cafa de gli Orfini al Campo di Fiore è
fabricata delle rouine del Teatro Pompeiano,
vna parte del quale ancora fi vede intiera verfo le ftelle di detta cafa, nel cortile fono molte
ftatue .

Il Tempio di S.Angelo in Pefcaria fù già
di Giunon Regina,ilquale fendofi abbruggiato,fù da Settimio Senero ; e da M.Aurelio Imperatori riftorato,come fà fede il titolo antico,
ch'iui fi legge.Appreffo il Tempio fon drizzate 2.colonne tolte dal Portico di Settimio Senero dedicate à Mercurio .

Alla Torre delle Citrangole è la cafa de
gli heredi di Gentile Dolfino ; haueua cotefto
gentil'huomo più medaglie di qualfiuoglia altro in Roma ; l'Horto fuo è pieno d'infcrittioni. Euui vna ftatua di Canopo fatta in forma
d'hidra con lettere Hieroglifiche,haueua il fopradetto ftadiere antiche di metallo, l'vfo delle quali fù in luogo delle bilācie introdotto d'

or-

ordine fuo. In Parione alla cafa de i Maffimi fi
vede vna gran ftatua creduta dal volgo di Pir-
re armato, comprata già molto tempo da Angelo de i Maffimi per 1000. ducati. Euui vna
tefta di marmo di Giulio Cefare, con altre cofe degne di effer vifte, e confiderate.

In Cafaleni alla Ciambella fono molte nobili ftatue cauate di frefco fuor della porta di
San Baftiano oltra Capo di Bue in vna vigna
loro, cioè vn'Adone, vna Venere, vn Satiro, e molte ftatue naturali. Done in vn Pilo
antico fù trouato vn veftito intiero fegnato di
Porpore, con alcune Anella, & vna Scilla di
baffo rilieuo, tutte cofe belle, e notabili. Vicina è la cafa del Card. Parauicino Signore di
nobiliffime qualità, ilquale hà gufto particc-
lare di pitture, e ne conferua non poche, e
fegnalate. Nelle cafe delle Valle furono già
così riguardeuoli, ma hora per l'inftabilità
de'gufti de' Padroni à pena fe ne rimane il fegno d'alcuni Satiri, & alcune poche Infcrittioni, che fi tengono occultati, nè sò perche.

Alla falita del Campidoglio habita il Sign.
Lelio Pafqualino Canonico di S. Maria Maggiore, Gentil'huomo di politiffime lettere, e di
elegantiffimi coftumi: in cafa fua hauerà lo ftudiofo dell'antichità à vedere le più belle cofe,
che fiano in tutta Roma. Medaglie fcieltiffime,
Gioie tagliate rariffime, arnefi, & abbigliaméti
dell'antichità in gran numero. In fomma tiene
in cafa vn teforo di quefte cofe, & hà offeruato
in quefto genere più che huomo già mai, come
fi potria vedere vn giorno, s'egli fi rifoluéffe di
dar'in luce le offeruationi fue ad vtile publico

S 4   de'

de' ftudiofi,e certo vn'indice folo,puro, e nudo delle antichità,ch'egli hà raccolto,giouarebbe folamente à chi fi diletta della eruditione e fa-cra,e profana.

Alla finiftra del Campidoglio fi ritroua il Monafterio de' Francefchini detto Araceli; quefta Chiefa già fù tempio di Gioue Ferenio, vi fi afcende per 80. fcalini: Hà nel muro della fcala alcuni pili murati,QueftaChiefa è foften-tata da due man di colonne, che fuperano di bellezza, e di nobiltà tutte le altre di Roma, eccettuate però quelle del Vaticano. A man fi-niftra nella terza colonna è intagliato,A cubi-culo Auguftorum.Al calar della Chiefa fi tro-uano due ftatue di Coftantino, fe pur vna non è di Maffimino,e doi cauali di Caftori in capo alle fcale di Campidoglio fanno profpettiua all'entrare.

Nella piazza del Campidoglio vedefi vna gran ftatua di M.Aurelio Antonino:altri pen-fano, che fia di Lucio Vero, altri di Settimio, e di Metello à cauallo. Fù trasferita qui da San Gio:Laterano d'ordine di Paolo III.Farnefe.

Appreffo il palazzo vedonfi gran ftatue di Fiumi, cioè del Nilo con vna sfinge fotto,del Tigre con vna Tigre appreffo,& hanno ambe ilCornucopia pieno di frutti,apportati da Fiu-mi. Incontro del Palazzo fi vede vna gran fta-tua di marmo diftefa, & fi crede del Reno, fiu-me di Germania, fe bene altri penfano, che fia vn fimolacro di Gioue Panario, fatto perche i Romani fi liberarono dall'affedio de'Francefi, hauendo gettato del pane ne gl'alloggiamenti loro; fi chiama quefta ftatua volgarmente Marforio, & foleuafi per mezzo di lei rifpon-
dere

dere alle maledicenze di Pasquino.

Vedesi iui sopra vna scala collaterale vna colonna detta Milliaria, con due inscrittioni antiche,intagliateci dentro,vna di Vespasiano, l'altra di Nerua Imperatori.

Nel Palazzo de i Conseruatori sono molte cose degne d'esser viste, ma trà le altre vn Leone, che tiene vn Cauallo con i denti, opera lodata estremamente da Michel'Angelo; vedesi appresso vna sepoltura antichissima, nel montar le scale vna colonna rostrata con la sua inscrittione, secondo l'vso di quei tempi antichi di C.Duilio,in honor del quale,quando restò vittorioso de i Cartaginesi, fù drizzata, & è rotta, di essa trouasi fatta mentione da varij Scrittori; più sopra vedonsi alcune Tauole di mezzo rilieuo, scolpite del trionfo di M.Aurelio, & d'vn sacrificio fatto da lui. Di sopra all'ingresso della porta sono intagliate in marmo le misure del piede Greco, e del Romano, là vicina vedesi vna statua antica tenuta falsamente di Mario con la toga. Nelle stanze de' Conseruatori si vede vn' Ercole di metallo indorato con la Claua nella destra, & vn pomo di quei delle Hesperidi nella sinistra; questo si ritrouò al foro Boario nelle rouine dell'Ara massima. Vedesi nell'istesso loco vn Satiro di marmo con i piedi di Capro, legato ad vn troncone, e più oltre in vna colonna di marmo vedesi vna statua di metallo d'vn Giouine à sedere, che si caua vna spina d'vn piede, opera bellissima,con vn'altra figura lodatissima di metallo della Lupa, che latta Romolo, e Remo; questa anticamente si soleua conseruare nel cornitio, vicino al fico Ruminale,di

doue fù prima trasferita à San Giouanni Laterano,& poi nel Campidoglio.

Entrando nel Portico, ò nella Sala, che vogliamo dire, vederai i fasti tanto famosi per
tutto 'l mondo de i Magistrati, e de i triösi Romani, questi dal foro, doue si trouarono, furono
transferiti quì di commissione di Paolo III. acciò fossero veduti, e considerati. Leggonsi in
proposito de i detti fasti alcuni belli versi di
Michel Siluio Cardinale, sono però alquanto
rotti per la vecchiezza. Quiui si vede anco vn'
honorata memoria in marmo de gl'Illustrissimi fatti d'Alessandro Farnese figliuolo d'Ottauio Duca di Parma; la statua del quale nell'i-
stesso loco si ritroua, come anco quella di M.
Antonio Colonna, che hebbe vittoria insieme
con Giouanni d'Austria in mare contra' Turchi alle Curzolari. Sonoui anco alcune grã statue di Pontefici in atto di sedere, e dar la benedittione al popolo, come di Leon X. Gregorio
XIII. e di Sisto V. Benemeriti della Rep. Christiana, & altre cose, le quali cõ gusto si vedono.

Per doue si và dal Campidoglio alla Rupe
Tarpeia in prospettiua della Piazza montanara, era il Tempio di Gioue ottimo massimo il
maggior d'ogn'altro, che fosse in Roma, fabricato da Tarquinio Prisco, & ornato da Tarquinio Superbo cõ spesa di 40. mila libre d'argẽto.

La difesa del Campidoglio.

DAl Campidoglio si và giù nel foro Romano, ch'è lo spatio dell'arco di Settimio, fin'alla Chiesa di S. Maria Nuoua. Alla
radice del Campidoglio ritrouasi l'Arco triõ-
fale

fale di L. Settimio Seurro intiero ; fe non che è
molto fotto terra, fendo la terra alzata, per tante rouine d'edificij : hà la fua infcrittione da
ambe le parti, con l'efpeditioni di guerra fatte da quell' Imperatore per terra , e per mare.
Quiui Camillo haueua dedicato vn Tempio
alla Concordia, dalquale à quello di Giunone
Moneta s'afcendeua per cento fcaglioni. Si
chiamaua Giunone Moneta, perche ammonì,
cioè auisò i Romani con voce intelligibile , e
chiara, che i Francefi Senoni veniuano. Qnel-
le otto gran colonne , che iui fi vedono ne i capitelli, nelle quali fono fcritte quefte patole.
*Senatus , Populufque Romanus incendio con-
fumptum reftituit*. Sono reliquie del detto
tempio della Concordia, nel quale anco fpeffo
fi oraua , e fi faceua radunanza del Senato.

Dalla parte finiftra della fcefa del Campidoglio fi ritroua il loco detto S. Pietro in Carcere, confecrato da S. Siluestro Pontefice à San
Pietro: perche iui fù prefo, e cuftodito; in quefto
loco foleuafi celebrar la fefta il primo d'Agofto in memoria delle catene, che legarono San
Pietro, ma Eudofia Imperatrice hauendo fabricato vn Tempio nell'Efquilie in honore di San
Pietro in Vincola, dimandò gratia di trasferi-
re la fefta, e l'ottenne. Era dunque quiui la prigione fabricata da Anco Martio, & accrefciuta di lochi fotterranei da Seruio Tullio. Onde
poi quell'vltima parte fù chiamata la Tulliana, nella quale dice Saluftio, che furono ftran-
golati i congiurati.

La Chiefa di Santa Marina fù anticamente
di Marte vendicatore, la fabricò, e dedicò Au-
S 6 gufto

gusto doppo la guerra Filippense di Farsaglia
alcuni dicono, che questa Chiesa era il luogo
secreto, doue si conseruauano gli Atti del Se-
nato.Euui vn titolo fatto al tempo di Theodosio,& d'Honorio Imperatori.

E qui vicina la Chiesa di S.Adriano, che
già fù di Saturno, edificata, ò più tosto ristorata da Manutio Planco,essendo prima stata dedicata da M.Minutio,& A.Sempronio Conso-
li.Questo fù l'Erario di Roma,nel quale si cō-
seruauano i denari publici, come si legge,ch'al
tempo di Scipione Emiliano vi erano dentro
vndecimila libre d'oro puro, e 92.mila d'argento,oltre vn'infinita quantità di monete battute. Qui anco si custodiuano le Tauole Ele-
fantine, nelle, quali si conteneua la descrittione delle 35.Tribù della città di Roma:qui-
ui si riponeuano anco l'insegne militari,gli atti publici,le determinationi del Senato, con le
spoglie delle prouincie,e delle nationi superate.

Si pensa, che la Chiesa di S.Maria Libera-
trice sij stata di Venere generatrice; questa e
alle radici del Palatino;quelle tre colonne cā-
nellate alcuni pensano, che siano auanzi delle
basi del Ponte aureo di Caligola,ch'era sostentato da 80.colonne,e fatto con incredibil spesa, per il qual ponte si passaua dal palazzo nel
Campidoglio.

La Colonna, che si vede à Santa Maria Li-
beratrice,è vna di quelle,sopra le quali era posta la statua d'oro di Domitiano, appresso la
quale era la statua del fiume Reno (perche
quell'Imperator trionfò delli Germani) hora
detta Marforio,& è nel Campidoglio. Era qui
vicino il Tempio della Concordia, con quello
di

di Giulio Cefare à man dritta,e quello di Paolo Emilio à man finiftra, nel qual'erano ftati
fpefi nouecento mila ducati.

Roftri nuoui fi chiamano quei muri,che fono fotto le radici del Palatino,perche iui fi po-
neuano i roftri,ò vogliamo dire i fperoni delle
Galere. Hoggi ci è la vigna del Cardinal Farnefe. Quiui Cicerone fpeffo orò, doue anco
per commandamento di M.Antonio Triunui-
ro fù attaccata ad vn'afta la fua tefta infieme
con la mano, con la quale egli haueua fcritto
l'Orationi Filippiche contra di effo. I roftri
vecchi erano alla Corte Hoftilia, appreffo il
loco de i Confegli, che toccaua la Chiefa di
Santa Maria Nuoua, il loco nominato fi chiamaua Comitio, che vuol dir loco da ritirarfi
infieme, perche là fi radunaua il Senato, e Popolo Romano à trattar de i bifogni della
Republica.

Il Tempio di S.Lorenzo in Miranda è nelle
rouine del Tempio di Fauftina, & d'Antonino,e vi fi legge ancora quefta infcrittione: Diuo Antonino,& Diuæ Fauftinę S.C. fi vedono
quiui dieci mila colonne, qui vicino era l'arco
di Fabio,& il coperchio del palazzo, che fi diceua di Libone.

La piazza di Giulio Cefare era dal Portico
di Fauftina fin'al Tempio di S.Maria,ma alla
piazza di Augufto è congionta la Chiefa di
Sant'Adriano in tre Fori,& in quello di Augufto erano portici con ftatue d'huomini Illuftri; percioche Augufto habitaua nella cafa di
Liuia alla via facra.

Il Tépio de'Santi Cofmo, e Damiano fù già
di Caftore, e di Polluce; altri però dicono, che

fù

fù di Romolo, e di Remo, ma fenza fôdaméto.
Il Tempio della Pace cominciato da Claudio, & finito da Vefpafiano ; nel loco più eminente di S. Maria Nôua, doue ancora fi vede
vna colonna intiera canellata, la maggior di
tutte quelle, che fi ritrouano in Roma. Ne gli
Horti di S. Maria Nôua fi vedono due volte
alte, & rotonde di duoi antichi tempij del Sole,
e della Luna, ò fecondo altri d'Ifide, e di Serapide. Iui Tatio fabricò vn tempio à Vulcano, &
in quel cotorno ancora Efculapio vi hebbe Tépio, & la Côcordia, fabricata da Fuluio l'anno
303. doppo la fabrica del Câpidoglio, del qual
têpio della Côcordia fi penfa, che poi Vefpafiano fabricaffe quel della Pace, trasferendoui anco molti ornamenti tolti dal Tempio di Salomone, doppò c'hebbe diftrutta Gierufalemme.
　　Poco lontano della via Sacra védefi l'Arco
marmoreo di T. Vefpafiano, nel quale fono
fcolpite le Pompe del Trionfo, e le fpoglie, che
riportò de gli Hebrei, come l'Arca del teftamé-
to, il Candelabro da i fette lumi, la tauola doue
fi mettrtta il Pane della Propofitione, le Tauole de i dieci Cômâdaméti dati da Dio à Moifè,
& i vafi facri di puro oro, che gl'Hebrei vfauano ne' facrificij. Oltre quefte cofe vi è fcolpito'l
carro trionfale, & vi fi legge quefta infcrittione,
Senatus, Populufque Romanus Diuo. Tito.
　Diui Vefpafiani F. Vefpafiano Augufto.
　Il foro di Nerua fi chiama Arco Tranfito-
rio, cioè di paffaggio, perche per effo fi paffaua
nelRomano, & in quello d'Augufto, doue hoggi per errore dal volgo fi dice l'Arca di Noè,
era vn nobil Portico di Nerua. Leggonfi in fregio

gio queste parole,Imperator Nerua Cæfar Au
guftus Pont.Tib.Pont.II. Proconf.Li fragmét
di quefto arco fono trà la Chiefa di S.Bafilio
e la Torre delle militie à man dritta vna tor-
retta quadra, nominata ftudiolo di Virgilio
della quale il volgo dice molte baie.

Appreffo'l Tépio della Pace,e la Chiefa dei
Santi Cofmo,e Damiano,fù la Curia di Romolo,doue fi radunaua il Senato, quando haueua
da trattare di cofe importanti. Si abbruggiò
tutta,quádo fù abbruggiato il cadauero di Publio Clodio ammazzato da T. Annio Milone
có la Bafilica Portia vicina,laqual Marco Portio Catone Céfore haueua fatto fopra la cafa di
Menio. Eraui anco vn'altra Curia nel Móte Celio; oue hora fi troua la Chiefa di S.Gregorio.

Monte Palatino.

FV quefto colle habitato molto auanti, che
foffe fabricata Roma,e per vn gran pezzo
addietro è ftata la ftanza de gl'Imperatori,e di
grã perfonaggi, del che in buona parte ne poffono far fede le gran rouine di Palazzi,ch'iui fi
vedono,ma hora è tutto deferto, inculto, e piè-
no di fpini, nè contiene altro di buono, che la
vigna del Cardinal Farnefe, & vna picciola
Chiefa di San Nicolò,con alquante caferte. Vi
furono anticamente affai Tempij,quello della
Vittoria fabricato da L.Poftumio Edile Curu-
le,delle rouine del quale fono poi ftati fatti gli
horti di S.Maria Noua. Quella di Apolline, il
quale fendo ftato rouinato dalla Saetta, fù da
Augufto riftorato, aggiútoli anco vn portico,
del quale è reliquia quella grã volta,che fi vede

de più intiera.Il Tempio de i Penati portati da
Enea,& iui riposti, tenuti con gran riuerenza.
Quello de i Dei Laci, quello della Fede, di
Gioue Vittorioso,d'Eliogabalo, dell'Orco,e
d'altri Dei; de'quali però al dì d'hoggi non si
vede vestigio imaginabile. Habitarono quiui
TarquinioPrisco Rè in quella parte del colle,
la qual riguarda il tempio di Gioue Statore, e
Cicerone, il qual vi comprò la casa di Crasso
per 50.mila ducati : M.Planco,della cui casa,
laqual'era vicina à quelle comprate daCicero-
ne, Q.Catullo fece vna gran Loggia.

La parte del Palatino, ch'è verso l'arco di
T.Vespasiano si chiama Germalo da i doi Fratelli Germani Romolo, e Remo iui nodriti da
Faustolo Pastore, c'habitaua quiui appresso la
Grecostasi. Di quà fin'all'arco del gran Costantino era il loco detto Velia,così chiamato,
perche vi habitauano i Pastori,i quali sueglie-
uano,cioè cauauano le lane alle pecore auanti
s'introducesse l'vso di tosarle, e perciò le Lane
separate dalle pelli ancora si chiamano in Latino Vellera ; quasi suelte, e stirpate via.

Verso S.Maria Noua, Scauro hebbe vn nobile Palazzo con vn portico sostentato da al-
tissime colonne lunghe 40.piedi l'vna, senza la
base,& il capitello.

Grecostasi si chiamaua vn gran Palazzo,nel
qual si accoglieuano gl'Ambasciatori di varie
genti. E da sapere, che Q.Flaminio drizzò v-
na statua alla Concordia,quand' hebbe conci-
liato la Plebe al Senato, ò più tosto il Senato
alla Plebe.

La Chiesa di Sant'Andrea inPallara è quella, nella quale al primo tempo fù conseruato

il

il Palladio portato da Enea in Italia con i Dei
Penati.Era il Palladio vn fimolacro di legno,
e fù poi ripofto nel tempio di Vefta, & rac-
commandato alle Vergini Veftali.

Nella parte del Palatino,ch'è verfo'l Monte
Celio,era vn tempio di Cibele detta anco Din-
dimene, & Ope. Si conferuaua il fimolacro
di quefta Dea con gran Religione, & era
ftato portato à Roma di Ida loco della Frigia. Nella parte del Palatino, che guarda l'
Auentino,fù la cafa, nella quale nacque Augufto Cefare; e d'effa fi vedono ancora grandiffime rouine verfo il Circo Maffimo: ad effa era attaccato vn tempio d'Apolline, nella
cima del quale era vn carro d'oro del Sole, e
di quefto tempio ancora fi vedono i fegni.
Quiui fù anco vna Libraria detta Palatina,
nella quale era vna ftatua di metallo d'Apolline, come Maftro di Choro trà le Mufe
alta 50. . . . . . . , opera nobiliffima di Scopa.

Si può congetturare,ch'i bagni Palatini fijno ftati nel loco occupato al prefente dalla
Vigna,che fù di Tomafo Fedra Gentilhuomo
Romano verfo l'arco maffimo, alli quali fù
vicina la Curia dei Salij, e de gli Auguri, con
altre fabriche ancora,ne'detti bagni ancora per
via d'acquedotti, vna parte dell'acqua Claudia.

Alle colonne del Ponte di Caligola fi vede
vna Chiefa rotonda dedicata à San Theodoro;la qual prima era ftata fabricata,e dedicata
da Romolo à Gioue Statore, il quale fermò l'
effercito Romano, mentre haueua voltato le
palle nella guerra Sabina; altri però non vo-
glio-

gliono,che quefta fofse la Chiefa di Gioue Statore , ma più tofto credono, che la Chiefa di
Gioue Statore fij ftata doue fi vedono quelle
gran rouine vicine al tempio della concordia ,
le quali noi hauemo detto efser della Curia
Vecchia .

Lafiato il tempio di Giano quadrifróte, &
il Foro Boario, andando al Circo Maffimo vedefi vn loco bafso pieno d'acque, doue le donne lauano i panni . Si penfa, che quefti fiano i
fonti della Ninfa Giuturna nel Velabro. Hoggi fonte di S. Giorgio . La volta che fi vedeè
parte d'vna gran Chiauica fatta da Tarquinio,
acciò fofse ricettacolo dell'immonditie di tutta
la Città , il qual le conducefse dal Foro Romano nel Teuere ; era tanto larga quefta volta ,
che vi poteua andar commodamente vn carro
carico . Et qui vicino era il Lago Curtio, doue
fù quell'apertura della terra , nella quale Curtio fi gettò per liberar la patria dalla peftilenza,che nafceua dal corrotto, & appeftato alito,
ò vogliamo dire fpirito, ch'vfciua di quella
Voragine . Quiui anco era il bofco di Numa
Pompilio, nel quale egli parlò, e trattò con la
Ninfa Egeria,dalla quale imparò le cerimonie
de i facrificij . Sono qui le ceneri de i Galli Senoni,& chiamafi quefto loco Dolioli .

Il Circo Maffimo.

QVefto Circo occupa lo fpatio, ch'è trà'l
Palatino,& l'Auentino di lunghezza di
quafi mezo miglio, di larghezza di trè iugeri.
Era capace di 150.mila perfone, fe ben alcuni
dicono di 260.mila.Quiui Romolo primo fece
i gi-

i giuochi Confauli à Confo Dio. Dopò c'hebbe
rapito le donne Sabine Tarquinio Prifco diffe-
gnò il luogo, & Tarquinio Superbo l'edificò,
doue fi celebrauano i giuochi circenfi, & fi dauano altri folazzi al Popolo. Augufto l'ornò.
Caio l'ampliò. Traiano lo riftorò, & accrebbe di fabrica. Eliogabalo il laftricò di Crifcol-
la; sì come il Palazzo di Porfido, al prefente tāti horti, trà quali appare per vn poco di fegno
della circonferenza de i fcaglioni, & delle celle, à quefto circo attaccato il tempo di Nettuno, del quale ancora fi vedono le rouine incroftate di conchiglie marine, & figurate con pezzetti minuti di pietre. Doue è la Chiefa di S. A-
naftafia vi erano due aguglie, l'vna delle quali
era longa 132. piedi fenza la bafe, & quefta Sifto Quinto trasferì nel Vaticano, e l'altra era
longa piedi 88. Le portò d'Egitto Augufto per
ornamento del Circo. Era anco nel Circo la
Naumachia da effercitarfi, & da far giuochi in
acqua, hora è loco pieno di paludi, e di canne.

Vedonfi fopra'l muro della Città le rouine
de gli acquedotri dell'acqua Claudia, la qual
Claudio Imperator haueua prefo dalle fontane
Curtia, & Cerulea cominciati, & non
finiti da Caligola, & haueua condotta dalla
Porta Neuia per il Monte Celio fin'all'Auentino.

Quiui à man finiftra fù vna gran fabrica di
Settimio Seuero alta à fette tauolati, chiamata
perciò da Plinio Setteforio; & dal volgo Settizonio. La volle così alta Settimio, acciò quelli,
che haueuano da nauigar in Africa, la vedeffe-
ro, & adoraffero le ceneri fue, che vi doneuano
per commandamento fuo effer pofte fopra;
per-

percioche effo Settimio era d'Africa . A' noftri
tempi fe ne vedeuano folamente alcune reliquie ; ma Sifto V. perche erano in pericolo di
rouinare, le fece fpianar dai fondamenti , con
mala fodisfattione però del popolo Romano .
Vna parte del titolo , che fi vedeua era quefta
Trib.Pont.VI.Conf.fortunatiffimus , nobiliffi-
mus .

La Via Appia .

INcomincia la Via Appia dall'Arco Trionfale di Coftantino,& andando per il Settizonio di Seuero conduceua alle Terme d'An-
tonino:quindi per la porta Capena paffaua alle rouine d'Alba longa,feguendo per Terracina Fondi il Campo ftellato fin'à Brindifi . Appio Cieco le diede il nome,hauendola laftrica-
ta di pietra duriffima fin'à Capua ; Cefare ancora la prolungò: ma Traiano la riftorò , ampliò , & compì . Si vedono reliquie di quefta
ftrada à Roma,à Priuerno nella via Napolitana,& al PromontorioCirceo detto Monte Circello .

Via Noua fi chiama quella parte , la qual
conduce dalla Via Appia , & dalle Stufe alla
Porta Capena , perche fù rifatta da Antonino
Caracalla mentre faceua le Stufe .

Le Stufe Antoniane furono fatte da Antonino Caracalla vicine alla Chiefa di San Sifto
nell'Auentino per mezzo la Pifcina;doue fono
gran rouine;nè in Roma fono le più intiere di
quefte,& delle Diocletiane . Vi fi vedono colonne di Pietra ferpentina , & Lauelli di marmo capaciffimi;à quefte Stufe di Caracalla era
attaccato vn tempio d'Ifide nel loco , doue al
prefente fi vede la Chiefa de i SS.Nereo , &
Ar-

Archileo, fe bene vogliono altri, che il detto tempio d'Iſide ſia l'iſteſſa Chieſa di San Siſto. Allongo la via Appia furono molti tempij di Dei, dei quali non ſi vede alcun ſegno.

La porta Capena fù coſi chiamata da Capena Città vicina ad Alba Longa, alla quale s'andaua per queſta porta. Ma fù anco chiamata Camena dal Tempio delle Camene, cioè delle Muſe, che vi era appreſſo; fù detta ancora trionfale, perche per eſſa entrarono nella Città i Scipioni trionfando, e parimente vi entrò Carlo V. quando hebbe ſuperato gli Africani, ſendo Pontefice Paolo III. Hoggi ſi chiama porta di San Sebaſtiano, per la Chieſa di queſto Santo, ch'è fuor d'eſſa porta due miglia appreſſo al Cemeterio di Califto.

Trouaſi quiui vna certa fabrica quadra, laqual ſi penſa, che ſij ſtata ſepolcro de i Ceteghi, per quando ne i titoli ſi legge, & ſtimaſi; quella rotonda vicina ſij ſtata di memoria; quantunque in ambe ſi legge il nome della famiglia Cetega. Di molti altri tempij, & ſepolchri ſi vedono in queſti contorni veſtigij, ma non molto chiari. Cicerone anco nella Milloniana teſtifica, che nella Via Appia furono molti tempij, & ſepolchri.

Vedeſi non lontano dalla Città il Riuo d'Almone, il quale ſcorre in Roma, & ſi meſcola co'l Teuere ſotto l'Auentino.

Quella mole alta, e rotonda, che ſi vede à man deſtra fù ſepolchro de i Scipioni, per quáto s'hà potuto cauare dalle inſcrittioni iui ritrouate. Partédo dalla via Appia verſo man ſiniſtra ſi ritroua vna Chieſetta detta, Domine

mine quò vadis, della quale già hauemo raccontato l'hiftoria. La fabrica vicina alla detta Chiefa fi crede,che fij ftata fepolcro de i Lu-
culli.In quefta come nelle altre,fono certi volti fatti à pofta, fi ritrouano alcune camerette,
nelle quali fono difpofti con ordine i vafi, che
contengono le ceneri de i defonti. Il muro di
pietra cotta, che fi vede più auanti à man finiftra,è parte del tempio di Fauno, e di Siluano.

Alla deftra della Chiefa di San Sebaftiano fi
vede vn tempio intiero, mà fpogliato de'fuoi
ornamenti,nel quale i Paftori di giorno,quan-
do il Sole gli offende, & di notte fpeffo caccia-
no le pecore,& crede fij ftato dedicato ad Appolline.

Quaranta paffi più auanti in vn loco ofcuro,e fpinofo, fi troua vna cauerna fotterranea,
l'ingreffo della quale per roui,e per i molti faffi iui radunati à pena fi vede; dentro vi fi trouano volti ben fatti,con 10.ò 12.camerette per
banda, nelle quali mentre durarono i tempi
delle perfecutioni, fi foleuano fpedir nafcofa-
mente i Chriftiani, e quì fe ne ftauano i detti
Chriftiani nafcofti, quando contra di loro in-
furiauano crudelmente gl' Imperatori, anzi
ancò al dì d'hoggi fi chiamano le ftanze de i
Chriftiani.

Nel tempio di San Sebaftiano vedonfi certi
fcaglioni,per i quali fi cala giù nelle fpelonche
dette cattecombe, ch'erano parimente latibuli
de i Chriftiani:dicefi,che iui furono martirizati 40. Pontefici,& di più per quanto teftifica
l'infcrittione,che iui fi vede;vi furono martirizati 174.mila Chriftiani.E loco molto ofcuro,
nel qual non bifogna entrar fenza lume, e fen-

za buona guida,perche è pieno di cellette,& di
vie intricate,come vn laberinto;hoggi fi chiama il Cimiterio di Califto . Trà le reliquie,che
in quefta Chiefa fi moftrano,euui vn veftigio,
ò vogliamo dire,fegno d'vna pedata lafciato
da Chrifto nella Pietra, quando afçefe al Cielo alla prefenza de i fuoi Difcepoli . Altre cofe
di più ne fcriuono Onofrio, il Serano, & Vgonio .

Trouafi à canto in quefta Chiefa vn tempio
grande rotondo, foftentato da certe gran colone di marmo , confecrato à Marte Gradiuo da
Silla,mentre fù Edile,& in effo fi daua vdienza
à gli Ambafciatori de gl'inimici, quando non
voleuano i Romani lafciarli entrare nella Città,per fofpetto,che haueffero,che veniffero a
fpirare;dicefi, che gran parte di quefto tempio
rouinò per l'orationi di S. Stefano Pontefice,
quando li fù commandato da Galieno , che iui
facrificaffe à Marte .

Quì appreffo fi conferuaua la Pietra Mana-
le,la quale portauano nella Città i Romani co
proceffione folenne quando voleuano pioggia.
Alquanto di fopra nella fteffa via Appia fi
vedono le mura intiere d'vn Caftello quadro ,
ilquale alcuni credono,che fij ftato Sinueffa,&
altri Pometia:ma forfe miglior'opinione hano
quelli,che dicono,ch'è ftato la ftanza de'foldati
pretoriani:Euui dètro le mura lo fpatio vuoto.

Quini da ogni lato fi vedono fepolchri fatti
in quadro,ò rotondi, & piramidi,ò di pietre
cotte , ò di marmo Trauertino , l'Infcrittioni
moftrano,che fijno ftati tutti di Metelli. Vedefi
vna gran fabrica à modo di Torre rotonda di
quadroni di marmo bianco , dentro vacua , &
di

di ſopra ſcoperta, ſi che ſtando dentro al baſſo
può veder'il Cielo; i muri ſono groſſi quaſi 24.
piedi con teſte di Bue ſcolpite attorno nudate
della carne, come ſi ſuol ne i ſacrificij vſare trà
feſtoni di foglie , e fiori. E queſta di Cecilia
Metella . Alla radice del còlle vicino riſponde vn'Echo maggior di quel, che penſiamo po-
terſi altroue ritrouare, perciche rende fin'otto
volte vn verſo intiero di miſura intelligibil-
mente , & altre volte ancora in confuſo , ſi che
penſi ogn'vno quanta moltiplicità di gridi, e
pianti poteuaſi vdire iui nel piangere i morti.

   Nel loco baſſo vicino ſono le gran rouine
del circo, ouero Hippodromo . Si penſa lo faceſſe Baſſiano Caracalla , doue Tiberio Imperatore haueua fabricato le ſtalle de i ſoldati
Pretoriani . Nel circo s'eſſercitauano à correre , à caualcare , & à carrozzare . Nel mezo
dell'ara vi ſi vedono ſegni del luogo d'onde
vſciuan'i caualli à correre , di baſi , di ſtatue ,
d'altari , e di termini , ò metter' attorno ; vi
ſono molte pitture , & nel mezzo vn'aguglia
grande di Granito , gettata in terra , & rotta
in tre gran pezzi tutto attorno figurata di Hieroglifici, di frondi, e d'animali; è marauiglia ,
che Siſto V. non la faceſſe almeno drizzar' iui,
ſe non anco portar nella Città, ſe però la morte
non lo impedì .

   Vedeſi ſopra'l Circo vn tempio intiero quadro, con colonne , e portico dauanti ; ſi penſa
foſſe dedicato al Dio Ridicolo; per queſto ſucceſſo Annibale hauendo ammazzato 40. mila
Romani à Canne, venne con l'eſſercito ſuo
vittorioſo fin ſotto Roma, & dicono, che fermò
gli alloggiamenti in queſto loco ; ma che ſen-
doſi

dofi vdito vn gran rifo, l'hebbe per prodigio.
Onde per quefto folo fi partì di là andando
verfo Terra di lauoro ; doue poi i foldati fuoi
trouando da ftar deliciofamente, s'infiacchiro-
no, e cofi Roma reftò libera da Annibale, & i
Romani al Dio Ridicolo fecero quel tempio
in memoria del beneficio da lui riceuuto ; percioche poteua forfe Annibale, feguendo l'affedio, prender'anco la Città. Seppe egli vincere,
ma non feppe feruirfi della Vittoria, come à
punto li diffe vn'Africano appreffo Liuio.

Di quì deui ritornare à Roma quafi per trè
miglia di ftrada; arriuato alle mura và alle
porta Latina, alla quale è vicina la Chiefa di
S. Giouanni; quiui dicefi, che'l detto Santo fù
fatto bollir nell'oglio da Domitiano, del che
fe ne fà folennità il mefe di Maggio. Segui poi
alla porta Gabiufa, cofi detta perche lì fi vfciua, volendo andare alla Città di Gabi, doue fi
congiunge la via di Roma con la Preneftina, sì
come anco alle volte s'vnifce l'Appia con la
Latina. X

Il Monte Celio.

L Afciando le muraglie alla deftra della
Porta Gabiufa, afcenderai nel monte Celio, ilqual fegue à lungo le mura vn pezzo fin'
à Porta maggiore, Si chiamò anticaméte Quer-
quetulano per la moltitudine delle quercie, che
vi erano auáti che foffe habitato da i Tofcani;
a'quali fù conceffo da habitare vn borgo. Tofco, perch' erano andati con Cocle Vibéna loro
Capitano ad aiutare i Romani contra i lor nemici. In quefto monte al prefente non vi è cofa

T   alcu-

alcuna d'antica di momento , fuor che molte
rouine d'antiche fabriche. Enui vna certa portione di quefto colle detta Celiolo , nella quale
fi ritroua vna Chiefa di S.Giouanni Euangelifta,detta(ante portam Latinam,)la quale già fù
tempio di Diana. Nella cima del Celio è la
Chiefa rotonda di San Stefano dedicatali da_
Simplicio Pontefice,la qual era tempio di Fauno. Nicolò V.anco la riftorò , perche da vecchiezza minacciaua rouina , & la riduffe nella
forma , nella quale al prefente fi vede, fe non
che fotto Greg.XIII. le fono ftate aggiunte alcune belle pitture de'martirij de'Santi.

Al Tempio de'Santi Giouanni,e Paolo verfo'l Settizonio di Seuero fù la Curia Hoftilia ,
fabricata da Tull. Hoftilio diuerfa da quella,
che di fopra hauemo pofto nel foro Romano.
Soleuafi in quefta radunare il Senato per i negotij publici.

Il Tempio di Santa Maria in Dominica e_
pofto verfo l'Auentino , fù riftorato da Leon
X.iui anticamente furono le habitationi de gli
Albani , & euui appreffo l'acquedotto dell'ac-
qua Claudia,nell'arco del quale fono intaglia-
te quefte parole:P.Corn. R.F.Dolabella, Cof.
C.Iunius C.F.Silanus Flamen Martial.Ex S.C.
Faciundum curauerunt.Idemque probauerunt.
Al detto acquedotto trouafi vna forte fabrica ,
fatta, perche foffe conferua d'acque.

Il Tempio de i Santi Quattro Coronati fabricato da Honorio Pontefice , fù riftorato da
Pafcale II. perche minacciaua rouina. Verfo
l'Efquilie vi erano gli Alloggiamenti Peregrini,ne'quali fi accoglieuano, & accomodauano
le genti di mare, le quali Augufto foleua tenere

re nell'armata ordinaria à Miſeno.

Frà la Porta Gabiuſa, & la Celimontana vedono gran rouine del Palazzo di Coſtantino Magno, le quali hoggi ſi chiamano di San Giouanni, dalle quali ſi può comprendere la magnificenza,& lo ſplendore di quell'Imperatore.

S.Giouanni in Laterano ſi tiene l'antico ſuo nome: queſta è Chieſa fatta da Coſtantino Magno Imperatore, ad iſtanza di Silueſtro Papa. Quiui ſoleuano habitare i Pontefici, li quali poi allettati dalla vaghezza, & bontà d'aria de i Colli Vaticani, hanno trasferito l'habitatione ſua nel Palazzo di S.Pietro nel Vaticano.

Appreſſo la detta Chieſa vedeſi vna fabrica nominata il Battiſterio di Coſtantino; è rotonda ſoſtenuta da otto colonne di porfido,& n'hà due anco alla porta. Il Boiſſardo penſa, che'l detto Battiſterio foſſe più toſto vn bagno del palazzo Laterano, ilquale arriuaſſe fin quà, & la forma della fabrica ce lo perſuade.

A man deſtra vi ſono capelle con muri incroſtati di bel marmo, & colonne portate di Gieruſalem à Roma.

Entrando nella Chieſa di S.Gio: Laterano trouerai ſepolchri ſontuoſiſſimi de'Pontef. & altari di Marmo fatti eccellentiſſimamente. L'Altar maggiore, è fattura di Clemente VIII. nel quale Tabernacolo ſolo hà ſpeſo parecchie migliara di ſcudi; nel detto altare la vltima Cena di Chriſto lauorata d'argento con grande ſpeſa; l'Organo, che ſtà dirimpetto ricco, e grande, e pur d'ordine del medeſimo Pontefice, ilquale hà fatto fabricare per vſo

T 2 d'

della Chiesa vna Sacreftia, che poco più bella
può effere.

Auanti al Choro fi ritrouauano già quattro
colonne di metallo fatte à cannelle con i Capitelli alla Corinthia, dentro vacue; dicefi, che fono ftate portate à Roma di Gierufalem piene
di terra Santa del Sepolcro di Chrifto; altri dicono, che Silla le portò di Athene, altri vogliono, che fijno ftate fatte in Roma da Augufto
del Metallo cauato da i fperoni delle Galere
prefe nella battaglia Attiaca; & applicate al
tempio di Gioue Capitolino per memoria. Altri vogliono, che fijno ftate portate di Gierufalemme da Vefpafiano con l'altre cofe, ch'egli
di quella vittoria riportò. Hora quefte Cleme-
te VIII. hà fatte dorare, e mettere sù l'altar
maggiore della detta Chiefa con i fuoi corni-
cini pur di Metallo dorato.

Auanti che Sifto V. riftoraffe da' fondamenti il Palazzo del Laterano, eraui vna gran fala, nella quale fi radunauano i Prelati col Pontefice, quando s'haueua da trattar qualche cofa
di gran momento, & vi erano tre gran colonne
di marmo portate dal Palazzo di Gierufalem.
Quiui fono ftati celebrati i Concilij Latera-
nenfi con l'affiftenza di tutto il Clero.

Le fcale Sante, le quali in cafa di Pilato
Chrifto flagellato afcefe, fono ftate trasferite
dal Pontefice altroue, & i Chriftiani le frequé-
tano per diuotione, andando per effe inginoc-
chiati, e baciandole. Erano quì due Catedre
di Porfido, delle quali gl'inimici della fede
Cattolica raccontauan certe vergognofe fauole, ma fono ftate à baftanza confutate da Onofrio Panuino, & da Roberto Bellarmino Cardinale

dinale nel primo Tomo delle controuersie del Pontefice Romano ; come anco le fauole di Giouanna Papessa, laquale pongono per Giouanni VII. dietro Leon IV. confutate da da gl' istessi, & nouamente da Florimondo in Francese.

La Colonna di marmo bianco iui posta nel muro, & spezzata in due parti, si crede, che si rompesse miracolosamente nella morte di Christo co'l velo del Tempio, e con le pietre.

Sancta Sanctorum, è vna Capella tenuta in gran veneratione, nella quale non possono entrare donne. In essa si conserua l'Arca del Testamento, la Verga d'Aron, la Tauola dell'vltima cena di Christo, della Manna, l'Ombilico di Christo, vn'ampolla del suo Santissimo Sangue, alquante Spine della sua corona, vn chiodo intiero di quelli, con li quali fù confitto alla croce. Il freno del cauallo di Costantino Magno fù fatto de' due chiodi de'Piedi, il quarto fù posto al diadema d'oro dell'Imperatore : quì si deue notare, che le pitture antiche de'Greci, & Gregorio Vescouo Turonese dicono, che Christo fù posto in Croce con due chiodi a'piedi, & vna tauoletta sotto: nella detta capella sono ancora diuerse altre sante reliquie. (Vedi in fine l'aggiunta.

Poco lontano dalla Chiesa di S. Giouanni trouasi vna porta della città, chiamata di San Giouáni, & anticamente era chiamata Celimótana, perche è alle radici del colle Celio, & anco Asinara. Da questa porta piglia principio la via Cápana, che guida in cápagna, loco detto volgarméte Terra di lauoro, per la sua sterilità

T 3　　Que-

Quefta via Campana poco fuori della città fi congiunge con la Latina.

Nell'vltima parte del Monte Celio trouafi la Chiefa di Santa Croce in Gierufalem, ch'è vna delle fette principali, credefi,che fia ftato tempio dedicato à Venere,& à Cupidine,qui fi conferua vna parte della Croce di Chrifto. Il titolo,che fù pofto fopra, fcritto in tre lingue per commiffione di Pilato, vno de' trenta dinari,per i quali Giuda tradì Chrifto,vna Spina della Corona con altre cofe di gran deuotione.

Quiui è vna capella fotto terra fabricata da Helena madre di Coftantino, nella quale folo vna volta all'anno fi lafciano entrar le donne, ch'è il dì 10.di Marzo. Al Monafterio di quefto tempio, è attaccato vn'anfiteatro, minor certo,ma più antico del Colifeo, fù fabricato quefto da Statilio Tauro fendo Imperatore Cefare Augufto, vogliono però altri, che fij quell'anfiteatro Caftrenfe pofto da Pub. Vittore nella parte Efquilina per effercitio de i foldati. E ftato quafi tutto rouinato da Paolo III. per riftorare il Monafterio. A canto la Chiefa di Santa Croce appreffo la porta Nenia fi vedono ancora alquante rouine della Bafilica Seffariana, vicino alle muraglie.

Gli archi, quali per la porta Neuia entrano nella Città,& per la Cima del monte Celio vano al Palazzo Lateranenfe,& arriuano fin'all'Auentino, fono volti dell'acquedotto dell'acqua Claudia, il qual'acquedotto fi vede effer ftato il più alto,& il più lungo de gli altri, che apparono. Claudio conduffe quell'acqua nella Città per 40. miglia di lontananza. La maggior

gior parte di dett' acqua arriuaua nell'Auentino, vna parte anco nel Palazzo, & vna nel Cã-
pidoglio. L'acquedotto fù cominciato da Caligola, e finito daClaudio: ma li fù per aggiunto l'Anniene nouo per strada verso'l loco detto Subiaco, & fù introdotto nella Città per la
Porta Neuia con spesa incredibile. La detta
Porta Neuia si chiama anco maggiore, & di
S. Croce; credesi, che sia fabricata in vn'Arco
trionfale, ilche si comprende chiaramente dalla nobiltà, & maestà dell'opera. Appresso l'acquedotto dell'acqua Claudia verso il Monte
Celio, è l'Hospedale di S. Giouanni ricchissimo,
e molto commodo per gouernar'infermi, perche hà copia grande di Medicine, di Medici, &
ciò, che per gl'infermi può bisognare. Onde
molte persone ricche si ritirano là inferme a_
farsi curare à loro spese. Nel cortile di questo
Hospitale si vedono molte sepolture di varie
sorti. Sonoui anco lauatoi di Terme, con scolture di Satiri in diuersi atti. La battaglia delle
Amazoni, La caccia di Meleagro, & altre belle
cose.

Il Tempio di San Clemente è incrostato di
varij marmi, hà diuerse inscrittioni antiche, &
molte figure de gl'instromenti sacri, che soleuano adoperare i Pontefici, gli Auguri, & i Sacerdoti de'Gentili ne'loro sacrificij.

Nel ritorno si troua la bella machina detta
il Coliseo fatta di grandi trauertini, trà'l Monte Celio, e l'Esquilie. Si chiama Coliseo, perche vi era vn colosso, cioè vna gran statua alta
110. piedi, la qual Nerone vi drizzò.

La casa di Nerone occupando tutto quello
spatio, ch'è trà'l Palatino, e'l Monte Celio, ar-

riuaua fin'all'Efquilie, dou'erano gli horti di
C.Mecenate: fi che haueua più fembianza di
città, che di cafa; percioche côprendeua câpa-
gne,laghi,felue,& vn portico lungo vn miglio
intiero con tre ordini di colonne.Haueua molte
ftâze indorate,& ornate di gême.Era in effa vn
Tempietto dedicato alla Fortuna Seìa, nella
quale trouauafi vn fimulacro della detta Dea
di marmo trafparente: La porta principale di
quefta cafa era doue poi fù pefto l'anfiteatro,
auanti,che fi drizzaffe il coloffo di detto Imperatore.

La grandezza,altezza, & maeftria di quell'
anfiteatro era tale,che Roma nõ haueua fabrica,laquale lo fuperaffe.Fù cominciato da Vefpafiano,& fornito da Tito fuo figliuolo:furo-
no occupati in quella fattura 30. mila fchiaui
vndeci anni intieri: Vi poteuano feder cômoda-
mête ne'fcaglioni à vedere i giochi,che fi faceuano in mezo di quello fpatio 87.mila perfone
L'Arco trionfale di Coftantino Magno, è à
man finiftra verfo'l Monte Celio,& il Settizonio di Seuero: alle radici del Palatino ancora
vedefi intiero con le fue vittorie,ftatue,voti de-
ceuoli,e vicenali inſcritti.Fù pofto quefto arco
dalli Romani à Coftantino,doppo c'hebbe fuperato al Ponte Miluio Maffentio, ilqual tirã-
nicamente haueua oppreffo Roma, e l'Italia.
Nel Colifeo al prefente fi maneggiano ca-
ualli.Vedefi lì vicina vna fabrica fatta di pietre cotte,& aguzza à guifa di piramide: quefto
era la Meta Sudante,così detta,perche da quella vfciuano acque, delle quali fi daua à bere à
quelli,ch'erano accommodati nell'Anfiteatro
à vedere i giuochi; fe loro veniua fete. E quì
fini-

finirà la seconda giornata.

Terzo giorno del viaggio di Roma.

PArtito dal Ponte Elio, & da Castel Sant'
Angelo per la strada detta dell'Orso, doue la via si parte in due, anderai à man destra à
Torre sanguigna, doue trouerai la casa di Baldo Ferratino, nel frontispicio della quale vedrai Galba Imperatore Paludato, due pile, &
vna pietra con varie figure.

Nel Palazzo del Duca Altemps, oltre che
nel cortile si vedono alcune belle statue, è degna d'esser mirata la famosa statua di Seneca
il Filosofo, antica, e lauorata con grand'artificio, conseruata da questo Signore con molta
riputatione. Di più è cosa notabile in questo
palazzo la Sacristia, e Capella del Duca fornite al paro di qualsivogliano altre, indicij della
Pietà, e Religione del padrone. Poco lontana
stà la casa del Cardinal Gaetano, nella quale
sono alcune belle, e rare statue antiche.

Di quà verso Nauona è la Chiesa di Santo
Apollinare vecchissima, che già fù sacra ad
Appolline. Di dietro la Chiesa de gli Eremitani di Sant'Agostino, nella quale si visitano le
reliquie di S. Monica Madre di Sant'Agostino.

Quella spaciosa piazza, ch'è auanti il Palazzo della Duchessa di Parma per essere in Agone, si chiama corrottamente piazza Nauona.
Già tempo quì era il circo Agonale; nel qual si
celebrauano i giochi, e le battaglie in honor di
Giano per institutione di Numa. Nerone accrebbe questo Circo, e poi anco Alessandro figliuolo di Manea, il qual di più vi fabricò appresso vn palazzo, & le Stufe Alessandrine ce-

T 5 le-

lebratiffime. Si penfa, che anco Nerone haueffe le fue Stufe in quella vicinanza, cioè doue è
il tempio di S.Maria Rotonda dietro S.Eufta-
chio. Anco Adriano hebbe le fue à S.Luigi, ma
per effer ftati quei luoghi fempre habitati i
veftigij de gli Edificij antichi fono affai per-
duti.

Quelle volte alte alla Ciambella fi penfa,
che fiano ftate delle ftufe di M. Agrippa, appreffo le quali anco Nerone ve ne fabricò, e fe
ne vedono le rouine dietro S.Euftachio.

M.Agrippa fabricò il Panteo appreffo le fue
Stufe in honor di tutti i Dei lo fece rotodo, acciò trà i Dei non nafceffe qualche garra della
preminenza del loco. Altri dicono, che fù tempio d'Ope, ò di Cibele, come di Madre di Dei, e
Padrona della terra; è ftato confegrato poi dai
Pontefici Santi alla Beata Vergine, & à tutti i
Santi. E Chiefa rotonda, della quale in Roma
non fi vede cofa più antica, più bella, più intiera, e nobile. Non hà fineftre, ma ricene il lume
per vn foro, ch'è nel tetto; è tanto alta, quanto
larga, in mezzo hà vn pozzo cò vna ferrata di
di metallo, nel quale fi raccoglíono l'acque, che
vi piouono. Hà vn belliffimo portico con 13.
colòne con i capitelli alla Siracufana, le porte,
e le trani fono di metallo indorate. Fù prima
coperta di lame d'Argento, poi di Bronzo, ma
Coftantino Nepote d'Heraclio le portò via cò
diuerfi altri ornamenti della Città, in loco di
quelle Martino VII. Pontefice ve ne pofe di
Piombo. Già tempo fi fcendeuano fette gradi
per entrarui, ma hora fe ne fcédono vndeci, onde appare, che'l terreno per le tante rouine fij
alzato 18. fcaglioni. Hà vna infcrittione con

lette-

lettere loghe di braccio, che dimoftrano come
Seuero,& M.Antonio riftorarono Panteone, la
cui vecchiezza minacciaua rouina. Qui è fepolto Rafael d'Vrbino Prencipe de'Pittori. Innanzi la Chiefa ftà vn gran vafo di Porfido
marauigliofo per la gradezza,e per l'artificio;
vno fimile à quefto, ma vn poco minore,è in S.
Maria Maggiore fotto'l Crocififfo.

E vicina S. Maria della Minerua,così detta,
perche già fù tempio di Minerua. Vi habitano
i Padri Dominichini. Ne gli altari,& ne'vafi
dell'acqua Santa fono alcune infcrittioni. Qui
giace Pietro Bembo Card. all'altar maggiore,
e Tomafo Caietano Cardinale,e Paolo Manutio huomini dottiffimi del fuo tempo. E qui anco S. Caterina da Siena.

Appreffo la Minerua era vn grand'Arco,&
rozzo detto Camillano; fi penfa, che fia ftato
iui pofto in honor di Camillo: ma però fotto
gl'Imperatori, come dice Boiffardo. Poco fà
è ftato rouinato con licenza di Clemente VIII.
Pontefice dal Cardin.Saluiato, che delle pietre
di quello hà ampliato il fuo palazzo vicino.

Appreffo l'Arco Camillano era vn piede di
Coloffo molto grande; credo, che quefto fia ftato trasferito nel Campidoglio,doue lo vederai
per terra.

Anderai poi al palazzo di S.Marco per la
Via lata. Alla prima qui vederai vn gran
vafo di marmo fimile à quello, ch'è in S.Sal-
uatore del Lauro, il quale fi trouò nelle Stufe
di Agrippa. Alla porta del Tempio è la ftatua di Fauna, altri dicono della Bona.

In cafa di Curtio Frangipane, e Mercurio

T 6 col

col suo capello, vn Cupidine alato, l'Ariete di
Frisso. Teste di Dei,e di Dee,come di Giano,
di Gioue, di Bacco, e di huomini Illustri,come
di Mario Conf.d'Augusto Cesare,d'Adriano,
d'Antinoo,di Lucilla,di Caracalla,e d'altri.

Di qui anderai al Foro di Nerua dietro S.
Adriano.Si chiamò foro transitorio,perche per
esso si passaua à quello d'Augusto,& al Romano, perilche hoggi si chiama la Chiesa di S.A-
driano in tre fori. Qui fù il palazzo dell'istesso Imperatore, le rouine si vedono alle Torri
della Militia,& al Tempio di S.Biasio.

E qui anco il foro di Traiano tra'l Campidoglio,il Quirinale,& il foro d'Augusto. Era
cinto d'vn magnifico portico,sostentato da nobili colonne,delquale fù Architetto Apollido-
ro. Vi erano molte statue,& imagini. Vn'arco
trionfale di marmo, delquale, com'anco del
portico,non si vede pur vn vestigio,se nõ che à
S.Maria di Loreto sono 2.di quelle colonne.

Si vede solamente la colonna fatta dentro à
lumaca, la qual dimostra la maestà dell'Imperatore, e del popolo Romano.N'hà scritto Alfonso Ciaccone Spagnolo Dominicano. Hà
scolpito attorno le cose fatte da Cesare Traiano nella guerra di Dacia. E alta 128. piedi,
senza la base, ch'è di 12.& è composta di 24.
pietre tanto grandi, ehe per opera di Giganti.
Ogn'vna di quelle pietre hà otto gradi, per i
quali dentro si ascende. Hà 44.fenestrelle per
darle lume; in somma è vna marauigliosa fattura, ma l'Imperatore occupato nella guerra
Partica, non la vidde; percioche tornando vittorioso,morì di flusso di sangue in Seleucia cit-
tato il corpo à Roma, e
ri-

riposte le offa con le ceneri in vna palla d'oro.

In questo foro di Traiano sono le Chiese di S.Siluestro, di S.Biasio, di San Martino posteui da S.Marco I.Pontefice. Bonifacio VIII. vi fece poi tre torri hoggi dette le Militie, maffime quella di mezzo·perche sono doue già Traiano soleua tenere i suoi soldati.

Più sopra merita d'esser veduta la Vigna di Pietro Aldobrandino Card. nella quale oltra le Fótane, e sorgiui d'acque, che formano molti scurzi, si vedono alcuni marmi antichi nobili; e trà gl'altri vn'Harpocrate fanciullo di delicata mano, ma quello, ch'è da stimare sopra modo, è vna pittura antica di buon colorito, e disegno incastrata nel muro d'vna loggia, che fù trouata in certe Grotte gl'anni passati vicino à S.Maria Maggiore ananzo dell' antica pittura, che in niun'altro luogo si vede.

Il Monte Esquilino.

DAl Foro di Nerua incomincia la Suburra, che andaua sotto le carine fin' alla via Tiburtina, la qual diuideua l'Esquilie per mezzo. Quella valle, ch'è trà l'Esquilie, & il Viminale si chiama Vico Patritio, perche molti Patritij, cioè nobili habitauano in quella parte.

L'Esquile si chiamauano così dalle sentinelle posteui al tempo di Romolo, le quali in latino si chiamano Escubie. Questo colle è disgiōto dal Celio per la via Lauicana; dal Viminale per il Vico Patricio. La via Tiburtina (come hauemo detto) lo diuide per mezo, la qual Via s'ascende da Suburra fin'alla porta Neuia, ma

auan-

auanti che arriui alli trofei di Mario, questa
via si parte in due. La destra và verso S.Gio-
uanni Laterano, e si congionge con la Lenica-
na,e la sinistra si chiama Prenestina, & và alla
porta di S.Lorenzo.

Nella via Tiburtina è l'arco di Gallieno
Imperatore,detto di S.Vito dal tempio vicino,
& è di tranertini,ma schietto vi era appresso il
Macello Liuiano, doue si vendenano cose da
mangiare. S.Maria Maggiore è Chiesa ornata
d'oro,e di marmi, sostenuta da colone di marmo d'ordine Ionico. Qui si vede vn gran vaso,
come alla Rotonda. Fù questa già Chiesa d'
Iside. V'è il sepolcro di S.Gieronimo, & vna
imagine della B.Vergine dipinta da S.Luca.

E vicina la Chiesa di S.Lucia, quella di S.
Pudentiana. Nel scender del colle fù già la
selua sopra di Giunone.

Nella Chiesa di S.Praffede sono molte inscrittioni,e la colonna,alla quale fù flagellato
Christo, si dice, ch'è stata portata da Gierusalemme.

In S.Pietro ad Vincola è sepolto Giacomo
Sadoleto Cardin.senza inscrittione. Il Cardin.
di Torino,& alla parte verso la sagrestia Giulio II.Pontefice,doue è scolpito Moisè dal Buonarota, opera, che non cede ad alcuna dell'an-
tiche:vi sono altre cose maranigliose.

Si và poi alla Chiesa de'Quaranta Martiri,
della quale fin'à San Clent. per la via Labicana si estendeuano l'Esquilie, iui chiamate Carine.

Vicino à S.Pietro in Vincola,sono alcuni E-
dificij sotterranei,vestigij delle stufe di Tito
Vespasiano,hora si chiamano le sette sale, per-
ciò-

ch'erano lochi da conferuar l'acque per il bifogno delle ftufe. Quiui fu ritrouata quella intiera ftatua di Laocoonte, ch'è nel palazzo Vaticano, mirata da tutti con infinito ftupore.

La Chiefa di S. Maria ne' Monti, fu fabricata da Simaco Pontefice nelle rouine delle ftufe
di Adriano, perche fin'al di d'hoggi il loco fi
chiama Adrianello.

Alla Chiefa de' Santi Giuliano, & Eufebio fi
vede vna certa fabrica di pietre cotte, alta, nella quale furono i ricettacoli dell'acqua Martia, vi erano foprapofti i Trofei di Mario, cioè
vn fafcio di fpoglie, e d'armi legate ad vn tronco tutto di marmo, poftoui in honor di Mario per la guerra, ch'ifpedi contra i Cimbri, le
quali cofe fendo ftate rouinate da Silla nella
guerra ciuile furono ancora da C. Cefare riftorate, e fi vedono hora in Campidoglio. Dietro alli Trofei in quelle vigne fono gran rouine delle ftufe di Giordano Imperatore, vicino
alle quali haueua fabricato vn Palazzo, doue
erano 100. colonne di marmo pofte doppie,
oltre le fponde de' muri, delle quali cofe però
non fe ne troua alcuna, e gli ornameti fono ftati trasferiti in diuerfe cafe de' ricchi per Roma.

Da quefte ftufe la via, ch'è à man deftra,
detta Labicana, và alla porta Maggiore, ò di S.
Croce, detta anticamente Neuia. Trà quefta
porta, e quella di S. Lorenzo, detta già Efquilina, appreffo le mura vedrai gran rouine del
Tempio edificato da Augufto à nome di Caio,
e di Lucio Nepote; ancora vi fi vede vn'altiffima volta nominata Gallucio, quafi di Caio, e
di Lucio.

Qui vicino fù il Palazzo Liciano, doue è il
Tem-

Tempio di S.Sabina poftoui da Simplicio Pōtefice, al qual palazzo era il loco detto Orſo
Pileato per vna ſtatua d'Orſo co'l capello, ch'
iui era.

Dietro alle mura ſegui alla porta Eſquilī-
na,ò di S.Lorenzo,ò Tribnrtina,come ti piace
nominarla. Qui tronerai là Chieſa fabricata
da Coſtantino Magno in honor di San Lorenzo Martire, nella quale ſono molte anticaglie,
e ſpecialmente ſcolpiti di baſſo rilieuo, iſtromenti,che ſi vſauano à ſacrificare.

Per queſta porta entra nella città con vn
funtuoſo acquedotto, l'acqua Martia, l'acquedotto fù primieramente da Q.Martio,e poi riſtorato da M.Agrippa. Si conducea queſt'acqua per 35.miglia di lontananza, & arriuaua
alle ſtufe di Diocletiano,& a'vicini lochi,per-
cioche era ſalutifera;e buona da beuere.

Dall'altra parte di queſta porta entrauano
l'acque Tepola,e Giulia,il capo di queſta è lō-
tano dalla città 6.miglia,ma quel della Tepola 11.che naſcena nella campagna de'Fraſcati.

A queſte ſi congiongeua anco l'Aniene vec-
chiu condotto à Roma da'monti di Tiuoli per
20.miglia di lontananza.

E ſopra l'Aniene il ponte Mammeo,coſi nominato da Giulia Mammea Madre d'Aleſſandro Seuero Imperatore, à ſpeſe della quale fù
riſtorato.Hora ſi chiama ponte Mammolio.

Dalla porta Eſquilina la via Preneſtina cō-
duceua à Preneſte,& la via Labicana à Labi.

La parte dell'Eſquilio, ch'è appreſſo S.Lo-
rēzo in Fonte,ſi chiamaua Virbo Cliuo,appreſ-
ſo'l qual'era il loco, ò boſco detto Fugntale.Li
aicino habitò Seruio Tullio,Seſto R.Romano,

Se-

Segue il Vico Ciprio, detto anco scelerato, perche Tullio vi fù ammazzato da suo Genero, e la figliuola fece, che'l Carrozziero cacciò il cocchio di sopra'l corpo di suo padre. Arriuaua questo Vicolo fino al loco detto Busta Gallica, doue i Galli, ò vogliamo dire Francesi Senoni furono ammazzati, abbruggiati, e sepolti da Camillo. Hoggi chiamano questo luogo Porto Gallo, don'è la Chiesa di S. Andrea. Nel Vicolo scelerato Cassio hebbe il suo palazzo, che fù poi fatto tempio alla Terra, & oggi è di S. Pantaleone.

Vicino à S. Agata alle radici del Colle Viminale, fù vn tempietto di Siluano, del quale ancora si vedono i vestigij.

Il Colle Viminale.

IL colle Viminale è vicino all'Esquilino, e segue allongo le mura. Hà questo nome, perche vi era vn tempio molt'honorato dedicato à Gioue Viminale. Onde anco fù chiamata quella porta vicina Viminale, e Nomentana, perche hà la strada, che và à Nomento. Hoggi si chiama porta di S. Agnese, per la Chiesa, che vi è vicina, la qual'era prima di Bacco, nella qual si vede vna vecchissima arca di Porfido, la più grande, che si ritroui in Roma, & in essa sono scolpiti putti, che vendemiano; alcuni la chiamano il sepolcro di Bacco, ma falsamente.

Nella Via Nomentana vn poco auanti si troua il ponte Nomentano fatto da Narsete Eunuco sotto Giustiniano Imperatore, come si vede nell'inscrittione.

Tra le porte Nomentana, e Salaria, Nerone

heb-

hebbe vna ſua fabrica,della quale ancora ſi vedono i veſtigij;l'haueua donata ad vn libero ,
& al fine temendo egli d'eſſer' ammazzato per
giuſtitia , in quella caſa ſi cacciò vn pugnale
nel petto, e con l'aiuto di Sporo Liberto s'ammazzò.

La porta Querquetulana, hora è Chieſa,ap-
preſſo la quale ſi vedono muraglie quadre, le
quali ſono reliquie del Caſtello deputato, già
all'habitatione de i ſoldati deſtinati alla cuſtodia delli Imperatori.

Nel col colmo del Viminale,ſono le ſtufe di
Diocletiano, di marauiglioſa grandezza per il
più rotte:tuttauia ſono le più intiere, che ſi vedano in Roma. Si dice, che per farle furono
occupati 40. mila Chriſtiani 14. anni intieri à
modo di ſerui; Diocletiano , & Maſſimiano le
cominciarono, ma Coſtantino , & Maſſimiano
le compirono,& le dedicarono. Hoggi ſi chiama quel luoco alle Terme,doue ſi vede vn certo loco fatto per ricettacolo dell'acque necef-
ſarie à quelle ſtufe,detto Bocca di Terme.Dio-
cletiano in oltre vi haueua aggionto vn Palazzo , del quale ſi vedono ancora le rouine
manifeſtamente. Qui fù quella celebre Libraria detta Vlpa, nella quale ſi conſeruauano
i Libri Elefantini.

Alla deſtra delle Terme ſono gli horti, che
furono del Card.Bellai,& hora de i Monaci di
S.Bernardo , à queſto gran Card.deuono i ſtudioſi dell'antichità il diſſegno fatto in venti,e
più fogli delle dette Terme dedicato à lui.

Alla ſiniſtra delle Terme è la Chieſa di Sāta Suſanna,che fù già di Quirino ; percioche ſi
crede,che Romolo doppò eſſer ſtato traſ porta

toto in Cielo, apparelle iui à Procolo Giulio, che ritornaua di Alba Longa, e però le furono attribuiti dal Senato honori diuini, e dedicato vn tempio, come ad vn Dio, e però la calata, ò fcefa, che và fin all'arco di Coftantino, fi chiama Valle Quirinale, perche in quella Quirino, ò vogliamo dir Romolo, fi fece incontro à Procolo.

Durano ancora i veftigij de'Bagni d'Olimpiade vicini à S. Lorenzo in Pane, e Perna, detto volgarmente Panifperna, doue fi dice, che Decio Imperatore hebbe vn palazzo.

Il tempio di S Pudentiana fù fatto da Pio I. Pontefice à preghiere di S. Praffede fua forella: doue fono parimente li muri di certi bagni di Nouato.

In S. Lorenzo di Panifperna fi troua vn marmo honorato con gran Religione, fopra'l quale fi dice, che fù pofto il corpo di S. Lorenzo arroftito. Vn tal marmo fi vede anco in S. Lorenzo fuor delle mura. Qui è fepolto il Cardinal Sirletto, delitia de' letterati de' noftri tempi.

Oltre il tempio di S. Sufanna per la via Quirinale, erano altre volte gli Horti di Rodolfo Cardinal Carpenfe, de' quali dice il Boiffardo, che non erano i più ameni in Roma, nè in Italia; con tutto che à Napoli fij il fiore de' giardini. V'erano più di 151. ftatue. In vero fù quel Cardinal dotto, & amator dell'antichità. Era figliuolo di Alberto Pio Prencipe di Carpi, huomo letterato, che fcriffe contra Erafmo dottamente.

Il Colle Quirinale.

FV così chiamato quefto colle dal nome de Quiri, ò Curi Popoli de'Sabini, iquali ve-
nem-

nendo à ſtar' à Roma con Tatio loro capo, habitarono queſto monte, c'hora ſi chiama Monte Cauallo per i caualli artificioſi, i quali poco
à baſſo diremo, iui vedeſi. E ſpartito dal Viminale per mezzo di quella ſtrada, la qual conduce alla porta di S.Agneſe.

A Monte Cauallo, dou'era la Vigna del
Cardinale da Eſte, hora è il Palazzo del Pontefice marauiglioſo per i boſchetti, luoghi del
paſſaggio, pergolati, e Fontane artificioſe. La
principale è opera di Clemente VIII. nella quale ſi vede lauorata di Moſaico l'Hiſtoria di
Moisè: ci ſono alcune ſtatue antiche delle Muſe, e ſi ſente vn'Organo di quelli, che gli Antichi chiamauano Hydraulici, perche à forza
d'acqua ſonauano: ſi aſcende à queſta fontana
per alcuni ſcaglioni, ſopra i poggi de'quali ſono vaſi di Trauertino, che ſpruzzano l'acqua
molto alta, e nel cadere formano diuerſi pila-
ghetti pur ſopra le ſponde de'ſcaglioni; innanzi c'è vna bella Peſchiera con vn cerchio di
platani intorno, che fanno folta, e delicata ombra; in ſomma i ſtudioſi hanno in queſta Vigna Pontificia, che offeruare, i curioſi che mirare, e gl'amatori della ſollitudine, come di-
portarſi. Poco lontana di quà ſtà la Vigna d'
Ottauio Cardinale Bandini ben tenuta, e degna
d'eſſer conſiderata. Alle quattro fontane ſtà il
palazzo, e Vigna de'Mattei, doue ſono alcune
belle ſtatue antiche, e moderne. S.Silueſtro
Chieſa de'Teatini poſta in vn ſito tale, che
da vn vago Giardino loro ſi mira la più bella
e più habitata parte di Roma; nella detta
Chieſa ſono nobili pitture di Scipion Gaetano,
e di Borghi. Alle radici del Giardino de'Teatini

ini ftà parte della Vigna di Cafa Colóna , cominciata , e tirata innanzi da Afcanio Cardin.
lella detta cafa,ch'è morto vltimamente,e porta la fpefa à vederla: incontro S.Silueftro fi deue ad ogni modo dar vn'occhiata alla picciola,
ma vaga vigna del Patriarcha Biondo Maftro
di cafa di N.Sig.più fopra ftà la Chiefa di Sant'
Andrea Nouiciato de' Padri del Giesù, doue—
ftà fepolto il B.Stanislao KeftKa Polacco , che
vi fornì i fuoi giorni ben giouine.

In quefto Monte fono due ftatue come di
Giganti , le quali tengono due gran caualli di
marmo indomiti per il freno,e nella bafe fi legge, che fono opera di Fidia,e di Praffitele,per i
quali caualli il Monte fi chiama Monte Cauallo. Si dice , che Tiridate Rè de gli Armeni
li conduffe à Roma,e li donò à Nerone, il quale per trattar degnamente quel Rè foraftiero
fecondo la grandezza Romana , fece per tre—
giorni coprir di lame d'oro il teatro di Pompeio,& in quello fece fare giochi per ricreatione,e folazzo di effo Rè , della qual grandezza
però non fi prefe tanta marauiglia il Rè , percioche fapeua beniffimo,che in Roma fi racco-
glieuano le ricchezze di tutto'l Mondo qua: o-
fi ftupì della Maeftria , e dell'ingegno di chi vi
haueua lauorato.

Haueuano qui vna commoda habitatione i
Monaci di S.Benedetto , che poco fà la cedero-
no alla camera Apoftolica , e dirimpetto ftà il
Palazzo Pontificio buono ad habitar ne i gran
caldi,fabricato da Sifto II. poco lótano di quà
nella vigna de i Colonnefi ftanno le Riuiere
della cafa d'oro di Nerone , il qual da quefta
parte ftaua mirando all'ingiù l'incédio,ch'effo
pro-

procurò nella Città di Roma, infamandone
poi i Chriſtiani, molti de'quali fece poi per tre
giorni abbruggiare.

Nell'altra parte del Quirinale ſono aſſai
lochi ſotterranei di fatture diuerſe, e ſono reliquie delle Stufe di Coſtantino Imp. Ma doue il
Quirinale guarda la Suburra, ſi vedeua ancora
vn Tempietto antico ne gl'horti de' Bartolini
fatto à volto, e lauorato di conchiglie di varie
ſorti in diuerſe figure di peſci, e con diuerſi altri ornamenti, il quale era ſacro à Nettuno.

E qui vicino il loco detto volgarmente Ba-
gnanapoli, cioè Bagni di Paolo; percioche erano ſtati fatti da Paolo Emilio, il Monaſterio
delle Monache di S. Domenico fatto da Pio V.
& il Palazzo de i Conti fabriche lì vicine, ſono
ſtate fatte delle pietre de i detti bagni, de'quali
hora ſi vedono picciole reliquie. La Torre
poi de'Conti fù fatta da Innocentio III. Pontefice, che fù di queſta famiglia, e la Torre delle
militie da Bonifacio Ottauo.

In queſta parte del Quirinale era la caſa de'
Cornelij, da'quali ſi chiama il Vico de'Cornelij, e San Saluadore de' Cornelij; che fù
già Tempio ſacro à Saturno, & à Bacco.

Dalla Chieſa di S. Saluadore fin'alla Porta
di S. Agneſe ſopra'l Quirinale è la ſtrada, chiamata Alta Semita, à deſtra della quale vicino
à S. Vitale fù la caſa di Pomponio Attico con
vna ſelua, lo dice Cornelio Nepote.

Nel fine del Quirinale, e del Viminale era
Suburra piana, & alle radici del Viminale vn
Tempio di Siluano.

Nella cima del Quirinale fù vn Tempio d'
Apolline, e di Clara, due Tempietti di Gioue, e
di

di Giunone, & il vecchio Campidoglio, delle quali fabriche hora non fe ne vede pur'vn fegno. Qui vi fono Monache fotto S.Domenico con la Chiefa di Santa Maria Maddalena.

A S.Sufanna foleua effer il Foro,e la cafa di Saluftio, ilqual loco al prefente cô parola corrotta fi chiama Scalloftrice,li horti fuoi belliffimi occupauano lo fpatio, ch'è trà la porta Salaria,& la Pinciana,colli,& Valli dall'vna, & dall'altra parte; nel mezzo d'effi era vn'Aguglia picciola intagliata di Gieroglifici, e dedicata alla Luna: ma è poi ftata portata altroue.

Nella fcefa del Quirinale verfo il Foro di Nerna fi vede vna Torre, detta Torre meza, fi crede,che foffe vna parte della cafa di Mecenate,à gl'horti belliffimi del quale anco Augufto foleua qualche volta ritirarfi, per fchifare i trauagli de'negotij; altri credon,che foffe parte del Tempio dedicato da M.Aurelio al Sole.

Quarto giorno del viaggio Romano.

DAl Borgo per il Ponte Elio al contrario del Teuere andarai à Ripeta alla Chiefa di S.Biafio,laqual fi penfa,che fij ftata Tempio di Nettuno inftaurato, & ampliato da Adriano Imperatore. Qui foleuano attaccar le fue tauolette al Dio del Mare, quelli, c'haueuano fcorfo gran pericolo di Naufragio.

In Valle Martia al Tempio di S.Rocco fi vede il Maufoleo d'Augufto,fepolcro fatto da Ottauiano à fe fteffo,& alli pofteri della famiglia Cefarea, percioche leuò via l'Anfiteatro, che iui haueua fatto Giulio Cefare, e lo mutò in fepolcro. Il circuito è quafi intiero ancora,

par-

partito à rombi. Nel Maufoleo è vna Matro-
ra, che tiene vn cornucopia còn frutti,& vn'E-
fculapio grande come Gigante con vn ferpète.

Erano anco nel Maufoleo due Aguglie di
granito, alte 42. piedi.

Il circo di Giulio Cefare, ilquale habbiamo
mentouato,era da quefto Maufoleo fin'alla radice del Mòtevicino.Augufto quì incòtro hebbe vn Palazzo,& vn portico fuperbo, vi haueua confecrata yna felua alli Dei dell'Inferno
della Chiefa di S.Maria del Popolo fin'à Sàn-
ta Trinità.

Alcuni dicono, che'l Sepolcro di Marcellò
era congiòto col Maufoleo, e ne moftrano i veftigij,iquali però crede Boiffardo,che fijno pur
del Maufoleo,e non d'altro Edificio diftinto.

Haueua anco Augufto fatto vn loco detto
Naumachia per i giuochi Nauali nella più baf
fa parte della Valle Martia, che guarda il Colle di S.Trin.Domitiano lo reftaurò, percioche
era da vecchiezza cafcato, e lo chiamò dal fuo
nome, collocandoui appreffo vn Tempio alla
famiglia Flauia,doue hoggi è S.Siluefro.

La Valle Martia,hebbe quefto nome perche
era la parte più baffa del Campo Martio, s'e-
ftendeua dal Teuere verfo il Colle di S.Trini-
tà,e dalla Piazza di Domitiano nella Via Flaminia fin'alla Porta Flaminia.

La Via Flaminia hebbe quefto nome da
Flaminio Confole, che la laftricò dopò fuperati i Genouefi : hora fi chiama il corfo, perche
vi corrono in certo tempo dell'anno putti, &
animali à garra per arriuar primi al fegno. Và
quefta ftrada dalla Porta Flaminia,detta anco
Flumentana, perche è vicina, al fiume Teuere,
& hora

& hora porta del Popolo, fin'a Pefaro,& a Rimini. Appreffo quefta vi fono giardini pieni d'ifcrittioni,maffime quello del Cardinal Lauefio,di Giuftiniano,Gallo,Altemps,& altri.

Giulio III.dal Monte Pontefice accommodò appreffo la porta vna vigna, che fuperaua già di Maeftà tutte le altre cofe di Roma, e come attefta vna infcrittione,conduffe nella Via publica vna fonte per commodità di tutti.

Più auanti è ponte Molle, doue Coftantino fuperò Maffentio Tiranno, che per non effere condotto viuo nel trionfo di Coftantino,fi gettò giù del ponte nel Teuere, in honore di Coftantino poi fù fatto l'arco trionfale tra'l Colifeo,& il Settizonio di Seuero.

Ritornato nella Città per la porta Flaminia ritroui l'arco di Domitiano,detto di Portogallo,perche in quella vicinanza habitò l'Ambafciator di Portogallo. Si chiama anco Tripoli, & è alla Chiefa di S.Lorenzo in Lucina, è vna fabrica rozza,& altro non fi vede di momento, che la ftatua di Domitiano. Sono però alcuni, che vogliono, che fij quefta ftatua, & Arco di Claudio Imperatore,e non di Domitiano.

La Chiefa di S. Lorenzo in Lucina fù già di Giunone Lucina,honorata dalle donne di parto, quando per non pericolare ne'parti fe le votauano.

Nella ftrada de'condotti in cafa de i Bofij, fi vedono alcune belle,e notabili ifcrittioni antiche. Nel palazzo dell'Ambafciator di Spagna vna bella,e copiofa Fontana. Stà poco lungi di qui Dionigio Ottauiano Sada, il quale hà tradotto in lingua Italiana i Dialoghi dell'Antichità di D. Antonio Agoftini, e tiene in cafa

V   gran-

grande quantità di cose rare in questo genere.
Il Palazzo già del Cardinal Deza, hora dei fratelli di N.S. si và fabricando, e farà de i nobili
edificij, che in Roma si vedano. Nel Corso stà
il Palazzo de'Ruzzelai, nel quale è da vedersi
in ogni modo vna Galleria piena di statue antiche, & nel cortile vn cauallo di bronzo oltre
modo grande.

Il Campo Martio, il qual già soleua esser fuori della Città, occupa lo spatio, ch'è trà il Quirinale, & il Ponte di Sisto, fin'al Teuere, in quel
loco si essercitaua la giouentù in opere militari, & si faceuano i configli per creare i Magistr.

Per mezo S.M. del Popolo, & della Porta
Flaminia si vede vn' aguglia piena di Hieroglifici, e di lettere Egittie, già soleua essere in
mezo'l capo Martio. Dopo è stata vn pezzo in
terra vicina à S. Lorenzo in Lucina. La fece co-
dur'Augusto di Hierapoli a Roma con due altre, le quali pose nel Circo Massimo. Dice Plinio, ch'è alta 90. piedi, & che attorno lei è scolpita la Filosofia degli Egittij. Nella base sono
queste parole. *Cæfar, Diui F. Aug. Pont. Max.*
Imp. xij. Cof. xi. Trib. Pot. xiv. Ægypto in Pote-
ftatem P.R. redacta fi li donum dedit.

In casa d'Antonio Paleozzo alla Dogana
vecchia si vede vna statua di cauallo, che trà
di calzo, opra di grand'artificio. Vi sono anco alcune teste di Drufo, di Giulia figlia di
Augusto, di Galeria, di Faustina Giouine moglie di Marc'Aurelio, di Adriano, di Bruto
antico, di Domitiano, di Galba, di Sabina,
che fù di Adriano, d'Hercole, di Bacco, di Siluano, e di Mercurio. In vna pietra di marmo
poi si vedeua scolpito il trionfo di Tiberio Ce-

fare. In cafa di Giacomo Giacouazzi era vna
ftatua di donna...... di Adriano, di Nerua, di
M. Aurelio, d'Antonino Pio, di Scipione Africano, d'vn Gladiatore, di Gioue, di Pane, di Venere due, vna di marmo, & vna di metallo, &
altre cofe degne d'effer vifte.

Antonino Pio hebbe vna piazza in quella
parte del campo Martio, che fi chiama piazza
di Sciarra ; l'iftelfo quiui drizzò vna colonna
incauata à lumaca, lunga piedi 175. hà 46. fine-
ftrini, che le danno luce dentro. Vogliono alcuni, che fij fatta di 28. pietre; ma hora non fe ne
può vedere la verità, perche i fcaglioni fono
rotti, e non fi può andare di fopra, come fi và in
quella di Traiano . Nella fuperficie efteriore
d'effa fono fegnati i fatti d'Antonino con mirabil fcoltura ; & il loco fi chiama piazza Colonna, hauendo da lei prefo'l nome.

Alla Chiefa di San Stefano in Tuglio quelle vndeci Colonne, che vi fi vedono, fono reliquie del portico fabricato da Antonino nel
fuo foro à canto il fuo Palazzo ; il quale era
longo da quefta Chiefa di San Stefano fin'alla
rotonda.

Trà la Colonna di Antonino, & il fonte
dell'acqua Vergine, erano i ferragli, ò fepti del
Campo Martio, così detto , perch' era loco
chiufo, con fpeffe tauole, doue fi radunaua il
Popolo Romano à ballottare per i Magiftrati;
fi chiamauano anco Ouili, per la fimilitudine,
che fi haueuano, e qui fi radunauano le Tribù
Romane à Configlio.

Quel colle più alto, ch'è trà S. Lorenzo in Lucina, e la colonna detta, chiamata Monte Alti-
toro, forfe hà prefo il nome corrottamente in

V   que-

questo latino, Mons Citatorum, doue ogni Tribù feparatamente hauendo ballottato , vfcita del ferraglio fi ritiraua. Nell'ifteffo colle era vn Palazzo publico, nel quale fi accoglieuano gli Ambafciatori de'nemici, alli quali non permetteuano entrar nella città , nè habitare in Grecoftafi, ch'erà appreffo la Piazza Romana, trà 'l Configlio, & i Roftri: in quefto monte fabricò il fuo Palazzo il Cardinal Santa Seuerina tanto nominato da gli Heretici, & huomo di tanta prudenza , che n'è ftato vn'efemplare per i pofteri.

Qui vicino è il fonte dell'acqua Vergine, il quale fe ne viene per vn baffo acquedotto dalla vicinanza di Ponte Salario per la porta Collina fotto il Colle di S. Trinità , e per il Campo Martio, oggi fi chiama fontana di Treui . Leggefi nell'infcrittione, che Nicolò V. Pontefice riftorò queft'acquedotto. Quefto folo è rimafo per commodità di Roma di tanti, che vi furono condotti con fpefe ineftimabili .

Incominciaua dal ferraglio del Popolo Romano vna ftrada coperta, nella quale eraui vn Tempio di Nettuno, e l'Anfiteatro di Claudio; ma oggi non fe ne vede fegno alcuno :

All'Acqua Vergine era vn Tempio dedicato à Giuturna forella di Turno Rè de i Rutoli ftimata Ninfa trà le Napee, e trà le dee paefane, la quale credeuano, ch'aiutaffe la cultura della terra .

In cafa di Angelo Colorio da Giefi , hora cafa di Buffali, fi vedono molte ftatue, & anco ifcrittioni, & vn'arco di pietra da Tiuoli, ilqual tocca all'acqua Vergine ; & ha quefta infcrittione . Ti. Claudius Druf. F. Cæfar Auguftus .

Si

Si leggono nel fonte sotto la statua d'vna Ninfa,che però è stata portata via,questi versi.

Huius Ninpha loci sacri custodia fontis

Dormio dum blandæ sentio murmur aquæ:
Parce meum quisquis tangis caua marmora
somnum
Rumpere,siue bibes,siue lauere tace.

Pompileo Naro,hà due statue, vna d'Hercole,& vna di Venere, ritrouate nella sua Vigna, nel Colle di S.Trinità.

Il Colle de gl'Horticelli, hora di S.Trinità.

QVesto Colle s'estende da S. Siluestro fin' alla porta Pinciana; ò Collina, allongo le mura della Città, se ben'altri lo tirano fino alla porta Flaminia. Fù sopra questo vn magnifico palazzo di Pincio Senatore,dal quale il colle, e la porta presero il nome. Si vedono ancora nelle mura della Città vestigij di quel palazzo;nell'istesso colle fù'l sepolcro della famiglia Domitia,nel qual fù sepolto Nerone Imperatore. Nella sommità del colle si troua vn volto, che fù già parte d'vn Tempio del Sole. Iui appresso giaceua per terra vn'Agguglia di pietra thasia con queste parole intagliate. Soli Sacrum.

Il tempio di S.Trinità de'Frati minimi Paolini Francesi, fù fatto da Lodouico XI. Rè di Francia, nel quale vedrai alquanti sepolchri di Cardinali,e quel di M. Antonio Moreto all'altar grande,è sepolto iui anco il gran Cardinale di Carpi.

Alla porta Collina vicin'à S. Susanna,Sallustio (come hauemo detto) vi hebbe i suoi horti

ame-

 amenissimi, e le sue case) delle quali si vedono
ancora le rouine nella Valle, per doue si và alla
Salara. Quiui fù vn'aguglia molto grande, hora portata altroue, e consacrata alla Luna, con
molti Hieroglifici scolpiti. Il loco si chiama ancora Saloftrico. Il campo Scelerato, ò la via sce-
lerata, che vogliamo dire, era il loco, doue le
Vergini Vestali trouate in fallo si sepelliuano
viue, & era dalla porta Collina allongo le case,
e gli horti di Sallustio, fin'alla porta Salaria.

La porta Salaria, fù chiamata anco Quirinale, Collina, & Agonale in quella vicinanza; à
finistra della via Salaria si vedono le rouine
del tempio di Venere Ericina, la qual era fe-
fteggiata d'Agosto dalle donne come Vericor-
dia, cioè perche haueua potestà di riconciliare i
mariti con le mogli. Qui si faceuano i giuochi
Agonali, perilche fù detta porta Agonale.

Tre miglia fuor della città fù posto vn ponte sopra l'Aniene da Narsete, come dice il titolo, & ancora è intiero. Si dice di Annibale, che
in questo loco spauentato dalle gran pioggie
lasciò l'assedio, e si partì con le sue genti. Poco più à basso l'Aniene si congiunge al Teuere,
& iui Torquato superò quel Gigante Francese,
dal collo del quale leuò la collana d'oro, la
qual (perche in latino si chiama torque) diede à
lui il nome di Torquato. E cosa da notare, che
l'acqua del Teuere se si piglia vn poco di sopra
della Città verso'l mare, si conserua sana, e bella per alquanti anni, ilche auuiene per la mistio
dell'Aniene co'l Teuere, percioche l'Aniene hà
l'acque molto infette, e piene di salnitro, ilqual
le mantiene, e fà, che non si guastano, se nõ dif-
ficil-

ficilmente, e quelli, c'habitano allongo il Teuere, auanti che l'Aniene vi entri, meschiano l'acque dell'vno, e dell'altro infieme (hauendofele
potuto prender folo feparatamente)à pofta, perche durino. Nella fabbia dell'Aniene ritrouanfi
faffetti fatti in diuerfe forme, che imitano confetti, altri rotondi, altri lunghi, altri piccioli, al-
altri groffi, sì che ftimafi di vedere mandole, fi-
nocchi, anifi, coriandoli, e cannelle confettate :
de'quali faffetti fpeffo fi fà qualche burla alli
banchetti: perche ogni perfona vi reftarebbe in-
gannata, e perciò fi chiamano confetti di Tiuoli. Racconta Tito Celio Patricio Romano, che
alli tempi paffati fù ritrouato vn corpo humano aperto, e gettato nell'Aniene, attaccato ad v-
na radice d'irbore fotto acqua, fi conuertì in
faffo fenza punto guaftarfi, il che dice d'hauer
vifto con i proprij occhi.

A porta Salaria fono le reliquie del Tempio
dell'Honore, e del Suburbano di Nerone, doue
aiutato da Sporo Liberto, mentre intefe, che il
Senato lo cercaua per caftigarlo, cò vn pugnale nella tefta s'ammazzò.

Dentro la città appreffo la Valle del colle di
S. Trinità, e del Quirinale, è la Chiefa di S. Nicolò de Archemontis, cofi detta, perche vi era il
foro, ouero piazza d'Archemotio.

Vicino alla vigna, che fù del Cardinal de
Carpi fono certe camere, e volti con lungo ordine, delle quali fabriche fon diuerfe opinioni;
perciòche penfano alcuni, che fij ftato vna Taberna; altri, che fijno ftate l'habitationi delle
meretrici per i giochi Florali, li quali fi faceuano nel Circo.

V 4 Alla

Alla Chiefa de i dodeci Apoftoli vedefi vn
leone di marmo, opera lodata, e nella cafa del
Colonna fi troua vn marmo di Meliffa donna,
come dice l'infcrittione.

De i Cemeterij di Roma, cauati da Onofrio Panuino. Cap. X.

IL Cemeterio Oftriano, ch'era nella Salaria
trè miglia fuori della Città, fi penfa, che fij
ftato il più antico di tutti; percioche S. Pietro
Apoftolo in quello amminiftrò il Sacramento
del Battefimo. Ne parla il Protonotario della S.
Chiefa Romana ne gli atti di Liberio Papa al
c. 3. in quefta forma. Era poco lontano dal Cemeterio di Nouella trè miglia fuori di Roma,
nella Via Salaria il Cemeterio Oftriano, doue
Pietro Apoftolo battezzò.

Eraui il Cemeterio Vaticano appreffo'l tempio d'Apolline, & il Circo di Nerone, nella via
trionfale, pofto ne gli horti di Nerone, doue hora è la Chiefa di S. Pietro. Quefto, oltre i fepolcri de'Chriftiani, haueua anco vn fonte del S.
Battefimo, il che non era communemente in
tutti.

Lontano fette miglia, ò poco più da Roma
era il Cemeterio detto ad Nimphas, nella poffeffione di Seuero, nella via Nomentana, nel
quale furono fepolti i corpi de'SS. Martiri A-
leffandro Papa, &c.

Due miglia fuori di Roma era il Cemeterio
vecchio ampliato dal Beato Califto Pontefice,
dal quale anco prefe il nome. Era nella Via
Appia fotto la Chiefa di S. Sebaftiano. In
quefto erano certi luochi fotterranei detti Cata-
ombe, dou'è vn pezzo, che fono ftati i corpi
de'

de'SS.Pietro, e Paolo Apoftoli.

Vicino al Cemeterio di s. Califto era quello di S. Sotero. Era in quella vicinanza nella Via Appia anco il Cemeterio di S. Zefirino Papa, apprello le Catacombe, e quello di San Califto.

Il Cemeterio di Calepodio Prete nella via Aurelia due miglia fuori di Roma fuori della porta Gianicolefe apprello S. Pancratio.

Quel di Preteftato prete nella via Appia andando giù à man finiftra vn miglio, doue fù fepolto Vrbano Papa.

Quel di S. Partiano Papa vicino à i SS. Abdon, & Sennen.

Quel di Ciriaco nella poffeffione Verana, nella Chiefa di S. Lorenzo fuor delle mura.

Quel di Lucina nella via Aurelia fuor della porta di S. Pancratio.

Quel d'Aproniano nella via Latina non lontano dalla Città, doue fù fepolta S. Eugenia.

Quel di S. Felice Papa nella via Aurelia vn miglio fuor della Città, aggionto al Cemeterio di S. Calepodio apprello S. Pancratio fuor della porta Gianicolenfe.

Il Cimiterio di Prifcilla, chiamato di S. Marcello Papa nella via Vecchia Salaria in Cubiculo claro alla Critta di S. Crefcentione, tre miglia fuor della città, dedicato da S. Marcello.

Quello di S. Timoteo prete nella via Oftienfe, comprefo hora nella Chiefa di S. Paolo.

Quello di Nouella trè miglia fuor di Roma nella via Salaria.

Quello di Balbina, detto anco di S. Marco Papa trà le vie Appia, & Ardeatina, apprello la Chiefa di S. Marco Papa.

V 2 Quel-

Quello di s.Giulio Papa nella via Flaminia, appreſſo la Chieſa di s. Valentino fuor
delle mura della Città; queſto ancora ſi può
vedere nella Vigna de i Padri Eremitani di
s.Agoſtino.

Quello di s.Giulio Papa nella Via Aurelia.

Quello di s.Giulio Papa nella Via Portueſe.

Quello di s.Damaſo trà le Vie Ardeatina,
& Appia.

Quello di s.Anaſtaſio Papa dentro alla
Città nella Regione Eſquilina, nel Vico d'orſo appreſſo s.Bibiana. L'Orſo era appreſſo il
Palazzo di Licino vicino alla portà Taurina,
nella Via Tiburtina.

Il Cemeterio di s.Hermete, ò Domirilla,
fatto da Pelagio Papa nella Via Ardeatina.

Quello di s.Nicomede nella Via Ardeatina
ſette miglia fuori di Roma.

Quello di s.Agneſe nella Via Nomentana.

Quello di s.Felicita nella Via Salaria.

Quello de' Giordani, done fù ſepolto Aleſs.

Quello de'ſanti Nereo, & Archileo nella
Via Ardeatina, nella poſſeſſione di s.Domitil-
la due miglia fuori di Roma.

Quello di s.Felice, & Adauto nella via O-
ſtienſe, due miglia fuori di Roma.

Quello de' SS.Tiburtio, e Valeriano nella
via Labicana, tre miglia fuori di Roma.

Quello de' Santi Pietro, e Marcellino nella
via Labicana, appreſſo la Chieſa di s.Helena.

Quello de' SS.Marco, e Marcelliano nella
Via Ardeatina.

Quello di San Gianuario riſtorato da Papa
Gregorio III.

Quello di s.Petronilla ornato da Papa Greg.

Quel-

Quello di s.Agata à Girolo nella via Aurelia.
Quello di Orfo a Partenfa.
Il Cardino nella via Latina.
Quello trà i due Lauri a S.Helena.
Quello di S.Ciriaco nella via Oftienfe.
Ma fi deue notare, che Aftolfo Rè de' Longobardi cauãdo di terra intorno a Roma molti corpi di Santi, rouinò anco i loro Cemeterij.
E che Paolo, e Pafcale Pontefici ripofero nella Città, nelle Chiefe di s.Steffano, di s.Siluestro, e di s.Praffede molti corpi Santi, i quali erano in Cemeterij rouinati, e guafti. E che i Chriftiani li fepeliuano ne' Cemeterij, doue erano fepolchri di marmo, ò di mattoni, e che de' fepolchri alcuni erano hereditarij, altri dati in dono, e che finalmente vi erano i lochi affegnati per le fepolture de' Chriftiani in particolare.

Seguono le Stationi Romane, conceffe da Pontefici diuerfi à diuerfe Chiefe di Santi, con gran priuilegio d'Indulgenze.

LA prima Domenica dell'Auuento è Statione à S.Maria Maggiore.
La feconda a S.Croce in Gierufalem.
La terza à S.Pietro.
Il Merçordì de' Tempori a S.M.Maggiore.
Il Venerdì alli dodeci Apoftoli.
Il Sabbato à S.Pietro.
La Domenica alli SS.dodeci Apoftoli.
La Vigilia di Natale a s.Maria Maggiore.
Nella prima Meffa del Natale a S.M. Maggiore al Prefepe.
Nella feconda Meffa a S.Anaftafia.
Nella terza Meffa a S.Maria Maggiore.
Il giorno di San Steffano a San Steffano nel Monte Celio.

Il dì di S.Gio: Apoſtolo à S.Maria Maggiore.
La feſta degl'Innocenti à S.Paolo.
Il giorno della Circoncifione del Signore à S.
    Maria oltra il Teuere.
Nel dì dell'Epifania à S.Pietro.
La Domenica della Settuagefinta à S.Lorenzo
    fuor delle mura.
Quella della Seffagefima à S.Paolo.
Quella della Quinquagefima à S.Pietro.
Il I. giorno di Quarefima à S.Sabina.
Il II. à S.Gregorio.
Il III.à S.Giouanni e Paolo.
Il Sabbato à S.Trifone.
La I. Domenica in S.Gio:Laterano.
Lunedì à S.Pietro in Vincola.
Martedì à S.Anaſtafia.
Mercordì delle Tepora à S.Maria Maggiore.
Giouedì à S.Lorenzo in Panifperna.
Venerdì delle tempora alli dodeci Apoſtoli.
Il Sabbato à S.Pietro.
La II.Domenica à S.Maria in Domnica.
Lunedì à S.Clemente.
Martedì à S.Sabina.
Mercordì à S.Cecilia.
Giouedì à S.Maria in Traſteuere.
Venerdì à S.Vitale.
Sabbato alli SS.Marcellino, e Pietro.
La terza Domenica à S.Lorenzo fuor delle
    mura.
Lunedì à S.Marco.
Martedì à S.Potentiana.
Mercordì à S.Siſto.
Giouedì alli SS.Cofmo, e Damiano.
Venerdì à S.Lorenzo in Lucina.
Sabbato à S.Sufanna.

La

La quarta Domenica à S.Croce in Hierusalem-
me.

Lunedì alli SS.Quattro Coronati.

Martedì à S.Lorenzo in Damaso.

Mercordì à S.Paolo.

Giouedì alli SS.Siluestro,e Martino.

Venerdì à S.Eusebio.

Sabbato à S.Nicolò in Carcere.

La quinta Domenica, detta di Passione, à S.Pie-
tro.

Lunedì à S.Grisogono.

Martedì à S.Quirico.

Mercordì à S.Marcello.

Giouedì a.S.Apollinare.

Venerdì à S.Stefano nel monte Celio.

Sabbato à S.Giouanni auanti la porta Latina.

La Domenica delle Palme à S.Gio:Laterano.

Lunedì Santo à S.Prassede.

Martedì à S.Prisca.

Mercordì à S.Maria Maggiore.

Giouedì santo, che si chiama anco *In Coena
Domini*, à S.Giouanni Laterano.

Il Venerdì santo, che si chiama anco *In Para-
sceue*, à S.Croce in Gierusalemme.

Sabbato Santo à S.Gio:Laterano.

La Domenica di Pasqua di Risurrettione del
N.S.à S.Maria Maggiore.

Lunedì a S.Pietro.

Martedì à S.Paolo.

Mercordì à S.Lorenzo fuor delle mura.

Giouedì alli santi dodeci Apostoli.

Venerdì à S.Maria Rotonda.

Sabbato auanti l'ottaua, quale si chiama Sabbato in Albis, à S.Giouanni Laterano.

La Domenica dell'Ottaua di Pasqua, la qual si
chia-

chiama anco Domenica in Albis,a San Pancratio.

La.festa dell'Ascensione à S.Pietro.

La Vigilia della Pentecoste à S.Gio.Laterano.

La Domenica della Pentecoste à s.Pietro.

Il Lunedì à S.Pietro in Vincola.

Il Martedì a S.Anastasia.

Il Mercordì de' Tempori a s.Maria Maggiore.

Il Giouedì a S.Lorenzo fuor delle mura.

Il Venerdì alli Santi dodeci Apostoli.

Il Sabbato a S.Pietro.

Il Mercordì de i Tempori di Settembre a Santa Maria Maggiore.

Il Venerdì alli Santi dodici Apostoli.

Il Sabbato a s. Pietro.

Sono poi altre Stationi per ogni festa di
qualche S. ò Apostolo,ò Martire,ò Confessore,
ò Vergine, del qual si ritroui la Chiesa in Roma, e per l'ordinario le Chiese ne i giorni delle
loro feste sono visitate da gran quantità di gēte,celebrandoui spesso Messa l'istesso Pontefice,ò almeno assistendoui alla Celebratione con
gran numero di Cardinali,ò Prelati.

Della Libraria Vaticana del Sommo Pontefice.

LA Libraria Vaticana del Pontefice vien
frequentata ogni giorno da persone dotte,e meritamente;percioche è piena di libri antichissimi d'ogni professione scritti à penna in
pergameno,Greci,Latini, Hebrei, e d'altri lin-
guaggi. Si che è miracolo, che i sommi Pontefici in tanti negotij, in tante disgratie, in tante
guerre ciuili, e straniere, in tanti saccheggia-
menti della Città di Roma,habbino tuttauia

con tanto ſtudio ſempre atteſo à raccoglier libri, & à conſeruare i raccolti.

Siſto V.Pontefice a noſtra memoria,l'hà ordinata,& aggrandita mirabilmente, aggiongendooi fabrica nobile, & facendoui fare pitture eccellentiſſime. Ilche loda in vn Poema ſingolare Guglielmo Bianco Franceſe, & Fra Angelo Rocca Veſcouo,per modo d'Hiſtoria, ne parla diffuſamente,com anco Onofrio Panuino dell'iſteſſo ordine del Rocca, cioè degli Heremitani,ne tratta in opera,che non sò ſe ſia ancora ſtampata.

Si deſidera da i Dotti ſolo queſto, cioè, che per gratia del ſommo Pontefice ſi ſtampaſſe l' Indice de i Libri sì Greci, come Latini,i quali in quella Libraria ſi ritrouano,perche à queſto modo andariano à Roma diuerſi à poſta, per dar lume,ò per correggere Auttori,i quali ò in tutto non ſi ſono mai veduti, ò ſi leggono pieni d'errori. Coſì hà fatto la nobile Città d'Auguſta, la qual hà mandato fuori vn'Indice de i ſuoi Libri,& hà inuitato tutti ad andare à confrontar i ſcorretti per correggerli. E quãti libri ſono ſtati donati alla luce da Franceſeo I. & da Henrico II.Rè di Francia. Quanti benefieij hà hauuto la Republ.dei Letterati della Libraria del Gran Duca di Toſcana. Ma più ſe ne potrebbono hauer da quella del Pontefice,la quale è veramente Regia.

Vi ſono altre Librarie ancora in Roma, come quella del Capitolo de i Canonici del Vaticano.Quella,che fù del Cardinal Sirleto, & hora è del Colonna ſtimata 20000. ſcudi. Quella de' Sforza,e quella de' Farneſi abbondante di Libri Greci.

Ma

Lafciò molte altre Librarie di priuati, piene
però di libri rari,come quella, che fù di Fuluio
Orfino. Quella di Aldo Manutio figliuolo di
Paolo Nipote d'Aldo paffato à miglior vita in
verde età, il quale hà lafciato vna libraria di
80. mila libri. Ma fi deue notare, che Fuluio
Orfino morendo l'anno 1600.hà lafciato la fua
alla Libraria del Pontefice. Et Afcanio Colonna non mai a baftanza lodato hà comprato
quella,ch'era del Sirleto per 14.mila fcudi,e le
ha deputato cuftodi intelligenti, con ftipendij
honefti,acciò non fi fmarrifca in conto alcuno,
anzi s'accrefca.

Si sà,che'l Gran Duca di Fiorenza ha librarie nobili di libri Greci, e quel d'Vrbino di
Matematica.In Cefena è la libraria de'Malatefti nel conuento de'Minori. In Bologna è quella de'Padri Predicatori. In Venetia quella della Republica.In Padoua era quella di Gio: Vicenzo Pinello tutte celebri. Ma torniamo alla
Vaticana di Roma.Scriue il Panuino vn'opera
non ancora, che fappiamo, ftampata in quefto
fenfo,parlando della Libraria Vaticana.

Habbiamo per cofa certa,che i Gentili foleuano conferuare i libri loro in Librarie publiche,
& in priuate,sì come anco è chiaro,che la Chiefa Cattolica da Chrifto in quà fempre ha hau-
to in diuerfi lochi librarie facre da feruire i ftudiofi, perche S.Agoftino nella narratione, che
fà de perfecutione Arianorum in Ecclefia Ale-
xandrina, dice, che nelle Chiefe de'Chriftiani
erano librarie,e fi conferuauano con gran cura
di libri.Onde accusò l'impietà degl'Ariani, trà
l'altre,in quefta,che haueano tolto, & abbrug-
gia-

giato i libri della Chiefa . S.Girolamo anco fà
mentione dell'ifteffe librarie,quando fcriuendo
à Pammachio de i fuoi Libri contra Giouiniano, dice, feruiti delle Librarie della Chiefa .
Eufebio ancora nel libro 119.al cap. 11.fcriue,
che la Chiefa haueua libri facri ne gl'Oratorij,
e ch'al tempo di Diocletiano,acciò s'eftinguef-
fe in tutto il nome Chriftiano,eran ftati fouuer-
titi gl'Oratori,e brugiati i libri, nè mancano di
congietturare quefto nella Scrittura; perciòche
San Paolo fcriuendo à Timoteo, le commanda,
che porti feco i fuoi libri à Roma,maffime quei
in pergameno, e nella prima alli Corinthi teftifica,che nella Chiefa de i Corinthij fi foleuano
leggere i libri Profetici:& Eufeb, nel lib.5.del-
l'Hiftoria Ecclefiaftica al cap. 10.dice, che San
Bartolomeo Apoftolo andato à predicar à quei
dell'Indie, vi lafciò l'Euangelio di San Marco
fcritto in lingua Hebrea di fua mano, il quale
efemplare Origene ritrouò in India, & di lì lo
portò (come dice S.Girolamo) in Aleffandria,
quando anco riportò d'Oriente Melitone i Libri Canonici del Teftamento Vecchio . Finalmente gli Hebrei ancora cuftodiuano diligète-
mente i fuoi Libri facri,e per ogni Sabbato leg-
geuano nelle fue Sinagoghe i Libri di Moisè;
per il che è ragioneuole da credere,che gl'ifteffi
fatti Chriftiani habbino offeruato l'vfanza fua
di metter'ogni diligenza in copiare,e conferuare i libri Profetici,e quelli de gl'Apoftoli, e de
gl'Euangelifti;ma i luochi, oue fi conferuano i
Libri,non hanno hauuto fempre vn nome folo,
perciòche fi chiamano Archinij, Scrigni, e Bi-
blioteche,ò Librarie, come negli Auttori fi vede

de alla giornata,& in particolare il Bibliothecario nelle vite di Celeſtino, di Leone, di Gela-
ſio,di Bonifacio Secondo,& Anaſtaſio nelle vite di Martino, di Leone, di Giouanni VI. di
Stefano Secondo Pontefici, e San Girolamo nel
Prologo ſopra Heter nominano Archiuij i luochi, dou' erano ripoſti i libri ſcritti. E S.Gre-
gorio nel Prologo delle ſue 40. Homilie al ſecondo dice, che le ſue Homilie ſono ripoſte nel
Scrigno della S. R. Chieſa, come anco Giulio
Papa ſucceſſor di Marco, che ſeguì Silueſtro,
nomina l'iſteſſo loco de i libri Scrigno.In quã-
to poi al nome di Bibliotheca, ò Libraria non
occorre addurne eſſempij,perch'è cõmuniſſimo.

Soleuanſi dunque indubitataméte conſeruare in luochi deputati le memorie di maggiore
importanza:I Libri della Bibia dell'vno, e del-
l'altro Teſtamento,& i libri de i ſacri Dottori,
molti de i quali ſcritti dagl' iſteſſi ſuoi Auttori
per queſta via,ſono arriuati fin'à i tempi noſtri,
e dureranno per i tempi futuri à Dio piacendo.

E perche nel metter'inſieme,e conſeruar'i libri,faceua biſogno ſpender'aſſai, sì in ſcrittori,
come anco in diligenti Inquiſitori, e conſerua-
tori; perciò ſoleuano i Chriſtiani più ricchi cõ-
tribuir'ogn'vno qualche portione,e parte ſi to-
glieua del commun hauere dellaChieſa,per poterlo fare, & in particolare s'hà da noi grand'-
obligo à Coſtantin Magno Imperatore,ilqual
come racconta Euſebio nel lib.3. della vita di
quello,ſenza riſparmio di ſpeſe volle al tutto
raccogliere,e mettere in ſicuro i libri ſacri,qua-
li erano ſtati da i Gentili ne i tempi delle perſecutioni,quaſi affatto diſperſi.

E

E ben vero poi,che'l carico di raccoglier,cu-
ftodire,e difcernere i libri particolarmente,era
de i Vefcoui, e dei Preti ; per il che foleu ano
mantenere Notari , Librari, e donne efercitate
nel fcriuer per quefto fine,come cauafi dalla vita di Ambrofio,e di Origine. Trà tutti fi mette
per diligentiffimo raccoltor di libri Pantenio
Rettore della Scola Aleffandrina . Parimente
Panfilo Prete, e martire (come racconta Eufebio)inftituì,e gouernò con grand'induftria vna
bella libraria,ponēdoui i libri d'Origine,& anco altri fcritti à mano, della quale Libraria
Cefarienfe fà mentione S.Girolamo contra Ru-
fino. Cofi anco Aleffandro Vefcouo di Gierufalem radunò vna quantità di libri ; come di
Betillo, d'Hippolito, di Caio, e d'altri Scrittori
Ecclefiaftici,e ne fece vna degna libraria,come
teftifica Eufebio, il quale anco dice di effer ftato aiutato dall'ifteffo Aleffandro nello fcriuere
l hiftoria Ecclefiaftica.

Ma per non paffare fenza raccontare alcuna
cofa anco della diligenza de i noftri in fimil'o-
pera,di emo,che Clemente Primo Pontefice ,
fucceffor di Pietro, il qual fcriffe molte Epifto-
le vtili alla Chiefa Romana, deputò fette
Notari nelle fette contrade di Roma ; i quali fi
manteneuano dell'entrata della Chiefa , acciò
haueffero cura di cercar diligentemente, e di
fcriuere i gefti de i Martiri. Aniceto Pontefice
parimente s'affaticò in far ritrouare,& in ripo-
ner in loco ficuro le Vite de i martiri fcritte da
i Notari. Fabiano Papa ordinò fette Diaconi,
che foffero fopraftanti alli detti Notari , acciò
meglio fi efequiffe quel carico di raccogliere li
vi-

vite de'SS. Martiri, de i quali Notari anco rendono teſtimonianza l'attioni del Concilio Romano ſotto Silueſtro. Di più Giulio Papa ſucceſſor di Marco, che ſeguì Silueſtro, determinò,
che gl'iſteſſi Notari ſopranominati raccoglieſ-
ſero diligentemente ciò, ch'apparteneua ad ampliare, e fortificare la ſanta fede Cattolica, e che
tutte le coſe da loro raccolte foſſero riuiſte dal
loro Primicerio à queſto effetto creato, il quale
poi riponeſſe, e conſeruaſſe nella Chieſa tutto
quello, che haueſſe approuato. Et Hilario Papa
fù il primo, che ſappiamo, quale fabricò in Roma due Librarie appreſſo i fonti del Laterano,
nelle quali fece riponere, e conſeruare à publico
vſo de i Chriſtiani (perche in quei tempi i libri
erano pochi, & erano in gran prezzo, douendoſi
reſcriuere ſempre à mano) i ſcritti della Chieſa
Romana, l'Epiſtole decretali de i Pontefici, e le
attioni de i Concilij, le ricantationi, & opinioni de gli Heretici, & i libri de i SS. Padri.

Mà per tornar à propoſito della Vaticana
Libraria, s'hà da ſapere, che vſata tanta diligenza da i Sommi Pontefici, quanto hauemo detto
nel raccoglier libri, ne fù meſſa inſieme, oltre le
dette librarie publiche, vn'altra forſe maggiore
nel Palazzo Pontificio nel Laterano, la quale
vi durò per mille anni in circa, fin che Clemente V. trasferì in Francia la Sede Apoſtolica,
con la quale fece portare la detta libraria Lateranenſe in Auignone di Francia, & iui durò
110. anni in circa, finche leuate le differenze trà
i Cattolici, Martino V. Pontefice di nuouo fece
condurr'à Roma la Libraria, facendola porre
non più nel Laterano, mà nel Vaticano, doue il

Pon-

Pontefice Romano fi haueua eletto ftanza. E-
rano però i libri ripofti confufi, e fenz'ordine
alcuno, oltre che n'era perduta di buona parte.
Al che hauendo l'occhio Sifto Quarto, e paren-
dole infopportabile, che tanta quantità di buoni libri andaffe di male per mal gouerno, edificò luoco à propofito, e l'ornò con ogni modo
poffibile per conferuarui i detti libri, aggiun-
gendouene quanti ne puotè hauere, facendoli
difponere con buon'ordine, e procurando, che
con diligenza foffero gouernati da diuerfi officiali, a quefto da lui deputati, applicandoui da
cento fcudi all'anno in perpetuo, ch'era il donatiuo, il quale foleua fare alli Pontefici Romani ogn'anno il Colleggio de' Scrittori delle
lettere Pontificie, acciò i Conferuatori di quella haueffero anco qualche certo premio della
loro diligenza, e fatica. Quefta dunque è la Libraria Vaticana piena di libri fcritti à penna
in bergamina, i più rari, che fi habbino potuto
ritrouare, iquali paffano il numero di fei mila.

Anticamente quello, ch'era prefidente alla
Libraria, fi chiamaua Libraro, & alle volte
Cancelliero, l'officio del quale era di raccoglier
con diligenza non folo i libri, ma copiare anco
le Bolle, & i decreti de i Pontefici; gli atti, &
conftitutioni dei finodi, e cuftodire ogni cofa
diligentemente, perche pareua conueneuole,
che foffe il Cancelliero, anzi (come diciamo hora) il Secretario del Papa quello, che
haueffe il carico di maneggiare, e conferuare
li Libri, fendo all'hora la libraria, come vna Se-
cretaria, ò Cancellaria: mà a'tempi noftri gl'of-
cij di Cancellaria, e di Libraria fono diuifi.

Si

Si foleuano elegger' huomini di gràn fapere,e di buona vita per Prefidenti alla Libraria;
fi che racconta Anaftafio nella vita di Gregó-
rio Secondo, ch'effo Gregorio Secondo auanti
foffe Papa fù Prefidente alla Libraria del Là-
terano, e che fù condotto à Coftantinopoli da
Coftantino Papa à Giuftiniano Secondo Imperatore, dal quale interrogato, rifpofe dottamente; coſi anco il Bibliotecario nella vita
dell'ifteffo Gregorio Secondo dice, ch'egli da
putto fù alleuato nel Palazzo Lateranenfe, e
fatto Diacono da Papa Sergio, prefe il carico
della Libraria, &c. Finalmente Siſto Quarto
il dì decimoquinto di Luglio dell' anno 1475.
che fù il feſto del fuo Pontificato, creò vn
perpetuo cuftode alla libraria Vaticana da fe
ordinata, inueftendolo in quell'officio con vna
fua Bolla.

Bartolomeo Platina Cremonefe Scrittor'A-
poftolico, e familiare di Sifto IV. fù il primo
Prefidente alla libraria Vaticana, eletto con
dieci fcudi il mefe di prouifione; oltre il viuere
fuo, e di tre ferui, & vn cauallo, & oltre le Regaglie, che fuol dare il Papa alli fuoi famigliari, cioè legne, fale, oglio, aceto, candele, fcope, &
altre fimili cofe.

Bartolomeo Manfredo Chierico Bolognefe
Dottor de' Canoni fù da Sifto IV. l'anno 1481.
che fù l'vndecimo del fuo Ponteficato, il dì 26.
d'Ottobre, eletto nel carico del Platina defonto. Era il Manfredo familiare del Pontefice, &
dotto a merauiglia. Era per dare fplendore à
queft' officio, il Papa determinò, che i Prefi-
dēti della libraria, per l'auuenire foffero primi
Scudieri del Pōtefice Rom. & in perpetuo rice-

ueffero

ueſſero gli honori , & gli vtili ſoliti , dando
però eſſi prima ſicurtà di dieci mila ducati alla
Camera Apoſtol. , & giurando di cuſtodire fedelmente , e diligentemente la Librària . Dopò il Manfredo ſono creati i ſeguenti ſucceſſi-
uamente.

Criſtoforo Perſona Romano Priore di Santa Balbina l'anno 1484.

Giouanni de i Dioniſij Veneto, l'anno 1487.

Vn Spagnuolo Archidiacono di Barcellona
nel 1452. Forſe queſto è quel Girolamo Paolo
Cat alano Canònico di Barcellona ; Dottore
nell'vna, e nell'altra Legge, che fù Cameriere
d'Aleſſandro VI. ne i libri del quale fù trouata
la Prattica della Cancellaria Romana ſtampata l'anno 1493. che fù il ſecondo del Ponteficato di Aleſſandro VI.

Giouanni Fonſali Spagnuolo Veſcouo Ite-
raneſe l'anno 1495.

Fr. Volaterrano Arciueſcouo di Raguſi, l'-
anno 1495.

Tomaſo Ingeranni, ò Fedra Volateranno l'-
anno 1510.

Filippo Beroaldo l'vltimo Bologneſe, dell'-
anno 1516.

Fra Zenobio Azziaiolo Fiorentino dell'Ordine de i Predicatori, l'anno 1518.

Girolamo Aleandro della Mota Arciueſcouo Brundeſino Cardinale del 1537.

Agoſtino Steucho Eugubino Veſcouo Chi-
ſamenſe della Congregatione di San Saluatore
l'anno 1538.

Marcello Ceruino da Monte Pulciano Prete
Cardinale di Santa Croce in Hieruſalem 1548.
creato da Paolo III. Coſtui non volſe accettare

ij

il ſtipendio,e le 4. ſportule ſolite darſi allì Pre-ſidenti della Libraria ; ma diſtribuì quegli e-molumenti a due Correttori Latini, & ad vno, che haueſſe il carico di trouare,e poner i libri,e di ſcopare,

Roberto de'Nobili da Montepulciano Dia-cono Cardinale, con titolo di S.Maria in Do-minica;creato da Paolo IV.l'anno 1555.

Alfonſo Caraffa Diacono Card. di S. Maria in Dominica l'anno 1548.creato da Paolo IV.

Marc'Antonio Amulio Prete Cardinale Ve-netiano del 1565.

Guglielmo Sirletto Prete Cardinale Cala-breſe il giorno 20.di Maggio del 1572.

Antonio Caraffa Napolitano Prete Cardin. con titolo di San Giouanni,e Paolo,il dì 15. di Ottobre del 1585.

Gugliemo Alano Prete Cardinale Ingleſe del 1591. di Genaio, creato da Clemente Ot-tauo.

Marc' Antonio Colonna Veſcouo Cardinale creato da Clem.VIII. l'anno 1584. d'Ottobre

Antonio Saulio Prete Cardinale,creato dall' iſteſſo Clemente l'anno 1597.di Maggio.

E perche ſaria ſtato impoſſibile, che vn ſolo poteſſe intendere ſufficientemente al gouerno di tanti libri,l'iſteſſo Siſto IV. diede al Preſidē-te della libraria due altri cuſtodi perpetui,per-ſone di buona fede,e diligenti,i quali aiutaſſero in quel carico, dando trè ſcudi per vno di ſala-rio al meſe, & il viuere con l'altre regaglie di ſopra nominate per ſe,e per vn ſeruitore ; e fu-rono i primi Gio: Caldelli Chierico Lioneſe, e Pietro Demetrio da Lucca, ch'era Lettore nel Tinello del Pontefice,creato l'anno 10.del Pō-

ti-

tificato di Sisto il dì 29. Aprile) il dì primo di
Maggio. Morto Demetrio, Giulio secondo,
il dì sesto di Luglio dell'anno ottauo del suo
Pontificato, creò Lorenzo Parmenio di San Ge-
néfio Prete di Camerino, & in loco del Cadello.
L'istesso Giulio l'anno nono del suo Pontificato, il dì 1. Settembre. Questo Pont. il dì 23.
Agosto, il 1. anno del suo Ponteficato concesse
l'Inuerno vna Salma di Carbone ogni settimana alli detti custodi; mà hora per tutto il freddo se gliene danno 24. sole. Del 1534. succeffe
alli predetti Fausto Sabeo Bresciano Poeta, &
Nicolò Magiorano Hidronteno à questo, perche fù creato Vescouo di Monopoli, succeffe
Gugl. Sirleto, e Gir. Sirleto succeffe à Gugl. suo
fratello, creato protonotario. Feder. Ranaldo
Valnense succeffe al Sabeo, & Marin Ranaldo
Fratello di Feder. succeffe à Girolamo Sirleto.

Di più Sisto (acciò non mancaffe cosa alcuna
allo splendore della Libraria Pontificia) creò
tre con nome di Scrittori Periti, l'vno in Greco, l'altro in Latino, & il terzo in Hebreo, col
viuere, e con stipendio di quattro scudi al mefe: ma Paolo IV. doppiò il salario al Greco, &
vi aggiunfe tre altri scrittori, due Greci, & vno
latino: & ad vno di quelli Greci, & al Latino
affegnò due sportule per vno; & cinque scudi
al mese; ma all'altro Greco affegnò due sportule, con quattro scudi solamente. Ordinò di
più l'istesso Pontefice vn legatore con prouisio-
ne di quattro scudi.

Finalmente Marcello Coruino Presidente
alla Libraria instituì due correttori, & reuifori
de i Libri Latini, alli quali partì gli vtili, che
fi soleuano dare alli Presidenti, non hauendo

nendo esso voluto ritenerseli, come già hauemo narrato, & diede due sportule per vno,
delle quattro, che toccaueno à se, assignando
di salario cinque scudi ad vno, & quattro all'
altro, & il decimo scudo, che li auanzaua al
mese di dieci, ch'erano assignati al Presidente,
lo deputò à colui, che Paolo IV. haueua instituito per scopatore, al quale non furono concesse le regaglie. Li primi correttori Latini furono Gabriel Faerno Cremonese, & Nicolò
Maggiorano, alli quali Pio IV. aggiunse vn
correttore Greco, dando à ciascuno di loro
dieci scudi d'oro al mese.

Della Cerimonia del baciare i Piedi al Pontefi-
ce Romano.   Cap.   XI.

Cauato da Gioseffo Steffano Vescouo
Oriolano.

S I mostra, che ragioneuolmente il Pontefice
   porta le Scarpe con la Croce sopra, & à
lui si baciano li Piedi da i Popoli Christiani.
   Frà le molte cose, che riceuettero i Pontefici Romani da portare per insegne di Gloria,
& di dignità da Costantino Magno Imperatore, delle quali per molti tempi alla lunga sono
andati ornati, vi erano anco vn par di Vdoni
di bianchissimo lino per ornamento de i Piedi
(possiamo dir' Vdoni vesti de i Piedi in modo
di scarpette) de i quali si legge ne gli atti di San
Siluestro special memoria; percioche volse Co-
stätino, che i Pontefici Romani fossero vestiti i
Piedi di tela bianchissima, à modo de i Sacerdoti, e Profeti antichi, de i quali si legge nel
lib. 5 di Herodiano, che così andauano orna-
                                           ti.

ti. E sò certo, che i Sandali, ò Vdoni del Pontefice Romano sono stati sempre segnati con
qualche ornamento, a differenza di quelli, che
portano anco i Vescoui nella Celebratione delle Messe loro, essendo che'l Beato Antidio appresso Sigiberto l'anno 418. conobbe il Pontefice da i Sandalij, c'hauea. ilche non sarebbe auuenuto, se quelli del Pontefice non hauessero
hauuto segno distinto da quelli de i Vescoui. Si
dimostra da S. Bernardo nell'Epistola 42. che
i Sandali sono trà le insegne, le quali hà da o-
perare il Pontefice nella Solennità della Messa.
Il che dicono anco Innocentio III. nella Epistola decretale al Patriarcha di Costantinopoli,
Roberto nel lib. 1. *De diuinis Officijs*, c. 24. Iuo
Carnotense nell'Epistola 76. e nel Sermone 3.
De significatione Indumentorum. Rabano nel
lib. 1. al cap. 22. Durando nel lib. 3. cap. 18. e
molti altri.

Ma se ben'i Pontefici vsaron molti anni questa sorte di calceamenti di lino bianchissimo,
tuttauia, bisogna confessare, che al presente è
mutata l'vsanza, essendo successi in luoco di
quelli certi calceamenti rossi segnati con la croce. La causa della qual mutatione si deue attribuire parte alla riuerenza de i popoli, e parte alla consideratione della persona del Pontefice.

Prima in questo appare la humiltà del Pontefice, il quale conoscendo tutti i popoli pronti
à baciarle i piedi, hà voluto segnare la Croce
nella sua coperta de i piedi, acciò tanto honore non si dasse à se; mà al santissimo segno della Croce. Oltre che in questa guisa sua Santità
riduce in memoria de i fedeli, che li baciano i

piedi,la paſſione, e morte del noſtro Saluatore.
Con gran giudiſio dunque, & honeſtiſſimo pē-
ſiero, e fine s'hà introdotto il portare de i Sandali ſegnati con la Croce ne i piedi Ponteficij,
ſendo che il baciar la croce è atto di riuerenza,
che ſe le porta, introdotto nella S.Chieſa anti-
chiſſimamente, la qual'hà vſato riuerire, coſi
non ſolo la S.Croce, mà ancò le ſante Imagini
di Chriſto, e de i Santi, le quali Imagini ſoleuano i fedeli anticamente di più accoſtarſi
al volto, & alla teſta in ſegno d'honore, che à
loro portauano,come racconta Niceforo nel libro 17. al cap.15. e riferiſce il Zonara nel Tomo 3.nella vita di Theodofilo.

E inſegna ſublime de i Romani formata in
modo della Croce del Saluatore, la quale ſoleua andare auanti Coſtantino Imperatore, &,
era adorata dal Senato, e da i ſoldati, ſi chiamaua Liboria, forſe perche in Latino quaſi
vuol dir fatica, cioè perche ſouueniua quella
benedetta inſegna alli ſoldati, quando ſi affaticauano nel combattere, ouero perche nel portar quell'Inſegna quando ſi marchiaua,ò ſi faceuano le moſtre i ſoldati ſcambieuolmente vi
ſi affaticauano ſotto, come racconta Paolo
Diacono nel lib.11. dell'hiſtorie,e Nicolò primo alli conſulti de i Bulgari al capo 7. & 83.
Dimoſtra San Paolino Nolano nella Epiſt. 42.
molto chiaramente l'vſanza,ch'era, ch'i Prencipi, e gran Signori baciauano la Croce, ſotto-
mettendo a lei tutte le Inſegne della loro gloria,e maeſtà mondana. Nè ſi hà portato queſta
riuerenza ſolamente alla Croce, anzi anco à
tutti gl'altri ſtromenti della paſſione, del Signore, come riferiſce d'vn chiodo de i piedi di
Chri-

Chrifto, S. Ambrogio nel ragionamento, che fà
della morte di Theodofio. Per venir dunque
all'altro capo, per il quale giudichiamo effere
ftata conuenenole la mutatione de gli Vdoni
bianchi in Vdoni, ò Sandalij fegnati con la
Croce, diciamo, che in quefto i Pontefici hanno
cercato di dimoftrare efpreffa l'imagine del carico Apoftolico, perciòche hauendo eglino ri-
ceunto il carico d'infegnare à tutto il mondo,
e di predicare l'Euangelio, s'hanno parimente
ornato i piedi col fegno della Pace, e dell'E-
uangelio, acciò cofi poffano per tutto il mondo
andar perfetti in virtù del fegno della Croce.
Dice Ifaia quefto, fono belli i piedi di quelli,
ch'euangelizano la pace, e che predicano il bene; quafi che preuedendo quefte vfanze fi ma-
rauigliaffe, con haueffero ritrouato tanto conuenenole ornamento i capi del popolo Chriftiano da porfi in piedi, acciò le genti vedendo-
li non folo rimaneffero pieni d'allegrezza per
le buone nuoie, che da loro haueffero vdito; mà
anco fentiffero contento di hauerli vifti tutti
belli, tutti ornati, e fegrati fin'i piedi della figura della Santa Croce. Perciòche fi fogliono confiderare nelle perfone qualificate tutte le operationi, tutte le parole, tutti anco i veftimenti,
e coftumi fin ne i piedi, e cofi lo fpofo lodando
la fua fpofa metteua in gran confideratione,
che hauendo calciari belli, caminaua anco gratiofamente. Tertulliano nel libro dell'habito
delle Donne, mette differenza trà culto, & ornamento, dicendo, che il culto confifte nella qualità delle vefti, come, che fiano con
oro, con argento, e fimili abbellimenti, ma che
l'ornamento confifte nella difpofitione delle

parti del corpo, adoperandole. Dunque i Pontefici, i quali conciliano la Pace per via di sue lettere, e de i suoi ministri à tutte le nationi con gran merauiglia di tutti, hanno ottenuto, e conseguito l'vna, e l'altra delle predette parti, cioè il culto, e l'ornamento.

Oltre di ciò si fà il segno della Croce nella fronte, e nel petto de i fedeli, acciò come dice Agostino sopra'l salmo 30. non temano confessare la fede, & hauendo superato il Diauolo, ne portino l'insegne della vittoria nella fronte, così l'istesso segno si fà sopra i piedi del Pontefice, acciò egli sij indrizzato per quel segno nella buona via, nella quale hà da condur tutto'l popolo di Dio; onde per dimostrare il Pontefice, che à lui era stato dato questo santo Priuilegio di essere la guida nostra per mezo della Croce, nella quale (come dice Sant'Agostino nel Sermone 10. de Sanctis Tom. 10.) contengono tutt' i misterij, e tutt' i Sacramenti, egli fortificò per dir così i Piedi suoi con la Croce, acciò mostrando esso la via, e noi seguendolo insieme non ci smarriamo dal buono sentiero. Si può anco dire, che'l Pontef. porta la Croce sopra i piedi, acciò nelle persecutioni, e ne i pericoli tutto il popolo suo ricorra à i piedi suoi sicuramente, doue possi ritrouare modo di superare le difficoltà, e dottrina da opprimere l'heresie, facendo bisogno, sendo così scritto nel Deuteron. al cap. 33. (*Qui appropinquat pedibus accepit de doctrina eius,*) statuendo le quali cose tutte il fondamento loro nella Passione di Christo, molto ragioneuolmente hanno i Pontefici posta la cura sopra i piedi suoi, per dar segno di questi misteriosi significati.

Il

Ilquale coſtume è tanto vecchio , e fermo , che
nelle immagini antiche non ſi vede il Pontefice
dipinto, e ſcolpito, che non habbi anco la Croce à i piedi . Per le quali conſiderationi appare
manifeſtamente , che ſono in grande errore i
peruerſi , e maligni heretici de i noſtri tempi , i
quali dicono non ſtar bene,che'l Pontefice porti la Croce in piedi,anzi eſſere vna villania della Croce, & vna poca riuerenza . Riſpondendo
di gratia à queſto . Non è vero, che(come dice
Cirillo nel Tomo 3.contra Giuliano)ſi ſoleuano anticamente dipingere le Croci nell'entrate
delle caſe , & (come racconta Nazianzeno
nell'Oratione ſeconda contra l'iſteſſo) nelle veſti de i ſoldati furono ſegnate Croci venute
dal Cielo, e che la Chieſa per ſoccorrer d'aiuto ſpirituale i moribondi, li ſegna i piedi con
la croce, e ſi ſegnano anco i corpi delle beſtie
con la croce, come dice San Seuero de Mori-
bus boum , & San Chriſoſtomo in demon-
ſtratione, quòd Deus ſit homo . Non ſi ſegnano le Caſe, le Piazze,le Veſti, gli Armari , e ſi-
nalmente diuerſe altre coſe vſuali con la croce , come dice Leoncio Cipriotto contra i Giudei, acciò in ogni luoco,& in ogni attione ci ri-
duchiamo à memoria la Paſſione di Chriſto
Noſtro Signore . E diremo poi, che ſia poca riuerenza il porre la croce ſopra i piedi del Vicario di Chriſto, per la quale nō ſolo ci riduchia-
mo à memoria la Paſſione del Saluatore,quan-
do la vediamo, ma ancora intendiamo eſſere ſi-
gnificato, che douemo non ſolamente ſottomet-
tere alla croce , & calcar tutte le paſſioni mon-
dane , lequali ſono eſpreſſe nella Scrittura alle
volte co'l nome di Piedi , ma anco per l'amor

X 4   della

della Paffione di Chrifto ftimar niente tutte le
cofe, che fi contengono fotto la Luna. Ilche
non fi può fignificare tanto bene fegnando la
Croce in altri luoghi, quanto fegnandola fopra
i piedi del Pontefice, à baciare i quali tutte le
genti fedeli à gara concorrono.

*L' ISTESSO GIOVANNI STEFFA-
no in propofito della leuatione del Pontefice
Romano, dice in quefto fenfo.*

*Perche fi porti il Pontefice Romano
fopra le fpalle.*

NOn è fuori di propofito, che parliamo
della leuatione del Pontefice, percioche anco gl'Hiftorici antichi volendo dire, ch'
alcuno fia ftato creato Rè, ouero Imperatore,
dicono ch'egli è ftato leuato, & forfe in quefto
fenfo dice Claudiano.

Sed mix cùm folita mileste voce leuaffer. iſt

Nè fù quefto coſtume folo delle genti Barbare, ma anco de gl'iftefsi Romani, li quali
hauendo fatto alcuno Imperatore, lo leuauano
in alto, & lo portauano fopra le fpalle; cofi dice Ammiano Marcellino nel lib. 22. parlando
di Giuliano fatto Imperatore da'foldati della
Francia; cofi dimoftra Cornelio Tacito nel lib.
20. l'iftefſo dice Cafsiodoro de i Gothi nel lib.
10. Variarum Epift. 31. Quefta vfanza manifefta Adon Viennenfe ne i figlioli di Clotha-
ro. Giulio Capitolino parlando de i Giordani;
& Herodiano nel l. 7. parlando de gl' iftefsi.
Ne i quali tempi non folo fi eleuauano i Principi (come hauemo detto) Romani, & d'altre

tre nationi,mà ancora si soleua i Prefetti della
Città, per maggiormente honorarli, condurre
in cocchio con vn'Officiale auanti,il quale gri-
daua, che il Prefetto veniua, il che dichiarano
apertamente Simacho nel libro primo,e Caffiodoro nel sesto Form.ventiquattro,ma li Pontefici Romani, li quali hanno da Iddio somma
auttorità sopra la vita eterna, per dimostrar la
loro dignità soleuano esser condotti sopra certe
carrette per la Città,vestiti honestamente,come
ne fà fede Ammiano Marcellino nel libro vi-
gesimosettimo,nella concettione di Damaso,&
Vrcifino à punto in quel tempo, quando il mi-
sero Pretestato disegnato già Console del popolo Romano, soleua dire à S. Damaso Papa,
(come racconta San Girolamo nell'Epistola à
Pammachio) fatemi Vescouo di Roma,che subito mi farò Christiano, dalle quali parole si
può comprendere, che fin'all'hora la dignità
Pontificia moueua anco gl'animi alli personaggi principali, essendo, che'l Consolato
era Magistrato,al quale tutti gl'altri cedeuano,
come in più Epistole dimostra Caffiodoro nel
libro decimo,e Pretestato per esser Pontefice de
si Christiani, non solo haurebbe lasciato la sua
antica falsa religione, ma anco il Consolato.

Che fosse costume de gl'antichi Sacerdoti
andar in cocchio per maggior riputatione,
lo mostra chiaramente Tacito nel libro duodecimo,mentre parlãdo d'Agrippina, dice, che
ella andaua in Campidoglio in cocchio, come
alli Sacerdoti, & alli sacri Druidi era per la
dignità loro permesso, per accrescersi in questa
guisa la riputatione. E fù parimente costume

X 5 vsato

vfato dalle Vergini, (per quanto fi caua da Ar
temidoro nel primo libro de'dogmi,) e maffim
delle Veftali,che andauano in lettica accompa
gnate da copia di ferui con gran pompa, com
racconta Ambrofio Santo nella prima Epiftola
à Valentiniano.

Ma li Pontefici Romani,oltre la carretta, &
il cocchio, d'andare publicamente per la città,
haueuan anco vna fedia portatile,fopra laquale erano portati sù le fpalle da huomini à ciò
deputati,e che viueuano di tal' eflercitio; il che
non folo è manifefto per il luoco di Euodio,
doue dice, che nel quinto Sinodo vi era la Sedia della Confeflione Apoftolica: mà più manifeftamente fi caua dall'antichiffimo ordine
Romano,fcritto auanti Gelafio Papa,nel quale
fi legge in quefto fenfo. Quando il Pontefice è
entrato in Chiefa egli non và fubito all'altare,
mà prima entra in Sacreftia,foftentato da'Diaconi, i quali lo prefero, mentre fcendeua della
fua fedia,e cofi replica più volte quefta cerimonia di mettere il Papa in fedia quando hà da
far viaggio; e di foftentarlo a braccia nel venir
giù di fedia, quando è arriuato vicino, doue hà
da fermarfi.Nelle quali parole anco è da notare, che'l detto ordine chiama quefta fedia Pontificia in latino Sellare, che propriamente vuol
dir fedia maeftofa fatta per dignità , acciò fi
fappi, ch'era fedia fatta à pofta con maeftria, e
proportione.

In quanto poi all'effere portato il Pontefice
con le mani,voglio,che fij manifefto, che non
folo era portato fempre nel fuo venire giù della fedia,dopò compito il viaggio,mà anco era
dal clero,e dal popolo portato in altre occafioni,

ni,fenza,che foffe ftato in fedia, il che fi moftra
con gl'efempij di molti Pontefici, perciòche
Stefano II. (come dice il Platina, e Francefco
Giouanetto nel capo 90.) fù portato in fpalla
nella Chiefa di Coftantino,e da lì nella Latera-
na;& Adriano Secondo fù portato nella Chiefa Lateranenfe dal Clero, e da i primi della nobiltà cercando di farfi auanti anco la Plebe à
garra del Clero, e della nobiltà in quell'officio,
come appare nella defcrittione 6 3. nel cap. che
comincia, *Adrianus Secundus,* &c. & Gregorio IX. vien parimente portato nel Laterano
carico di gemme,e d'oro.

Della quale vfanza non deue alcuno pren-
derfi marauiglia, effendo ftata predetta tanto
auanti da Efaia nel cap. 49. con le feguenti parole : *Et afferent filios tuos in vlnis, & filias fu-
per humeros portabunt*. La caufa della qual
cofa è, perche i Prefidenti della Chiefa doueuano effer in gran riuerenza a'Prencipi del mondo, dalli quali Prencipi non fi doueua trala-
fciare honore alcuno alla Chiefa conueneuole,
che non lo faceffero al capo di lei. Stà bene anco, che il Pontefice fia portato in alto, acciò
pofsi vedere, e benedire il popolo di Dio à lui
commeffo; & acciò dall'altra parte il popolo
pofsi mirare il fuo Capo, riconofcendolo per
Vicario di Dio, e perciò fortificandofi nella
confeffione della fede Cattolica.

*L'ifteffo parla della Coronatione del Pontefice
in quefto fenfo.*

TVtti li Prencipi per dimoftrare la Maeftà
dell'Imperio, hanno hauuto Corona d'
X 6 oro,

oro. Dauid, che regnò auanti Homero, & a-
uanti tutt'i fcrittori antichi, c'hora fi trouano,
hebbe tal corona, come appare nel libro 2.dè i
Rè al cap. 12. laqual'egli fi prefe d'vna città
de gl'Ammoniti da lui in guerra fuperati. Chi
intende può veder le parole del tefto, nel loco
citato. Ciaffare Rè de'Medi(come narra il Zonara nel to.1.) mandò vna fua figlia belliffima
Ciro con vna corona d'oro in tefta, e con tutta
la prouincia della Media per dote. I Romani
trionfando portauano vna corona d'oro, come
racconta Gelliote, ilche però pareria mal detto
narrando tutti gl'hiftorici, che l'Imperatore
Trionfante era coronato di Lauro, fe Tertulliano non ci cauaffe di quefto dubbio nel fuo
trattato intitolato de corona militis, e Plinio
nel lib. 12.al cap.3.dice, che le corone radiate
erano fatte con foglie d'oro, & d'argento. Il
Zonara nel tomo 2. defcriuendo la pompa del
trionfo, dice, che trionfando fi portauano due
corone, l'vna era in tefta dell'Imperatore di
Lauro,e l'altra d'oro, e carica di gemme haueua in mano vn miniftro publico, ch'era sù lo
fteffo carro, e la portaua fopra la tefta dell'Imperatore, della quale parla Giuuenale nella Satira decima, dicendo;

Tantum orbem, quanto ceruix non fufficit vl-
la Quippe tenet fudans, hanc publicus, & fibi
cõful Ne placeat curru feruus portatus eodem.

     E Valerio Patercolo,dice,che quefta corona
d'oro era del color dell'Arco celefte, per dimo-
ftrar fegno d'vna certa diuinità parlando nel
l.2.d'Augufto Cefare Ottauiano. Sì come anco d'effa fanno chiara mentione, chiamandola
radiata, e lucida, Suetonio nella vita d'Augufto

fto al cap.44. Plinio nel Panegirico, l'Autore
ignoto nel Panegirico dedicato à Maffimiliano
& Latino Pacato nel Panegirico, le parole de'
quali farebbe troppo lungo quì notare.

Dimoftra di più Ammiano Marcellino nel
libro decimo fettimo parlando dell'Agguglia,
che fi foleuano metter'anco in tefta alle ftatue
corone : ilche di nuouo conferma nel libro vi-
gefimoquinto, dallequali teftimonianze raccoglie il Lazio nel lib.9. de'Commentarij della
Republica Romana, che fia deriuato ne i noftri maggiori l'vfo di mettere in capo all'imagine de i Santi nelle Chiefe le corone figurate
in forma de i raggi del Sole, maffime parendo
effe Imagini di tale corona ornate hauere vn
certo non sò che di fplendore, e di diuinità : la
qual ragione, fe bene, non è in tutto fuor di propofito, non ci par però affatto da foftenere; percioche più tofto penfiamo, che queft'vfaza habbi hauuto origine dallo fplendore, il quale fopra le tefte de Santi fpeffo miracolofamente s'
hà vifto rifplendere, effendoche (fi come narra
Abdia nel li.5. & Eufebio nel fecondo dell'hiftoria) fpeffo gl'Apoftoli erano circondati da
tanta luce, che occhio humano non potea guar-
darli, come per auanti era auuenuto à Mosè,
alquale era diuentata la faccia rifplendente per
il parlar, c'haueua fatto con Iddio da vicino.

Per tornare dunque al propofito, i Rè Perfiani haueuano vna corona da portar in tefta,
la qual corona il Zonara nomina in Greco co'l
fuo proprio nome; ilquale in Latino, nè in Volgare non fi può commodamente efprimere.
Et era pena capitale appreffo i Perfiani (come racconta Dion Chrifoftomo nella prima

Ora.

Oratione *de libertate, & feruitute*) à chi s'hauesse posto in capo la corona del Rè. Parimente i sacerdoti de i Gentili portauano corone in
testa, per dimostrare quella riputatione, che faceua bisogno allo splendore, & al mantenimē-
to del Sacerdotio. Onde gli antichi si stupirono,
vedendo il gran Sacerdote de i Romani in
punto, al quale, (come scriue Strabone) era concesso il primo honore dopo il Rè, & il portare
corona Regale. Oltre di ciò di Emesa città della Francia, i sacerdoti andauano vestiti alla
lunga, e portauano in testa corone di pietre
pretiose di varij colori, in segno di maestà. Il
qual'ornamento Antonino, fatto Imperator de
i Romani dalle turbe de'soldati, di Sacerdote
del Sole, che prima era, non volse metter giù:
come chiaramente racconta Herodiano nel libro quinto: e così poi gl'Imperatori di Costantinopoli, trionfando elessero questo ornamento,
il quale chiamarono per proprio nome (come
si legge nella vita di Basilio Porfirogenito)
Triumphum duxit tiara tecta, quam illi tu-
phum appellant. Se ben' alcuni lo chiamano
Calipera: come dice Niceforo Gregora nel libro sesto.

Li nostri Pontefici dunque hauendo due dignità Regali, cioè la spirituale, e la Temporale, meritamente anco portano doppia corona,
come Innocentio Terzo, nel terzo Sermone,
che fà de coronatione Pontificis, confermò, dicendo, che'l Pontefice porta la Mitra in segno
della potestà Spirituale, e la Corona in segno
della Temporale: le quali ambi da Iddio Onnipotente Rè de i Rè, e Signore de'Signori, le
sono state concesse.

Mà

Ma vediamo vn poco della Mitra, e della
Corona,fe fijno ornamenti conuencuoli alli coftumi Ecclefiaftici.

La Mitra vien chiamata da Suida fafcia del
capo, e cofi nella l.28.ff. de auro,& argento le-
gat. com'efplica Briffonio,& Eufebio al lib.2.
e la chiama coperta, ò lamina; con la quale
Giacomo Apoftolo, detto fratello del Signore,
fù ornato fubito, che da gli Apoftoli fù fatto, e
confecrato Vefcouo di Gierufalemme; il quale
ornamento, fè bene hebbe principio da Aaron
Sacerdote della legge Hebrea; nondimeno è
ftato riceuuto nella Chiefa Chriftiana; acciò
con effo fi ornaffero tutt'i Vefcoui di tutte le
nationi. Policrate Efefino portò la Mitra (come dice Eufebio nel lib.3.cap.3.) effendo Sacerdote in Efefo; e parimente gl'altri Pontefici portauano quafi tutti gl'ornamenti delli Sacerdoti antichi, come la vefte lunga, la Mitra,
(il che racconta Eufebio nel lib.al cap.quarto)
per parere più ornati,e più maeftofi; delche A-
malario,Rabano, & altri graui Auttori parlano più diffufamente.

Quello, che hauemo detto della Mitra, quafi
non hà contrario,di modo,che fi tiene per con-
fenfo di molte, e diuerfe nationi per vero, mà
quel,che s'hà da dire del Regno, e della Corona Regale, non è cofi chiaro a tutti, e però noi
fecondo il poter noftro vedremo di dichia-
rarlo.

Dunque primieramente s'hà da notare, ch'è
opinione commune di tutti, che quefta forte di
ornamento in capo al Pontefice haueffe origine da Coftantino Magno Imperatore, come fi vede ne gli atti di San Siluestro Papa,
la

la qual'opinione abbracciano anco tutt'i Pontefici, come Leon IX. nella Epiftola contra la
profontion di Michele al cap. 13. & Innocentio
III. nel primo fermone, del beato Siluéftro confermò, che Coftantino Magno partendofi da
Roma per Coftantinopoli, volfe dare la fua
corona à S. Silneftro, la qual'egli però ricusò di
portare, & in loco di quella portò vna coperta
di tefta intiera circolare, e poco doppo fegue
Innocentio dicendo, e per tanto il Pontefice
Romano per fegno dell'Imperio porta la corona Regale, chiamata in latino Regnum, & in
fegno del Ponteficato porta la Mitra, laquale li
conuiene vniuerfalmente, & in ogni tempo,
loco, perche fempre egli hà la poteftà fpirituale
per prima, più degna, e maggiore della temporale. E ragioneuole penfare, che S. Silueftro non
volelfe portar quella corona, la quale copriua
folo le tempie per elfer'egli rafo il capò, come
à Pontefice fi conuiene. La qual rafura fù, che
non para molto buono portarui vn tal diadema
fopra, come egli fi elelfe da portare vna coperta di tefta circolare detta propriamente Tiara
Frigio, della quale parla Giuuenale nella fefta
Satira, dicendo:

Et Phrygia veftitur bucca tiara,

Il quale ornamento fi può dire, che folfe, ò
della Frigia, ò della Fenicia come vogliamo,
perciòche i Frigi, come dice Herodiano, hebbero origine da i Fenici, e che quefto folfe donato da Coftantino al Pontefice, fi può vedere
negl'atti di S. Silueftro, doue l'Imperatore racconta quelle cofe, ch'egli haueua al Pontefice
donato, & effendo arriuato à quefta le mette
nome Phrygium, com'era il vero nome fuo; mà
per-

perche forfe non era à tutti manifefto, che cofa
voleffe dir Phrygium,egli ftesso lo diehiara nel
fenfo da noi prefo,dicendo, & Phrygium nem-
pe tegmen capitis, fiue mitra.

Quefto bifognaua efplicare.Percioche Theodoro Balfamone, confondendo il fignificato di
quella parola Phrygium, & congiungendola
con la feguente,che dice Lorum,la qual'importa cofa differente, hà fatto errare molti, liquali
hanno creduto, che Phrygium, & Lorum infieme vogliano dir Pallio, che vfano gli Arciuefcoui, conceffo à loro dal Sommo Pontefice.
Ma non conuiene à noi ftar più à lungo sù le
difpute, gl'Intelligenti leggano l'Itinerario
latino in quefto loco,che haueranno vn'abbondante difcorfo de i fignificati di quefte parole.

Altri Auttori vogliono,che l'origine di quefta corona non veniffe da Coftantino, ma da
Clodoueo, come s'affaticano di cauare da Se-
geberto fotto l'anno del Signore 550. ilqual
dice in quefto fenfo. Clodoueo Rè riceuette da
Anaftafio Imperatore i Codicilli del Confolato di corona d'oro con le gemme, & la vefte
roffa, & in quel giorno fù chiamato Confole,
& Rè, ma effo Rè mandò à Roma à San Pietro la corona d'oro con le gemme infegna
Regale,laquale fi chiama Regnum.

Armonio conferma ancor'effo nel libro primo,al Capitolo vigefimo quarto, che da Clodoueo il Pontefice haueffe la corona:& Anaftafio Bibliothecario fotto Hormifda Pontefice
teftifica,che S.Pietro riceuette molti doni. Appreffo'l quale hò detto, che l'anno 726. in S.
Pietro fù coronato Coftantino II. Pontefice,
& che Filippo Primo Papa l'isteffo anno fù cô-
se-

fecrato(ma fi deue notare, che gli Auttori antichi fotto'l nome di Confecratione s'intendono
anco la cerimonia della Coronatione) percioche quando dicono, che Carlo Magno fù confecrato Imper.intendono anco, che fù coronato;onde fi può cauare, che la Coronatione del
Pontefice hà hauuto origine ne i tempi paffati,
già molti anni, effendo che l'Anno 683. fotto
Agathone Primo, & Benedetto Secondo fù leuata l'vfanza, per la quale nella Coronatione
del Pontefice fi foleuano dar danari, & fi afpet-
taua l'auttorità dell'Imperatore. Fù coronato
Eugenio II. dell' anno 824. il dì vigefimo fecondo di Maggio, & Benedetto nell'anno 855.
Formofo Primo dell' 891. Ma dopò Clemente,
che fù l'anno 1044. tutt'i Pontefici feguenti fono ftati coronati, come dice il Panuino, in modo, che poffiamo ben conofcere da quel tempo
in quà effere adempita la Profetia d'Ifaia al
capo feffagefimo primo, doue dice: Che i Sacerdoti fono veftiti delle vefti della falute,e fono coronati come fpofi ; pofciache il Pontefice
fublimato à quefta fuprema dignità porta gli
habiti di Pace eterna, & la corona in capo.
Quefto è quel figliolo di Eliachin detto da Iddio per Ifaia al capitolo 12. al quale fin' allho-
ra Iddio promette la Stola, e la Corona; perche la Corona è infegna d'Imperio ; la ftola è
fegno di Gouerno famigliare, l'vna, e l'altra
delle quali cofe nel noftro Pontefice fi trouano
in eccellenza. Così nel decimoquiarto capo
dell'Apocaliffi apparfe Chrifto detto Figliuol
dell'Huomo, ornato di corona d'oro, e foste-
nuto dalle nubi. E nel decimonono apparfe
il medefimo Verbo d'Iddio fopra vn cauallo
bian-

bianco con molte Corone Regali da coronare
se,e gli amici,per quefta principal caufa erano
quelle operationi con le corone, cioè perche
Chrifto per mezzo della fapienza fua,la qual fi
dichiara con la figura di corona d'oro, hà riportato vittoria di tutte le creature,e le hà fog-
giogate tutte all'Imperio fuo. Parimente dunque il Pontefice Romano, ch'è fopra tutte le
genti, il quale hà fottomeffo all'auttorità fua
tutt' i popoli per confignarli in poteftà di Dio,
meritamente porta la coperta di tefta con trè
corone attorno,dimoftrando perciò,che di gloria,d'auttorità,e d'opere grandi fupera tutti gli
altri Rè,e Prencipi del mondo.

Doppo tanti Pontefici paffati, Paolo Secondo creato l'anno 1365. della Nobile famiglia
Venetiana Barbi,sì come era di bella prefenza,
e di grand'animo, cofi hebbe gran cura d'ornar
la Mitra Papale di gemme pretiofe,e di lauoro
belliffimo. Finalmente volemo anco auertire
alla breue,che Cefare Cofta nel lib. 1. e c.3.del-
le fue varie dubitationi s'ingannò, volendo di-
chiarar le caufe del portar la Mitra del Pontefice con trè Corone, non effendo di meriteuole
confideratione in quefto cafo mifteriofi fignificati da lui addotti,e tanto bafti.

DEL SACRO
GIVBILEO

Che fi celebra in Roma, ogni 25. anni.

Narratione del P. M. Frà Girolamo da Capugnano de i Predicatori.

Cauato dal Libro dell'Anno Santo.

Cap. XII.

IDDIO concesse al popolo Hebreo veramente i diuini beneficij, onde poi quella gente fi gloriaua, dicendo, che Sua Diuina Maestà non haueua trattato cofi gli altri popoli, mà quelle gratie, che la Chiefa Madre nostra hà riceuuto dalla bontà di Dio, superano di gran lunga i beneficij concessi à gli Hebrei, perciòche volendola il Signore monda, & ornata, la fece lauare con il sangue dell'vnico suo Figliuolo, e le donò i tesori della sua sapienza. Fù trà i detti fatti alla Sinagoga Hebrea eccellentissimo quello dell'anno Giubileo chiamato santissimo, perciòche era Anno di remissione, e di principio in tutte le cose, il quale l'Onnipotēre Iddio ordinò di 50. in 50. anni. Douendo dunque la Chiefa Spofa di Christo hauer'anco essa simile gratia (mà però con diuerso fine) perche la Sinagoga attendeua alle cose temporali solamente, e la Santa Chiefa fi cura fo-

la-

lamente delle fpirituali) è ftata pertinente diuina difpofitione in effa ordinato l'Anno del
Santiffimo Giubileo, che alla prima fù di 100,
in 100.anni, per ridur forfe in bene l'antica v-
fanza diabolica di celebrare i giuochi fecolari,
i quali à punto ogni cento anni in Roma fi ce-
ebrauano con vn general inuito precedente di
banditori,che gridauano per le ftrade : Venite
alli giuochi,i quali alcuno non hà più vifto,nè
più vederà. Onde fi ritiraua nella Città di Roma gran copia di gente d'ogni paefe in feruitio
del Diauolo,la qual gente inftituito l'anno del
Giubileo,vi fi ritira in feruitio d'Iddio vero, &
in falute delle proprie Anime, nè deue parer
ftrano quello, c'habbiamo detto del mutare in
bene quello,ch'era prima in male: perciòche
non folo in quefto, ma in diuerfe altre occafioni la Santa Chiefa hà hauuto quefta mira, di
conferuare à Dio quello, che la gente pazza
haueua al Demonio dedicato, come fi vede in
diuerfi Tempij di Roma, c'hora fono al vero
Signore, & à Santi fuoi affegnati, effendo già
tempo ftati degl'Idoli,è nell'vfo del diftribuire
le candele, e del far la fefta à San Pietro in
Vincola il primo d'Agofto, la prima delle quali cerimonie fi vfaua in Roma, in honore di
Februa, da quelle genti creduta Dea, e l'altra
in memoria del trionfo di Augufto Cefare. Si
ritroua, che Bonifacio Nono, nell'Anno 1300.
publicò l'anno del Giubileo, con vna fua Bolla, nella quale però egli narra come-reftaura-
tore più tofto,che come inuentore, ò inftituto-
re di quefto Anno. E non è merauiglia, fe effendo anco ftato per auanti, inftituito, non fe
ne troui ferma memoria; perciòche la Chiefa
hà

hà hauuto tãte perfecutioni, e tanti trauagli, che
è più tofto miracolo, che habbia conferuato
molte antiche memorie, che marauiglia, che n'
habbi perfo alcune. All'hora dunque il Pontefice in fcritto diuolgò queft'anno, concedendo
intiera, e plenaria remiffione di colpe, e di pene ogni cento anni, il qual numero di cento hà
vn certo fignificato anco di paffare dal male
al bene, come abbondantemente atteftano San
Girolamo, e Beda principali Scrittori Ecclefiaftici.

Clemente VI. ad iftanza de i Romani riduffe
il Giubileo ad ogni cinquant' anni, principalmente perche la vita humana è tanto breue, che
pochiffimi arriuano à cent' anni, e nel numero
di cinquanta fi contengono molti mifterij appartenenti alla Chriftiana Religione, mà principalmente ella fignifica remiffione, e perdono,
ch'è il proprio effetto del Giubileo.

Hebbe anco la Sinagoga Hebrea ogni 50.
anni il fuo Giubileo, talche fe non per altro, almeno acciò ella non poteffe effer ftata più ricca
della Chiefa, era bene, che ogni cinquant' anni
haueffe la Chiefa parimente il fuo.

Vrbano VI. lo riduffe ad ogni 33. anni, ac-
cumulò il teforo della Chiefa, il quale fi doueua poi difpenfare da San Pietro, e da fuoi fucceffori in fimili gratie. Ma finalmente Paolo
Secondo lo riduffe ad ogni vinticinqu' anni, e
cofi offeruò Sifto Quarto fuo fucceffore, & hanno tutti i feguenti Pontefici offeruato; il che
fi deue credere effer ftato fatto per molte c
fiderationi, e principalmente per quelle, cioè
perche il Mondo inuecchiandofi, peggi : di
quantità, e di qualità di vita, alche per i mille

le pericoli, che fempre minacciano la morte, &
per gl'infiniti peccati, ne i quali fi, ritrouano
molte creature, hà parfo bene ridurre l'anno
della remiffione à tempo più breue, inuitando
fpeffo tutti à pigliar medicina fpirituale di tanta virtù, e lafciare di far male.

In quanto appartiene al nome, deuefi fapere,
che fi può chiamare in latino Iob eleus, Iobi-
leus, & Iubileus, de i quali nomi l'vltimo è
manco vfato, fe bene in volgare più fi dice
Giubileo,che altro. Difcende quefto nome,non
da Giubileo,che vuol dire allegrezza, e côten-
to(fe bene veramente deue effer anno di allegrezza) ma dalla parola Hebrea Iobel, che
vuol dir tromba; percioche gli Habrei il fettimo mefe auanti l'anno cinquantefimo vfauano
di publicare l'Anno del Giubileo con trombe:
oltre che fignifica anco Iobel in Hebreo remiffione, e principio, cofe proprie dell'Anno Giubileo, nel quale gli Hebrei rimetteuano tutti i
debiti, e ritornauano tutte le cofe nel primiero
ftato.

Non potrebbe il Pontefice conceder maggiori Indulgenze di quelle, che fi concedono
nell'Anno del Giubileo; percioche s'apre il teforo della Chiefa, & fi dà ad ogn'vno quanto
gliene bifogna, perdonandogli colpa, e pena,
tanto impofta,quanto non impofta, liberàdolo
in tutto, e per tutto dal purgatorio anco fe bene fi haueffe dimenticato peccati mortali nel
confeffarfi, ò non haueffe voluto confeffarfi de
veniali (percioche non è di neceffità fare la
confeffione de i peccati veniali, ma fi deuono
ben patire pene nel purgatorio per loro, quádo
per altra via non fijno in quefto mondo ftati

                                        fcan-

ſcancellati)di modo, che l'anima, ch'all'hora ſi
partiſſe dal corpo andarebbe ſubito à godere
la felicità del Paradiſo .

Hà veramente certe ſimilitudini il noſtro
Giubileo cō quello de gli Hebrei, perche quello s'annonciaua l'anno auanti ; & il noſtro parimente . Quello ſi publicaua nelle piazze,& il
noſtro nelle Chieſe : quello con trombe , il noſtro con le voci de i Predicatori ; quello laſcia-
ua la terra ſenza lauoro, il noſtro ſuppliſce con
i meriti di Chriſto , & de i ſuoi Santi alla noſtra fatica:in quello non ſi riſcoteuano crediti ,
nel noſtro ſi perdonano i peccati : in quello i
ſerui diuentauano liberi , nel noſtro s'acquiſta
la libertà ſpirituale,con perdono di colpe, e di
pene : in quello le poſſeſſioni vendute ritornauano alli primi padroni ; nel noſtro ſcancellati
i peccati ſi viuificano le virtù dell'anima : in
quello i banditi ritornauano nella patria , &
nel noſtro chi ſi parte dá queſta vita ſubito và
alla Patria Celeſte .

Bonifacio Ottauo aprì la porta della Chieſa
del Vaticano, e conceſſe larghiſſima Indulgenza di tutti li peccati . Clemente Seſto aggiunſe la porta della Chieſa Lateranenſe , ordinan-
do come di ſopra è detto . Paolo Secondo aggiunſe poi Santa Maria Maggiore , e San Paolo nella Via Oſtienſe da viſitare . Gregorio
XIII.nel 1575.ordinò , che chi voleua hauere
la gratia del Giubileo,prima ſi communicaſſe .
Nell'anno del Giubileo s'intendono ſoſpeſe
tutte l'Indulgenze plenarie ; e certe commuta-
tioni di voti , delle quali coſì ſi parla da cioè
Auttori,che trattano del Giubileo .

Publicauano gli Hebrei il ſuo Giubileo il
gior-

giorno decimo del settimo mese dell'anno qua-
dragesimo nono. Il nostro si publica il giorno
dell'Ascensione dell'anno auanti il vigesimo
quinto, sopra due Pergami, nella Chiesa di San
Pietro, leggendosi la Bolla del Sommo Pontefice in Latino, & in Volgare.

Si principia il nostro Giubileo la Vigilia del
Natale di N.S. al Vespero, perciòche il Pontefice apre con gran solennità la porta della Chiesa di S. Pietro, la quale nell'altro tempo sempre
stà murata, e fà aprir nella medesima maniera
da' Signori Cardinali le porte dell'altre Chiese
deputate. Le quali porte tutte finito l'anno di
nuouo si chiudono.

L'Anno Santo concorrono tanti à Roma da
tutt'i paesi, che scriuono gl'Historici al tempo
del Giubileo di Bonifacio esser stata sì piena di
popolo Roma, che non vi si poteua caminare, e
pur'è Città grande; e l'anno 1575. à Gregorio
XIII. vna mattina furongli baciati i piedi da
13000. persone. Clemente VIII. l'anno 1600. hà
voluto lauare i piedi à diuersi Prelati, & ad altri poueri forastieri andati al Giubileo. Oltre
che gl'Illustrissimi Cardinali, trà gl'altri Mont'
alto, e Farnese hanno dimostrato suprema carità, & humiltà a' poueri peregrini.

Che sia conueneuole celebrar'il Giubileo più
tosto à Roma, che in altra Città, lo dimostrare-
mo con viue ragioni. Roma è Città più degna,
e più nobile dell'altre, e perciò quando si dice
Città, senza porui altro nome, s'intende di Roma. Ella hà hauuto l'Imperio, & è il capo, la
Signoria, & vn compendio del Mondo. E' piena di ricchezze. Hà bellezza di paese, fertilità
di terreno, commodità grande per la nauiga-

tione del Teuere, e la vicinanza del Mare. E patria commune di tutti, e però vi è d'ogni natione, & ogni popolo vi può hauere Chiesa propria, come in fatto quasi tutti ne hanno. La Religione fiorisce iui più d'altroue. Onde vi sono tanti Preti, tanti Frati, che continuamente lodano, e pregano il Signore almeno ne i Diuini officij per tutti. Sono iui tanto visitate le Chiese, aiutati i poueri, maritate donzelle, e fatte opere dignissime di memoria eterna. E Città di singolar santità, perche là sono state portate quasi tutte le cose appartenenti alla nostra Religione, come il Preseppe, i panni, la culla, le vesti, la porpora, la corona di spine, i chiodi, il ferro della Lancia, la Croce, il titolo di Christo. Vi sono corpi di Apostoli, di Martiri, di Confessori, di Vergini, e reliquie infinite di Santi. Quiui è la Sede del Pontefice, il quale è Prencipe della Chiesa, Vicario di Dio, pastor di tutti, il qual quando và fuor di casa è visto, & ammirato, & adorato da tutti; cercando ogn'vno di baciarle i piedi, e marauigliandosi della grandezza de i Cardinali, della grauità de i Vescoui, della moltitudine de i Sacerdoti. In Roma sempre è vn Tesoro d'Indulgenze esposto à chi ne hà bisogno, doue già tempo furono i Christiani perseguitati, e maltrattati più crudelmente, che in alcun'altro loco. E finalmente la fede de i Romani è tale, che fin'al tempo de gli Apostoli era predicata per tutto'l mondo; innanzi, chi era Christiano, si chiamaua Romano. Essendo adunque Roma (il qual nome in Greco significa fortezza, & in Hebreo grandezza) più degna d'ogni loco del Mondo, era però conueneuole,

uole,che'l Giubileo non altroue, che in Roma
fi celebraffe.

Narratione di Stefano Pighio delle Infegne
militari, lequali fuol dar'il Pontefice alli Prencipi.
Cap. XIII.

IL PonteficeRomano fuol fare vn grand'honore alli Prencipi, ilche però occorre rare
volte,per la rarità dell'occafioni,che in quefto
fi ricercano.

Quefto è coftume antichiffimo, principiato
co'l fondamento della fcrittura facra nell'Hiftoria de i Machabei, e perciò fi legge nel libro fecondo de i Machabei al capit. decimo
quinto, che Giuda Capitano dell'effercito Hebreo auanti veniffe à battaglia contra Nica-
nore, vidde in fogno Onia Sacerdote, che faceua oratione per tutto'l popolo, e Gieremia
profeta, che daua à fe fteffo Giuda vna fpada
d'oro,efortandolo à far battaglia,con quefte
parole; prendi la fpada fanta dono di Dio, con
la qual fuperarai gl'inimici del popolo d'Ifrael.
Onde Giuda tirato à battaglia dalli nemici di
Sabbato fi portò in modo, che ammazzò Nica-
nore con 35. mila foldati,e reftò vittoriofo. Di
qui dunque è venuto l'vfo, ch'il Pontefice Romano ogn'anno la notte di Natale auanti fi co-
mincian gli officij,benedifce,e cõfacra vna fpada con la vagina, cintura, e pomo d'oro; & vn
cappello pofto alla ponta di quella, fatto non
di feltro, mà di nobiliffima feta di colore Vio-
laceo, con pelli candidiffime di armellino attorno, e con vna corona d'oro fopra inteffuto,

X 2

& ornato di Gioie di gran valuta. Quefto è vn
donatiuo nobiliffimo, il quale apparecchia il
Pontefice quella notte fola per donarlo a qualche gran Prencipe Chriftiano, c' habbia per la
Religione fatto, ò fij per fare qualche grande
imprefa. Nè è fenza mifterij, anzi ne hà molti,
i quali dourebbe ogni Prencipe Chriftiano fapere, e confiderare.

Infegna dunque il Rituale Romano, che la
fpada cofi confecrata fignifica l'infinita potenza d'Iddio, ch'è nel Verbo eterno, con il quale
hà creato Dio tutte le cofe, & il quale in quella'notte prefe carne humana, al quale diede il
Padre Eterno ogni poteftà, com' egli effendo
per afcendere al cielo diffe, e la confegnò à Pietro, & alli fuoi fucceffori, che deuono reggere
la Santa Chiefa nouamente da effo inftituita, e
co'l proprio fangue confecrata, contra la quale non haueua d'hauer l'Inferno vittoria, commandando, che infegnaffero tutte le cofe da lui
imparate, e che inuitaffero tutte le genti ad entrar per mezzo del Battefimo, e dell'Euangelio
in quefta nuoua Città, fuori della quale non fi
troua alcuna falute, e nella quale s'hà da offeruar leggi dell'Imperio diuino: chi non fi ftupi-
rà, confiderando le difpofitioni d'Iddio, e come
S.D.Maeftà volle eleggere per capo, e fortezza
della fua fanta Republica Chriftiana quella
Città, ch'era ftata à punto capo, e Signoria di
tutto il mondo? Onde S.Pietro della Chiefa primo rettore fù deftinato à quefta prouincia, e
nel Campidoglio li fù commandato, che trion-
faffe la Croce di Chrifto, acciò più facilmente
il lume dell'eterna verità di là fi poteffe in ogni
parte fpargere.

Si-

Significa dunque la spada confecrata quell'-
Imperio, e quella fomma poteftà di gouernare
in terra, che lafciò Chrifto à Pietro fuo Vicario, & alli fuoi fucceffori, della Chriftianità fi
deue riconofcere capo il Pontefice Romano,
al quale deuono feruire, & obbedire nelle cofe
fpirituali per amor di Chrifto tutti quelli, che
della propria falute vogliono hauer cura.

In oltre poi quella fpada fignifica la prudé-
za, e la giuftitia, che deue effer nel Prencipe,
e perche la punta acuta ferifce, dou'è dalla mano fpinta, però fi orna il manico di quefta fpada con oro, metallo, che hà fignificato appreffo
gli antichi la fapienza, acciò intendiamo douer' il Prencipe hauer'appreffo le mani in tutte le fue operationi la fapienza, e non douer far
cofa alcuna con temerità, ouero fenza penfarui.
L'Oro è ftato fimbolo della prudenza, perche
sì come effo fupera tutti i metalli di eccellenza, e di valore, cofi la prudenza, ò fapienza,
che vogliamo dire, fupera tutte le altre
cofe. Onde Salomone effortaua ne'fuoi prouer-
bij, cofi dicendo; poffedi la fapienza, la quale
è migliore dell'Oro; & acquifta la prudenza,
perche è più pretiofa dell'argento. S. Giouanni
nell'Apocaliffi chiama Oro infocato la fapienza, che penetra i petti con ardore dello Spirito
Santo. I Magi offerfero à Chrifto bambino
oro, e da gli Hebrei furono fpogliati gli Egittij dell'oro, intendendofi nell'vno, e l'altro la
fapienza parlando del fenfo miftico, perciòche
fù vero anco quanto raccontano l'Hiftorie dette litteralmente. Platone, la dottrina del quale non fù molto difcordante dalla noftra Chriftiana, paragonaua fpeffo la fapienza, e la

Y 3   bel-

bellezza dell'anima all'oro puro. Finalmente
altro non fignificaua la fauola delle formiche,
e dei Grifoni d'India; i quali animali fingeua l'
antichità, che radunaffero oro quanto poteuano, e poi lo cuftodiffero con diligenza, fe non
che la fapienza non s'acquifta fe non con fatica, e con nobiltà d'animo. Perche la formica
ci è vno fpecchio di creatura faticofa, & il Grifone finto nato d'Aquila, e di Leone, ci rapprefenta la grandezza d'animo. Onde fauiamente
gl'ifteffi antichi dedicarono la formica, & il
Grifone ad Apolline Dio della fapienza. Di
più la fpada fignifica la lingua, membro ottimo, e peffimo nell'huomo, fecondo che viene
adoperato, e perciò differo gl'antichi, che i
maledici portauano la fpada in bocca, e Diogene Lenico; vedendo vn bel giouane à parlar
dishoneftamente, diffe: Non ti vergogni cauar
d'vna vagina d'Auorio vna fpada di piombo,
& appreffo Ifaia fi legge, *Pofuit os meum quafi
gladium acutum*; e nell'Euangelio difse Chrifto. *Non veni pacem mittere, fed gladium*;
doue fi vede, che per fpada s'intendono le parole parole predicate da parte di Dio, e cofi in altri luochi della fcrittura fotto il nome di fpada
s'intende la lingua, ò le parole. Onde conueneuolmente anco al propofito noftro fi prende
quefto fignificato, volendo dar ad intendere il
Pontefice, che i Prencipi in particolare deuono
hauer la lingua, & il parlar loro adornato d'o-
ro, cioè coperto di fapienza, e di prudenza; con
la qual fpada deuono feparar i buoni penfieri
da i rei, e penetrar fin'à gl'altrui cuori con fauii
configli.
  A quefta mifteriofa fpada aggionge il fanto

Pontefice vna cintura inteffuta d'oro, però, che fin'anticamente è ftato fegno di Maeftà, e dignità militare, acciò intenda il Prencipe effere per quella effortato à portarfi bene per la fanta Chiefa in tutte le fattioni.

Il capello, ch'è coperta della più nobil parte della perfona, cioè del capo, è infegna di nobiltà, e di libertà, il qual cappello anco (perche anticamente fi foleua fare di forma di mezza sfera, come farebbe vna parte d'vn'ouo grande diuidendolo giuftamente per mezzo) fe bene gli artefici moderni non intendendo il fignificato, e fecondando gli humori, fanno i capelli in altre forme, con la fua rotonda figura ci riduce à memoria il Cielo, dal qual fiamo coperti, & auifa il Prencipe, che drizzi l'attioni fue à gloria di Dio, & ad vtile dell'anima fua, per habitatione eterna, della quale è ftato fatto il Cielo. Il medefimo fignifica il color celefte d'effo cappello.

Il color bianco delle pelli, e delle Margarite fignifica la fincerità, & anco purità di mente, della quale deue il Prencipe effere adornato, acciòche fi poffa al fine congiungere in prefenza con quelle fantiffime menti, le quali quà giù con la bianchezza della confcienza hauerà cercato d'imitare. Il color bianco è ftato fempre in opinione di effere grato à Dio, e perciò hanno fin'antichiffimamente vfato gl'huomini di veftirfi di bianco nel facrificare. Per fentenza anco di Pitagora fi dice, che ogni cofa bianca è buona. Tullio nel fecondo libro de legibus, dice il bianco effer molto conueneuole à Dio: mà à che ne cerchiamo teftimonianza di Cicerone, ò di altri, fe lo fteffo Chrifto noftro Sal-

uatore nella fua gloriofa Trasfiguratione ce lo
fece vedere, dimoftrandoci le vefti fue bianche
come neue,e gli Angeli ancora, quali erano al-
a fepoltura di Chrifto la mattina di Pafqua,
quando andarono le Donne per trouare quel
fantiffimo Corpo,fi dimoftrarono in vefti bian-
he. Dell'iftefso fopradetto ricordo viene il
'rencipe auui fato dalla natura dell'animale,
dal quale fono ftate prefe le pelli; perciòche gli
Armelini fono affatto mondi, e nemici della
lordura,intanto, che fendo circondato dal cac-
ciatore di fango il buco della lor caua, più
tofto fi lafciano pigliare, che fangarfi per correre à faluamento.

Tutte quefte cofe dunque ci auifano,quanto
ricerchi in noi Iddio mondezza di cuore, fincerità di lingua,fapienza d'animo,eleuatione d'
intelletto, e prudenza nelle operationi; del che
ricerca il Pontefice con la fpada benedetta, &
al fopradetto modo ornata, darne perpetua ricordanza al Prencipe, il quale per certo, di bő-
tà, e d'opere doueria fuperare anco il refto del
popolo, tanto quanto dall'onnipotente Iddio
nel gouerno del mondo egli è ftato del popolo
fatto fuperiore.

S'inginocchia il Prencipe,che hà da riceuere
quefto dono, & il Pontefice glielo dà, effortan-
dolo con molte parole ad effer buon foldato di
Chrifto; all'hora il Prencipe, riconofcendo il
Pontefice, come Vicario di Dio,lo ringratia
con parole latine, giurandoli in oltre di non
voler hauere cofa alcuna più à cuore, che di
corrifpondere in fatti al defiderio di Sua Santità, e di tutti i Prencipi Chriftiani; dipoi dà
la fpada ad vn fuo nobil miniftro, che la porta
auan-

auanti la Croce, mentre il Pontefice esce di Sacreftia. Al fine fatta la congratulatione con i
Cardinali,e Legati,prefa licenza, il Prencipe
con la fpada portatali auanti, accompagnato
dal Gouernatore di Caftel Sant'Angelo, dal
Maeftro del Palazzo, da tutta la nobiltà, e famiglia Pontificia; e dalla Corte Palatina con
gran pompa,e ftrepito di trombe,e di Tamburi
vien di palazzo per il portico Militare accompagnato à cafa.

Dell' inondatione del Teuere. Cap. XIV.

DEl 1379. il dì 9. Nonembre crebbe il Teuere tre braccia, e fe ne vede fegno à S.
Maria della Minerua.

Del 1422. Il giorno di S.Andrea fotto Mar-
tin Pontefice crebbe più d'vn braccio,e mezzo.

Del 1475. il dì 8.Gennaio fotto Sifto Quarto alquanto dell'alueo.

Del 1495.il mefe di Decembre fendo l'anno
terzo del Pontificato di Aleffandro VI. crebbe
16.piedi, & alquanto doppo fendo Pontefice
Leone X. crebbe ancora.

Del 1530. fotto Clemente VII. alli 8. e 9. di
Ottobre crebbe 14. piedi, il fegno è à S. Euftachio,& in vn muro per mezzo S.Maria del Popolo, e nel Caftel S.Angelo, doue Guidon de'
Medici Gouernatore vi fegnò.

Del 1542. crebbe, e di quell'accrefcimento
parlò elegantemente Mario Molza.

Del 1598. il dì 24. Decembre, nell'Anno
fettimo di Clemente VIII. crebbe con tanta
rouina di Roma, che di fimile fi hà memoria.
Era il Pontefice all'hora ritornato da Ferrara

Y 5   no-

nouamente riceuuta , e reftituita alla Sede A-
poftolica. Onde apparfe vero, che per il più l'-
allegrezze fono feguite da dolori , e pianti .
Hebbe che fare il Pontefice tutto l'anno feguente a riftorar le fabriche da quella inonda-
tion rouinate,& a ritornar Roma in connene-
uol ftato per l'anno del Giubileo , che feguiua
del 1600. vedafi il trattato di Lodouico Gene-
fio, e di Giacomo Caftiglione .

Del mantenerfi fani in Roma.

SCriffe in quefto propofito Aleffandro Petronio Medico Romano, Marfilio cognato
Veronefe Medico anch'effo di Roma nel libretto del feruar ordine ne' cibi alli 4. lib. delle
Varie lettioni, & altri, che fi ritroueranno in
Roma : oltre Girolamo Mercuriale , il qual
nelle fue varie lettioni , ne diffe alcune cofet-
te .

L'aria di Roma è groffa, e mal temperata,
però bifogna aftenerfi dall'andar fuora di cafa in tempo, che'l Sole non s'affottigli, cioè di
mattina à buon'hora, ò di fera tardi, ò quando
il tempo è torbido, & annebbiato troppo.

Nella Chiefa di Santa Maria della Minerua fi leggono quefti verfi in propofito di conferuar la fanità in Roma .

Enecat infolitos refidentes peffimus aer
Romanus, folitos non bene gratus habet.
Abfit odor foedus, fitque labor leuior.
Pelle famem frigus:fun[c]tus, femurq; relinque,
Nec placet gelido fonte leuare fui im.

Il fenfo de i quali è, che l'aria Romana rouina i Foraftieri, e poco è buona per gl' ifteffi
natiui. Ma chi è per mantenerfi al poffibile fani, deuono i foraftieri pigliar medicina il fettimo,

timo giorno, doppo che vi fono arriuati ; fchifare i lochi di cattiuo odore, far poca fatica,
non patir fame, nè freddo, lafciare i frutti, e
Venere, e non cacciarfi nel ventre acqua fredda per fete ch'habbino.

Vini Italiani, che fi beuono in Roma.

SI beuono in Roma vini ottimi, che fono i
feguenti.

Vin Greco di Somma bianco ottimo, nafce
nella Terra di Lauoro nel Monte Vefuuio
detto di Somma dal Caftel Somma, c'hà alle
radici. Chiarello bianco da Napoli piccante.
Latino dalla Torre da Napoli vin mediocre.
Afprino bianco di Napoli ftitico, ò vogliamo
  dire coftrettiuo.
Mazzacane bianco di Napoli picciolo.
Greco d'Ifchia ottimo, queft'Ifola è fotto Nap.
Salerno roffo bianco.
Sanfeuerino bianco, e roffo, buoni ambi.
Corfo d'Elba bianco groffo.
Corfo di Branda bianco groffo.
Corfo di Loda bianco groffo.
Di riuiera del Genouefe, bianco, e roffo.
Gilefe bianco, e roffo, piccioli, fani.
Ponte Reali bianco del Genou. picciolo, fano.
Mofcatello di Sarina di color goro, picciolo,
  fano.
Vindellia Taia bianco del Genou. picciolo, fa-
  no. Lacrima roffo ottimo.
Romanefco bianco piccolo di varij gufti.
Albano bianco, e roffo.
De Paolo bianco mediocre.
Di Francia roffo mediocre.
Salino bianco, e roffo mediocre da Tiuoli, e da
  Velletri cotti mediocri.
Da Segno mediocre.

Y 6   Ma-

Magnaguerra roſſo ottimo.

Caſtel Gandolfo bianco ottimo.

Della Ricia bianco picciolo,però raſpato.

Maluagia di Candia.

Moſcatello,e vino d'Italia molto eccellente.

Delle diuerſe forti di Vini hanno anco ſcritto alcuni Medici Italiani,cioè Giacomo Freſetto Netino ſtampato in Venetia l'Anno 1559. Giouan Battiſta Confalonieri Veroneſe ſtampato in Baſilea del 1535. Andrea Baccio ſtampato in Roma l'anno 1597.

Non ci raccordando noi altro, che dire di Roma à propoſito per queſto libretto, faremo fine con alcuni verſi fatti in lode di lei, sì come anco volendo parlar di lei,hauemo cominciato lodandola.

Verſi fatti da Fauſto Sabeo Breſciano in lode di Roma.

Martia progenies,quæ montibus excitas vrbem,
Ciuibus & ditat, coniugibuſque beat.
Tutaturque armis,Patribus dat iura vocatis:
Iam repetit cœlum poſt data iura Ioui.
De nihilo Imperium, vt ſtruere te hac Romulo
cauſa,
Gignit,alit,ſeruat,Mars,Lupa,Tibris aqua.

Verſi fatti in lode di Roma da Giulio Ceſare Scaligero.

Vos ſeptemgemini, cœleſtia pignora,montes,
Voſque triumphali mœnia ſtructa manu:
Teſtor,adeſte,audite ſacri commercia cautes,
Et Latios animos in mea vota date.
Vobis dicturus meritis illuſtribus Vrbis
Has ego primitias,primaque ſacra fero.
Quin te vna laudans, omnes comprehæderit orbē,
Non Vrbem qui te nouerit,ille canet.

Il Fine della Seconda Parte.

PARTE
TERZA
DELL'
ITINERARIO
D'ITALIA,

*Viaggio da Roma à Napoli, da Napoli à
Pozzuolo, e ritorno à Tiuoli.*

IN VENETIA, M. DC. LXXIII.
Presso Gio: Pietro Brigonci.

Con Licenza de' Superiori.

PARTE
TERZA.

Dell'Itinerario d'Italia,

Viaggio verso Napoli; cauato da Hercole Prodicio, fù di Stefano Pighio, Coll'Aggiunta di Frà Girolamo Capugnano.

VANNE per la Via Latina à Marino, caminando trà le grandi rouine di molti famosi villaggi; li quali come sono di non poco numero, così quando era l'Imperio Romano in fiore, douitiofissimi si stesero per tutta la Campagna Tosculana, per gli colli dell'Apennino. E di quì è, che vogliono la Villa Mariana vecchia essere stata origine del suo nome à Castel Marino. Al quale à man destra vicine si veggono la Luculliana Villa de' Licinij, e la Mureniana, e quella famosa per le questioni Tusculane di Marco Tullio Cicerone. Hoggi si chiama Frascati, & è lungi da Roma 12. miglia. In oltre in questi contorni stessi veggonsi le Ville de' Portij, & altre molte; che furono degli primati della Republica Romana, delle quali ritrouiamo ricordanza appresso Strabone, Plinio, Seneca, Plutarco, ed altri antichi scrittori.

Partendosi quindi, volta verso la strada Appia.

pia,lafciando à man finiftra Velletri,doue nacquero gl'antenati d'Augufto,& à man deftra
Aricia, hora la Riccia, e lo Specchio di Diana
Tremorenfe ; cofi chiama Seruio il lago vicino
al Caftello, il qual lago è confecrato à Diana
Taurica infieme con vn bofco , & vn Tempio,
che vien detto Artemifio da Strabone . Già fù
quefto luogo famofo per la vecchia,ma barbara Religione; e raccontano, che Orefte, & Ifi-
genia inftituirono quini l'vfanza de'Scithi di
facrificare con fangue humano ; E quefto in
quel tempo,che fuggitiui portaronui da Tauri
l'Imagine di Diana nafcofa in vn fafcio di legna ; e però Diana hebbe nel Latio anticamente cognome di Fafcelide , e di Fafcelina, mà di
quefta fuperftitione ne parleremo altroue con
più commodo .

Seguita il viaggio fino alle paludi Pontine ;
quindi poco lontano, fe non m'inganno, furono le trè Tauerne hofteria famofa nella via
Appia , e lontana da Aretia dicifette, e da Roma 33. miglia, come appunto fanno vedere
chiaramente gl'Itinerarij Romani antichi, e la
fteffa diftanza de'luoghi . San Luca ne gli Atti
de gli Apoftoli fcriue,che alcuni fratelli ancora
nouelli nella Fede Chriftiana vennero incontro partiti da Roma per la via Appia fino alle
trè Tauerne à San Paolo Apoftolo , quando fù
mandato per reo cõ guardia di foldati di Giudea da Porcio Fefto Procuratore. Indi lafciando à man deftra la ftrada Appia già fatta per
le paludi Pontine con grandiffima fpefa, & hora totalmente impedita dalle acque delle paludi , e delle rouine de'ponti, e de gli cafamenti ,
arai sforzato à pigliare il viaggio lungo, an-

dan-

dando à Tarracina per gli Volfci,e per le Balze dell'Apenino,e per gli alpeftri, & afpri fcogli de'monti . Tù vederai Setia à man finiftra
celebrata da gli antichi Poeti per la bontà de i
vini;e và poco più auanti nel piano ti lafci addietro le muraglie di Priuerno , diftrutte da
i Germani,e Brittoni,come teftifica Biondo;an-
zi quiui mirando ti fouerrà hauerui Camilla
hanuto Imperio de'Volfci.Quindi pafsado Priuerno nouello , hora Piperno,fituato nel Monte vicino, cui và intorno fcorrendo il fiume A-
mafeno,ti fi parano auanti gl'occhi, quantunque vn poco da lontano,gli lidi del Mare Mediterraneo, & alcuni Promontorij, che paiono
come ftaccati da terra ferma, già ripieni di famofi Caftelli, & hora poco mieno, che affatto
abbandonati. Quiui viene fatto vedere già in
che fito Enea fabricò Laninio,e doue Laurento
Città del medefimo tempo fia ftata nel lido vicina al facro fonte, e lago di Enea, ò fia Gioue
Indigete; In oltre viene quiui dimoftro doue
fia ftata Ardea Città del Rè Turno, doue Antio capo de'Volfci infieme col famofiffimo tem-
piodella Fortuna,e doue Aftura infame,per nô
dir celebre,per la morte di M. Tullio Cicerone
dicitore cofi facondo, e famofo . In oltre quiui
può veder la cafa della Maga Circe celebrata
dalle fauole de'Poeti già Ifola , adeffo altiffimo
promontorio pofto il alcune rupi fopra'l mare
congiunto à terra ferma cô i guazzi,e colle paludi,pieno di felue,e d'arbori, doue è fama,che
la belliffima figlia del Sole Circe trasformaffe
gli fuoi hofpiti in beftie,& armenti per via della magìa : fe anzi non vogliamo credere, che
ciò mediante l'arte meretricia faceffe .

E

E fi vedeua pure, come racconta Strabone,
anco nel tempo di Augufto quiui vn tempietto
di Circe,& vn'altare di Minerua, e quella tazza,con la qual dicono,che beuè Vliffe, quando
li fuoi compagni furono cangiati in beftie,co-
me racconta Homero ne'fuoi verfi, afferifcono
communemente, che in fatti abbonda il monte
di varie piante, c'hanno virtù occulte, e di affaiffime herbe, e perciò hauere hauuto origine
la fauola. Perciòche gli raccontatori delle cofe
naturali vogliono,che Circe fignifica la figlio-
la del Sole nel tefto Greco,per lo cui calore, e
rifleffo de'raggi eftiui le piante,e le cofe anima-
te ricenono vigore,e mutatione.Quindi partendoti dunque anderai per le humide, e larghe
campagne Pontine,le quali parton per mezzo à
dirittura la ftrada Appia,Regina potiamo dire
delle ftrade:della quale fi veggono fparfamente le miferabili reliquie nelle acque infieme con
maufolei fepolchri,tempietti,villaggi,e palaggi rouinati, con i quali fuperbiffimamente a-
dornauano dall'vna,e l'altra parte.

Ritorna per le paludi Pontine alla ftrada
Appia,e quindi feguita per dritto verfo Tarricina
di cui ...

TARRICINA.

FV Colonia antica de i Romani,e prima
de Volfci:veniua chiamata prima Anfure
ò foffe loro lingua, come penfano alcuni; ò
foffe in linguaggio Greco, come à parere de
i più, da certo luogo facro à Gioue Anfure famofiffimo,& anco antichiffimo,il quale dicono
effere ftato in quello fteffo luogo fabricato da

gli,

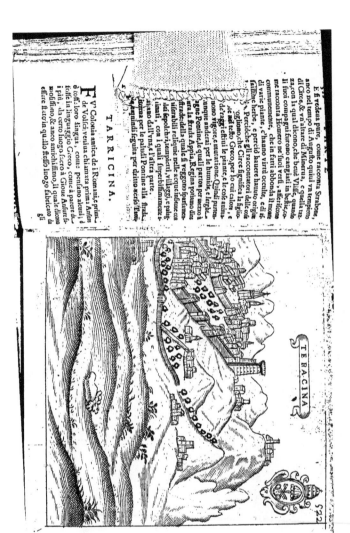

E si vedeua pure, come racconta Strabone,
anco nel tempo di Augusto quiui vn tempietto
di Circe, & vn altare di Minerua, & quella raz-
za, con la qual dicono, che beuè Vlisse, quando
li suoi compagni furono cangiati in bestie, come racconta Homero ne'suoi versi, si riscono-
sce communemente, che in fatti abbonda il monte di varie piante, c'hanno virtù occulte, e di si
fattiue herbe, e perciò hauer hauuto origine. Perciòche gli raccontatori delle cose
'vogliono, che Circe significa la figlio-
la del Sole, Greco per lo cui calor, e
de'raggi che ui si piantò, e le cose ani-
mano vigore, e maturatione. Quindi parte
anque anderai per le humide, e le gra-
gne Pontine, le quali pareuo per mezzo
er la strada Appia, Regina poniamo dir
strade, della quale si veggono sparsi me-
rabili reliquie nelle acque, sicome co-
lai sepolchri, tempietti, villaggi, e palaz-
ziani, con i quali si perditissimamente
tauano d'vn, e l'altra parte.
piana per le paludi Pontine alla strada
Appia, e quindi seguita per dirto, e ciò Terra

TARRICINA.

FV Colonia antica de i Romani, prima-
de Volsci, veniua chiamata prima Anssur
è così loro lingua, come pensano alcuni; d
fissi in linguaggio Greco, come à parere d-
i più, da certo luogo sacro à Gioue Anssur si-
mossissimo, & anco antichissimo, il quale dicono
essere stato in quello stesso luogo fabricato da
gli

gli Spartani; nel modo medefimo, che quello della Dea Feronia negli campi Pontini appreffo gli Circei, e gli Rutili; effendo effi per
la rigidezza delle leggi di Licurgo partiti dalla patria, e doppo lunghi viaggi fermata l'habitatione in contrade maritime d'Italia, come
racconta Dionifio Halicarnaffeo nel fecondo
libro delle antichità. Fece mentione di cotal
nome anco Virgilio nell'ottauo dell'Eneide
in quefti verfi.

Circiumᵹ iugum, queis Iupiter Anxurus oris
  Prafidet.

Il qual luogo cofi vien dichiarato dal fuo
Commentatore Seruio. Circa tractum Campa-
niam colebatur puer Iupiter, qui Anxurus di-
cebatur, fenza fecco, come dice il Greco, ideft,
fine nouacula, quia barbam numquam rafiffet.
Ed in vn'altro luogo. *Feroniam Iunonem Vir-*
ginem ait exiftimatam fuiffe; veluti Iouem
Anxurum, vel fine nouacula perinde non abra-
fum, qui coleretur Tarricina, quae etiam ali-
quando Anxur dicta fuit. Et hò veduto vn'altare di marmo dedicato per voto à Gioue fanciullo, come afferiua la fua ifcrittione antica.

Strabone fcriue, che i Greci la chiamarono
con altro nome, e fù Trachina, quafi volendo
dirla afpera, duro, come fi legge in Greco, effendo ripofto in monte afpro, e faffofo;
Dalla qual voce poi fembra effere nato appreffo gli Romani quefto nome di Tarracina, fi come fi ritroua fcritto in alcune infcrittioni anti-
chiffime, benche, fecondo la cui norma penfo,
che li debba correggere douunque fi ritroua
tal voce diuerfa da quefta: come parimente
nel quarto libro di Tito Liuio, doue fi deue

leg-

leggere quefta voce nel numero del più. *Anxur fuit, qua nunc Tarricina funt Vrbs prona in paludes.* Pare hauer'hauuto in mente l'afprezza, e'l faffofo paefe Horatio, quando cofi gratiofamente ci defcriffe quefto medemo viaggio della ftrada Appia nel fecondo Libro de i Sermoni.

Ora, manufque tua lauimus Feronia lympha,
Milliantum pranfi tria repfimus, atq, fubimus
Impofitum faxis latè candentibus Anxur.

Dunque Tarricina è fituata lontana trè miglia dal tempio di Feronia trà la ftrada Appia, al Promontorio Circeio : la quale già, come teftifica Solino, fù circondata dal mare, che adeffo è terra popolata sì, mà picciola. La fua campagna dalla banda di mare è feconda, & amena molto già ornatiffima, e pompofa per gli palazzi, giardini, e poffeffioni de gli Romani, ch'erano ricchi, e potenti, delle quali delitie ancora fi veggono quà, e là alcune reliquie, e rouine, come anco alcuni veftigij di quel famofo porto, che riftorò cõ tanta fpefa Antonino Pio. Per la ftrada Appia coperta di felce tutta fi và à Fondi. La quale quiui trattiene il pellegrino con la fua marauigliofa ftruttura, e cõ la confideratione delle vecchie reliquie, e fopra il tutto, doue è ftata tagliata fuori del macigno duriffimo, e ridotta in piano à dirittura co'fcalpelli di ferro infino al Promontorio di Tarricina. Rimane ftupido chi vede ciò ammirando la pianura della via diritta, che è folo per lo camino de'pedoni d'vn folo faffo lungo poco meno di 20. paffi, e 3. per larghezza, adorno, come à punto fù tutta la ftrada Appia, dell'vna, e l'altra banda gl'orli rileuanti di larghezza di

2.

2. piedi,liquali foleuano dar commodità di via
afciuttta al pedone.Alli quali furono aggionte
ogni 10. piedi pietre alquanto più alte di eſſi,
fatte in guiſa de i gaſi,acciòche poteſſe ciaſcuno
quindi più commodamente ſalire à cauallo, ò
in càrro . E quiui chi non iſtupirà d'vn parete,
ſodo fatto della medeſima rupe bianca , tirato
in ſomma altezza,e tale,che piacque alla curio-
ſa antichità di farlo ſapere, e poco meno che
moſtrare à dito à gli poſteri con l'hauer diſtin-
te, e diſſegnate le diſtanze di ogni dieci piedi
con molte decine eſpreſſe con numero grande,e
facile da vedere?Nella quale occaſione chi non
ſentirebbe piacere dal diſſegno di quei caratteri coſi ben fatti,e con tanta proportione, che
paiono d'vgual grandezza, coſi gli ſegnati nella ſommità del parete , come gli baſſi ? Coſi à
cui non deue rincreſcere,vedendo al preſente
priui totalmente delle ſue belliſſime veſti quei
tempij,palazzi,e mauſolei marmorei,che quà,e
là ſi veggono nella Via Appia , come in altre
publiche ſtrade d'Italia , adornate da molti di
quelli, che trionfano de gl'inimici? Perche
parue coſi à gli antichi di propagare la Maeſtà, & anco l'auttorità dell'Imperio Romano
per il mondo : e fare con gran fatiche , e ſpeſe
che temeſſero la ſua ſingolar grandezza tutti i
popoli ſtranieri, de i quali gli primi huomini,
& ambaſciatori venendo d'oltramare, e dalle
Alpi ſpeſſo à Roma,non poteuano,attoniti,non
marauigliarſi del ſingolare culto, & ornamento,co'l quale venia tenuta Roma,e l'Italia tutta . E però dilettano, anzi ricreano al tempo
d'hoggi cotali reliquie tutti gli foraſtieri, e
tengono in continuo eſſercitio li belli ingegni,

le

le grandi rouine delle fabriche Romane che si
veggono, tutto che poco meno, che sformate.

F O N D I.

E Vn Castello picciolo sì, ma bello di sito,
collocato nella pianura della strada Appia, & è si può dire sorto dalle rouine dell'antica prefettura, c'hebbe lo stesso nome, della quale si vedono ancora certi vestigij nelle vicine
paludi appresso il Lago Gondano. Hora è Fó-
di per parlarne con l'auttorità di certo Poeta
Tedesco.

Collibus hinc, atque inde lacu, simul aquore
cinctum.
Circia cui florent, & littore myrthi,
Hesperidum decus, & beneuolentia culta Diones.

A' nostri tempi questo castello hà patito vna
gran disgratia dalle mani di Hariademo Barbarossa Capitano dell'armata Turchesca, la
quale con vna subita scorreria lo prese, e mettendo alla catena tutti li Castellani, menogli
via, e profanate le Chiese tutto lo saccheggiò.

La strada Appia è larghissima, & era famosa
trà le ventiotto altre di fama, che si partiano
da Roma, chiamata regina delle strade, perche
per essa passauano quei, che veniuano trionfanti d'Oriente ; Appio Claudio la fece fino à Capua, e Caligola la fece lastricare di pietre quadre, & vltimamente Traiano la rinouò fino à
Brandizza, adornandola da ogni banda di sie-
pe verde di Lauro, e di Lentisco: passando di
quà si vede il Castello d'Itri situato in alcune
colline fertilissime di fichi, oliue, & altri frutti. Quiui è lontana 30. stadij Mola già chiama-

le grandi rouine delle fabriche Romane, che
veggono, tutto che poco meno, che siformate.

FONDI.

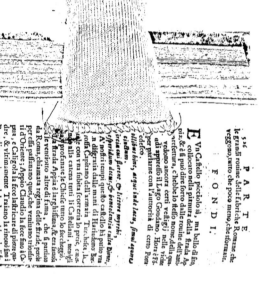

E Vn Castello picciolo sì, ma bello di sito,
collocato nella pianura della strada Appia, & si può dire soro dalle rouine dell'antichità, che hebbe lo stesso nome, della qua-
vedono ancora certi vestigij nelle vicine
adì appresso il Lago Gondano. Hora è sì.
per pasarne con l'autorità di certo Poe-
edesco.

ullis ser hinc, atque inde locus, simul aquarū
cisdam.
retus cui farens; & littora myrthi,
Spiritum decus; & transcentia calda Diter,
A' nostri tempi questo castello hà patito vn
a disgratia dalle mani di Hariadeno Bar-
rossa Capitano dell'armata Turchesa, la,
le con vna subita scorreria lo prese, e mes-
ta alla catena tutti li Castellani, menigli
profanate le Chiese tutto lo saccheggio.
La strada Appia è larghissima, & era sinold
le ventotto altre di fama, che si partiua
da Roma, chiamata regina delle strade, perch
per esa passauano quei, che veniuano rionta-
ti d'Oriente; Appio Claudio la fece fino al Co-
pua, e Caligola la fece lastricare di pietre quadre, & vltimamente Traiano la rinoouimi
Brandizza, adornandola da ogni banda di le
pe verde di Lauro, e di Lentisco: passandosi
quà si vede il Castello d'Itri situato in alcun
colline sertilissime di fichi, oliue, & altri sru-
ti. Quiui è lontan 30.stadij Mola già chiam-
ti

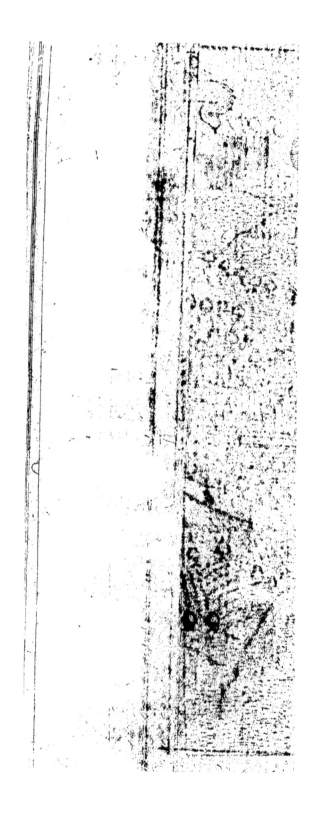

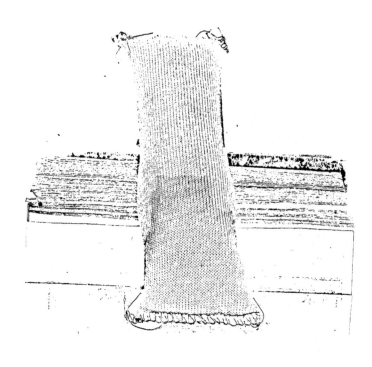

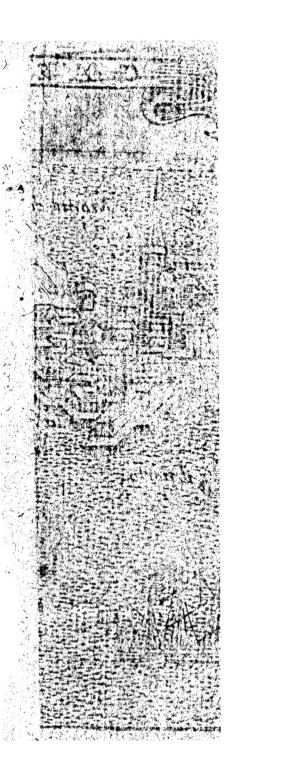

a Fornia famofa per gli horti. Di qui voltan-
lo à man deftra verfo mattina finite trè miglia
i arriua in Gaeta ; La qual contrada tutta,ch'è
li lido, fi vede cofi bene coltiuata, e cofi adorna, che non folo fi può dilettare,e trattenere gli
xchi de'paffaggieri,ma dirfi, come s'hà nelle
fauole à punto,la ftanza delle Ninfe. Strada in
vero amena,e piaceuole , quale hà da man deftra la veduta del mare,e da finiftra fiori,& ar-
>ori, li quali effendo quinci, e quindi bagnati
la mormoranti rufcelli, fanno fentire foauiffi-
ni odori.

G A E T A.

IN Gaeta vi è porto,e rocca,la quale già Ferdinando Rè de gli Arragonefi fondò in vu
antone del promontorio verfo mattina,hauen-
lo cacciati li Francefi dal Regno di Napoli.
A noftro ricordo l'Imperatore Carlo Quinto
i aggiunfe la rupe vicina, congiungendola
on vn ponte da poterfi leua e à piacere alla
occa più alta;e cofi raddoppiò le fabriche ac-
refcendole di torri, e fortezze da guerra, anzi
hiudendo infieme tutto il Promontorio, le at-
accò alla città per via delle foffe,e della mura-
lia. Se vedeffi il luogo,direfti,ch'ei foffe Acia-
lina,e Tiche dei Siracufani, e poterfi oltre ciò
alle medefime difender'i lidi vicini,il porto,e
a Città,ch'è più baffo collocata. Laonde le
ocche vengono guardate da buon preffidio di
oldati Spagnuoli,nè vi lafciano entrare perfo-
oincognite, ò peregrine, anzi nè anco li citta-
ini,ò alcun'altro de'terrazzani.
Però la Città è molto ficura , non meno per
l'ar-

l'arte, che per la natura propria del sito d'ogn'
intorno : perciòche insieme co'l Promontorio,
dal cui dosso dipende,è compresa da vna certa
penisola , e quasi tutta viene cinta dall'acque
del mare, di modo, che per terra non si può
entrare,se non per vna sola porta, passando per
vno stretto di terra frà mare angusto, e fortificato in eccellenza di Ponte, Porta, e Rocche.
Quiui s'inalza il Promontorio con due cime, e
per doue riguarda il Mediterraneo, cioè nel
dosso più piano dell'vna cima contiene la Città,che l'altra parte assai più alta,e piena di balze , e rompicolli arriua infino in mare à mezzo
giorno, & à sera , & è aperta da sommo ad imo
d'vna gran fessura per terremoto, se io non m'-
inganno, antico,il quale suole occorrere alcuna volta in questi paesi d'Italia. Come si sà ,
che Nettuno, che li Poeti, e Teologi antichi
chiamarono perciò Ennosigeo, e Sisittone,hà
più volte riuolto sossopra gli fondamenti delle
montagne co'l suo gran Tridente. Li popoli
quiui entrano diuoti con battelli nell'apertura
per assai buon spatio,e riuerifcono religiosamē-
te il luogo. E piamente viene creduto da gli
habitanti, e da gli circonuicini, che tal monte
si sia cosi sparrato per terremoto,quando Giesù
Christo Redentor Nostro patì nella Croce per
la salute della generatione humana , essendoche scriue l'Historia Euangelica all'hora es-
serfi spezzate le pietre. Per mezo all'apertura
del monte è stato fabricato vn Tempio , & vn
Monasterio ricchissimo dedicato alla Sacrofanta , e trè volte massima Trinità con l'elemo-
sine delle anime diuote; e da questo medesimo
Tempio anco il monte hà riceuuto cognome,

di

li che fi chiama communemente il monte della
Trinità. Vedefi quiui vn faffo grandiffimo, cofi
caduto, che tiene del miracolo dalla cima del
monte, e fermato trà le rozze muraglie dell'a-
pertura, dou'ella comincia farfi più angufta: E
fabricouui già Ferdinando Rè de gli Arragonefi vna belliffima Capella dedicata alla SS.
Trinità, la quale fi vede ftando in mare; E vi
fi và dal Monaftero per vna ftrada fatta à mano nella fteffa rottura del Monte, ne'cui grandi, e fodi pareti di quà, e di là è cofa molto diletteuole il riguardare in vna parte alcuni mô-
chi di faffo, che fparfamente fporgono in fuori,
e nell'altra li luoghi vani, e caui, fuor de' quali
fono ftati cauati per la gran forza del terremoto, nel modo appûto, che i faffi molto duri fogliono fempre romperfi inegualmente.

Trà l'altre cofe, che quiui fono degne da
effer vedute, v'è vn depofito fatto à Carlo Bor-
bon Capitano de i noftri dì famofo, ma empio,
il quale nel fanguinofo facco di Roma mori ferito d'vn'archibugiata.

L'offa di quefto cattiuo huomo fono in vna
caffa di legno, coperta di vn drappo di feta negra, & fi veggono nell'entrar della Rocca, ripofte in loco eminente, con quefto Epitafio.

Franzia me diò la luche
Efpanna mes fuorzo, y ventura
Roma me dio la muerte
Gaeta la fepoltura.

Ma per iftudiare anco ad effer breue, hò deliberato fcorrere folamente quelle cofe, dalle
quali li belli ingegni poffono riceuere alcun
frutto d'eruditione nel leggere.

Nella parte più alta del Tempio fi veggono

Z   tutte

tutte le cofe pretiofe donate, e tutti gli ornamenti di quella cafa magnifica, nella quale fù
pofta la noua fede Epifcopale nel principio già
feicent'anni dopò l'eccidio, che patirono le vicine Forme dalle mani de i Saracini. Dalle
cui ronine fù pure anco tratta quella tazza
Bacchica grande, la quale contiene molte di
quelle mifure di vino,che fi chiamano cadi,&
è fatta di bianchiffimo marmo Pario ; anzi hora fe ne feruono quiui per la facra Fonte del
Battefimo. Corona Pighio riferifce di non hauer veduto per vafo di quella forte cofa più
bella,e più perfetta.Perciòche in quello fi vede
vn'intaglio Greco artificiofiffimo,e di tal forte
perche fe ne compiacque ancora lo Scultore, e
però v'intagliò il proprio nome ; e la fcrittura
Greca fcolpitaui dimoftra,che ne fia ftato l'auttore Salmione Atheniefe.

S A L M I O N E
A T H E N I E S E
F E C E.
Interpretate dal tefto Greco.

Scolpì coftui con gran difegno,e gratia quel
vafo, e vi figurò dentro Dionifio, quello,c'hebbe due madri,e fù della natura del foco (cofi lo
chiamano i Poeti) il quale nato di frefco viene
portato da Mercurio per commiffione di Gioue
à Leucotea forella di fua madre, e chiamarono
coftei gli Latini Matuta, e gli più antichi Ino,
la quale come riferifcono Orfeo, Paufania,&
Ouidio,prima diede il latte à Bacco bambino,
che poi fù dato ad alleuare alle Ninfe ; e però
cofi dice Ouidio nel terzo delle tramuta-
tioni.

Fur-

Furtim illum primis Ino matertera cunis
Educat,inde datum nympha Nyseides antris
Occuluere suis,lactisque alimenta dedere.

Quiui dunque tu puoi vedere costei in habito da Matrona, che sedendo sopra vna rupe
riceue in braccio il bambino portole da Mercurio, & infasciatolo se lo nasconde in seno,
mentre gli Satiri, e le Baccanti danzano al
suono di timpani, e di pifferi. Della quale fauola chi volesse quì raccontare gli misteri tutti, hauerebbe tropo che fare, e però noi la ri-
seruaremo à luogo più opportuno, come, &
altre cose molte vedute in questo viaggio, che
ei hà, communicandole à noi, ricordato il di-
ligentissimo inuestigatore Corona Pighio. Al
quale punto non rincrebbe di ascendere nella
sommità di questo altissimo Promontorio di
Gaeta per poter vedere, e misurare quell'antichissimo Mausoleo di Lucio Munacio Planco
oratore, e discepolo di Cicerone, del quale ancora si leggono alcune lettere trà le familiari
del Maestro registrate. Mausoleo, che quiui
fabricato già prima di mille,e cinquecento anni al tempo di Cesare Augusto, & ancora intiero, hà veduta mirabile per ogni banda del
mare; il popolo adesso lo chiama la Torre
Orlandina,mercè della rozzezza de'posteri,che
poco attendenti all'antichità dell'historie, ori-
ginano le opere de'passati, e gli loro fatti famosi fauolosamente. E' di forma rotonda
questa fabrica,e nella guisa appunto sembra essere stata fatta dall'architetto, che quello di
Metello figliuolo di Quintio Cretico nella
Strada Appia: perciòche è tutta composta di
due cerchi di muri sodi,De i quali quel di fuori

Z 2　　　fatto

fatto di quadri grandi di faſſo cötiene per diametro circa ventiotto paſſi , ò diciamo piedi ottantaquattro, dal quale ſi può raccogliere la
gran larghezza del ſepolcro , riducendo in giro la linea del Diametro : nè minore ſembra la
altezza, per quanto può ſeruire la miſura dell'-
occhio; contenendo eſſa ventiſette faſſi poſti
l'vno ſopra l'altro di vn piede, e mezo; à gli
quali è ſoprapoſta vna corona figurata come
à raggi da gli merli della propria muraglia, e
pompoſamente adorna delle ſpoglie , & armi
nemiche.

Nell'entrar della porta ſi troua vn circuito
di larghezza di ſette piedi in circa , fatto dal
cerchio di dentro,tutto manifattura minuta di
mattoni, e congiunto con il muro di fuori con
vna volta alta.Queſti chiuſo d'altra volta altiſ-
ſima , rappreſenta nel mezzo di cotal Mauſo-
leo la forma di vn Tempio rotondo , c'habbia
quattro ripoſtigli grandi da collocarui ſtatue.
Quiui ſi veggono le muraglie interne politamente incroſtate à ſembianza di marmo re-
ſtate coſi lucenti, e candide, che paiono di vetro, anzi, come ſe ripercöteſſero la bianchezza
della neue,raddoppiato hauere quel lume; che
entrando ſolamente dalla porta , poiche in tutta la fabrica non è feneſtra alcuna,che ri ſchiari
ſufficientemente il luogo. Sopra la porta ſi legge intieramente il titolo di Lucio Planco oratore con vn'elogio delle ſue impreſe , coſi bene
ſcolpitoui, come ſe foſſe ſtato ſcritto in vna tauola . Dellaquale iſcrittione volontieri partiti,
però con gli ſtudioſi delle antichità quella copia, c'hò riceuuta da Corona Pighio correttiſ-
ſima , e per lo paſſato ne hò vedute molte ſtam-
pa-

pate, cauate indi da molti; ma non ne hò letta
alcuna di quelle, che fappiamo effere ftate co,
piate dall'originale, più corretta di quefta:
dunque il titolo è di tal forte.,

L.Munatius L.F.L.N.L.Pron.
Plancus.Cof.Cenf.Imp.Iter.vij. Vir.
Ipul.Triump.Ex.Ratis.Aedem. Saturni
Fecit.De.Manibis. Agris. Diuifit. In Italiæ
Beneuenti.In Gallia.Colonias deduxit.
　　Lugdunum. Et. Rauricam.

　Dalche fappiamo beniffimo quanto fia antico quefto Maufoleo,poiche cauiamo dagli Magiftrati amminiftrati da L. Planc. e nominati
in quefta fcrittura effere ftato quiui fabricato
quindici,ò fedici anni auanti il nafcimento di
Chrifto: Anzi che ne i noftri Annali de i Magiftrati dimoftraremo, ch'egli vltimamente fù
Cenfore venti anni dopò il Cófolato, & in tale
dignità morì l'anno del nafcimento di Roma
731. E però può per fermo teneríi, che facendo
il titolo mentione della Cenfura, poco dopò la
morte di lui, e finita la fabrica,veniffe fatta l'-
infcrittione per honorarlo, e poftaui memoria
di quella fomma dignità, e racconto delle altre
proprie imprefe.Ma táto bafti del Maufoleo di
Planco. Scriue Strabone, che gli Lacedemoni,
che vennero quiui ad habitare già chiamarono
il Promontorio Gaeta dalla obliquità, & in
quella maniera, che in lingua Spartana tutte
le cofe fon defcritte, quindi furono chiamate
foffa,nella quale i fonti fi nafcondeuano, cofi
anco quefto Caftello fortì il fuo nome. E però à
fimile propofito leggiamo,che gli antichi chiamarono le foffe, e le voragini fatte da terremoto tempefta. Alcuni vogliono, che nel porto

　　　　　　Z　3　　　　di

di Gaeta s'abbruggiaffe l'armata Troiana,e però efferfi Gaeta detta dal greco,che fignifica ardere. Mà fia come fi voglia,la miglior parte de
i fcrittori vecchi crede con Virgilio Prencipe
de'Poeti, il quale canta,che Enea ritornato da
l'Inferno nominò cofi il luogo da Gaem quiui fepolta. E però per opinione de gl'antichi è
ftato fempre ftimato, che quefto luogo fia antichiffimo.

Potrai vedere,e con diletto Capua,la campagna Falerna,Stellate, e Leborina, parte belliffima dell'Italia,doue fono colli pieni di vigne,di
done fi celebra per tutto il mondo il beuere, e
gloriofamente inebriarfi; e done finalmente gli
antichi differo,che fi trattaua pugna importan-
tiffima trà'l padre Libero, e Cerere. Il porto
poi Gaetano,sì come per l'ampiezza, e per l'antichità è famofo appreffo gli auttori, cofi è parimente ficuriffimo per proprio fito, e natura;
Effendoche a mezodì, & à fera è coperto dalle
fortune,e da'venti per mezzo del promontorio:
E da Borea,Cecia,& Euro molto bene lo difendono alcuni fporti dell'Apennino, e la terra
ferma dell'Italia. Giulio Capitolino mette trà
le fabriche publiche,grandi,e famofe fatte,ò riftorate da Antonino Pio Augufto il Porto di
Gaeta,e Tarricina.

Tornando à Mola,& alla ftrada Appia, andarai da Mola à Sueffa de gli Arunci via, e ritrouerai caminando alcune fabriche grandi,
mà guafte di Sepolchri antichi; e nel cantone,
con il quale mette capo nella ftrada Appia gli
Campani ftudiofi dell'antichità, dimoftrano il
Sepolcro di Marco Tullio Cicerone, e quefto
per parere di Giouiniano Pontano, nel cui

tem-

empo vogliono , che quiui foffe ritrouato vn
pezzo dell'Epitaffio di Cicerone . Però Corona
Pighio non iftima poffa effere tant'antico quefto fepolcro , che rotondo viene chiufo di volte
di mattoni foftenute da vna colonna , che ftà
nel mezzo,& hà à man deftra la porta, che per
certe fcale di pietra conduce nelle ftanze di fopra,che fono tutte piene di fpine,& arbofcelli ;
il nome di quefto loco è dal palazzo del Duca,
che quiui ftando fi vede pofto à dirimpetto .

S V E S S A.

V'A' cón diligenza vedendo la Città , e per
antichità , e per frequente ricordanza di
antichi fcrittori famofa ; nella quale , come
fcriue Dionifio Halicarnaffeo nel quinto libro
de gli Pometini fi ritirarono cacciati dalla patria Pometia diftrutta da Tarquinio Prifco
Rè de'Romani : di onde Sueffa cominciò à
chiamarfi , & al giorno d'hoggi Seffa, & anco
fù nominata Sueffa da gli Arunci , per teftimonianza di Liuio,effendo gli Arunci con le
donne, e gli figliuoli ricouerati quiui, doppo
abbandonata la patria , e l'effere ftati vinti da
Tito Manlio Confole, che foccorrea gli Sidici-
ni auuerfarij loro; il fito di quefta Città è nella Campagna Veftina preffo al Monte Maffico nella ftrada Appia, & in paefe ameno, e fecondo,anzi che per tempo hebbe nome dalle
principali città de'Volfci,quantunque alla fine
i gli Romani cedeffe, e foffe fatta Colonia
irca l'anno quattrocento , e quaranta del nafcimento di Roma , fi come fi raccoglie da Li-

uio. Vero è,che Veleio ſcriue,che fù quiui condotta gente, e fatta Colonia tre anni dopò Lu-
ceria : Sentì ſpeſſo danni, e ronine importanti,e
nella guerra contro i Cartagineſi, e nelle fattioni ciuili, da'quali ſolleuandoſi in fine fiorì
ſotto gl'Imperatori, e principalmente ſotto A-
driano, & Antonino Pij,come cauiamo da gli
Titoli delle ſtatue,da gli elogij,e dalle ſcrittu-
re ne'marmi, che quì ſi ritrouano in varij luoghi.

    Appreſſo gli Frati Predicatori à man deſtra
del loro Tempio ſi vede la ſepoltura di legno
di Auguſtino Niſo Filoſofo dottiſſimo de'ſuoi
tempi.

    Riguardando verſo'l mare,ouero à man de-
ſtra per 8. miglia oſſeruerai luoghi popoloſi,
benche ſiano villaggi,coltiuati eccellentiſſimamente,quali ſi chiamano gli Caſali di Seſſa.

    Dodeci miglia lontano da Mola il fiume Li-
rì, che diſcende dall'Appennino, e ſcorre nel
mare,và piaceuolmente irrigando quei luoghi,
li quali furono ſtimati da i Romani al pari di
quāti altri haueſſero ſott'il loro dominio,come
chiaramente comprendeſi da Cicerone,che magnifica oltre miſura la ſtrada Herculatea, anzi
la chiama ſtrada di molte delitie, e ricchezze,
Vicino è ſituato il monte Cecubo famoſo,e per
eſſere fecondo producitore di coſi generoſo Vino, e per hauer paludi celebri vicine, come appunto piacque à Flacco, che lodò la vittoria
Attiaca d'Auguſto con queſti verſi.

Quando repoſtum Cacubum ad feſtas dapes
Victore latus Caſare
Tecum ſub alta (ſic Ioui gratum) domo
Beate Mecanas viuam ?

                          Que-

Questo è il fine del Latio, e fù fatto fiume, hè chiamassimo Liri,si passa con barca.

Si veggono li monti Massico, e Falerno, nè quinci sono molto lontane Sinuessa, Minturna, : molti altri luoghi,che potrai vedere,e ne faremo di sotto Scotto, & io mentione, e descrittione.Trà tanto rimira Capua.

C A P V A, E gli Campani.

ANticamente Capua capo della Campania hebbe nota gagliarda d'vna grande arroganza,e solenne ostinatione; perciò frà gli altri Marco Tullio nella secōda delle Agrarie protesta parlando contro P.Rullo,che gli Campani sono sempre stati fastosi per la bontà delle campagne loro,per la grandezza de gli frutti,e per la buon'aria,e bellezza della città. Dalla quale abbondanza di tutte le cose nacque la folle richiesta,che fecero gli Campani,cioè, che l'vno de'Consoli fosse tolto di Capua, e quelle delitie,che vinsero,e sueruarono lo stesso Annibale inuincibile, e sopra tutti forte. E però lo stesso Cicerone chiama Capua stanza della superbia, e magione delle delitie, e dice nascere costumi ne gli huomini non solo dagli principij della prosapia,che da quelle cose, che vengono somministrate dalla natura del luogo, e dall'vsanza del viuere, e quindi auuiene, che il genio del luogo il più delle volte genera habitanti simili à se stesso.

La nuoua Capua è situata lungo la riua del Volturno, due miglia lontana dalle rouine dell'antica, le quali ancora si veggono grandi à dirimpetto di Santa Maria delle gratie,

Z 5 co-

come farebbe dire di porte della città, di Theatro, acquedotti, altre fabiche grandi di tempij,
portici, bagni, e palazzi grandiſſimi: ſi veggono
quì medeſimamente ſotto terra grandiſſime
volte, e conſerue d'acque, & in particolare frà
gli ſpini, e virgulti infiniti pezzi di colonne, e
marmi d'ogni ſorte, dalle quali coſe poſſiamo
raccorre molto bene la potenza, e la ſuperbia
della vecchia Capua, tutto che la noua, e le vicine città habbiano portato via gran parte di
coſi grandi reliquie. Strabone vuole, che Capua
ſia ſtata chiamata dalla Campagna, e per la
medeſima ragione Publio Marone pare, che
chiami la città Campana, come anco ſpeſſo
Tullio, e Liuio gli ſuoi Cittadini, e'l reſto de
gli habitanti Campani dal coltiuare Campi
graſſiſſimi. Tutto che gli Poeti, come il ſopra-
nominato Marone, Lucano, Silio, & altri rac-
contando cantano, che Capi Troiano compagno d'Enea habbia dato à gl'habitatori, le muraglie, e'l nome alla città.

Di lei furono prima padroni, come racconta
Strabone, gl'Opici, e gli Auſoni, e poi gl'Oſci
gente Toſcana, da' quali fù detta Oſca; queſti
ne furò poi cacciati dalli Cumani, e queſti altri
dalli Toſcani, li quali allargandola di vndeci
altre Città, la fecero metropoli; e di più la
chiamarono, come ſcriue Liuio, Volturno dal
fiume vicino. Finalmente li Romani ritrouandola potente, vicina, e nel mezzo dell'Italia,
ſempre nemica, non meno emula dell'Imperio, che la ſteſſa Cartagine, e feroce per l'amicitia, e compagnia d'all'hora d'Annibale, la riduſſero ſotto il loro dominio, hauendola circondata di molti forti, & aſſediata con la fame,

ne,ammazzato il configlio di lei tutto, vende-
ono all'incanto tutti gli altri fuoi Cittadini, e
popolani,e la campagna tutta; nè per l'auenire
permifero, che la Città haueffe corpo alcuno,
ò radunanze publiche,ò Magiftrati,ò configlio
ò alcun veftigio, & honoreuolezza di Republ.
anzi ommandarono, che li palazzi di lei foffero ftanze d'Agricoltori, e lafciarono, che foffe frequentata folamente da Libertini, fattori,
& altra fimile plebe vile d'Artigiani. Giacque
adunque in quefta guifa trauagliata Capua
per più di cento trent'anni, e la fua Campagna
fù publica del popolo Romano infino al Confolato di C.Cefare; il quale con il fauore della
legge Giulia fatta contro il volere del Senato,
e della nobiltà ne confignò la fua parte ad v-
no de gli foldati, e prima circondando Capua
di muro la fece colonia; come dimoftrano gli
frammenti di Giulio Frontino,la quale all'hora riforgendo fotto'l fauore de gl'Imper. fiorì
in poter de'Romani,fin che fù da Genferico Rè
de'Vandali prefa, e diftrutta, e di nuouo da gli
Oftrogoti occupata, e cacciatine via quefti, da
Narfete riftorata, e finalmente da gli Longob.
nouamente rouinata, & affatto diftrutta. Però
non fi sà bene in che tempo quefta noua Capua
dalle fue medefime rouine fia riforta, e da chi,
lontana dalla prima due miglia fia ftata ripiã-
tata: e per dire il vero fù molto verifimile,che
gli Cittadini cacciati,e fparfi dalla forza,e dalla paura de'barbari, finalmente fi fiano ritirati
là, e pian piano fuori delle rouine dell'abbandonata Capua habbino fondate le habitationi:
euui à puto lungo alla riua del Volturno, doue
hora veggiamo effere vfcita, fatta la noua Ca-

Z 6 pua

pua città grande,e potente;della quale scriffe,ò cantò Giulio Cesare scaligero Poeta,non meno mordace,che oscuro in questo.

Flammea si valeat superare superbia fastum ,
Pinguem luxuriam deliciosus amor;
Hoc mollem pinges Capuam,Capuaq; colonos
Et qua alij vita est, nec sibi meta fuit .

Aggiungerai à quanto s'è detto , così essere stata chiamata già Capua, quando era Metropoli di 11. famose città di Campania; la quale insieme con Cartagine, e Corintho stimò Cicerone così potente, e ricca, che pensò, e lei, & ogn'vna dell'altre poter sostenere la grandezza dell'Imperio Romano , & Annibale scrittone publicamente à Cartagine, e dicono hauer auisato gli Cartaginesi, che in Italia costei haueua dopo Roma il secondo luogo .

A V E R S A.

A Ndrai ad Auersa per la campagna Stellata,& indi per la Leborina;Pandolfo Collenutio Scrittore dell'Historia Napolitana difende, che fosse prima chiamato questo luogo Aduersa,perche già li Normani habbino piantati, e fortificati gl'alloggiamenti nelle rouine della vechia Attela contro Capua, e Napoli , fondando nel mezo del viaggio gli principij di questa noua terra, acciòche da sì fatto luogo potessero scemare le forze di due potenti città.

Hormai passato il fiume Liri, caminiamo per Campania, la quale così nell'abbondanza de frutti, formento, vino, & ogli, come nella frequenza,amenità,e grandezza del paese,supera di grã lunga tutte le prouincie d'Italia. Terra,

ra, che fente volentieri il ferro, e che non fi lafcia rompere indarno, anzi, che ftudiofamente
fembra volere; che feco guadagnino vfure
grandiffime; Si chiama terra di lauoro, e la
campagana, da cui partendo arriuiamo à Capua ad Auerfa con gran ragione vien chiamata da Plinio Leborina, quafi Laborina: Viene
di più nominato felice il Territorio Campano,
co'l qual cognome ad altra prouincia del mondo tutto non toceò mai effer chiamata, che all'
Arabia in Oriente. E però che marauiglia fe
gli Opici, gli Cumani, gli Tofcani, gli Samniti,
e finalmente gli Romani non potero difprezza-
re tante ricchezze, e cofi fatta abbondanza d'o-
gni cofa? in particolare la pianura Stellata, per
la quale camini, è cofi graffa, e fertile, che ragioneuolmente nell'Italia fembra tener il primo
luogo, per l'abbondanza d'ogni forte di frutti;
e la chiamano gl'habitatori Campagna ftella-
ta, per hauere cofi propitie le Stelle: di lei fà
mentione anco Cicerone nell'oratione della
legge Agrar., e la chiama campagna belliffima di
tutto il mondo: Quindi fi cauano le vettouaglie
per gl'eferciti Romani: E quefta Cefare, che
preparaua la ftrada all'Imperio co'l donare,
compartì à ventimila Cittadini Romani. Quiui
gli Samniti al numero di 300. fedici mila furono tagliati à pezzi da Lucio Veturio, & Appio
Claudio, Capitani Romani.

In Auerfa fi fanno bigoli, ò macheroni, che
vogliam dire di tutta eccellenza, e quiui propriamente nafce il vino Afprino, che fi beue in
Roma ne'gran caldi con tanto gufto.

ATTELLA DE GLI OSCI.

FV' la vecchia Attella Caftello fabricato da
gli antichiffimi popoli de gli Ofci. E Caftello famofo, e celebrato trà tutto per fauole
Satiriche, lafciue, ridicole, e mordaci, che quiui
fi recitauano, anzi quindi veniuan dette Attel-
lane, quali poi con le fue piaceuolezze acqui-
ftarono tanta auttorità, che paffarono dal ba-
gordo di Caftello fin ne' Teatri Romani. Hora
la terra, e li borghi magnifichi per alquanti palazzi di Gentil'huomini, e Signori, che vi fono
ftati nouamente fabricati. Vedi più fotto alcuni
luoghi Mediterranei.

NAPOLI.

QVindi fcoftati, 8. miglia, s'arriua à Napoli. Oue fi veggono in ogni canto cofi
dentro, come fuori luoghi belliffimi, e fabriche
fuperbiffime, di grand'arte, e d'infinita fpefa.
Peroche la città fi diffonde in gran giro, & è fituata trà colline ameniffime da tramontana, e
da mattina, è da mezzo giorno, e da fera; hà il
mare, dal cui porto fenza intoppo alcuno, fe è
buon tempo, fi veggono gli due Promontorij,
il Mifeno, e quel di Minerua, e Caprea, d'Ifchia, e Procita, Ifole antïcamente cofi celebrate. Strabone, Virgilio, & altri auttori fentono
concordemente, che li Cumani vicini l'habbino fabricata; e Partenope nominata da vna
delle Sirene quiui fepolta: fcriuono poi, che fù
fpiantanta da gli fteffi fondatori, parendo, che
fioriffe troppo, e crefceffe per la fecondita del
ter-

ATTELLA DE GLI OSCI.

FV la vecchia Attella Castello fabricato da
gli antichissimi popoli de gli Osci. E Castello famoso, e celebrato trà tutto per l'auo-
Satiriche, lasciue, ridicole, e amoriche, che quiui
fi recitauano, anzi quindi vennarù dette Atel-
lane, quali poi con le sue piaceuolezze acqui-
ftarono tanta auttorità, che passarono dalla
gondo di Castello fin ne'Teatri Romani. Hon
la terra, e li
gnificati per alquani po-
uni, e Signori, che viste
ricati. Vedi più sono alcun
pci.

NAPOLI.

ti 8.miglia, s'arriua à Napo-
veggono in ogni canto col
i luoghi belissimi, e fabriche
rand'arte, e d'infinita spe-
diffonde in gran giro, & è i
menfisure da tramontana, e
pezzo giorno, e dà sera; hà i
po senza inoppo alcuno, & i
buon tempo,
ggono gli due Promontorij
il Miseno.
d di Minerua, e Capre, d'i
chia, e Procta, Ifole anticamente così celebrate. Strabone, Virgilio, & altri autori fanno
concordancemte, che li Cumani vicini l'habbino fabricata; e Partenope nominata da vna
delle Sirene quini sepolta; scriuono poi, che li
spiantauano da gli stessi fondatori, parendo, che
fioniffe troppo, e crescesse per la Recondita del

NAPOLI

terreno, anzi foffe vn giorno per entrare nel
poffeffo,e nella vece della vicina madre Cuma;
per lo che par,che narrino, hauere gli Cumani
patita vna gran peftilenza, anzi effere ftati au-
uertiti dall'Oracolo per ceffare fi fatta difgratia,che rifaceffero la Città, & ogni anno hono-
raffero con facrificij il fepolcro della Dea Partenope; & effendo ftata riftorata, e riedificata,
vogliono ancora, che da indi in quà foffe cominciata dirfi Napoli con voce Greca. Vi
fono però intorno à ciò opinioni d'altri, e diuerfe; perciòche Licofrone Calcidefe nella fua
Aleffandria chiama Napoli mano di Falero, &
aggiunfe il fuo interprete Ifacro Tzetze, che
Falero Tiranno di Sicilia fabricò Napoli in I-
talia;e perche crudelmente coftui tormentaua,
& ammazzaua gli fuoi Foraftieri, fofsero di
qual forte fi voglia, quindi efsere poi nata la
fauola,che la Sirena Partenope quiui morifse;
e che da gli habitatori le foffe fabricata vna fepoltura,e riuerita, & adorata ogn'anno con facrificij fotto titolo di Dea in forma d'Augello.
E fappiamo di certo, già le Sirene efsere ftate
adorate come Dée trà gl'altri Dei tutelari del
luogo da gli Campani per tutto quel tratto
della Magna Grecia, e quefto nel fiore dell'Imperio Romano; peroche mi ricordo già molti
anni di hauer vedute in Napoli le Sirene fcolpite infieme con Ebone, e Sebeto Dei tutelari
de'Napolitani in vn'altare rotondo di marmo,
il quale hora è ftato ripofto nel ricettacolo delle acque del fonte, ch'è ftato fatto nell'eftremi-
tà del Molo nel porto di Napoli; oltre le opinioni predette vi hanno di quelli,come Diodoro Sicilo, & Oppiano, che tengono effere ftato

Na-

Napoli fabricato da Hercole: & Oppîano in
particolare alludendo al nome della Città del
suo Poema de Vanatione,chiàmò Napoli,cam-
po nouo d'Hercole. Concordano però tutti gli
scrittori in questo, che sia città antichissima, e
che sia stata famosa auanti Roma,fiorendo trà
le più illustri città Greche in Italia per la Filosofia Pitagorica. Crescédo poi per l'Italia l'Imperio Romano, perche ella più prontamente si
era sottopofto à lui, mentre si trattaua di sog-
gettare la Campania, fù riceuuta da i Romani
nel numero delle altre libere, e confederate,an-
zi come afferisce Liuio, & altri molti scrittori
rimase dipoi costantemente nell'amicitia, &
osseruò la fede, c'haueua data da principio al
Popolo Romano. E più essendo le cose della
Republica molto male in sesto per la guerra
Cartaginese,non solamente essa pensò di ren-
leuarsi da gli Romani à dispetto della vicina
Capua, e delle altre città ribelle, mà etiandio
màdò Ambasciatori à Roma,e volle come racconta chiaramente lo stesso Liuio, che fossero
presentate con atto di liberalità, e di nobiltà in
Corte al Senato quaranta tazze d'oro di gran
peso, & insieme offerte forze, ricchezze, & in
somma quanto di tesoro gli haueuano lasciato
i suoi maggiori in aiuto dell'Imperio, e della
Città di Roma. A i quali Ambasciatori all'-
hora con ogni termine di cortesia furono rese
gratie, e ritenuta vna sola di quelle tazze, e
quella appunto,che fù di minor peso dell'altre.
E però per la sua fedeltà grande, e continua,
Napoli fù sem pre stimata,tenuta, & honorata
trà le Città libere,e confederate d'Italia, tanto
nel tempo de i Consoli, quanto sotto gl' Impe-
ra-

ratori. Questa essendo hormai oppressa, e soggiogata Capua, anzi ridotta alla seruitù della prefettura, crebbe assaissimo, e lóghissimo tempo godè felicemente il frutto della sua fedeltà. Quà come c'insegna Strabone, la giouentù, per attender a'Studi, anzi moltissimi huomini vecchi per godere quiete, e tranquillità d'animo soleano partendosi da Roma ritirarsi, come appunto Silio Italico, e prima di lui Horatio Flacco cantò della medesima, dicendo,

Nunc molles vrbi ritus, atque hospita Musis
Ocia, & exemptum curis grauioribus auum.

Peroche non hà l'Italia luogo di più molle, e clemente Cielo di questo, due volte ogn'anno hà Primauera ne i fiori; d'ogni banda la campagna è fecondissima; v'è gran varietà de'frutti, e degli più pregiati; copia suprema di fontane, d'acque sanissime, e buone, & in fine abbondanza grande, e dà non credere di cose naturali, e marauigliose, che perciò con ragione può dirsi Paradiso d'Italia. Le quali particolarità così importanti sono state cagione, che questa Città è stata sempre frequentata, e da Imperatori, e da Regi, e da Prencípi grandissimi, e da quanti belli ingegni si sono ritrouati al mondo. Come anco à nostri tempi molti Prencipi, molti Signori, & huomini famosi, e grandi, v'hanno superbi palazzi, e case bellissime, nelle quali stanzano la maggior parte dell' anno. E cosa chiara, e si sà da ogn'vno, che Tito Liuo Padouano Historico, Q. Horatio Flacco, Statio Papin. Claudio Claudiano, Poeti tutti famosi, Annio Seneca Filosofo, & altri infiniti che s'hanno fatti immortali coll'ingegno, e cogli suoi dotti scritti, si sono ritirati in essa per

atten-

attendere à gli studi. In oltre leggiamo, che P.
Virg. Mar. visse lungo tempo dolcissimamente
in Napoli, anzi che vi compose la Georgica;
peroche dice così nel fine del 4.libro.

Ille Virgilium me tempore dulcis alebat
Parthenope, studijs florentem ignobilis oti.

E morendo in Brindesi comandò, che il suo
corpo fosse trasportato, e sepelito in essa, come
si caua da molte testimonianze de'Poeti vecchi.
Seruio suo commentatore scriue, che il suo sepolcro è 2.miglia lontano da Napoli nella via
di Pozzuolo vicino alle fauci della sotterranea
caua, ch'è stata sotto Pausilipo.Hora gl'habitatori mostrano il luogo, & è nel vicin giardino
di S.Seuerino.

D'onde poco lontano si vede la casa di At-
tio Sincero Sanazario Poeta emulo di Virgilio,
la quale per testamento di lui è stata fatta monasterio,e la Chiesa è della B.V.quiui si vede
vn sepolcro di marmo scolpito con molto arti-
ficio:da vna banda vi è Orfeo,ò pure Apolline,
dall'altra la Sibilla, ò sia la musa,fatti di bianco marmo,e vi si legge questo Epigramma del
Cardinal Pietro Bembo.

Da sacro cineri flores,hic ille Maroni
   SYNCERVS Musa proximus,vt tumulo.
Vixit annos 72. Obijt 1530.

Ma quindi torniamo à Napoli Città al tempo presente famosa non meno per la nobiltà, e
per la magnificenza de'Cittadini, e de gl'habitanti, che per le spese grandi, e per la bellezza
delle fabriche d'ogni sorte.Peroche gli Gouernatori dell'Imperatore Carlo Quinto, e poi
Filippo Rè di Spagna,li quali questi anni passati sono stati presenti al Regno di Napoli, l'-
han-

no, che P-
limamente
scorgica;

bat
torii
che il suo
sta, come
eti vecchi,
e il suo se-
nella via
sotterranea
gl'habita-
giardino

a di Ar-
Virgilio,
fatta mo-
si vede
olto anti-
pollíne,
si bian-
ma del

tumule.

al tem-
bilia, e

hanno rallargata marauigliofamente, e fortificata da nuono con mura, baloardi, foffe, torri,
e Caftelli; di maniera, che l'hanno refa poco
meno, che inefpugnabile. In oltre è riguardeuole, e bella per le Chiefe, collegij, corti, e Palazzi de' Prencipi, ò d'huomini grandi, che contiene marauigliofi, e molti. Vi fi veggono ancora molte vecchie reliquie di cafe antiche, e-
pitafij, ftatue, fepolchri, colonne, altari, marmi
con ifcolture artificiofe, e belliffime, & altre
cofe, che farebbe cofa lunga il volerle quì raccontare. Trà quefte fopra ogn'altra, e ragioneuolmente fono cofa da piacere à chiumque
le grandi rouine di quel tempio quadrato de i
Caftori; e bench'il foro habbia guafta ogni cofa, pure de gli auanzi d'vn belliffimo portico fi
veggono le fei colonne prime di marmo colla
fua cornice fopra ancora in piedi d'architettura Corintia marauigliofe per la grandezza, e
per l'artificio, con che fono fatte; hanno per capitelli alcuni cefti, laonde pendendo quelli fiori, e foglie d'acanto ripiegate ne hanno le fue
riuolte, anzi coprimento leggiadriffimo. E nel
frifo, al quale s'appoggiano le traui, fi legge
vn'ifcrittione greca, che manifefta chiaramente, che quefto tempio era ftato de' Caftori, e che
la lingua greca era in vfo anco appreffo gli
Napolitani fiorédo pure la monarchia Romana, sì come cauiamo dalla fteffa ifcrittione, da
gli caratteri, dalla gráde fpefa di tutta l'opera,
e dalla efquifitezza, e perfettione dell'arte: nel
Timpano, ò frontifpicio triangolare della fommità fopra le colonne furono fcolpite molte
imagini de' Dei, mà per lo più le fiamme, e l'antichità l'hanno confummate; raffigurafi ancora
vn'

vn'Appolline fermate appreſſo il treſpo, & di
quà, e di là ne'cantoni la terra, e l'acqua, nel
modo che ſogliono figurarſi, cioè in ſito di corpo mezo ſolleuato, e mezzo giacente, nude infino all'ombelico. Peroche la Terra poſta à mã
deſtra appoggiata ad vn ſepolcro co' l gobito
deſtro tiene colla man ſiniſtra dritto il corno
della Copia: e'l Sebeto à man ſiniſtra tenendo
vna canna colla mano, alla guiſa de gli fiumi
ſtà appoggiata, e colla faccia in giù ſopra vn
vaſo, ch'è riuolto, e ſparge acqua, il rimanente
non ſi può diſcernere, per eſſere troppo rotto, e
rouinato. Gli tẽpij della noſtra Religione ſono
in ordine eccellentiſſimamente, & con grandiſſime ſpeſe, e ſono molti quiui, e compariſcono
appunto all'occhio in quella maniera ſparſe, e
frequenti, che in vn giardino ben tenuto fiori
varij, e molti. Per eſempio la Chieſa di S. Chiara, c'hà sì grande, e bello Monaſterio: lo fabricò molto magnificamẽte Santia Spagnola Regina, moglie del Rè Roberto, la quale da altri viene detta Agneſe: l'hanno fatto famoſo
gli Rè antichi della nobile caſa di Durazzo cõ
gli ſuoi ſontuoſiſſimi ſepolcri, che quiui ſi veggono, come anco in S. Dominico, doue parimẽte
ſi vede il ſepolcro di Alfonſo primo, e di molti
altri Regi, e Regine, e de'Prencipi, e quello che
importa l'imagine d'vn Crocifiſſo, che diſſe à
San Tomaſo d'Aquino, Tomaſo tu hai ſcritto
di me bene, e quelle del Monte Oliueto: coſi in
altre Chieſe veggonſi depoſiti, e memorie ſu-
perbiſſime de gli Rè di Spagna, d'Heroi, e d'
altri Prencipi, e ſtatue di marmo fatte del naturale. Nella Chieſa di S. Giouanni dalla Car-
boniera è la ſepoltura del Rè Roberto, le cui
lodi

lodi furono fcritte da tutti gli huomini dotti, e
trà gli altri,dal Petrarca,e dai Boccaccio. Nella Chiefa di S.Maria Noua fono ftate fepolte
l'offa di Odetto di Foix detto Lotrecco, e di
Pietro Nauarro da Confaluo Ferrando Cor-
douefe. Nel religiofiffimo Tabernacolo di San
Gianuario fi conferuano moltiffime reliquie
Sacre de'Santi. Tu vederai ad vna ad vna le
cofe degne da effer mirate, come offi de'Santi,
& altre reliquie chiufe in oro, argento, e pietre
pretiofe,di più doni pretiofiffimi fatti da Regi,
e da Prencipi,& altre cofe,che fi moftrano ape-
na vna volta l'anno.Frà le quali cofe fi cóferua
con gran religione il capo di S. Gianuario Vefcouo di Pozzuolo,e martire ; e fuo fangue ancora in vn'ampolla di criftallo, ma per lo tempo diffeccato,e duro ; la quale ampolla mentre
viene portata full'altare, e meffa vicina al capo
del martire al canto del Choro, quel fangue
cofa marauigliofa)comincia à liquefarfi,e bol-
ire,come mofto nuouo, come appunto ogn'anno viene veduto,& offeruato da tutti non fenza
grandiffimo ftupore. Quindi fi và all'Annonciata, Chiefa famofa per la molta diuotione,
che vi fi ritroua, e ricca per le molte offerte,
che le vengono fatte. Quiui fi fono vedute
molte famofe, & importanti reliquie de'Santi,
e trà gli altri due corpetti di vn piede e mezzo
ancora intieri,e coperti dalla pelle de'Bambini
innocenti,ammazzati da Herode Rè, all'hora
che nacque Chrifto Saluator noftro in Betele-
ne, le ferite di quefti fono nel capo all'vno, e
nel petto all'altro.

Si paffa quinci in vn'Hofpitale attaccato alla Chiefa grande, e fabricato apunto come vfo
di

di Castello fpatiofo, nel qnale vengono fpefati, e mantenuti, come appunto ricercaño la conditione, per la età, e fanità loro, due mila, e più poueri di qualunque forte. Vengonui alleuati da bambini più d'ottocento rrà orfani, & efpofti, cofi mafchi come femine, & ammaeftrati in lettere, & arti, come fembra l'inclinatione d'ogn'vno, per fino, che fono fatti grandi. E' cofa quiui di molto piacere l'andare diligentemente offeruando gli coftoro efercitij, & operationi partite con alcuni certi ordini. E certamente è molto commendabile quefta offeruanza di pietà Chriftiana, la quale ci moftrò Corona Pighio, ch'era in parte fimile alla Repub. di Platone, e che imitaua quella belliffima Economia delle api defcrittaci da Xenofonte, e da Virgilio Prencipe de' Poeti, dipinta cofi bene à fembianza della città pure di Platone.

Caftel nouo, nome anco nouo, che già trecento anni, e più fù fabricato dal fratello di San Lodouico Rè di Francia, che fù Carlo I. Rè de gli Napolitani, e Conte d'Angiò, acciòche ne haueffe quindi aiuto per la Città, e per lo porto contro le fcorrerie maritime de' nemici. La riftorò à memoria de' maggiori noftri Alfonfo di quefto nome primo Rè de gl'Arragonefi, doppo cacciati li Francefi, e foggiogato il Regno, anzi la fortificò talmente, che al prefente viene tenuta vna delle più forti rocche d'Italia, maffime dopò, che gli vltimi Regi Carlo V. Imperatore, e Filippo fuo figliuolo à i noftri tempi hanno fornito compitamente cofi quefta, come tutte le altre di quefta Città di vettouaglie, di buoni foldati, e d'ogn'altra forte di apparecchio da guerra, per tener lontani gl'inimici.

Nel

Nel mezzo di quefto Caftello,ch'è molto grande, comparifce pompofo il palazzo del Gouernatore addobbato di regale, e belliffima fupel-
lettile, nel quale potrebbe commodamente effere alloggiato vn Rè,anzi vn'Imperatore con
tutta la fua Corte.Si ftupifcono i foraftieri delle machine da guerra, delle artiglierie, e della
gran quantità di palle di ferro , delle celate a-
dornate d'oro,e d'argento,dè gli fcudi, delle
fpade,delle lancie,e di tutto il rimanente apparecchio da guerra;benche cotale ftupore fij poco appreffo di quello, che fentono,vedendo nel
palazzo le tapezzarie di feta teffute di gemme,e
d'Oro,mirando le Scolture,le Statue,e le Pitture eccellenti,e tutto il rimanente del vago,e del
bello di cotal fuppellettili poco meno , che regale.

Indi fi vede poi il Caftello dell'Ouo , cofi
detto, perche lo fcoglio, che quiui fi allarga à
foggia d'Ifola, ritiene forma ouata . Il Colla-
nutio fcriue, che quefta Rocca fù fabricata da
Guglielmo III. Normano , e però efferne ftata
chiamata anco Normanica. Riftorò pure
quefta medefima Alfonfo primo Rè de gli A-
ragonefi,e l'adornò di molte cofe. Dicono,che
gli antichi chiamarono quefto fcoglio con voce Greca Miagra, ò foffe dal nome d'vna pianta faluatica,ò forfe dal fito,e qualità del luogo,
perche quindi fi fugga difficilmente , quafi voleffero dirlo Ragna de gli prefi .

Gli terrazzani fanno vedere ad vna per vna
Grotte cauate nel fcoglio, vie ftrette, memorie
fabricate fopra balze,e copia grandiffima d'arme di varie forti .

Ti conuerrà poi paffeggiare nella Corte del
Pa-

Palazzo à lungo il golfo del mare, che vien
chiamato da Strabone Tazza dalla fornia. S
vuoi imparare la difciplina, e le fatiche de'Ga
leotti, e vedere cofi di paffaggio gli liti vicini
e le Ifole, e gli promontorij, che vi fono intorno,come Mifeno, Procrite, Pitecufa, Caprea,
Herculaneo, & Athéneo, ò Mineruio, doue già
fù ftanza delle Sirene, per teftimonianza di
Plinio : E perciò cofi viene chiamato il Promontorio, perche Vliffe habbia confecrato in
quella banda di lui vn tempio à Minerua, hauendo fcampate le infidie delle Sirene, come
raccorda Strabone.

Si ritrouano il più delle volte quaranta Galere in porto fenza gli altri legni da fpiare,e da
far altro: il porto è larghiffimo, e quanto fi
può difefo dalle fortune con vn'argine largo
per lo fpatio dal più al meno di cinquecento
paffi dal lido fporto in mare, in forma di vn
braccio piegato per abbracciare, e tutto fatto
tanto per la larghezza, quanto per l'altezza di
pezzi affai grandi di faffo tutti quadri. Quiui fpicca dall'vn capo del molo vna fontana di
acqua dolce condottaui con trombe fotterranee per mezo l'argine fudetto,& hà quefta fontana fotto vna gran Coppa di marmo, che riceue l'acque, e ch'appúto fi vede da chi che fia,
che vi vada tirando il nome dalla voce Latina,chiamano Molo cotale argine, gli cui fondamenti fi sà,che furono principiati già ducento ottant' anni da Carlo fecondo Rè Francefe,
hauendo pofcia con molta fpefa, e lauoro Alfonfo Primo Spagnuolo ampliatolo, come ancor molte fabriche publiche compite, e fornite
con ogni magnificenza nella Città: Penfierò,

c'heb-

'hebbe luogo etiandio à tempi noſtri nell'animo di Carlo V. Imperatore, e di ſuo figliuolo
Filippo, gli quali accrebbero, fortificarono,&
fornirono la medeſima ſenza riſparmiare à ſpe
ſa per ſua commodità, & ornamento.

Quiui gli marinari conducendo queſto, &
quello in legnetti piccioli à vedere le galere, e
menandogli per eſſe moſtrarono le vite dè'sforzati muſcoloſe, diſpoſte, & inſieme alcune loro
arti, che imparano dalla neceſſità del pane per
parlare colle parole del Poeta Perſio; e quiui
ſedendo eſſercitano, & oltre queſto le monitioni, & apparato Nauale da guerra; ma ſe ti
fermarai vn poco in alcuna delle ſtanze de gli
loro padroni, imparerai l'arte marinareſca, e
ſopra tutto il modo loro di viuere, co'l quale
quiui ſi conſerua la ſanità de gli corpi, intenderai gli officij ad vno, ad vno, e gli carichi de'
preſidenti del legno. Và à vedere le douitioſiſ
ſime ſtalle del Rè, nelle quali ſtanno, & vengono ammaeſtrati gli armenti intieri di belliſ
ſimi, e pregiatiſſimi caualli, e doue del continuo
ſi ritrouano Prencipi, li quali ſtanno à riguardare con grand'attentione, e diletto il loro cor
ſo velociſſimo, le loro ruote, e giri fatti con
quanta deſtrezza, e maeſtria è poſſibile, e le corbette, e ſalti in quattro fatti con tant'arte ad vn
ſolo cenno della bachetta di chi gli gouerna.

Seguita, e vanne à Caſtel Santermo, ilquale
è fortiſſimo; dalla cima al monte vicino guarda, e ſcopre la Città, gli liti, il porto, e l'Iſola
del Mare. Il Rè Roberto figliuolo di Carlo Secondo lo fabricò già dugento, e cinquant'anni, e
lo accrebbe di diffeſe, e lo fece forte, anzi poco
meno, che ineſpugnabile. Carlo Quinto Imper.

Aa eFi-

e Filippo ſuo figliuolo queſti anni paſſati ral-
largato il Guaſto lo congiunſe con la Città, ac-
creſcendo lei di nuoue fabriche nello ſpatio ſer.
rato dentro con noue muraglie, e noui Caſtelli.

A mezzo il doſſo del colle ſi ritroua vn belliſſimo, e ricchiſſimo Tempio inſieme con vn
grandiſſimo Moniſtero de gli Cartuſiani.

Nè potranno finire di marauigliarſi coloro,
che non haueranno più veduto queſto Caſtello
eſſendo lui ſtato con eſtreme ſpeſe,& fatiche tagliato fuori dal viuo ſaſſo. Tanto più, quanto
quiui ſi riuoltauano luoghi da difeſa, caue ſotterranee,ſtrade,& ſcale commode coſi allo ſalire de gli huomini,come de'giumenti. Quiui in
oltre ſi troua copia ineſtimabile di machine da
guerra, d'arme,di vettonaglie, & artigliarie
molto grandi, di rame, e di ferro.

Hauerai diletto grande, e quello, ch'è più di
conto, ſe nel detto Monaſtero de' Cartuſiani
per mezo di quel Monaco, che ſuole riceuere
amoreuolmente gli foreſtieri, e dimoſtrar loro
il Monaſtero, hauerai gratia di poter vedere
tutto quel tratto delle vedute della ſua camera
che è poſta in vn cantone del Monaſterio. L'-
Italia tutta non hà coſa di maggior piacere.
A man deſtra ſi ritroua prima la veduta di Mare quanto può ſtenderſi l'occhio, poi le Iſole
Enaria, Caprea, e Procchide à dirimpetto gli
luoghi coltiuati di Pauſilippo, il golfo di Surrento,il diſtretto Surrentano ameniſſimo, e finalmente la veduta di alcune Città; e di molti
borghi. A man ſiniſtra la campagna Nolana
larghiſſima, e'l monte Veſuuio altiſſimo, piega
poi gli occhi verſo giù, & hauerai Napoli ſù
gli occhi, Napoli non ſo s'io mi dica mira-

colo

colo dell'arte, ò della natura, doue si può facilmente vedere, hauere, e godere quanto si ritroua
di piaceuole, e di soaue.

Per viaggio andarai à vedere il giardino di
Garcia di Toledo quindi poco lungi, grandissimo, e tenuto all'ordine quanto alcun'altro.
Viene stimato di grande spesa, anzi dicono, ch'
è stato tante volte, quante mai alcun'altro ma-
ledetto, e biastemato da gli sforzati, co'l sudo-
re, e sangue de' quali è stato ridotto alla perfettione, che si ritrona, mentre il padre di costui
Pietro di Toledo fù Signore della Città, e del
Regno per molt'anni, sotto gli auspicij dell'-
Imperatore Carlo Quinto.

S'hà quiui gran diletto, andando à vedere
gli luoghi vicini alla Città degni da esser veduti, massime in buon tempo, gli quali sono in
tale campagna fertile, e vicina al mare, e di sito amenissimi, e molto pomposi, & ornati da
gli nobili di fabriche magnifiche, e di giardini
bellissimi, e ben tenuti, e coltiuati al possibile,
& hanno tanta copia di fontane, di grotte fatte dall'arte, e peschiere adornate di coralli, e
madri perle, e conchiglie d'ogni sorte, ch'è impossibile tesserne ragionamento à bastanza, come anco de' portici, de'luoghi da passeggiare,
di volti fatti di fronde, e fiori di varie sorti, di
spaliere di pomi granati, di colonnati, e loggie adorne di Pitture, statue, e residui pretiosi
di marmi d'antichità: trà quali bellissimi, e
più famosi de gli altri sono gli luoghi del
Marchese di Vico, & de gli altri Prencipi nel
lito verso Vesuuio. La villa di Bernardino
Martinazo ornata di molti reliquie d'antichità, Poggio reale, Palazzo grandissimo, già

fabricato dal Rè Ferdinando d'Arragona, che
si chiamà il Poggio, doue solea ritirarsi il Rè
quando hauea desiderio di riposarsi, e ricrear
l'animo, quasi dalle fortune del Mare in porto
lieto, e sicuro. Il Palazzo è formato in questa
guisa; quattro torri quadre sopra quattro cantoni vengono legate insieme per via di quattro
portici grandissimi, si che per longhezza il Palazzo viene ad hauere larghezza doppia. Ogni
torre hà stanze bellissime, & agiatissime sopra,
e sotto; e si passa d'vna all'altra di esse per mezo di que' portici aperti. Si scende nel cortile,
ch'è in mezo con alquanti, ma pochi gradi, e si
và ad vn fonte, & ad vna peschiera chiara, quiui d'ogn'intorno à cenno del padrone dal pauimento sorgono di sotterra vene, e spilli gagliardi d'acqua, per mezo d'infinite cannelle
sottili, quiui collocate con arte, e sono in tanta
copia, che per subito, che sia, bagnano assai bene
gli riguardanti, che non pensano, e massime
nel caldo della State, gli rinfrescano à sufficienza: perche questa campagna hà marauigliosa copia d'acque dolci per la vicinità del
Vesuuio, circa le radici del quale gli fuochi, che
tiene dentro di se, non ponno cacciar fuori le
molte fontane d'acque dolci purgate del tutto,
e pure. Anzi, che quiui anco il Sebeto ricono-
sce l'esser, e la grandezza del proprio alueo, &
inaffia il Castello, e per Napoli tutta di contrada in contrada con fontane per mezo d'acquedotti soterranei, in guisa che partite in affaissimi
riuoli, & altre picciole fontane, che veggiamo
per tutte le corti, e l'hosterie spicciare, vengono deriuate per gli palazzi, per le case publiche, e priuate abbondeuolissimamente. Appor-

a dunque tante commodità di tutte le cose à
li suoi habitatori il Paradiso dell'Italia; (come apunto suole chiamarsi, e non male da Cō-
ona Pighio) quella fioritiſſima parte del terri-
rio Napolitano, quantunque ſia ſtata afflitta
ſeſſe volte dalle guerre, e da gli Terremoti.
Nel quale, appena longi quattro miglia dalla
Città; ſi ritrona.

IL MONTE VESVVIO.

IL Veſeuo, ò Veſuuio, coſi detto da gli antichi, dalle fauille monte belliſſimo, e dona-
tore del buono, e famoſo Greco. Egli è imitato-
re, e compagno delle fiamme Etnee, & è nato
da gli terremoti, & da gl'iacendij, la materia
de'quali egli ritiene di continuo entro à ſe medeſimo nelle più profonde parti. E la ritiene e-
gli trà ſe per qualche anno, anzi, quaſi che la
maturi, le accreſce vigore, di maniera che lo
ſopr'abbondano, vi s'accende fuoco ſotterra da
gli ſpiriti già eccitati, e fomentati, ilquale rompe gli ſerragli del mondo, e manda fuori à guiſa di chi recede parte adentro della terra, inſieme con ſaſſi, fiamme, fiumi, e ceneri in aere con
grandiſſimo ſtrepito, e con tanta forza, che da
douero ſembra il Veſuuio imitare la guerra de'
Giganti, cōbattere con Gioue, e cō gli Dei con
fiamme, e con arme di ſaſſi grandiſſimi, tirare in
terra il Sole, cangiar il giorno in notte, e finalmente coprire lo ſteſſo Cielo. S'hà per coſa
chiara per molte eſperienze, e per teſtimonianza di Vitrunio, di Strabone, e di molti auttо-
ri antichi, che ſotto il Veſuuio, e gli altri
monti di quella banda maritima, e le Iſole

vicine fiano grandiſſimi fuochi ardenti di zolfo, di bitume, e alume, come anco dimoſtrano
gli Sudatorij, e le fontane fulfuree boglienti ; e
però il Veſeuo, quando abonda di fuochi, alle
volte s'accende, e alle volte fuole muouere terremoti, e rouine grandi. Et in vero fù grande
e famoſiſſimo l'incendio, che auuenne ſotto l'
Imperio di Tito Veſpaſiano, e ci viene deſcrit-
to poco meno che ſopra la carta figurato da
Dion Caſſio, & altri auttori. Auenga che li
ceneri di quell'incendio non ſolo foſſero portate à Roma da gli venti ; ma anco oltre Mare in Africa, in Egitto; e gli peſci nel Mare, che
bollina ſi cuoceſſero, gli augelli ſi foffocaſſero
nell'aere, e le Città famoſe, & antichiſſime vicine, cioè Stabia, Herculaneo, e di Pompeo foſſero coperte di faſſi, e ceneri; mentre il popolo
ſedeua nel Teatro; e finalmente C. Plinio ſcrittore famoſiſſimo dell'Hiſtoria naturale, ilqual
le gouernaua allora, e commandaua all'armata del Miſeno, mentre più ingordamente di
quello, che biſognaua deſidera di cercare le
cagioni di quell'incendio, & accoſtarſi più vicino, per forza del caldo, e del ſapore ſi ſoffocaſ-
ſe preſſo il porto Herculaneo; e però notandol
acutamente Franceſco Petrarca, lo vede nel ſu
Trionfo della Fama, che ſcriuea molto, e morì
poco ſaggiamente.

  Mentr'io miraua, ſubito hebbi ſcorto
  Quel Plinio Veroneſe ſuo vicino
  A ſcriuer molto, à morir poco accorto.

  Benché, per quanto ſuccedeſſe à Plinio co
ſpauentoſo ſcherzo, non però ſi ſia potuto ri
manere anco lo ſteſſo Stefano Pighio, facend
viaggio di età di trent'anni per occaſione de
                                                ſtu-

ftudi per l'Italia, per la Campana, e per lo Napolitano, che non habbi voluto ricercare, e da
vicino vedere il luogo di tante marauiglie,
benche altiffimo, e difficile da falire; fpendendo
in quefta fatica vn giorno intiero. Prefe dunque due cõpagni, e caminò quafi tanto il monte, e falì fopra la cima di lui, e poco meno, che
non fapea faticarfi della vifta di lui, del paefe,
intorno intorno molto largo, delle Ifole, e del
Mare; peroche forge in alto quefti dalla piannra di campagne fertiliffime, e del lito vicino
folo, e feparato da tutti gli altri; laonde le fue
coneri fparfe per gli vicini campi; così gli faffi,
e le zolle cotte dal fuoco, e disfatte dalle pioggie, ingraffano, e fecondano mirabilmente tutto
quel paefe, di maniera, che affai à propofito
il volgo chiama la Campagna, e'l monte fteffo
Sommano, anzi il Caftello ancora, che folo è fabricato à piè del monte, addimanda Somma,
e marauigliofa abbondanza di generofiffimo
vino, e di buoniffimi frutti. Percioche intorno intorno per la maggior parte il Vefeuo è coperto di belliffime vigne, come gli colli, e la
campagna vicina.

Così anco al fuo tempo Martiale canta, ch'-
egli era verde per le ombre de'pampini, piangendo nel primo lib. con vn bello Epigramma
quell'atroce incendio, che occorfe fotto Tito
Vefpafiano: la cima però à memoria di qualfiuoglia tēpo, età, & hiftoria, è fempre ftata fterile
di faffi abbruciati, & in fomma come mangiata
dalle fiamme. Nel mezo della cima fi vede vna
voragine aperta, rotonda, come il luogo baffo
nel mezo d'vn qualche grande anfiteatro; la
chiamano tazza dalla forma, il fõdo però della

quale si sà chiaro , che và à trouare le viscere
della terra ; poiche per questa via prorompeua
già il foco . Il luogo è freddo al presente, nè sé-
bra mandar fuori calore , ò fumo di forte alcu-
na.Peroche esso Pighio discese in quella profó-
dità fin doue non lo impedirono gli precipitij ,
e la oscurità del luogo. L'estremità prime della voragine, che và scemando apunto in forma
d'Anfiteatro,sono feconde per la terra , e le ceneri sopra sparse , e verdeggia con abeti, & arbori grandi, doue viene tocca dal Sole, e dalle
pioggie del Cielo, ma le parti di sotto, che si
ristringono come in fauci, sono state impedite,
e poco meno , che chiuse da gli pezzi de'sassi
grandi, e dirupi, e dalle traui , e tronchi caduti
là giù ; liquali però impedimenti , mentre che
la materia interna del loco soprabonda , come
leggieri fascetti di paglia vengon' ageuolmente solleuati da quella forza gagliarda di fumo ,
e fiamme, e portati al Cielo .
    Si sà per cosa chiara ancora, che il fuoco
quiui s'apre la via non solamente per la bocca
del monte ordinaria, ma per altra banda, etiandio secondo, che alle volte ricerca l'occasione,
come per gli fianchi bassi del monte ; E di ciò
s'hà memoria ne gli Annali Italiani . In particolare già dugento sessantasei anni sotto il Pó-
teficato di Benedetto Nono , scriuono , che da
vna banda del monte sboccò vno gran fiume
di fiamme , ilquale corse fino in mare con foco
liquido à guisa d'acque ; e dicono , che si può
vederne fin'al dì d'oggi l'Alueo, e gli vestig
delle cauerne : Mà senza questo cauiamo ancora dalla historia Romana , che oltre il crater
e gli hà hauuto altre vie , & altre vscite per l
fiam-

fiamme ne'tempi antichi ; Peroche Spartaco
gladiatore hauendo cominciato à fuſcitare in
Campania la guerra de' fuggitiui contro gli
Romani, & occupato il monte Veſeno co'l ſuo
eſſercito, come per fortezza, e prima, e ſicura
ſtanza della guerra, eſſendoui dipoi aſſediato,
campò fuori dell'aſſedio Romano con via mi=
rabile. Imperoche calato con catene diuiſe
per la bocca del monte, ſceſe inſieme co'ſuoi
compagni al fondo di lui, come racconta L.
Floro breuemente nel terzo libro dell'Hiſtoria
Romana,& vſcito per vn'apertura occulta meſ=
ſe à ſacco all'improuiſo gl'alloggiamenti di
Clodio Capitano di quelli ch'erano all'aſſedio,che punto non vi penſaua.

S'hora mò ſi ritrouino vie, e condotti ſotterranei, che guidino dalle vignali alla bocca
del monte, non ſaprei già dire. Ricorda certamente il Pighio di hauere oſſeruati in cima
del monte intorno alla bocca alcuni ſpiragli
ſimili alle tane delle volpi, dalle quali vſciua
calore continuo, e ne'quali,mettendoui le mani, ſentiua chiaramente il calore, che vſciua
quantunque leggiero, e ſenza fumo, ouero vapore : ma tanto baſti del Veſuuio.

Trà'l monte Veſuuio, & Attella nel Mediterraneo è ſituato Mereliano, Acerra, e Seſ-
ſola, le quali già Città ſoleano poſſedere gli
Campi Leborini : doue atrocemente combat-
terono gli Romani,e gli Sanniti:hora ſono rouinate : Haui ſopra quei monti di Capua, che
furono chiamati da gl'antichi Tiſata;e quegli,
che ſi ſtendono verſo Nola dalla bāda di Tramontana. Quini ſono le Forche Caudine, &
ltri Caſtelli, e luoghi molti, & habitati; tra

quali il primo è'l Castello d'Ariola. Al piè di
questi monti dalla parte di mezo giorno si vede Caserta Città, e Patria del gran Cardinale
Santorio, detto Santa Seuerina. Vicino à Caserta con certo ordine, benche separati, sono
Maddalone, Orazano, & Argentio. Dietro à
Tifata è situato nel dosso del Monte Sarno abbondantissimo d'acque per niezo al fiume Sarno, che quinci hà'l suo nascimento. Questi sono luoghi Mediterranei intorno à Napoli, e la
Campania,& quindi si passa nella Marca.

Il Regno di cui la Metropoli è Napoli, comincia dal Latio in quella parte di doue corre
nel Tirreno il fiume Vfente. Poi verso l'A-
pennino si passa infino à Terracina, indi à Fri-
gella,ouero Pōte Curuo, Ceperano, Rieti, Ta-
gliacozzo Città Ducale, e la Matrice,doue nasce il Tronto. Dipoi si dee seguire per quella
strada,ch'è lungo il fiume, infin alla Colonia
dé gl'Ascolani per disdotto miglia, doue apunto il fiume si mesce col mare Adriatico.Cotesta
strada di fiumi, e de'confini di queste contrade,
cosìtorta, si stēde per cento cinquanta miglia,
che sarebbe assai più breue, chi la facesse à dritto. La parte del Regno contraposta alla superiore è il Promontorio, da gl'antichi chiamato
Leucopetra, & al presēte Capo dell'armi: guarda egli verso Sicilia, & è lontano da Poggio
quarantaotto stadij; e la sua cima si chiama il
Tarlo. Se ti parti da Terracina, da Buffento,e
da Reggio verso Napoli, e passi per lo Promō-
torio farai 418.miglia. Se vuoi andarui attorno per la banda del mare da mezodì viene circondato, come quasi Isola, da due mari,dall'-
Egeo, e dal Siciliano, da mattina dal Supero,

da

da Tramontana parte dal Gionico infino al Gargano, e parte dal Supero dal Gargano infino al Tronto; il viaggio, ch'è dall'Vfente al fiume Tronto, per Mare è di mille 318. miglia, e'l circuito di tutto il Regno è mille quattrocento fessanta otto; alquale alcuni hanno affignato 10. Prouincie, altri tre, & altri 7. e noi tredici.

La Terra di Lauoro, mettendoui Napoli, hà trè Arciuefcouati, venticinque Vefcouati, cento feffanta fei Caftelli cinti di muro, e cento feffanta Ville; il Principato, che fi chiama di quà, e doue è vno hà dodici Città, e dugento diciotto Caftelli, il Principato di là vndeci Città, cento quaranta vno Caftelli, trà le quali più bella delle altre è Confa. La Bafilicata hà dieci Città, nonantatre Caftelli, e trà più belli è Venofa. La Calabria di quà hà dieci Città, e centofeffantadue terre. La Calabria di là doue è Règgio, hà fedeci Città, e Caftelli cento trenta. La Terra d'Otranto hà oltre Brindefi, 13. altre Città, e cento cinquantaotto Caftelli. La Terra di Bari hà 14. Città, e 50. Caftelli. La Capitanata tredeci Città, e cinquanta terre, trà le quali la più notabile è Manfredonia. Il Contado di Molifio hà quattro Città, e cento quattro Caftelli, e trà più belli Triuento. L'Abruzzo di quà hà cinque Città, e cento cinquanta Caftelli, e Teate trà primi. L'Abruzzo di là, oltre l'Aquila hà quatro altre Città, e ducento ottantaquattro Caftelli. E per parlarne più breuemente. Questo Regno hà venti Arciuefcouati, cento venticinque Vefcouati, dieci Principati, ventitre Ducati, trenta Marche-

A a 6

chefati, cinquantaquattro Contati con auttorità ne i fudditi , quindeci Signori , c'hanno
ginrifdittione , quattrocento quaranta Si-
gnoretti con titoli , & auttorità , mille terre
ferrate di muro , e Ville in numero grandiffimo . Le Ifole più famofe di queſto Regno fono Enaria, Procida, Lipari , & altre tredici di
poco nome .

Gli officij di queſto Regno fono Gran Con-
teſtabile, Gran Giuſtitiero , Grand'Ammira-
glio, Gran Camerlengo , Gran Protonotario,
Gran Sinifcalco , Gran Cancelliero . Vi hà il
carico del Sindico etiandio , ilquale attenden-
do à gli negotij della Città di Napoli, fà officio
publicamente .

Napoli hà cinque forte di radunanze di
Nobili, di Nido , di Porta Noua, di Capuana ,
di Montagna, di Porto, le quali congregationi,
benche fotto altri nomi contiene medefimamen-
te Capua .

Sono ſtate in queſto Regno molte Città an-
tichiffime , & ornate di conditioni fegnalatiffi-
me, le cui memorie ancora fono in effere , fuorche di Ofca, Metaponto, Sibari, e di quelle, che
faranno deferitte di fotto .

Allieui del Regno, e veramente celeberrimi
in lettere furono Archita, Eurito, Alcmeone,
Zenone, Leucippo, Parmenide, Timeo, Ennio,
Lucillo, Pacuuio, Horatio, Ouidio, Statio, Giuuenale, Saluſtio, Cicerone, e San Tomafo, oltre
gl'altri più moderni.

Tacerò gli Sommi Pontefici, gl'Imperatori, gli Rè, gli Capitani valorofi da guerra, e
le migliara di Prelati, Prencipi, & Heroi, per
non dire gli Santi , e le Sante , che perpetua-
men-

mente contemplano il volto di Dio.

Del Regno di Napoli fono ftati padroni gli
Greci, gli Gotti, gli Vandali, gli Longobardi,
gli Saracini, gli Turchi, gli Normanni, gli Sueui, gli Francefi, gli Catalani, gl'Arragonefi, gli
Fiammenghi, ouero Spagnoli.

VIAGGIO VERSO POZZVOLO

Tratto dal medefimo Steffano Pighio.

L L'Monte Paufilippo, il quale certamente è
alto, ma però coltiuato con belliffimi Vignali, e Ville ricchiffime ancora per lo paffato, come fi hà da Plinio, & altri, in guifa di
promontorio fi cala in mare, e ferra la ftrada
trà Napoli, e Pozznolo, & era vna fatica in-
tollerabile, e noia incredibile per gli viandanti il paffarlo à trauerfo, ò circondarlo prima
che foffe forato, e fatto la ftrada maeftra dalla induftria degli paffati, la qual cauandolo
al piè, e per dentro forandolo hà preparata
vna ftrada à gli paffaggieri dritta, piana, e
facile. E però quinci gli Greci molto à propofito con vocabolo di fua lingua lo chiamarono Paufilippo, quafi voleffero dire togli-
tore di moleftie, e fatica, co'l quale cognome pure gli antichi Greci chiamarono ancora famofamente Gioue, come leggiamo appreffo Sofocle. Il Monte è cauato in dentro
à forfe mille paffi, e la via è larga dodici piedi, & altretanto alta, per la quale, come
fcriue à punto Strabone, ponno paffare al paro commodamente doi carri, che s'incontrino.
Seneca chiama la fpelonca Cripta Napoletana,
ch'-

ch'oggi però, cambiato il nome fi dice Grotta
(nella quale fcriue à Luccullo all'Epiftola cin-
quātaottefima di hauere fcorfa la fortuna tutta de gl'Atlefi : poiche ritrouò in vn pezzo di
ftrada fangofa empiaftri copiofamente, e nella
fteffa fpelonca abbondanza di poluere di Pozzuolo,& habbiamo in fatti prouato ancora noi
impolueramento, come fogliono tutti gl'altri,
che fi ritrouano in frotta per di quà viaggiare,
ò à piedi, ò à cauallo; onde vfcendo di quelle
ofcurità tutti gialli, vna fiata guardandofi l'-
vn l'altro, ne prendeuano con molto rifo merauiglia, & haueano ritrouato più che non vo-
leano da fare nel togliersi d'attorno quella lordura. La cagione di quefta poluere è facile da
faperfi:peroche nè'l vento, nè la pioggia vi arriua mai; nè altro vi hà, che bagni più là del-
l'entrata della fpelonca. Dunque la poluere
già moffa, come dice ancora Seneca; fi volge
in fe fteffa; e per effere quiui chiufa, fenza altro fpiraglio; ricade fopra quegli medefimi,
da'quali è ftata già moffa. Dalle quali parole
raccogliamo anco, che al tempo di Nerone
quefta fpelonca non hebbe feneftre, ò fpiragli, da'quali riceueffe aere, ò lume, fuor che
la prima entrata, e la vfcita; peroche Seneca
la chiama prigione longa, ofcura, nella quale non vi è da vedere altro, che le tenebre.
Tuttauia Cornelio Strabone teftifica, come già
per le fpaccature del mōte di varij luoghi molte feneftre le dierono lume; lequali, effendo ftate finalmente turate, ò dal Terremoto, ò dalla
trafcuraggine de i tempi, ragioneuolmente
fi poffiamo imaginare, che quefta lunghiffima
fpelonca fia rimafa tenebrofiffima; il quando
però

però non si sà Pietro Raffano Siciliano, Vescouo di Lucerie, scriue, auanti il suo tempo, come
farebbe già 150.anni dal più al meno, la spelonca si ritrouaua senza lume, & in oltre, che
la entrata, e l'vscita, era così chiusa dalle rouine, e da gli spini, che era cosa spauentosa l'entrarui senza lume; e peroche all'hora il Rè de
gli Aragonesi Alfonso Primo, ridotta in suo
potere la prouincia, allargò, & appianò la strada, e l'entrare della spelonca, anzi che forò il dorso del monte, & aprì due feneftre, che hora danno lume per obliquo l'vna da vna parte, l'altra
dall'altra, al mezo della spelonca; Laqual luce
sèbra à chi la mira di lòtano, auanti che si possa
accorgere delle feneftre, neue sparsa per terra.
Nel mezo di questa tenebrosa strada vi hà vn
luogo picciolo sacro cauato nella muraglia del
monte, nelquale arde giorno, e notte vna
lampada, che rammemora à gli viandanti
la eterna luce; e dimostra in vna tauola dipinta la nostra salute vscita dalla Vergine Madre
Maria. A tempi nostri ristorò, & aggrandì
magnificamente quest'opera, in vero degna
d'eternità, D.Pietro di Toledo, essendo Gouernatore del Regno di Napoli sotto gli auspicij dell'Imperatore Carlo Quinto; e però
al presente la strada è stata tirata così à dritto,
che quel lume sembra alla lontana à quegli,
che entrano nella spelonca vna stella, allaquale deggiano gli passaggieri drizzare il suo
viàggio nelle tenebre; per mezo del qual lume
parimente non si può dire quanto bene, & con
che piacere si mirano tutti quelli, che entrano
dall'altra parte nella spelonca, ò à piedi, ò
à cauallo, mentre sono lontani sembrate à

pnn-

punto pigmei . Trà gli dotti fono diuerfi gli
pareri intorno al principio, e tempo di queſtà
gran fattura degna à punto dell' animo di Ser-
fe . Ma laſciamo le ſciocche ciancie del volgo,
che le attribuiſce à gli magici incanteſmi del
Poeta Virgilio : le cui ceneri, per opinione di
molti fono auanti la bocca della ſpelonca . Et
in oltre poniam da canto quegli altri, che ne
fanno auttore vn certo Baſſo , di cui non ſi hà
memoria veruna , ch'io ſappia preſſo gli antichi, noi crediamo di poter cauare da Cornelio
Strabone, e queſti di Eforo , da Homero, e da
gli altri ſcrittori Greci ; che gli Cimmerij popoli antichiſſimi habitarono in quel contorno
di Campania, ch'è per mezo Baia, Lucrino, &
Auerno; e che ſtàzorno in antri, e ſpechi ſotterranei, e paſſando l'vno all'altro cauarono me-
tali, e forarono mōti, & in ſpelō che profondiſſi-
me eſſercitarono per mezo de gli ſuoi Sacerdoti la Neriomantia , & alcune ſue indouinationi, conducendo i foraſtieri, e li pellegrini à gli
oracoli de gli Dei dell'Inferno . La qual gente
eſſendo ſtata diſtrutta, gli Greci, che dipoi habitarono il paeſe, e fabricarono Cuma, e Napoli, accommodarono, come ſtimano molti, quelle
caue de gli Cimmerij in Stuffe, Bagni, ſtrade, &
altre coſe , che faceuano biſogno per l'vſo humano. Coſi parimente gli Romani, ad eſſempio
de' Greci , maſſime per natura eſſendo inclinati à magnifiche impreſe, accrebbero quei lauori
ſotterranei nel tēpo, che fatti patroni del mondo, quiui fabricauano palaggi da ricreatione, e
ville grandi come di caſtelli , e che le rare qualità della poluere di Pozzuolo cauata da quei
monti erano ſtate conoſciute molto efficaci a

ferma-

fermare le fabriche, e ſtabilire i fondamenti de
gl'edificij nell'acque . E Strabone afferma,che
al ſuo tèpo tagliando M. Agrippa ſotto l'Imp.
d'Auguſto gli boſchi del monte Auerno, che
corrompeano l'aria, fù ritrouata trà tutte le altre coſe antiche , e magnifiche vna ſpelonca
ſotterranea cauata fino à Cuma : la quale, come ſi raccontaua da tutti,inſieme con vn'altra ,
ch'è trà Napoli, e Pozzuolo , era ſtata tirataui
da vn certo Cocceio,à tempi forſe del quale(dice egli)l'vſanza del paeſe portò , che ſi faceſſe-
ro sì fatte ſtrade ſotterranee, e tali cauerne . E
dalle ſue parole cauiamo ,che per molto tempo
auanti l'età di Strabone la famiglia Cocceia e-
ra ſtata inſieme nella Campania, e che quiui e-
rà ſtato chiamato il luogo Spelonca : nè in fatti ſi ſapea coſa alcuna di certo di colui,che primo la fece . Nè veramète à me pare veriſimile ,
che Strabone non haueſſe ſaputo le fatture di
L.Lucullo,lequali furono in quei luoghi grandiſſime , e d'eccessiua ſpeſa , per cagione delle
quali fù chiamato Serſe Togato da Pōpeo Magno,da Tuberone, da Cicerone,e da tutti gl'altri principali di Roma . E però non mi piace il
coloro parere,che vogliono parimente,che quiui egli ancora foraſſe il Pauſilippo per cōmodi-
tà della ſua Villa: perche ſia ſtato ſcritto da M.
Varrone, da Plinio, e da altri , che Lucullo ta-
gliò vn monte , ch'era per mezo Napoli , cō
maggior ſpeſa , che non haueua fatta in fabricare tutta la ſua Villa . Perche di gratia,à che
cōmodo?Nō certo per appianare,& accommodare la ſtrada per gli paſſaggieri, ma più toſto
per aprire vn golfo di mare per poter dare a
ſuo piacere l'acqua del mare alle ſue peſchiere,

accio-

accioche faceſſe nelle cauerne del monte buone
ſtanze, tanto di Verno, quanto di State per
peſci, che tenea in viua.

Nell'vſcire della ſpelonca à poco à poco ſi
và ſentendo vn certo odore di zolfo per l'aere,
che quinci, e quindi éſce da diuerſe cauerne.

Poco dopò ciò ſi vede il Lago Aniano, che è
in guiſa di Anfiteatro circolare, e chiuſo d'ogn'
intorno da gli monti, & in oltre per vna bocca
di Monte fattaui col ferro vna gran copia d'
acqua di Mare, e muni del ſaſſo nelle rupi tagliato grandiſſime, e groſſe concaue, fatte ſtanze di peſce, & altri luoghi, e ſerragli pure per
peſce, che al preſente ſono ripiene di fango, d'-
arene, e di rouine di caſamenti. Leandro, & alcuni altri ſcriuono per relatione de gli quiui
paeſani, che in mezo del lago non ſi ritroua
fondo: e che nel tempo della Primauera con
gran fracaſſo, e furia cadono dalli più alti ſcogli delle rupi quiui intorno in queſte acque
groppi di ſerpenti inſieme raccolti, e legati, nè
più ſi veggono vſcire.

Poco lontane ſi veggono le camere da ſuda-
re di S. Germano à volto, ſotto le quali al ſuolo eſcono vapori sì caldi, che ſe vi entrerà alcun
che ſia nudo, di ſubito ſentirà cauarſi dal corpo
grandiſſimi ſudori.

Però giouano queſti luoghi molto à chi pa-
tiſce di podagra, e purgano gli troppi, e cattiui
humori, riſanano le piaghe interne, e vagliono à varie infermità del corpò, quali ſe foſſe in
penſiero d'alcuno di ſapere più eſquiſitamente,
legga il Trattato di Gio. Franceſco Lombardo,
il quale diè conto di quãti ſcriſſero così in pro-
ſa, come in verſo de i bagni, e delle merauiglie
di

di Pozzuolo, che noi, che habbiamo fretta d'-
altro, non possiamo raccontare particolarmente
ogni cosa. Peroche nella Campagna di Pozzuolo, di Baia, di Cuma, e delle Isole vicine
Enarie, che furono chiamate da gl'antichi Greci Pitheuse, si ritroua gran copia di miracoli
simili, di modo che quiui si può credere, che la
natura serua perpetuamente ad Appolline, ad
Esculapio, ad Higia, ed alle Ninfe, ma che dico
seruire? anzi sia loro cuoca; ilche però vediamo
che non auuiene fuori di ragione: peroche gli
terremoti spessi, e le sparate di fuochi, che fre-
quentemente auuengano, dimostrano à sufficienza, che in diuersi luoghi, etiandio sotto il
fondo del Mare, e le radici de i monti, e ne'più
bassi ripostigli della terra sono accesi fuochi
grandissimi, gli cui bollenti vapori, e fiamme
facendosi strada per le vene dell'alume, del
zolfo, e del bitume, e per altre materie fanno
in varij luoghi sorgere fontane calde, e bollenti, e formano stuffe nelle cauerne de i monti
molto commode per l'vso del sudare. Quantunque la natura, e la facoltà di queste cose
tutte sia differente conforme alla proprietà della materia, e della terra, onde nascono. Peroche
trà le medicinali, e salutifere facoltà di tante
acque, e vapori terrestri si ritrouano delle acque, e de gli vapori mortali, che sboccano da
alcune parti interne della terra fangose, e per
sé stesse cattiue. Plinio nel secondo della sua
Historia naturale scriue, che in Italia, e particolarmente nella Campagna di Sinuessa, e di
Pozzuolo si ritrouano spiragli cosi fatti, e che
si chiamano le bucche Coronee, le quali esala-
no aere mortale.

A pie

A piè del monte, che cinge il lago Aniano
poco lungi dalle acque steffe fi vede vn'antro
fimile ad vn fondo piano cauato nel monte,
che circonda otto, ò dieci paffi, per la cui bocca vi poffono entrare commodamente due, e
più huomini infieme; Quiui dall'intimo del
faffo per la via degli fuoi meati innifibili efcono fpiriti caldiffimi, ma cofi fottili,e fecchi,che
non portano feco fembianza veruna di fumo, ò
vapore,quantunque condenfino l'aere caccia-
toui da gli venti, e gli freddi della cauerna co'l
gran calore,e gli mutino in acqua, come dimoftrano le ftille, che dipédono dal volto dell'antro rifplendenti à guifa di ftellette, quando fono mirate à dirimpetto dell' vfcio dell' antro
nelle tenebre da quelli,che fono fuori alla luce;
Da lontano fembrano goccie di argento viuo,
e n'è quini communemente opinione cofi fatta.
Anzi che credono generalmente tutti, che fe
alcuna cofa viua paffaffe il termine prefiffo cõ
certa foffetta nella entrata, ouero che veniffe
gettata nella cauerna di dentro, fenza dubbio
fubito caderebbe in terra, e refterebbe priua di
vita affatto, fe immediate cauatala non fi fom-
mergeffe nelle acque dello ftagno vicino, per
lo cui freddo fuole quanto prima riftorata tornare à poco à poco viua. Del che fogliono fare
giornalmente la efperienza gli viandanti, e gli
foraftieri volonteroſi di conofcere le cofe marauigliofe, e naturali, e gettano nella fpelonca,
ò galline,ò cani attaccati à funi, ò altro che di
viuo. Leantro Alberto fcriffe,che Carlo Otta-
uoRè di Francia,quando già cento quattordici
anni cacciò gli Spagnuoli, e per alcun tempo
fignoreggiò nel Regno di Napoli, commandò,
che

che vi foſſe cacciato dentro vn'Aſino,ilquale di
ſubito cadde di vertigimi, e vi morì.

Vn' altro , che già dugento anni ſcriſſe di
queſti bagni, raccontra, che vn ſoldato temerario al ſuo tempo armato entratoui morì mi-
ſeramente. Alla preſenza di Carlo Prencipe
di Cleues come dice di hauer veduto Corona—
Pighio, gli Capitani Spagnuoli gettarono doi
cani da Villa gagliardi nell' antro à forza , di
maniera , che pareano non volerui entrare,co-
me che gli medeſimi haueſſero ſperimentato per
l'adietro ancora il periglio ; gli quali , eſſendo-
ne cauati morti per mezo dello rinfreſcamento
delle vicine acque furono tornati in vita . E l'-
vno di queſti per commandamento del Prencipe tirato di nuouo nell'antro , e dopò il pericolo corſo fatto eſanime, nè ritornando più per
via dell'acqua in vita, fù laſciato per morto in
ſù la riua , ilquale però dopò non molto, come
uegliato da vn ſonno profondo leuandoſi, e
molto zoppicando, e vacillando, più preſto,
che potè ſi diè alla fuga, ridendo ciaſcuno, che
o vidde, e lodando Carlo il cane, che non haueſſe voluto quella volta ſeruire per vltima
all'orco. Dopò queſte eſperienze cacciarono
vna facella acceſa nella cauerna , oltre il ſegno
prefiſſo , laquale calata verſo il ſuolo ſubito
parue ammorzarſi,& alzata da poco in alto ri-
accenderſi . Et inſegnò quella eſperienza , che
gli ſpiriti, che vſciuano dal fondo ; come più
caldi , e più ſecchi nel baſſo,conſumano il no-
rimento più ſottile delle fiamme , e men vigo-
oſi lungi da terra più di toſto riaccendono gli
umi caldi,e groſſi della facella,com'apunto ve-
iamo , che la fiamma d'vna candela acceſa

paſ-

palla nella vicina, se sarà animorzata per mezo
del suo fumo ; e gli raggi del Sole molto vigo-
rosi vniti in vno specchio abbruggiano la stop-
pa loro auuicinata . Andando già trent'anni
per causa di studio per l'Italia il Pighio, & hauendo estremo desiderio di ricercàre ogni cosa,
per via della quale potesse essere insegnato, mirando con istupore gli riferiti di sopra miracoli di Pozzuolo , fù sforzato di cercarne la cagione più da vicino de gli altri.

Peroche non credeua egli , che quelle goccie , le quali si vedeano nel fine della cauerna
risplendenti, fossero d'argento viuo; però consi-
gliato con vna certa audacia giouanile, passò
la meta proposta nell'antro , e chinato vn poco
il corpo , accostandosi più vicino imparò, ch'e-
rano goccie d'acqua chiarissima , e leuandole
con gli deti dal volto aspro del monte ; ne di-
mostrò il vero à gli compagni , e vuole che ò
così credessero , ò v'entrassero , e facessero la
proua.

Il che auuenne ancora , peroche s'accostaro-
no Antonio Amstelo, & Arnoldo Niueldio O-
landesi Vltraiertini, giouani nobili, e compagni
del viaggio di Pighio; ilquale, quantūque stas-
se all'hora per alcun tempo nell'antro, e sentis-
se il caldo , che passaua per gli piedi alle gam-
be, e ginocchi, tuttauia non patì altro, che ver-
tigini, ò dolor di testa; ma sudò solamente nella
fronte, e nelle tempie per cagione del caldo del
luogo . Imperò imparò colla esperienza , che
quel caldo , ouero quegli vapori nociui , non
sono gagliardi, e violenti ; sendo vicini alla o-
rigine loro , e quiui ammazzano gli animali
piccioli , ouero gli xandi , e massime quelli da
quat-

quattro piedi, perche vanno sempre co'l capo
in giù; peroche col troppo caldo subito vengono soffocati gli loro spiriti vitali, mentre sono
sforzati tirare à se col fiato quelli vapori caldi,
e boglienti; quali vengono cacciati fuori di
nuouo da gli subitanei rinfrescamenti di quelle acque, se l'animale tramortito per lo troppo
caldo viene tuffato in esse immediate. Mentre
che faceua questo il Pighio, vn'Italiano, ch'-
haueua cura d'armenti si marauigliò fortemen-
te di quella temerità; e rimase attonito del successo, anzi più volte gli domandò se fosse prattico nella magia, nè in fatti si potea costui dare
ad intendere altro, che il Pighio hauesse schif-
fato il nocimento di cosa tanto nociua) con altro, che con incantesmi, e malie: del che però,
come di semplicatà plebea si fece beffe egli, ridendo del volgo, che suole attribuire alle arti
magiche il più delle volte quelle cose, che sono
marauigliose, e producono effetti stupendi
quando non ne capisce la cagione di quelli, ma
rientriamo nel nostro viaggio.

Dalla bucca Coronea siamo condotti alla
Zolfettara, come appunto chiamano questi
luoghi al presente, che già furono celebrati con
inuentione di varie fauole de' poeti antichissimi per queste marauiglie della natura. Peroche
cantarono, che gli Giganti sepolti sotto questo monte fin dall'inferno mandauano fuori
dalle gole loro fiamme.

Et moto scopulos, terraq; innertere dorso.
All'hora appunto, quádo auuengono gli terremoti. Questi Monti sono pieni di zolfo, d'alume, e di vitriolo; il principale de'quali, come
scriue Strabone, staua pendente, e lontano pochi

chi paſſi dall'antica Colonia di Pozzuolo, che
hora è lontano dal Caſtel Nouo per vn mi-
gliaro ; Anzi che dalla forma del luogo ſi caua, che la cima di queſto monte finalmente
conſumata da gli continui fuochi, è calata
nella profondità della valle vicina. Onde ciò
fù già cima alta, & eminente, hora è foſſa
grande nella pianura d'vna valle ; e ciò che
fù già coſte,e fianchi d'vn monte, hor ſono cime di ſcogli, e di rupi, che circondano intorno la pianura con vn certo argine in forma
ouata per iſpatio, che in longhezza è piedi in
circa mille,e cinquecento, e mille in larghezza.
Scriue Plinio, che queſti colli furono chiamati
dalla bianchezza Leutogei, e la pianura campagna Flegrea dalle fiamme, e dal fuoco, che
quiui è del continuo.

E Silio Italico lo conforma. Cornelio Strabone chiama queſto luogo piazza di Vulcano,
doue parimente fauoleggiano alcuni, che gli
Giganti furono vinti da Hercole.Quiui li colli
ſembrano ardere fin nelle radici loro ; peroche
d'ogn'intorno mandano fuori fumi, che ſanno
di zolfo per molti buchi,gli quali fumi vengono portati da gli venti per tutto il paeſe vicino
e tal'hora fino à Napoli.

Anticamente queſti colli come cauiamo da
Dion Caſſio, e da Strabone,mandauano fuori
fuochi più grandi, e gl'altri vicini monti, che
non ſono pochi, intorno il Lucrino, & all'-
Auerno ardeuano, e mandauano fuori, come ſe foſſero ſtati fornaci, fumi groſſi, &
acque di fuoco. Hora la pianura come anco
gli colli Flegrei ſono priui delle ſue perpetue
fiamme, e ſono cauernoſi in più luoghi, e

gial-

gialleggiano per tutto come di materia, e di
colore di zolfo, e però il fuolo quando vienc
toccato dal caminare de'piedi, rifuona come
tamburo per le concauità, che fotto contiene;
anzi che fentirai, e con iftupore fotto gli piedi
acque bollenti, e fumi groffi, & infocati ftri-
dere, e correre quà, e là con grande ftrepito
per le trombe, e per le cauerne fotterranee,
che loro hà fatte la forza delle efalationi; la
quàle faprai quindi quanta fia in fatti. Tura
alcune di quei forami, e dico con pietra ben
graue,che fubito vederai efferne rimoffa, e con
impeto, dal fumo.

Nella medefima pianura fi ritroua vna gran
laguna fempre piena di acque nere bollenti, la
quale fuole tal'hora mutar luogo,facendofi du-
re le acque (come apunto nel vafo da cuocere il
graffo raffreddato fuole ftrignerfi per la mar-
gine) fi fà minore, ouero maggiore, infieme
con l'impeto delle efalationi ò maggiore, ò minore, all'hora ch'io mi trouauo prefente bolli-
ua con grande ftrepito, e fumo à guifa d'vna
gran caldaia piena di fango negriccio,però non
vfciua fuori gli fuoi termini, e degli orli. Ma
mi ricordo,che andando à vedere quefto luogo
quefta voragine lanciò in alto à foggia di piramide per lo fpatio d'otto, ò dieci piedi,oltre la
ftatura comune d'vn'huomo quelle acque grof.
fe gialle, e di colore di zolfo, ilche anco non
negano gli paefani di Pozzuolo;gli quali affermano, che alle volte bollendo fi alza fedeci, e
fino ventiquattro palmi.

Quando il mare fà fortuna,all'hora il colore
delle acque è vario, per lo più di zolfo, e tali
apunto, quali gli venti fotterranei trauagliat

Bb   dal-

dalle fortune marine, & inuigoriti trà le fia
me con più forza, che ponno gettano fuori da
le più profonde vene della terra mescolate co
varia materia. Quefti medefimi venti, quand
ftanno più quieti fotto terra trauagliando fola
mente il principio della laguna fanno vfcire
acque groffe, e tinte di nero. Certo quefte col
della natura cofi recondite porgono materia
di confiderare vtiliffima, e cariffima à quelli
che fi dilettano di ricercarne; la quale Cicero
ne molto à propofito, e con ragione, chiam
cibo naturale de gli animi. E certamente quin
di conofciamo euidentemente, che il globc
della terra non è per tutto fondo, ma anzi ir
più luoghi cauernofo, e pieno di vene, e meati
e come corpo viuo d'vn' animale, dagli vicini
elementi, cioè aere,& acqua co'l moto continuo
viene penetrato, e da gli medefimi nutrito, c
crefciuto, e minuito infieme con tutte le fue
mutationi delle piante; anzi che la terra forbe
molta quantità del mare, fparfoui d'intorno
per mezu de gli fuoi meati, e che cocorfo, e d'alcuni venti gagliardi deftano vn moto di acque
nelle intime fue parti, e ne i più ftretti ferragli,
e che gli medefimi venti quiui fpezzati trà gli
faffi fi fcaldano, & accendono fuochi grandiffimi, gli quali confumando ciò che incontrano,
vuotano le parti interne di effa terra, e tirano
colà per gli meati di effa gli venti vicini, e infieme fumi grandi, doue poi finalmente crefcendo
oltre mifura, cercano l'vfcita, e con terribile
ftrepito, e crollatione di terre, e di monti.

Pellunt oppofitas moles, ac vincula rumpunt.

Come più ampiamente Cornelio SeneroPoe-
ta dottiffimo cátò nel fuo Etna. E quinci nafco-

no gli terremoti, le voragini, e le aperture della terra, gli ritiramenti di fiamme, gli riuoli di
fuoco, li fonti bollenti, e gli vapori caldi: Scriffe già Dion Caffio, che gli detti monti di Pozzuolo al fuo tempo hebbero più fontane di fuoco corrente in guifa d'acqua, nelle quali le acque per lo troppo calore fi accendeuano, e gli
fuochi colla miftura delle acque acquiftauano
corpulenza fluffibile in guifa, che quefti con-
trarij elementi però non fi feparano; onde vediamo al noftro tépo ancora quiui, che le fiamme, e gli zolfi fi conferuano, e nutrifcono in
quefte acque, e che durano per tanti fecoli, nè
fi confumano mai, quantunque fempre conti-
nuino, e fcaturifcano ne gli fteffi condotti, ilche non tralafciò già il Poeta Seuero, cátando
gratiofamente, e defcriuendo nel fuo Etna, come la fiamma fi pafca delle acque.

Atq́ hæc ipfa tamen iam quondam extinẟa
   fuiffent.
Ni furtim aggeneret fecretis callibus humor
Materiam, filuamque fuam, præfoque canali
Huc illuc ageret ventos, & pafceret ignis.

Et così fcriue anco della campagna Flegrea,
e del medefimo luogo trà Napoli, e Cuma,
delquale hora fauelliamo, che
Litus ab æterno pinguefcens, vbere fulfur
In merces legitur. Come al prefente fi dice,
che il Rè caua vn groffo datio da quefte zol-
fettare, & mercantie di alume. In oltre offeruiamo, che quefte acque fulfuree mifte con la fal-
fuggine del mare, e con le ceneri de gl'incendij fi conuertono in pietra doppò l'efferfi raf-
freddate coll'hauere corfo vn pezzo; anzi che
communicano la medefima facoltà à quegli

fiumi,e riui, co gli quali fi mefcolano : di che
hà non pure quiui chiaro l'efperimento: ma i
tutti gli fiumi d'Italia, come nel Teuere, e ne
Teuerone,nel Lago di piè di Luco, e nella Ne
ra,e ne gli altri,che fogliono veftire d'vna cer
ta crofta le margini delle riue, e gli acquedot
ti,per i quali fcorrono,e le altre conferue, dou
fi trattengono le loro acque ftagnanti . Ma di
più è cofa più chiara del Sole,e fi offerua giornalmente,che dal loro continuo bagnare, e gli
legni,e le piante,e gli rami di arbori,e gli tronchi,e radici, e gli ftraui d'herbe,e le foglie piã
piano fono rauolte , e veftite, trà fcorzi di pietra , anzi che à cafo vengono formate in guifa
di anifi, finocchio, cinamomi,mandole confet-
'ε,colle quali non vi vorrebbe gran cofa ad in-
gannare alcuno di quefti golofi, altretanto in-
cauti,quanto ingordi.Et in vero ci par fuori di
ragione, anzi non fi può quafi raccor altro da
Vitruuio,Seneca,Dione,Plinio,& altri,che hãno fcritto delle merauiglie del Vefuuio, e di
Pozzuolo, che le acque riceuano quellá natura , & quella particolarità dalla tenuità delle
ceneri delle zolle abbruggiate , le quali ceneri
parte il fuoco hà ridotte, minute poco meno,
che atomi,parte hà fciolte in liquore,e la porta
fuori il vapore de gl'incendij fotterranei , caminando per le vene della terra , e di fonti; peroche offeruiamo, che la terra più denfa, e gli
faffi abbruggiati da tali fuochi , e rifolti in
quella forte di poluere più groffa,che gli antichi chiamarono di Pozzuolo dal luogo,fi vnifcono fabito, c'hanno ritenute l'acque,& infi e-
me con effe fi raffreddano, à giufta confiftenza
di faffo . Et in oltre,le acque, che fcorrono per
quei

quei luoghi vicendeuolmenie prendono in se
ſteſſe vn certo che di attaccaticcio, in modo che
facilmente s'attaccano al corpo, che toccano,
anzi ſi fanno pietre.

Ma per merauiglia di ſi fatta forte, per mia
fè, che non sò doue ſieno le pari à quelle, che ſi
veggono nelle ſpelonche dell'Apennino preſſo
l'alueo antico dell'Aniene ne gli Equicoli vicino à Vicouaro. Quiui già le acque ſtillarono
giù dalle fiſſure, e dalle aperture, che ſi ritrouarono hauere quelle rupi, e nel cadere à poco
à poco ſi formarono in ſaſſo, e fecero coſi à caſo colonne di varie forme altiſſime, tronchi ra-
moſi di arbore grandi, e corpi moſtruoſi di
Centauri, e di Giganti. Dunque in coteſte ſpelonche oſcure, anzi laberinto di pure tenebre
con facelle, ritrouèrai in vna parola coſe, che
onno degnamente porgere cibo, e ſatiare l'
nimo di chi ſi diletta d'andare tracciando gli
ecreti della natura.

Ma entrandoui guarda con diligenza il lu-
ie, che non ti venga ſpento dallo ſpeſſo ſuolac-
iar de'vipiſtrelli, che à migliaia quiui habita-
o, e mentre fuggono la luce del giorno, vi ſi
itirano come in alloggiamento ſicuro.

Coſi miſurando gli Colli Leucogei, e le varie
orgiue, che ſono per ogni banda alle radici
oro di fontane medicinali, di bagni, e le Stuffe,
le ſpelonche, te ne anderai à Pozzuolo paſ-
ndo per mezo le rouine grandi, e ſpatioſe del-
a Colonia antica.

POZZVOLO.

ESfendo l'Império Romano in fiore, quel tratto maritimo della Campania, ch'è intorno Cuma, Miseno, & Pozzuolo fù in grandissima riputatione per la temperie dell'aere, per l'amenità,del sito, per l'abbondàza di buone acque, & per la estrema fertilità de' campi, e però si vedeua adorno per tutto di spinate, e poco meno, che toccantisi possessioni di genti huomini, e di superbissime Ville di persone principali, nè per dire il vero altra parte dell'Italia, e delle prouincie Romane parue più à proposito per consumarui le ricchezze de gli Romani, anzi del modo, che quel pezzo di Cāpagna, che è da Capua fino à Napoli, che passando pure anch'oltre per la via della Marina continua fino à Cuma, doue, e con ragione, per detto cōmune, Cerere, e Bacco cōtendono insieme, e doue parlo della banda maritima, e delle Isole vicine, il lusso, e le carezze delle delitie, nelle antichissime fauole de Poeti hanno data la casa, e i luoghi da diporti alle Sirene. La onde ragioneuolmente ancora alcuni poeti, e trà gli antichi di nō poca stima, vogliono, che nell'Isola di Pozzuolo siano auuenute quelle cose che si raccontano di Vlisse, e della Ninfa Balisso, e non in Ogygia luogo de'Thebani, ò nell'Isola del promontorio Lacinio, certamente questa Dea hebbe tal nome dall'adornamēto del corpo, e dalle delitie, nelle quali viuea, & Homero appunto la chiama Ninfa molto adorna di bellissimi ricci: E in fatti chi confidera il lido di Pozzuolo, non sò se si possa imaginare

cosa

o l'Imperio Romano in fiore, non
o maritimo della Campania, cioè
na, Mileno, & Pozzuolo fin in gra-
putatione per la temperie dell'aria
nità, del fito, per l'abbondanza di tu
& per la eftrema fertilità de' campi
edera adorno per tutto di opime,
o, che toccanfi poffeffioni di pote
, e di fuperbiffime Ville di pote
i, ne per dire il vero altra paredi
telle pvoincie Romane pauc pil
per confumarui le ricchezz de g
uni del modo, che qvel pozvol G.
e da Capua fino à Napoli, che pe
anch'oltre per la via della Marin
no à Cuma, doue, e con ragione, po
ne, Cerere, e Bacco oltenluono infie
uano della banda maritima, e dal
il luffo, e le carezze della dilittu
diffime fauole de Poeti hauno dati
zzuolo fiano anunciate quelle del
uano di Ville, e della Nett de-
in Ogygia luogo de'Tidelul, d
promontorio Lachino, cotanto
i hebbe tal nome dall'odorant
i dalle delitie, nelle quali viuea
mto la chiama Ninfa molto adoa
i ricci: Ein farti chi confideri
lo, non sò se fi poffa imaginar
cofa

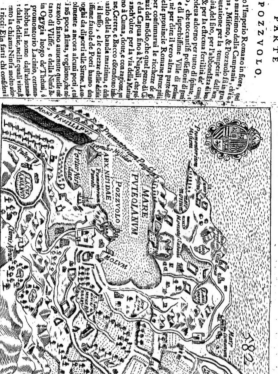

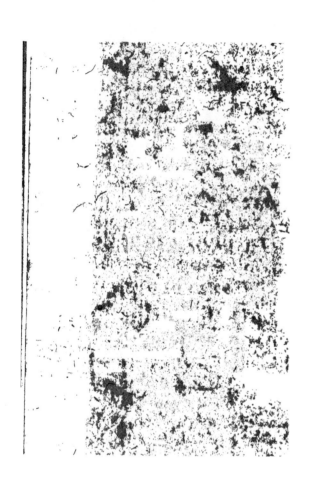

cofa più colta , più vaga , e più delitiofa , & in
particolare mare più inclinato per natura, à ri-
cettare , & accarezzare gli foraftieri , che però
con molta ragione habbino potuto gli Antichi
Poeti fingere, quiui Vliffe fermato , & dimora-
toui vn poco ricordarfi delle molte paffate pe-
regrinationi,e pericoli , & del Fumo d'Itaca;di
che ritrouò parimente memoria preffo di Dione Caffio , & Filoftrato Lemnio nella vita di
Apollonio . E quantunque al prefente il tutto
fia quiui pieno di rouine , & ogni cofa giaccia
per terra per gl' incommodi patiti dalle guerre, e dal tempo , vi fono però affaiffime cofe, alle quali maturamente , e con grande ftudio de-
uo penfare quelli , che vogliono confeguire
qualche vtilità dalla curiofità delle arti antiche,& delle Hiftorie . E per cominciare; Pozzuolo è vna Città, ch'è fituata sù'l colle per mezo il lido lungo vn tratto di mare,la quale quã-
tunque fia bella,& affai grande però non fi può
in parte alcuna comperare colla ricchezza , &
grandezza dell'antica Colonia , come apertamente poffiam cauare dalle vie laftricate di felce , e da gli fondamenti de gli publici edificij .
Peroche il mare n'hà forbita vna parte di lei,&
vn'altra n'hãno fepelita,e grande,gli terremoti,
e le guerre.Fù già Colonia antichiffima da' Greci , che quà conduffero al tempo di Tarquinio
Superbo gli Samij , fabricandoui nel fine dell'
Olimpiade feffagefima feconda , come fcriue
nelle Croniche Eufebio , e conferma Stefano
Bizantio nell'Onomaftico della Città, & auuẽe-
ne apunto ciò, quando la Rep. de gli Samij era
tiranneggiata da tre fratelli , cioè Policrate,Si-
lo,e Pantagnofto.All'hora parimente Pitagora

Bb 4   Sa-

Samio, essendo fuggito dalla patria di Maraua
in Crotone Città potentissima della Italia, &
hauendoui primo portata vna filosofia noua,
che chiamarono Italiana, venia molto stimato; con le cui leggi le Città Italiane de i Greci
riformate per opera di trecento suoi scolari, come scriue Diogene Laert. riceuerono il gouerno Aristocratico, e vissero felicemète con quello per molti secoli; Così vogliono ancora, che
la Colonia de gli Samij della osseruanza della
Giustitia dell'Imperio Santissimo, co'l qual gouernaua, fosse chiamata Dicearchia, co'l qual
nome la chiamarono tutti gli Scrittori Greci,
e spesso à loro essempio anco gli Latini. Strabone scriue, che Dicearchia fù vna volta piazza de gli Cumani, e che dipoi gli Romani la
chiamarono Pozzuolo, ò come vogliono alcuni, dall'abbondanza de gli pozzi, ò come altri
dal puzzore sulfureo delle acque, che quiui sor-
geano; Venne, come si sà in poter de' Romani
al tempo della guerra con Annibale, quando
fù presa Capua con assedio, e seueramente casti-
gata per la perfidia, & per la ingratitudine vsa-
ta; allaquale fù tolto il gouerno, e la libertà, e
mandatoui ogn'anno vn Prefetto del popolo
Romano, ilqual gouernasse, e fù l'anno cin-
quantesimo quarantesimo secondo dopò la edificatione di Roma; All'hora molti Castelli, e
Città della Campania scorsero la stessa fortuna,
perche haueano difeso colle arme Annibale,
come si caua da Tito Liuio, e però Sesto Pompeo mette Pozzuolo nel numero delle dieci Pre-
fetture della Campania, alle quali veniano mà-
dati ogn'anno gouernatori dal popolo Romano, benche per dispositione della legge Acilia

17.

17.anni dopò fi paffaffe più oltre,e fi cominciaf-
fe à mandarui ad habitare vna Colonia di Cittadini Romani,laquale fù nel numero delle 5.
Colonie maritime,che furono cauate da Roma
l'anno 559. per vigore della legge dello ſteſſo
Acilio Tribuno,come ſi hà chiaro in T.Liuio,
effendo Confoli P.Scipione Africano la feconda volta,e T.Sēpronio. Velleio Paterculo però
fcriue di opinione di alcuni, che più tardi vi fù
condotta la Colonia, cioè 3.luſtri dopò il tēpo
foprafcritto,& aggiūgi,che non fe ne sà verità.

Ma veramente le antiche memorie di Pozzuolo,che già copiaffimo nelle cafe di Hadriano Guilernio huomo cortefiffimo, dottiffimo,
e curiofo fopra modo delle Hiſtorie antiche
conuengono totalmente con T.Liuio. Quiui
trà le altre vedeffimo vna tauoletta di pietra
di quelle, che conteniano la fecónda legge re-
golatrice delle fábriche, e fpefe publiche da
farfi quiui,la quale era ſtata fatta fotto il Confolato di P. Rutilio Rufo, & di Cn.Mallio
Maſſimo l'anno fecētefimo quarantefimo ottauo, come dimoſtrano gli Faſti Capitolini; e
quell'anno fù apunto il nonagefimo dopò la
condotta di queſta Colonia in Pozzuolo,come
dichiarano queſte parole nel principio della
legge poſte.

Aſ Colonia deducta.anno xc.
N.Eufidio N.F.M.Pullio Duo vir
P.Rutilio.Cn.Mallio Coſ.
operum. Lex.II.

Dalle quali cofe apertamente ſi comprende,
che il principio della Colonia fù fotto il Confolato di M.Portio Carone, & L.Flacco nel-
l'anno cinquecento cinquantaottefimo ; tutto

che Liuio ſcriue eſſere ſtata condotta l'anno
ſeguente. Auguſto finalmente vincitore nelle guerre ciuili, hauendo fatta la pace, e ſerra-
to il Tempio di Giano, e premiando li ſoldati
veterani, trà le ventiotto Colonie, colle quali
popolò, come ſcriue Suetonio, l'Italia, ripoſe
anco Pozznolo, e la fece Colonia militare; il
che parimente ſi sà dal frammento di Colonie
militari.

  E dalle coſe ſopraſcritte ſi conoſce quanto
ſia antica la Colonia di Pozzuolo, e che più
volte vi ſono ſtati condotti, e ſcritti habitatori. E però già buon pezzo tengo vn certo luogo del quartodecimo libro de gl'annali di Tacito per imperfetto, & aſſai mal trattato dalla
dapocaggine di copiſti, à cui mi ſarebbe molto
caro, che gli condotti, e trà gl'altri Giuſto Lipſio haueſſe penſato. Peroche ne gl'atti di Roma
dell'anno ottocenteſimo duodecimo, eſſendo l'
Imperatore Nerone, e Coſſo Lentulo Conſoli,
habbiamo queſte parole di Tacito. *At in I-*
talia vetus oppidum Puteoli ius Colonia, &
cognomentum à Nerone adipiſcuntur. Nè vi
aggiunge altro, come, che per lo paſſato non
haueſſe Pozzuolo hauuta la conditione di Colonia: e pure habbiamo dimoſtrato con Tito
Liuio, che quegli di Pozzuolo haueano la hauuta
già ducento, e quarant'anni. Ma in gratia
chi cercaſſe di accomodare queſto luogo con l'
aggiunta di vna ſola voce, che manca d'vn
contrapoſto alla voce vetus, non l haurebbe
forſe indouinata? ſariano le parole. *At in*
Italia vetus oppidum Puteoli nouum ius Co-
lonia, & cognomentum à Nerone adipiſcun-
tur. Peroche chiamandoſi prima Colonia
                         Augu-

Augusta, cominciò anco à chiamarsi Augusta Neroniana, & indi farà, che Tacito dica,
Pozzuolo faceua acquisto così di nouella conditione, come di nome; Ma non esplicando
Tacito la cagione, perche all'hora fosse condotta Colonia, ouero chi fosse, che subintrasse
la nuoua conditione di coloro, ò di che forte
fosse tale conditione sembra essere il luogo di
più d'vna parola mancheuole, & appunto,per-
che la particella, At,separa gli detti di sopra, e
le differenze delle cose, e la particella, non tamen, si ritroua nel mezo del periodo, che segue, si può credere questo luogo difettoso, e
però che queste mettono, come niuole auanti
gli occhi,di chi ci fa mente, e muouono scropo-
li, in chi vi pensa con vn poco di studio, hò
pensato non poterseme, che bene stia quelli, e
questi rimouere, se non facciamo à tutto quel
giro dell'alloggiaméto di Tacito vn simile sup-
plemento. At in Italia vetus oppidum Puteoli
nouum ius Coloniæ,& cognoméñ adipiscun-
tur æquè eladem passi. Queis irritum Principis
beneficium fecere Coloni ex diuersis legionibus
vndecunq; coacti. Numero licèt frequentes, vt
veterani Tarentū,& Antium adscripti,non tamen infrequentiæ locorum subuenere, dilapsis
pluribus in prouincias, in quibus stipendia ex-
pleuerant. E così si conoscerà la differenza trà
quello, che incontrò à Pozzuolo, e quello, che
auuenne à Laodicea,per mezo dalla copula,At,
delle quali Città questa ritornò nel primo stato
cō le proprie forze,e quella nò,quantunq;la ca-
uisse di aiutare anco il Prencipe, come pure fù
anco di Tarento, & di Antio; E la cagione di
tale disauentura poi dichiara gratiosamente
Taci-

Tacito. Ma torno à dire, prego gli dotti; che habbiano confideratione fopra quefto luogo, dinotino il difetto con iftellette, fino à tanto, che habbia cofa di più certezza da gli tefti antichi: Ma tornando al propofito di prima: Io quando copiai quelle infcrittioni, mentre quiui mi ritrouaua, mi accorfi, che à Pozzuolo fù condotta Colonia da nouo fotto l'Imperio de gli Vefpafiani, e fù chiamata Flauia. Percioche all'hora viddi trà quelle pietre antiche vn quadro di marmo grande fcolpito di lettere grandi vn piede l'vna, il quale per effere ftato gran tempo efpofto alle percoffe delle onde marine, però hà gli caratteri guafti, quantunque in tanto, che non fi poffa leggere ancora la terza parte dell'elogio fcritto già nell'arco di marmo, che per moftrare animo grato, la Colonia Flauia, hauea drizzato ad Antonino Pio Cef. per le fabriche de i porti riftorate dalla liberalità di lui. E quinci poco fatto riferirò quefto pezzo d'Elogio. Trà tanto và vedendo in Pozzuolo, e nel fuo vicinato quello, che merita effere mirato. Vi hà dunque trà gli altri vna gran Chiefa intitolata hora, San Proculo martire, che già Calpurnio haueua dedicato ad Augufto Cefare, e di ordine di Corinto: Così ci fà credere vn portico, il quale contiene vn pezzo del titolo antico nel frontifpicio, con tali parole.

L. Calpurnius L. F. Templum
Auguflo cum ornamentis D. D.

Cercano tutti chi foffe quefto Calpurnio figli-

gliuolo di Lucio , maſſime ſendoui ſtati tanti
Calpurnij , & famoſi poi nel tempo d'Auguſto ; E ſe quì è lecito valerſi di congettura, certo altri non vi hà che più ſi auicini alla mia ,
che L. Calpurnio figliuolo di Lucia , detto Piſone Frugi , il quale dopò eſſere ſtato Conſole,
e Prefetto di Prouincia , fù anco Prefetto di
Roma dopò T.Statilio Tauro, ché fù due-vol-
te Conſole ; e trionfò ; eſſercitò queſto iſteſſo
carico coſtui nel tempo d'Augufto , e Tiberio
per venti anni , come vuole Tacito nel quinto
libro de gli Annali ; il quale ſcriue , che
ſuo padre fù huomo Cenſorio . Là onde è impoſſibile,che non ſia ſtato ſuo padre L.Piſone,
di cui tanto diſſe male la faconda lingua di
Cicerone ; perche fù bandito , mentre coſtui
era Conſole . Fù dunque Cenſore l'anno ſet-
tecenteſimo terzo , mentre che Ceſare Dittato-
re guerreggiaua con gli parteggiani di Pompeio . Trà tutti gli carichi di grandiſſima
importanza , c'hebbe la famiglia Calpurnia,
due volte ſole amminiſtrò la Cenſura . La prima volta fù Cenſore L. Piſone Frugi dopò'l
Conſolato , l'anno di Roma ſeicento quarantacinque , e queſti , eſſendo Tribuno della
plebe , fù il primo , che perſuadè la legge contra le rapine de'Magiſtrati prouin iali : e queſta Cenſura precedè la ſeconda già detta cinquantaotto anni di tempo ; sì che queſto
non può eſſere ſtato del Prefetto di Roma .

Queſto tempio è ſtato fabricato così bene,
che nello ſpatio di tanti ſecoli non l'hanno potuto rouinare nè'l tempo conſumatore d'ogni
coſa , nè l'inſolenze de gl'inimici , c'hanno
più

più volte diſtrutto il rimanente della Città, e
queſto non è auuenuto per altro, che per eſſere
egli compoſto di trauature di marmo, che à pena vi ſi conoſcono fiſſure: l'impeto però de gli
terremoti l'hà pure vn poco commoſſo, in maniera, che l'angolo deſtro del Frontiſpicio è
caſcato con parte del Titolo, anzi che appari-
ſcono certe rotture. Fù queſta fabrica di tanta
ſtima, che non ſi ſdegnò l'architetto, hauendo
finita l'opera, di metterui il ſuo nome.E fù queſti Lucino Cocceio Liberto di Lucio, e Caio
Poſtumi, come ſi legge nel ſiniſtro parete del
Tempio in queſte parole.

> L. Cocceius L.
> C. Poſtumi L.
> Anctus Architect.

Molti altri luoghi ſacri, che quiui furono, ò
ſono andati in nulla, ò almeno ſono ſtati ma-
liſſimamente trattati; Il Tempio di Nettuno;
come afferma Cicerone, fù quiui famoſiſſimo,
e ſe ne vedono ancora veſtigij, e grandi preſſo
à S. Franceſco; come volte, archi, muri groſſi, &
altri con gli ſuoi nicchi per le ſtatue. Però al
tempo preſente ſono ſtate leuate le colonne, e
gli altri ſuoi ornamenti di marmo. Si veggono ancora poco lungi dall'Anfiteatro, gli veſtigij, e le rouine d'vn tempio, che haueua fabricato belliſſimo Antonino Pio Auguſto ad A-
driano Imper. ſuo padre morto à Baia nella
Villa di Cicerone; come racconta Spartiano.
Dalle ſue rouine molte ſtatue belliſſime, e pezzi grādiſſimi di colonne, e marmi furono cauati
ne gl'anni proſſimi paſſati, inſieme con gl'elogij di Nerua, di Traiano, e di Adriano Imperatore, cioè del padre, dell'auo, e del biſauo. A

gli

gli quali Antonino, hauendogli fatti dei haueua ordinato facrificij, facerdotij, de flamini, e de
i compagni. E quinci alcuni penfano lui effere
ftato chiamato co'l fopranome di Pio; come
cauiamo appunto dal medefimo Spartano, &
anco da Giulio Capitolino.

Il tempio delle Ninfe, che fi ritroua nel lido del Mare fuori di Pozzuolo.

S Embra verifimile, che ò'l mare, ò gli terremoti habbino inghiottito il Tempio delle
Ninfe, che leggiamo nell'ottauo libro di Filoftrato Cennio nella vita di Appollonio Tianeo
hauere fabricato Domitiano Imperatore nel lido del mare fuori di Pozzuolo. Scriue coftui,
ch'egli era fabricato di bianca pietra, e ch'era
famofo già per le indouinationi, e che in effo fi
ritrouaua vna fontana d'acqua viua, ch'era ftata offeruata per togliere acqua, che quindi fi faceffe mai fcemarfi. Ma quefta con altre infinite memorie de gli antichi, è ita in nulla. Si
ritroua però vn fonte d'acqua dolce nello fteffo mare poco difcofto da terra preffo la via
Campana, e fcaturifce con impeto fino al giorno d'hoggi, e la fua vfcita fi può fempre vedere, e non fenza merauiglia, fe'l mare è tran-
quillo. Confiderino mò gli ftudiofi dell'antichità, fe quiui poffa effere ftato il Tempio delle Ninfe. Nè in tutto certo lòtana dal vero parerà quefta congiettura, fe fi auertiranno le parole di Filoftrato, che racconta, che Apollonio
Tianeo apparue à due fuoi Difcepoli Damide,
& Demetrio fuori di Pozzuolo lungo il mare
nel Tempio delle Ninfe, che difputauano della

na-

natura del sopradetto fonte, doue a punto è l'Isola di Califfo, e raccontano nelle fauole de gli succeffi di quanto auuenne à coftei con Vliffe.

In oltre quafi nel mezo della Colonia fi vede ancora vn'Anfiteatro grandiffimo, e poco meno, che intiero fatto di faffo quadrato. E quantunque fia ftato mal trattato affai da gli terremoti, e vi fiano ftati leuati molti de gli fuoi faffi,& al prefente la fua arena venga arata:pure fi vede ancor la fua forma,e la fua grãdezza d'ogni bãda prolongata con cerchio più grande di quello,che foleano coftumare gl'Imperatori;peroche la longhezza della piazza intiera è di piedi cento fettantadoi, e la larghezza folamente nonantadoi,come racconta di hauere mifurato Leandro Alberto.

Ferrante Loffredo Marchefe di Treuico vuole, che quefto Anfiteatro fia antichiffimo, e penfa, che fia ftato fabricato auanti che Roma perdeffe fotto gl'Imperatori la libertà, perche quiui è ftata ritrouata vna infcrittione antica in vn marmo, che dimoftra fotto quali Confoli quefta fabrica foffe riftorata à fpefe publiche de gli cittadini di Pozzuolo. La quale però ifcrittione (che me ne rincrefce molto) non hò potuto hauere gratia di vedere.

Si veggono molte reliquie di acquedotti, i quali, ò paffauano per mezo de'monti, ò gli circondauano. Nè è così facile à nouerare le conferue da acqua fatte in varie guife, parte intiere,e parte rouinate da gli terremoti; molte delle quali fono fotterranee, e molto grandi,& da non vfcirne chi v'entra fenza lume, fenza fpago, ò fenza guida molto prattica, tanti fono, e così intricati gli labirinti variamente

/ fabri-

fabricati con vie senza capo, porticelle, e ftrade
ritorte. Dal che poffiamo fapere beniffimo, che
gli Romani, con grandiffime fpefe vi raduna-
rono gran copia di quelle acque dolci, che ab-
bondauano nel lido, e tutto quel tratto maritimo. Il volgo che non sà la hiftoria antica, come ch'egli è ignorante, cofi quiui hà pofti nomi ridicolofi à quefti edificij, chiamandogli
Pifcine mirabili, e cento celle, e Grotte Draco-
narie. Cofi hanno trattato parimente le fontane,
e gli bagni, e le ftuffe, che à numero di 40. e più
fi ritrouano trà Pozzuolo, Miffeno, e Cuma di
varia forte, & efficaciffime per ogni forte di
male. Ma non è noftro penfiero di andare dietro
raccogliendo ad'vna ad'vna quefte cofe, hauendo prima di me già raccontato quanto quiui è
di raro, e degno da vedere Leandro Alberto,
& altri da me fopra ricordati, à gli quali per
hora fembra, che meglio fia rimettere quel lettore, che hà gran defiderio di fapere compitamente fimili cofe.

La defcrittione dell'antico Porto di Pozzuolo.

R Agioneuolmente quiui trattengono il
viandante tante, e tali marauiglie, che in
vn tratto fi veggono, imperò quelli, che vanno al lito fi fanno incontro alla lontana, come
fe foffero monti nell'acque le immenfe moli
del porto vecchio, cioè tredici pile grandiffime, che fpuntano dal mare, in guifa di torti
quadri, le quali già furono congiunte infieme
tutte à modo di ponte per via di fpeffiffime
volte, & hora per le fortune, & per l'antichità

così

cofi grofle machine fono feparate , e perche le
volte in molti luoghi fono cadute , non fi può
più andare dall'vna all'altra . Tutta la fabrica
è di pietra cotta , e fi deue anzi credere , che il
terremoto habbia diuife , & rotte volte cofi
fpeffe , e fatte di pietre cotte grandi due piedi
per quadro , che la furia gagliarda delle onde .

Si sà chiaro , che quando quefto porto era in
effère fi ftendea in mare in guifa di ponte larghiffimo , e piegandofi alquanto in foggia di
arco riguardaua il lito , & l'Auerno , & cofi
fchermiua il luogo dalle fortune , & da gli em-
piti gagliardi del mare ; l'orgoglio del quale
veniua commodamente raffrenato per via di
quei moli, che fpeffi diceano efferui .

E fi può credere, che gli Antichi vi faceffero
quelle volte , per via delle quali l'acque entra-
nano nel porto , acciochè l'onde maritime co'l
fuo continuo fluffo , e rifluffo lo teneffero netto
da quel fango, che gli riuoli, e l'acque piouane
foleano portarui da terra ferma , e da gli vicini
colli, da'quali quefte al mare correndo in quello prima entrauano ; altrimenti le immonditie
folamente portateui , e non altro in pochi anni
haurebbono empiuto la profondità di lui, fe per
quelle vie, come s'è detto, che fono trà gli moli,
l'acque del mare non haueffero purgato il fondo del mare dal fango , e dalla terra d'altron-
de recataui , il quale mancamento folo al prefente fi è fcoperto nel porto di Napoli , & in
altri molti, che fono circondati di argine fenza
altre volte .

Suetonio nella vita di Caligola dalla grandezza le chiama il Molo di Pozzuolo, dal
quale

quale per mezo il golfo del mare, ch'è fino à
Baia, ch'è lo spatio poco meno di tre mila, e
seicento passi, Caligola, com' egli scriue, fece
vn ponte all'improuiso con barche fermate sù
le anchore, hauendoui sopra posto del terreno,
e drizzato vn'argine in guisa della strada Appia, l'adoperò doi giorni continui, passandoui,
e ripassandoui primieramente sopra vn cauallo
guarnito,& poscia in habito da Campagna sopra vn carro da due caualli accōpagnato dalla schiera de gli soldati Pretoriani, e da vn a
gran moltitudine d'amici tutti in carrette.

Anzi, che hauendo inuitati molti, ch'erano
sù'l lito à salire il ponte, dou' egli era, gli mandò poi tutti già à rompicollo, e comandò, che
fossero con remi, & altri legni cacciati nell'acqua alcuni, che si erano ingegnati di attacearsi
alle sarte delle barche. E queste burle di quel
mostro all' hora quì seruirono per spettacolo.
Imperò tornando al nostro proposito ; certamente quindi cauiamo, che questo molo fù in
essere anco auanti il tempo di Caligola, e di più
pensiamo, che fosse coperto il suolo di selce, &
accompagnato dall'vno, e l'altro lato con gradi à guisa di panca di marmo. Seneca nella
Epistola 78. chiama questa machina colla voce di pila, dicendo, *Omnis, in pilis Puteola-*
norum turba consistit, Cùm Alexandri narum
nauium conspicitur aduentus : E però à quegli di Pozzuolo, quando il Cielo era sereno
questa machina seruia per luogo da passeggiare come apunto se fossero stati in piazza ; nello
entrare sopra questo molo, come habbiamo
già detto, era anticamente fabricato vn'arco
molto grande di marmo dedicato ad Antonino

no Pio Imperatore da quegli di Pozzuolo, in
segno di gratitudine, perche egli haueffe fou-
uenuta con la liberalità la loro Republica di
danari per riftorare il porto, come habbiamo
da quel pezzo di elogio, di cui habbiamo di
fopra fatta mentione, e che qui foggiungiamo
per far cofa giufta, à quelli, che fi dilettano di
quefte cofe.

> Cæfari, Diui,
> hici. Nepoti. Diui.
> onino. Aug. Pio,
> olonia. Flauia
> uper. Catera. Ben.
> uſpilarum. Vigiri.
> quo, Et. Munition.

L'intero contenuto del quale crediamo non
folo di poter da quefti pochi caratteri rimafi
indouinare, ma in alcun modo fupplire etia n-
dio, eftenderlo perfettamente dallo fteffo giro, e fegno delle linee, colle quali appaionò
quei caratteri, che mancano, effere ftati formati,
e farebbe per noftro penfiero di tale maniera.

Imp. Cæf. Diui Hadriani filio Diui Traiani.
Partichi Nepoti Diui Nerua pron. T. Æl.
  Hadriano.
  Antonino Auguft. Pio Pont. Max. trib. pot. coff.
pp.
Colonia Flauia, Aug. Puteolanorum.
Quod fupor Catera beneficia, ad huius etiam
  tutelam.
  Portus Pilarum viginti molem cum fumptu
  fornicum.
Reliquo, & munitio. ex arario fuo largitus fit.

E fauorifce molto al contenuto di quefto
Elogio Giulio Capitolino, il quale fcriue nella
vita

vita d'Antonino Pio, che diede egli à molte
Città danari, perchefacessero dinuouo fabriche,
ò ristorassero le vecchie.

Il Promontorio di Miseno.

COme tù hauerai veduti gli vecchi, e grandi fondamenti della piazza, e del porto
passa con vna barchetta per dritto dal Molo al
Promontorio di Miseno tanto famoso, anzi
immortale, per gli versi di Virgilio, e per gli
scritti d'altri valenti auttori. Questo monte si
lascia in mare, come già anticamente; & è
tutto forato, concauo, e pieno di grotte, e
di cauerne; di maniera che molto à proposito
il poeta di grande ingegno, e peritia de i luoghi cantò come prima era chiamato Aerio,
quasi volessero dinotarlo ventoso per cagione
delle vie, e delle concauità, ch'egli hà in se stesso, facendo in oltre, che Enea sotto di lui dasse sepoltura à Miseno suo trombetta, & huomo
da remo morto, ouero come scriue Seruio, sa-
crificato presso all'Auerno; e però dice nel sesto.

Imponit suaq̃, arma viro, remumq̃tubamque
Monte sub Aerio, qui nunc Misenus ab illo
Dicitur, aeternumque tenet per saecula nomen.
Volendo per lo remo, e per la tromba accen-
nare, che quel monte sarebbe per l'auuenire
sempre famoso per lo porto, e per l'armata,
che Augusto quiuiall'hora primo hauea collocata per diffesa del mar Mediterraneo di sotto.
M. Agrippa, sì come rāmemora Dione, sì ser-
uì di quest'alloggiamēto per l'armata, essendo-
e stato fatto Capitano Augusto nella guerra
Sici-

Sicilana contro Sesto Pompeo; e la pose nel seno di mare,ch'è trà'l Miseno, e Cuma circondato da colli, e piegato in guisa de gli corni d'
vna luna crescente;luogo appunto capacissimo,
anzi più che opportuno per armata di mare
per cagione di quegli tre golfi di mare, che sono dall'vn canto del Miseno situati trà Baia,
e Pozzuolo,cioè il lago di Baia, il Lucrino, e l'
Auerno , li quali L. Floro chiamò con gra-
tiolissima metafora otij del mare; de'quali l'A-
uerno , che hora chiamano mare morto, che
seudo chiuso per doue sbocca con arena sem-
bri stagno , ò palude dal golfo vicino all'alloggiamento dell' armata è lontano appena
mille passi. E però la contrada circonuicina,e
dipoi anco il Miseno cominciò ad accommodarsi per le stanze doue,gli soldati dell'armata
douessero suernare , e fù tagliato, come rife-
riscono Strabone,e Seruio comentatore di Virgilio il bosco dell'Auerno, perche era inimico
della sanità di chi vi habitaua, e rendea l'aere
nociuo per la foltezza delle selue.In oltre furono prati,monti,e macigni durissimi,accioche vi
fossero strade piane,e breui, le quali menassero
à gli liti di Baia,e del Lucrino.E perche mai nò
mancassero acque dolci , con grandissime
spese , e fatiche vi sono stati da lontano condotti riuoli da fiumi, e da fontane,fabricate cisterne , e conserue da acque grandissime, e fatte in varie guise , secondo , che ricercaua la
opportunità del luogo, e in piano, e sotto terra, e fin nelle viscere del monte, accioche fosse
sempre in pronto l'acqua fredda per ristorare
gli corpi dal caldo grande della state. E però
vendiamo in gran parte il Miseno tutto vuoto
di

di dentro, e concauo, e poco meno, che fofpefo
in aere con la fua cima . Nel quale appunto
ancora fi veggono feggie da lauare, bagni, laghi, e tauolette per farui quelle cene. Peroche
egli è pieno dentro di grotte, di ftrade, & edificij à volto, che quà, e là ftanno appoggiati à
colonne fpeffe parte fatte di pietra cotta, e parte tagliate fuori dello fteffo faffo del monte.
E certo trà quegli edificij ammirabile trà gli
altri è la conferua da acque grandiffima, che
fi chiama volgarmente la Grotta dragonaria
dalle caue, & vie, per le quali, come dicono,
correano dal promontorio le acque piouane in
effa: In vero la fua capacità è grande, fuori di
mifura, e tale, che non fi empierebbe con molte
migliara di botte? Peroche è profonda più di
venticinque piedi, e larga affai, ma non fi sà
per l'appunto la fua larghezza, perche le volte
quiui cadute hanno empite alcune parti dieffa:
Quefte conferue fono tutte incroftate d'vna
certa coperta falda, nel modo, che foleano gli
antichi acconciare luoghi sì fatti, perche l'acque non ne trapaffaffero fuori. Lo fpatio ch'è
nel mezo di quefta conferua trà l'vn parete, e
l'altro è in longhezza dugento piedi, & in larghezza 18. l'vno, e l'atro lato del paffaggio
di mezo hà quattro porte, per le quali fi entra
in quattro camere grandi, le cui volte congiunge infieme con archi, che s'incrocicchiano
fono collocate fopra gli muri, che tramezano
dette camere; Vicine à quefta fono alcune
conferue, e però fono differenti di artificio,
e di grandezza. Quella, che volgarmente fi
chiama Cento camerelle dalla moltitudine
delle ftanze, nelle quali fi conferuaua l'acqua

trà

trà le altre fabriche di quella forte è marauigliofa non più per la grandezza, che per l'arte,con la quale è ftata fabricata. Gli fuoi muri di dentro fono congiunti trà fe fteffi à fqua-
dra, e foftengono le volte, e formano per tutto
camerette quadrate, che da ogni lato hanno
vfcij piccioli, per gli quali fi può andare dall'-
vna all'altra, accioche gli ferui publici,quan-
do finire le acque doueano purgare le conferue
dalle immonditie radunate, poteffero andare
per tutto. Le volte di quefte camere hanno alcuni fpiragli, e forami, per mezo de'quali ad
ogni commodo, e bifogno fi potea cauar acqua
come fe vi foffero ftati pozzi. Pafferai anco
quindi nella Pifcina mirabile, per chiamare
hora quefta conferua famofa con nome conofciuto, la quale ancora al prefente è poco meno, che tutta intiera nel dorfo del promontorio del Mifeno verfo il porto dell'armata, e
Cuma. Quefta fabrica, ch'è chiufa da quattro muri, come afferma Leandro Alberto, lunga piedi 500. e larga 216. la volta più alta
facendo poco arco fopra gli muri fi appoggia
fopra 48. colonne quadrate groffe trè piedi per
ogni verfo, le quali diftinte in quattro ordini
dodici l'vno fanno vna proportione belliffima
per la lunghezza del Caftello di portico di cinque volte. Tutta la fabrica è di pietra cotta, e
di fomma fermezza per la groffezza eftrema
delle muraglie. Gli pareti di dentro, e colonne
fono al folito incroftate con fomma diligenza,
per difenderla dalle fcolaggioni. E nella volta fono parimente forami, & in molti luoghi,
per via de'quali anticamente fi coftumaua
di cauare l'acqua. E v'era tanto dall'vn

capo

:apo,quanto dall'altro entrata per via di fcale
li pietra di quaranta gradi l'vna, le quali co-
minciãdo dalla fommità calauano fin nel fondo della conferua; vna di quefte vie al prefente è chiufa. Il pauimento da i lati è più al-
o fin'l mezo del portico, e di là fi cala per cinque fcaglioni, tanto da vna parte, quanto dal-
l'altra, in vna ftanza più ftretta, e di quà ancora in vn luogo più, che augufto chiufo; e ferrato
però, nel quale pare, che più che anticamente
fcolaffero le acque tutte le immõditie loro, che
di là fi cauauano poi, trattone l'acque da'miniftri publici, che fi chiamauano Caftellarij,
perche caftella fi diceuano latinamente le conferue dell'acque.

Tutto il pauimento è dibattuto, fatto con
ogni arte, e diligenza; di modo che ancora al
giorno di hoggi contiene l'acque piouane, che
vi fcolano, e fi fermano nella parte più baffa fopradetta.

Variamente fi và da molti congetturando
chi fia ftato il primo à fabricare opera di tanta
grandezza. Molti penfauano, che ne fia ftato l'-
auttore L. Licinio Lucullo moffo dalle rouine
vicine della Villa di detto Lucullo, che fcriuono Plutarco, e Varrone ne i libri dell'agri-
coltura hauere coftui hauuta fuperbiffima nel
tratto di Baia, preffo il Promontorio del Mifeno. E con quefti auttori fi accorda ancora
Suetonio, e Cornelio Tacito, gli quali fcriuono, che nella medefima Villa morì Tiberio
Imperatore, quando impedito dalle fortune
del mare non potè amalato quindi traghettare nell'Ifola, che fi chiama Caprea. Alcuni altri penfano, che quefta fia ftata fabri-

ca di Nerone, e però fino al tempo presente si
chiama Peschiera di Nerone; peroche racconta
Suetonio nella vita di lui,che cominciò egli a
fare vna peschiera, che si stendea da Baia, fino
all'Auerno, coperta, e chiusa con portici, nella
quale volea, che si riducessero tutte le acque
calde, che si ritrouauano per lo tratto di Baia.
Ma però tale congettura non piace molto ne
à me, nè ad alcun'áltro, che habbia veduti con
diligenza quei luoghi, che sappia l'vso di simili fabriche antiche. Le quali non può parere mai, che altro si sia voluto che siano, che
conserue d'acque. E perche questi vasi si fatti, ò queste conserue di tanta grandezza, che
già habbiamo descritte al numero di trè,si ritrouano tanto vicine l'vna all'altra, & al porto vecchio, ouero al mare morto, non sarebbe
fuori di proposito; quando alcuno pensasse,
che Augusto, e gli Prencipi suoi successori le
hauessero fabricate per vso dell'armata, e de i
soldati di lei, li quali quiui perpetuamente al-
loggiauano, e suernauano. Peroche in questi
luoghi sono grandi vestigi di alloggiamenti
militari, e mi ricordo di hauere già veduti, e
copiati de gli Epitafij da gli Sepolcri vicini
de'soldati dell'armata : & apunto in questi
Epitafij v'erano messi gli nomi delle Naui pre-
toriane, come Fede, Iside. Gallo, nelle quali co-
storo haueano seruito. E per far piacere à gli
studiosi dell'antichità ne porrò qui sotto alcuni de gli più breui.

D.M.

Ti. Petroni celeris
Nat. Alex Ex III. Iside vix.
Ann. XL. Mil. ann. XVII. Titi

Vs.

Vs quilinus. Epidius. Pansa III. Isid.
H.B.M. fecerunt.

D. M.

C. Senio Seuero
Manipolario ex III. Fi.
Do Natione Bessus.
Vixit Annos XLVI.
Militauit Annos XXVI.
Aemilius dolens Erei.
B. M. Fecit.

D. M.

C. Iulio Quarto.
Ver. Ex. Pr. N. Gallo.
M. Cecilius. Felix. S.
inonia. Heraclia
S. & S.

Coſtoro haueano il Capitano dell'armata,
che faceua quiui del continuo reſidenza: come
apunto era Aniſero liberto di Nerone, il quale
prima era ſtato ſuo Maeſtro, per mezzo delle cui
frodi queſti quiui preſſo à gli Bauli ammazzò
Agrippina ſua madre; e come anco, quantunque però differente da queſto, G. Plinio ſcrittore della Hiſtoria Naturale al tempo di Veſpa-
fiano, il qual' era nel Miſeno, è gouernaua
l'armata, quando il Veſuuio ardeua, & era
inſieme ſcoſſo da Terremoto; Anzi troppo vicino accoſtandoſi con le naui, ſi per aiùtare
gli ſoldati oppreſſi, come per ricercare la cagione di quegli fuochi, fù affogato dalle ceneri, e dagli vapori del monte, che ardeua, come di

Cc 2 ſopra

sopra habbiamo raccontato noi, anco G. Ceci
lio Figliuolo d'vna sorella di Plinio, ilqual
racconta più diffusamente questo fatto à Taci
to Historico, perche in quel tempo si ritroua
ua nel Miseno insieme con l'auo. E certo s'i
non voglio contendere, che non siano state con
dotte, e conseruate per vso; e per delitie dell
acque dolci nella Villa di Lucullo; & in altre
molte, ch'erano situate in buon numero in quel
pezzo di bellissimo paese; peroche ciò non si
può negare, poiche trà le rouine antiche d' infinite fabriche si ritrouano innumerabili trombe,
gorne, canali, e conserue da acqua. In fatti al
presente gli lidi, e le spiaggie maritime di tutta la Campania son difformate per le rouine
delle Ville, e delle Contrade già piene di fabriche, e d'habitanti; & in particolare moue
compassione tutto quel tratto, ch'è trà Formia,
e Surrento, ilquale, mentre fioriua l'Imperio
Romano, rappresentaua à gli occhi di quelli,
che venendoui in naue lo riguardauano in tempo sereno alla lontana poco meno, che vna effigie d'vna Città continuata, con la quantità
grande di fabriche, e palazzi superbi, & ornati
al paro di qual'altro si voglia pomposo, e di
grande spesa; e però à cui darebbe l'animo hora di farui più particolare racconto, ò formar-
ne tauole, e descrittioni esquisite? oltre molti
requisiti d'importanza, vi si ricercherebbe ancora la fatica di vn nouo Commentario, & in
somma vn giusto Volume.

Quiui già soleano essere palazzi molto pomposi; peroche tutto quel golfo, ch'è trà'l Promontorio Miseno, e'l capo di Minerua per mezo à Capua, si chiamaua il golfo del Cratere,

ha-

hauendo vna forma, quale vna Tazza ; il tratto maritimo era lungo cinquanta miglia . Quiui già vedeano in tanta copia Palazzi , Città ,
Borghi, Ville, Bagni, Theatri, Fabriche , & altre fi fatte cofe fuperbe , e magnifiche , cominciando da Baia , e continuando fino ad Hercu-
lano , e Vulturno, che fembrano non molti luoghi feparati , ma vna fola Città grandiffima, e
bellissima:alla cui vifta non faprei mai quando
foffe stata la fimile . In questo nostro tempo
ogni cofa è rouinata, eccetto Napoli capo del
Regno , stanza gratiofiffima di Vicerè, e d'altri
gran Prencipi .

LE VILLE DE' ROMANI.

PEr far cofa grata à quelli , che fi dilettano
di cofi fatto studio , hò stimato , che non
farà fuori di propofito, che io me ne vada fcorrendo per alcune Ville delle più nobili, che gli
Romani fi haueano fabricate in questo tratto .
Quella dunque famofa dal verno di L. Lucullo fi ritrouaua in terra ferma preffo al Promontorio del Mifeno , e copria questa la cima del
colle alto , e de gli altri monticelli vicini, che
fono trà'l porto dell'armata, e'l golfo di Baia ,
doue prima egli hauea comprato da Cornelia
la Villa di S.Maria bandito da L. Scilla ; e l'-
haueua ampliata di fabriche , di horti, e di pefchiere fontuofiffime, al dì d'hoggi fi difcernono
i fpacij de gli horti verfo Cuma , poco lontan
delle Cento camerelle , & appaiono ancora i
vestigij delle pefchiere nel lido Baiano con
grotte, e stagn'intagliati nella radice del monte à mano , acciò foffero rifugio , e difefa al

Sc 3   pe-

p:fce ne i tempi del gran çaldo dall'ardor del
Sole, fi come fà chiara mentione M. Varrone
ne i libri fuoi de Re ruftica,dicendo,che L.Lu-
cullo haueua dato poteftà à gli architetti fuoi
di confumar quanti danari voleffero, pur che
faceffero fufficienti difefe al pefce contra'l calor del Sole, e gli apparecchiaffero ficure ftanze fotto i monti, e ch'efsendo compita poi quefta opera hebbe à dire di non hauer più inuidia
nè anco à Nettuno di bontà di pefci. Onde
appare, che non haueffe pefchiere in vn loco
folo. Et appreffo l'ifteffo M.Varrone, Q.Hor-
tenfio Oratore riprende M.Lucullo,perche non
haueua ad effempio di L.fuo fratello fatto nelle fue Pefchiere l'ifteffa commodità da ftar al
frefco alli fuoi pefci.Si penfa,che la Villa di M.
Lucullo foffe alle radici del Monte Mifeno verfo l'Ifola Procida anticamente detta Prochyte,
doue fi vedono fotto l'onde gran rouine di pefchiere.

VILLA DI Q. HORTENSIO.

HEbbe Q. Hortenfio la fua Villa nel feno
Baiano appreffo Bauli; & ancora fi vedono le reliquie di quella, parte nel lido, &
parte già coperte dall'onde; è cofa certa, e famofa, ch'egli hebbe quiui belliffime pefchiere
con alcune grotte cauate à pofta fotto'l monte,
acciò foffero rifugio al pefce contra l'ardor del
Sole, tanto era huomo dedito à fimili piaceri,
per il che Cicerone, mordendolo, lo chiamò
Dio del mare, e feliciffimo nelle pefchiere;po-
fciache haueua domefticato i pefci tanto, che
veniuano alla fua voce, quando li chiamaua:

oltre

oltre che pianfe molto la morte d'vna fua murena . Sendoli dimandati da vn'amico vn paro
di muli della fua pefchiera(i pefci muli fi chiamano volgalmente barbi) egli rifpofe, che li
darebbe più volötieri duoi mulli della fua let-
tica.Scriue Plinio,che Antonia madre di Claudio Imperatore doppo Q. Hortenfio poffedè
queft' ifteffi lochi co'l medefimo humore : fi
che amò tanto vna Murena, che fecé porre gli
orecchini d'oro alla Murena nell'acque : anzi
fegue Plinio , dicendo , ch'erano tanto famofi
quei lochi per quefto fatto , che molti fe n'andauano à Bauli , non per altro , che per vederli . Non è certo , fe Nerone Imperatore faceffe
truccidar Agrippina fua madre in quella fteffa
Villa ; ma fù ouero in effa , ouero in poco
lontana ; per quefto fi può comprendere da
Cornelio Tacito nel libro decimo quarto de i
fuoi annali .

   In quella vicinanza hebbe vna villa anco
Domitia Zia di Nerone : del che, appreffo
Tacito fi troua vn poco di memoria nel libro
13.& Dione Caffio dice , che Nerone hauendo
fatto venerare Domitia fua Zia , s'impadronì de i poderi, ch'ella haueua vicini à Bauli, &
à Rauenna ; il contrario di Aleffandro Seuero Imperatore ; ilquale, oltre molti palazzi ,
che fabricò in Roma in honore di Giulia Ma-
mea fua madre , ne fabricò vno fontuofiffimo,
con la fua pefchiera(come racconta Elio Lampridio)& volfe, che fi chiamaffe il loco di Ma-
mea , qual penfa Ferrante Lofredo Marchefe
di Treuico , che foffe per mezo Baia , doue ne
fabricò parimente diuerfi altri in honore de i
fuoi parenti.

VILLA DI C. PISONE.

FV questa iui sotto'l monte, appresso i fonti caldi; àlla quàl Villa Nerone spesso, lasciando gli altri carichi d'importanza, soleua ritirarsi à solazzo, come racconta Tacito nel libro 15. de gli annali, si pensa, che Nerone in questa Villa vna sera trattenesse sua Madre Agrippina molte hore à tauola sotto pretesto della Festa de'Quinquatri, per farla tornar di notte alla sua Villa à Bauli, hauendo già dato ordine, che nel ritorno le fosse affondata la barca; per farla annegare; come raccontano Suetonio, e Tacito.

VILLE DI C. MARIO, DI CESARE, & di Pompeio.

HEbbero anco Ville in questo contorno C. Mario, Cesare, & Pompeio; come racconta Seneca nella epistola cinquantesima seconda, ma erano le loro Ville sopra cime di monti; si che pareuano più tosto fortezze, & lochi fatti à posta per guardar tutto'l paese sottoposto, che Ville da solazzo. Di quella di Mario parla Plinio nel libro decimo ottauo al cap. 6. la qual fù poi posseduta, & ampliata da Luciullo; & era vicina al Promontorio Miseno verso'l porto. Ma la Villa di Cesare fù sopra Baie, nella sommità del monte; delche ne fà fede Tacito nel libro decimoquarto de gli Annali; & si vedono i suoi gran fondamenti al dì d'hoggi appresso il tempio di Venere, le rouine del quale ritengono ancora l'antico nome.

Quel-

Quella di Pompeio, dicono, ch'era nel terzo monte trà l'Auerno, e la vicina stufa Tritulina, doue il loco ritiene anco il cognome, e già alquanti anni vi fù trouata vna statua di esso Pompeio.

VILLA ACADEMICA DI M.T.CIC.

Dice Plinio nel libro trentesimo primo, al cap. 2. che la Villa di Cicerone fatta tanto celebre per i scritti di quello, era in questo contorno trà l'Auerno, e Pozzuolo, sù la riua del mare, con vn delitioso bosco, & vna spatiosa loggia da passeggiare, per il che Cicerone la chiamò Academia ad imitatione dell'Academia d'Athene, nella quale si discorreua ordinariamente passeggiando. Quini Cic. si fece la sepoltura, tanto egli si compiaceua di questo loco: del quale stesso parlaua, & volse anco intitolare alcuni suoi libri, Questioni Academiche. Sendo Attico in Athene, quasi in ogni lettera Cic. le raccommandaua la sua Academia: acciò egli mandasse di Grecia tutto quel, che potesse hauere di begli ornamenti per nobilitarla, nel che Attico non mancò secondo l'occasioni di varie sorti di statue, pitture, e d'altre simili cose.

Onde Cicerone poi (come si può vedere nelle Epistole ad Atticum) loda la diligenza di quello, e le cose mandateli, nominandone alcune. Sendosi ritirato quà Cicerone ne i tempi calamitosi della Republica per passare il trauaglio con i libri, molti de'principali Romani vi ricorreuano à visitarlo, & à pigliar qualche consulto. Vi fù Caio Cesare doppo la vitto-

Cc 5 ria

ria, c'hebbe nella guerra ciuile ; vi fù C. Ottá-
uo succeffor di Giulio : auanti però fi faceffe
Imperatore, e vi furono infiniti altri ; ma dopò
che Cicerone fù bandito, la Villa Academica fù
poffeffa da C. Antiftio , il qual fù legato di Cefare , e feguì la fua fattione nella guerra ciuile . E poco dopò la morte di Cicerone in detta
fua Villa forfero fonti d'acqua calda , buona
trà l'altre per gli occhi, e per la vifta ; celebráti
da Tullio Laurea Liberto di Cicerone con vn'
Epigramma , il qual trouerai nell'opere di Plinio, che fcriffe quefto fucceffo , e giudicò quell'
Epigramma degno di memoria . Bifogna creder, che quefta Villa foffe, doue hora fi chiama
lo Stadio ; prendendo il nome quel luoco dalla
lunghezza della loggia di Cicerone , le cui rouine fi vedono ancora tanto diftintamente , che
fi può mifurare, quanto foffe longa, e fe ben pare incontrario, che fi, troppo diftante dal mare
rifpetto à quel , che fi legge , ch'era l'Academia di Cicerone, nondimeno ciò non fà alcuna
difficoltà , fendofi potuto in quel loco il mare
per diuerfe caufe in tanto fpatio di tempo rití-
rato , perche veramente al tempo di Cicerone
quefta fua Villa era tanto fopra l'acqua almeno condotta dal mare con qualche cannale :
ch'egli mangiando à tauola poteua gettar da
mangiare alli pefci , e pefcare, quando li piace-
ua. Li fonti caldi fi vedono in vn prato vicino ,
in vna cauerna fotto terra alle radici del monte ; li quali fono anco di marauigliofa natura ;
perciochè crefcono, e fi fcemano fecondo'l fluffo , e rifluffo del mare, giorno, e notte ; nel cre-
fcer gettano abondanza d'acqua nel bagno ; e
quando è pieno , l'acqua parte fe ne ritorna al
                                        fon-

fonte, e parte corre al mare per vn certo canna-
letto à poſta fatto .

Queſto bagno ſi chiama volgarmente il bagno Ciceroniano, & da' Medici è chiamato Pratenſe, ò Tritulino, e tanto baſti della famoſa
Villa di Cicerone ; percioche vi ſono poi altri
bagni vicini dotati di varie virtù, della natura
de' quali Leandro, & altri Scrittori parlano à
ſofficienza. Dal principio delle Queſtioni Academiche di Cicerone ſi comprende, che poco
lontana dalla detta Academia foſſe la Villa di
Ter. Varrone dottiſſimo Romano; ma non ſi
può ſapere il loco determinato, doue foſſe.

VILLA DI SERVILIO VATIA.

Dimoſtra Seneca nell' Epiſtola cinquante-
ſima ſeſta ad Lucilium, che trà Cuma, &
il lago Auerno ſopra'l lido fù la Villa di Seruilio Vatia; la magnificenza, & grandezza delle cui fabriche ſi può comprendere dalle reliquie, che ad hora ſi vedono. Haueua (dice Seneca) due ſpelonche fatte con gran ſpeſa ; In vna
delle quali mai non entraua il Sole; ma nell'altra le ſtaua dalla mattina alla ſera. Le ſcorreua
vn'acqua delitioſa per mezo vn prato, con
molti peſci. Qui ſi ritirò quel Seruilio huomo
nobile, e ricco, nel tempo, che Tiberio Ceſare
affliſſe molti nobili Romani, & diedeſi ad ho-
neſto otio, lontano da Roma in pace ; perilche
era chiamato felice, & hebbe fama di ſaper fare i fatti ſuoi meglio d'ogn'altro, fuggendo in
quel modo i pericoli. Baſterà hauer detto tanto in propoſito delle celebratiſſime Ville Baia-
ne; perche de i fonti, & delle altre coſe notabili

Cc 6   altri

altri hanno fcritto abondantemente . De gl'altri particolari poi ch' erano al tempo degli antichi Prencipi Romani ; non è poffibile parlarne effattamente ; perche il tutto è rouinato in
modo , ch'à pena fi vedono i veftigij delle fabriche .

LA CITTA DI BAIE VECCHIA .

L I belliffimi fondamenti , e le piazze fali-
cate dell'antichiffima Città di Baie fi vedono fotto l'onde : & in terra non ve n'è quafi
alcuna reliquia ; ma ne ì vicini monti d'ogn'
intorno fono bagni, ftufe, & edificij di marauigliofa Architettura: tutto che molte fi jno cafcate dal terremoto ; & molte fi jno ftate forbite
dalla terra. Si vedono nel mare le gran pile
vecchie del Porto Baiano fimili à quelle di
Pozzuolo, fatte di pietra cotta con fpefa intole-
rabile; le quali hora paiono fcogli ; come anco
paiono i ferragli, & i fondamenti, che già foleuano difender i laghi Lucrino, & Auerno dalle
fortune del mare; percioche fi crede, che Hercole prima tiraffe à quefto effetto vn braccio di
terra lungo vn miglio, & largo quanto baftaf-
fe per andarui fopra due carri al paro ; & che
perciò i pofteri per memoria, e ricognitione di
tāto beneficio li fabricaffero appreffo Bauli vn
Tempio rotondo, del quale al dì d'hoggi fi vedono alcune reliquie. Ma fendo poi quel riparo
ftato dall'acque rouinato, C. Cefare lo rifece, &
migliorò; come fi può cōprēdere dalla Georgica di Virgilio, e da Seruio fuo Commentatore ;

alla

alla opinione de' quali par, che concordi Suetonio, dicendo di Augusto; perfettionò il Porto
Giulio appresso Baie; Onde appare, che Giulio
Cesare l'haueua prima racconciato; Ilche si deue credere, ch'egli facesse nel primo suo Consolato per commission del Senato, ilqual li diede
tal carico ad istanza de i Gabellieri, i quali diceuano, che'l datio peggioraua assai per la rouina di quel porto detto poi Giulio dall'opera,
che Giulio Cesare li fece fare per racconciarlo.
Cosi dice Seruio sopra questi versi del secondo
della Georgica.

An memorem portus? Lucrinoq̃ addita claustra,
Atq̃ indignatum magnis stridoribus aequor?
Iulia, qua ponto longè sonat vnda refuso,
Tyrrhenusq̃ fretis immittitur aestus Auernis.

CASO MARAVIGLIOSO.

A 'Nostri tempi, cioè l'anno 1538. sendo stata agitata quella vicinanza quasi due
anni continui dal terremoto, al fine la notte del
dì 29. Settembre trà le radici del monte Gauro,
& il mare vicino à i detti laghi, si leuò vn nouo
monte alto vn miglio per dritto; ilquale hora
al basso circonda quattro miglia. Nel nascer di
questo si mosse il lido, e l'acqua del mare per du-
cēto passi di spacio, ritirādosi, restò sorbita dalla voragine della terra vna contrata intiera, e
grāde, nominata il Tripergolano, cō alcuni suoi
bagni, ch'erano celebratissimi, e restarono pieni
in gran parte di sassi, terra, e cenere, i vicini laghi, Auerno, e Lucrino. Quante altre vecchie
memorie habbi questo nouo monte coperte
sotto

sotto non si può sapere. Hà nella cima vn buco largo in circa 50. passi, per il quale nel principio gettò fuoco; e si dice, che al presente nel
fondo di detto forame si trouano acque calde.

LAGO AVERNO.

Edesi qui il Lago Auerno illustrato da i
più stimati Poeti, e descritto diligentemente da Strabone, & da altri Historici, per le
fauole, che di esso hanno creduto gli antichi;
percioche era fama, ch'iui fosse la porta dell'
Inferno, per la qual si facessero anco venir fuora i spiriti infernali, facendo à loro qualche sacrificio di creatura humana, & che i Sacerdoti
Cimerij antichissimi habitatori di quel loco,
conducessero per certe cauerne all'Inferno à
trouar Plutone i forastieri, ch'à loro andauano
per hauer da Plutone consegli, ò risposte. Credesi al dì d'hoggi dal volgo, che per le cauerne del monte vicino, perciò nominato Monte
della Sibilla, si vada alla sotterranea stanza
della Sibilla Cumana, dou'ella habiti, e sij stata vista, e consultata da alcuni; lequali cose diligentissimamente auuertisce Leandro Alberti
nella sua Italia. Tengono di più gli habitatori
di quei lochi per certo, che Christo ritornando dal Limbo con l'anime de Sāti Padri, vscis-
se fuor della terra per vn certo Monte vicino al
Lago Auerno, & al Monte nouo, e perciò chiamano quel tal monte per nome il Monte di
Christo. La qual'opinione confermano alcuni
Poeti, scriuendo de i bagni di Pozzuolo in
questa maniera.

Est

Eft locus, effregit quò portas Chriftus Auerni,
Et fanctos traxit lucidus inde patres.

Et vn'altro.

Eft locus auftralis, quò portam Chriftus Auerni
Fregit, & eduxit mortuus inde fuos.

Fù creduto ancora per la moltitudine d'acque
calde, ch'in quei contorni fcaturifcono dalla
terra: che quefto lago veniffe d'vna vena dell'
acque dell'inferno, & perciò la chiamarono
palude Acherofia. Dal che non difcorda Mi-
rone mentre dice.

Quando hic inferni in vna regis
Dicitur, & tenebrofo palus Archeronte refufo.
Mà in vero quefta falfa fama fù accrefciuta
dalla qualità naturale de i lochi, & da altre cir-
coftanze, per le quali s'hanno vifto in quella
vicinanza rari, & ftupendi miracoli di natura.
Bifogna dunque fapere in quanto al Lago A-
uerno, che è pofto in vna baffa Valle, circondata
poco meno, che tutta da alti monti, & che già
foleua effere attorniata da foltiffime felue: sì
che à pena vi poteua penetrare il vento.

Onde non era il Lago frequentato da perfone, anzi perche fpiraua cattiuo odore di folfo, era tanto ammorbata l'aria fopra di effo,
per effer da i monti, & dalle felue rinchiufo,
che gli vccelli paffandoui fopra fe ne moriua-
no; per il che fù chiamato da i Latini Auerno,
cioè fenza vccelli. Così anco fi può cauare da
Liuio, che anticamente quefta Valle fù loco
horrido, è ftimato inacceffibile; perche dic'egli
che facendo guerra i Romani contra i Sanniti,
fi ritirauano ne i bofchi della detta Valle gli
efferciti intieri delli nemici, come in lochi ficu-
tiffimi; quando i Romani loro dauano la fuga.

Ma-

Ma Strabone non ſcriue già così de'ſuoi tém-
pi ; anzi dice , che al ſuo tempo la Valle , & i
Monti vicini erano lochi deliciofi : percioche
Auguſto haueua fatto tagliare le Selue , e pro-
uiſto, che l'aria haueſſe paſſaggio. Al preſente
il Lago Auerno è pieno di peſci , e d'vccelli ác-
quatici:nè hà più alcuno di quegli incommódi,
che da gli antichi gli erano attribuiti . E ben
vero, che non ſono molti ſecoli, ch'vſcì del fondo del lago vna vena d'acqua ſulfurea peſti-
lente,la quale ammazzò all'improuiſo grandiſſima copia di peſci : confiderando l'odore, & il
colore de i quali doppo che furono gettati à riua, ſi puote comprendere , che foſſero morti per
la detta cauſa . Queſto dice nel libretto , che fà
de i laghi Giouanni Boccacio, d'hauerlo viſto
con i proprij occhi al tempo del Rè Roberto,
che fù intorno l'Anno 138.

C V M A.

PArtendoſi dal Lago Auerno t'incontri, ſtando pur sù l'iſteſſa ſtrada, nelle rouine della
Città di Cuma,hora in tutto disfatta , e deſerta.
Vi ſi vedono gran fondamenti,e rouine di Torri,di Tempij, e di fabriche d'importanza. Nella cima del monte ſono ancora i veſtigij d'vn
Tempio d'Apolline, che a'ſuoi tempi fù cele-
bratiſſimo, nominato da Virgilio, e da Seruio
ſuo Commentatore . Euui vn'arco di pietra
cotta, hora chiamato l'Arco Felice, di molto
ſtupende, & alte volte, per li quali haueuano
quegli antichi fatto ſtrada piana trà due cime
di monti . Fù edificata Cuma da i Calcidenſi
popoli Greci di Negroponte ; i quali arriuati à
                                              quei

quei mari con armata , per trouarfi paefe da
habitare,prima sbarcarono in quelle Ifole vicine dette Pitecufe:& poi,fatto animo,traghetta-
rono in terra ferma ; doue fabricarono la Città
di Cuma, chiamandola con quefto nome, ò per
il nome d'vn loro Capitano; ò per il percuote-
re in quella parte dell' onde marine ; ò per l'
augurio buono , che prefero , vedendo in
quel loco vna donna grauida ; il che à loro
accrebbe l'animo d'iui fermarfi , come dicono Strabone , Dionifio , e Liuio ; percioche
à tutti quefti rifpetti il nome di Cuma confiderate le fue fignificationi in Greco fi può accommodare .

Viffero quei popoli molto tempo,gouer-
nando la loro Republica prudente; e crebbero
sì, che fecero fue Colonie anco Pozzuolo, Pa-
leopoli, e Napoli . Si legge,che li Cumani furono fotto tiranni , auanti , che i Romani fcac-
ciaffero i Rè; il che fi doue intendere ; non perche foffero ftati foggiogati i Cumani ; ma perche effi fi eleggeuano vn capo da obedire , il
quale,all'vfanza Greca,fi chiamaua Tiranno ,
cioè Signore .

Fù vno di quefti appreffo di loro Antipode-
mo Malaco , come fcriuono Liuio , e Dionifio
Halicarnaffeo, eletto per il fuo valore ; percioche con poche genti fuperò gran copia di
Tofcani , de gli Vmbri , e de gli Aufoni nemici de i Cumani; & ammazzò di propria mano Arunte figliuolo di Rè Porfena loro Capi-
táno , alquale Ariftodemo dicono i fopradetti
Auttori , ch'andò Tarquinio Superbo fcacciato da Roma ; che effendo accettato da
lui , finì'l fuo tempo in Cuma . Furono poi
fu-

superati,& mal trattati, come scriue Strabone,
i Cumani da i Campani per vn pezzo ; mà ne i
seguenti tempi, quando non si trouaua fortezza,che alli Romani potesse resistere, furono da
essi Romani in vn medesimo tempo sottomessi
tutti quei popoli,& allaCittà di Cuma volsero
mandare vn perfetto Romano : perche haueа-
no voluto combatter troppo ostinatamente i
Cumani,per difendere la propria libertà. Andò poi mancando quella Città di splendore,di
ricchezze,e d'habitatori : perche i Romani,
crescendo la superbia, e la grandezza loro,
occuparono tutte quelle campagne, fabricandoui sontuosissimi palazzi ; dal che auuenne,
che non solo Cuma ; mà anco l'altre Città cir-
connicine restarono offuscate ; e diuenute esse
pouere di terreno ; vennero al manco d'habitatori,& al fine restarono desolate. Se ben Cuma fù l'vltima,che mancasse; percioche, quando l'Imperio Romano cominciò cascare ; sendo l'Italia spesso da barbare nationi trauaglia-
tà, Cuma trà l'altre Città ; per esser sopra vn
monte vicino al mare,per la commodità del sito fù ridotta in fortezza. Onde Agathia Mir-
reneo nel primo libro della guerra Gothica
dice, che a suoi tempi Cuma era molto forte,
con mura,& torri grosse, & con altri ripari; &
che per ciò Totila ; & Teia Reggi de i Gothi
portarono là in saluo,come in loco sicurissimo,
li suoi tesori,con le più care cose; c'haueuano :
tuttauia Narsete Legato di Giustiniano Imperatore dopo vn lungo assedio se ne impadronì.
Al presente mò si vedono solamente gran_
rouine, fondamenti, & fosse profondissime intagliate nel fosso à forza di scarpello.Partendo

da

da Cuma fpeffo fi dà in qualche pezzo della via
Domitiana, laquale è interrotta in molti lochi,
& fi trouano gran rouine d'vn ponte di pietra,
ch'era fopra'l Volturno. Domitiano fece far
quella ftrada cominciando dalla via Appia trà
Minturne, e Sinueffa, & feguendo fin'à Cuma.
Fà mentione d'effa Statio Papinio ne'fuoi Hen-
decafillabi, il qual parla anco del già detto ponte, & d'vn'arco trionfale di marmo pofto nella
detta Via, doue confinaua con l'Appia; del
qual non fi sà, che fe ne veda più veftigio.

LINTERNO.

A Man finiftra della Via fi vedono le rouine
dell'antica Città di Linterno, già Colonia de i Romani, per mezo la Torre della
Patria; la qual par, c'hebbe quel nome riceuuto
dall'antico fucceffo del loro, che fù nobilitato
per il rimanente della vita, ch'iui fece Scipion
Maggior Africano, dopò c'hebbe prefo volontario bando dalla fua Patria Roma. Coftui fendo mal trattato da i fuoi Cittadini, i quali effo
haueua con gl'haueri loro difefi da gl'inimici,
& fatti padroni della Spagna, & dell'Africa:
fdegnato di tanta ingratitudine, fi ritirò quà
nella fua Villa, per priuar la fua patria di fe viuo, & dell'aiuto fuo, & poi delle fue ceneri anco quando foffe morto, trattandola in quefta
maniera da ingratiffima. Onde poi quì anco fi
fece fepelire, efpreffamente vietando, che l'offa
fue non foffero portate à Roma: ilche raccontano

tano Liuio, Strabone, Valerio Maffimo, Seneca, e molti altri. Di più dice Plinio nel Libre
feftodecimo, al Capitolo vltimo delle Hiftorie
naturali;che fin al fuo tempo in Liuorno fi trouauano degli oliui piantati da Scipion Africano, e che vi era vn mirto di notabil grandezza,
fotto il quale era vna caua habitata dal Dragone cuftode dell'anima di Scipione;dalla qual
fauola è nata queft'altra : che dicono gli habitatori del Monte Maffico, effer in vna certa
fpelonca di detto Monte vn Dragone, ch'am-
mazza, e diuora chiunque fe li vicina ; perilche quello fi chiama Monte Dragone: & il Caftello, che ci è fopra, fi chiama, la Rocca di
Monte Dragone. In quefto contorno foleua
effer'vna fontana acetofa, l'acque della quale
dicon,ch'inebriauano:ma al prefente hà'l gufto
d'acqua dolce pura, e non fà il detto effetto,
anzi fana la doglia di tefta,beuendone.

SINOPE, O' SINVESSA.

SOtto'l Caftello del Dragone fù l'antica Città di Sinope, la qual prima fù Colonia de i
Greci, e poi la fecero i Romani Colonia fua,
chiamandola Sinueffa, quando anco fecero
fua Colonia Minturne Città quì vicina, per occafione della guerra, c'haueuano con i Samniti
l'anno quattrocento, e cinquanta fette, dalla
fondation di Roma;fendo Confoli App.Claud.
e L. Volunnio la feconda volta, come dice
Liuio ; ò l'anno feguente, quando Pirro cominciò regnare: come vuole Velleio Paterco-
lo. Si vedono di quefta Città iui gran rouine d'
ogni banda, e maffime allongo'l mare ; doue
appa-

appaiono anco i veſtigi d'vn gran porto. Fù
Città celebre, perche haueua l'aria faniſſima,
& alcuni fonti d'acque calde molto gioueuoli;
per i quali Silio Poeta la chiama Sinueſſa te-
pida. Si chiamano hoggidì quei fonti i Bagni
Gaurani: ma Tacito li chiama Acque Sinueſſane, dicendo nel libro decimoſecondo de gli
Annali; che Claudio Imperatore ſendo riſenti-
to, ſe ne andò à Sinueſſa per ricuperar la ſanità,
ſperando nella bontà dell'aria, e nel beneficio
dell'acque Sinueſſane; quando ſua moglie
Agrippina gli apparecchiaua de i fonghi vene-
nati, e nel primo libro dell'Hiſtorie de i ſuoi
tempi dice, che appreſſo l'acque Sinueſſane ad
Onofrio Tigillino, ch'era il principal mezzano
di Nerone Imperatore in tutti i misfatti, furono
tagliate le canne della gola: mentre penſaua
d'ogni altra coſa, dandoſi buon tempo trà le
Concubine.

MINTVRNE.

PAſſato il Fiume Garigliano, nel qual naſcono le Scille ſoaui peſcetti, e tenuti già per
delitioſi da i Romani, vederai maſſime dietro
al lido le reliquie di Minturne già Colonia
Romana floridiſſima. Si vedono veſtigij di
gran fabriche publiche, e priuate, parte ſpoglia-
te de'marmi, che le abbelliuano, e parte intiere. Enui vn'acquedotto molto ſontuoſo;
vn Teatro con la ſua Scena, e con tutte le parti
neceſſarie, opera all'antica, ma ſalda; Vn'Anfiteatro con le ſue commodità da ſedere à grado per grado, ſpogliato de i marmi, de i quali
per quanto ſi può vedere, è ſtato ornato,

for-

fortificato il Caſtello del monte vicino, ilqual
al preſente ſi chiama Traietto, queſto Anfiteatro ſerue hora per vn rinchiuſo paſcolo di capre, e di pecore.

Si vedono gran veſtigij di mura, e di torri;
gran volte di porte, e groſſi fondamenti di edificij; dal che ſi comprende ageuolmente, che ſij
ſtata potente; & nobil Città, ſi come anco molto tempo doppo quel loco è reſtato illuſtre per
la gran vittoria, ch'iui hebbero i Chriſtiani cōtra Saraceni, ſendoui Giouanni X. Pontefice, &
Alberico Marcheſe di Toſcana Capitani del
Chriſtiano eſſercito, quādo fù liberata da quella maledetta gente tutta d'Italia, fuor che il
Monte Gargano, che fù occupato da quelli, che
vi potero fuggir ſopra; i quali poi viſſero lungamente rubbando per terra, e per mare.

Alla bocca del fiume Garigliano era la ſa-
crata Selua, doue i Minturneſi honorauano la
Ninfa Marica moglie di Fauno, alla quale ſopra la riua del detto fiume haueuano fabricato
vn ſuperbo Tempio, del quale però non ſe ne
véde veſtigio: ſi come anco ſi vedono pochi
veſtigij di Veſtina honoreuol Città, & di Au-
ſonia Città nobiliſſima, laqual già diede il nome, e ſignoreggiò à tutta l'Italia. Furono ambe
quelle Città in quella vicinanza à lungo il nominato fiume.

LE PALVDI MINTVRNESI.

SOno celebri le vicine Paludi dette Minturneſi; perche riducono in memoria vn no-
tabiliſſimo eſſempio delle mutationi della fortuna. E queſto è, che C. Mario, ilquale era ſtato
ſette

fette volte Confole, & hauea fette volte trionfato, hebbe di gratia di naſconderſi in quelle paludi per ſaluarſi la vita: doue pure fù ritrouato da vn Franceſe nemico, il quale poi non hebbe ardir d'offenderlo, reſtando impaurito dalla maeſtoſa ciera, e dalla nobil preſenza di quel grand'huomo. Onde Mario di quì montato in naue ſe ne paſsò in Africa; del che acconciamente diſſe Giuuenale in queſta forma,

Exilium, & carcer, Minturnarumĝ paludes,
Et mendicantis victa Carthagine panis.

FORMIA.

Vindi te n'anderai à lungo la Via Appia per l'Hercolanea à Formia. La via è molto delicioſa, & Forma fù, doue al preſente è'l Caſtello detto Mola, ò lì vicina. Mola ha tal nome per la moltitudine di Mole, che macinano in quella vicinanza: percioche vi è gran commodità d'acqua. Il paeſe è tanto delitioſo, che non ſi può imaginar meglio. Martiale diſſe;

O temperata dulce Formia littus:

E poco doppo

Hic ſumma legi ſtringitur Theſis vento,
Nec languet aquor, viua ſed quies ponti.

Volateranno, & altri periti credono, che quiui foſſe la villa Formiana di Cicerone, alla quale opinione non ſi può facilmente contradire, perche gli Epitafij, le inſcrittioni, & le reliquie d'antichità, che ſi ritrouano nell'Appia, & nelle Ville vicine, dimoſtrano, che iui foſſe la Città di Formia, maſſime le parole, che ſi leggono nella baſe d'vna Statua poſta in quel loco, che ſono queſte.

Imp.

Imp. Cæſari. Diui
  Hadriani Filio Diui
  Traiani. Parthici. Nep.
  Diui. Nerua. Pronepoti
  Tito. AElio Hadriano
  Antonino. Aug. Pio. Pont.
  Max. Tr. Pont. XI. Coſ. IV. P. P.
  Formiani, Publice.

Dicono Strabone, Plinio, Solino, & altri Hiſtorici d'accordo, che i Lacedemonij fabricarono Formia nell'antico Territorio dei Leſtrigoni ; perciò Silio Italico la chiama Caſa d'Antifata ; perche iui dominò alli Leſtrigoni Antifata figliuolo di Giano, & nepote di Nettuno , e la chiamarono prima Hormia , che in loro linguaggio voleua dire commodo di porto , perche era commodiſſima . I Lacedemoni poi furono ſoggiogati da i Campani, e queſti da i Romani , i quali riduſſero Formia con Capua in forma di Prefettura , ſendo però ſtata laſciata Formia in libertà , e fatta partecipe de gli honori Romani per alquanto tempo ; come racconta Liuio nel libro trentefimoterzo: vltimamente nella guerra ciuile Formia fù fatta Colonia Romana, e ridotta da i Triunuiri Ceſare , Antonino , e Lepido , in fortezza, con molte altre, che in queſto modo vi riduſſero in Italia, come dice Frontino. Fù floridiſſima al tempo de gl' Imperatori la buon'aria , che godeua, come ſi caua da Horatio, da Martiale, e da altri auttori degni di fede, il che parimente ſi può congietturare da i più nobili edificij, che adhora ſi vedono. I Saracini al fine l'hanno diſtrutta, con molte altre città della Campania, ò di Terra di lauoro, che vogliamo dire;

                   &

& all'hora Gregorio IV. Pontefice trasferì il Vefcouato di Formia à Gaeta. Seguirai per la Via Appia fin'à Fondi.

VELLETRI.

FV' Velletri antico, e potente Caftello de i Volfci: del quale parlano fpeffo l'hifto-rie Romane: percioche Liuio, e Dionifio Ha-licarnafeo dicono, che Velletri fù affediato, e sforzato à renderfi da Anco Martio Rè de'Ro-mani; e dice di più Liuio, che fù feueramente punito da i Romani: perche fpeffo fù ribello; per il che li furono fpianate le mura, e furono mandati i più ricchi di Velletri ad habitar ol-tre al Teuere con pena di prigione, à chi di lo-ro haueffe meffo piede di quà dal Teuere verfo Formia vn miglio. Fù anco quefto Caftello fatto Colonia de i Romani, e riparato di nuo-ui habitatori, mandati da Roma più volte, fecondo i bifogni; perche mancauano i vecchi nelle molte guerre, che in quel tratto fi faceua-no; come afferma Liuio. Dice Fontino nel fuo fragmento, che fi ritroua delle Colonie, che ad habitar Velletri fù mandato affai popolo da Roma per la Legge Sempronia; e che poi Clau-dio Cefare la fece Colonia militare, partendo il fuo Territorio alli foldati. Fù celebre: perche d'effa furono habitatori maggiori di Cefare Augufto, cioè la Famiglia Ottauia, e l'iftef-fo Augufto hebbe in Velletri vn certo fuo loco, dal quale faceua portar molte cofe neceffarie al vitto, il che dice Suetonio. Hora fi vedono pochi veftigij delle fabriche

antiche, fe ben'ancora hà Caftello affai grande,
& habitato . Hà buoniffimo Territorio, e già
fù pieno d'horti, e di palazzi, per la vicinanza,
che tiene con Roma . Plinio nel libro decimoquarto nomina il vino di Velletri trà i generofi, ma hora non-è più in quel credito : perche
è tanto crudo, che bifogna cuocerlo nelle calda-
re, per poterlo bere ; talche molto bene dice l'i-
ifteffo Plinio, che anco le terre hanno le fue età,
come hanno tutte l'altre cofe .

Per viaggio fi troua à mano finiftra Lanu-
nio loco già celebre per vn Tempio, che haueua dedicato à Giunone Sofpita . Trouafi anco la Riccia, ouero Agritia fabricata da i Siciliani; poi il fito d'Alba Longa : il monte, c'hebbe già vn Tempio celebre, e confecrato à Gioue, molto nominato per le ferie Latine . Si vedono alcuni laghi iui fottopofti; l'Albano fatale alli Veienti; il Nemorefe famofo per i barbari facrificij, che fi faceuano à Diana Taurica
& ad Hippolito Vrbio, & in fomma tutto quel
tratto di paefe è degno d'effer contemplato per
le molte memorie, che d'effo fi ritrouano ne i
fcrittori .

Meritano effer confiderate le fpeffe rouine
di gran fabriche, le quali fi vedono nel Tufcu-
lano; i palazzi di Cardinali, che vi fono, e
fopra'l tutto la bella villa di Frafcati, loco deputato alla ricreatione de i Sommi Pontefici .

PELESTRINA GIA' PRENESTE.

A Man deftra fopra vn Monte è Pelestrina
antichiffima Sede de gli Aborigini del-
l'ori-

l'origine della quale non fi hà notitia alcuna certa, per efler tanto antica; ma di ciò fono diuerfe opinioni. Virgilio nel fettimo dice d'auttorità delle Croniche de i Preneftini, che la fódò Cecolo figliuolo di Vulcano ; il quale anco fù il ceppo della nobil famiglia Romana detta Cecilia, della cui natiuità Seruio racconta vna lunga fauola.

Solino d'auttorità di Zenodoto dice, che fù fabricato da Prenefto figliuolo di Latino, e nepote di Vliffe. Plutarco ne i paralleli d'autorità d'Ariftotile nel terzo delle cofe Italiane dice, che la fabricò Telegone figliuolo d'Vliffe, e di Circe ; doppo c'hebbe fabricato Tufculo, fendone ftato auifato dall'Oracolo, che la chiamò Prenefte dal nome delle corone, con le quali vide alla prima gli habitatori di quel paefe à ballare; fi come altri dicono, che fù cofi chiamata dal nome del già detto Prenefto ; & altri dal loco doue è fituata, il quale ftà in piegare ; & altri dall'altezza del fito fuo : perche à tutti quefti rifpetti fi può il nome di Prenefte accommodare.

Pur la più ragioneuole opinione del nome, è che fia deriuato dalle corone, non folo per la detta caufa ; ma anco perche in quella città era vn nobiliffimo Tempio della Fortuna, celeberrimo per la fuperftitione delle forti, che in effo fi effercitauano : e perciò anco vifitato con molte corone, che per voto s'offeriuano ; del qual Tempio fi vedono ancora le reliquie, & fon pochi anni, che iui fi vedeuano diuerfe figure della Fortuna di bronzo, di terra cotta, di marmo, & altre materie ; e diuerfe corone, & anco diuerfe medaglie, che

D d 2

che haueano figurate le forti varie, con gli loro fegni, e lettere.

Si vedeuano ancor varie tauolette, & altre
cofe offerte per voto alla Fortuna, à Gioue, alla Speranza , & alli Cupidini , le quali cofe
farebbe troppo lungo il raccontare, ma fi metterà ben quà fotto vn'Epigramma digniffimo,
che fi ritroua in vna bafe di marmo dedicata
in quel Tempio da T.Cefio Taurino,con la figura di T. Cefio primo fuo padre famofiffimo
Mercante di grano, il quale ogn'anno foleua
donare à quel loco cento corone per voto.
Nella detta bafe di fopra vi fono fcolpite due
mifure, detti Modij, pieni di fpiche. Dalle
bande vi fono alcune colonne coronate di fpiche, & in mezo fi ritroua l'Epigramma, che è
quefto;

Tu,qua Tarpeio Coloris vicina Tonanti,
Votorum vindex femper Fortuna meorum,
Accipe,qua pietas ponit tibi dona merenti,
Effigiem noftri conferuatura parentis.
Cuius ne taceat memorandum litera nomen
Cafius hic idemque Titus primufq; vocatur
Qui Larga Cerere meffes,fructufq; renatos
Diregit in pretium cui conftat fama fidefque,
Et qui diuitias vincit pudor ire per illos
Confuetus portus cura ftudioque laboris
Littora qui praftant feffis tutiffim a nautis
Notus in vrbe facra,notus quoq;finibus illis
Quos Vmber fulcare folet , quos Tufcus arator
Omnibus hic annis votorum more fuorum
Centenas adijcit numero crefcente coronas
Fortuna fimulacra colens,& Apollinis aras
AEgeriumque Iouem, quorum confentit in illo
Maieftas longa promittens tempora vita

Ac-

Accipe posteritas quot post tua sacula narre
Taurinus cari iussus pietate parentis
Hoc posuit donum quod nec sententia mortis
Vincere, nec poterit fatorum summa potestas,
Sed populi saluo semper rumore manebit.

Ci dichiara Cicerone nel secondo de dini-
natione, togliendolo da i Libri de gli stessi Pre-
nestini: come hauesse principio l'osseruatione
delle Sorti in quella città; dicendo, che vn certo Suffucio nobile di Pelestrina, per auisi spessi, e minacciosi, che hebbe in sogno, li quali così li commandauano, andò à romper via d'vn
certo loco vna pietra di selce, ridendosi di questo tutti gli altri Cittadini suoi compatrioti, &
che, rotta la pietra, saltarono fuora le Sorti
scolpite in lettere antiche; per l'occasion delle
quali si cominciò iui honorar la fortuna, e che
fù poi ferrato il loco per rispetto del simolacro di Gioue iui adorato deuotissimamente
dalle madrone, in forma di bambino posto à sedere con Giunone in grembo della Fortuna in
atto di cercar la mammella; e che nel medesimo tēpo doppo hauer fabricato il Tempio alla Fortuna, stillò mele d'vn'Oliuo, del qual per
commandamento de gli Aruspici fù fatta vna
cassa, & in essa furono riposte quelle sorti; le
quali poi si soleuano meschiare, e cauare per
mano d'vn fanciullo; quando si voleua vedere
ii fine di qualche cosa; sì come la Fortuna haueua fatto sapere, ch'era l'intentione sua, che
in tal modo si cauassero.

Fù questa osseruatione antichissima, e s'ingannano quelli, c'hanno detto, che L. Silla fabricò quel tempio. Hanno preso errore, leggendo Plinio nel trigesimosesto Libro, il qual

Dd 3 non

non dice,che L.Silla fabricaſſe quel tempio;ma
che vi cominciò fare il pauimento di pietre
picciole di varij colori,à figurette,del qual pauimento, coſi lauorato ſe ne vedeuano già pochi anni gran pezzi in vn loco ſotterraneo, doue appariuano figure di molti animali foreſtieri con i loro nomi in lettere Greche. E ragioneuole dunque credere, che L.Silla vittorioſo delle guerre ciuili, doppo hauer sforzato morir C.Mario giouane, e gli altri ſuoi nemici, che ſi erano ſaluati in Preneſte, doppo vn
lungo aſſedio;& doppo hauer preſo la Città, e
parte ammazzati, e parte venduti all'incanto i
Cittadini, pentito dell'empietà vſata,ancora i
lochi ſacri ſi riſolueſſe di riſtorare, e d'abbellir
di nuouo il tempio da lui profanato, e quaſi
diſtrutto. Quì mi par notabile auiſo, che la
fortezza del lito di queſta Città è ſtata cauſa
della ſua propria diſtruttione. Il contrario di
quel,ch'auuiene nell'altre,e che par ragioneuole. La cauſa di queſto diſordine fù perche
nelle guerre ciuili le parti più deboli correuano
là à ſaluarſi,confidate nella fortezza del loco: ma gli auuerſarij più forti oſtinatamente ſi
metteuano all'aſſedio:tanto ch'al fin roninaua-
no la pouera Città,ſe quegli altri non ſi rende-
uano;onde ſi legge, ch'alli tempi delle ſeguenti
ciuili diſcordie i Peleſtrineſi, per non patir,co-
me haueuano altre volte patito, abbandonaua-
no la città, e ſi ritirauano ad habitare altroue.
Al dì d'hoggi ſi vedono molte vie ſotterranee dal caſtello fin'alla pianura de i vicini
monti (oltre le caue,che ſeruiuano per conſeruare d'acque)fatte per introdurre aiuti, ò per
fug-

fuggir dalla Città occultamente, in vna dell
quali fendofi ritirato C. Mario giouane, & ve
dendofi da tutte le parti offeruato, fi che non
poteua fuggire; per non cafcare viuo nelle
mani de gl'inimici, s'accordò con Telefino di
correrfi incontra con le fpade nude, e cofi am-
mazzarfi: fe bene auuenne, che morfe Telefino, e Mario reftò viuo, ma ferito grauemente;
il qual poi fubito fi fece finir d'ammazzare da
vn fuo Seruitore; per i quali fucceffi credono
gl'habitatori del loco, che i faffi dentro di quelle vie fotterranee fino ancor roffi del fangue
iui fparfo; ilche però non è cofi: anzi in tutti
quei monti vicini vi fono certi faffi per natura, e non per alcun' accidente di fangue fparfo.

Prenefte fù prima Città libera, e confederata con i Romani, laqual hebbe il fuo proprio
Pretore: come fi comprende da Liuio; e da
Fefto, il qual la chiama Municipio di fua libertà. Appiano dice, che i Preneftini al tempo
della guerra Italiana furono fatti Cittadini
Romani con i Tiburtini; ma poco doppo hauendo L. Silla vittoriofo (come fi può cauare
dall'Agraria, e Catilinaria di Cicerone) empi-
to quella Città di bandi, d'vccifioni; ò per dir
meglio, vuotatala di Cittadini, con i molti bandi, e molte vccifioni, che di loro ne fece; vi
reftarono tanto pochi habitatori, che l'ifteffo
vi mandò de i Romani ad habitare, e la fece
Colonia Romana; partendone'l territorio fuo
alli noui habitatori. Dice poi Aulo Gelio nel
libro decimofefto al capo terzo, che i Preneftini impetrarono ancora da Tiberio Augufto
d'effer ritornati nel primiero loro ftato, cioè

Dd 4 in

in forma di Cittadini liberi , leuata alla loro Città la forma di Colonia.

T I V O L I.

COme farai giunto à Tiuoli , vanne à vedere quegli giardini, che con tanta fpefa già molti anni hà piantati quiui fopra il doffo del monte Hippolito Eftenfe Cadinale di Ferrara infieme con vn fuperbo palazzo, ilquale il medefimo hà di ftatue antiche , di pitture , e di fuppelletile regalmente fi può dire adornato ad emulatione della grandezza, e magnificenza de gli antichi.

Mà chi potrà mai fpiegare con parole fufficientemente l' efquifite delitie, fpefa, e maniera, con la quale è tenuto quefto luogo , e quefto palazzo ? e chi racconterà gli labirinti , gli bofchi, le felue, gli mezi cerchi , i Giani, gli archi carichi di ftatue antiche , gli antri delle Ninfe, e l'innumerabili fontane,che per tutto fi veggono fcaturire ; le pergole, e le ftanze belliffime fatte di arbori, herbe, virgulti, e cofe fimili.

Certo à me non dà l'animo di poterlo fare, lo defcriffe già molto gratiofamente Vberto Folieta Genouefe, peroche pofcia cominciò effere tenuto con maggior' ordine quefto luogo del Cardinale. Ma Corona Pighio non fi può fatiare di lodare colui, che in Roma mi dimoftrò la defcrittione in quefto palazzo, e de' giardini ftampata in rame in Roma.La veduta de i quali à mio giuditio al prefente può trarre tanti à vedere Tiuoli ; quanti Roma à fe fteffa con tante fue merauiglie; Noi cofi alla sfuggita fe la paſſeremo conforme alla norma di

quel-

quella tauola già publicata, e gli defcriueremo
per fauorire quelli,che non hanno hauuto gratia di vedere quelle , ò almeno la pittura loro .
Primieramēte dunque il colle è ftato appiana-
to, e fopra la piazza fattaui è ftato eretto il palazzo,e fabricato di faffo quadro à filo con grādezza,e magnificenza in fatti regali,e con arte,
e proportione efquifitiffima .

A man deftra hà gli giardini chiufi , che
chiamano gli fecreti;ne i quali fedeci gran tazze di marmo mandano fuori acque chiare , nel
mezo delle quali è fituato vn Giano di quattro
faccie più alto di effe , che fà di nuouo quattro
fontane adornate in guifa , che foffero fpecchi.
A man finiftra del Palazzo vi hà vn giuoco da
palla , & altri luoghi fontuofi da farui effercitio . La facciata dinanzi hà trà le feneftre molte ftatue antiche di marmo,e cofi anco il portico primo; il quale hà due fcale di pietra, per le
quali fi và nel palazzo .

Et auanti quefto portico in mezo vna piazza vi hà vna fontana belliffima con vna ftatua
di Leda ; Quindi la Collina , ch'è difcefa piaceuole,è ftata ridotta in quattro luoghi à piazze longhe , e cofi appianata contiene auanti la
facciata del palazzo quattro giardini grandi,e
vaghiffimi ; ne gli quali fi difcende dall'vna, e
l'altra parte , e dal mezo per tre fcale di pietra
fatte molto artificiofamente ; i lati delle quali
fono bagnati da diuerfi pili d'acque, che vanno à cadere ne i fuoi laghetti . Ogni giardino
è partito ne gli fuoi ordini , & hà luoghi da
federe , e colonnati belliffimi eretti in diuerfe
bāde,di modo,che quelli,che vanno caminādo
di vna in altra parte per luoghi da paffeggio

D d 5 fatti

fatti à volte di fronde, sotto pergole, e per i-
ftrade coperte di hedera fempre verde godano
di vifta fopra modo gratiofa trà gli fiori, che
d'ogni banda fpirano foauiffimi odori, e fanno
pompofiffima moftra, e trà gli praticelli fieni
di minuta, e frefca herbetta; In maniera, che
con la loro varietà viene marauigliofamente
trattenuto l'animo di ciafcuno, e gli occhi di
quanti fi fermano quiui à riguardare; E tralafcio di dire, che niuno fappia fatiarfi delle infinite marauiglie delle ftatue, e delle fontane,
che quiui pure fi ritrouano.

Perche quando tu paffi dalla piazza, ch'è i-
nanzi il palazzo à man deftra, e te ne vai trà arbofcelli, e per certe feluette, tu ritroui varie fta-
-tue con le fue fontane; come quella di Tothi-
de, quella di Efculapio, e di Nigga, quella di A-
retufa, e Pandora, e quella di Pemona, e Flóra;
mentre poi cominci à calare nel primo Giardino, vi ritroui nella parte deftra il coloffo del
pegafo in Pamoffo, fotto l'vgna del quale fca-
aurifce vna bella fontana, e faglie in alto; dipoi
nel bofco, e nelle rupi vna fpelonca, doue ap-
-preffo le ftatue di Venere, e Bacco quattro a-
mori fanno fontane con gli fiafchi, che tengono in mano: e vicino vi hà vn lago grande, nel
quale con iftrepito fcendono trà fcogli alcuni
rietti trà doi coloffi, vno della Sibilla Tiburtina, ouero Albunea, l'altro di Melicerta; e più
foitto preffo il lago fi trouano le ftatue de'fiumi Aniene, & Herculaneo, che ftanno appoggiati ad alcuni vafi; da gli quali medefimamen-
te efcouo fuori acque nel lago, come anco delle
vrne, che tengono dieci Ninfe, che ftanno loro intorno. Per mezo fono due fpelonche, vna

della Sibillà Tiburtina, e l'altra di Diana Dea
degli Bofchi, & ambe adorne di fontane di
molte ftatue, di radici di Coralli, di belliffime
madri perle, e di pauimenti molto belli lauorati di Mofaico. Se di qùi poi pafferai nell'altra
banda del giardino, tu vedrai da lontano Roma pofta in vn gran mezo cerchio, che rapprefenta vicino le forme delle più memorabili fabriche di lei. Peroche nel piano di quefto mezo cerchio tu vedi Roma in habito di Dea
guerriera, che fede in mezo à gli fuoi fette colli: la quale ftatua è fatta di marmo Pario più
grande d'vn'huomo, in forma di Vergine, in
vefta corta, e fuccinta, co'l ginocchio nudo, e
calcette militari, e con la fpada, che pende da
vna cintura, che le fcende giù per l'homero deftro. Hà la tefta coperta d'vna celata, nella
man deftra vn'hafta, e nella finiftra vno feudo.
Ella fiede, come hò detto, in mezzo alle merauiglie della fua Città. Peroche quinci, e quindi
intorno vi fono le fabriche facre, come il Panteo, e gli Tempij capitolini, gli circhi, gli teatri,
gli anfiteatri, le colonne, e le machine fatte à
lumaca, gli obelifchi, gli maufolei, gli archi
trionfali, le piramidi, gli acquedotti, e le
therme. Nè vi manca la deità del fiume Teuere
à man déftra con la lupa, & i gemelli, che
fpande acqua da vna grand'vrna per la fua Città. Nel mezo del cui Alueo vi hà vn'Ifola fatta
in forma di vna Naue di pietra, che porta per
antena vn'obelifco trattole nel mezo, & è carica di quattro tempij, cioè di quello d'Efculapio, e l'hà in poppa, di quello di Gioue, di
Berecintia, e di quello di Faufto, che porta in
proua.

Dd   Colà

Colà mò quindi nel giardino più baſſo, che
tu ritrouerai à man ſiniſtra ſotto'l mezo cerchio, detto il grande vn boſchetto verde, che
è poſto trà certe rupi, per mezo alle quali ſcor-
rono fontane; lo potrai chiamare luogo d'augelli; quiui ſi veggono ne gli rami delli arbori
molte imagini di quelli augelletti, che più de
gl'altri dolcemente ſogliono cantare, le quali
battono l'ale, e cantano ſoauiſſimamente, come ſe foſſero viue, e ſono moſſe dal fiato, e dalle
acque con artificio, per mezo d'alcune cannuc-
cie naſcoſte, per gli rami de gl'arbori. Quando
quiui à piacere di chi n'hà cura, ſi fà compari-
re fuori dalle tenebre il Barbaggianni, taccio-
no tutti ad vn ſubito quegli augelletti, e da
nuouo poi ritornano à cantare ſoauemente:
Quindi non molto lungi nel mezo di queſto
giardino ſi troua vn ſtagno rotondo, e grande,
nel quale è vn vaſo à ſofficienza capace, & vna
fontana, detta de gli Dragoni, i quali vomita-
no fuori della gola copia d'acqua grande, &
hanno nel bel mezo trombe, che mandano in
alto acqua copioſiſſima con iſtrepiti horrendi
appunto imitando gli tuoni.

A man deſtra poi ritrouerai la ſpelonca della Natura ornata di molte ſtatue: e quiui ti ſtu-
pirai d'vn'organo compoſto di belliſſime canne, il quale rende vn concerto con harmonia
muſica varia,& artificioſiſſima per vſo de'folli,
ma per lo moto dell'acqua.

Il Giardino, che ſeguita queſto non ſolamente viene adornato dalle fontane, che vi ſono, ma anco dalla quantità de' cibi, e de'peſci
che ſtanno nelle ſue conſerue ſeparate con molto artificio; Nelle tre maggiori fontane ſono
alcu-

alcune mete,che chiamano le fudanti , & alcuni
termini fituati nelle margini loro , che gettano
altiffimo tant' acqua , che non folo rinfrefca l'
aere vicino , ma etiandio imita gli temporali , e
le gran pioggie ; e fanno lo ftrepito loro nel-
l'acque , anzi , che fe fpirano venti , fpruz-
zano , e bagnano le cofe lontane . Per mezo à
quefte conferne fi vede l'effigie del gran Padre
Oceano pofta in vn mezo cerchio fatto à guifa
di theatro; nel cui mezo vi hà vn carro di marmo fatto à modo della conca di Venere Marina, ch'è tirato da quattro caualli marini;fopra il
quale fi vede vn Nettuno grande , che fembra
minacciare con vn tridente .

Finalmente fe difcenderai nell'vltimo giardino preffo la rupe trouerai da vna parte la fő-
tana di Tritone , e dall'altra la fontana di Venere Clonina . E nel rimanente della pianura
dopò le pefchiere quattro labirinti difficiliffi-
mi ad vfcirne per chi vi è dentro, gli quali fono
collocati l'vn dopò l'altro frà quattro compartite di quadri di piante foreftiere; l'entrata, e l'
vfcita de'giardini è fabricata grande , di pietra
Tiburtina quadra, e con molta fpefa . E tanto
bafti della villa di Tiuoli del Cardinale Hippolito Eftenfe.

Nella Chiefa porta la fpefa veder'il fepol.
cro nobiliffimo del Cardinale Hippolito da
Efte,ch'iui giace , è di marmo vario con vna
gran ftatua dell'ifteffo Cardinale fatta di marmo bianco; opera di gran fpefa , e di belliffima
apparenza . Per il Caftello ancora fi vederan-
no diuerfe cofe degne di confideratione : ma
trà l'altre hauerai da ftupire della precipitofe
difcefa, che fà il fiume Aniene giù di alt

bal-

balze di monti, con tanto ftrepito , e con tanta
furia , che per il più l'aria iui è fofca da i molti
vapori di quell'acqua, e fpeffo ftando alla lontana iui fi vedono archi celefti , perche lì fopra
rare volte mancano nubi.

Quefto fiume è celebre per fama,e per i fcritti de gli antichi, nafce da vn monte de i Tre-
bani , e fcorre in trè laghi nobili , i quali anco
hanno dato il nome al Caftello vicino , che fi
chiama Sublaco;par, che Tacito chiami i detti
laghi Stagni Simbriuini,fcriuendo nel decimoquarto de gli Annali , ch'appreffo quelli fù la
Villa Sublacenfe di Nerone ne i confini di Tiuoli ; e Frontino ancora fà mentione di certi
acquedotti dell'ifteffo . Da quei laghi fcorrendo poi l'Aniene per monti , e felue, viene al
fine à cafcare vicino à Tiuoli di altiffimi faffi
nella pianura con furia, e ftrepito,doue anco fà
lauorare diuerfe mole, qualche pezzo và fotto
terra in buona parte, e fe ne ritorna poi tutto di
fopra,alla radice del monte fcorre per le trè Vene fulfuree, chiamate albule dal color bianco,
che hanno fimile al fero del latte. Si dice,e Strabone lo conferma , che fono medicinali per bere, e bagnarfene. Plinio fcriue, che medicano le
ferite .

Nè l'Albule fole, ma anco l'Albuneo di fopra di Tiuoli, e l'Aniene confolidano le ferite;
e di più coprono di pietra ciò, che in effi troppo
giace:anzi riguardando nella campagna di Tiuoli intorno l'Aniene vederai faffi grandi cre-
fciuti à poco à poco in longhezza di tempo per
virtù dell'acque,che vi fcorrono; nella pianura
anco trouerai laghi,e paludi co'l fondo di faffo
duro per l'ifteffa via generato. In quefto cotorno

no fono molti veftigij di antichi edificij degni
d'effer contemplati ; percioche Tiuoli è ftata
Città nobiliffima, e molto habitata per la bellezza di fito, bontà di terreno, e falubrità d'a-
ria, che gode: Onde era attorniata di belliffime
Ville de i più ricchi perfonaggi di quei paefi, fe
ben'hora, come anco Roma, e l'Italia tutta fe
ne giace rouinata dalle varie gnerre, e contra-
rie fortune, che l'hanno potuta ftruggere. E
cofa certa, che i conditori di quefta Città furono Greci, ma non fi sà quai foffero, non effendo
in quefto d'accordo i fcrittori dell'antichità d'
Italia; pur la maggior parte dice, che fù il con-
ditor di Tiuoli Catillo, il quale alcuni vogliono, che foffe dell'Arcadia, & Capitano dell'armata d'Euandro. Vogliono altri, che Argiuo
figliuolo di Amfiarao indouino, doppo la pro-
digiofa morte di fuo padre appreffo Thebe veniffe per commandamento dell'Oracolo in I-
talia molto auanti la guerra Troiana con la
fua famiglia, & i fuoi Dij, che fcacciaffe co-
l'aiuto degli Enotri Aborigeni i Siculi di quel
loco, chiamando il Caftello alli fteffi Siculi tolto, Tibure, dal nome del fuo figliuolo maggiore. Nè molto difcorda Plinio, fe ben non con-
corda affatto: percioche nel libro decimofefto,
dell'Hiftoria Naturale fcriuendo della età de
gli arbori, dice; che al tempo fuo erano tre elci
appreffo Tiuoli, vicino à i quali Tiburto con-
ditore di quel Caftello hauea prefo l'augurio
di fabricarlo. Ma dice, che fù figliuolo, &
non nepote di Amfiarao ; & che venne vn'età
auanti la guerra Troiana con Lora, & Catillo duoi fuoi fratelli, & che vi fece fabricar vn
caftello chiamandolo dal fuo nome, perche
egli

egli era il maggiore, nella qual'opinione par,
che sia Virgilio nel settimo dell'Eneide: ma
dall'altra parte Horatio chiamò Tiuoli mura
di Catilio, seguédo l'opinione de gl'altri. Dalle cose dette si può comprendere quanto auanti Roma fosse fatta la città di Tiuoli. Quei di
Tiuoli haueuano in riuerenza Hercole sopra
gl'altri Idoli come protettore della Gente Greca; nella festiuità del quale ogn'anno concor-
reua la gran moltitudine di popolo. Era anco,
in Tiuoli vn Tempio celebre per gli Oracoli
delle Sorti, non meno di quel, ch'era in Bura in
Achaia, che è paese della Morea; del qual fà mé-
tione Pausania. Onde Statio Poeta, parlando,
della stanza di Tiuoli del suo Manlio, disse,
che per la bellezza di quella Villa sariano andate à dar risposte à Tiuoli anco le Sorti Pre-
nestine, se Hercole non hauesse prima occupà-
to il loco.

Queste sono le parole di Statio.

Quod ni templa darent alias Tirynthia sortes,
Et Prenestina poterant migrare sorores.

Chiama le Sorti sorelle: perche si riueriuano
per due Sorelle dette la Buona, e la Mala Fortuna. Si pensa, che'l famoso Tempio d'Hercole
fosse quello; che si vede sotto'l monte alla Via
di Tiuoli; ma hebbero quei popoli anco vn
altro Tempio dedicato allo istesso Dio, chiamato però di Hercole Saffano, come si può veder dalla seguente inscrittione, la qual si troua
in piazza attaccata al muro d'vna casa di particolari, & è questa.

Herculi Saxano Sacrum
Ser. Sulpicius Trophimus
AEdem, Zothecam Culinam

Pe-

Pecunia.Sua. a. Solo.Reftituit.
Eidemque. Dicauit. K. *Decemb.*
  L. Turpilio. Dextro. M. Maecio. R*uf.*Co*f.*
Euthychus. Ser. Per agendum.Curauit.

Ma non fi può faper di certezza doue foffe
queft' altro Tempio. S' accordano ben molti
in dire, che foffe chiamato Hercole Saffano,
perche foffe fabricato trà faffi à differenza del
detto Tempio maggiore. Sì come anco i Milanefi chiamarono Hercole in pietra, per il fito,
c'haueua appreffo di loro quella tal Chiefa. Si
vede fopra'l faffo vna certa fabrica antica rotonda fenza tetto, fatta di marmo, con bell'architettura, opera di ftima; forfe, ch'era quefta
il Tempio d'Hercole Saffano. E vicina alle Ca-
taratte, ilche ci fà maggior fufpicione, che ne
poffi effere, percioche foleuano gli antichi metter in lochi confecrati ad Hercole vicini all'acque, à lungo porti, ò precipitij di fiumi; acciò
Hercole da lor ftimato protettor di terra ferma
faceffe ftar l'acque ne i fuoi termini, sì che non
infeftaffero la terra con inondatione: ilche
chiaramente dimoftra Statio nel libro vndecimo delle felue, parlando della villa Sorrentina
del fuo Pollio, la qual'era nel lido del mare
vicina ad vn porto con vn Tempio d'Hercole
& vno di Nettuno appreffo.

  I verfi di Statio fono quefti.

Ante domum tumida moderator catulus vnda
o*Excubat innocui cuftos laris Huius amico*
o*Spumant templa falo, Falicia rura tuetur.*
Alcides Gaudet gemino fub nomine portus,
Hic feruat terras, hic fauis fluctibus obftat.

  Anzi che nel libro terzo egli finge, che Her-
                cole

cole in quell'isteſſo loco s'affatichi à preparar
i fondamenti del ſuo Tempio, hauendo meſſo
giù l'arme, & adoperando con gran forza gl'
iſtromenti da cauar il terreno: perioche coſi
credeua la Gentilità, ch'Hercole andando per
il mondo, mentre viſſe, faceſſe in vtil publico
del genere humano tutto quel, ch'era difficile,
e faticoſo da fare, come che non ſolo domaſſe
i moſtri, leuaſſe via le tirannidi, faceſſe ſtar
ne i termini di Giuſtitia gl'ingiuſti Signori,
caſtigaſſe i maligni, ma che anco fabricaſſe Caſtelli, e Cittadi ne i lochi deſerti, porti, e ſicu-
ranze di naui ne i lidi pericoloſi, riduceſſe le
vie cattiue, e difficili in buone, mutaſſe gli aluei
alli fiumi dannoſi; frenaſſe il corſo all'acque
oue biſognaua per conſeruatione di terra ferma, metteſſe pace trà le nationi diſcordi con
leggi giuſte, appriſſe la ſtrada di contrattare,
e negotiare inſieme trà popoli di loco molto
trà ſe lontani, & in ſomma riduſſe in iſtato di
ciuiltà quei, ch'erano fieri, e però li fabricarono
Tempij, lo fecero Dio, l'honorarono deuotiſſi-
mamente dandoli diuerſi cognomi, ſecondo la
diuerſità de i lochi, doue l'adorauano, ò ſecondo le qualità de i beneficij, che i popoli ſi teneuano d'hauer da eſſo riceuuti, ò ſecondo qualche grande opera, che penſaſſero, ch'egli haueſſe fatto. Onde gli Occidentali haueano Hercole Gaditano. I Bataui lo chiamarono Monaco. I Genoueſi Baulio. Quei di terra di lauoro
Surrentino: e coſi quei da Tiuoli lo chiamarono
Tiuoleſe, e Saſſano. Anzi, che i Tiuoleſi erano
tanto diuoti d'Hercole, che chiamarono la
Città ſua Herculea, quaſi che tutta foſſe ad Her-
c. le ſpecialmente conſecrata, e nel Palazzo

di

di Tiuoli s'honoraua Hercole ; giufto come
Gioue nel Campidoglio di Roma ; & i Capi
del Confeglio publico , & de i Sacerdoti eran
chiamati in Tiuoli Hercolanei , & erano in
gran dignità,ilche chiaramente fi vede in alcune Infcrittioni , & Epitafij trouati in marmori
antichi,de i quali hauemo pofto quefti feguenti
effempij in feruigio di quelli , che fi dilettano
dell' antichità.

In Tiuoli nella Chiefa di S.Vicenzo ,

Herculi
Tiburt.Vict.
Et Ceteris. dis
Prae.Tiburt.
L. Minicius
Natalis
Cos. Augur.
Leg. Aug. Pr. Pr.
Prouincia
Moefia. Infer
Votis. fufc.

Nella fcefa del monte fi troua in vn fragmento pur nella ftrada .

C. Seftilius
V.V Tiburtium.
Lib. Ephebus
Herculanius
Auguftalis.
Nella Chiefa maggiore.
C.Albius.Liuilla.L.
Thymelus.Her.
Auguftalis.

à

2 Fù di grand'honor'à Tiuoli ne i tempi antichi la decima Sibilla chiamata da i Latini Albunea, e da i Greci Leucothea, i quali l'adorarono come Dea, confecratole vn bofco, con vn Tempio, & vn fonte del medefimo nome dal nome di lei tratto, per la bianchezza dell'acque fue, di fopra da Tiuoli, in quei monti, doue fi dice, che nacque, e che diede rifpofte à chi le dimandaua, della qual parlano Virgilio nel 7. dell'Eneide, Seruio fuo commentatore, & Horatio con li fuoi interpreti.

Vifte quefte cofe anderai verfo Roma, e tirandoti fuor di ftrada vn poco verfo man finiftra darai vn'occhiata ad Elia Tiburtina, che fù Villa d'Hadriano Imperatore pofta fopra vn monticello ; la qual al prefente pare vna gran città rouinata, rendono ftupore i veftigij di sì grandi edificij, e non lafciano facilmente credere, che fij ftata vna villa. Si vedono rouine di molti palazzi, di loggie, di tempij, di portici, d'acquedotti, di bagni, di ftufe, di teatro, d'Anfiteatro, & in sõma d'ogni fabrica, che per fupreme delitie fi può imaginare. Si vede trà l'altre cofe vn muro molto alto, tirato in lungo contra mezo giorno duoi ftadij, ilqual muro hà fempre dall'vna parte l'ombra, e dall'altrà il Sole ; di modo che è commodiffimo per paffeggiare, e per effercitarfi in qual fi voglia altra maniera all'ombra, ouero al Sole, fecondo'l bifogno, ò fecondo l'humore delle perfone in ogni tempo. Che Hadriano faceffe grandiffime fpefe à fabricar quella Villa non folo fi può cauar dalle rouine, c'hora fi vedono; ma lo dice anco Spartiano nella vita di Hadriano, fcriuendo, ch'egli in quella fua villa fece fare

i ri-

i ritratti, ò per dir meglio le fimilitudini de i
lochi più celebri del mondo, facédoli poi chiamare con i proprij nomi de i lochi imitati, come farebbe à dire vi fece far il Liceo, l'Academia, il Pecile, il Pritaneo d'Athéne, il loco detto Tempe di Theffaglia, il Canopo d'Egitto, e
fimili fabriche fatte, e nominate ad imitatione
delle vere; anzi dice, che vi fece fabricar anco
il loco dell'inferno; i quali lochi indubitamen-
te furono'acconciati, & adornati con le cofe à
loro conueneuoli; in modo, che fi poteua beniſ-
fimo comprendere alla prima vifta quel, ch'-
ogn'vn rapprefentaua, cioè dalle pitture, ſtatue, figure, Inſcrittioni, e ritratti di grand'huomini, da'quali era ſtato qualunque di quei lochi, ò con ſcritto, ò con qualche attione heroica
illuſtrato; liquali ornaméti fendo ſtati rouinati, e difperfi parte per le furie delle guerre, e
parte per l'inciuiltà de i popoli barbari, i quali
non vi hanno portato rifpetto. Non è molto tépo, che per la compagna di Tiuoli fi hannò ritrouato molte figure, & ſtatue tolte ſenza du-
bio dalla detta Villa, & applicate à diuerfe fabriche del paefe vicino; molte fe n'hannò trouato nella iſteffa villa fotto terra, e trà l'altre
alcuni tronchi d'huomini con i loro nomi' in
lettere Greche, come di Temiſtocle, di Miltiade,
d'Ifocrate, d'Heraclito, di Carneade, d'Ariſto-
gitone, e d'altri; i quali tronchi è credibile,
che poi Giulio III. Pontefice, fendone auuifato
da Marcello Ceruino huomo amator de'i ſtu-
diofi, e Cardinal di Santa Croce, faceffe raccogliere, e portar'à Roma per adornar'i ſuoi
giardini, i quali all'hora fua Santità metteua
all' ordine con gran fpefe alla Via Fla-

minia

minia di quà dal Ponte Miluo.

Sbrigato, che farai dalle rouine della Villa Elia anderai à Roma per la Via Tiburtina, per strada trouerai alcune antichità degne di consideratione; e trà l'altre nella riua dell'Aniene vn gran Mausoleo, ò vogliamo dire vna gran fabrica fatta per sepolcro de i Plausi Siluani famiglia nobile trà l'antiche, di quadroni di marmo, appresso'l ponte, che congionge dall' vna, e dall'altra parte del detto fiume la via antica, & volgarmente si chiama il Ponte Lucano: del qual nome non è facile saperne la causa: ma alcuni dotti lo chiamano Pōte Plautio, & stimano, che sij stata accommodata quella via, & fatto parimente quel ponte da quei nobili, e trionfali Plautij, gli honori de i quali si leggono nel detto Mausoleo intagliati, massime perche testifica Suetonio, che fù vsanza per ordine d'Augusto, che i capitani vittoriosi accociassero le strade per l'Italia, delle spoglie tolte à gl'inimici; al che si aggiunge quest' altra congiettura; cioè, che nell'Elogio terzo di P. Plautio (della tauola del quale, se ben già pezzo è cascata dalla fabrica del Mausoleo, tuttauia appresso i studiosi dell'antichità se ne troua copia) si legge trà gli altri, titoli de i suoi honori, ch'egli per auttorità di Ti. Claudio Cesare fù, eletto da i vicini per procuratore di accociar le strade.

DE.

DESCRITTIONE

DELL' ISOLA

DI SICILIA.

LA SICILIA è Ifola del Mare Mediterraneo, pofta frà l'Italia, e l'Africa, ma frà mezo giorno, e Ponente è feparata dall'Italia da vn. Greco, attefo che frà tre cantoni, ciafcuno de i quali, fà vn promontorio, che fono Peloro, Pachino, e Lilibeo (hoggi detti capo del Faro) capo Paffero, e capo Boco. Peloro guarda verfo Italia, Pachino la Morea, e Lilibeo il promontorio di Mercurio d'Africa. Et per dirla (fecondo l'afpetto de' Climi) Peloro è volto à Borea ò Greco Leuante, e Pachino frà Oftro, ò Mezodì, e Leuante, e Lilibeo frà Mezodì, e Ponente. Da Tramontana è bagnata queft'Ifola dal Mare Tirrheno ò mare di fotto; da Leuante dal mare Adriatico ò di fopra & Ionio; da Mezodì dal mare d'Africa, e da Ponente da quel dì Sardigna. Fù detta Trinacria da' tre promontorij, ò dal Rè Trinaco figliuol di Nettuno, e Triquerra pur dalle tre punte, ò triangoli, e Sicania da' Sicani, e poi Sicilia da' Siculi, difcefi da' Liguri, che ne cacciarono i Sicani. Gira di circuito, fecondo i moderni, lafciate le diuerfità de gli antichi, feicento venti tre miglia, cioè da Peloro à Pachino cento feffanta, di qui à Lilibeo 183. e dà Lilibeo à Peloro 281. la fua lunghezza per Leuante in Ponente, è da Peloro à Lilibeo intorno à cento cinquanta miglia, ma la
lar-

larghezza non è eguale, nondimeno dalla parte Orientale è larga da cento settanta miglia,
e distendendosi verso Ponente, à poco à poc è
si fà più stretta, ma à Lilibeo, doue fornisce
strettissima. L'vmbilico di tutta l'Isola è il territorio Ennese, e nel corso del fianco Settentrionale hà dieci Isole, che le giacciono intorno, se bene gli antichi non ne raccontano più
che sette, e queste da' Latini sono dette Lipa-
ree, Vulcanie, & Eolie, e da' Greci Efestiadi;
e sono Lipara, Vulcania, ò Giera, Vulcanello,
Liscabianca, Basiluzo, Thermisia, Trongile,
Didima, Fenicusa, & Fricusa. E la Sicilia diuisa in tre Prouincie, che chiamano Valli, cioè
in Val di Demino ò Demona, in Val di Noto,
& in Val di Mazara. Val di Demino comincia
dal promontorio Peloro, & abbracciando i
liti di sopra, e quel di sotto; da questa parte
vien serrata dal fiume Terria, e da quella dal
fiume Himera, che và nel mar Tirrheno. Val di
Noto hà il suo principio al fiume Teria, e con
esso stendendosi in dentro, e trauersando Enna,
discende co'l fiume Gela, e fornisce alla Città
Alicata. Ma Val di Mazara contiene tutto il
rimanente della Sicilia fino à Lilibeo. Fù quest'
Isola alcuna volta congiunta con l'Italia, di
che rendono ampia testimonianza gli Auttori
moderni, oltra gli antichi, se ben v'hà chi di
questa opinione si ride; & è cosi per la salubri-
tà dell'aria, come per l'abbondanza del terreno
e per la copia de' beni, necessarij all'vso de gli
huomini, molto eccellente, come quella ch'è
posta sotto il quarto Clima assai più benigno
de gli altri sei, da che succede, che quanto in
Sicilia nasce, ò per la natura del terreno, ò per

l'in-

'ingegno de gli huomini, è proſſimo alle coſe,
:he ſon giudicate buoniſſime. Il grano in tan-
a copia vi ſi produce,che in alcuni luoghi con
ncredibile vſura moltiplica cento per vno, il-
:he diede luogo alle fauole di Cerere,e di Pro-
:erpina ; & altroue il grano ſaluatico naſce da
:e ſteſſo,ilche fanno ſimilmente le viti.I vini vi
ono dilicatiſſimi, e tale è anco l'oglio d'oliua,
:he vi ſi fà in gran copia. Ma frà l'altre è mirabile la Canna Eboſia(detta hoggi Canname-
re)di cui ſi fà il zuccaro. Il miele delle Api v'è
tanto nobile,che da gli antichi era, come per
prouerbio, detto il miele Hibleo di Sicilia,da
che ſegue gran copia di cere ; e fin ne'tronchi de gli alberi ſi veggono gli alueari dell'apí
che vi fanno perfetto miele. I frutti d'ogni ſorte vi naſcono eccellentiſſimi, & in copia, riſpetto alla buona temperie dell'aria. E quaſi
di tutte le piante, e di tutti i ſemplici medicinali copioſa ; & v'hà zafferano miglior di
quel d'Italia, e radici di palme ſaluatiche
molto acconcie per mangiare. I monti detti
Aeri ſon coſi copioſi d'acque dolci di fontane
fruttiferi, & ameni, che alcuna volta ab-
bondeuolmente nodrirono vn grand'eſſercito
di Cartagineſi, ſopragiunto dalla fame. Haui-
ui anco altri monti fecondi per il ſale, che
ſe ne caua ; e preſſo Enna Nicoſia, Came-
rata, e Platanim rimaſce il Sale, che ſe n'-
è cauato ſecondo che fan le pietre ; e vi ſono
le caue del ſale, ilqual naſce anco da ſe
ſteſſo dalla ſchiuma dell'acque marine,
che reſta ne gli ſcogli, & eſtremi liti : ma
preſſo Lilibeo, Dropano, Camarina, Ma-
carin, e più altri luoghi ſi raccoglie dall'acqua

E e ma-

marina,che fi mette nelle foffe . Cauafi oltra di
ciò il fale in più luoghi di Sicilia da laghi,per-
cioche preffo Pachino (ilche è degno di marauiglia) ve ne crefce gran copia dall'acque dolci, che dal Cielo, dalle fontane fon raccolte nel
lago , e per vn pezzo feccate al Sole . Faffi
maffimamente preffo Meffina con mirabile induftria di natura,gran copia di quella feta,che
fi caua da bachi, ò caualieri, detti bombici . E
la Sicilia oltra quefto ricca di metalli ; percioche vi fi ritroua la minera dell'oro, dell'argento,del ferro,& dell'alume . Genera ancora pietre pretiofe ; cioè fmeraldi , & agate ; e quefte
nelle riue del fiume Acàte. Hauui vna pietra
bartina lucida , con macchie in mezo nere, &
bianche in cerchio,& in forma di varie figure,
ò d'vccelli, ò di beftie, ò di huomini,ò d'altro ;
dicono, che vale contra morfi de'ragni, & degli fcorpioni;anzi Solino aggiungendoui fauole,dice che fà anco fermare i fiumi ; e che quefta forte haueua Pirro vna pietra in vn'anello ,
nella quale era fcolpito Apollo con la cetra, &
il coro delle noue Mufe con le loro infegne , e
colanne ornate ; Cauafi à Graterio nuoua terra
in gran copia il berillo;&oltra quefto la pietra
porfirite,roffa, tramezata di macchie bianche ,
e verdi. Euui anco l'ifpaide pietra roffa varia-
ta di macchie lucide,verdi, e bianche, la qüale
e più nobile del porfitite , e nel mare di Meffina , e di Drepano fi genera il corallo , forte
di pianta marina molto lodata . E la Sicilia
celebre per la cacciagione de'capri , e de'cinghiali ; e per l'vccellagione delle ftarne, e degli attagini , chiamati volgarmente francoli-
ni ; e cofi d'altre forti di vccelli, e di quadru-

pedi

pedi per diletto , e per vtilità non ne manca
copia,oltra i falconi,e gli fparauieri, che vi fi
pigliano.La pefcagione vi è molto abbondante,& in particolare del pefce Tonno;del quale
non pure Pacchino (come fcriffero gli antichi)
ma à Palermo , & à Drepano, & à tutta quella
riuiera , che bagnata dal mar Tirreno, fe
ne fà groffe prefe maffimamente il Maggio, &
il Giugno . Vi fi pigliano ancora i pefci xifij,
dal volgo detti pefci Spada, e particolarmente
à Meffina : de'quali con marauiglia fcriuono ,
che non fi può far prefa fe non fi parla in Greco;& oltra quefti è il mar di Sicilia copiofo di
ogni qualità di faporofi pefci, de'quali fe ne
hà anco ne'fiumi abbondanza . Vi fono in diuerfi luoghi molti bagni d'acque calde , tiepi-
de,fulfuree , e di altre forti accommodate à
molte infermità , ma quelle che fono nella riuiera Selinuntina , preffo la Città detta hoggi
Sacca, & Himera fon falfe, & non buone à bere;& quelle che fono nel territorio Segeftano ,
preffo Calametho , caftelletto de'Saracini rui-
nato , fe fi raffreddano fono buone da bere .
Taccio le fontane di acqua foauiffima , che per
tutta Sicilia fi trouano; & i molti fiumi vtili
per il viuere de gli hnomini , & per ingraffare
la terra con l'adacquarla. E per dirla in breue
non è quefta Ifola punto inferiore à qual fi voglia altra prouincia per graffezza , e per abbondanza ; anzi ella auanza alquanto l'Italia
nell'eccellenza del grano , del zafferano , del
miele,de'beftiami, delle pelli , e de gli altri foftegni della vita humana ; in maniera che Cicerone fuor di propofito non la chiamò Gra-
naio de'Romani , & Homero diffe, ch'ogni

Ee 2   cofa

cosa vi nascena da se stessa,& la chiamò Isola
del Sole. E anco memorabile la Sicilia per il
nome delle cose, che eccedono quasi la fede
del vero; come il monte Etna, ò Mongibello, •
che mandando fuora perpetui incendi dal giogo suo;hà nondimeno la cima, e massimamente dalla parte, onde escon le fiamme, piena, e
coperta di neue fin la state Non lungi da Agrigento, ò Gergento, è il territorio Matharuca,
che con assiduo vomito da diuerse vene di acqua, manda fuora vna terra cinericcia, & à
certo tempo cacciandone fuora quasi incredibile massa dalle viscere sue, si sente mugghiar
questo,e quel campo. Nel Menenimo si troua
il lago de'Palici,da Plinio dettoEfintia,e hoggidì Nastia : doue in tre conche si vede l'acqua
bollente, e che perpetuamente gorgoglia con
cattiuo odore, & alcuna volta getta fuora palle di fuoco, & qui anticamente veniuano coloro, che secondo la lor superstitione haueuano
à giurare. Hauui ancora in diuersi altri luoghi
diuerse altre fontane di mirabil qualità, & natura; delle quali troppo lungo farei, se volessi
far mentione, e ne scriue à pieno Tomaso
Fazellio.Fù la Sicilia da principio habitata da'
Ciclopi, e ciò si verifica, oltra il testimonio
degli Auttori,per li corpi di smisurata grossezza,& altezza, che fino à nostri giorni si son veduti nelle grotte, percioche i Ciclopi furono
mostri de gli huomini. Dopo questi vi habitarono i Sicani, e poi i Siculi. Indi i Troiani, i
Cretesi, ò i Candioti, i Fenici, i Calcidesi,i Corinthi,& altri Greci,i Zanclei, i Gnidij, i Mor-
geti,i Romani, i Greci di nuouo, i Gothi, i Saracini,i Normani,i Lombardi,i Sueui,i Germani,

ni, i Francefi, gli Arragonefi, i Spagnoli, & i
Catalani, i Genouefi; & in vltimo molti Pifani,
Luchefi, Bolognefi, e Fiorentini; i quali tutti
popoli in diuerfi tempi habitarono diuerfe
parti di Sicilia, fin che prefa Corona da Carlo
V. Imperatore, e poco dopò lafciatala a' Turchi, tutti quei Greci, che vi habitauano, fi traf-
ferirono in Sicilia. Sono i Siciliani d'ingegno
acuto, e fubito nobili nelle inuentioni, e per
natura facondi, e di tre lingue, per la velocità
loro nel parlare, nel quale riefcono con molta gratia faceti, e ne' motti acuti, anco oltre
modo fon tenuti loquaci; onde preffo gli antichi fi troua come in prouerbio Gerreræ Siculę,
cioè chiaccherè Siciliane. Dicono gli Scrittori,
che quefte cofe furono da' Siciliani con la forza del loro ingegno inuentate, l'arte oratoria, i
verfi buccolici ò paftorali, gli horriuoli, le ca-
tapulte macchine di guerra, la pittura illuftrata l'arte de' Barbieri, l'vfo delle pelli di fiere, e
le rime. Sono effi (come vuol Tomafo Fazel-
lio) fofpettofi, & inuidiofi, maledici, e facili a
dir villania, & à vendicarfi; ma induftriofi, fottili, adulatori de' Principi, e ftudiofi della tirannide; fecondo Orofio; ilche nondimeno hoggi
generalmente non fi vede. Son più vaghi del
commodo proprio, che del publico, e rifpetto
all' abbondanza del paefe fono infingardi, e
fenza induftria. Anticamente le tauole de' Siciliani erano cofi fplendidamente apparecchia-
te, che preffo i Greci paffarono in prouerbio;
ma hoggi inuidiano la frugalità d'Italia. Vagliono affai nella guerra, e verfo i lor Rè
fono di fede incorrotta. Fuor di coftume de'-

Greci fon patienti, ma prouocati faltano in furia. Parlano in lingua Italiana, ma però men
bene, e con minor dolcezza; e nel veftire, e
nel refto viuono fimilmente come gl'Italiani.

MESSINA.

L E Città più illuftri della Sicilia fono Meffina, edificata delle reliquie della Città di
Zancla, ma lontana da effa mille paffi, e di effa vfcirono Dicearco, vditor d'Ariftotele cele-
bratiffimo Peripatetico, Geometra, & Oratore
eloquentiffimo, che fcriffe molte opere, delle
quali fà mentione il Facellio, & Ibico hiftorico, e poeta Lirico; & Euhemero antico hiftorico, come vuol Lattantio Firmiano, & à
memoria de'noftri padri habitò in Meffina Cola pefce, nato à Catana, ilqual lafciata l'humana compagnia, confumò quafi tutta la fua vita folo frà i pefci nel mar di Meffina, onde perciò n'acquiftò il cognome di pefce. N'vfci anco Giouanni Gatto, dell'ordine de'Predicatori,
Dialettico, Filofofo, e Theologo, & appreffo
mathematico chiariffimo, che leffe in Fiorenza, in Bologna, & in Ferrara, e poi fù eletto Vefcouo di Catana, & vltimamente ne è v-
fcito Gio. Andrea Mercurio Cardinal digniffimo di Santa Chiefa. Vi hebbe la Città di
Taoromino, di cui vfcirono (fecondo Paufania)
Tifandro figliuolo di Cleocrito, che quattro
volte vinfe ne'giochi Olimpici, & altrettante
ne Pithici, e Timeo hiftorico figliuol d'An-
dromaco, che fcriffe delle cofe fatte in Sicilia,
& in Italia, e la guerra Thebana.

CA-

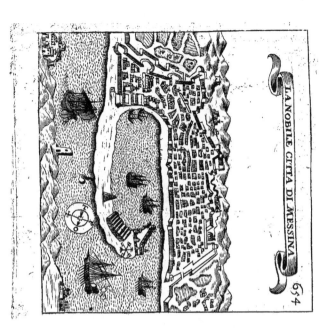

LA NOBILE CITTA DI MESSINA

654

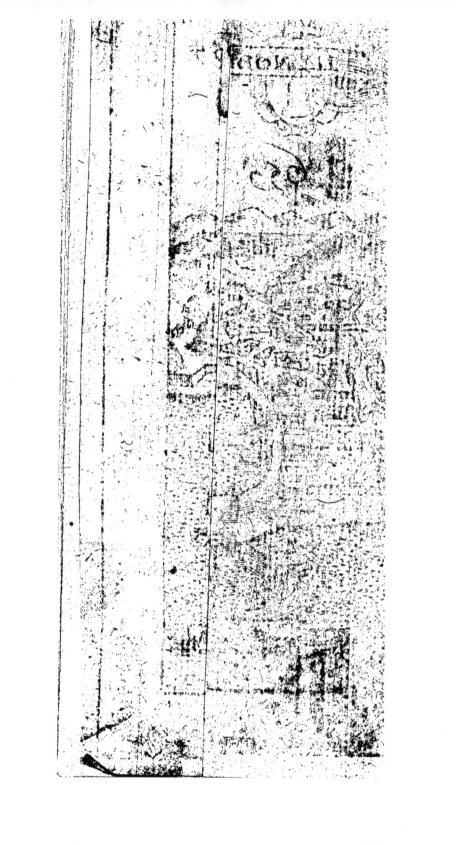

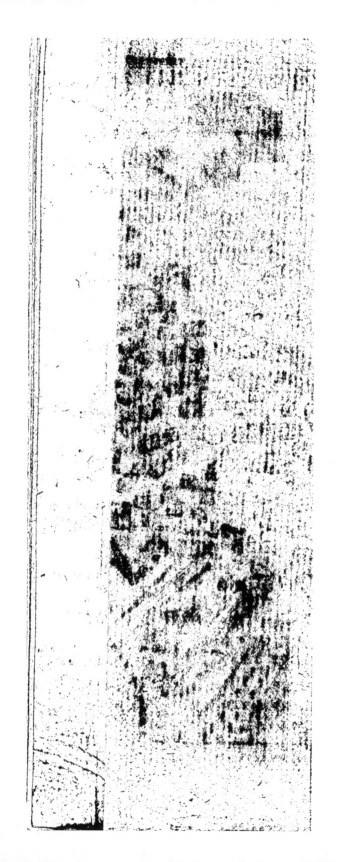

CATANEA.

VI hà la Città di Catanea, vna parte della
quale è bagnata dal mare , e l'altra si
stende alle radici del monte : & in essa erano
anticamente le sepolture di chiari , & illustri
huomini, Stesicoro Poeta Himerese, Xenofane
filosofo,& due giouani fratelli Anapia, & An-
sinomo ; i quali per l'incendio d'Etna abbru-
ciando d'ogn' intorno il paese , portarono sopra le loro spalle,vno il Padre, e l'altro la madre ; ma non potendo per il peso caminare , e
sopragiungendo il fuoco , nè perdendosi essi d'
animo, miracolosamente il fuoco, come fù lor
a'piedi, si diuise in due,& così scamparono sal-
ui. Hà in questa Città lo studio di tutte le discipline ; ma particolarmente di leggi ciuili, e canoniche , e d'essa sono vsciti questi huomini
illustri , Santa Agata (ancorche i Palermitani
dicono, che fù da Palermo) vergine, e martire,
che sotto Quintiano l'anno della salute 152.
patì per Christo il martirio , e prima vi fù Ca-
rondo filosofo, e legislatore, secondo Aristoti-
le , & Atheneo, e quel che fù riputato gran
Mago Diodoro,dal volgo chiamato Liodoro.
N'vscì anco Nicolò Todisco , detto l'abbate, ò
il Panormitano gran Canonista, e Cardinale,
che scrisse tanti libri in legge canonica,e si trouò con tanta gloria sua nel Concilio di Basilea
l'anno 1440. Fù anco di Catana Galeazzo , ò
Galeotto Bardasino di tanto gran corpo, e
forze, che fù tenuto Gigante, e le prodezze che
si raccontano di lui , paiono simili à quelle de'
Paladini de'nostri Romanzi . La Città Leon-
tina,

tina, ò Leontio fù già habitata da' Lestrigoni,
e di essa vscì Georgia Filosofo, & Oratore, &
Agathone poeta Tragico, & à' tempi della nostra Santissima Fede, Alfio, Filadelfo, & Cirino
martiri per Giesù. Della Città di Megara v-
scirono Theogene poeta,& Epicarmo Comico,
& inuentore della Comedia.

SIRACVSA.

DI Siracusa, già metropoli di Sicilia, & ornata di molti titoli vscirono huomini
chiarissimi in tutte le scienze ; Theocrito poeta
Bucolico, Filolao Pithagorico, Filemone poeta
Comico in tempo di Alessandro Magno, vn'
altro Filemone Comico, c'hebbe vn figliuolo
dell'istesso nome, e professione, Sofrone Comico
à tempo di Euripide, Corace vno de' primi in-
uentori dell'arte oratoria, & il suo discepolo
Ctesia oratore valorosissimo, Dione Siracusano
che scrisse d'arte Rethorica, Sofane Poeta Tragico, Epicarmo dottissimo da Coo sempre visse
in Siracusa, & in morte vi hebbe vna statua,
Fotino poeta Comico, Carmo poeta, Menecrate
medico, & filosofo, Filoseno Lirico, Calimaco
che scrisse dell'Isole in versi, Mosco grammatico, Iacetta filosofo, Antioco historico, Filisto
historico, e parente di Dionigi tiranno, Callia
historico, Flauio Vopisco, che scrisse delle
ThermeAureliane, Theodoro filosofo, che dell'
arte della guerra. Archetimo filosofo, & historico, Archimede filosofo, e matematico pre-
stantissimo, e molti altri. Ma frà i Santi Martiri, Lucia Vergine, e Martire illustrato hà la
Città di Siracusa, e Stefano Papa di tal nome
                                                    terzo

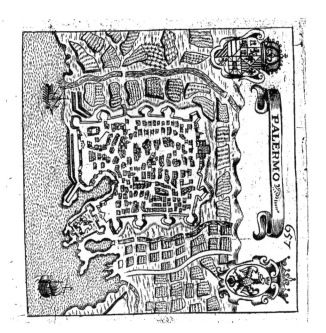

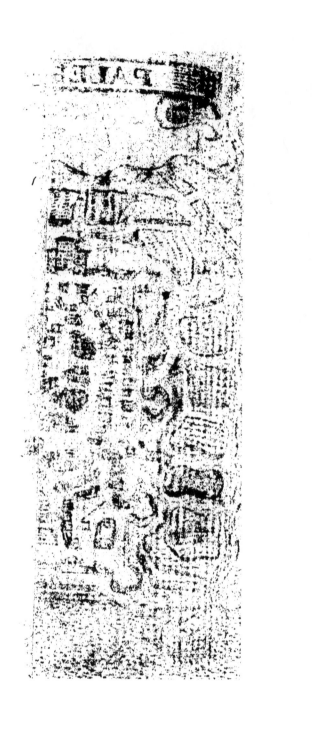

terzo fù similmente di questa Patria . Della
terra di Nea vscì Ducetto Rè di Sicilia, e Gioo
uanni Aurispa famoso Scrittore , & Antoni-
Cassario orator egregio, e Gionanni Marraffio
poeta molto celebrato,e quì è la sepoltura di S.
Corrado Piacentino,per li cui meriti si veggono molti miracoli . Di Agrigento Città famosa vscì Esseneto vincitore de'giuochi Olimpici presso Diodoro,e Falari tiranno vi esserci-
tò la sua crudel tirannide . Ne vennero ancora Creone filosofo, e medico, Acrone similmente
filosofo , e medico , Polo orator celeberrimo.
Dinoloco Comico , Archino Tragico, Sofocle
huomo chiarissimo , Xenocrate , à cui Pindaro
intitolò due Ode . In Therme Città,detta hoggi Sacca, nacquero Agathocle Rè di Siracusa,
e Thomaso Fazellino dell'ordine di S.Dome-
nico,che scrisse le cose di Sicilia in vn gran volume.

PALERMO.

HAuui la Città di Palermo , grandissima
di tutte l'altre di Sicilia,& hoggi Sedia
Regale;della quale molto hauerei che dire:e d'
essa vscì Andrea antichissimo, e nobilissimo filosofo secondo Atheneo, che scrisse l'historia ciuile de'Siciliani,& altro.Ma fù molto più illustrata dalle Sante Oliua , e Ninfa vergini , e
martiri per GIESV . Vltimamente n'vscì
Antonio detto il Palermitano , della famiglia
equestre de'Beccatelli di Bologna oratore, e
poeta nobilissimo , e ne' tempi suoi caro
tutti i Prencipi,nel qual tempo visse anco
Pietro Ranzano da Palermo dell'ordine
Ee 5 de'

de'Predicatori, Theologo, oratore, e poeta celebrato, & in vltimo Vefcouo dî Lucera. Fù Arciuefcouo di Palermo Monfignor Iacopo Lomellini, prelato dotto, e di sōma integrità di vita. Vi hebbe in Sicilia molti altri huomini famofi antichi, e moderni, Stenio Thermitano condennato da Verre, e difefo quafi da tutte le città di Sicilia; Steficoro poeta da Himera, vno de'noue Lirici di Grecia: Diodoro, chiamato Siculo, da Egra antica città, hifto-rico famofo, e celebrato, del quale nella Tra-dottion mia del Dite Candiotto, e di Darete Frigio hò con gl'altri hiftorici della mia Col-lana hiftorica de'Greci defcritto la vita e di cui hoggi habbiamo l'hiftoria frà le mani; Toma-fo Caula Poeta Laoreto da Chiaramonte, e molti altri. Furono per il poffeffo di queft'Ifo-la afpre, e lunghe guerre frà Romani, & i Car-thaginefi; ma in vltimo rimàfti vincitori i Ro-mani, la Sicilia fù la prima, che foffe fatta pro-nincìa; perciochè effendo ella ftata foggetta a' Tiranni, Claudio Marcello Confole, vînto Nerone, la riduffe in prouincia. Indi fù go-uernata da'Pretori, fin che venne fotto gl'Im-peratori, & à Carlo Magno; nel qual tempo di-uifo l'Imperio, & il mondo, la Sicilia, con la Calabria, e con la Puglia refta all'vbbidienza dell'Imperatore di Coftantinopoli: al quale fenza controuerfia vbbidì fino à Niceforo Im-peratore, nel qual tēpo i Saracini l'occuparono infieme con la Puglia, il monte Sant'Angelo, Nocera, & altri luoghi l'anno DCCCCXIIII. onde fpeffo ftracorreuano poi la Calabria, e pe-netrando fino à Napoli, & fino al Garigliano. A coftoro fi fece incontro Papa Giouanni X.

con

con Alberico Malaspina gran Marchese di Toscana suo parente, e con grand'impeto sece loro resistenza : talche essi si ritirano al Monte S.
Angelo. Fù questo Alberico figliuolo di Alto, fratello di Guido gran Marchese di Toscana;de'quali hò veduto medaglie con le teste
loro, e nel riuerso con lo spino fiorito (arme
di quella famiglia) in mano del Marchese Lodouico Malaspina gentilhuomo di reali con-
cetti.Furono poi cacciati i Saracini cento anni
doppo,che hebbero tenuta l'Italia,che da'Nor-
mandi, che furono Conti di Sicilia; e per qua-
rantatre anni con molta felicità crebbero, finche Ruberto Guiscardo resse la Puglia in suo
nome, e la Sicilia in nome del fratello Rug-
gieri; onde Papa Nicola II.gli concesse titolo
di Duca, e lo creò feudatario della Chiesa ; il
che fù poi confermato da Gregorio VII.che da
lui era stato liberato dall'ingiurie d'Arrigo III.
Doppo questi Guglielmo II. fù da Innocenzo
IIII.creato primo Rè, & à lui successe Gugliemo III.il quale morto senza figliuoli,il Regno
fù occupato da vn Tancredi bastardo,della famiglia de'Guiscardi. Ma Papa Clemente,e Celestino III.se gli opposero; in tanto che Celestino diede Costàza figliuola di Ruggier II. (monaca in Palermo) per moglie ad Arrigo figliuolo di Federico Imperatore, con le ragioni
delRegno.Arrigo dunque mossa guerra à Tã-
credi, l'assediò, e fece morire in Napoli: & in
questo modo successe nel Regno, e nell'Imperio del padre, e dopò lui seguì Federico II.suo
figliuolo. Appresso hebbe il Regno Manfredo
figliolo bastardo diFederico;ma ne fù cacciato da Carlo d'Angiò, fratello di S.Lodouico

Ee 6 Rè

Rè di Francia, chiamato dal Papa, che n'inue-
ftì lui. Sotto quefto Carlo i Siciliani inftigati
da Pietro d'Arragona, che haueua per moglie
Coftanza figliuola di Manfredo; ad vn fuon di
vefpero tagliarono à pezzi tutti i Francefi, che
erano in Sicilia, e Pietro fi infignorì dell'Ifola;
ilche fù l'anno 1283. In quefto modo nacquero
molte contefe, e guerre frà gli Arragonefi,
e gli Angioni per il poffeffo di quel Regno,
con varia fortuna, finche in vltimo gl'Arragonefi ne furono cacciati dal regno di Napoli da
Carlo VIII. ma poi ritornati in poffeffo per virtù di Confaluo Ferrando gran Capitano, che
per Ferrando Rè Cattolico di Spagna ne cacciò i Francefi; il Regno di Sicilia, e di Napoli
per fucceffione hereditaria pafsò à Carlo V. Imperatore, poi al figliuolo Filippo II. indi à Filippo III. Rè Cattolico figliuolo del II. che hoggi lo poffiede.

ISOLA DI MALTA.

FRà la Sicilia, e la riniera dell'vna, e l'-
altra feccagna di Barbaria fono pofte
due Ifole, Melita, e Gaulo; quella detta hoggi
Malta, e quella il Gozo, lontane l'vna dall'altra cinque miglia; ma difcofto da Pachino, ò
Capo Paffero promontorio di Sicilia, alquale
guardano cento miglia; benche alcuni dicono
feffanta, e d'Africa centonouanta. Malta hà di
circuito feffanta miglia; e tutta quafi è piana;
faffofa; & efpofta à venti. Hà molti ficuriffimi
porti; e doue guarda à Tramontana in tutto
è pri-

la chiamato dal Papa, che vin-
ro quello Carlo i Siciliani infrigat
l'Aragona, che haueua per moglie
ginola di Manfredo, d vn fuo di
giarono à pezzi tutti i Francefi, che
cilia, e Pietro fi infignori dell'Ifola,
uno 1283. In queſto modo nacquero
nefe, e guerra gli Aragonefi,
ent per il poſſeſſo di quel Regno,
fortuna, finche in vltimo gl'Arago,
ono cacciati dal regno di Napoli
ma poi ritornati in poſſeſſo per vir-
lipo Ferrando gran Capitano, che
lo Rè Cattolico di Spagna ne cac-
fi, il Regno di Sicilia, e di Napoli
one hereditaria paſsò à Carlo V. Im-
poi al figliuolo Filippo II. indi à Fi-
Cattolico figliuolo del II. che hog-
le.

LA DI MALTA.

filia, e la riniera dell'vn, e l'
agna di Barbaria fono poſte
ta, e Gaulo; quella detta hoggi
il Gozo, lontana l'vna dall'al-
à; ma diſcoſto da Pachino, o
monorio di Sicilia, alquale
uiglia; benche alcuni dicono
i canonomana. Malta hà di
iglia; e tutta quaſi è piani,
veni. Hà molti fioriffimi
da à Tramontana in vaco
è pri-

è priua d'acque ; ma da Ponente ve n'hà di correnti , e produce alberi fruttiferi . La maggior larghezza sua è di dodeci miglia, e la lunghezza di venti , e di tutto il nostro mare non
v'hà Isola , così lontana da terra ferma , come
è questa . In più di sei luoghi all'intorno è ri-
cauata , e dal mar di Sicilia vi sono formati ,
come tanti porti, per ricetto di Corsali : ma di
verso Tripoli è tanto piena di balze, e di ripe . E detta Melita in latino dalle Api , che
in Greco Meliopte si chiamano ; percioche la
copia , e bontà de'fiori fà ch'esse vi producono
optimo miele , ma noi corrotto il vocabolo la
chiamiamo Malta . Rese vbbidienza da principio al Rè Batto , chiaro per le ricchezze sue,
e per l'amicitia , & hospitalità di Didone , onde poi vbbidì a' Cartaginesi ; di che sanno testimonio molte colonne per tutto sparse , nelle
quali son scolpiti caratteri antichi Carthagine-
si , non dissimili à gli Hebrei : ma poi nel tempo medesimo , che la Sicilia , ella si accostò a'
Romani , sotto i quali hebbero sempre le me-
desime leggi , e gl'istessi Pretori , che la Sicilia . Indi venuta con la medesima in poter de'
Saracini : all'vltimo insieme con l'Isola del
Gozo l'anno 190. fù posseduta da Ruggie-
ri Normano Conte di Sicilia , fin che poi vbbidì a'Prencipi Christiani . L'aria di tutta l'Isola è salutifera , e massimamente à chi s'è auez-
zo , & v'hà fontane , & horti copiosi di palme , & per tutto il terreno produce abbonde-
uolmente grano , lino , cottone , ò bombagio,
& comino ; & genera cagnuolini gentili
bianchi , & di pelo lungo per delitie degli huomini , & v'hà gran copia di rose di

soafoauiffimo odore . Il terreno fi femina tutto l'anno con poca fatica , e fi fanno due ricolti, egl'alberi fruttano fimilmente due volte l'anno;onde il verno ogni cofa verdeggia , e vi fiorifce, fi come la ftate ogni cofa arde di caldo, fe ben vi cade certa ruggiada , che gioua grandemente alle biade . In cima d'vna punta lunga, e ftretta dirimpetto quafi à Capo Paffero, ò Pachino di Sicilia , è pofta la fortezza di Sant'Ermo : ma da man ritta pur verfo la Sicilia fono alcun'altre prunte , fra le quali , e Sant'Ermo è vn canal d'acqua : & in due d'effe punte fono Caftel Sant'Angelo in vna , e nell'altra la fortezza di San Michele co'lor borghi ; ma fra l' vna, e l'altra di quefte ftanno le galere, & altri nauigli in vn canale ferrato , in cima con vna groffa catena di ferro . Otto miglia lontano di quì fra terra è la Città, chiamata Malta , con reliquie d'edifici molto nobili , e chiara per l'antica dignità del Vefcouado . Hà queft'Ifola vn promontorio; fopra il quale era vn Tempio antichiffimo , e' nobile confecrato à Giunone ; e tenuto in molta riuerenza ; e vn'altro ad Hercole dalla parte di Mezogiorno , di cui fi veggono à Porto Euro gran rouine . Gli huomini di Malta fono bruni di colore, e d'ingegno, che ritrahe più al Siciliano, che ad altro ; e le donne fono affai belle;ma fuggono la compagnia , e vanno coperte fuori di cafa , e tutti nondimeno viuono alla Siciliana , e parlando lingua più tofto Carthaginefe, che altro : fono religiofi , e maffimamente hanno diuotione à San Pàolo ; à cui l'Ifola è confacrata;percioche quì egli per fortuna ruppe in mare, & vi fù ritenuto con cortefia; e nel lito, oue ruppe , è vna

vene-

venerabile capella, talche fi crede, che per fuo
rifpetto non nafca, nè viua in queft'Ifola alcun
nociuo animale. E dalla grotta, oue quèl Santo
ftette, fono da molti diftaccate le pietre, e portate per Italia, e chiamate la gratia di San Paolo, per guarire i morfi de gli fcorpioni, e delle
ferpi. All'età noftra hà hauuto, & hà queft'Ifola
grande fplendore per la Religione de Caualieri di San Giouanni, i quali perduta Rhodi, tolta loro l'anno 1522. da Solimano gran Turco
hebbero queft'Ifola in dono da Carlo V. Imperatore, & vi hanno fabricato le fortezze, dette
di fopra, nellequali habitano con perpetua cuftodia. Et l'anno, 1565. le hanno valorofiffi-
mamente diffefe da vna potentiffima armata,
che il medefimo Solimano vi mandò per efpu-
gnare quell'Ifola, e cacciarne effi Caualieri: ilche ne' tempi à venire non darà minor gloria
à Malta di quel che ne'tempi andati le habbia
recato il Concilio, che fotto Papa Innocentio
I. vi fù celebrato di ducento quattordici Vefcoui contra Pelagio heretico, nel quale v' int er-
uenne frà gli altri Sant'Agoftino, e Siluano Vefcouo di Malta. Mandò Solimano à queft'Imprefa vn'armata di 200. vele, fotto Piali Bafsà
general di mare, animofo, e di faldo giudicio,
e di Muftafà Bafcià general di terra, huomo
efperimentato per lungo tempo nelle guerre, e
molto aftuto, quale sbarcate le genti in terra a'
18. di Maggio, e battuto Caftel Sant'Ermo,
doppo molto contrafto hauendo gettato quelle
mura à terra, & effendo i difenfori ridotti à poco numero; a' 13. di Giuno fi fecero patroni di
quefta fortezza, e tagliarono à pezzi quafi tutti i defenfori. Vi morì però frà i Turchi Dra-
gut

gut Rais famofo corfale, ferito all'orecchi d'
vn colpo di pietra. Si voltarono poi contra l'altre due fortezze di S.Michaele, e di S.
Angelo, e diedero tali batterie à S.Michele,che
fpianarono le mura fino à terra à pari dell'argine del foffo : ma in molti, e molti affalti, che
diedero à quel Caftello, fempre da' Caualli furono valorofamente ributtati, non mancando
il gran Maeftro Giouanni Valetta Francefe,
huomo di fingolar valore, e prudenza, di tutte le neceffarie prouifioni. In tanto Don Gar-
fia di Toledo fatta vua fcelta di 70. galere delle più fpedite di quelle del Rè Filippo, e cari-
catele di foldati, ch'erano in 9000. foldati, frà
Spagnuoli, & Italiani,andò à mettergli ficuramente nell'Ifola. I Turchi imbarcate l'artiglierie, e mandati da 8000. di loro à riconofcere i noftri ; furono con tanto ardore affalta-
ti, che vilmente fi diedero à fuggire, e mon-
tarono sù le galere, reftandone morti di loro
da 1800. e de'noftri 4. foli. Et in quefto modo
furono coftretti ad abbandonare con loro fcorno
no l'Ifola di Malta, nella quale fi conobbe apertamente,che il valore di pochi puotè col fauore
di Dio difenderfi dalla violenza di molti.

*Il fine della Defcrittione dell'Ifole
di Sicilia, e di Malta.*

A G.

AGGIVNTA

ALL'ITINERARIO

D'ITALIA,

Cioè, la Descrittione di tutto il
Mondo, e molte altre Città
che nell'Opera si con-
tengono.

*Tauola dell' vniuersale Descrit-
tione del Mondo, Secon-
do Tolomeo.*

Le trè parti principali del Mondo sono
in questa Vniuersal Tauola descritte,
cioè, l'Europa, l'Africa, e l'Asia, che
al tempo di Tolomeo furono sole co-
nosciute. Dal nascimento del Sole vien ella
terminata con la sconosciuta terra, che giace
a'popoli Orientali della grande Asia a'Sini, &
alla Serica. L'estremo Meridiano, che cotal
parte finisce, condotto per la Metropoli de'Sini, e dal Meridiano d'Alessandria verso l'O-
riente sopra d'Equatore, 119. gradi, e mezó
lontano. Ma dall'Occaso confina pure con
la sconosciuta terra, laquale accoglie l'Etio-
pico seno della Libia, con l'Occano Occidentale, posto alle Occidentalissime parti della
Libia, e dell'Europa. L'vltimo Meridiano,
che termina questa Occidental parte, tanto
per

per l'Ifole Fortunate, fi dilunga 60. gradi, e
mezo del Meridiano d'Aleffandria ; dal quale
fi comincia il computo della lunghezza vniuerfale di tutta la terra . Donde tutta la lunghezza d'effa terra habitabile, dall'Oriente, all'Occidente; ftringerà vn femicircolo, cioè 180.
gradi . Ma la Tauola prefente del Mezogiorno
termina con la fconofciuta terra, che'l Mar Indo
cinge, & abbraccia Agefimbra paefe de gli E-
tiopi, e dalla parte Settentrionale, à fe congiunge il Mare Oceano, che ferra l'Ifole Britan-
nice, & il Deucalonio, & il Sarmatico, dal
lato particolarmente, che chiude le parti Set-
tentrionali dell'Europa, & etiandio la fconofciuta terra, che s'accofta alle borealiffime parti della grande Afia, della Sarmatia, della Sci-
tia, e della Serica. La larghezza di tutta la
terra habitabile, dal Settentrione al Mezogiorno è di preffo che 80. gradi . Percioche il paralello diftante dall'Equatore verfo Borea 65.
gradi termina il fine della conofciuta terra, &
il parallelo, che verfo l'Auftro fi parte dall'-
Equatore per 16. gradi, & 25. minuti, chiude
il Meridionale . Tolomeo dà fecondo la larghezza 500. ftadij à vno grado. Perche la mifura della terra in lungo, in largo, & in giro,
fi computa come quì di fotto .

La larghezza di tutta la conofciuta terra è di
40000. ftadij, cioè di 5000. miglia.

La lunghezza della medefima fopra l'arco
del circolo Equinottiale s'hà di 90000. ftadij,
di 11250. miglia delle noftre . Ma fopra il
paralello grandiffimamente Auftrale fi fcorge
di 36333. ftadij, cioè di quafi 10791. miglio;
nel paralello grandiffimamente Settentrionale

di

di 40.854. ftadij, cioè di 5107. miglia nel pa.
ralello di Rodi lontano dall'Equinottiale 36.
gradi, di 72811. ftadij, di 9101. miglio, e
nel paralello per Siene diftante dall'Equinottiale gradi 24.50. di 92336. ftadij, ò di 10292.
miglia.

Il circuito del conofciuto mõdo, è di 180000.
ftadij, cioè di 22500. miglia.

Sonoui di coloro, che pongono quefto fuo
giro vn poco minore, cioè di 5400. miglia
Germane, ò di 21600.

DESCRITTIONE

DI TVTTO IL MONDO
TERRENO.

Al più moderno stile del noftro tempo.

COnuengono frà fe tutti i Filofofi, gli Aftrologi,& i Geografi,che la fuperficie della Terra, con la fuperficie dell'Oceano, ò tutto quefto aggregato di Terra, e d'Acqua, che noi chiamiamo Terreftre Mondo,fia di figura Sferica, e per fua natural grauezza occupi'l centro dell'vniuerfo, e quiui fi ripofi. Quefto fi fà piano ancora per l'offeruatione, e le dimoftrationi degli Aftrologi, che i monti, liquali nel mondo Terreno fi trouano, quantunque alti, e di marauigliofa ertezza, non però contraftano alla rotondità della Terra,perche rifpetto alla tanta mole di lei, fono effi di neffun momento. Là oue non fù loro molto difficile terminare con certa mifura il giro di quefto Mondo Terreftre, & in oltre la fua fuperficie, e profondità. Perche lafciate l'offeruationi, & alcune dimoftrationi, delle quali diuerfi Artefici fi fono feruiti à diligentemente cercare quefte mifure della Terra, quì porremo la real mifura, con la quale vien da effi mifurato il Terreno Mondo, benche ce la diano diuerfamente. Perciò auuerto, che auengache in cofi fatta cofa paiano

iano

ano ambigui, e difcrepanti, non però fono, che
utti hanno in quefto vfato vna fola, certa, e
he infallibile regola; e fe pur fono, egli nafce
he vno nel mifurare fi vale, di ftadij maggiori,
'altro di minori, fi come nel medefimo alcuni
hoggidì fi vagliono di miglia maggiori, alcuni
di minori.

POSSIDONIO dunque termina il gi-
ro della Terra con 240000. ftadij, cioè 30000.
miglia comuni. Laonde fecondo coftui vn grado del grandiffimo cerchio Terreftre conuene-
iolmente farà di 666. ftadij con due terzi, cioè
di 83. miglia con trè ottaui, & il Diametro, ò
a groffezza del Terreno Globo di 76363. ftadij
con quafi due terzi, cioè di 5545. miglia con
cinque vndecimi.

ARATOSTENE finifce il circuito
della Terra in 250000: cioè in 31250. miglia,
che ad vno fuo grado affegna 694. ftadij, e 4.
voni, cioè 86. miglia, e preffo che 4. quinti, &
al fuo Diametro 79545. ftadij, e 5. vndecimi,
cioè, quafi 9943. miglia.

PLINIO contra Eratoftene fà il giro della Terra di 252000. ftadij, cioè di 31500. miglia, perche egli dà precifamente ad vn grado
di lei 700. ftadij, che fommano 87. miglia, e
mezo, e non 694. ftadij come Eratoftene. L'
Auttore della sfera in ciò fegue Plinio. Adunque fecondo effo Plinio, il Diametro della
Terra farà per poco che di 80182. ftadij, cioè
di quafi 10023. miglia.

IPPARCO mette, che il circuito della
Terra fia 277000. ftadij, cioè 34625. miglia.
Per il quale computo vn grado della terra ha-
uerà 774. ftadij, cioè 69. miglia con 3. quarti, &

il

il Diametro presso che 88132. cioè, 11016.mi. glia., e mezo.

DIONISIDORO(come s'hà in Plinio) vuole è raccoglie, che dalla conoscenza del Semidiametro della Terrestre palla, si conosca il giro di lei essere di 164000. stadij, cioè di trentatre mila miglia, & vn grado di 733. stadij,& 1. terzo, cioè di 92. miglia, e 2. terzi,& il Diametro di 84000. stadij di 10500. miglia, e mezo.

TOLOMEO finalmente troua, che vn grado del grandissimo cerchio Terreno abbraccia 500. stadij, che fanno 62. miglia communi, e mezo, ò 15. Tedesche con 5. ottaui; e per questa ragione determina, che tutto il circuito della Tetra sia 180000. stadij, che sono annouerati per 5625. miglia Tedesche, e per 23500. cōmuni,& il Diametro di quali 57273. stadij, li quali per poco che rendono 1790. miglia Tedesche, e 7150. communi.

Sono tuttauia certi, che ad vn grado del Terrestre cerchio precisamente danno 15. miglia Tedesche, e 62. Italiane, Onde à loro il giro del Terreno Globo, farà 5400. miglia Tedesche, e 22320. Italiane, & il Diametro 1718. miglia Tedesche, e 7556. Italiane, con 4. vndecimi.

Adunque da questa misura della Terra è assai ben chiaro, che la superficie del Terrestre mondo miserabile, che tutta può pienamente caminarsi da gli huomini. Perche se la Terra fosse da ogn'intorno continuata, e libera dall' acque, l'huomo potrebbe aggirarla, ò à piedi, ò à Cauallo, in nouecento giornate, cioè in quasi due anni, e mezo, caminando ogni dì 15.

mi-

miglia comuni. Ma meglio, quantunqu e
la faccia della terra non foſſe da ciaſcun lato
ſcoperta dall'acque, non è per tanto, che'l Mondo tutto attorno non foſſe ſtato più d'vna volta
nauigato. Perciò che Ferdinando Megellano
s'imbarcò in Spagna l'anno del Signore 1519.
a' 2. di Settembre, e l'anno ſeguente a' 21. d'-
Ottobre giunſe allo ſtretto Megellanico, da
lui, che ne fù il primo inuentore, coſi nominato, e di quà paſsò all'Iſole Móluche. Dallequali hauendo egli penetrato l'Iſole Baruſſe, fù in
eſſe à fatto d'arme vcciſo, e perdè buona parte
dell'armata. Onde quel poco auanzato d'eſſa,
tutto ſdruſcito, e guaſto, com'era, ſi miſe à
nauigare per ritornare in Spagna, e vi ritornò
in trè anni preſſo che forniti, hauendo prima
nauigato tutto'l Mondo à tondo. Ma i Geografi miſurano la Terra, ſi come gli Aſtrolo-
gi, il Cielo à due vie. Secondo la ſua lunghezza, e ſecondo la ſua larghezza. Gli antichi fecero la lunghezza della Terra dal tramonta-
re, al naſcere del Sole, e l'addimandaróno ſpatio diſteſo per lungo, dall'Iſole Canarie, ò Fortunate, infino all'vltima India Orientale, raccolto nell'Equatore, ò in altro cerchio à lui paralello, il quale per verità ſtringe 180. gradi.
Ma poſero eglino il principio della lunghezza
della Terra nel Meridiano delle dette Iſole
Fortunate, le quali ſono poſte ne gli eſtremi
confini della Spagna, e della Mauritania, perche ſtimarono, che fuor di queſte non più ſi
trouaſſero altre Iſole, ò habitata Terra, ma ſi
bene ſmiſurato Mare. Con tutto ciò ſi dee
ſapere, che gli Spagniuoli nella deſcrittione
delle Indie nuoue, non pigliano la lunghezza
della

della Terra in quello medefimo modo, che
la numera Tolomeo, dall'Ifole Canarie verfo
l'Oriente, perche la computano dal Meridiano di Toledo di Spagna, verfo l'Occidente.
Però alcuni d'effi difegnano i Meridiani fecondo la mente di Tolomeo. Appreffo numera-
rono i medefimi antichi la larghezza della
Terra per trauerfo, cioè dal cerchio Equatore,
all'vno, & all'altro polo, perche prefero tutta
la portione della Terra conofciuta di quà, e
di là dall'Equatore, fporta verfo l'vno, e l'altro
polo del Mondo, la quale Tolomeo veramente
allunga verfo il Settentrione da 63. gradi, e le
conftituifce termine nell'Ifola Tile, vltima delle Terre conofciute da gli Antichi, à Borea, fituata fopra la Scotia, e fopra l'Ifole Ebridi, &
Orcadi nel Settentrione, e nell'Oriente, laquale hoggi communemente fi chiama Scheltan-
dia, fe bene i Marinari la dicono Tylinfel, fi
come finifce anco verfo il Mezodì la terra di
là dall'Equatore con 17. gradi d'Auftrina larghezza, prefiggendole fine in Praffo Promontorio d'Agefimbra, regione de gli Etiopi, che
hora, Mozambique, s'appella. Ma cofi fatti confini già cent' anni furono per ingegno di
Prencipi, & induftria di Marinari, aggranditi,
& allargati con tante terre, & ifole quafi infinite, à ciafcun verfo trouate. Perche tutti
quefti accrefcimenti di Terre infieme pofti con
l'antica portione della Terra, ci daranno à
cerchiare con intero cerchio la larghezza di
quefto terreno Mondo, perciochie, come che
egli non fia da ogni banda congiunto con terre
c'è per tutto ciò quanto alla fua lunghezza ca-
                                    mina,

minato tutto ; ma finiremo la fua lunghezza
dell'vno all'altro polo, auengache fin qui s'habbia molto poca cognitione d'habitanza di terra, verfo i poli. Ma perche meglio fi poffa
imprendere vna piena defcrittione di tutto il
Mondo, diuideremo in prima la fua fuperficie
in Terrena, & Aquatile. La portione Aquatile
contiene il Mare, i Fiumi, & i Laghi. Il Mare,
di vero, fi parte in Mediterraneo, & in Oceano.
Dicefi Oceano, perche intornia tutta la terra, e
vien diuifo in aperto, ò in largo fenza mifura,
in golfofo, & in ftretto. I Golfi dell'Oceano
fono quel dell'Arabia, che etiandio fi nomina il
Mar Roffo; quello della Perfia, quello del Gan-
ge, il Grande, quello della Sarmatia, quello del
Meffico, ò della nuoua Spagna, il Vermilio.
Gli ftretti s'annouerano due. Il Gaditano, ò l'
Erculeo, ilquale hoggi è detto lo ftretto di Gi-
bilterra; & il Megellanico. L'Oceano aperto
bagna dunque, tanto il vecchio, quanto
il nuouo Mondo, & hà tanti nomi, quanti egli
dalle Terre fortifce, ò da'paefi à lui vicini, per
quefto dalla parte dell'Oriente, fi nomina In-
diano, dalla parte dell'Occidente, Atlantico, e
Megellanico, dalla parte del Settentrione, Iper-
boreo, e Mare di ghiaccio, dalla parte del Mezogiorno, Meridionale. Il mare ancora è diman-
dato Mediterraneo, perche fi diftende per il
mezzo della terra infino all'Oriente, & è fimi-
gliantemente partito in aperto, & in finuofo,
& in paludofo, & in due ftretti, cioè in quello di Sicilia, & in quello di Gallipoli. Ma la
fuperficie della Terra, che è molto varia,
principalmente fi diuide nelle terre ferme, e
nell'Ifole. Le terre ferme del vecchio Mondo,

Ff   fono

fono tre; L'Afia, l'Africa, l'Europa. Quelle
del nuono Mondo, che'l Sanuto chiama Atlantico, & Auftrale, non ben'anco tutto conofciuto, fono l'Indie Occidentali. L'Ifole, cioè le
terre da ciafcuna fua parte circondate dal Mare, nel Mondo tutto fono preffo che innumerabili, ma d'effe le precipue, edle maggiori fono l'Ifola di San Lorenzo, la Summatria, la
Giaua maggiore, la Giaua minore, l'Anglia,
la Giapan, la Bornei, la Spagnetia, la Cuba, l'
Irlandia, e l'altre. Partefi ancora la fuperficie
del terreftre mondo in cinque zone, in vna Arficcia, in due temperate, & in due fredde, lequali fono gli fpatij della terra, comprefi frà li
due cerchi minori della sfera. I cerchi, che
diuidono le quattro zone, fono i due Tropici,
quello del Cancro, e quello del Capricorno,
& i due polari, l'Artico, e l'Antartico. L'antichità fi fece à credere, che di quefte cinque
zone, quella, che è tenuta frà i Tropici, e che
è detta Arficcia, non poffa effere commodamente habitata per il fuo gran bollore. Si
fpande quefta di là, e di quà dall'Equatore 23.
gradi, e mezo, e tutta cinge 47. gradi, cioè
tanto quanto è la diftanza frà i Tropici. Ma
tutti n'infegnano, che le due, che fuori di quefta, dall'vno, e dall'altro canto fi fpandono
per quafi 43. gradi, e fono di larghezza dall'-
vna, e dall'altra regione dell'Equatore 23.
gradi, e mezo fin a' 66. e mezo in circa, hanno l'aria clemente, e temperata, e le cafe fpeffe. Vna di quefte è noftra, l'altra de' noftri
Antipodi. Ma quelle, che oltra loro fi fporgono in Borea, e di là dall'Antartico nell'Auftro, credettero i maggiori, che per il loro freddo

do crudele, foffero dannate, & in vnà nuuola
d'eterna caligine dalla natura immerfe. Quefte abbracciano 23. gradi, e mezo, intorno l'vn'
e l'altro polo. Con tutto ciò le nauigationi del
fecolo paffato, e del prefente, più chiaro moftrarono, che trouato il nuouo Mondo, con
parecchie Ifole nuoue, il paefe della Zona Arficcia non pur è habitabile, ma etiandio agia-
tamente habitabile, effendoui il calore del giorno moderato, e grandemente temperato dal
freddo della notte; e di più, che fotto l'Equinottiale s'hà temperie d'aere, e commodo ftare,
perche quiui è gran fertilità di campi, e gli habitanti fono d'altiffimo ingegno, di color bianco, e d'affai lunghi capelli. Anche i luoghi
delle fredde zone, non fono, come hanno voluto gli antichi, inhabitabili, quantunque a-
fpri, & inculti, perche molto fi dilungano dal
Sole, e da gli afpetti delle più delicate ftelle,
perciò che il Sole per la troppa lontananza da
fi fatti luoghi, li guarda molto per obliquo. La
onde il fito del Sole, e la potiffima cagione della
commodità, & incommodità di tutte le Regioni. Alches'aggiugne la qualità, e la forma
della terra foggetta a'raggi folari, s'ella è piena, montuofa, fecca, ò irrigata da fiumi, graffa,
ò arenofa, e la parte, da cui fono portati i venti, onde l'Egitto è fertiliffimo, perche'l Nilo
l'innonda, & i luoghi appreffo lui fono fterili,
perche l'acque gli abbandonano. Perilche i
luoghi propinqui, fituati fotto vna medefima
Regione di Cielo, fono affaiffimo diferenti. Là
oue nella Libia, che hoggi fi chiama Africa,
fono gl'Etiopi, perche i fuoi luoghi fono piani,
& abbrufciati dal Sole, ma non nell'Afia, per li

F f 2   mon-

monti,per le valli;per li fiumi, che quiui ribut-
tano, e mitigano il gran fuoco del Sole. Ma
qual' hora gli Habitatori delle zone fono frà fe
comparati, fecondo la giacitura loro, altri d'
effi Antipodi fono, altri Antici, altri Perieci.
Quei fi dicono Antipodi, che fecondo il Diametro della sfera habitano nelle parti alla terra oppofte, & hanno i piedi l'vno contra l'altro
volti, cioè quei, che poffedono vn'ifteffo Meridiano, & Orizonte;ma diuerfi paralelli, rimoti
però vgualmente dall'Equatore, e frà fe difta-
no la metà del grandiffimo cerchio terreftre,
cioè 180. gradi, Antici addimandanfi coloro,
che habitano in diuerfe zone, pofte l'vna dirimpetto all'altra, & in diuerfi paralelli, tuttauia lontani ad vgualità dall'Eqnatore. Ma
Perieci fono quei, che habitano in vna medefima zona, fotto vn medefimo paralello, e Meridiano, de'quali ne difcorre Tolomeo. Talche
folo ci refta,che rechiamo la diuifione di tutto'l
Mondo nelle fue parti principali. I noftri pre-
deceffori già diuifero la portione di tutto'l Mõdo habitabile, in trè diftinte, e precipue parti,
cioè in Europa, Africa, & Afia. I pofteri nondimeno loro aggiunfero vna quarta parte, che
viene di prefente nominata America, trouata
entro cent'anni, la quale di grandezza può
effere adeguata à due portioni dell'altre. Alcuni de'Moderni fecano tutto'l Mondo, in due
parti, in Vecchio, ò Antico Mondo, che addimandano terra di Tolomeo, & in Nuouo
Mondo, che dicono terra d'Atlante. L'antico Mondo è quello, che fù conofciuto da To-
meo, da Strabone, da Plinio, da Mela, e da altri Antichi; ma il Nuouo è quello, che a'mo-
                                              derni

derni tempi fù scoperto da' Nocchieri de' Rè
di Portogalo, di Spagna, e di Francia. Noi
mò con più conueniente forma distribuimo
esso Vniuerso tanto conosciuto, quanto non
conosciuto; in sette parti principali, le prime
delle quali sono trè, l'Europa, l'Africa, l'Asia,
cioè le antiche parti del Mondo. La quarta è
l'America Settentrionale, chiamata dal Sanuto, l'Atlantica Settentrionale, più tosto terra
ferma, che Isola, nella quale sono le Prouincie, Estotilant, terra di Lauoro, terra di Baca-
leos, nuoua Francia, Norumberba, Florida,
nuoua Spagna, & altre. La quinta è l'America
Meridionale, detta dal Sanuto l'Atlantica Meridionale, laquale è penisola; e disgiunta dalla
sopranominata per via d'vn certo Istmo, che
è lo stretto di due Mari, e contiene i paesi di
Bresigella, di Tisnada, di Caribana, di Pagua-
na, di Peruuia, e gli altri. La sesta è la Terra
Australe scoperta di fresco; ma non ancora
conosciuta, nella quale è il paese de' Papagalli,
la terra del Fuego all'incontro dello stretto
Megellanico, la prouincia Beac producitrice
dell'oro, con li Reami di Luac, e di Maletur
posti frà la Giaua maggiore, e la minore, & altre incognite Regioni. L'vltima è intorno al
polo Boreale, minima di tutte, e per poco che
sconosciuta, distribuita in quattro Isole, che
sono disposte circa esso polo Artico, percioche
dicono gli Scrittori, che sotto lui v'è vna nera, & altissima rupe di 33. leuche incirca, intorno à cui sono queste Isole, frà lequali sboccan-
do l'Oceano in 19. bocche, fà quattro canali,
per liquali egli è senza cessar mai portato sotto'l Settentrione, & iui assorbito nelle viscere

Ff 3   della

'della terra'. Vno di queſti canali,che fà l'Occe-
no Scitico, hà 5.bocche, nè mai per l'accelerato
ſuo fluſſo, e per la ſua ſtrettezza ſi congela. Ma
ve n'èvn'altro d'incontro alla Iſola Groelandia
di tre bocche, ilquale ogn'anno, circa tre meſi,
ſtà congelato, e la ſua larghezza, è di 37. leuche. Frà queſti due canali giace vn'Iſola ſopra
Lappia, e Biarmia habitata da Nani quattro
piedi lunghi. Vn certo Ingleſe d'Oxford riferiſce, che,queſti quattro canali ſono rapiti còn
tanto impeto ad vna voragine interna, che le
naui vna volta in loro entrate, non poſſono da
vento alcuno eſſere cacciate indietro, nè quì è
mai tanto vento, che baſtaſſe à volgere vna
macina da formento : le quali tutte coſe anche
Geraldo Cambreſe afferma, nel ſuo Libretto
delle marauiglioſe coſe dell'Ibernia hoggi
chiamata Irlandia. Hor tuttociò, che generalmente s'è detto dell'Vniuerſo baſti, perche Tolomeo ne tratta abondeuolmente delle ſue parti, ad vna ad vna delle Regioni,delle Prouincie, e de' Regni, in 35. Tauole particolari,
quattro delle quali ſono generali, che inchiu-
dono le cinque precipue parti del Mondo, cioè
l'Europa, l'Africa, l'Aſia, e l'vna, e l'altra A-
merica, laſciato quello tutto, che s'auuicina
all'vno, & all'altro polo,alle quali ſi riducono
l'altre Tauole delle particolari Prouincie; nel
diſporle però habbiamo ſeguitato l'ordine di
Tolomeo quanto è poſſibile, e come quì appare, conſigliato ciaſcuna di loro con le Tauole.

De.

Defcrittione di tutto il Mondo fecondo la
prattica de' Marinari.

QVefta Tauola moftra la faccia di tutto'l
Mondo accommodata alla prattica de'
Marinari, per l'aqual prattica farebbero da dirfi
molte cofe; ma perche di ciò ne fono da altri
fcritti intieri volumi, qual'è l'opera di Pietro
di Medina, lo fpeccio de' Marinari di Giouanni Aurigario, le regole dell'arte del nauigare
di Pietro Nonio, e certe altre operette: rimet-
teremo alle fatiche loro quel ftudiofo, che defidera d'effer ammaeftrato in cotal prattica:
contentandoci folamente di riferire quì poche
cofe; tanto più, che quefta picciola Tauola
può effer poco adoprata da Marinari; poiche ad
effi bifogna vna mappa di giufta, e conueniente grandezza, quale fù quella, che fabricò Ge-
rardo Mercatore, preftantiffimo Geografo del
noftro tempo. Adunque la prattica di quefta
Tauola è tale. Qualunque volta, che'l Ma-
rinaro vuole partirfi da qualche luogo, e nauigare à qualche altro, dee confiderare tre
cofe per finire il fuo viaggio: l'altezza del Polo fi del luogo dal quale fi parte, fi del luogo
alquale arriua: la diftanza del viaggio frà l'
vno, e l' altro luogo: e finalmente l'habitudine
c'hà, ò la regione, nella quale piega il fecondo
luogo à rifpetto del primo, che da ciò verrà in
conofcenza del vento, ò del combo, che può
drizzare il defiderato fuo viaggio. Le quali
tutte cofe conofcerà egli da quefta Tauola.
Percioche l'eleuatione del polo di ciafcun luogo fi vede nell'vno, e nell'altro lato della Ta-

Ff 4 uola,

uola, cioè dal deftro, e dal finiftro. Ma la
diftanza del viaggio fi dee tentare col compaffo, quando la Tauola è ben fatta, ò mediante
lo ftromento direttorio, l'vfo del quale vien
infegnato dal Mercatore nell'vniuerfal fua Tauola del Mondo fecondo l'vfo de' Nauiganti.
Si può ella cercare ancora dalla dottrina de i
triangoli sferici, laquale con l'aiuto di Dio noi
daremo in vn'operetta particolare con l'aggiunta d' vn'iftromento commodo, e non in-
grato à quefto. Si potrebbe anco faciliffima-
mente trouare la diftanza de' due luoghi con l'
aiuto del globo terreftre. Percioche fe nel globo farà ftata col compaffo prefa la detta diftanza, e poi meffo il compaffo pure fopra il cerchio Equinottiale, ò Meridionale del predetto
globo, incontanente faranno conofciuti i gradi del grandiffimo cerchio, che cadono frà l'-
vno, e l'altro luogo, a' quali affegnando trè
miglia Italiane, rifulterà la diftanza de' due
prefati luoghi. Vltimamente l'habitudine
dell'vno, e dell'altro luogo, ò l'inclinatione
del fecondo luogo per rifpetto del primo, appreffo la regione del Cielo, ò l'Angolo della
pofitione, altro non è, che la declinatione del
grandiffimo cerchio, che và per l' vno, e per
l'altro luogo dall'vna delle quattro regioni del
Mondo, ò dall'vno de'quattro punti Cardinali, che fono l'Oriente, l'Occidente, il Settentrione, & il Meriggio. La qual'inclinatione trouata nella Tauola, non farà malageuole al Nauigante l'eleggere vento, ò combo,
col quale debba drizzare la naue per poter giu-
gnere al deftinato luogo, configliando però
con le cautele, che i Marinari offeruano per
tut-

tutto, quando non poſſono propriamente ſer-
uirſi d'alcun vento.

Deſcrittione del Latio, ò Territorio di Roma.

VOgliono alcuni, che il Latio antichiſſima
Regione poſta da Leandro per la quarta
d'Italia, ſia coſì detto dal Rè Latino, altri dal
Pontefice Saturno, ò da Sabatio Saga, che per
timore dell'arme di Gioue ſi fuggì della patria,
& venne in queſto paeſe à naſconderſi. Varrone però ſtima, che à queſta Regione tal nome
toccaſſe; percioche ſtà ripoſta, e ſi naſconde
frà le ſublimi, e ſtaboccheuoli rupi dell'Alpi,
e dell'Apennino, frà il Mare, il Teuere, & il
Liri. Hora vien chiamata il Territorio di Roma, e communemente, la campagna di Roma, da Roma ſua Città, per differenza della
campagna felice, che è il paeſe del Regno di
Napoli. Già diuerſe genti occuparono il Latio, gli Aborigini, gli Arcadi, i Pelaſgi, gli
Ardeati, i Siculi, gli Aronci, i Rutuli, e di
là da' monti Circei, i Volſci, gli Oſci, e gli
Auſonij, che tutti dal Latio s'addimandarono
Latini, ſe ben Suida ſcriue, che prima ſi nomi-
naſſero Cetij, poi Eneadi, e Romani. Afferma
Plinio, che fin'all'età ſua, nel Latio cinquan-
tatre popoli ſi ſpenſero talmente, che nè pure
le loro veſtigia ſi trouauano. Ma dopò lui fino
à queſti tempi, la maggior parte di quei, che
egli deſcriue, ſe n'è ita di male, con molte Città, e terre murate di maniera, che non ſolamente
non n'appaiono l'orme; ma nè anco i luoghi

Ff 5 doue

doue furono, fi poffono puntualmente difcernere; percioche quefta era già terra d'Habitanti ripieniffima, & adorna d'ampie, & illuftri
Città, le quali pofcia fi per la vicinanza di Roma, fi per le fcorrerie de'Barbari, e per le pre-
de, fono in gran parte diftrutte, lafciatene poche difperfe per tutto il Latio.

Effendo cofi fatti popoli di natura feroci, fi
moftrarono prima acri nemici de'Romani, poi
dolci amici, onde nelle guerre loro diedero di
grandiffimi aiuti. Sono anche hoggi per il più
rozi, villani, animofi, baldanzofi, e forzuti non
meno, che per l'adietro.

Altri altrimenti danno i termini del Latio;
ma noi porremo folamente quei, che ne dàLean-
dro, cioè il fiume Liri dall'Oriente, che da lui
diftacca la campagna Felice ; il Mare Tirreno
dal Mezogiorno, & il Teuere con l'Aniene
dall'Occidente, e l'Apennino dal Settentrione.
Giace il Latio fotto il quinto clima, & occupa 12. e 13. paralelli, doue il maggior giorno
della ftate è di preffo che 15. hore, e ne'Meridiani s'inchiude 34. e 35. gradi, e mezo.

Ma diuidefi in antico, e nuouo Latio. Seruio mette l'Antico Latio nuouo di là fin'al fiume Volturno, che vicino à Cuma fcorre nel Mare; & hoggi è da Leandro detto Nataronc.
Altri nondimeno pigliano l'antico Latio frà il
Teuere, & i monti Circei, volgarmente monte Circello, che è vn fpatio di cento, e cinquanta miglia per lungo, e computano il Nuouo, da monte Circello fin'al fiume Liri, hora
il Garigliano.

Dice Leandro, che quefta Regione merita
di gran lodi, perche di lei nacque il principio

di

he questa era già terra d'Habita-
, & adorna d'ampie, & illustri
li polche per la vicinanza di Ro-
scorrerie de Barbari, e per le po-
gran parte distrutte, lasciatene po-
per tutto il Latio,
osi farti popoli di natura feroci, i
prima acri nemici de'Romani, pol
, onde nelle guerre loro diedero di
aini. Sono anche hoggi per li piu
, animosi, baldanzosi, e forza uan
per l'adietro.
ionci danno i termini del Latio;
emo solamente quei, che ne dà l'an-
fiume Liri dall'Oriente, che da lui
campagna Felice : il Mar Tirreno
orno, & il Teuere con l'Aniene
 me, e l'Apennino dal Settentrio-
tio sotto il quinto clima, & occu
paralleli, doue il maggior giorno
di preffo, che di 15. hore, e ne' Mei-
inde 34. e 35. gradi, e mezzo.
nico Latio nuouo di là fin'al fiu
he vicino à Cuma scorre nel Ma-
da Leandro detto Natarom..
o pigliano l'antico Latio fin il
ni Circei, volgarmente mo-
è vn spatio di cento, e cin-
r'lungo, e computano il No-
zello fin'al fiume Liri, hora
che questa Regione meritò
e di lei nacque il principio
di

di tutta l'Italia , e fù nudrice di tanti huomini
grandi , che s'impadronirono quaſi di tutto il
Mondo . Dionigio Africano chiama i Latini
generatione d'huomini glorioſa , e copioſa di
fertile terreno, e d'eccellenti ingegni. E queſta
Regione fruttifera per il più , abbondante, e
d'acque bagnata , quantunque habbia certi a-
ſpri, e ſaſſoſi luoghi, che non per tutto ciò ſono
diſutili; ma commodi per li lor paſcoli, e per le
ſelue atte alla caccia , e tenga alcune paludi al
lito mal ſane , percioche tutta la Riuiera del
Latio hà Cielo inclemente , & aere quaſi peſti-
lente ; come da Oſtia di Sercio infino à Terracina . Etiandio la palude Pontina infeſta il Latio, la quale è da Velletro à Terracina , e ſtringe lunghezza di venuiſci miglia , e larghezza
di ſei. Queſta è palude fatta da due fiumi, doue
già furono i fertiliſſimi campi Pomentini.

Con tutto ciò eſſa Riuiera in qualche luogo
hà giardini ameniſſimi, fecondiſſimi inacquati,
di cedri folti, di limoni , e d'altri alberi ſi fatti.
Il lito poſcia che è dietro alla Città d'Oſtia inſino al fiume Numico, è per lungo, e per largo
da ſelue occupato , & hoggi chiamſi la Spiag-
gia di Roma . Nel Latio ſono anco in qualunque luogo amene , e fertili pianure , e colli, de'
quali ſi coglie gran copia di nobiliſſimi frutti
l'ogni ſorte, & in particolare di vino, che con-
ende con gl'altri ſoauiſſimi , e generoſiſſimi
dell'Italia , quali ſono l'Albano , il Cecubo , il
Fondano, il Sétimo , il Falerno , il Veliterno, il
Priuerateſe, & altri . Strabone , e Plinio fanno
nentione del vino Signino, che vecchio ſtrigne
l ventre . Quì ſono ancora peſcoſiſſimi laghi ;
ome il lago Fondano, nel quale ſi peſcano mol-

ti pefci ; particolarmente anguille di rara
grandezza ; & il lago Celano , ò Albano ,
ò Marifco , detto etiandio Fucino da gli Antichi, ilquale racconta Strabone, effere à guifa
del mare, lungo . Dicono , che quefto tanto
ridonda , che narra Leandro , occupata tutta
la pianura Palentina fi difonde alle radici de'
monti ; fi fcema pur tal hora , e fecca di forte,
che fi può coltiuare . In quefto lago fi trouano
pefci da otto pinne , che gl'altri altri altroue
n'hanno folamente quattro ; ilche Plinio rammemora per miracolo . Nel territorio della
Città di Nomento nel confine del paefe della
Sabina fono fonti d'acque calde , à rimedij di
malatie diuerfe ; & il Boccatio fcriue , che nel
territorio d'Ardea s'hanno puzzolenti fontane
d'acque fulfuree ; & anche preffo Sermoneta
quattro miglia , fono fetide acque , che fi fpar-
gono verfo Terracina . Quiui parimente intorno alla Città d'Oftia non mancano molte
Saline . Quiui è Monte Circeo , volgarmente
monte Circello, famofiffimo à gli Antichi, doue fauolofamente fi dice , che habitò Circe , la
quale per via d'efficaciffime herbe nateui , gli
huomini tramutò in beftie. Perche quefto è móte pieno di rouere , di lauro , di mirto, e d'altri
arbofcelli atti a'medicamenti .

Il Teuere è il principal fiume di quefta Regione, nobiliffimo di tutti i fiumi dell'Italia , il
quale s'addimanda fimilmente Tibri, Albula ,
Lido, Tofco, Voltorno, e Turreno. Nafce tenue
prima dall'Appennino , à guifa di picciolo ru-
fcelletto, ma ingroffa poi con 42.fiumi , e torrenti, che riceue , onde ingrandifce lo fpatio di
150.miglia. Per teftimonianza di Plinio, egli è

pia-

piaceuoliſſimo mercatante di tutte le coſe, che in tutto'l Mondo naſcono; diuide Roma in due parti, e ſepara la Tuſcia da gl'Ombri, e da Sabini; ne mai eſce dell'alueo, & inonda Roma, che non le pronoſtichi alcun male, coſa, che s'è più volte oſſeruata.

La primaria Città del Latio, è l'inclita Roma, capo di tutto'l Mondo; laquale già non fù tanto glorioſa per l'ampiezza del ſuo Imperio, che dalle colonne d'Ercole all'Eufrate ſi ſtendeua, e dall'Anglia, all'Atlante, quanto hoggi è riſplendente per la ſede del Sõmo Pontefice, che con podeſtà, giuſtitia, e lode gouerna. Fù ella da Romolo edificata, l'anno auanti, che naſceſſe Chriſto 751. & entro di ſe abbraccia ſette colli, Capitolio, Palatino, Auentino, Celio, Eſquilino, Viminale, è Quirinale. Nel tempo di Plinio il circuito di Roma era, non numerati i Borghi, di venti miglia, & all'hora le porte de' Borghi, e della Città in tutto erano 24. & in ſe ſtringeuano 12. contrade, e fiorendo l'Imperio, intorno à Roma ſi contauano 734. torri, nelle quali ſi collocauano preſidij. All'età noſtra Roma 15. miglia aggira, ò come ad altri piacè, 15. e le ſono rimaſte ſolamente 365. tori, e 10. porte, che tuttauia non ſonò antiche, perche ſono tutte le coſe mutate, e volte riſpetto, che tãte fiate, da Barbaria patì rouine, e ſoſtenne guaſti. Queſta città con ſucceſſo di tempi produſſe buon numero d'eſiiij Senatori, di chiariſſimi, e fortiſſimi capitani, e d'egregij Imperatori, domatori di quaſi tutto'l Mondo, & alla fine hebbe gran quantità di ſommi Potefici veri Vicarij di Chriſto. D'eſſa Roma ſi trouano innumerabili, e memorande coſe, ſi antiche,

ſi

sì moderne,delle quali fi fono fatti groffi volumi,onde il più trattarne pare fuperfluo.Il fiume
Teuere inacqua, e diuide Roma, e vifà vn'I-
foletta in forma di naue, in mezo lunga vn ti-
rar di freccia,&in lungo diftefa due ftadij.Vna
parte di Roma,che fi nomina Trafteuere fi có-
puta nell'Etruria,l'altra nel Latio.

Sono anche nel Latio hoggi altri celebri
luoghi,Oftia,Ardea, Nettunio, Terracina, e
Gaeta,che ftanno al lito del Mare. Ma le città,
e terre mediterranee del Latio fono Velitra,
Tibure,Prenefte,Anagna,Verulo, Alatrio,Ba-
buceo, Siginia, e certe altre.

Oftia è vecchia città pofta alle foci del Teuere di cattiuo aere, e graue, per effere fabricata
nel loco recato dall'acque dal Teuere, cagione, che i fuoi habitatori otteneffero certa
immunità del Senato Romano.Il Territorio di
quefta Città frà l'altre cofe abondeuolmente
porta pepone. Ardea è anch'ella città antica,
nel cui territorio fono puzzolenti fontane, e d'
acque fulfuree,& è di giurifditrione di cafaCo-
lonna. Netunio è terra murata di lito, il territorio della quale è fertile, é abondante di vino, e di formento. Gli habitanti quini per l'-
opportunità del luogo attendono il più à ve-
cellare, & à pefcare;percioche tutto il lito per
fpatio di 18.miglia infino à Lauinio, hà conti-
nuare forefte, e fpinetti atti alle cacciagioni di
cinghiali,di capriuoli, e di lepri,e perche quini
è il mare ghiarofo,vi s'hà ottimi,e generofi pefci. Quefta terra murata è de'Colonnefi patritij Romani. Terracina è picciola città, ma
popolata & honorata, meffa non lontano dalla
malude Pontina,il cui territorio è verfo il Mare
fe-

fecondissimo, & amenissimo, & abbondante di
viti, di cedri, di limoni, e d'alberi tali . Gaeta
è città forte, con celeberrimo porto, & inuincibile Rocca, sopra vn monte altissimo . Velitra
antichissima terra, murata de' Volsci, & assai
chiara, è sopra vn monticello situata, i cui vini
sono da Plinio lodati, & hoggi è assai popolata . Tibitre antica città, vo garmente Tiuoli, giace in vn colle 10. miglia distante da Roma, laquale auuengache già rouinasse, nondimeno hà di presente vna fortissima Rocca, e
gode vn temperarissimo Cielo . Circa Tibure
sono luoghi da tagliar pietre, e vi si taglia la
pietra Tiburtina celebrata da Plinio . Il piano à Tibure soggetto mà da fuori, cagione l'A-
niene, gelide acquette, che s'addimandano Albule di molta virtù medicinale . Preneste fù
antichissima, e forte città, ma quello, che hoggi
s'hà d'essa, non tiene l'ampiezza vecchia, conciosia cosa, che s'ella più volte sia stata spiana-
ta . E di dominio di casa Colonna . Anagna,
ò Anania, vecchissima, e nobile città, capo d'Ernici, giace hora meza rouinata, e per poco che
desolata . Verulo è anche antica città degli
Ernici . Alatrio è vecchissima terra murata degli Ernici . Babuco è vecchia città, e Signia è
antichissima città degli Ernici, il cui vino è da
Plinio commendato .

E nel Latio Roma capo di tutte le Chiese
della vera Christiana Religione, oue siede il
Sommo Pontefice, ilqual v'hà 5. Chiese Patriarcali, la Chiesa di S. Gio: Laterano, di S. Pietro
e di S. Paolo, di S. Maria Maggiore, e di S. Lorenzo, alle quali Chiese sono assegnati 8. Vescoui, che prima erano detti Arciuescoui, de' quali
esso

effoSommo Pontefice è fupremo,fotto cui ftanno gl'altri,cioè l'Oftiefe, che è Patriarca di cã-
pagna,il Velletrefe,ò Valeriefe,il Portuefe,ò di
S.Rufina,e Seconda;il Sabinefe,il Tufculanefe,
il Preneftefe, e l'Albanefe . Alle medefime
Chiefe fono confegnati 28.Preti Cardinali, e
18.Diaconi Cardinali. Ma fuori di Roma in
campagna maritima s'hanno quefti Vefcoui .
L'Anagnino,l'Alatrio, il Fondano, il Tiburti-
no,il Signinio,il Terracino,il Verulano, il Fe-
rentino,Sorano,e l'Aquino .

Defcrittione della Palestina , ò della Terra Santa infieme con quella della Fenicia, à lei vicina .

L A Paleftina particolar prouincia della
    Siria , è molto fegnalata , e celebre per
i luoghi, e per l'imprefe, che in effa fatte commemora la fcrittura facra,fotto cui,come fotto
general home comprendefi la Idumea , la Giudea , la Samaria , e la Galilea ; fù anticamente
detta Canaam; da Canaam figliuolo di Cam , i
cui figliuoli diftribuirono frà fe quefta terra. E
cotal nome ella ritenne finche fù occupata da
gl'Ifraeliti, da'quali pofcia fi nominò Ifraele.
Tolomeo , & altri nominarono quefta terra ,
Terra Paleftina , da' Paleftini popoli di gran
nome per la loro poffanza ; e per le guerre , che
fecero;iquali anco fono nelle facre lettere chiamati Filiftijm . Fù anche già detta Terra di
promiffione come è da'facri libri manifefto ;
ma hora volgarmente fuole addimandarfi
Terra Santa .
Ella giace fra'l mar Mediterraneo , e l'Ara-
                                              bia,

bia,dalla qual parte,di là dal Giordano è quaſi
di continuati monti dalla natura circondata, e
cominciando, come Erodoto dice dall'eſtrema
côtrada dell'Egitto, ò come altri vogliono,dal
lago di Stribone, ſi ſporge infin'alla Fenicia.
Onde è da queſti fini contenuta,da vna parte
della Fenicia nel Settentrione , dal monte Libano nell'Orto eſtiuo , dall'Arabia parte nel
Meriggio,e parte nell'Oriente, da vna banda
del mar Mediterraneo , cioè da quella, ch'egli
s'intitola Sirio,ò Fenicio,nell'Occaſo. Ella s'-
allunga dall'Auſtro nel Settentrione dalli gradi 31. infino alli gradi 33. e poco più, cioè frà
la metà del terzo,e la metà del 4.clima,occupâ-
do 9.e 10. paralelli. Onde la ſtate il maggior
giorno quiui è di 14.hore , & verſo il Boreal
termine di 14.e d'vn quarto. S'allunga poſcia
dal Meridiano di 63.gradi, fin'al Merid. di 67.

Alcuni moſtrano, che la lunghezza di queſta Regione ſia di 1600.miglia, cioè dall'Auſtro nel Borea, e la larghezza di 60. Ma vn
certo Frate Brocardo la riſtringe in 64.leuche,
cioè dalla Città di Dan, laquale già diceuaſi
Zachi, e Ceſarea di Filippo, infino à Berſabee,
hoggi nominata Gibli, e l'allarga in quaſi 16.
leuche dall'Occidente nel Mezogiorno, cioè
dal fiume Giordano fin'al mar grande, ò Mediterraneo. Tuttauia queſta Regione ſi diſtende per vna portione; oltra il Giordano doue
quella vna portione, ſi chiama di là dal Giordano,ma Plinio addimanda Pereai.

Conſta per le ſacre lettere, che queſta terra
fù ſempre illuſtra anche dall'eſſordio del mondo,& a'noſtri tempi è manifeſto, che è celeberrima per il naſcimento, per li miracoli, per la
paſ-

paffione, e per la morte di Chrifto noftro Redentore. Sì fatta prouincia gode aere clementiffimo, e partorifce huomini fani,& atti à fopportare le fatiche;percioche volfero gl'antichi, che foffe coftituita nel mezo del mondo, là doue non per freddo inafprifce, non per caldo abbrucia. Perche gl'Ifraeliti,ò gli Hebrei giudicarono, che fia quella, che fù promeffa ad Abraamo. Hà ella etiandio vn fito ameno, è adorna di colli, e di pianure ricca di varie facoltà, illuftre d'acque, che benche di rado vi pioua, il fuo terreno però fempre s'inacqua; onde ogn'hor fi fcorge buono, e fecondo. Il che moffe la facra fcrittura fpecialmente à celebrarla con quefto preconio, ch'ella con la fua bontà, e fecondità fupera tutte l'altre terre. Onde produce delicatiffimo formento in abondāza,e da fe dona odorofiffime rofe,tutta finocchio, faluia, & altre herbe buone da mangiare. Quiui ancora s'hà numero d'vliui, di fichi, di pomi granati, di palme, e di vigne; che fe bene a'Saracini, che hoggi vi habitano è interdetto l'vfo del vino, fe ne fà però buona quantità per l'altre nationi, che vi ftanzano: percioche fono quì trè vindemie all'anno. Quefta terra non produce i pomi noftrali, non i peri, non le cireggie,non le noci,non gli altri frutti à noi famigliari;ma effi quini fi portano di Damafco; e vi s'hanno anco certi frutti,li quali per tutto l'anno fi conferuano ne gl'alberi, come fono i cedri grandi; & i pomi del Paradifo. In oltre vi fi colgono peponi, cocomeri,meloni,cedriuoli,cocomeri di Babilonia, & altri frutti fimili. Già quefta Regione produceua etiandio il balfamo, di cui hora manca-

ca-

ea, nondimeno di mele abonda, di colocafia, e
di canne produttrici del zucchero;vi crefce anco la fuccida lana in arbofcelli., che nafcono
ogn'anno delle femenze, che fanno,feminare.
Quiui s'hà ottima cacciagione, & vccellag-
gione d'apri,di capriuoli,di lepri, di pernici,di
coturnici,e d'altri cofi fatti animali. Quiui pur
trouano infiniti leoni,orfi,e camelli.

Nel reftante, in alcuni luoghi della Paleftina i campi fono quafi deferti per l'abondanza,
c'hanno de'topi, di forte, che fe non foffero di-
uorati da certi vccelli,non potrebbono gli Habitanti feminar in effi quel poco,che feminano.

Il fiume Giordano bagna mezo quefto paefe, la cui acqua è dolciffima, e fogliono i pelegrini lauaruifi. Quefto fiume nafce nelle radici del monte Libano da i due fonti Gior,e Dan
ne molto è lungo, nè profondo, e tende da Settentrione in Mezogiorno, co'l fuo corfo formando due laghi,cioè quello di Samaconitide,
ò di Canna di Galilea, e quello di Tiberiade,
che anche fi chiama il mare di Galilea, & il lago di Genefaret, e finalmente sbocca nel mar
Morto.Nella riua di quefto fiume nafce il nero
falice,il tamarifco, l'agnocafto,e molte forti di
canne,che gl'Arabi adoprano à far ftrali;dardi
e lancie leggieri,& anco à fcriuere.

Il lago,ò meglio lo ftagno di Samaconitide,
che altri dicono Merone, ò l'acqua Maronite;
fi fà, come habbiamo detto dal fiume Giordano in vna certa valle, per quello, che attefta
Brocardo, nel tempo fpecialmente, nel quale fi
disfanno le neui del Libano. Il qual ftagno la
ftate per il più fi fecca,e vi crefce dentro moltitudine d'alberi,e d'herbe,nelle quali fi nafcon-
dono

dono leoni,& altre beftie.

Il lago di Genaferet, ò il mare di Tiberiadè
ò di Galilea hora nominato il Barbaria tiene
limpidiffime, e pefcofiffime acque, nelle quali
fi pigliano le Raine, i Lucci, le Trutte, e i Squa-
li de Romani, e de' Vinitiani: Quefto non è fi
largo, che in terra non poffa effere d'ogn'intorno veduto. Alcuni danno il fuo giro di 20.mi-
glia, la lūghezza di 16.dalla parte, ch'ei fi por-
ge dal Settentrione in Mezogiorno, e la larghezza di 6.La pianura, che'l cerchia è abbandonata per la copia, c'hà di quel albero fpinofo
addimandato Napeca, ilquale impedifce i capi,
che non poffano feminarfi. Hora nondimeno
gl'Hebrei per pefcarni commodamente, habitano intorno al lago, e rendono più culti quei
luoghi, ch'erano deferti auanti.

Il Mar morto, ò falfo, ilquale anche fi chiama il lago Afaltide dal bitume, di cui già qui
s'haueuano molti pozzi; è luogo, doue fù già la
valle Siluefre, ò delle faline, la quale per la fua
fecondità, & amenità fi compara al Paradifo di
Dio, e nella quale furono Sodoma, Gomora, e
l'altre tre città fouuertite, & à forza di fulmini
abbrufciate dal Signore per lo fporco peccato
contra la natura. Quefto lago, come afferifce
Brocardo, tiene lunghezza di 5.giornate dall'
Aquilone nell'Auftro, e larghezza di 5. leuche
dall'Orto nell'Occafo. Ma come altri fcriuono, egli è lungo 70.miglia, largo 19.e manda
fuori nuuole à guifa dell'infernal camino, perche tutta quella valle diuien fterile lo fpatio d'
vna meza giornata, non comporta pefci, nè
vccelli, che intorno gli volino: e dicono, che
qualunque animal, che in lui fi gitta, etiandio
                                        à ma-

à mano, ò à piedi legati ; fuori d'esso nuota, e si salua .

Questa fù già terra popolatissima, come qual altra si voglia prouincia del Mondo. Percioche raccontano , che'l Rè Dauid vna volta vi fece vna radunanza di mille volte mille , e trecento mille persone atte alla guerra senza la Tribù di Beniamin .

Il suo popolo da principio si prestò giusto ; santo; dedito, e diuoto à Dio, e fù detto Giudeo dal Prencipe Giuda; perche prima era chiama- io Hebreo . Ma in successo di tempo cagione il suo peccato ; patì molte calamità, e finalmente fù spogliato del Regno affatto, e fuggì disperso altroue . Onde il lor paese poi sofferì varie mu- tanze . Percioche ; à tacer de'secoli de gl'anti- chi Padri; l'anno trentatrè dopò Christo ; Gie- rusalemme fù da Tito presa, e spiantata con l'- occasione , e con la prigionia di parecchie mi- gliaia d'huomini ; fù rifatta l'anno di Christo 136. da Elio Adriano, & Elia dal suo nome no- minata, e concessa per habitatione a'Giudei ; e venne sotto Christiani nel tempo di Costantino Imperatore , e d'Elena sua Madre ; in mano de' quali stette fin l'anno 609. nel quale fù presa dà Persiani; se bene di lei nò si partirono i Chri- stiani; perche vi si fermarono essi quetamète fin' ad'Enrico IIII. perche in quel tempo presa lei dà Saracini ne furono scacciati .

Ma l'anno 1077. celebrato dal Pontefice vn concilio generale per la ricuperatione della Terra Santa ; furono in ogni prouincia d'Eu- ropa creati soldati cruciferi ; liquali sotto Go- fredo Boglione, & altri Capitani, preso il camino verso essa Terra Santa, con 300. mila pedoni; e

100.

100.mila caualli efpugnarono prima Nicea,&
Antiochia, poi entrati nella Soria, prefero alquante fue terre murate, & vltimamente rac-
quiftarono Gierufalemme, tutta Terra Santa
di cui tennero la Signoria ottantaotto anni cō-
tinui infin all'anno 1185. nelquale il Saladino
Rè de'Perfiani la fè foggetta a'Sarácini. Ma
poco dapoi per la maggior parte ricuperata
da'Chriftiani,di nuouo pigliata da'Saracini l'-
anno 1217.& vn'altra volta rihauuta da'Chriftiani l'anno 1229.alla fine l'anno mille ducento,e quarātaotto Gierufalemme,e l'anno 1290.
il reftante della Terra Santa venne in poter de
gl'Infedeli, e ftene fotto i Sultani dell'Egitto
fin all'anno 1517. cioè fin che furono fcacciati
dall'Imperatore de'Turchi. Giace dunque
hora mefchinamente la prouincia della Paleftina tutta fotto la Signoria del Turco,habita-
ta quafi da ogni natione, e da perfone offerua-
trici de'riti diuerfi,da Saracini, da Arabi, da
Turchi,liquali feguono tutti il dogma di Mau-
metto; poi da Hebrei, e da Chriftiani; altri de'
quali ferbano l'vfo della Sacrofanta Chiefa
Romana, & altri fono fcifmatici; quali fono i
Greci; i Soriani; gl'Armeni; i Giorgiani; i Ne-
ftoriani; i Iacopini; i Nubiani; i Maroniti; gli
Abiffini; gl'Indiani; gli Egittij;e le molte altre
genti, che confeffano, & adorano Chrifto; le
quali tutte hanno i loro Vefcoui peculiari, &
altri Prelati;a'quali vbidifcono à parte.

Nel rimanente;quando gl'Ifraeliti poffiede-
uano la Paleftina;ella fù in dodeci parti diuifa;
lequali effi differo Tribù, e fi nominarono tribù di Ruben;tribù di Simeon; tribù di Giuda;
tribù di Zabulon;tribù d'Iffachar;tribù diDā;
tri-

tribù di Giuda;tribù d'Aser;tribù di Neftalin;
tribù di Beniamin: tribù di Manasse;e tribù d'-
Efrain . Ma essendosi questa prouincia per se-
ditione diuisa in due parti sotto'l Rè Roboam
figliuolo di Salomone , due di queste tribù ca-
derono in vna:cioè,la tribù di Giuda,e la tribù
di Beniamin , e si compresero tutte sotto la tribù di Giuda . L'altre dieci tribù rette da'Rè
della Samaria ottennero il nome d'Israelle. Ma
dopò la catiuità di Babilonia, ella fù di nuouo
distinta in due regioni, cioè in Samaria, & in
Galilea, & all'hora i Rè d'Israelle habitauano
nella città di Samaria hoggi chiamata Sebaste
che la Galilea veniua occupata da genti'straniere , onde cominciò ella ad essere odiata da'
Giudei . Partiuasi la Galilea in quel tempo in
due parti in superiore:& inferiore. Dopò tutto
questo , infino alla venuta di Christo, e dopò
ancora, tutta questa terra fù in tre parti distinta ; cioè in Galilea, che è la sua parte superiore
verso Sidone,e Tiro,Città della Fenicia: in Samaria,che è la sua parte di mezo, & in Giudea,
che è la sua parte inferiore all'Austro,& all'A-
rabia Petrea . Tuttauia certi à questi aggiun-
gono vna quarta parte; cioè l'Idumea; laquale
s'allunga fin'al lago di Stribone presso a'confini dell'Egitto . Ma ciascuna di queste parti
hor hora tratteremo separatamente .

LA GALILEA.

E La Galilea; paese di Settentrione chiuso
da'gioghi del Libano; e dell'Antilibano :
hà dall'Occidente vicina la Fenicia; dall'Oriè-
te si congiunge alla Celesiria; ma i deserti della Samaria , e dell'Arabia serrano la sua parte
me-

meridionale.Il fuo terreno è di fito felice, ottimo, fertiliffimo,piantato d'ogni forte d'alberi,
per mezo sfeffo dal fiume Giordano, preffo le
cni riue fono communi,e borghi di buoniffimo
numero, & abondeuolmente anco bagnato da
montani torrenti,e da fonti di perpetue acque.
Di che fi fà,che i campi fono in tutto da gl'habitanti lauorati, nè alcuna fua parte fi lafcia o-
tiofa. Onde à ragione quefta terra già della
palma contendeua con la Samaria,e con l'altre
aggiacenti regioni.Fù quiui numero di città, e
moltitudine di terre murate, e di communi,le
genti de'quali erano valenti guerrieri.

Si diuide quefta prouincia in fuperiore, &
inferiore. La Galilea Superiore, che anche fi
chiama la Galilea delle genti,termina con Tiro Città della Fenicia. Il Rè Salomone donò
qui 5.città à Chiram Rè di Tiro.Doue fono
anco i fonti del Giordano. Ma la Galilea Inferiore, detta di Tiberiade, da vna Città, che tiene, di tal nome; ò perche abbraccia il lago di
Tiberiade giace al Meriggio, e fi diftende di
là dal fiume Giordano, nellaqual parte i deferti l'infporcano,& i monti l'inafprano! Quefta
è hoggi memoranda regione per la fegnalata;
ma picciola terra murata di Nazarette, fituata
frà bagnati colli, doue Chrifto fù conceputo.
Perche in lei è vna picciola capella fatta in
volto,e fotterranea,à cui fi fcende per gradi: di
luogo, nel quale fù à Maria Vergine nunciato
dall'Angelo, ch'ella doueua partorire Chrifto
Noftro Sign. Gl'habitatori di quefta terra murata fono Arabi,corti,magri,portano la fopra-
uefte longa fin'alla polpa della gamba, teffuta
di pelli di capre,bianca, e nera diuifata, e fenza
arte,

irte,alla groſſolana cucita:& indoſſo hanno la
camiſcia lunghiſſima,la quale ſupera la ſopra-
ueſte,le cui maniche ſono larghe,e lunghe, &
in capo tengono il cappello negro,& appunti-
to. Vſano in guerra archi,ſpade,e pugnali. E
anco in queſto paeſe il monte Tabor à marauiglia ritondo,& alto,la cui parte Settentrionale
s'hà inacceſſibile ; nel qual monte ſi trasfigurò
il Noſtro Sig. Gieſù Chriſto.

LA SAMARIA.

E La Samaria ſituata nel più bello , e nel
più fertile luogo della Paleſtina , tutto
che non ſia da paragonarſi, ò con la Galilea,ò
con la Giudea,frà le quali giace. Fù queſta denominata Samaria da vn certo Samaro : & hà
dall'Occaſo eſtiuo il mar Morto , dal Settentrione,e dall'Orto confina cõ la Galilea preſſo
il lago di Tiberiade , & vſcita del Giordano ſi
diſtende fin'a'deſerti dell'Arabia. E terra parte aſpra per monti,e parte campeſtre,amena ,
fertile, abondante di fonti, e d'acque dolci,co-
pioſa di Giardini,d'oliueti,e di tutte le coſe neceſſarie al vitto. Queſte furono le memorabili
Città di queſta Prouincia . Samaria, che poi ſi
diceua Sebaſten,già capo del Regno delle dieci tribù,il quale ſi chiamaua il Regno d'Iſrael-
le. Queſta Città è hoggi quaſi diſtrutta,hà poche caſe , & in lei hora ſi veggono anche le rouine de'magnifici edifici, che teneua Ceſarea di
Paleſtina,ò di Stratone,poſta vicino al lito.Pi-
neto giudica,ch'ella hoggi s'addimãda Azon .
Napoli,la quale fù dinanzi nominata Sichat, ò
Sichem , ma hoggi è detta Napoloſa, ò Napo-
litza, e Naplos. Queſta non è d'amenità , e di
delitie à luogo veruno inferiore, & è ſituata

Gg   nel-

nella piegatura d'vn colle con vn castello mol
to antico. Appresso questa lungi l'ottaua par
te d'vn miglio,in vna valle, si scorgono le ro
uine d'vn certo tempio, doue dicesi, che fù i
pozzo,sopra cui sedendo Christo,chiese dá ber
alla donna Samaritana; che all'hora cauaua l
acqua di quel pozzo.I colli vicini a Napolosa
come dice Bellonio, sono d'alberi fruttiferi, e
gregiamente adorni. Vi crescono gli vlmi i
gran grossezza,e sono carichi del visco, delle
rosse lor bacche vscito.

LA GIVDEA.

LA Giudea è la più celebre parte di tutte l
altre parti della Palestina. Questa mede
sima gode la stessa fertilità del terreno,che go
deua prima. Giace frà'l mare Mediterraneo, &
il lago Asfaltite detto il mar Morto, & anche
frà la Samaria,e l'Idumea.La tribù di Giuda
principalissima le diede il nome, nella quale si
come ne gl'altri luoghi della Palestina, sono
più città,e terre murate,delle qual terre Gieru
salemme fù la più chiara,e la metropoli. Que
sta è la primaria Città della Giudea, la prin
cipal possessione del mondo, la madre de'Pa
triarchi,de'Profeti, e de gl'Apostoli, la princi
piatrice della fede,e la gloria del popolo Chri
stiano. Fù essa anco chiamata Elia Capitolia,
& hora è nominata da'Barbari, che v'habitano
Coz, ò Godz,ò Cruz. E in alto luogo situata,
cioè, in monte; e da ogni lato, si può à lui da
tutti i tempi salire. Ma ella è dall'Austro posta
in vna banda del monte Sion, e dall'Occidente
hà il monte Gion,& il torrente Cedron tocca
la sua muraglia Orientale. Questa con la sua
irrigatione ingrassa i vicini luoghi.Ella è ame
nis.

niffima,di delitie piena,e piantata di giardini,e d'horti. Ma s'allontana per noue giornate in circa dal Cairo dell'Egitto.S.Girolamo penfa, che non folamente pofleda il mezo della Giudea,ma che fia il bellico di tutto il mondo:perciothe tiene l'Afia da Leuante, l'Europa da Ponente, la Libia, e l'Africa da Mezodi, e da Oftro gli Sciti, gl'Armeni,i Perfiani, e l'altre nationi del Ponto.Quanta già foffe quefta Città,egli fi può congetturare da Tacito,ilqual riferifce,che nel principio,che fù afllediata, fi trouauano in effa 200. mila perfone d'ogni età, e d'ogni feffo; ma hoggi non fe ne numera fe non cinquemila,tutto che qui per la Santità de' luoghi vengano genti da tutte le parti del Mondo. A quefti vltimi tempi fù cinta di nuoue,e ben grandi mura, ma deboli. Nel mezo di quefta Città, oltra l'altre cofe,s'hà il preftantiffimo Sepolcro del Noftro SIGNORE GIESV CHRISTO, la Chiefa delquale comprende tutto'l luogo della Caluaria,il quale è pofto in piano.E quefta Chiefa fublime,di rotonda forma,& aperta di fopra,donde riceue il lume.Ma effo fepolcro è ferrato in vna Capella coperta d'vn rotondo volto,fatto di mafficci marmo, e la cuftodia è a'Chriftiani dell'Italia commeffa.

Ciafcuno,che vuole entrare nel fepolcro,paga 9.fcudi d'oro.Donde il Turco ne caua ogn' anno 8.mila ducati. Ma è per cento,& 8. piedi lontano da quefto fepolcro il Monte della Caluaria, nel quale fù Chrifto da'perfidi Giudei crocififfo. Sono qui altri più luoghi ancora per la loro Santità memorandi. Nel reftante i pelegrini vi fono albergati fecondo la religio-

ne, che effi profeffano, come gl' Italiani
preffo i Frati di S. Francefco fuori della Città
nel Monte Sion ; i Greci appreffo i Caloieri
Greci, li quali habitano al fepolcro nella Città, e cofi l'altre nationi fono ricettate da'fuoi ;
come gl'Abiffini, i Giorgiani, gl'Armeni, i Ne-
ftoriani, i Maroniti, e gl'altri; ciafcuno de'quali
hà la fua peculiar capella. I Frati di S. Francefco, che feguono il rito delle Chiefe dell'Italia,
e fono anch'effi per la maggior parte Italiani,
coftumano di creare i Caualieri del fepolcro :
& il loro priore del monte Sion, è folito far fede in fcrittura a quei pelegrini, che da altri fono qui mandati, ch'effi vi fono ftati. Fuori della
Città è la Valle di Giofafat con la fepoltura
della gloriofiffima Vergine, e di S. Anna. La
Regione a quefta Città vicina è ben culta, e di-
ligentiffimamente piantata di vigne, di pomi,
di mandoli, e d vliui. Ma i luoghi de'monti
abbondano d alberi d'ogni forte, d'herbe feluaggie, & aromatiche; e negli fcogli con fomma cura vi fi lauora il terreno a foggia di fcale
ma nell' Occidental parte de'monti ella è opu-
lentiffima di viti, e d'altri alberi fruttiferi, come
d'vliui, di fichi, e di meligranati.

Senza Gierufalemme fono anche in Giudea
dell'altre terre murate, e de'celebri luoghi, come fono Betelemme, picciolo villaggio della
Tribù di Giuda, il quale già fi diceua Efraim,
e hora è con cafette mal' all'ordine, come dice
Bellonio, e non contiene niente di bello, fe non
vn grande, e fuperbo Monafterio di Francifca-
ni, nel qual è il luogo, doue Chrifto nacque di
Maria Vergine puriffima. Rama; che fù già
vna città ampia, come appare dalle fue rouine:

Per-

Percioche, come attesta Bellonio di veduta, le cisterne, & i volti, che hoggi vi restano, sono maggiori de gli Alessandrini, quantunque non sieno tanti. Ella etiandio si chiama Ramata nelle sacre lettere, & il Gastaldo la nomina Lidia. E situata in grasso, e fecondo terreno, ma tanto d'habitatori priua, che pare vn commune, ò vna villa. Donde i suoi campi sono per la maggior parte inculti. Hà per il più habitatori Greci, che vi seminano formento, orzo, legumi, e vi piantano alcune poche viti. Gazara, città molto antica da' Vecchi detta Gaza, la quale apparteneua alla Tribù di Giuda, situata nel lito del mare, e via, per cui si passa in Egitto. Ella nõ hà mura, e possede vna Rocca vecchia quadrangolare posta in colle, ma non forte, gouernata da vn certo Sangiacco. Il territorio d'intorno ad essa Città è fertile, & abonda di fichi, d'vliui, di zizifi, di pomigranati, e di viti: nudrisce anco certe palme, i frutti delle quali tardi si maturano, perche il paese è freddo. Gli Habitanti sono Greci, Turchi, & Arabi, liquali diligentemente lauora o le loro vigne. Alcuni ripongono questa Città sotto l'Idumea.

L'IDVMEA.

L'Idumea è vna Regione, che comincia dal monte Cassio, ò secondo altri, dal lago di Stribone, e verso l'Oriente si conduce infino alla Giudea. Questa è detta Edom nelle sacre lettere; & à relatione del Nero, già fù nominata Bosra, e Nabatea. I suoi popoli hoggi s'addimandano Bidumi, li quali dicono, che discendono da' Nabatei, di leggi congiunti cò Giudei. Essa è fertilissima, e grassissima prouincia verso il Mare, e verso Giudea, ma sterile, e

per

per monti afpra ne'confini dell'Arabia. Tiene
copia di palme, celebrate da gli fcrittori, & anche nudriua il balfamo prima. Moftrano gl'
Hiftorici, che quefta regione fù inefpugnabile
da gli ftranieri per li fuoi deferti, e per la man-
canza dell'acque. Sonoui però affaiffimi fonti,
ma nafcofi, & à foli habitatori noti. Qui già
era vna roza natione, vogliofa di difcordie, facile fempre a'moti, fufpiçiofa, e lieta ne'rauol-
gimenti delle cofe. Hora quafi, che à gli Arabi
fuoi vicini s'affimiglia.

LA FENICIA.

IN quefta medefima Tauola della Paleftina fi vede la prouincia della Fenicia, ch'è
la parte della Soria efpofta al mare, contigna
alla Galilea, principia all'Aquilone al rio della
Valania, è fi diftende fin'al monte Carmelo alto, e dalla fcrittura celebrato, doue s'hà quel
luogo, che hoggi fi chiama il caftello de'pelegrini. Qui gl'habitanti furono già i ritrouatori
delle lettere, e della nauigatione, & i padroni
de'trafichi. Quefta terra conteneua dianzi più
celebri Città, e terre murate, che fono Tripoli,
Baruti, Sidone, Tiro, Tolemaide, Cafarnao, E-
miffa, & altre, frà lequali Sidone, e Tiro erano
famofe per la porpora loro, a tingere panni lo-
datiffima.

La Città di Tiro già celebratiffima, Empo-
rio del Mondo, e Colonia Romana, s'addimanda Sor, ò Tzor nella facra fcrittura: ma hora
communemente fi nomina Suri, ò Sur, e ritiene
molte veftigia dell'antica fua maeftà; percioche hà grà giro di muraglie, di ritonda forma;
fiede in duriffima rupe, e da tutti i lati è dal
mare circondata, fuorche dall'Oriente; doue

Alef-

Aleſſandro Magno aſſediandola, l'aggiunſe al
continente, che prima ella era Iſola. Giace hora
tutta diſtrutta, & è vn ricettacolo d'aſſaſſini, e
di contumaci de' Druſi. Fù ſeggio Archiepi-
ſcopale, à cui ſotto ſtaua il Veſcouo Sdonieſe l'
Alconeſe, il Pundeſe, & il Beritéſe: Auanti d'vn
poco alla ſua porta Orientale v'è il luogo doue Chriſto predicò, e doue la donna alzò la
voce frà la turba, dicendo. (Beato il ventre, che
t'hà portato.) Sidone, già Metropoli celeberrima, che di ſplendore, e di potenza non punto à
Tiro cedetta, giace hoggi per ſua gran parte
rouinata. Il ſuo territorio è fertile, e produce
aſſai canne di mele. Hora ella vien detta Said, ò
Sair. Acone da vecchi nominata Tolemaide, e
anche Ace, per teſtimonio di Strabone, s'aſpet-
taua alla Tribù Aſer; & era ſerrata nell'ameno giogo d'vn monte. Dice Brocardo, ch'ella è
fortificata beniſſimo, cinta di mura, di baſtioni,
di torri, e di foſſe; & hà fornia triangolare, due
lati della quale ſono al mar giunti, & vno riguarda la pianura. Poſſede territorio fertile, ot-
timii paſchi, belle vigne, & amieniſſimi horti, ne'
quali ſi colgono frutti di ſorte diuerſa. Queſta
città è ordinata del ſingolar hoſpitale della caſa Teutonica, e di fortiſſime caſtelle, & hà commodità non poca da vn'ottimo porto di mare,
di molte naui capace dall'Oſtro. Tuttociò Brocardo, il quale fornì la deſcrittione della Terra
Santa, ſcriſſe di queſta Città. Il fiume Pelo paſſa
oltra bagnandola, il qual fiume benche fia al
correr lento, e d'acque non ſane, tuttauia è famoſo per le ſue arene, che tanti ſecoli adietro s'
vſarono à fare il vetro.

Bertio antichiſſima Città, già detta Giulia
Fe-

CPSIA information can be obtained
at www.ICGtesting.com
Printed in the USA
BVHW08*1340210918
528171BV00009B/126/P